全国普通高等院校生命科学类“十二五”规划教材

生命科学导论

主　编　王金亭　马　宏　王玉江

副主编　陈大清　张　锐　王慧英

编　委　（以姓氏笔画为序）

于少波　马　宏　王玉江

王金亭　王学斌　王慧英

吕雪飞　任　敏　刘月辉

李玉玺　张　锐　陈大清

赵振军　昝丽霞　谭　信

华中科技大学出版社

中国·武汉

内 容 简 介

全书以生命科学的基本内容为主线，结合社会生活中与生命科学相关的事件，概述了生命科学各主要分支学科的基础知识和发展动态。全书共分10章，包括绪论、生命的物质基础、生命体的结构基础、生命的形态建成、生命体能量的获得与转换、生命的延续、生命体的防疫系统与人体健康、生命的进化、生物与环境、现代生物技术及其应用。从微观到宏观、从局部到整体，兼顾学科重点的同时，确保知识的基础性、科学性和系统性。

本书内容丰富、选材新颖、难度适中，语言深入浅出、文字浅显易懂，既可作为普通高等学校非生物专业公选课教材，也可作为医学、农学等本科及高职院校师生参考用书。

图书在版编目(CIP)数据

生命科学导论/王金亭，马宏，王玉江主编. —武汉：华中科技大学出版社，2014.7（2020.10重印）
ISBN 978-7-5609-9727-8

Ⅰ.①生…　Ⅱ.①王…　②马…　③王…　Ⅲ.①生命科学-高等学校-教材　Ⅳ.①Q1-0

中国版本图书馆 CIP 数据核字(2014)第147286号

生命科学导论　　王金亭　马　宏　王玉江　主编

策划编辑：王新华
责任编辑：孙基寿
封面设计：刘　卉
责任校对：张　琳
责任监印：朱　玢
出版发行：华中科技大学出版社（中国·武汉）　电话：(027)81321913
武汉市东湖新技术开发区华工科技园　邮编：430223
录　　排：华中科技大学惠友文印中心
印　　刷：广东虎彩云印刷有限公司
开　　本：787mm×1092mm　1/16
印　　张：24.5
字　　数：642千字
版　　次：2020年10月第1版第4次印刷
定　　价：48.00元

全国普通高等院校生命科学类“十二五”规划教材
编　委　会

全国普通高等院校生命科学类“十二五”规划教材组编院校

（排名不分先后）

北京理工大学
广西大学
广州大学
哈尔滨工业大学
华东师范大学
重庆邮电大学
滨州学院
河南师范大学
嘉兴学院
武汉轻工大学
长春工业大学
长治学院
常熟理工学院
大连大学
大连工业大学
大连海洋大学
大连民族学院
大庆师范学院
佛山科学技术学院
阜阳师范学院
广东第二师范学院
广东石油化工学院
广西师范大学
贵州师范大学
哈尔滨师范大学
合肥学院
河北大学
河北经贸大学
河北科技大学
河南科技大学
河南科技学院
河南农业大学
菏泽学院
贺州学院
黑龙江八一农垦大学
华中科技大学
华中师范大学
暨南大学
首都师范大学
南京工业大学
湖北大学
湖北第二师范学院
湖北工程学院
湖北工业大学
湖北科技学院
湖北师范学院
湖南农业大学
湖南文理学院
华侨大学
武昌首义学院
淮北师范大学
淮阴工学院
黄冈师范学院
惠州学院
吉林农业科技学院
集美大学
济南大学
佳木斯大学
江汉大学文理学院
江苏大学
江西科技师范大学
荆楚理工学院
军事经济学院
辽东学院
辽宁医学院
聊城大学
聊城大学东昌学院
牡丹江师范学院
内蒙古民族大学
仲恺农业工程学院
云南大学
西北农林科技大学
中央民族大学
郑州大学
新疆大学
青岛科技大学
青岛农业大学
青岛农业大学海都学院
山西农业大学
陕西科技大学
陕西理工学院
上海海洋大学
塔里木大学
唐山师范学院
天津师范大学
天津医科大学
西北民族大学
西南交通大学
新乡医学院
信阳师范学院
延安大学
盐城工学院
云南农业大学
肇庆学院
浙江农林大学
浙江师范大学
浙江树人大学
浙江中医药大学
郑州轻工业学院
中国海洋大学
中南民族大学
重庆工商大学
重庆三峡学院
重庆文理学院

前　　言

21 世纪是生命科学的世纪，这已是毋庸置疑的科学论断。随着人类基因组计划的完成，生命科学进入后基因组时代，生命科学在自然科学中地位发生了革命性变化。人们越来越清楚地意识到，生命科学与人类及社会的联系更加紧密。现代生命科学作为培养高素质、创新型复合型人才知识结构的重要组成部分，在社会经济和个人发展中具有非常重要的作用。为主动适应生物经济时代的到来，全国很多普通高校针对非生物专业学生开设了“生命科学导论”公选课。

为了适应新形势下高校课程建设特点，切实提高课程教学质量，探索创新人才培养模式，满足各院校实际教学要求，华中科技大学出版社组织编写了全国普通高等院校生命科学类“十二五”规划教材。

本书立足于普通高等院校非生物类专业学生使用的公选课教材。根据生命科学的系统性，选取当前生命科学的重点领域和热点问题，内容包括绪论、生命的物质基础、生命体的结构基础、生命的形态建成、生命体能量的获得与转换、生命的延续、生命体的防疫系统与人体健康、生命的进化、生物与环境、现代生物技术及其应用。每章包括五个模块：本章教学要点、引言、正文、课外阅读、问题与思考。“引言”选用社会热点问题或社会重大事件，突出生命科学的社会价值，引导学生加强本章学习的兴趣和积极性。全书从微观到宏观、从局部到整体，从不同角度对生命科学进行了全面、系统的介绍，同时兼顾学科发展重点，体现了生命科学知识的科学性、系统性、基础性和社会性。内容丰富、选材新颖、难度适中，描述图文并茂、语言深入浅出、文字浅显易懂，既可作为普通高等学校非生物专业公选课教材，也可作为医学、农学等本科及高职院校师生参考用书。

参加本书编写的是如下院校教学一线的教师：聊城大学东昌学院、北京理工大学、滨州学院、仲恺农业工程学院、陕西理工学院、临沂大学、塔里木大学、烟台大学、济南大学。具体编写分工如下：第 1 章（王玉江）、第 2 章（李玉玺）、第 3 章（马宏、王金亭、刘月辉）、第 4 章（王学斌、王金亭、张锐、任敏）、第 5 章（吕雪飞、赵振军）、第 6 章（谭信、赵振军、马宏）、第 7 章（昝丽霞）、第 8 章（于少波）、第 9 章（王慧英）、第 10 章（陈大清）。“附录”由各章编者提供，全书由三位主编统稿，最后由王金亭审定。

华中科技大学出版社对本书的编写给予了大力支持与帮助，在此表示衷心感谢。同时对选用的参考文献及有关材料的作者也表示衷心的感谢。

由于我们的水平和经验有限，本书难免存在不足之处，敬请使用本书的广大读者批评指正。

王金亭

2014 年 8 月

目　　录

第1章　绪　　论

本章教学要点

1. 为什么要学习《生命科学导论》?
2. 什么是生命？生命有哪些基本特征？什么是生命科学？
3. 生命科学与现代人类生活的关系。
4. 生命科学的发展前沿。

引言　探究生命的奥秘

“学过科学以后，你周围的世界仿佛变了样子。就拿树来说吧，树的构成材料居然是空气。你把树焚烧了，它就化作原来的空气，在火焰的光热中散发出来的原来是被束缚在里面的用来把空气转化成树的太阳的光和热。在灰烬中的那一小部分残余物质里，它们不是来自于空气，而是来自于固体物质泥土。这些真是太有趣了，这样的例子，科学里面简直是俯拾即是，不胜枚举。”

——理查德·费因曼

欢迎走进生命课堂，一同走进神秘的生命世界，一起探索生命的奥秘。

壁虎是同学们再熟悉不过的一种小动物，我们的先人还在住山洞的时候就与之为邻了，壁虎在天花板上藐视重力、行走如飞的“反常”现象牢牢地吸引着人们，并使人们苦苦求解——是什么力量使壁虎能克服重力而不掉下来的呢？让我们对生命的探索之旅就从探究壁虎的飞檐走壁开始吧！

下面的阅读材料“壁虎抵抗重力的奥秘”，是科学家求解壁虎能飞檐走壁奥秘的真实的科学探究历程。让我们一起带着自己对这个问题的思考，重温这一真实的科学探究过程。期望通过此案例的学习，能回答下列两个问题：①壁虎能在天花板上自由行走的原因是什么？②科学家是如何进行科学研究的？

壁虎抵抗重力的奥秘

当你看到一只壁虎沿着墙壁爬到天花板上时，你有没有想过究竟是什么力量使壁虎克服了重力而不掉下来的呢？这个看似简单的问题却一直悬着，直到19世纪人们才开始提出一些逐渐靠谱的答案。最先提出的是黏液说，但是经过仔细观察，壁虎的脚上并没有可以分泌黏液的腺体，所以这个说法很快就被终结了。

是不是吸盘呢？自然界里不乏用吸盘来飞檐走壁的高手，例如，蝾螈就是依靠足上的吸盘爬墙。1934 年，德国科学家沃尔夫德利特在他出版的《壁虎的解剖与生理》一书中记载了一个实验。德利特把壁虎放在玻璃罩子里，然后把玻璃罩里的空气抽走，结果壁虎仍然可以爬上垂直的玻璃——吸盘说也被终结了。

是不是摩擦力呢？自然界里也有许多像蟑螂一样依靠摩擦力飞檐走壁的高手。但是，壁虎能在高度抛光的玻璃等光滑的表面上自由攀爬，所以，摩擦说也被否定了。

而后人们又想到了静电。把气球在头发上蹭几下它就能吸在天花板上，壁虎是不是这样做的呢？又有"好事者"用 X 光将空气电离，然后在电离的空气里放上一块金属板，这时静电荷是不会在金属板上蓄积的。又一次，壁虎哧溜溜的爬行破解了这个说法。

直到 2000 年，这个悬置多年的问题才最终得到了解决。来自美国刘易斯克拉克大学的凯拉·奥特姆(Kellar Autumn)小组和加州大学伯克利分校的罗伯特·福尔(Robert Full)合作研究并发表了文章，详细描述了壁虎足刚毛的结构(图 1-1)，计算出了壁虎足的"吸力"大小。他们发现壁虎的足底有一排排细小的绒毛，叫做刚毛；在显微镜观察发现每根刚毛的末端又分出 400～1000 个尖锐的突起，叫做匙突。壁虎每只足上有超过 50 万根刚毛，每根刚毛只有头发直径的十分之一粗细。

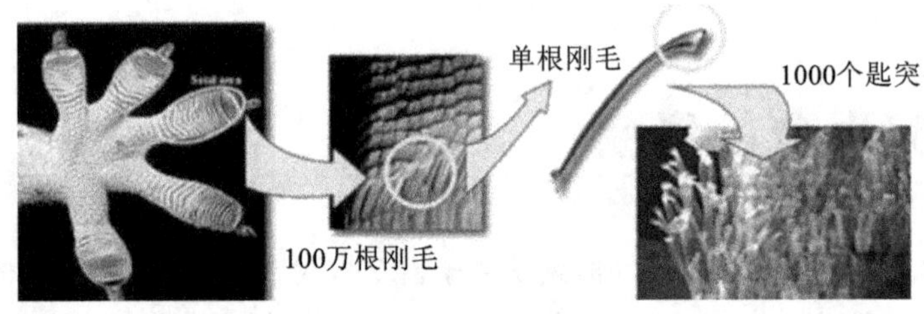

图 1-1　壁虎足的结构

在弄清壁虎足的结构的基础上，奥特穆和福尔的科研小组开始设计实验进行测量每一根刚毛到底能产生多大的力。实验面临两个大的挑战。①单根刚毛的分离：他们在显微镜下成功地通过外科手术方法从壁虎的足上拔下一根刚毛，并将其绑在一根微探针上，微探针装在一个可以随意移动刚毛的微控制器上。②极弱作用力的测量：为了完成测量，奥特穆和福尔从斯坦福大学找来了一位机械工程师托马斯·肯尼(Thomas Kenny)，他是设计测量原子级作用力的仪器专家。

实验过程

在随后的两个月里，工作组试图把刚毛粘到传感器的表面，可是它根本就粘不上。工作组不得不停下来思考，最后他们发现了原因。壁虎爬行时不是像我们走路那样把足踩下去。事实上，当壁虎迈出一步的时候，先是足掌踩到表面上，然后伸展足趾，并在表面上向后滑动，推动刚毛的一侧与表面接触。他们重新设计了实验，这一次是让刚毛斜着从一侧来接触传感器表面，而不是从正面接触，这使得刚毛顶端的许多匙突得以与接触面充分接触。为了测量刚毛侧面的力，以及已经测量过的垂直力，研究人员设计了一个微电机悬臂。装置由两层放置于硅质悬臂的抗压层组成，用来检测平行和垂直两个方向的力。

实验结果

将刚毛放到合适的位置上，利用仪器所测得的附着力是以前测量结果的 600 倍。单根刚毛所产生的力达到 200 μN。一只壁虎用 200 万根刚毛在天花板上行走，理论上它还能背一个 40.6 kg 重的背包。

既然壁虎的足可以产生这么大的吸附力，它又是怎么把足抬起来的呢？研究小组用另一种微型仪器对没有附着的单根刚毛进行了研究。该仪器是来自加州大学伯克利分校的工程师罗纳德·菲尔林(Ronald Fearing)发明的，它能够从各种不同的方向扭曲刚毛。他们发现，如果倾斜超过一个临界角度(30°)，刚毛和表面之间的力就基本消失。壁虎移动脚步前，先卷曲脚趾，再从表面移开，其中的诀窍就是刚毛倾斜，作用力消失。通过高速摄像机，科学家们观察到壁虎每次拔脚都是从向上卷曲趾尖开始的，相当于先揭开一角。从弯曲趾尖到整个脚脱离平面，只用短短的 15 ms。

壁虎的足要粘在墙上，每根刚毛顶端数以百计的匙突必须直接和表面接触，使每个匙突上的每个原子都能参与互相作用。当两个原子靠得很近的时候——接近到比原子直径还要小的距离，一种微妙的核引力——范德华力就开始起作用了。所谓范德华力，又叫分子间作用力，是一种发生于分子与分子之间的吸引力。相比让原子构成分子的那些作用力，范德华力很小，生活中我们往往不会在意到它的存在。这种力单独作用时十分微弱，但如果很多叠加在一起的话，合力就很强大了。下面的小实验可以让你体会到范德华力的力量。

找两本厚一点的书，最好是纸张薄软一点的，像洗扑克牌一样把两本书的书页一张压一张地叠在一起。全部叠完后用手压一压，然后分别抓住两本书的书脊，试试能把它们拉开吗？把两本书"粘"在一起的力量，就是范德华力。很多人都特别享受揭开新手机屏幕保护膜的那个瞬间，其实那层膜就是靠范德华力"粘"在手机屏幕上的。由于范德华力的作用距离非常小，所以当你揭开保护膜的一角轻轻拉起时，只要膜和屏幕不再紧密接触，范德华力就失去了作用，这时那层不管你怎么搓怎么蹭都不会掉的膜，就轻松脱落了。壁虎的脚趾，使用的正是"揭膜大法"。

手机贴膜的例子会使我们产生另一种疑问，即壁虎脚上的这些刚毛粘了脏东西怎么办？如前所述，范德华力的作用距离很小，就好像手机贴膜如果粘了灰尘，就不好使了。壁虎生活的环境可不是那么干净，灰尘、花粉颗粒，这些都足以让壁虎失足，可是也没见到哪只壁虎好端端地从天花板上掉下来。科学家们的研究证实，壁虎的刚毛不但拥有像荷叶一样的"超疏水性"，任何水滴都会从它的表面滑落下来顺便带走灰尘，而且它刚毛上的绒毛尺寸比灰尘小得多，以至于这些绒毛对灰尘的吸附力不及灰尘与墙面的吸附力，这是真正的"踏雪无痕"。

壁虎胶带

在揭示壁虎飞檐走壁奥秘的次年，美、俄两国科学家就开始了共同研发"壁虎胶带"。2003年，成品问世，半个指甲盖那么一点大的接触面就可以把一只蜘蛛侠玩偶粘在天花板上。遗憾的是，此产品还不成熟：粘性还太小，寿命也太短；更主要的是造价太高。

壁虎手套

在电影《碟中谍4》中曾出现男主角戴着同伴提供给他的神奇"壁虎手套"徒手攀爬世界第一高楼的场景。在现实生活中已经有地球人利用"壁虎手套"爬墙了。2008年，业余攀岩爱好者沃林斯基(Verinsky)小姐用罗伯特·福尔教授设计的"壁虎手套"成功地爬了一段垂直的墙壁。

能不能给机器人安装上人造壁虎足呢？如果那样的话，机器人就能够像壁虎一样飞檐走壁了。科学家们已经开始着手设计，不久的将来也许我们就能看到"飞檐走壁"的机器人。

科学并不仅仅是娱乐，它也会带来巨大的进步。

1.1 概述

生命科学是探究生命奥秘、揭示生命规律的科学。现代生命科学的发展非常迅速，已经渗透到社会和经济等涉及人类自身生存和发展的各个领域。21 世纪是现代生物科学的世纪。统计美国科学引文索引(SCI)收录的 4500 余种学术刊物，其中 2350 种左右为生物科学相关杂志。统计全世界引用指数(Impact factor)在 10 以上的超一流学术刊物，80%左右是生物科学相关刊物。作为 21 世纪的大学生不能不了解现代生物学的基础知识、基本内容和研究的前沿热点。

1.1.1 《生命科学导论》的研究内容

“生命科学导论”是面向非生物类专业本科生的公共课程。通过该课程的学习，对非生物专业的大学生有三点基本要求。①知识要求：理解生命科学和生物技术最新进展，以及为理解这些最新进展所必需的基础知识(基本事实、基本概念和基本原理)。②能力要求：具备基本的生物学观念，具有初步阅读和评价生命科普文献的基本能力，具备一定的科学探究能力和创新意识。③情感、态度和价值观要求：正确理解“科学、技术和社会”三者的关系，树立正确的生命观和科学精神，树立基于人文精神的科学价值观。

本课程抓住 20 世纪下半叶以来生命科学发展的主脉，即分子生物学——基因工程/生物技术，联系前沿和热点，兼顾趣味性和知识性，为非生物专业类学生重点介绍现代生命科学的基本概念、基本原理、基本理论和研究方法，以及重要学科分支的基础知识和前沿研究内容；强调生命科学发展对人类发展的影响，生命科学与其他学科的交叉渗透、相互影响和取得的新进展，以及由此提出的新问题。同时强调生命科学研究的实验方法和思想方法。具体研究内容涵盖生物化学、细胞生物学、分子生物学、遗传学、发育生物学、免疫学、进化生物学、生态学等多个学科。针对非生物类专业大学生的实际，各章节内容选择定位于“基础性与前沿性相结合，系统性和趣味性相结合，关注学科交叉和密切联系生活实际”，使课程内容更适合非生物类专业本科生的学习。

1.1.2 开设“生命科学导论”的意义

20 世纪中叶以来，生命科学迅猛发展，生物技术产业化给整个自然科学、人类社会和经济带来了巨大的影响，生命科学与人类未来的密切关系，使生命科学已成为 21 世纪重点发展的学科或产业之一。时代的发展使人们越来越清楚地意识到，现代生物学知识是新世纪高素质、有创新精神的复合型人才知识结构中重要组成部分。20 世纪 90 年代中期以来，我国高等教育教学改革显示，高校非生物类专业学生学习生物学类课程已经成为必然趋势。

1980 年以来，世界著名大学纷纷把生物类课程列为全校必修课。1995 年以后，国内重点理工科大学陆续把生物类课程列为全校非生物类专业大学生的限选或必修课程。这是因为人们意识到，21 世纪将是生命科学的世纪，面向 21 世纪的大学生应有生命科学的基础，而不应该成为“生物盲”。

“生命科学导论”是一门融基础知识与前沿进展相结合的综合性课程，是大学非生物类专业本科学生一门重要的通识课。该课程的学习有利于丰富非生物学类本科生的生物科学知识，加深理解，激发创新激情，促进学科交叉，从而提高科技素养、促进知识迁移，主动适应职业需求的变化，增强社会实践能力和社会责任感。

1.2 生命与生命科学

以人为例，观察图 1-2、图 1-3 和图 1-4，分析讨论下列问题。

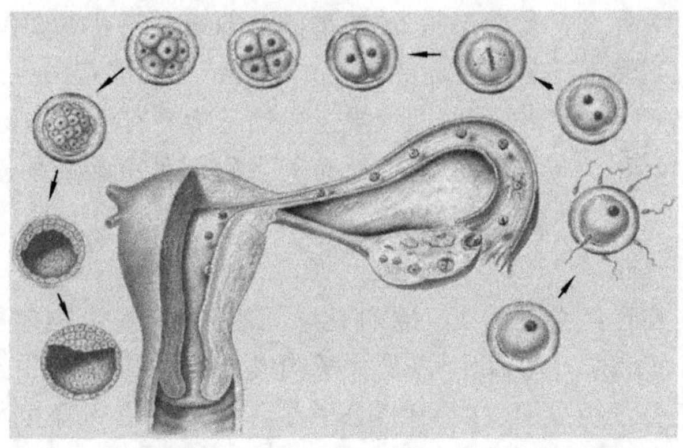

图 1-2 人体卵巢排卵、卵细胞在输卵管中受精及受精卵卵裂过程

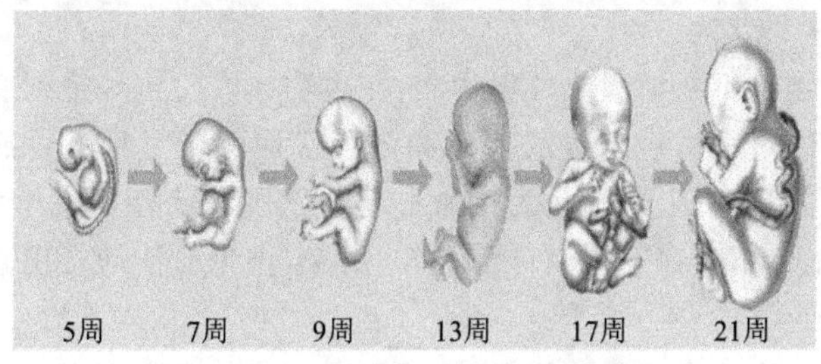

图 1-3 人体胚胎子宫内的发育过程

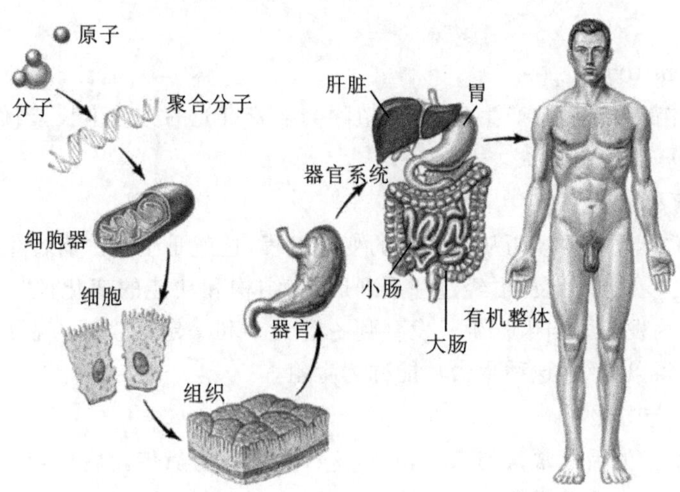

图 1-4 人体组织结构(引自 Burnie,1995,稍加修改)

(1) 人的一生是从什么开始的?子宫给胚胎发育提供了一个什么样的环境?主要经过哪几个重要的阶段?

(2) 如果把人的生长发育过程和建筑一栋大楼相比,有何相同点和不同点?

(3) 以人为例,尝试思考:生命是什么?

1.2.1 生命的基本特征

生命是什么?是什么赋予了各种有机体的"生命力"?一匹飞奔的马是有生命的,而同样能跑动的汽车却没有,为什么?我们不能说"能动的东西就是有生命的",因为汽车可以动,明胶会在碗里摇摆,他们当然都不是有生命的。什么样的特征能够定义生命呢?

自然界的物体可分为生物和非生物两大类。生物是指具有生命的物体。尽管地球上的生物种类繁多,千差万别,但是,与非生物相比,所有的生物都具有共同的基本生命特征,主要体现在以下七个方面。

1. 化学成分的同一性

从构成元素分析,在已经发现的110余种化学元素中,构成生物体所必需的元素只有20多种,其中C、H、O、N、P、S占95%以上。从分子构成分析,生物体是由蛋白质、核酸、脂类、糖类、维生素等多种有机分子构成的,这些有机分子在各种生物中有着相同的结构模式和功能。如一切生物的遗传物质都是DNA和RNA,生命体内起催化作用的酶是蛋白质,各种生物都利用高能化合物(ATP、NADH……)等,这说明生物界在化学成分上存在高度同一性。

2. 新陈代谢作用

新陈代谢是指生物体不断地吸收外界物质,在生物体内发生一系列变化,最后成为代谢最终产物而被排出体外的过程。包括合成代谢和分解代谢两个过程。合成代谢(anabolism)是指从外界摄取物质和能量,将它们转化为生命本身的物质和储存于化学键中的化学能。分解代谢(catabolism)是指分解生命物质,将能量释放出来,供生命活动之用。

3. 有序性(order)

所有的有机体由一个或多个细胞组成,细胞具有高度有序的结构:原子组成分子,分子构筑细胞内的细胞器。在多细胞生物体内以及生物群体之内,依然存在着更高水平的多层次的有序结构。

4. 应激性(sensitivity)

所有的生物体都会对刺激产生反应,如植物会朝着有光的方向生长,当你走进黑暗的房间时,你的瞳孔会扩张。

5. 生长、发育和繁殖

所有生物体的形成都要经历从小到大的变化过程,这就是生长。有性生殖的生物,从生殖细胞形成、卵受精、受精卵分裂,再经过一系列形态、结构和功能的变化,才能形成一个成熟的个体,这一过程称为发育。当生物生长发育到一定大小和一定程度时,就可能产生后代,使个体数目增多,种族得以延续,这种生命功能称为生殖。

6. 遗传、变异与进化

生物生殖所产生的后代常常与亲代相似,这种现象称为遗传。后代与亲代之间,后代各个体之间,也有不同之处,这种现象叫做变异。遗传、变异,加上自然选择的长期作用,导致了整个生物界的向上发展,即由低等到高等,由简单到复杂逐渐演变,这就是生物的进化。

7. 自稳态(homeostasis)

所有的生物体都具有相对恒定的内环境，而区别于它们所在的外环境，这个过程叫做自稳态。

1.2.2　生命科学

生命科学是研究生物体的生命现象和生命活动规律的科学，即研究自然界所有生物的起源、演化、生长发育、遗传变异等生命活动的规律和生命现象的本质，以及各种生物之间、生物与环境之间的相互联系。生命科学(life science)原称生物学(biology)，它是自然科学的基础学科之一。广义的生命科学还包括生物技术、生物与环境、生物学与其他学科交叉的领域。

1.3　生命科学与现代人类生活的关系

现代生物技术的发展历史尽管只有 40 多年的时间，但已经在生命科学研究及产业化方面产生了巨大的影响，已渗透到人类社会的生产、生活的各个方面并建立了不可分割的联系。作为 21 世纪高新技术重点之一，现代生物技术将对人类解决所面临的食物短缺、资源枯竭、健康威胁和环境污染等重大问题发挥越来越重要的作用。美国《时代周刊》曾预言，2020 年世界将进入生物经济时代。以生物技术为基础的现代生物科学必将成为新的经济热点，促进人类社会文明的进步。随着生物技术在医药、食品、化工、农业、环保以及能源、采矿等工业部门中的广泛应用，它正在对人类经济及社会生活和社会进步产生深刻而广泛的影响。

1.3.1　生命科学与健康

目前，高速发展的生命科学正在给我们的生存与健康带来巨大的变化。生命本质、生长发育、疾病、衰老等生命现象的内在规律和奥秘的揭示，以及由此发展起来的基因(DNA)技术、克隆技术和干细胞技术等现代生物技术，在医疗保健、生物制药、环保及食品领域的应用，对改善人类的医疗与生存环境，提高疾病预防、诊断及治疗技术都产生了深刻的影响。然而，它在为人类社会生存与健康带来巨大益处的同时，也对人类健康及生态环境所带来了负面影响甚至潜在威胁，因此我们应积极做出科学而有效的决策。

1. 基因工程菌用于药品生产

许多药品的生产是从生物组织中提取的。受材料来源限制、产量有限，其价格往往十分昂贵。微生物生长迅速，容易控制，适于大规模工业化生产。若将生物合成相应药物成分的基因导入微生物细胞内，让它们产生相应的药物，不但能解决产量问题，还能大大降低生产成本。例如，胰岛素是治疗糖尿病的特效药，长期以来只能依靠从猪、牛等动物的胰腺中提取，100 kg 胰腺只能提取 4～5 g 胰岛素，其产量之低和价格之高可想而知。将合成胰岛素的基因导入大肠杆菌，每 2000 L 培养液就能产生 100 g 胰岛素！干扰素用于治疗肝炎等病毒感染性疾病有良好疗效。1 L 发酵液中所得的干扰素相当于过去从 1000 L 人血中所得。大规模工业化生产不但解决了这种比黄金还贵的药品产量问题，还使其价格大为降低。

基因工程人干扰素 α-2b(安达芬)是我国第一个国产化基因工程人干扰素，具有抗病毒、抑制肿瘤细胞增生、调节人体免疫功能的作用，广泛应用于病毒性疾病治疗和多种肿瘤的治疗，是当前国际公认的病毒性疾病治疗的首选药物和肿瘤生物治疗的主要药物。

近年来，科学家们从红豆杉属树种中分离出一些共生真菌，它能合成紫杉醇类抗癌药物。结合基因工程对这些真菌进行基因改良，有望在不远的将来实现商业化生产。一旦实现紫杉醇类药物的发酵生产，将会大幅度降低抗癌药物的价格，这无疑将成为众多癌症患者的福音。

目前用基因工程生产的蛋白质药物已达几十种，许多以前本不可能大量生产的生长因子、凝血因子等蛋白质药物，现在用基因工程办法便可能大量生产。

2. 基因工程用于疫苗生产

常用的制备疫苗的方法，一种是弱毒活疫苗，一种是死疫苗。两种疫苗各有自身的弱点。活疫苗隐含着感染的危险性。死疫苗免疫活性不高，需加大注射量或多次接种。利用基因工程制备重组亚基疫苗，可以克服上述缺点，亚基疫苗只含有病原物的一个或几个抗原成分，而不含病原物遗传信息。重组亚基疫苗是用基因工程方法，把编码抗原蛋白质的基因重组到载体上去，再送入细菌细胞或其他细胞中生产的疫苗。这样得到的亚基疫苗往往效价很高，但却没有感染毒性的危险。在酵母中表达乙型肝炎表面抗原 HBsAg 产量可达 2.5 mg/L，已于 1984 年问世。基因工程生产疫苗有良好的发展前景。

3. 基因诊断

基因芯片的发明改变了现有的医学模式：人们不再发生疾病后才去医院治疗，平时定期使用基因芯片进行体检，可以预先诊断出几年甚至十几年以后才发生的疾病（包括肿瘤、艾滋病、心血管病等），提早进行基因治疗、基因预防。据介绍，基因诊断的技术问题已经解决，目前已逐步进入临床使用阶段。基因芯片的发明，它将变更整个生命医学，极大地提高人类的健康水平。

4. 基因治疗

基因治疗的提出最初是针对单基因缺陷的遗传疾病。遗传病是先天性疾病，传统医学对此无能为力。应用基因工程技术使缺失的基因归还人体，达到治疗的目的，已成为基因工程在医学方面应用的又一重要内容。用基因治病是把功能基因导入患者体内使之表达，并因表达产物——蛋白质发挥了功能使疾病得以治疗。基因治疗的结果就像给基因做了一次手术，治病治根，所以有人又把它形容为“分子外科”。

将人体正常基因直接导入遗传缺陷人体，通过控制目的基因的表达来抑制或补偿缺陷基因，可恢复受体细胞、组织或器官的生理功能，从而达到治疗疾病的目的，这就是基因治疗。自 1990 年美国批准了第一例临床基因治疗试验以来，基因治疗已从单基因遗传病扩展到多个病种范围，治疗的各种病例数约 5000 个。目前，基因治疗已从实验室研究阶段进入临床试验与应用阶段。复旦大学基因治疗课题组，开展了大量的血友病 B 的基因治疗研究，并于 1991 年开展了首例血友病 B 患者基因治疗的临床实验，取得了安全、有效的治疗结果。

5. 利用转基因动物高效生产基因药物

转基因动物高效生产基因药物代表了当今药物生产的最新成就，也是最复杂、最具有广阔前景的生物反应器。就通过转基因动物家畜来生产基因药物而言，最理想的表达场所是乳腺。从乳汁中获取的基因产物，不但产量高、易提纯，而且表达的蛋白质经过充分的修饰加工，具有稳定的生物活性，因此又称为“动物乳腺生物反应器”。所以用转基因牛、羊等家畜的乳腺表达人类所需基因，就相当于建一座大型制药厂，这种药物工厂显然具有投资少、效益高、无公害等优点。

科学家预言，在“人类基因组计划”完成后的 10～20 年内，基因医学将进入黄金时代。科学家认为，至少4000种基因与人类疾病的发生有直接关系，还有大量基因与疾病有千丝万缕的联系。在弄清了导致疾病的基因后，基因测试将取得迅猛发展。以癌症为例，这种疾病通常需要数年时间才能形成，有效的测试能够警告人们可能有患癌症的危险。基因测试也能帮助人们更好地了解自我。许多来自有某种家族疾病史家庭的人想弄清自己是否注定要得家族遗传病。

1.3.2 生命科学与农业

以基因工程为核心的生物技术在农业生产中已得到了广泛的应用。根据人类的需要把特定基因导入植物体，可以达到改良品质、增加产量以及获得具有抗病、抗虫或抗除草剂植物的目的。目前应用最广的抗虫基因是苏芸金芽孢杆菌(Bt)晶体毒蛋白基因。Bt基因已被转入棉花、玉米、烟草、番茄、马铃薯、水稻等多种作物，并取得了良好的效果。我国是世界上第二个具有转基因抗虫棉花自主知识产权的国家。据统计，1999年至2006年间，全国累计推广国产转基因抗虫棉1.56亿亩，为国家和农民增收节支400亿元人民币。此外，华中农业大学番茄课题组利用乙烯形成酶的反义基因抑制催熟剂乙烯的释放，获得耐储藏转基因番茄华番一号，在25℃条件下可储藏40～50天。北京大学植物基因工程实验室利用矮牵牛基因，首次在我国培育出转基因蓝色玫瑰。

现代生物技术在畜牧业上得到了广泛发展。例如，利用鼠类有关促进角蛋白形成的基因获得了经遗传改良的绵羊，这种绵羊比普通绵羊产毛量提高6%左右。最近美国科学家通过转基因技术，将深海鱼中含有的一种不饱和脂肪酸基因转移到了猪的基因组中。食用这些转基因克隆猪的猪肉，可预防心血管疾病。

现代生物技术正在掀起第三次农业绿色革命。民以食为天，粮食是人类生存的基础。通过生物工程技术，将远缘物种的有利遗传特性转移到农作物或动物体中，改变原有作物或动物的遗传品质，从而提高农作物及家禽、家畜的产量和营养价值。经过基因工程改良，农作物新品种的抗逆性抗旱、抗涝、抗寒、抗盐碱、抗病虫害等和固氮及光合作用能力都得到了明显的提高，既可以减少化肥和农药的使用量，降低农业生产成本，又可以减少化肥和农药对环境的污染。

1.3.3 生命科学与工业

现代生物技术推动食品、制药、化工、冶炼、纺织等工业的快速发展和转型。1928年英国科学家弗莱明发现了青霉素，由于战争对青霉素的急需，到20世纪40年代出现了以抗生素为代表的现代发酵工业的大发展。发酵工业就是利用微生物生产药物等物质的工业过程。运用基因工程、细胞工程和酶工程技术改造用于发酵工业生产的微生物，发掘自然界中原有微生物品种的新功能，或创造出自然界中不存在的新型微生物，为现代发酵工业带来了一次新的工业革命。一方面，新的微生物品种可以大大提高生产效率，使医药、农药、食品、化学、能源、采矿等工业部门的生产效率提高百倍、千倍乃至万倍。如应用基因工程组建的超级微生物生产人生长激素、胰岛素、干扰素，与常法相比，其效率可提高效率1千倍甚至1万倍。另一方面，新微生物品种的出现，可以改变原有的生产方法，开辟新的原料来源，降低生产成本。如乙醇是重要的化工原料和能源物质，如果仅用淀粉和低糖原料生产乙醇，其产量毕竟有限，如果能直接利用纤维素或半纤维素的微生物来发酵，以秸秆、牧草、木材和废纸为原料生产乙醇，乙醇的生产成本将会大大降低。

1.3.4 生命科学与环境

随着工业的迅速发展,环境污染问题已成为世界范围内的难题。现代生物工程技术是解决环境污染问题的有效武器。如通过生物工程技术培养的新细菌,可以把污染物中的有机汞转变成金属汞,以用于处理含有机汞的废水,同时回收金属汞,从而化害为利,变废为宝。再如,细菌浸矿在采铜和采铀工业中得到了应用,经生物技术改造的细菌,不但对金属的亲和力强,耐酸、耐热和抗金属毒性能力都得到了提高,既可以降低生产成本,又可以降低对环境的污染。现代生物技术和生命科学的新进展,将进一步影响到社会进步和人们的社会生活。按照人类的意愿和需要改造现有的生物类型和生物功能,或创造全新的生物类型和生物功能来造福人类正在逐渐变为现实。

1.4 生命科学的发展前沿

20 世纪后半叶,生命科学各领域取得了巨大的进展,特别是分子生物学的突破性成就,使生命科学在自然科学中的位置起了革命性的变化。很多科学家预言 21 世纪是生物学世纪,虽然目前对这些论断还有不同的看法,但毋庸置疑,21 世纪生命科学将继续蓬勃发展,对人类的影响越来越大。

1.4.1 学科前沿

进入 21 世纪以来,生命科学正处于蓬勃发展时期,如基因组计划的实施,干细胞的功能及制备,小 RNA 干扰机制的揭示,大脑思维之谜的探讨,寻找致病的基因与蛋白质,等等,成果辉煌。

1. DNA 双螺旋结构与分子生物学

1953 年 4 月 25 日,英国《自然》杂志发表了詹姆斯·沃森和弗朗西斯·克里克的论文:“遗传物质 DNA(脱氧核糖核酸)是双螺旋结构”(被誉为“分子生物学第二大基石”),开创了分子生物学和现代生物技术的新纪元。这一成果被很多人认为是“20 世纪最重要的科学发现之一”。自此,人类在生命科学探索路上突飞猛进。

分子生物学(molecular biology)是从分子水平研究生物大分子的结构与功能从而阐明生命本质的科学。自 20 世纪 50 年代以来,分子生物学成为生命科学的前沿与生长点,其主要研究领域包括蛋白质体系、蛋白质-核酸体系(中心是分子遗传学)和蛋白质-脂质体系(即生物膜)。

1958 年克里克提出的中心法则描述了遗传信息从基因到蛋白质的流动。遗传密码的阐明则揭示了生物体内遗传信息的储存方式。1961 年法国科学家 F. 雅各布和 J. 莫诺提出了操纵子的概念(分子生物学第三大基石),解释了原核基因表达的调控。到 20 世纪 60 年代中期,关于 DNA 自我复制和转录生成 RNA 的一般性质已基本清楚,基因的奥秘也随之被解密。

仅仅 30 年左右的时间,分子生物学经历了从大胆的科学假说,到经过大量的实验研究,从而建立了本学科的理论基础。20 世纪 70 年代,由于重组 DNA 研究的突破,基因工程已经在实际应用中开花结果:根据人的意愿改造蛋白质结构的蛋白质工程也已经成为现实。

2. 人类基因组计划(HGP)

20 世纪 90 年代,被誉为生命科学"登月计划"的伟大科学工程——"人类基因组计划"(human genome project,HGP)正式启动。HGP 由美国在 1990 年提出并实施,计划在 15 年时间,即到 2005 年,投入 30 亿美元,完成人类全部 24 条染色体的 30 亿个碱基序列测定,主要的任务包括遗传图谱、物理图谱、序列图谱、基因图谱等。该计划提前 2 年至 2003 年完成。HGP 与曼哈顿原子弹计划和阿波罗登月计划并称为三大科学计划。

人类基因组计划对人类自身的影响将远远超过另两项计划。因为人类基因蕴涵有人类生、老、病、死的绝大多数遗传信息,破译它将为疾病的诊断、新药物的研究开发和新的疾病治疗方法的探索带来革命性的变革,所以解码人类基因组又被喻为生物的"圣杯"。

HGP 将给人类带来的好处如下。①将带动一场医学革命:用基因图谱看病,基因药物治病,基因检测预防隐患,基因治疗疾病等。②获取了操纵生命的工具:控制生命的孕育,使人类优生优育,从而可延长人类个体的寿命,使人类选择最佳的生活环境等。③得以进行精确的个体鉴定:基因身份证,生物考古等。④将带来巨大的商机:生物制药,器官培植等。

3. 脑科学

脑科学的研究已经被公认是 21 世纪生命科学研究的重要课题。在生命科学乃至所有科学中,有关脑的高级功能是最令人感兴趣的。在过去一个世纪内,脑科学的研究取得了突飞猛进的发展,所取得的成果超过了以往的总和。特别是 20 世纪后半叶,在学习与记忆机制、视觉信息加工、神经系统发育、精神和神经疾病、人工智能等领域取得了重大进展。脑科学是一门综合性的学科,需要用整合的方法对分子、细胞、器官、行为等多个层次,利用分子生物学技术、计算机技术等多种手段来进行研究。脑科学中发生的技术上的革命,已经有可能在无创伤的条件下仔细分析活的大脑,确定因患某些神经疾病而受损的脑区域,并开始了解记忆过程的复杂结构。此外,数学、物理学、计算机科学的进展,已使人们成功地设计了神经网络模型,并模拟其动态相互作用。分子生物学和分子遗传学的发展已开始为某些神经精神疾病的诊治提供有效的手段。

4. 生物信息学

生物信息学(bioinformatics)是 20 世纪 80 年代末随着基因组测序数据迅猛增加而逐渐形成的一门交叉学科。它以核酸、蛋白质等生物大分子数据为主要对象,以数学、信息学、计算机科学为主要手段,以计算机硬件、软件和计算机网络为主要工具,对浩如烟海的原始数据进行存储、管理、注释、加工、解读,使之成为具有明确生物意义的生物信息。通过对生物信息的查询、搜索、比较、分析,从中获取基因编码、基因调控、核酸和蛋白质结构功能及其相互关系等知识。在大量信息和知识的基础上,探索生命起源、生物进化以及细胞、器官和个体的发生、发育、衰亡等生命科学中的重大问题,想清楚它们的基本规律和内在联系,建立"生物学周期表"。它对 21 世纪生命科学具有不可估量的奠基和推动作用。

生物信息学的研究内容如下。

- 序列比对(alignment)。
- 蛋白质结构预测(protein structure prediction)。
- 计算机辅助基因识别(computer-aided gene recognitions)。
- DNA 语言(DNA language)。
- 分子进化和比较基因组学(molecular evolution & compared genomics)。

- 序列重叠群装配(config assembly)。
- 遗传密码的起源(origin of genetic codes)。
- 代谢网络分析(analysis of metabolize network)。
- 基因芯片设计(gene chip design)。

5. 人工生命

人工生命(artificial life)是致力于通过把隐藏在生命现象背后的基本的动态的原理抽象出来的,并在其他的物理媒介(如计算机)上重现这一过程,使之可以进行全新类型的实验操作和检验,从而理解生命的人造运动。总体上说,人工生命的核心是调用适当的非生命过程的手段,通过对生命的基本特征(新陈代谢、生长、繁殖、遗传、变异、学习、进化等)进行模拟,以深化人们对生命现象的认识。人工生命的研究手段大致有三:软件法、硬件法与湿件法。其中:软件法以计算机程序作为模拟生命过程的载体;硬件法通过机械和电子的手段再现生命的某些属性;湿件法则是指采用化学或物化的方法,在溶液系统中从分子水平模拟生命现象。如今,对人工生命的研究已经深入到生命现象的各个层次,从分子、细胞、器官、个体到种群甚至生态系统。人工生命的研究有着重要的理论意义和广泛的应用前景。在工程方面,自适应机器人与机器人群体的研究已逐渐接近实用阶段;在基础生命科学研究方面,人们正使用人工生命的方法探索一系列问题,如生命起源、细胞起源、多细胞生物起源、性别起源、生物发育、生物行为、脑与认知科学,等等。因为这些现象多数已不可能再在自然界中观察到,也难于在实验室中重现,而人工生命则提供了一种可贵的模拟实验手段。此外,在社会科学方面,人工生命也可用于研究语言的进化、文化的起源与演变、经济学的市场模拟,等等。

1.4.2 技术前沿

分子生物学的新发现使科学家们不再满足于利用现有的生物来为人类服务,而基因重组技术的问世使通过改造生物基因创造有新的遗传特性的生物成为可能,从而使以往的生物工程实现了向现代生物工程的飞跃。

1. 什么是现代生物技术?

现代生物技术又称生物工程,是以现代生命科学为基础,结合先进的工程技术手段和其他自然科学原理,按照预先的设计改造生物体,或利用微生物、动物体、植物体或其组成部分(包括器官、组织、细胞等)作为反应器对原料进行加工,为人类生产出所需要的产品或达到某种目的的技术。包括基因工程、蛋白质工程、细胞工程、酶工程和发酵工程五大领域。

2. 基因工程

基因工程(gene engineering)又称为分子克隆或重组DNA技术(recombinant DNA technology),是指对不同生物的遗传基因,根据人们的意愿进行基因的切割、拼接和重新组合,然后再转入生物体内,使异源基因在宿体细胞中复制表达,大量生产出人类所期望的生物品种和产物。

1973年S. N. Cohen等在美国科学院学报(PNAS)上发表了题为《Construction of Biological Functional Bacterial Plasmid in Vitro》的文章,阐明了体外构建的细菌质粒能够在细胞中进行表达,标志着基因工程的诞生。世界上第一批重组DNA分子诞生于1972年,次年几种不同来源的DNA分子装入载体后被转入到大肠杆菌中表达,标志着基因工程正式登上历史舞台。在随后的几十年里,以基因工程为核心的现代生物技术在世界范围迅速兴起,生物工程作为高新技术产业推动着现代化大工业的转型，同时在医学和农业科学等领域中正展示出广阔的应用前景。

这种 DNA 分子的新组合技术克服了物种间固有的遗传障碍，使得人类可以定向培养或创造出自然界所没有的新的生命形态，以满足人类社会的需要。这是基因工程的最大的特点。此外，基因工程已经深入到细胞水平、亚细胞水平，特别是在基因水平上改造生物的本性，大大地扩大了育种的范围，打破了物种之间杂交的障碍，加快了育种的进程。

3. 蛋白质工程

蛋白质工程(protein engineering)最初也称为“第二代基因工程”。蛋白质工程是指以蛋白质的结构及其功能关系为基础，通过基因修饰、蛋白质修饰等分子设计，对现存蛋白质加以改造，组建新型蛋白质的现代生物技术。蛋白质工程为改造蛋白质的结构和功能找到了新途径，推动了蛋白质和酶的研究，为工业和医药用蛋白质(包括酶)的实用化开拓了美妙的前景。

4. 酶工程

酶工程(enzyme engineering)又称为酶技术，是指将酶学理论与化工技术相结合而形成的一种新技术，包括酶的生产以及将它应用在生物反应器中发挥催化作用的技术。酶工程主要包括微生物细胞发酵产酶、动植物细胞培养产酶、酶的提取与分离纯化、酶和原生质体固定化、酶的修饰和改造、酶反应器等内容。酶工程的应用主要集中于食品、轻工、化工、能源和医药等工业领域。

5. 细胞工程

细胞工程(cell engineering)是生物技术的重要组成部分，它是以生物细胞或组织为研究对象，应用分子生物学和细胞生物学方法，借助工程方法或技术，在细胞水平上研究改造生物遗传特性和生物学特性，以获得特定的细胞、细胞生物产品或获得新型生物品种的一门综合性生物技术。

细胞工程主要包括细胞培养、细胞融合、细胞拆合(核移植)、细胞器摄取和染色体片段重组等。细胞融合是指两个不同种类的细胞，加上融合剂，在一定条件下，彼此融合成杂交细胞，使来自两个亲本细胞的基因有可能都被表达，从而打破了远缘生物不能杂交的屏障，提供了创造新物种的可能。细胞核移植对动物优良杂交种的无性繁殖具有重要的意义。克隆技术便是细胞核移植的一个最为典型的应用。细胞器的摄取主要是指叶绿体和线粒体的摄取。如：用白化型原生质体摄取正常的叶绿体，进而发育成正常的绿色植物；用抗药型草履虫的线粒体植入其他草履虫细胞，使后者获得抗药性。染色体片段重组是利用染色体替换来改变生物遗传特性，如利用染色体的易位、缺体等方法，获得新的染色体组合。

6. 发酵工程

发酵工程(fermentation engineering)也称为微生物工程，是指利用微生物的生长繁殖和代谢活动，并通过现代化工技术，在生物反应器中大量生产人们所需产品的生物技术。

发酵技术历史悠久，早在几千年前人类就开始从事酿酒、制酱、制奶酪等生产。现代发酵工程技术是在 20 世纪 40 年代随着抗生素工业的兴起而得到迅速发展的。二战期间，美国利用发酵工程大规模生产青霉素。由于青霉素能有效控制伤口的细菌感染，因而挽救了数百万战争伤员的生命。

随着科学技术的进步，发酵技术又有了很大的发展，并且已经进入人为控制和改造微生物的时期。现代发酵工程不但生产酒精类饮料、醋酸和面包，而且还生产胰岛素、干扰素、生长激素、抗生素和疫苗等多种医疗保健药物；生产天然杀虫剂、细菌肥料和微生物除草剂等农用生产资料；在化学工业上生产氨基酸、香料、生物高分子、酶、维生素和蛋白质等。目前医用抗生素、农用抗生素等已有近 200 个品种，其中绝大部分都是发酵产品。我们日常生活中常见的味精、B 族维生素等也都属于发酵工程的产品。

21 世纪生物技术已出现了三个平台，即 DNA 重组、细胞培养和 DNA 芯片，并已取得了相当成果，培育出了新的生物技术产业。预计今后世界生物技术的走向是：继续延伸基因组平台计划，在完成人类基因组全序列草图的基础上，加速基因工程和蛋白质工程的操作，进入后基因组计划，同时进一步扩大基因组研究的范围，外延到农业动植物基因组计划；第二个发展领域是生物芯片，它是分子生物学与化学、物理领域的多种高新技术的交叉和融合；第三个发展领域是干细胞生物学，它是克隆动物和克隆组织器官的基础；第四个发展领域是生物信息学，即在基因和蛋白质的功能被阐明后，用计算机模拟生物体内细胞和机体内的生化代谢过程，它是生物学跃入到理论生物学的新时代；第五个发展的领域是目前国际上正在开展的神经生物科学的大科学计划。

1.4.3 生物新产品

进入 21 世纪，随着 HGP 的提前完成和后基因组计划的起航，生物技术产业化进程将产生质的飞跃，生物农业、生物能源、生物医药、生物环保，等等，生物技术产业化几乎遍及人类经济生活的各个领域，标志着生物经济时代的来临。

1. 农业方面

(1) 转基因植物优良品种　基因工程培育的耐储存和运输西红柿，抗病虫害马铃薯，不怕除草剂的转基因棉花，专供织牛仔布的蓝色棉花，具有杀虫能力的转基因烟草均已培育成功。最近我国科学家利用低能离子束技术培育出世界首例转基因水稻，利用基因重组技术培育出花期长、能改变花色的牵牛花，表明我国植物基因工程已缩小了与世界水平的差距。

(2) 转基因动物优良品种　20 世纪 90 年代以来，在动物基因工程方面也取得了丰硕成果。如转基因牛、转基因羊、转基因猪、转基因鸡等相继培育成功。欧洲莱夫德生物工程公司不久前培育了一头带人类基因的奶牛，它的雌性后代能产含有铁乳酸的奶，这种牛奶像人的母乳那样，能促进儿童吸收铁元素。1992 年，英国爱丁堡医药蛋白公司，培养出一种叫“特蕾西”的转基因绵羊，这种羊的奶中含有一种能控制人体组织生长的蛋白酶，这种蛋白酶只存在于人体，无法用化学方法合成和进行工业化生产。所以，“特蕾西”羊的培育成功，引起医药界的极大兴趣，德国拜尔化学公司不惜重金买下了这种羊的使用权。英国爱丁堡罗斯林生理和遗传研究所培育出一种转基因公鸡，它的雌性后代所产的蛋中含有能治疗血友病所必需的凝血因子和治疗肺气肿病的一种人体蛋白质。以色列科学家也成功培育出一头名为“吉蒂”的山羊，“吉蒂”身上带有人类的血清蛋白基因。“吉蒂”的雌性后代所产的每一升牛奶中可以提取 10 g 白蛋白，血清蛋白是人体血浆中的一种主要成分，它可以用来治疗休克、烧伤和补充血液损失。英国剑桥大学的科学家培育出能为人体提供心、肺、肾的转基因猪，这种猪的器官移植到人体可大大降低受体排斥的危险性。

(3) 人造种子　又名人工种子，是将组织培养产生的体细胞胚或不定芽包裹在能提供养分的胶囊里，再在胶囊外包上一层具有保护功能和防止机械损伤的外膜，造成一种类似于种子的结构，是在组织培养基础上发展起来的一项生物技术。最初是由英国科学家于 1978 年提出的。他们认为，利用体细胞胚发生的特征，把它包埋在胶囊中，可以形成具有种子的性能并直接在田间播种。这一设想引起人们的极大兴趣。1986 年 Redenbaugh 等成功地利用藻酸钠包埋单个体细胞胚，生产人工种子。胡萝卜、棉花、玉米、甘蓝、莴苣、苜蓿等人工种子制作获得成功。目前已有许多国家的植物基因公司和大学实验室从事这方面的研究。欧共体将人工种子的研制列入“尤里卡”计划，我国也于 1987 年将其列入国家高新技术研究与发展计划(863 计划)。经过 20 多年的努力，人工种子研究已取得了很大进展。

(4) 生物杀虫剂　包括细菌杀虫剂、真菌杀虫剂、病毒杀虫剂、原生动物杀虫剂、昆虫病原线虫制剂、抗生素杀虫剂。目前筛选出的杀虫细菌约有 100 多种，主要分布在芽孢杆菌属、肠杆菌属、假单胞杆菌属，其中苏云金杆菌，是细菌杀虫剂中的代表，目前已鉴定了 70 个血清型、82 个亚种。苏云金芽孢杆菌，革兰氏阴性菌，菌体短杆状，生鞭毛，单生或形成短链，内生芽孢，有若干菌株(亚种)，产生不同的毒素，能特异性地杀死不同昆虫。

2. 医药卫生方面

生命科学和生物技术的快速发展，给生物制药和治疗带来了革命性的变化，如新抗生素、转基因疫苗、转基因胰岛素、干扰素、生长激素、淋巴细胞活素、血纤维蛋白溶解剂、白蛋白、血因子、单克隆抗体、DNA 探针，等等。下面仅选择几个典型案例加以说明。

(1) 疫苗　传统疫苗的生产必须通过动物或人体细胞的培养才能获得，技术复杂，生产规模也受到限制。现在可以采用重组 DNA 技术获得的工程菌生产疫苗，也就是可用微生物培养技术进行疫苗生产。例如，乙型肝炎表面抗原 (HBsAg)在大肠杆菌、酵母或哺乳动物细胞中得到表达，通过酵母表达生产的 HBsAg，美国已于 1986 年获准使用。

(2) 干扰素　干扰素是由人体白细胞经特殊处理制得的一类糖蛋白，具有抗病毒的活性，还具有参与机体的自然免疫作用。获得干扰素有两个途径：一是通过动物细胞大量培养；二是利用重组 DNA 技术。1986 年 8 月，美国食物与药品管理局(FDA)已批准将重组 DNA 技术生产干扰素用于治疗多种白血病。目前，临床上已大量应用基因重组技术生产 α-干扰素。

(3) 单克隆抗体　单克隆抗体是利用免疫动物(指外源抗原物质侵入机体后已产生免疫力的动物)的脾脏细胞(B 淋巴细胞，能产生识别、破坏和排斥外来抗原的抗体)，与具有酶缺陷的骨髓瘤细胞，经细胞融合技术处理后形成的杂交瘤所产生的一种生物化工产品。单克隆抗体特异性强，灵敏度高，临床上主要把它作为化学试剂进行有关病毒及微生物等病原体的诊断。若将药物、毒素或同位素与单克隆抗体相结合，有可能形成有选择性杀伤某些病害细胞的治疗剂。

3. 工业方面

目前，在工业上的生物技术新产品如雨后春笋数不胜数，下面仅以食品工业的酶制剂产品为例加以介绍。

(1) 固定化酶产品　固定化酶是将酶分子通过吸附、交联、包埋及共价键结合束缚于某种特定支持物上而发挥酶的作用，具有能反复使用、产物易纯化、可用微电脑控制，实行自动化、连续化生产等优点。

(2) 修饰酶产品　修饰酶是通过对酶分子实行“手术”以达到改构和改性的目的，又称生物分子工程，主要用于基础酶学研究和疾病治疗。医学上进行治疗以及基础酶学研究要求纯度高、性能稳定，治疗上还需要低或无免疫原性，所以常常对纯酶进行化学修饰以改善酶的性能。

(3) 克隆酶产品　酶基因的克隆和表达技术的应用使我们有可能克隆各种天然的蛋白质基因或酶基因。先在特定酶的结构基因前加上高效的启动基因序列和必要的调控序列，再将此片段克隆到一定的载体中，然后将带有特定酶基因的上述杂交表达载体转化到适当的受体细菌中，经培养繁殖，再从收集的菌体中分离得到大量的表达产物——我们所需要的酶。此法可产生大量的酶，并易于提取分离和纯化。

(4) 突变酶产品　突变酶是蛋白质工程对酶进行选择性遗传修饰，即对酶基因进行定点突变。科学家在分析氨基酸序列弄清酶的一级结构及X线衍射分析弄清酶的空间结构的基础上，再在由功能推知结构或由结构推知功能的反复推敲下，设计出酶基因的改造方案，确定酶选择性遗传修饰的修饰位点，然后通过基因工程定位突变技术来实施酶基因的改造方案。

(5) 新酶产品　只要有遗传设计蓝图，就能人工合成出所设计的酶基因。酶遗传设计的主要目的是创制优质酶，用于生产昂贵特殊的药品和超自然的生物制品，以满足人类的特殊需要。

【课外阅读】

世界最著名的小羊羔：克隆羊“多莉”

克隆羊“多莉”诞生于1996年7月5日，它被美国《科学》杂志评为1997年世界十大科技进步的第一项。科学家普遍认为，多莉的诞生标志着生物技术新时代的来临。继多莉出现后，克隆这个以前只在科学研究领域出现的术语变得广为人知。

克隆羊“多莉”的克隆过程　在培育“多莉”的过程中，科学家采用了细胞核移植技术和体细胞克隆技术。首先从一只成年绵羊身上提取体细胞(乳腺细胞)，然后把这个体细胞的细胞核注入另一只绵羊的卵细胞之中，而这个卵细胞已经抽去了细胞核，最终新合成的卵细胞在第三只绵羊的子宫内发育形成了“多莉”。出生的“多莉”与提供体细胞的细胞核的那只绵羊具有完全相同的外貌，继承了这只绵羊的遗传特征。在“多莉”出生之前，遗传学有一个定论，即高度分化了的哺乳动物体细胞是不具备克隆能力的。“多莉”的诞生推翻了已经形成上百年的理论，实现了遗传学的重大突破，为开发新的哺乳动物基因操作提供了动力，是一个了不起的进步。

“多莉”的诞生引起了人们的恐惧和疑虑　人类离自身的克隆还有多远？从理论上讲，羊能被克隆，人当然也可以被克隆。因此，“多莉”的诞生在世界各国科学界、政界乃至宗教界都引起了强烈反响，并引发了一场由克隆人所衍生的道德问题的讨论。克隆人成为争议最大的科学话题之一。克隆技术的巨大理论意义和实用价值促使科学家们加快了研究的步伐，从而使动物克隆技术的研究与开发进入一个高潮。

克隆技术的缺陷　在“多莉”诞生后，在进一步的研究和开发中科学家们逐渐认识到，目前对高等动物的克隆技术还不完美：苏格兰罗斯林研究所的科学家实验了两百多次才成功培育出一个“多莉”，其成功率很低；克隆动物会产生一些缺陷，甚至带来一些危险。“多莉”在4岁时(2001年)被发现患有类似关节炎的症状(老年绵羊常见病)。到2003年2月，兽医检查又发现“多莉”患有严重的进行性肺病，这种病在目前还是不治之症，于是研究人员对它实施了安乐死。绵羊通常能活12年左右，而“多莉”只活了6年，它的早夭引起了人们对克隆动物早衰的担忧。

“多莉”是人类首次利用成年动物体细胞克隆成功的第一个生命　“多莉”的诞生揭开了分子生物学领域崭新的一页，它使得科学家不得不重新审视现有的胚胎发育理论，并预感到人类有一天也可能克隆自己。同时,体细胞克隆技术也为将来治愈帕金森症等疑难病症提供了可行的思路。

克隆动物能生育 “多莉”生前与一只名叫戴维的威尔士山羊“喜结良缘”,后来于1998年4月产下它们的第一个“爱情结晶”邦尼,从而证明了克隆动物也能生育。1999年,“多莉”一家又迎来了三个可爱的羊宝宝。从1996年7月5日诞生到2003年2月14日安乐死,“多莉”一生共生育6胎存活5只。

你知道“生物圈2号”实验吗?

1991年9月26日,建造在美国亚利桑那沙漠中的“生物圈2号”实验室开始启用,4名男科学家和4名女科学家将在这个密封世界中生活两年,过一种近乎与世隔绝的自给自足的生活。这项试验的目的是通过研究植物、动物、昆虫、空气、土壤、人类和一个大型空气调节系统在这座温室中的相互作用及其影响,更好地了解地球生物圈的运作规律。这座人造世界的建筑面积约12750平方米,内部装备了五种不同的自然生态环境:热带雨林、海洋、沼泽地、草原和沙漠。温室中种植和放养着4000种不同的动物、植物和昆虫。在面积约2020平方米的农场土地上,将种植各种给这些科学家提供食物的农作物,温室中的其他植物有助于净化室内的空气,它们吸收二氧化碳,提供氧气和干净的水。这些科学家还将在温室里养鸡、小型猪和羊以得到鸡蛋、奶和肉类。温室内设有一冷藏系统,它与室外的冷却塔相配合对室内的空气和水进行冷却,另外的一个5.2兆瓦的发电机提供整座循环系统所需的电力。

“生物圈2号”的命名是把地球视为“生物圈1号”而言的。“生物圈2号”是一个人工建造的模拟地球生态环境的全封闭的实验场,也有人把它称为“微型地球”,或“火星殖民地原型”。这个8层楼高的的圆顶形密封钢架结构玻璃建筑物,是人们花费了近2亿美元和9年时间建造起来的,是个自成体系的小生态系统。“生物圈2号”虽然与外界隔绝,但可以通过电力传输、电信与计算机与外部取得联系。工作人员在“生物圈2号”内可以看电视,可以通过无线电通讯与亲友联系。

1993年1月,8名科学家进入“生物圈2号”。科学家们原计划让工作人员在“生物圈2号”中生活两年,为今后人类登陆其他星球建立居住基地进行探索。然而,一年多以后,“生物圈2号”的生态状况急转直下,氧气(O_2)含量从21%迅速下降到14%,而二氧化碳(CO_2)和二氧化氮(NO_2)的含量却直线上升,大气和海水变酸,很多物种死去,而用来吸收二氧化碳的牵牛花却疯长。大部分脊椎动物死亡,所有的传粉昆虫的死亡造成靠花粉传播繁殖的植物也全部死亡。由于降雨失控,人造沙漠变成了丛林和草地。“生物圈2号”内空气的恶化直接危及了居民们的健康,科学家们被迫提前撤出这个“伊甸园”。“生物圈2号”的实验以失败告终。

多年来,人类梦寐以求地憧憬着冲出地球,向宇宙进军。随着地球环境的恶化,这种愿望里似乎又加进了欲逃离的色彩,人们上下求索,加快了寻找“诺亚方舟”的步伐。也许“生物圈2号”的失败有技术上的失误或设备上的欠缺,也许人们今后还会向“生物圈3号”、“生物圈4号”挑战。然而从“生物圈2号”失败反映出来的深层信息远比它本身更冷酷无情。它向人们证明:大音希声,大象无形。地球环境是在经历了几十亿年的风风雨雨后形成的,对这种异常可靠的结构,人们渴望窥其脉络,望其项背,但却绝不是简单的人工模仿再造能够完成的。

“生物圈2号”的失败告诫我们：人类在茫茫宇宙中只有地球这一处家园，逃离和束手待毙都是于事无补的。地球不是实验室，我们输不起，只有善待和保护它才是我们真正的出路。

——摘自自然之友编《20世纪环境警示录》

问题与思考

1. 非生物专业的大学生为什么也要学习生命科学？
2. 与非生命体比较，生命体具有哪些共同的基本特征？
3. 什么是现代生物技术？
4. 壁虎能飞檐走壁的原因是什么？科学家是如何进行科学研究的？

主要参考文献

[1] (美)国家研究理事会. 美国国家科学教育标准[M]. 戢守志，等，译. 北京：科学教育文献出版社，1999.

[2] (美)Raven P H，Johnson G B. 生物学[M]. 谢莉萍，张荣庆，等，译. 6版. 北京：清华大学出版社，2008.

[3] 马天有，董兆麟. 从植物分离产紫杉醇的内生真菌的研究[J]. 西北大学学报(自然科学版)，1999，29(1)：47-49.

[4] 于秀俊，杨静利. 基因治疗概述[J]. 生物学教学，2007，32(1)：10-11.

[5] 李爱芹，钱凤芹，陈为京，等. 生物技术在农业方面的应用前景与对策[J]. 科学与管理，2003，4(23)：16-17.

[6] 史典义，刘英. 现代生物技术及其应用[J]. 生物学教学，2008，1(33)：4.

[7] 谢从华，柳俊编. 植物细胞工程[M]. 北京：高等教育出版社，2004.

[8] 熊宗贵. 发酵工艺原理[M]. 北京：中国医药科技出版社，1995.

[9] 黄方一，叶斌. 发酵工程[M]. 武汉：华中师范大学出版社，2006.

[10] 自然之友. 20世纪环境警示录. 人民网，2001.12.

第2章 生命的物质基础

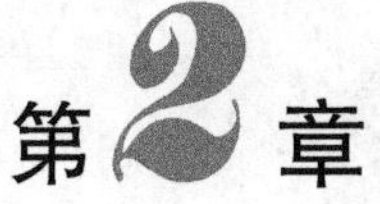

1. 构成生物体的元素,微量元素和常量元素。
2. 水和无机盐是参与机体代谢的重要成分。
3. 糖的概念,常见的单糖、寡糖和多糖。
4. 油脂和类脂的组成和功能。
5. 氨基酸和蛋白质的结构,蛋白质功能和蛋白质的变性与复性。
6. 核苷酸和核酸的结构组成,DNA 双螺旋模型的特点和意义。
7. 维生素的分类和常见维生素的作用。

引言 镰刀形红细胞贫血症——一种分子病

1910 年,一个黑人青年到医院看病,他的症状是发热和肌肉疼痛。经过检查发现,他患的是当时人们尚未认识的一种特殊的贫血症,他的红细胞不是正常的圆饼状,而是弯曲的镰刀形(图 2-1)。后来,人们就把这种病称为镰刀形红细胞贫血症。

1928 年,人们了解到镰刀形红细胞贫血症是一种常染色体隐性遗传病。1949 年,一位曾经两次获得诺贝尔奖的美国著名化学家鲍林(L. C. Pauling,1901—1994)在美国的《科学》杂志上发表了题为《镰刀形红细胞贫血症——一种分子病》的研究报告。他在文章中写道:"在我们的研究开始之时,有证据表明,红细胞发生镰刀形改变的过程可能是与红细胞内血红蛋白的状态和性质密切相关。"

正常的血红蛋白是由两条 α 链和两条 β 链构成的四聚体(图 2-2),其中每条肽链都以非共价键与一个血红素相连接。α 链由 141 个氨基酸组成,β 链由 146 个氨基酸组成。1956 年,英格拉姆(Ingram)等人用胰蛋白酶把正常的血红蛋白(HbA)和镰刀形细胞的血红蛋白(HbS)在相同条件下切成肽段,通过对比二者的滤纸电泳双向层析谱,发现有一个肽段的位置不同,这是 β 链 N 末端的一段肽链。也就是说,HbS 和 HbA 的 α 链是完全相同的,所不同的只是 β 链上从 N 末端开始的第 6 位的氨基酸残基,在正常的 HbA 分子中是谷氨酸,在病态的 HbS 分子中被缬氨酸所代替。蛋白质多肽链中个别氨基酸的变化,归根到底是遗传物质 DNA 中个别碱基的改变。镰刀形红细胞贫血症,就是 DNA 中一个 CTT 变成 CAT,即其中一个碱基

T变成A，以致产生病变。

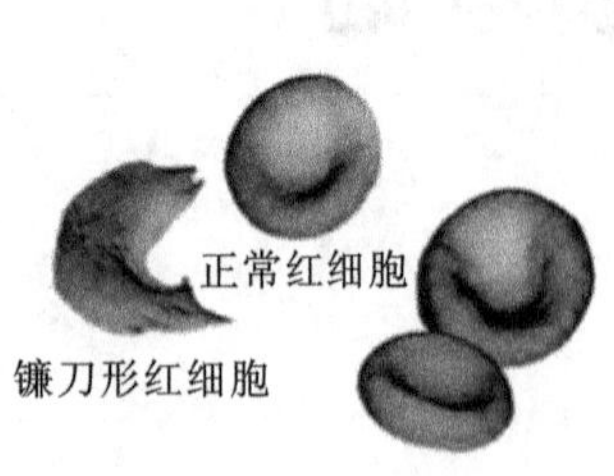

图 2-1 镰刀形红细胞贫血症

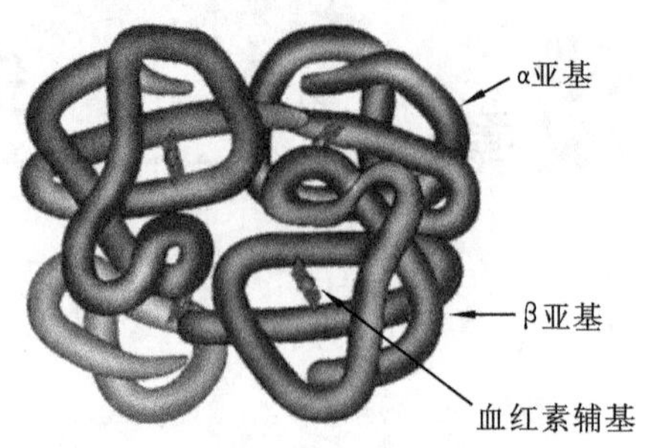

图 2-2 血红蛋白结构模式图

在HbS中，由于带负电的极性亲水谷氨酸被不带电的非极性疏水缬氨酸所代替，致使血红蛋白的溶解度下降。在氧张力低的毛细血管区，HbS形成管状凝胶结构（如棒状结构），导致红细胞扭曲成镰刀形（即镰变）。这种僵硬的镰刀形红细胞不能通过毛细血管，加上HbS的凝胶化使血液的黏滞度增大，阻塞毛细血管，引起局部组织器官缺血缺氧，产生脾肿大、胸腹疼痛（又叫做镰刀形红细胞痛性危象）等表现。除此之外，很多疾病与构成生命体的元素、物质的缺失、改变有关，比如地方性甲状腺肿就是由于缺乏碘元素所致，夜盲症是由于缺乏维生素A所致，疯牛病是由于构成蛋白质的空间构象发生改变所致，等等。

2.1 生命的元素组成

地球上的生物现在已知的大约有200万种，包括原核生物（细菌、蓝藻、支原体等）、古核生物（嗜热菌、嗜盐菌等）和真核生物（真菌、植物、动物等），除此之外还有表现生命现象但不是完整生命体的病毒。虽然它们种类繁多、大小形态各异，但从物质组成来看，组成生物体的都是化学元素。

自然界中存在100多种元素，生物体中存在的元素有30余种，这些元素在自然界无机物都可以找到，没有一种化学元素是生物界所特有的，这个事实说明，生物界和非生物界具有统一性。但是，组成生物体的化学元素，在生物体内和在无机自然界的含量，两者相差很大，例如，C、H、N三种化学元素在组成人体的化学成分中，含量共占74%左右，而这三种元素在组成岩石圈的化学成分中，含量还不到1%。这个事实又说明，生物界和非生物界存在着本质的区别，两者还具有差异性。

2.1.1 常量元素

生命的世界是物质的世界，组成生物体的基本成分是化学元素，所有的生命形态，其化学元素组成基本相同，所有参与生物体组成的30余种元素位于元素周期表中的上部和中间部分，属于原子质量相对比较轻的一批元素。

在组成生物体的元素中，其含量占体重0.01%以上的元素，称为常量元素。这类元素在体内所占比例较大，有机体需要量较多，是构成有机体的必备元素。以人体为例，标准健康成年人的元素组成为，氧65%、碳18%、氢10%、氮3%、钙1.5%、磷1%、钾0.35%、硫0.25%、钠 0.15%、氯 0.15%、镁 0.05%等，这些常量元素约占体重的 99.9%。所有的人体常量元素中，碳、氢、氧、氮是组成人体有机质的主要元素，占人体总重量的 96%以上。

2.1.2　微量元素

在生物体中，还有一类元素，因生物体对它们的需要量很少，占生物体总质量的 0.01%以下，统称为微量元素。到目前为止，已被确认与人体健康和生命有关的必需微量元素有 18 种，即铁、铜、锌、钴、锰、铬、硒、碘、镍、氟、钼、钒、锡、硅、锶、硼、铷、砷等。每种微量元素都有其特殊的生理功能，尽管它们在人体内含量极少，但它们对维持人体中的一些决定性的新陈代谢却是十分必要的，一旦缺少了这些必需的微量元素，人体就会出现疾病，甚至危及生命。目前，比较明确的是，大约有 30%的疾病直接与微量元素缺乏或不平衡有关，例如当体内氟缺乏时，可以影响牙齿的形成，易患龋齿，如果饮食中氟的含量过高，则易引起慢性氟中毒及斑釉症；当食物中缺碘或甲状腺吸收碘能力降低时，可使甲状腺素合成减少，时间一长，人就会患甲状腺肿和克汀病；体内硒缺乏时，谷胱甘肽过氧化酶不能被激活或激活得不够充分，可导致血红蛋白遭受不同程度的破坏，硒在体内还是强抗氧化剂，参与加速过氧化物的分解。

2.2　水和无机盐

2.2.1　水

水(H_2O)是由氢、氧两种元素组成的无机物，在常温常压下为无色无味的透明液体。水是地球上最常见的物质之一，是包括人类在内的所有生命生存的重要资源，也是生物体最重要的组成部分，水在生命演化中也起到了重要的作用。地球上，哪里有水，哪里就有生命，一切生命活动都起源于水。

人体内的水分，大约占体重的 65%。其中，脑髓含水 75%，血液含水 83%，肌肉含水 76%，即使坚硬的骨骼里也含水 22%，没有水，食物中的养料不能被吸收，废物不能排出体外，药物也不能到达起作用的部位。人体一旦缺水，后果是很严重的：缺水 1%～2%，感到口渴；缺水 5%，口干舌燥，皮肤起皱，意识不清，甚至出现幻视；缺水 15%会危及生命，后果往往甚于饥饿，没有食物，人可以活较长时间(有人估计为两个月)，如果连水也没有，顶多能活一周左右。

水在生物体中以两种形式存在。

一种是游离水，在生物体内或细胞内可以自由流动，不被生物体内胶体颗粒或大分子物质所吸附，是良好的溶剂和运输工具，约占 95%。如人和动物血液中含水 83%，多为游离水，可把营养物质输送到各个细胞，又把细胞产生的代谢废物运送到排泄器官，它的数量制约着细胞的代谢强度，如呼吸速度、光合速度、生长速度等。游离水占总含水量的百分比越大则代谢越旺盛。

另一种是结合水，它通过氢键与蛋白质等生物大分子结合，占 4%～5%。水是极性分子，氧侧带部分负电荷，氢侧带部分正电荷，因此水分子很容易与其他极性分子间形成氢键，如氨基、羧基、羟基等均可与水结合成为结合水，结合水不再能溶解其他物质，较难流动，如心肌含水79%，与血液含水量相差不多，但所含的水均为结合水，故呈坚实的形态。结合水不参与代谢作用，植物中结合水的含量与植物抗性大小有密切关系，即使干燥的成熟种子也保持约25%的结合水，这时细胞质呈半凝固凝胶状态，生理活性降到最低程度，但细胞质的基本结构还可以保持并可抵抗干旱和寒冷等不良环境。

研究发现，人和动物的年龄愈大，细胞中的结合水愈少，生病时，结合水也有变化。但是游离水和结合水的区分不是绝对的，两者在一定条件下可以相互转化。如血液凝固时，游离水就变成了结合水。

2.2.2 无机盐

无机盐即无机化合物中的盐类，在生物体内一般只占鲜重的1%～1.5%，它们在食物中分布很广，是构成机体组织和维持生物体正常生理功能所必需的，但不能提供热能。盐在生物体中解离为离子，离子的浓度除了具有调节渗透压和维持酸碱平衡的作用外，还有许多重要的作用。

生物体中主要的阴离子有Cl^-、PO_4^{3-}和HCO_3^-，其中PO_4^{3-}在细胞代谢活动中最为重要，其主要作用如下：①在各类细胞的能量代谢中起着关键性作用；②是核苷酸、磷脂、磷蛋白和磷酸化糖的组成成分；③调节酸碱平衡，对血液和组织液酸碱性起缓冲作用。

生物体中主要的阳离子有Na^+、K^+、Ca^{2+}、Mg^{2+}、Fe^{2+}、Fe^{3+}、Mn^{2+}、Cu^{2+}、Co^{2+}、Mo^{2+}，其生物学功能见表2-1。

表2-1 阳离子在细胞中的作用

离子种类	在细胞中的作用
Fe^{2+}或Fe^{3+}	血红蛋白、细胞色素、过氧化物酶和铁蛋白的组成成分
Na^+	维持膜电位
K^+	参与蛋白质合成和某些酶促合成
Mg^{2+}	叶绿素、磷酸酶、Na^+-K^+泵的组成部分
Mn^{2+}	肽酶的组成部分
Cu^{2+}	酪氨酸酶、抗坏血酸氧化酶的组成部分
Co^{2+}	肽酶的组成部分
Mo^{2+}	硝酸还原酶、黄嘌呤氧化酶的组成部分
Ca^{2+}	钙调素、肌动球蛋白、ATP酶的组成部分

2.3 糖类

糖类是自然界中广泛分布的一类重要的有机化合物，是人体中重要的营养素，日常食用的蔗糖、粮食中的淀粉、植物体中的纤维素、动物中的糖原、人体血液中的葡萄糖等均属糖类。

糖类是多羟基醛、多羟基酮及其缩聚物和某些衍生物的总称，一般由碳、氢、氧三种元素组成，广泛分布于自然界。糖类的另一个名称为“碳水化合物”，它的由来是生物化学家在先前发现某些糖类的分子式可写成$C_n(H_2O)_m$，故以为糖类是碳和水的化合物，但是后来的发现证明许多化合物是糖类但并不合乎上述分子式，如鼠李糖($C_6H_{12}O_5$)、脱氧核糖($C_5H_{10}O_4$)等，而有些物质虽然符合上述分子式但却不是糖类，如甲醛(CH_2O)、乙酸($C_2H_4O_2$)等。

糖类在生命活动过程中起着重要的作用，它是一切生命体维持生命活动所需能量的主要来源；多糖可以被拿来当作储存养分的物质(如植物中的淀粉和动物中的糖原)，或当作动物骨骼和植物细胞的细胞壁(如甲壳素和纤维素)；五碳醛糖的核糖是构成各种辅助因子不可缺少的物质(如 ATP、FAD 和 NAD^+)，也是一些遗传物质分子的骨干(如 DNA、RNA)；糖类的众多衍生物与免疫系统、受精、预防疾病、血液凝固和生长等有极大的关联。

根据水解情况可以把糖分为单糖、寡聚糖和多糖三类。

2.3.1　单糖

单糖是不能再水解的糖类，是构成各种二糖和多糖的基本单位，最简单的单糖是甘油醛和二羟基丙酮。根据单糖的碳原子数目，单糖可分为丙糖、丁糖、戊糖、己糖等，自然界的单糖主要是戊糖和己糖；根据构造，单糖又可分为醛糖(醛基位于末端 C 原子上)和酮糖(羰基位于链内碳原子上)，多羟基醛称为醛糖，多羟基酮称为酮糖，例如，葡萄糖为己醛糖，果糖为己酮糖。

单糖中最重要的与人类关系最密切的是葡萄糖，除此之外常见的单糖还有果糖、半乳糖、核糖和脱氧核糖等。重要的单糖主要有以下几种。

1. 丙糖

丙糖是由三个碳原子组成的单糖(图 2-3)，包括甘油醛和二羟丙酮。甘油醛是有甜味的无色晶体，是最简单的醛糖，分子中含有一个手性碳原子(连有四个不同基团的碳原子为手性碳原子，常以 * 标记)，有一对对映异构体：D-甘油醛和 L-甘油醛，它是决定单糖构型(D 型或 L 型)的参考标准，单糖的构型是指离羰基碳最远的那个手性碳原子的构型，是该碳原子上的—OH 的空间取向，与甘油醛相比得出的结果，凡是—OH 在右边者为 D 型，—OH 在左边者为 L 型。

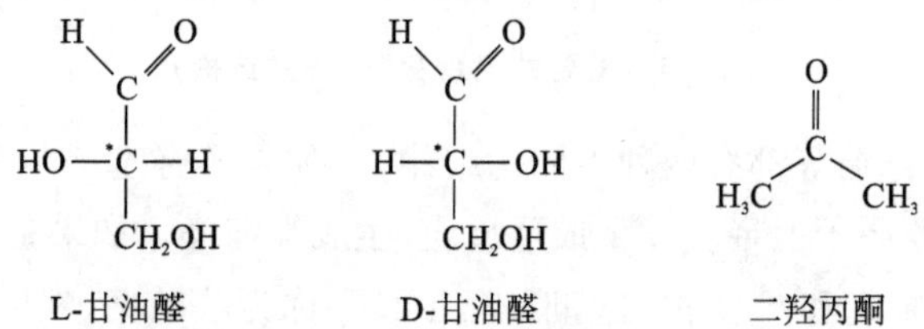

图 2-3　丙糖(带 * 号碳原子为手性碳原子)

二羟丙酮是白色潮解结晶性粉末，有凉的甜味和特征性气味，是最简单的酮糖，无光学活性，它们的磷酸酯(磷酸甘油醛、磷酸二羟丙酮)是细胞呼吸和光合作用中重要的中间产物。

2. 戊糖

戊糖是由五个碳原子组成的单糖(图 2-4)，戊糖中最重要的有核糖、脱氧核糖、核酮糖、木糖和阿拉伯糖。

(1) 核糖　自然界中最重要的一种戊糖，片状结晶，熔点 87 ℃，是一种五碳醛糖，一般常见类型为 D-核糖，是 RNA 的组成物之一，也是 ATP 及 NADH 等生化代谢分子的组成部分，并出现在许多核苷和核苷酸以及其衍生物中。

(2) 脱氧核糖　又称去氧核糖、D-脱氧核糖、2-脱氧核糖或 D-2-脱氧核糖，是核糖的 2-位羟基被氢取代后形成的脱氧糖衍生物，在细胞核中作为脱氧核糖核酸 DNA 的组分之一。

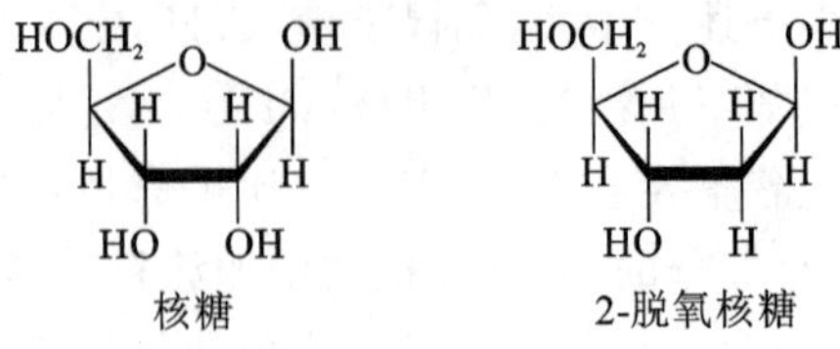

图 2-4　核糖和脱氧核糖

(3) 核酮糖　与核糖有相似的构型，是一种五碳酮糖，其衍生物在植物光合作用中占有重要的地位。

(4) 木糖　是木聚糖的一个组分，木聚糖广泛存在于植物中，也存在于动物肝素、软骨素和糖蛋白中，它是某些糖蛋白中糖链与丝氨酸(或苏氨酸)的连接单位，自然界中迄今还未发现游离状态的木糖。

(5) 阿拉伯糖　广泛存在于植物中，通常与其他单糖结合，以杂多糖的形式存在于胶体、半纤维素、果胶酸、细菌多糖及某些糖苷中。

3. 己糖

己糖是由 6 个碳原子组成的单糖，是自然界中分布最广、数量最多、与机体的营养代谢最密切的单糖，重要的己糖有 D-葡萄糖、D-半乳糖和 D-果糖(图 2-5)。

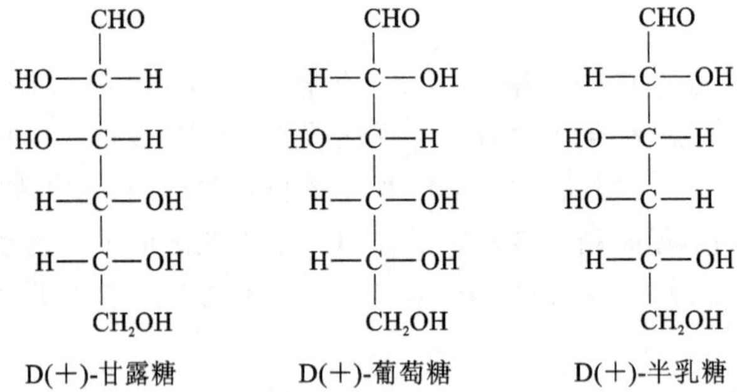

图 2-5　重要的己糖分子(链式结构)

自然界中的戊糖、己糖等都有两种不同的结构，一种是多羟基醛的开链形式，另一种是单糖分子中醛基和其他碳原子上羟基发生成环反应，生成半缩醛。如果是 C_1 与 C_5 上的羟基形成六元环，称为吡喃糖，而 C_1 和 C_4 上的羟基形成五元环，称为呋喃糖，呋喃环结构不如吡喃环结构稳定(图 2-6)。环化的单糖上的碳原子位于不同的平面上，使葡萄糖分子有船式和椅式两种构象，椅式构象最为稳定。单糖分子环化后，在羰基碳原子上形成的羟基称为半缩醛羟基，连接半缩醛羟基的碳原子称为异头碳，异头碳上羟基的连接位置不同形成不同的异构体，称为异头物。异头物的半缩醛羟基与决定构型的羟基在同侧者称为 α 型，在相反侧的称为 β 型。在单糖分子中，半缩醛基有较高的反应活性。

(1) 葡萄糖　又称为玉米葡糖、玉蜀黍糖，甚至简称为葡糖，是自然界中分布最广且最为重要的一种单糖，葡萄、无花果等甜果及蜂蜜中，游离的葡萄糖含量较高。正常人血浆中葡萄糖含量为 3.89～6.11 mmol/L，尿中一般不含游离葡萄糖，糖尿病患者尿中葡萄糖的含量变化较大，血液或尿中游离葡萄糖含量的测定，是临床检验的一个常规项目。结合的葡萄糖主要存在于糖原、淀粉、纤维素、半纤维素等多糖中，一些寡糖如麦芽糖、蔗糖、乳糖以及各种形式的糖苷中也含有葡萄糖。葡萄糖是一种多羟基醛，纯净的葡萄糖为无色晶体，有甜味但甜味不如

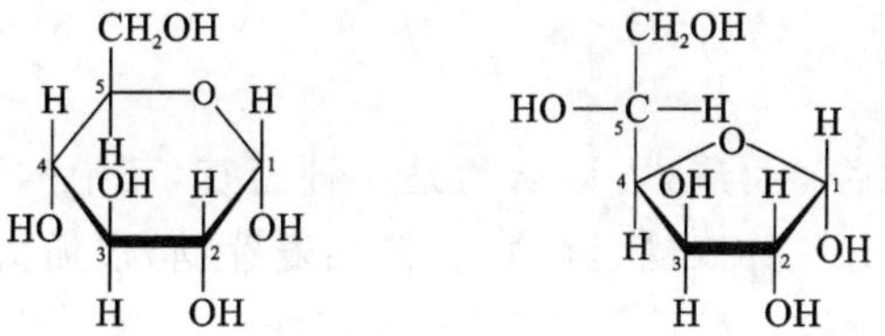

α-D-吡喃葡萄糖　　α-D-呋喃葡萄糖

图 2-6　葡萄糖的环式结构

蔗糖，易溶于水，微溶于乙醇，不溶于乙醚，水溶液旋光向右，亦称右旋糖。葡萄糖在生物学领域具有重要地位，是活细胞的能量来源和新陈代谢的中间产物，是生物的主要供能物质，例如，哺乳动物的肌肉细胞或单细胞的酵母细胞中，葡萄糖先后经过不需氧的糖酵解途径、需氧的三羧酸循环以及生物氧化过程生成二氧化碳和水，释放出的能量，以 ATP（三磷酸腺苷）形式储存起来，供生长、运动等生命活动之需。在无氧的情况下，葡萄糖被分解生成乳酸或乙醇，释放出的能量少得多。酿酒是无氧分解的过程，植物可通过光合作用产生葡萄糖，葡萄糖在糖果制造业和医药领域有着广泛的应用。

（2）果糖　一种最为常见的己酮糖，是葡萄糖的同分异构体，它以游离状态大量存在于水果的浆汁和蜂蜜中，果糖还能与葡萄糖结合生成蔗糖。纯净的果糖为无色晶体，熔点在 103～105 ℃，它不易结晶，通常为黏稠状液体，易溶于水、乙醇和乙醚，是所有的糖中最甜的一种，比蔗糖甜一倍。

（3）半乳糖　在植物界常以多糖形式存在于多种植物胶中，例如，红藻中的 K-卡拉胶就是 D-半乳糖和 3,6-内醚-D-半乳糖组成的多糖，游离的半乳糖存在于常青藤的浆果中。半乳糖为白色晶体，D-半乳糖和 L-半乳糖均天然存在，D-半乳糖一般作为乳糖的结构部分存在于牛奶中，牛奶中的乳糖被人体分解为葡萄糖和半乳糖被吸收利用，因它含有热量，也会被用作营养增甜剂。

甜味的高低称为甜度，是甜味剂的重要质量指标。甜味剂的甜度，现在还不能用物理或化学的方法定量地进行测定，只能凭人们的味觉感官判断，感官鉴定不但受主观上的影响，而且也受溶液的浓度、湿度、食品中其他成分等客观条件的影响，故目前还没有表示甜度绝对值的标准。为比较甜味剂的甜度，一般是选择一种甜味剂如蔗糖作为标准，一般以 5％或 10％的蔗糖水溶液在 20 ℃时的甜度为 1.0，其他甜味剂的甜度与它比较而得出，如取蔗糖的甜度为 100，果糖为 173，是常见的糖类中最甜的，糖精为 20000～70000，葡萄糖为 74，乳糖为 16～27，甜蜜素为 4000～5000，麦芽糖为 32～60。

这三种己糖对人体的营养最为重要，是人体获得能量的最主要来源。

2.3.2　寡糖

寡糖是两个或两个以上（一般指 2～10 个）的单糖单位以糖苷键相连形成的低聚糖，寡糖经水解后，每个分子产生为数较少的单糖。寡糖与多糖之间并没有严格的界限。含有两个单糖单位的寡糖称为双糖，含有三个单糖单位的寡糖称为三糖；寡糖还可以按组成的单糖类型是否相同分为同质寡糖和异质寡糖；寡糖按是否存在半缩醛羟基分为还原性寡糖和非还原性寡糖。寡糖是生物体内一种重要的信息物质，在生命过程中具有重要的功能，它以复合物的形式存在于多种生物组织中，特别是生物膜蛋白表面的寡糖残基，在细胞之间的识别及其相互作用中起着重要作用。

1. 双糖

双糖由两个单糖分子缩合而成,可以认为是一种糖苷,其中的配基是另外一个单糖分子(图 2-7)。在自然界中,仅有三种双糖(蔗糖、乳糖和麦芽糖)以游离状态存在,其他的以结合状态存在(如纤维二糖)。蔗糖是最重要的双糖,麦芽糖和纤维二糖是淀粉和纤维素的基本结构单位,三者均易水解为单糖。

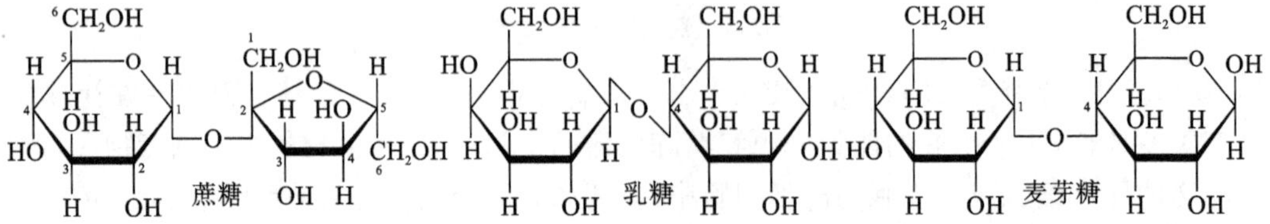

图 2-7 重要的双糖

(1) 蔗糖　光合作用的主要产物,也是植物体内糖储存、积累和运输的主要形式,在甜菜、甘蔗和各种水果中含有较多的蔗糖,日常食用的糖主要是蔗糖。蔗糖很甜,易结晶,易溶于水,但较难溶于乙醇。它是 α-D-吡喃葡萄糖-(1→2)-β-D-呋喃果糖苷,是由葡萄糖的半缩醛羟基和果糖的半缩酮羟基之间缩水而成的,没有还原性,是非还原性杂聚二糖。

(2) 麦芽糖　大量存在于发酵的谷粒特别是麦芽中,它是淀粉的组成成分,淀粉和糖原在淀粉酶作用下水解可产生麦芽糖。麦芽糖是 D-吡喃葡萄糖-α(1-4)-D-吡喃葡萄糖苷,有一个醛基是自由的,是还原糖。支链淀粉水解产物中除麦芽糖外还含有少量异麦芽糖,它是 α-D-吡喃葡萄糖-(1-6)-D-吡喃葡萄糖苷。麦芽糖在缺少胰岛素的情况下也可被肝脏吸收,不引起血糖升高,可供糖尿病患者食用。

(3) 乳糖　存在于哺乳动物的乳汁中(牛奶中含 4%～6%),高等植物花粉管及微生物中也含有少量乳糖。它是 β-D-半乳糖-(1-4)-D-葡萄糖苷。乳糖不易溶解,味不甚甜(甜度只有16),有还原性。乳糖的水解需要乳糖酶,婴儿一般都可消化乳糖,某些成人缺乏乳糖酶,不能利用乳糖,食用乳糖后会在小肠积累,产生渗透作用,使体液外流,引起恶心、腹痛、腹泻。

2. 三糖

三糖是三分子单糖以糖苷键连接而组成的化合物的总称。天然存在的三糖有龙胆属(龙胆)根中的龙胆三糖,广泛分布于甘蔗等的棉子糖,以及松柏类分泌的松三糖和车前属(*Plantago*)种子中分离出的车前三糖等。

2.3.3 多糖

多糖由多个单糖分子脱水聚合而成,可成直链或者有分支的长链,是一种分子结构复杂且庞大的糖类。由相同的单糖组成的多糖称为均一性多糖,如淀粉、纤维素和糖原;由不同的单糖组成的多糖称为杂多糖,如阿拉伯胶由戊糖和半乳糖等组成。

多糖不是一种纯粹的化学物质,而是聚合程度不同的物质的混合物,多糖一般不溶于水,无甜味,不能形成结晶,无还原性和变旋现象。多糖也是糖苷,可以水解,在水解过程中,往往产生一系列中间产物,最终完全水解得到单糖。

1. 淀粉

淀粉为多糖,是最常见的人类食物。淀粉是植物体中储存的养分,储存在种子和块茎中,各类植物中的淀粉含量都较高，大米含淀粉 62%～86%，麦子含淀粉 57%～75%，玉蜀黍含淀粉 65%～72%，马铃薯含淀粉超过 90%。淀粉是食物的重要组成部分，咀嚼米饭等食物时感到有些甜味，这是因唾液中的淀粉酶将淀粉水解成了麦芽糖所致。食物进入胃肠后，还能被胰脏分泌出来的淀粉酶水解，形成的葡萄糖被小肠壁吸收，成为人体组织的营养物。

纯淀粉是一种白色、无味的粉末，不溶于冷的水或乙醇，分子式为$(C_6H_{10}O_5)_n$。淀粉可分为直链淀粉和支链淀粉。直链淀粉是指葡萄糖只以 α-1,4-糖苷键连接形成的长链的葡聚糖，通常由 200～300 个葡萄糖残基组成，天然淀粉中直链淀粉占 20%～30%。支链淀粉是一种具有树枝形分支结构的多糖，分支处通过 α-1,6-糖苷键形成侧链，相对分子质量较大，一般由 1000～300000 个葡萄糖单位组成，相对分子质量约为 100 万，有的可达 600 万。直链淀粉遇碘呈蓝色，支链淀粉遇碘呈紫红色。

2. 糖原

糖原又称肝糖、动物淀粉，是人类等动物储存糖类的主要形式，主要分为肝糖原和肌糖原，是一类多糖，由葡萄糖失水缩合而成。哺乳动物体内，糖原主要存在于骨骼肌（约占整个身体的糖原的 2/3）和肝脏（约占 1/3）中，其他大部分组织中，如心肌、肾脏、脑等，也含有少量糖原，低等动物和某些微生物（真菌、酵母）中，也含有糖原或糖原类似物，糖原的主要生物学功能是作为动物和细菌的能量储存物质。

糖原的结构与支链淀粉相似，由 α-1,4-糖苷键和支链连接处的 α-1,6-糖苷键连接而成，与支链淀粉在结构上的主要区别在于糖原分子分支多、链短、结构紧密。糖原在水中的溶解度比淀粉小，遇碘变红褐色。

3. 纤维素

纤维素是自然界中分布最广、含量最多的一种多糖，一年生或多年生植物，尤其是各种木材都含有大量的纤维素。纤维素是植物细胞壁的主要成分，自然界中，植物体内约有 50%的碳以纤维素的形式存在，棉花、亚麻、苎麻和黄麻都含有大量优质的纤维素，棉花中的纤维素含量最高，达 90%以上，木材中的纤维素则常与半纤维素和木质素形式共同存在。

纤维素是一种复杂的多糖，由 8000～10000 个葡萄糖残基通过 β-1,4-糖苷键连接而成。天然纤维素为无臭、无味的白色丝状物，纤维素在水中有高度的不溶性，也不溶于稀酸、稀碱和有机溶剂。

全世界用于纺织、造纸的纤维素，每年达 800 万吨，此外，用分离纯化的纤维素做原料，可以制造人造丝、赛璐玢，以及硝酸纤维素、醋酸纤维素等酯类衍生物和甲基纤维素、乙基纤维素、羧甲基纤维素等醚类衍生物。

人类膳食中的纤维素主要存在于蔬菜和粗加工的谷类中，虽然不能被消化吸收，但能促进肠道蠕动，利于粪便排出。草食动物依赖于消化道中的共生微生物将纤维素分解，从而得以吸收利用。食物纤维素包括粗纤维、半粗纤维和木质素，食物纤维素是一种不被消化吸收的物质，过去认为是废物，现在认为它在保障人类健康，延长生命方面有着重要作用，因此，它被称为第七种营养素。

4. 其他多糖

在自然界中还存在着许多其他多糖，如透明质酸、几丁质、果胶和肝素等。

几丁质又称为壳多糖，为 N-乙酰葡糖胺通过 β 位连接聚合而成的同多糖，广泛存在于甲壳类动物的外壳、昆虫的甲壳和真菌的细胞壁中，也存在于一些绿藻中，是广泛存在于自然界的一种含氮多糖类生物性高分子，其蕴藏量在地球上的天然高分子中占第二位，仅次于纤维素。

透明质酸是一种酸性黏多糖，又名玻璃酸，存在于组织间、关节头的滑液和眼球内的玻璃质中，起到黏合、润滑和保护的作用，其基本结构是由双糖单位D-葡萄糖醛酸及N-乙酰葡糖胺组成的高级多糖类，它是肌肤水嫩的重要基础物质，本身也是人体的一种成分，具有特殊的保水作用，含水量可高达其本身重量的100倍，是目前发现的自然界中保湿性最好的物质，被称为理想的天然保湿因子，目前广泛地应用在保健品和化妆品中。

果胶是一组聚半乳糖醛酸，是由半乳糖醛酸组成的多糖混合物，它含有许多甲基化的果胶酸，存在于水果和一些根菜中，具有水溶性，广泛用于食品工业，主要用作胶凝剂、增稠剂、乳化剂和稳定剂等。

肝素是一种酸性黏多糖，主要由肥大细胞和嗜碱性粒细胞产生，肺、心、肝、肌肉等组织中含量丰富，生理情况下血浆中含量甚微，无论在体内还是体外，肝素的抗凝作用都很强，临床上把它作为抗凝剂广泛使用。

2.4 脂类

脂类是机体内的一类有机大分子物质，不溶于水但能溶于乙醚、氯仿、苯等非极性有机溶剂，它包括范围很广，化学结构有很大差异，生理功能各不相同，在水中可相互聚集形成内部疏水的聚集体，包括油脂和类脂。

脂类在生物体中的功能多种多样，主要体现在以下几个方面：①最佳的能量储存方式（动物、油料种子的甘油三酯），糖类提供的能量为17.1 kJ/g，而脂类提供的能量达到38.9 kJ/g；②生物膜的重要组成成分；③电与热的绝缘体，动物的脂肪组织有保温、防机械压力等保护功能，植物的蜡质可以防止水分的蒸发；④信号传递，例如固醇类激素等；⑤酶的激活剂，例如卵磷脂能激活β-羟丁酸脱氢酶；⑥糖基载体，合成糖蛋白时，磷酸多萜醇是羰基的载体；⑦激素、维生素和色素的前体；⑧生长因子与抗氧化剂；⑨参与信号识别和免疫。常见的脂类有以下几类。

2.4.1 油脂

油脂即甘油三酯或脂酰甘油（triacylglycerol）（图2-8），是油和脂肪的统称。一般将常温下呈液态的油脂称为油，呈固态的油脂称为脂肪，油脂是脂肪酸的羧基中的—OH与甘油羟基中的—H结合而脱去一分子水，于是甘油与脂肪酸之间形成酯键，成为脂肪分子。脂肪中的三个酰基一般是不同的，来源于碳十六、碳十八或其他脂肪酸，有双键的脂肪酸称为不饱和脂肪酸，没有双键的则称为饱和脂肪酸。

动物的脂肪中，不饱和脂肪酸很少，植物油中则比较多。膳食中饱和脂肪太多会引起动脉粥样硬化，因为脂肪和胆固醇会在血管内壁上沉积而形成斑块，使血管变窄而妨碍血液流动，产生心血管疾病，因此肥胖症患者容易患高血压等疾病。

油脂分布十分广泛，各种植物的种子、动物的组织和器官中都存有一定数量的油脂，特别是油料作物的种子和动物皮下的脂肪组织，油脂含量丰富，人体内的脂肪占体重的10%～20%。人体内脂肪酸种类很多，生成甘油三酯时可有不同的排列组合方式，因此，甘油三酯具有多种存在形式。

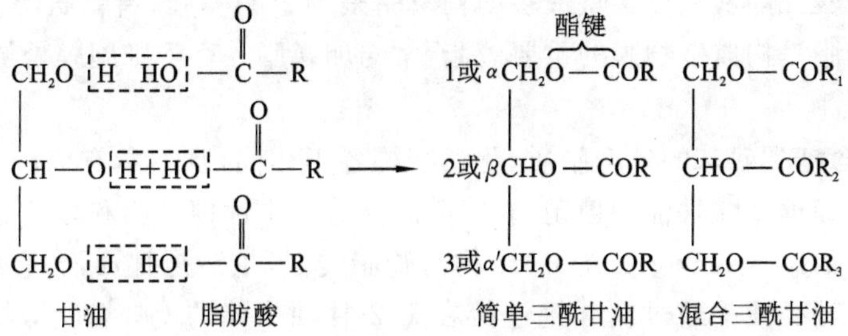

$$CH_2O\,[H\ \ HO]-\overset{O}{\overset{\|}{C}}-R \qquad 1或\alpha\ CH_2O-COR \qquad CH_2O-COR_1$$
$$CH-O\,[H+HO]-\overset{O}{\overset{\|}{C}}-R \longrightarrow 2或\beta\ CHO-COR \qquad CHO-COR_2$$
$$CH_2O\,[H\ \ HO]-\overset{O}{\overset{\|}{C}}-R \qquad 3或\alpha'\ CH_2O-COR \qquad CH_2O-COR_3$$

酯键

甘油　脂肪酸　简单三酰甘油　混合三酰甘油

图 2-8　甘油三酯结构式

2.4.2　类脂

类脂包括磷脂(phospholipids)、糖脂 (glycolipid)和胆固醇(cholesterol)及其酯三大类。

1. 磷脂

磷脂是生物膜的重要组成部分，其特点是在水解后产生含有脂肪酸和磷酸的混合物，根据主链结构的不同，磷脂可分为磷酸甘油酯和鞘磷脂。

(1) 磷酸甘油酯(phosphoglyceride)(图 2-9)　主链为甘油-3-磷酸，甘油分子中的另外两个羟基都被脂肪酸所酯化，磷酸基团又可被各种结构不同的小分子化合物所酯化，形成各种磷酸甘油酯。体内含量较多的是磷脂酰胆碱(PC)、磷脂酰乙醇胺(PE)、磷脂酰丝氨酸(PS)及磷脂酰肌醇(PI)等，每一磷脂可因组成脂肪酸的不同而有若干种。

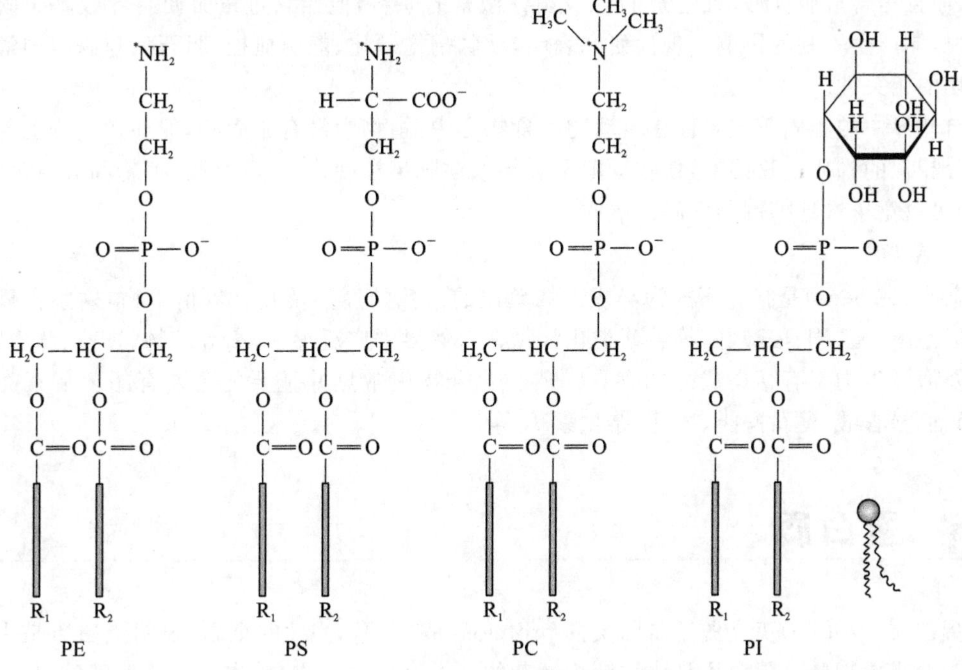

图 2-9　磷酸甘油酯结构图

(2) 鞘磷脂(sphingomyelin)　含硝氨醇或二氢鞘氨醇的磷脂，其分子不含甘油，一分子脂肪酸以酰胺键与鞘氨醇的氨基相连。鞘氨醇或二氢鞘氨醇是具有脂肪族长链的氨基二元醇，有疏水的长链脂肪烃基尾和两个羟基及一个氨基的极性头。鞘磷脂含磷酸，其末端羟基取代基团为磷酸胆碱酸乙醇胺，人体含量最多的鞘磷脂是神经鞘磷脂，由鞘氨醇、脂肪酸及磷酸胆碱构成，神经鞘磷脂是构成生物膜的重要磷脂，常与卵磷脂并存于细胞膜外侧。

2. 糖脂

糖脂是一类含糖类残基的复合脂质，化学结构各不相同，且不断有糖脂的新成员被发现，糖脂分为两大类，即糖基酰甘油和糖鞘脂，糖鞘脂又分为中性糖鞘脂和酸性糖鞘脂。

糖基酰甘油(glycosylacylglycerids)结构与磷脂类似，主链是甘油，含有脂肪酸，但不含磷及胆碱等化合物，糖类残基通过糖苷键连接在1,2-甘油二酯的C-3位上，构成糖基甘油酯分子，这类糖脂可由各种不同的糖类构成它的极性头。自然界存在的糖脂分子中的糖主要有葡萄糖、半乳糖，脂肪酸多为不饱和脂肪酸。

糖鞘脂(glycosphingolipid)分子母体结构是神经酰胺，脂肪酸连接在长链鞘氨醇的C-2氨基上，构成的神经酰胺糖类是糖鞘脂的亲水极性头，含有一个或多个中性糖残基作为极性头的糖鞘脂类称为中性糖鞘脂或糖基神经酰胺，其极性头带电荷。重要的糖鞘脂有脑苷脂和神经节苷脂。脑苷脂在脑中含量最多，肺、肾次之，肝、脾及血清也含有，脑中的脑苷脂主要是半乳糖苷脂，其脂肪酸主要为二十四碳脂酸；而血液中主要是葡萄糖脑苷脂。神经节苷脂是一类含唾液酸的酸性糖鞘脂，广泛分布于全身各组织的细胞膜的外表面，以脑组织最丰富。

3. 胆固醇

胆固醇是一种环戊烷多氢菲的衍生物，又称胆甾醇，广泛存在于动物体内，其中脑及神经组织中最为丰富，肾、脾、皮肤、肝和胆汁中含量也比较高，溶解性与脂肪类似，不溶于水，易溶于乙醚、氯仿等有机溶剂。胆固醇是动物组织细胞所不可缺少的重要物质，它不仅参与形成细胞膜，而且是合成胆汁酸、维生素D以及甾体激素的原料，但当它过量时便会导致高胆固醇血症，对机体产生不利的影响。现代研究表明，动脉粥样硬化、静脉血栓、胆石症与高胆固醇血症有密切的相关性。

自然界中的胆固醇主要存在于动物性食物之中，植物中没有胆固醇，但存在结构上与胆固醇十分相似的物质植物固醇，植物固醇不会导致动脉粥样硬化，在肠黏膜，植物固醇(特别是谷固醇)可以竞争性地抑制胆固醇的吸收。

4. 萜类

萜类(terpene)是指分子式为异戊二烯单位的倍数的烃类及其含氧衍生物，这些含氧衍生物可以是醇、醛、酮、羧酸、酯等。萜类化合物在自然界中广泛存在，高等植物、真菌、微生物、昆虫以及海洋生物都有萜类成分的存在。萜类化合物中常见并重要的主要有胡萝卜素类化合物、樟脑、松香酸、薄荷醇类、冰片、维生素A等。

2.5 蛋白质

蛋白质(protein)英文源于希腊文的proteios，是“头等重要”的意思，表明蛋白质是生命活动中头等重要物质。蛋白质是化学结构复杂的一类有机化合物，基本单位是氨基酸，是人体的必需营养素。蛋白质是细胞组分中含量最丰富、功能最多的高分子物质，在生命活动过程中起着各种生命活动功能执行者的作用，几乎没有一种生命活动能离开蛋白质，所以没有蛋白质就没有生命。

蛋白质分为植物性蛋白质和动物性蛋白质，动物性蛋白质质量好、利用率高，但同时富含饱和脂肪酸和胆固醇，植物性蛋白质利用率较低（大豆蛋白质除外），但饱和脂肪酸和胆固醇含量相对较低。动物性蛋白质摄入过多对人有害，可引起肥胖，或者加速钙质的流失，产生骨质疏松，但是如果动物性蛋白质摄入不够，可引起营养不良。

2.5.1　蛋白质的元素组成

蛋白质主要由 C、H、O、N 组成，一般蛋白质可能还会含有 P、S、Fe、Zn、Cu、B、Mn、I、Mo 等，这些元素在蛋白质中的组成百分比为，碳 50%、氢 7%、氧 23%、氮 16%、硫 0～3%，其他微量元素 1%。一切蛋白质都含 N 元素，且各种蛋白质的含氮量很接近，平均为 16%，因此任何生物样品中每 1 g N 元素的存在，就表示大约有 100/16 g=6.25 g 蛋白质的存在，6.25 被称为蛋白质常数。

蛋白质在细胞中发挥多种多样的功能，涵盖了细胞生命活动的各个方面，主要表现在如下几个方面：①催化作用，如酶；②生物体内新陈代谢的调剂作用，如胰岛素；③运输代谢物质的作用，如离子泵和血红蛋白；④储存作用，如植物种子中的大量蛋白质，就是用来萌发时的储备；⑤参与细胞骨架的形成，如肌动蛋白。

2.5.2　蛋白质的基本结构单位——氨基酸

氨基酸广义上是指既含有一个碱性氨基又含有一个酸性羧基的有机化合物，但一般的是指构成蛋白质的结构单位。在生物界，构成天然蛋白质的氨基酸具有其特定的结构特点，即其氨基直接连接在 α-碳原子上，这种氨基酸被称为 α-氨基酸。自然界中共有 300 多种氨基酸，其中 α-氨基酸 20 种，α-氨基酸是肽和蛋白质的构件分子，也是构成生命大厦的基本砖石之一。

氨基酸为无色晶体，熔点高，一般在 200 ℃以上，不同的氨基酸其味道不同，有的无味，有的味甜，有的味苦，谷氨酸的单钠盐有鲜味，是味精的主要成分。各种氨基酸在水中的溶解度差别很大，能溶解于稀酸或稀碱中，不溶于有机溶剂，乙醇能把氨基酸从其溶液中沉淀出来。

1. 氨基酸通式

氨基酸是氨基和羧基都直接连接在一个—CH—结构上的有机化合物，通式是 $H_2NCHRCOOH$，R 基团为可变基团，除甘氨酸外，其他蛋白质氨基酸的 α-碳原子均为不对称碳原子，因此氨基酸有旋光立体异构体，有 D 型和 L 型两种构型，组成蛋白质的氨基酸都属 L 型（甘氨酸除外）。

2. 氨基酸分类

20 种氨基酸在结构上的差别取决于侧链 R 基团的不同，通常根据 R 基团的化学结构或性质的不同将 20 种氨基酸进行分类（表 2-2）。

1）根据侧链基团的极性划分

非极性氨基酸（疏水氨基酸）有 8 种，即丙氨酸（Ala）、缬氨酸（Val）、亮氨酸（Leu）、异亮氨酸（Ile）、脯氨酸（Pro）、苯丙氨酸（Phe）、色氨酸（Trp）、蛋氨酸（Met）。

极性氨基酸（亲水氨基酸）有 12 种，其中：极性不带电荷的有 7 种，即甘氨酸（Gly）、丝氨酸（Ser）、苏氨酸（Thr）、半胱氨酸（Cys）、酪氨酸（Tyr）、天冬酰胺（Asn）、谷氨酰胺（Gln）；极性带正电荷的氨基酸（碱性氨基酸）有 3 种，即赖氨酸（Lys）、精氨酸（Arg）、组氨酸（His）；极性带负电荷的氨基酸（酸性氨基酸）有 2 种，即天冬氨酸（Asp）和谷氨酸（Glu）。

表 2-2　20 种氨基酸的名称和结构式(* 为必需氨基酸)

名　称	英文缩写		结构式
非极性氨基酸			
甘氨酸(α-氨基乙酸) Glycine	Gly	G	$CH_2—COO^-$; $^+NH_3$
丙氨酸(α-氨基丙酸) Alanine	Ala	A	$CH_3—CH(^+NH_3)—COO^-$
亮氨酸(γ-甲基-α-氨基戊酸)* Leucine	Leu	L	$(CH_3)_2CHCH_2—CH(^+NH_3)COO^-$
异亮氨酸(β-甲基-α-氨基戊酸)* Isoleucine	Ile	I	$CH_3CH_2CH(CH_3)—CH(^+NH_3)COO^-$
缬氨酸(β-甲基-α-氨基丁酸)* Valine	Val	V	$(CH_3)_2CH—CH(^+NH_3)COO^-$
脯氨酸(α-四氢吡咯甲酸) Proline	Pro	P	(环状结构)$—COO^-$，$\overset{+}{N}H_2$
苯丙氨酸(β-苯基-α-氨基丙酸)* Phenylalanine	Phe	F	$C_6H_5—CH_2—CH(^+NH_3)COO^-$
蛋(甲硫)氨酸(α-氨基-γ-甲硫基戊酸)* Methionine	Met	M	$CH_3SCH_2CH_2—CH(^+NH_3)COO^-$
色氨酸[α-氨基-β-(3-吲哚基)丙酸]* Tryptophan	Trp	W	(吲哚环, N—H)$—CH_2CH(^+NH_3)—COO^-$
非电离的极性氨基酸			
丝氨酸(α-氨基-β-羟基丙酸) Serine	Ser	S	$HOCH_2—CH(^+NH_3)COO^-$
谷氨酰胺(α-氨基戊酰胺酸) Glutamine	Gln	Q	$H_2N—C(=O)—CH_2CH_2CH(^+NH_3)COO^-$
苏氨酸(α-氨基-β-羟基丁酸)* Threonine	Thr	T	$CH_3CH(OH)—CH(^+NH_3)COO^-$
半胱氨酸(α-氨基-β-巯基丙酸) Cysteine	Cys	C	$HSCH_2—CH(^+NH_3)COO^-$

续表

名　称	英文缩写		结构式
天冬酰胺(α-氨基丁酰胺酸) Asparagine	Asn	N	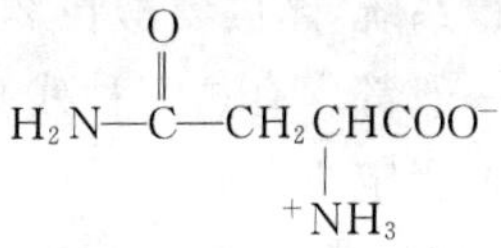 $H_2N-\overset{\overset{O}{\|\|}}{C}-CH_2\underset{\underset{^+NH_3}{\|}}{C}HCOO^-$
酸性氨基酸			
天冬氨酸(α-氨基丁二酸) Aspartic acid	Asp	D	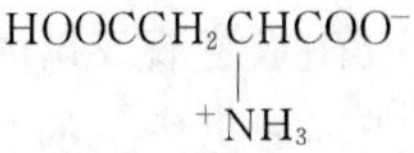 $HOOCCH_2\underset{\underset{^+NH_3}{\|}}{C}HCOO^-$
谷氨酸(α-氨基戊二酸) Glutamic acid	Glu	E	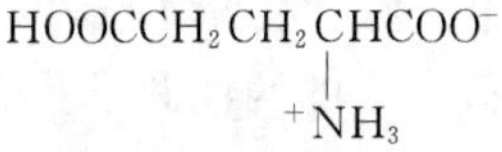 $HOOCCH_2CH_2\underset{\underset{^+NH_3}{\|}}{C}HCOO^-$
碱性氨基酸			
赖氨酸(α,ω-二氨基己酸)* Lysine	Lys	K	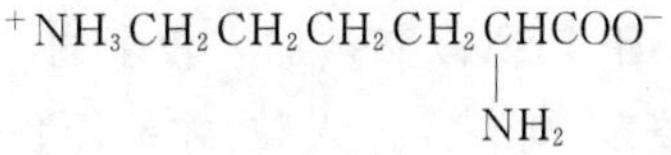 $^+NH_3CH_2CH_2CH_2CH_2\underset{\underset{NH_2}{\|}}{C}HCOO^-$
精氨酸(α-氨基-δ-胍基戊酸) Arginine	Arg	R	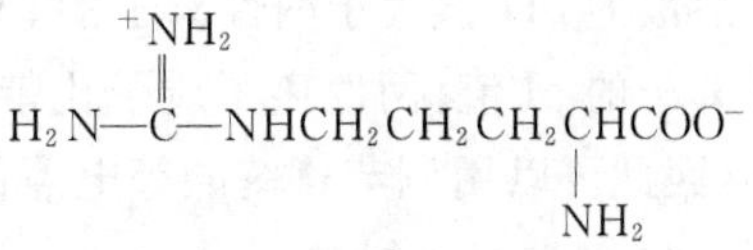 $H_2N-\overset{\overset{^+NH_2}{\|\|}}{C}-NHCH_2CH_2CH_2\underset{\underset{NH_2}{\|}}{C}HCOO^-$
组氨酸[α-氨基-β-(4-咪唑基)丙酸] Histidine	His	H	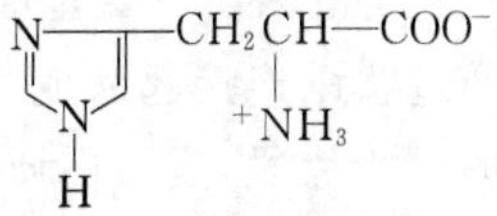 (咪唑环, N—H) $-CH_2\underset{\underset{^+NH_3}{\|}}{C}H-COO^-$

2）根据侧链基团化学结构划分

脂肪族氨基酸有 15 种，即丙氨酸、缬氨酸、亮氨酸、异亮氨酸、蛋氨酸、天冬氨酸、谷氨酸、赖氨酸、精氨酸、甘氨酸、丝氨酸、苏氨酸、半胱氨酸、天冬酰胺、谷氨酰胺。

芳香族氨基酸有 2 种，即苯丙氨酸、酪氨酸。

杂环族氨基酸有 2 种，即组氨酸、色氨酸。

杂环亚氨基酸有 1 种，即脯氨酸。

3）根据营养学的角度划分

必需氨基酸(essential amino acid)：人体(或其他脊椎动物)不能合成或合成速度远不能满足机体的需要，需要由食物供给的氨基酸，共有 8 种，包括赖氨酸、色氨酸、苯丙氨酸、蛋氨酸、苏氨酸、异亮氨酸、亮氨酸、缬氨酸。

半必需氨基酸(semiessential amino acid)：人体虽能够合成但不能满足正常需要的氨基酸，共 2 种，包括精氨酸和组氨酸。

非必需氨基酸(nonessential amino acid)：人(或其他脊椎动物)自己能由简单的前体合成，不需要从食物中获得的氨基酸，包括甘氨酸、丙氨酸等 10 种氨基酸。

3. 氨基酸的紫外吸收

氨基酸的一个重要光学性质是对光有吸收作用，20 种蛋白质氨基酸在可见光区域均无光吸收，在远紫外区（<220 nm）均有光吸收，在紫外区（近紫外区）（220～300 nm）只有三种有紫外光吸收能力，这三种氨基酸是苯丙氨酸、酪氨酸、色氨酸，因为它们的侧链 R 基团含有苯环共轭双键系统，苯丙氨酸在 257 nm、酪氨酸在 275 nm、色氨酸在 280 nm 处有最大光吸收峰。蛋白质一般都含有这三种残基，因此在大约 280 nm 波长处有最大吸收峰，能利用分光光度法很方便地测定蛋白质的含量，分光光度法测定蛋白质含量的依据是朗伯-比尔定律，在 280 nm 处蛋白质溶液吸光度与其浓度成正比。

4. 氨基酸的两性电离及等电点

氨基酸在水溶液或结晶内均以兼性离子的形式存在，兼性离子是指在同一个氨基酸分子上既带有能释放出质子的 NH_3^+ 又带有能接受质子的 COO^-。氨基酸的带电状况取决于所处环境的 pH 值，改变 pH 值可以使氨基酸带正电荷或负电荷，也可使它所带正负电荷数相等，即净电荷为零的两性离子状态。氨基酸所带正、负电荷数相等即净电荷为零时的溶液 pH 值称为该氨基酸的等电点 pI(isoelectric point)。

等电点不是中性点，不同氨基酸由于结构不同，等电点也不同。酸性氨基酸水溶液的等电点小于 7，所以必须加入较多的酸才能使正、负离子数量相等；反之，碱性氨基酸水溶液中正离子较多，则必须加入碱，才能使负离子数量增加，所以碱性氨基酸的等电点必然大于 7。当外界溶液的 pH 值大于两性离子的 pI 值，两性离子释放质子带负电，当外界溶液的 pH 值小于两性离子的 pI 值，两性离子质子化带正电，当达到等电点时氨基酸不带电荷，溶液中的溶解度最小，因此可以用调节氨基酸等电点的方法，分离氨基酸的混合物。

5. 氨基酸的功能

(1) 组成蛋白质　氨基酸是构成蛋白质的基本物质，与生物的生命活动有着密切的关系。氨基酸通过肽键连接起来成为肽与蛋白质，两个或两个以上的氨基酸脱水缩合成肽，它是一个蛋白质的原始片段，是蛋白质生成的前体，人体对蛋白质的需要实际上是对氨基酸的需要。

(2) 参与体内代谢　如果人体缺乏某些氨基酸，就可以导致生理功能异常，影响代谢的正常进行，进而导致疾病的发生。例如：精氨酸和瓜氨酸对尿素的形成十分重要；胱氨酸摄入不足会引起胰岛素减少，血糖升高；某些氨基酸在分解代谢过程中能产生含有一个碳原子的基团，包括甲基、亚甲基、甲烯基、甲炔基、甲酚基及亚氨甲基等；氨基酸分解代谢所产生的 α-酮酸，遵循糖或脂的代谢途径进行代谢，α-酮酸可再合成新的氨基酸，或转变为糖或脂肪，或进入三羧酸循环氧化分解生成 CO_2 和 H_2O，并释放出能量。

2.5.3 肽键和肽

肽键(peptide bond)是指一分子氨基酸的 α-羧基和一分子氨基酸的 α-氨基脱水缩合形成的键，又叫酰胺键，即—CO—NH—(图 2-10)。氨基酸借肽键连接成多肽链，是蛋白质分子中的主要共价键，其性质比较稳定。它虽是单键，但具有部分双键的性质，难以自由旋转，具有一定的刚性，因此形成肽键平面，包括连接肽键两端的 C═O、N—H 和 2 个 α-C 共 6 个原子，它们的空间位置处在一个相对接近的平面上，而相邻 2 个氨基酸的侧链 R 基团又形成反式构型，从而形成肽键与肽链复杂的空间结构。

肽(peptide)是两个或两个以上氨基酸通过肽键共价连接形成的聚合物，蛋白质不完全水解的产物也是肽。肽按其组成的氨基酸数目为 2 个、3 个和 4 个等不同而分别称为二肽、三肽和四肽等，一般由 10 个以下氨基酸组成的肽称为寡肽(oligopeptide)，由 10 个以上氨基酸组

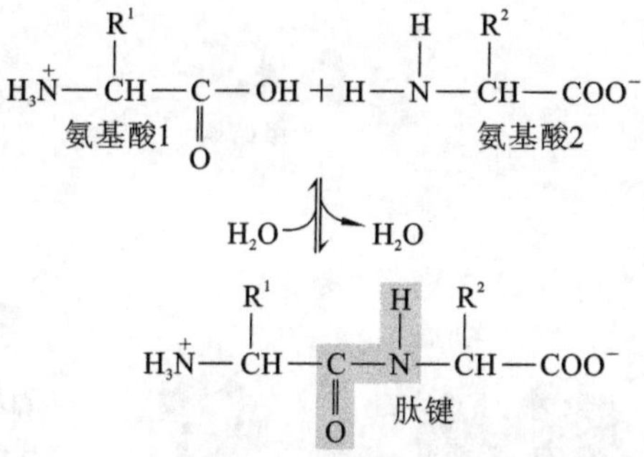

$$H_3\overset{+}{N}-\underset{\text{氨基酸1}}{\overset{R^1}{CH}}-\underset{O}{\overset{\|}{C}}-OH + H-\overset{H}{N}-\underset{\text{氨基酸2}}{\overset{R^2}{CH}}-COO^-$$

$$\rightleftharpoons \quad (H_2O \quad H_2O)$$

$$H_3\overset{+}{N}-\overset{R^1}{CH}-\underset{O}{\overset{\|}{C}}-\underset{\text{肽键}}{\overset{H}{N}}-\overset{R^2}{CH}-COO^-$$

图 2-10　肽键的形成

成的肽称为多肽(polypeptide),它们都简称为肽。肽链中的氨基酸已不是游离的氨基酸分子,因为其氨基和羧基在生成肽键过程中被脱去一分子的水,因此多肽和蛋白质分子中的氨基酸均称为氨基酸残基(amino acid residue)。

多肽和蛋白质都是氨基酸的多聚缩合物,而多肽也是蛋白质不完全水解的产物,但是多肽和蛋白质是有一定区别的。一方面是多肽中氨基酸残基数较蛋白质少,一般少于 50 个,而蛋白质大多由 100 个以上氨基酸残基组成,但它们之间在数量上并没有严格的分界线;另一方面,除相对分子质量外,现在还认为多肽一般没有严密并相对稳定的空间结构,即空间结构比较易改变,具有可塑性,而蛋白质分子则有相对严密、比较稳定的空间结构,这也是蛋白质发挥生理功能的基础。

多肽有开链肽和环状肽,人体内主要是开链肽,开链肽具有一个游离的氨基末端和一个游离的羧基末端,分别保留有游离的 α-氨基和 α-羧基,故又称为多肽链的 N 端(氨基端)和 C 端(羧基端),书写时一般将 N 端写在分子的左边,用(H)表示,并以此开始对多肽分子中的氨基酸残基依次编号,而将肽链的 C 端写在分子的右边,用(OH)来表示。

多肽在体内具有广泛的分布与重要的生理功能,如胰岛素是含有 51 个氨基酸残基的多肽,是机体内唯一降低血糖的激素,同时可以促进糖原、脂肪、蛋白质的合成;有些肽虽然比较小,但是也具有重要的生理功能,例如加压素和催产素,均为九肽,分子中含有一对二硫键,两者结构类似,前者可刺激子宫的收缩,促进分娩,后者可促进小动脉收缩,使血压升高;一些神经多肽的类似物,如内啡肽,是一种天然的止痛药;还有一些非常简单的肽也常用作食物的调味剂,如甜味剂 Aspartame 就是天冬氨酰苯丙氨酸的甲基酯,它的甜度是蔗糖的 200 倍,广泛用于食品、饮料中;谷胱甘肽,在红细胞中含量丰富,具有保护细胞膜结构和使细胞内酶蛋白处于还原、活性状态的功能,谷胱甘肽的结构比较特殊,分子中谷氨酸是以其 γ-羧基与半胱氨酸的 α-氨基脱水缩合生成肽键的,它在细胞中可进行可逆的氧化还原反应,因此有还原型与氧化型两种谷胱甘肽。

2.5.4　蛋白质的结构

蛋白质是大分子化合物,一般由多条肽链、上百个氨基酸、成千上万个原子组成,分为一、二、三、四级结构(图 2-11),为便于深入研究,将蛋白质的二、三、四级结构称为蛋白质的三维空间结构(three-dimensional structure,3D)或构象(conformation)。随着研究的深入,现在在蛋白质二级和三级结构之间,又增加了超二级结构(super-secondary structure)和结构域(domain)两个概念。

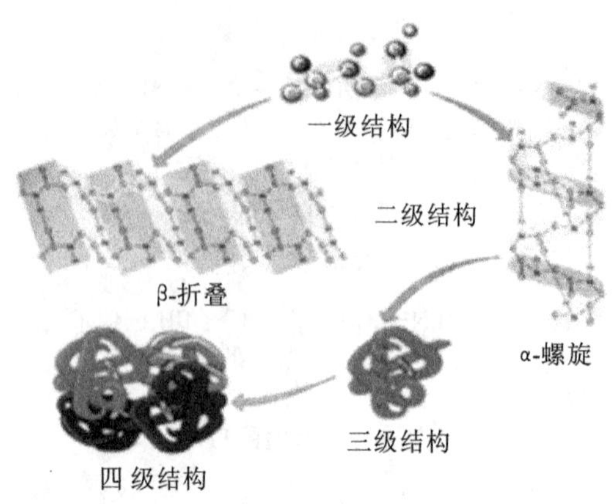

图 2-11　蛋白质的结构

1. 蛋白质的一级结构

蛋白质的一级结构(primary structure)就是蛋白质多肽链中氨基酸残基的排列顺序(sequence),是蛋白质最基本的结构,它是由基因上遗传密码的排列顺序所决定的,各种氨基酸按遗传密码的顺序,通过肽键连接起来,成为多肽链,故肽键是蛋白质结构中的主键。迄今已有约 1000 种蛋白质的一级结构被研究确定,如胰岛素(图 2-12)、胰核糖核酸酶、胰蛋白酶等。

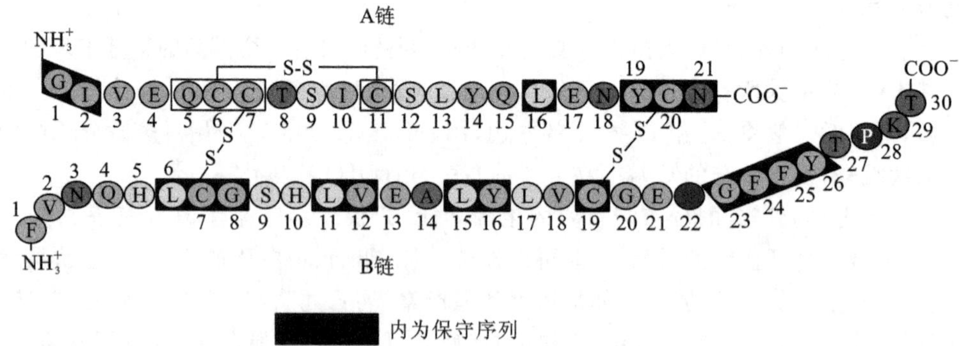

图 2-12　胰岛素的一级结构

蛋白质的一级结构决定蛋白质的二级、三级等高级结构。成百亿的天然蛋白质各有其特殊的生物学活性,决定每一种蛋白质的生物学活性的结构特点,首先在于其肽链的氨基酸序列,由于组成蛋白质的 20 种氨基酸各具特殊的侧链,侧链基团的理化性质和空间排布各不相同,当它们按照不同的序列关系组合时,就可形成多种多样的空间结构和不同生物学活性的蛋白质分子。

2. 蛋白质的空间结构

蛋白质分子的多肽链并非呈线形伸展,而是折叠、盘曲构成特有的比较稳定的空间结构。蛋白质的生物学活性和理化性质主要取决于蛋白质的空间结构,因此仅仅测定蛋白质分子的氨基酸组成和它们的排列顺序并不能完全了解蛋白质分子的生物学活性和理化性质。例如球状蛋白质(多见于血浆中的白蛋白、球蛋白、血红蛋白和酶等)和纤维状蛋白质(角蛋白、胶原蛋白、肌凝蛋白、纤维蛋白等),前者溶于水,后者不溶于水,显而易见,此种性质不能仅用蛋白质的一级结构的氨基酸排列顺序来解释,而主要是由蛋白质的空间结构决定的。

蛋白质的空间结构就是指蛋白质的二级结构、超二级结构、结构域、三级结构和四级结构。

1) 蛋白质的二级结构

蛋白质的二级结构(secondary structure)是指多肽链中主链原子的局部空间排布，不涉及侧链部分的构象。蛋白质主链构象的结构单元主要有四种模式：α-螺旋、β-片层结构、β-转角、无规卷曲，这些有序的二级结构单元主要是靠氢键等非共价键来维持其空间结构的相对稳定的。

α-螺旋(α-helix)(图 2-13)是蛋白质分子中最稳定的二级结构，其基本特征如下。

①肽链骨架由肽键上的 C、N 原子与氨基酸残基中的 α 碳原子组成，交替形成了肽链主链，它从 N 端到 C 端为顺时针方向的右手螺旋结构。

②螺旋每圈由 3.6 个氨基酸残基组成，每圈上下螺距为 0.54 nm。相邻螺旋之间，由第 1 个氨基酸肽键上 C═O，隔三个氨基酸残基，与第 5 个氨基酸肽键上 N—H 形成氢键，其间包括 13 个原子，故又称 3.613 螺旋，且氢键方向与 α-螺旋长轴基本平行，每相邻螺旋间有三个氢键维持其空间结构的相对稳定。

③α-螺旋类似实心棒状，氨基酸残基侧链 R 基团在螺旋外侧。

各种蛋白质分子中 α-螺旋中氨基酸占总氨基酸组成的比例各不相同，如角蛋白中几乎全是由 α-螺旋组成，而小分子蛋白质尤其是在多肽中几乎无 α-螺旋的存在。α-螺旋对维持蛋白质分子空间结构的相对稳定起着十分重要的作用。

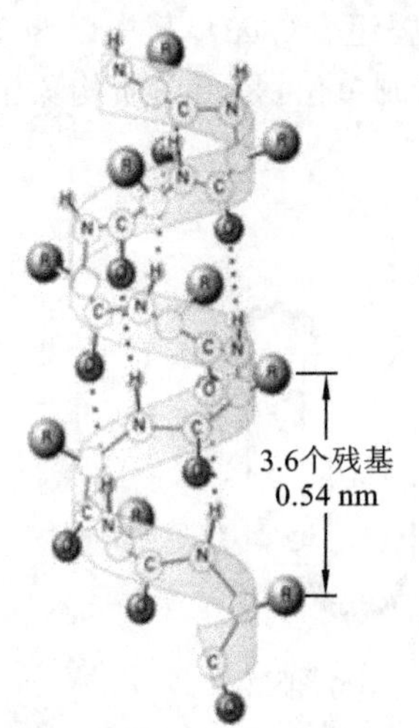

图 2-13　蛋白质 α-螺旋模式图

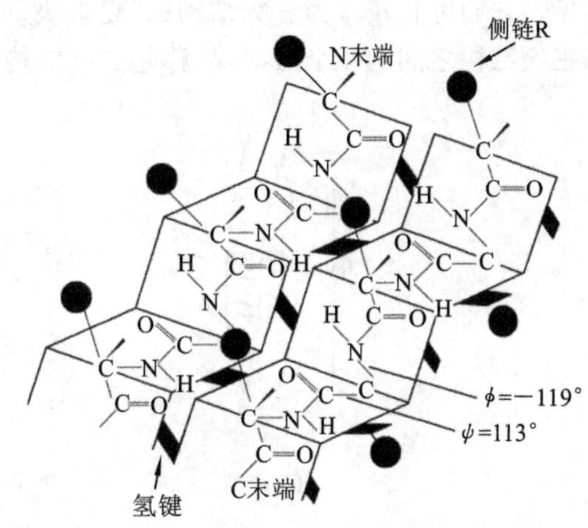

图 2-14　β-折叠片段

β-片层结构(β-pleated sheet structure)又称 β-折叠，是肽链中比较伸展的空间结构，其中肽键平面接近于平行、略呈锯齿状或扇形(图 2-14)。β-片层可由 2～5 个肽段片层之间经 C═O与 N—H 间形成的氢键来维系，但氢键方向与肽链长轴方向相垂直，且反平行方式排列在热力学上最为稳定。大多数球状蛋白质分子中，α-螺旋与 β-片层结构都同时存在，是各种蛋白质分子中的主要二级结构，但占氨基酸组成的比例各不相同，胰岛素分子中约有 14%的氨基酸残基组成 β-片层结构，而胰糜蛋白酶分子中约有 45%氨基酸残基组成 β-片层二级结构，β-片层二级结构的可塑性比较大。

β-转角(β-turn)是指肽链出现 180°左右转向回折时的“U”形有规律的二级结构单元，空间结构靠第 1 个氨基酸残基上的 C═O 隔两个氨基酸残基与第 4 个氨基酸残基上的 N—H 形成的氢键来维持稳定，氢键中包括 10～12 个原子，因此较 α-螺旋卷曲更紧密。β-转角还有几种亚型，在球状蛋白质中含量丰富，且大多存在于球状蛋白质分子的表面，因此为蛋白质生物活性的重要空间结构部位。

随意卷曲（randon coil）又称无规律卷曲，是指各种蛋白质分子中彼此各不相同、没有共同规律可遵循的那些肽段空间结构，它是蛋白质分子中一系列无序构象的总称，也可以说是各种蛋白质分子中的特征性二级结构。在蛋白质分子中，并不是所有肽段都形成有序的 α-螺旋、β-片层、β-转角等二级结构的，而是有相当部分的肽段，其二级结构在各蛋白质分子间彼此并不相似，无共同规律可遵循，它普遍存在于各种天然蛋白质分子中，同时也是蛋白质分子结构和功能的重要组成部分。

蛋白质二级结构乃至更高层次空间结构的形成，决定于其一级结构，由于一级结构中氨基酸残基侧链 R 基团大小与性质的不同，使肽链可形成不同的 α-螺旋、β-片层等二级结构。例如，一个肽段由相邻较多酸性氨基酸组成，由于侧链 R 基团带有相同的负电荷，因此就同性相斥而不易形成稳定的 α-螺旋；又如，一个肽段中集中了较多具有大侧链 R 的氨基酸，因空间位阻也不易形成有序的 α-螺旋，而多形成随意卷曲。

2）超二级结构和结构域

超二级结构（super-secondary structure）是指多肽链内顺序上相互邻近的二级结构常常在空间折叠中靠近，彼此相互作用，形成规则的二级结构聚集体。目前发现的超二级结构有三种基本形式：α 螺旋组合（αα）；β 折叠组合（βββ）和 α 螺旋 β 折叠组合（βαβ），其中以 βαβ 组合最为常见。它们可直接作为三级结构的“建筑块”或结构域的组成单位，是蛋白质构象中二级结构与三级结构之间的一个层次，故称超二级结构（图 2-15）。

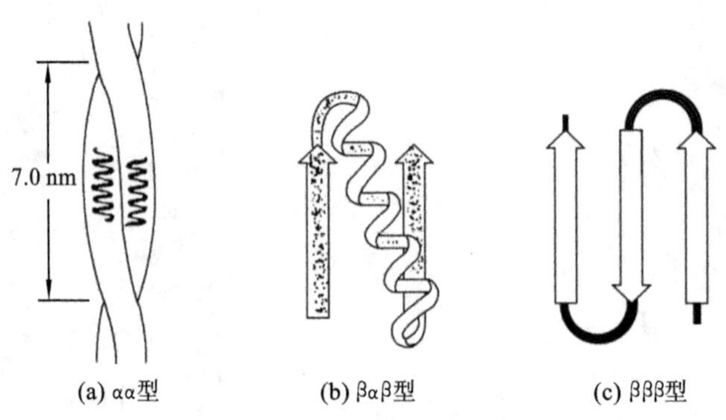

图 2-15　超二级结构

结构域（domain）也是蛋白质构象中二级结构与三级结构之间的一个层次。较大的蛋白质分子中，由于多肽链上相邻的超二级结构紧密联系，形成二个或多个在空间上可以明显区别与蛋白质亚基结构的区域，一般每个结构域由 100～200 个氨基酸残基组成，各有独特的空间构象，并承担不同的生物学功能。如免疫球蛋白（IgG）由 12 个结构域组成，其中两个轻链上各有 2 个，两个重链上各有 4 个，配体结合部位与抗原结合部位处于不同的结构域。一个蛋白质分子中的几个结构域可以相同，也可以不同，而不同蛋白质分子之间肽链中的各结构域也可以相同，如乳酸脱氢酶、3-磷酸甘油醛脱氢酶、苹果酸脱氢酶等均属于以 NAD^+ 为辅酶的脱氢酶类，它们各自由 2 个不同的结构域组成，但它们与 NAD^+ 结合的结构域构象则基本相同。

3）蛋白质的三级结构

蛋白质的多肽链在各种二级结构的基础上进一步盘曲、折叠形成具有一定规律的三维空间结构，称为蛋白质的三级结构(tertiary structure)(图 2-16)。蛋白质三级结构的稳定主要靠次级键，这些次级键可存在于一级结构相隔很远的氨基酸残基的 R 基团之间，因此蛋白质的三级结构主要指氨基酸残基的侧链间的结合，次级键都是非共价键，易受环境中 pH 值、温度、离子强度等的影响，有变动的可能性，二硫键不属于次级键，但在某些肽链中能使远隔的二个肽段联系在一起，对于蛋白质三级结构的稳定起着重要作用。

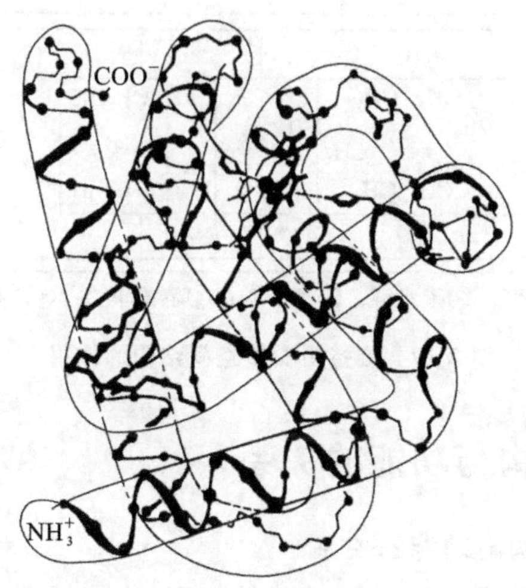

图 2-16　蛋白质的三级结构

具备三级结构的蛋白质从外形上看，有的细长(长轴比短轴大 10 倍以上)，属于纤维状蛋白质(fibrous protein)，如丝心蛋白；有的长、短轴相差不多，基本上呈球形，属于球状蛋白质(globular protein)，如血浆清蛋白、球蛋白、肌红蛋白，球状蛋白的疏水基团多聚集在分子的内部，而亲水基团多分布在分子表面，因而球状蛋白质是亲水的，更重要的是，多肽链经过如此盘曲后，可形成某些发挥生物学功能的特定区域，如酶的活性中心等。

4) 蛋白质的四级结构

具有两条或两条以上独立三级结构的多肽链组成的蛋白质，其多肽链间通过次级键相互组合而形成的空间结构称为蛋白质的四级结构(quarternary structure)。其中，每个具有独立三级结构的多肽链单位称为亚基(subunit)，四级结构实际上是指亚基的立体排布、相互作用及接触部位的布局。亚基之间不含共价键，亚基间次级键的结合比二级结构、三级结构疏松，因此在一定的条件下，四级结构的蛋白质可分离为亚基，而亚基本身构象仍可不变。

一种蛋白质中，亚基结构可以相同，也可不同，如：烟草斑纹病毒的外壳蛋白是由 2200 个相同的亚基形成的多聚体；正常人血红蛋白 A 是 2 个 α 亚基与 2 个 β 亚基形成的四聚体；天冬氨酸氨甲酰基转移酶由 6 个调节亚基与 6 个催化亚基组成。有人将具有全套不同亚基的最小单位称为原聚体(protomer)，如 1 个催化亚基与 1 个调节亚基结合成天冬氨酸氨甲酰基转移酶的原聚体。

某些蛋白质分子可进一步聚合成聚合体(polymer)，聚合体中的重复单位称为单体(monomer)，聚合体可按其中所含单体的数量不同而分为二聚体、三聚体，等等，以及寡聚体(oligomer)和多聚体(polymer)而存在，如胰岛素(insulin)在体内可形成二聚体及六聚体。

维持蛋白质各级结构稳定的作用力包括氢键、疏水键、盐键以及范德华力等(图 2-17)。

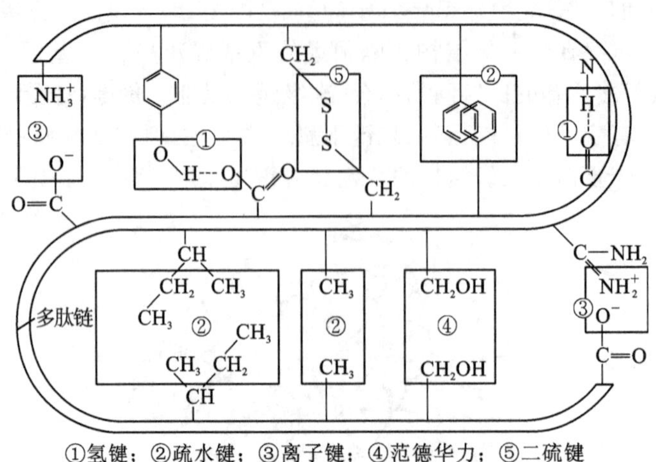

①氢键；②疏水键；③离子键；④范德华力；⑤二硫键

图 2-17　维持蛋白质空间结构的作用力

2.5.5　蛋白质的结构与功能的关系

1. 蛋白质分子一级结构与功能的关系

蛋白质分子中关键活性部位氨基酸残基的改变，会影响其生理功能，甚至造成分子病(molecular disease)，如镰刀形红细胞贫血症。另外，若切除了促肾上腺皮质激素或胰岛素 A 链 N 端的部分氨基酸，它们的生物活性也会降低或丧失，可见关键部分氨基酸残基对蛋白质和多肽功能起着重要作用。

另一方面，在蛋白质结构与功能关系中，一些非关键部位氨基酸残基的改变或缺失，不会影响蛋白质的生物活性。例如人、猪、牛、羊等哺乳动物胰岛素分子 A 链中 8、9、10 位和 B 链 30 位的氨基酸残基各不相同，有种属差异，但这并不影响它们都具有降低生物体血糖浓度的共同生理功能。又如，在人群的不同个体之间，同一种蛋白质有时也会有氨基酸残基的不同或差异，但这也并不影响不同个体中它们担负相同的生理功能。但差异的氨基酸，若是在氨基酸分类中从脂肪族换成芳香族氨基酸等，即蛋白质之间的免疫原性就会发生较大差异，由这些蛋白质组成人体组织、器官，在临床上进行移植时，就可产生排异反应。

蛋白质一级结构与功能间的关系十分复杂，不同生物中具有相似生理功能的蛋白质或同一种生物体内具有相似功能的蛋白质，其一级结构往往相似，但有时也相差很大。如催化 DNA 复制的 DNA 聚合酶，细菌的和小鼠的就相差很大，具有明显的种属差异，可见生命现象十分复杂多样。

2. 蛋白质分子空间结构和功能的关系

蛋白质分子空间结构与其性质及生理功能的关系也十分密切，不同的蛋白质，正因为具有不同的空间结构，因此具有不同的理化性质和生理功能。如指甲和毛发中的角蛋白，分子中含有大量的 α-螺旋二级结构，因此性质稳定、坚韧又富有弹性，这是和角蛋白的保护功能分不开的；胶原蛋白的三股 α-螺旋平行再几股拧成缆绳样胶原微纤维结构，使其性质稳定而具有强大的抗张力作用，因此它是组成肌腱、韧带、骨骼和皮肤的主要蛋白质。丝心蛋白正因为分子中富含 β-片层结构，因此分子伸展，蚕丝柔软却没有多大的延伸性。事实上不同的酶，催化不同的底物起不同的反应，表现出酶的特异性，也是和不同的酶具有各自不相同且独特的空间结构密切相关。细胞质膜上一些蛋白质是离子通道，就是因为在其多肽链中的一些 α-螺旋或 β-折叠二级结构中，一侧多由亲水性氨基酸组成，而另一侧却多由疏水性氨基酸组成，具有“两亲性”(amphipathic)的特点。几段 α-螺旋或 β-折叠的亲水侧之间构成了离子通道，其疏水侧通过疏水键将离子通道蛋白质固定在细胞质膜上，载脂蛋白也具有“两亲性”，既能与血浆中脂类结合，又使之溶解在血液中进行脂类的运输。

具有四级结构的蛋白质，很多有重要的别构作用(allosteric effect)，又称变构作用。别构作用是指一些生理小分子物质，作用于具有四级结构的蛋白质，与其活性中心外别的部位结合，引起蛋白质亚基间一些次级键的改变，使蛋白质分子空间构象发生轻微变化，包括分子变得疏松或紧密，从而使其生物活性升高或降低的过程。具有四级结构蛋白质的别构作用，其活性得到不断调整，从而使机体适应千变万化的内、外环境，因此推断这是蛋白质进化到具有四级结构的重要生理意义之一。

血红蛋白运氧中有别构作用，当血红蛋白分子第一个亚基与氧结合后，该亚基构象的轻微改变，可导致 4 个亚基间盐键的断裂，使亚基间的空间排布和四级结构发生轻微改变，血红蛋白分子从较紧密的 T 型转变成较松弛的 R 型构象，从而使血红蛋白其他亚基与氧的结合容易发生，产生了正协同作用，呈现出与肌红蛋白不同的“S”形氧解离曲线，完成更有效的运输氧的功能。它就像撕一张四联邮票，当撕第一张时较费力，但撕第二、三张时就容易些了，当撕到第四张邮票时几乎可以不费任何力气(图 2-18)，即血红蛋白变构到第四个亚基与氧的结合时就更容易了。当然，血红蛋白是由四个亚基聚合而成的蛋白质，在变构中亚基是绝对不能分开的，只是构象发生改变。氧对生命十分重要，但氧又难溶于水，生物进化到脊椎动物，产生了血红蛋白与肌红蛋白，尤其是血红蛋白具有四级结构和别构作用，使之能更有效地完成运输氧的功能。

图 2-18 撕邮票

2.5.6 蛋白质的变性与复性

变性(denaturation)是指在一些物理或化学因素作用下，使蛋白质分子空间结构破坏，从而引起蛋白质理化性质改变，包括结晶性能消失，蛋白质溶液黏度增加，呈色反应加强及易被消化水解等，尤其是溶解度降低和生物活性丧失的过程。蛋白质变性的原理是分子中非共价键断裂，蛋白质分子从严密且有序的空间结构转变成杂乱松散、无序的空间结构，因此生物活性也必然丧失；同时由于蛋白质变性后，分子内部的疏水基团暴露到了分子的表面，因此其溶解度降低而容易沉淀析出。变性的蛋白质大多沉淀，但沉淀的蛋白质在蛋白质分离纯化中并不是变性的。

造成蛋白质变性的物理、化学条件有加热、紫外线、X 射线和有机溶剂，如乙醇、尿素、胍和强酸、强碱、重金属盐等。蛋白质变性有时是能逆转的，因为此时蛋白质的一级结构并未遭到破坏，故若变性时间短、变性程度较轻，理论上在合适的条件下，变性蛋白质分子尚可重新卷曲形成天然空间结构，并恢复其生物活性，这称为蛋白质的复性(renaturation)，但目前情况下大部分变性蛋白质均难以复性，尤其是加热变性的蛋白质因发生了凝固更难复性。

在实际工作中，我们要谨防一些蛋白质制剂或蛋白质药物的变性失活，如免疫球蛋白、酶蛋白、疫苗蛋白和蛋白质激素药物等；而在另一些情况下，又要利用日光、紫外线、高压蒸汽、乙醇和红汞等使细菌蛋白质变性失活，从而达到消毒杀菌的目的。注意：变性是由一些较剧烈的条件使蛋白质构象破坏、生物活性丧失的过程，它不同于别构中蛋白质构象的轻微改变，别构是伴随着生物活性升高或降低的调节过程。

2.6 核酸

1869 年，F. Miescher 从脓细胞中提取到一种富含磷元素的酸性化合物，因存在于细胞核中而将它命名为"核质"(nuclein)，但核酸(nucleic acids)这一名词在 F. Miescher 发现"核质"20 年后才被正式启用，当时已能提取不含蛋白质的核酸制品。早期的研究仅将核酸看成是细胞中的一般化学成分，没有人注意到它在生物体内有什么功能这样的重要问题。1944 年，Avery 等为了寻找导致细菌转化的原因，他们发现从 S 型肺炎球菌中提取的 DNA 与 R 型肺炎球菌混合后，能使某些 R 型菌转化为 S 型菌，且转化率与 DNA 纯度呈正相关，若将 DNA 预先用 DNA 酶降解，转化就不发生，从而得出结论如下：S 型菌的 DNA 将其遗传特性传给了 R 型菌，DNA 就是遗传物质，从此核酸是遗传物质的重要地位才被确立，人们把对遗传物质的注意力从蛋白质移到了核酸上。

2.6.1 核酸的组成

核酸是生命的最基本物质之一，广泛存在于所有动物细胞、植物细胞、微生物内，常与蛋白质结合形成核蛋白，不同的核酸，其化学组成、核苷酸排列顺序等不同。根据化学组成不同，核酸可分为核糖核酸(简称 RNA)和脱氧核糖核酸(简称 DNA)(图 2-19)。DNA 和 RNA 都是由核苷酸(nucleotide)头尾相连而形成的，由 C、H、O、N 和 P 五种元素组成。DNA 是绝大多数生物的遗传物质，RNA 是少数不含 DNA 的病毒(如烟草花叶病毒，流感病毒，SARS 病毒等)的遗传物质。RNA 在蛋白质合成过程中起着重要作用，其中转运核糖核酸，简称 tRNA，起着携带和转移活化氨基酸的作用；信使核糖核酸，简称 mRNA，是合成蛋白质的模板；核糖体的核糖核酸，简称 rRNA，是细胞合成蛋白质的主要场所。

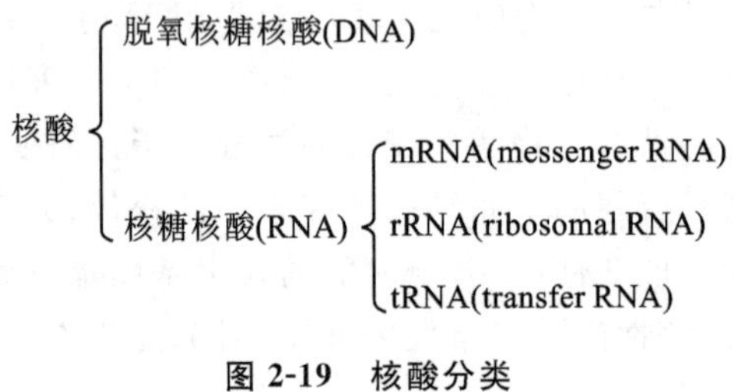

图 2-19 核酸分类

2.6.2 核苷酸

核苷酸(nucleotide)是一类含氮碱基、核糖或脱氧核糖以及磷酸三种物质组成的化合物(图 2-20)。

核苷酸碱基(base)由含氮杂环化合物嘌呤(purine)和嘧啶(pyrimi-dine)两大类构成(图 2-21)。核苷酸中的嘌呤碱主要指腺嘌呤(A)和鸟嘌呤(G)，在 DNA 和 RNA 中均含有这两种

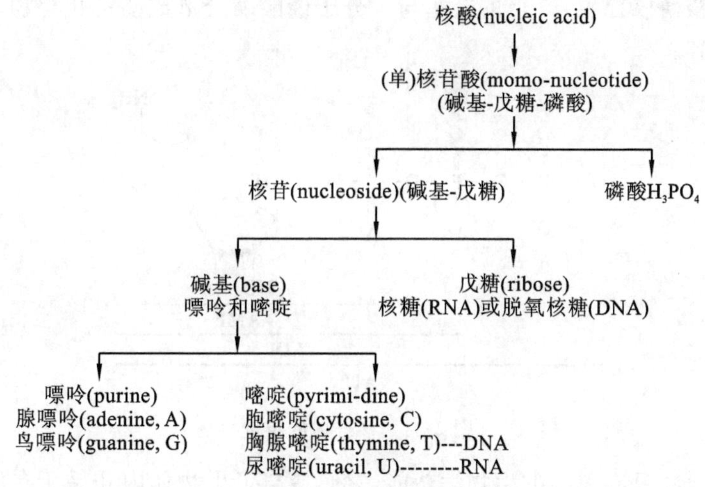

图 2-20　核酸结构组成

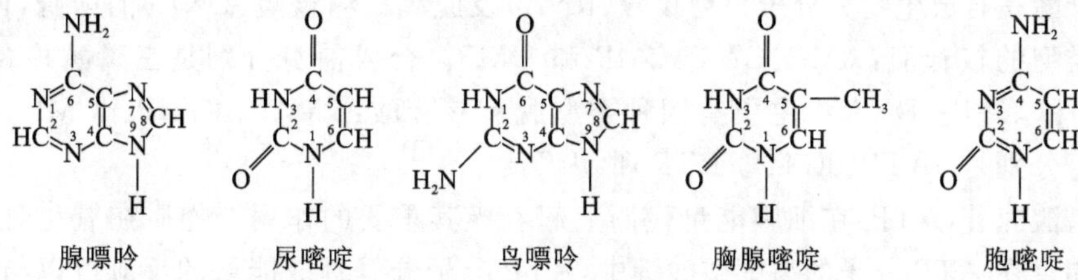

图 2-21　核苷酸碱基

碱基。核苷酸中的嘧啶碱主要指胞嘧啶(C)、胸腺嘧啶(T)和尿嘧啶(U),其中胞嘧啶均存在于 DNA 和 RNA 中,胸腺嘧啶只存在于 DNA 中,尿嘧啶则只存在于 RNA 中。

戊糖分为 D-核糖(D-ribose,R)和 D-2-脱氧核糖(D-2-deoxyribose,dR)两类,D-核糖的 C2 所连的羟基脱去氧就是 D-2 脱氧核糖。

核苷(图 2-22)是碱基与戊糖缩合而成的,由 D-核糖或 D-2 脱氧核糖与嘌呤或嘧啶通过糖苷键连接组成的化合物。脱氧核糖(或核糖)的第一位碳原子(C1)上的半缩醛羟基与嘧啶碱基的第一位氮原子(N1)或嘌呤碱基的第九位氮原子(N9)脱水生成糖苷键,称为 N-糖苷键(N—C 键)。糖苷的命名是先说出碱基名称,再加“核苷”或“脱氧核苷”,如鸟嘌呤核苷、腺嘌呤核苷等。

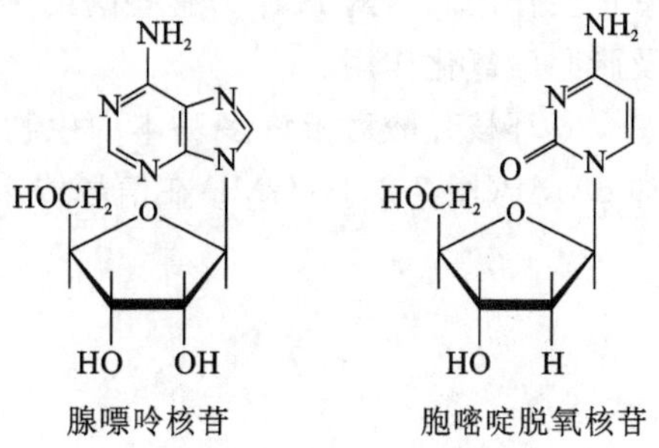

图 2-22　核苷

核苷酸(图 2-23)是核苷中的戊糖羟基被磷酸酯化而形成的,自然界存在的核苷酸主要为核糖核苷或脱氧核糖核苷的 C5 上的羟基与 1 分子磷酸缩合形成酯键化合物，称为 5′-核糖核苷酸或单磷酸核苷。

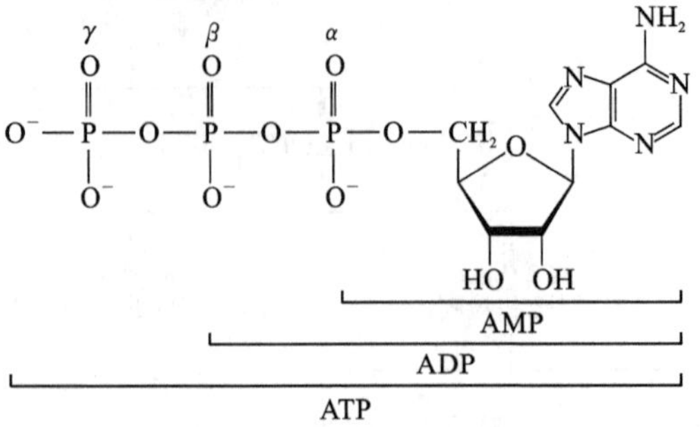

AMP

ADP

ATP

图 2-23　核苷酸的组成

核苷酸类化合物具有重要的生物学功能，它们参与了生物体内几乎所有的生物化学反应过程，主要表现在如下几点。

①核苷酸是合成生物大分子核糖核酸（RNA）及脱氧核糖核酸（DNA）的前身，RNA 中主要有四种类型的核苷酸：AMP、GMP、CMP 和 UMP。合成前身分别是三磷酸核苷（ATP）、GTP、CTP 和 UTP。DNA 中主要有四种类型脱氧核苷酸：dAMP、dGMP、dCMP 和 dTMP。其合成前身分别是 dATP、dGTP、dCTP 和 dUTP。

②三磷酸腺苷（ATP）在细胞能量代谢上起着极其重要的作用。物质在氧化时产生的能量一部分储存在 ATP 分子的高能磷酸键中，ATP 分子分解释放能量的反应可以与各种需要能量做功的生物学反应互相配合，发挥各种生理功能，如物质的合成代谢、肌肉的收缩、吸收及分泌、体温维持以及生物电活动等，因此可以认为 ATP 是能量代谢转化的中心。

③ATP 还可将高能磷酸键转移给 UDP、CDP 及 GTP 生成 UTP、CTP 及 GTP，它们在有些合成代谢中也是能量的直接来源。而且在某些合成反应中，有些核苷酸衍生物还是活化的中间代谢物。例如 UTP 参与糖原合成作用以供给能量，并且 UDP 还有携带转运葡萄糖的作用。

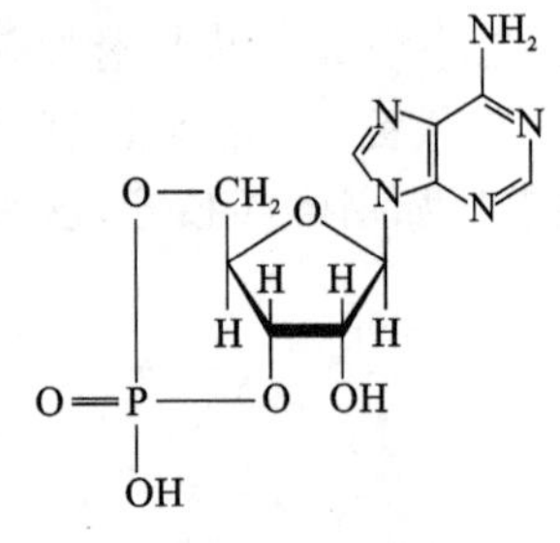

图 2-24　环腺核苷酸(cAMP)

④腺苷酸还是几种重要辅酶，如辅酶Ⅰ（烟酰胺腺嘌呤二核苷酸，NAD^+）、辅酶Ⅱ（磷酸烟酰胺腺嘌呤二核苷酸，$NADP^+$）、黄素腺嘌呤二核苷酸（FAD）及辅酶 A（COA）的组成成分。NAD^+ 及 FAD 是生物氧化体系的重要组成成分，在传递氢原子或电子中起着重要作用。辅酶 A 作为有些酶的辅酶成分，参与糖的有氧氧化及脂肪酸氧化作用。

⑤环核苷酸对于许多基本的生物学过程有一定的调节作用，如 cAMP（图 2-24）、cGMP 在信号传递过程中作为第二信使。

2.6.3　核酸的结构

1. 核酸的一级结构

DNA 是由成千上万个脱氧核糖核苷酸聚合而成的多聚脱氧核糖核酸，DNA 分子上四种核苷酸（dAMP、dCMP、dGMP、dTMP）按照一定的排列顺序，通过磷酸二酯连接形成的多核苷酸结构称为核酸的一级结构。由于核苷酸之间的差异仅仅是碱基，故又可以把 DNA 一级结构称为碱基顺序，不同的 DNA 分子具有不同的核苷酸排列顺序，并携带不同的遗传信息。

核酸中核苷酸的连接方式是以分子式中 1 分子磷酸和核苷脱去 1 分子水形成单核苷酸，只含有一个磷酸基团。如下式中是胞嘧啶核苷与磷酸形成 5′-磷酸胞嘧啶核糖核苷（CMP），CMP 上的 3′-OH 和另一个 5′磷酸腺嘌呤核糖核苷形成 2 分子核苷酸，2 分子核苷酸的 3′-OH 和另一个 5′-磷酸鸟嘌呤核糖核苷（GMP）进一步形成 3 分子核苷酸，依此类推，若干个核苷酸之间依 3′，5′磷酸二酯键连接成长链的大分子核酸，因此，多聚核苷酸链具有方向性，当表示一个多聚核苷酸链时，必须注明它的方向是 5′→3′或是 3′→5′（图 2-25）。

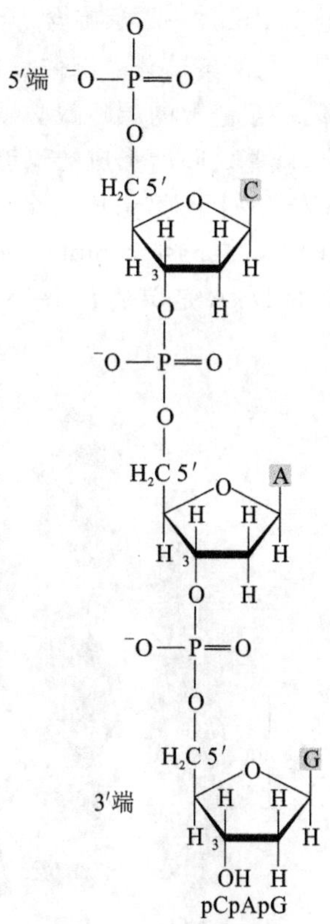

图 2-25　核苷酸的连接

书写 DNA 时，按从 5′向 3′方向从左向右进行，并在链端注明 5′和 3′，如 5′ $pApGpCpT_{OH}$ 3′，也可省略中间的磷酸，写成 pAGCT。

2. 核酸的高级结构

1）DNA 双螺旋结构模型（double helix model）

1953 年 Watson 和 Crick 建立了 DNA 的双螺旋结构模型，提示遗传信息储存在 DNA 分子中，以及两条单链 DNA 通过碱基互补配对的原则，所形成的双螺旋结构称为二级结构，此结构是在核酸一级结构基础上形成的更为复杂的高级结构。

DNA 双螺旋结构（图 2-26）的主要内容如下。

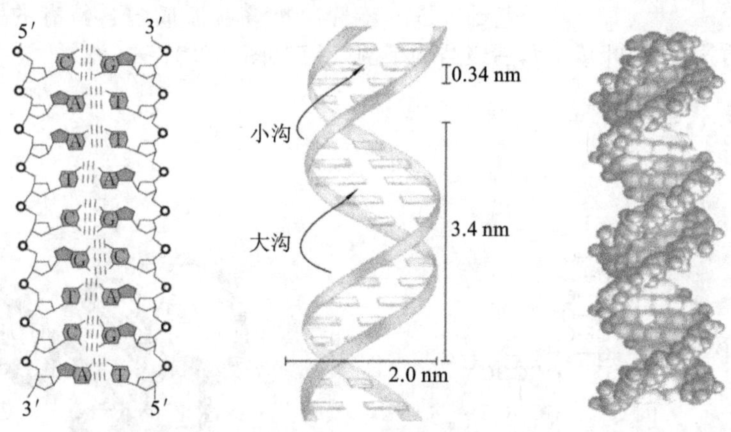

图 2-26　DNA 的结构

①DNA 分子由两条相互平行但走向相反的脱氧多核苷酸链组成，两链以-脱氧核糖-磷酸-为骨架，以右手螺旋方式绕同一公共轴盘旋，螺旋直径为 2 nm，形成的大沟及小沟相间。大沟一侧暴露出嘌呤的 C6、N7 和嘧啶的 C4、C5 及其取代基团；小沟一侧暴露出嘌呤的 C2 和嘧啶的 C2 及其取代基团，因此从两个沟可以辨认碱基对的结构特征，各种酶和蛋白因子可以识别 DNA 的特征序列。

②DNA 分子的两条多核苷酸链走向相反，嘌呤碱和嘧啶碱层叠于螺旋内侧，碱基平面与纵轴垂直，顺轴方向每隔 0.34 nm 有一个核苷酸，两个核苷酸之间的夹角为 36°，螺旋一圈螺

距 3.4 nm，一圈螺旋含 10 个碱基对。

③两条核苷酸链依靠彼此碱基之间形成的氢键相连而结合在一起。根据分子模型的计算，一条链上的嘌呤碱必须与另一条链上的嘧啶碱相匹配，其距离正好与双螺旋的直径相吻合，碱基之间所形成的氢键，根据对碱基构象研究的结果，A 只能与 T 相配对，形成两个氢键；G 与 C 相配对，形成三个氢键，所以 G、C 之间的连接较为稳定，上述碱基之间配对的原则称为碱基互补(base complementary)。其中大多数天然 DNA 属双链结构 DNA(dsDNA)，某些病毒的 DNA 是单链 DNA(ssDNA)。

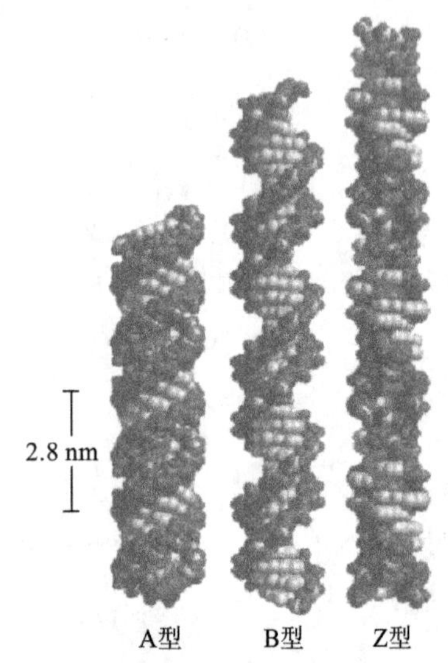

图 2-27　三种类型的 DNA 双螺旋

④氢键维持双链横向稳定性，碱基堆积力维持双链纵向稳定性。

根据碱基互补原则，当一条多核苷酸链的序列被确定以后，即可推知另一条互补链的序列。碱基互补原则具有极重要的生物学意义，DNA 复制、转录、反转录等的分子基础都是碱基互补配对。DNA 双螺旋是核酸二级结构非常重要的形式，双螺旋结构理论支配了近代核酸结构功能的研究和发展，是生命科学发展史上的里程碑，典型的双螺旋为 Z 型，除此之外还有 A 型和 B 型(图 2-27)。

2) RNA 的结构特点

RNA 的多核苷酸链可以在某些部分弯曲折叠，形成局部双螺旋结构，此即 RNA 的二级结构。在 RNA 的局部双螺旋区，腺嘌呤(A)与尿嘧啶(U)、鸟嘌呤(G)与胞嘧啶(C)之间进行配对，无法配对的区域以环状形式突起，这种短的双螺旋区域和环状突起称为发夹结构，RNA 在二级结构的基础上进一步弯曲折叠就形成各自特有的三级结构，例如 tRNA 的二级结构呈“三叶草”型，三级结构呈倒“L”型(图 2-28)。

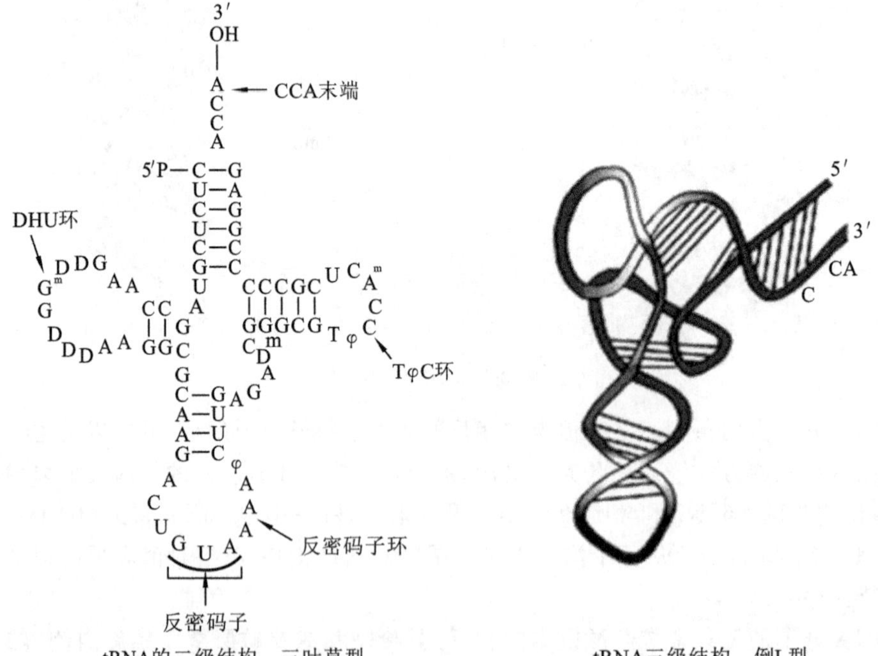

图 2-28　tRNA 的二级结构

2.6.4 核酸的变性、复性与分子杂交

1. 变性(denaturation)

核酸的变性又称为 DNA 变性，是指核酸双螺旋的氢键断裂(不涉及共价键的断裂)、双螺旋解开形成无规则线团，使生物活性丧失。加热、强酸、强碱、有机溶剂、变性剂、射线、机械力等因素的影响均能使 DNA 变性。

2. 复性(renaturation)

变性 DNA 在适当条件下，两条互补链可以重新结合，恢复原来的双螺旋结构，这个过程称为复性。DNA 复性后，许多理化性质、部分生物活性可得到恢复，但将热变性 DNA 骤然降温时，DNA 不能复性，只有在缓慢冷却时才可复性。

3. 分子杂交

不同来源的核酸变性后，合并在一起进行复性，只要它们存在大致相同的碱基互补配对序列，就可形成杂化双链，此过程称为杂交，杂交分子可以是 DNA 与 DNA、DNA 与 RNA 的两条单链之间进行。用同位素标记一个已知序列的寡核苷酸，通过杂交反应就可以确定待测核酸是否含有与之相同的序列，这种被标记的寡核苷酸称为探针。杂交和探针技术已广泛应用于核酸结构和功能的研究、对遗传性疾病的诊断、肿瘤病因学、刑侦及基因工程等方面。

2.7 维生素

维生素又名维他命，通俗来讲，即维持生命的物质，是维持人体生命活动必需的一类有机物质，也是保持人体健康的重要活性物质，维生素在体内的含量很少，但不可缺少。各种维生素的化学结构以及性质虽然不同，但它们都有以下共同点。

①维生素均以维生素原(维生素前体)的形式存在于食物中。

②维生素不是构成机体组织和细胞的组成成分，它也不会产生能量，它的作用主要是参与机体代谢的调节。

③大多数维生素，机体不能合成或合成量不足，不能满足机体需要，必须从食物中获得。

④人体对维生素的需要量很小，日需要量常以毫克(mg)或微克(μg)计算，但一旦缺乏就会引发相应的维生素缺乏症，对人体健康造成损害。

维生素分为两种，即水溶性维生素和脂溶性维生素。水溶性维生素易溶于水而不易溶于非极性有机溶剂，吸收后体内储存很少，过量的多从尿中排出，且容易在烹调中遇热破坏；脂溶性维生素易溶于非极性有机溶剂，而不易溶于水，可随脂肪被人体吸收并在体内储积，排泄率不高。

人体一共需要 13 种维生素，其中包括 4 种脂溶性维生素(维生素 A、D、E、K)和 9 种水溶性维生素(8 种 B 族维生素、维生素 C)。

维生素不能像糖类、蛋白质及脂肪那样可以产生能量，组成细胞，但是它们对生物体的新陈代谢起调节作用，每一种维生素通常会产生多种反应，因此大多数维生素都有多种功能。缺乏维生素会导致严重的健康问题；适量摄取维生素可以保持身体强壮健康；过量摄取维生素却会导致中毒(表 2-3)。

表 2-3　常见维生素的名称及典型的营养缺乏病

通　称	化学名称	溶解性	营养缺乏病
维生素 A	视黄醇、视黄醛、类胡萝卜素、β-胡萝卜素	脂溶	夜盲症、干眼症、视神经萎缩和角膜软化症
维生素 B_1	硫胺素	水溶	脚气病、神经炎、魏尼凯氏失语症
维生素 B_2	核黄素	水溶	口腔溃疡、皮炎、口角炎、角膜炎、舌炎、脂溢性皮炎、口腔炎等
维生素 B_3	烟酸、烟碱酸	水溶	糙皮病、失眠、口腔溃疡、癞皮病等
维生素 B_5	泛酸	水溶	感觉异常、肌肉痉挛、过敏性湿疹
维生素 B_6	吡哆醇、吡哆醛、吡哆胺	水溶	贫血
维生素 B_7	生物素	水溶	皮肤炎、肠炎
维生素 B_9	叶酸	水溶	妊娠期间缺乏维生素 B_9 可导致出生缺陷(如婴儿神经管缺陷)、恶性贫血
维生素 B_{12}	钴胺素、羟基钴胺、甲基钴胺	水溶	巨幼细胞性贫血、恶性贫血
维生素 C	抗坏血酸	水溶	坏血病
维生素 D	胆利钙素	脂溶	佝偻病和骨质软化病
维生素 E	生育酚、三双键生育酚	脂溶	缺乏非常少见；新生婴儿缺乏此维生素会罹患溶血性贫血、不育症、习惯性流产
维生素 K	叶绿醌(K_1) 甲萘醌(K_2)	脂溶	出血倾向、凝血酶缺乏、不易止血

【课外阅读】

DNA 指纹——现代福尔摩斯

英国小说家笔下的福尔摩斯依据蛛丝马迹便能破获疑案，现实社会中可能缺乏他这样传奇式的人物，但一种绝妙的技术却发挥着类似他的作用，那便是 1984 年在英国问世的 DNA 指纹鉴别技术。

通过分子化学的方式将生物的遗传物质 DNA(脱氧核糖核酸)形成图谱，就是该生物的 DNA 指纹，之所以称为“指纹”，是由于不同个体的图谱各不相同，具有排他性，就像人的指纹一样。而人的一滴血、一根毛发、几个皮肤细胞等小样品，甚至是鼻黏膜、唾液，都可以用来进行 DNA 指纹分析。

发现 DNA 指纹的是英国科学家亚历克·杰夫里斯，20 年前的一个清晨，他在研究基因变异时偶然发现基因上存在一些微小的结构，而这些结构足以区别不同的个体，因此，他想到是否可以利用这种结构上的差异来区分不同的人，并绘制出了世界上第一幅 DNA 指纹。半年后，此项技术得到了第一次应用，1985 年，一个加纳移民家庭中最小的儿子返家探亲，他回到英国后，海关发现他的护照被涂改了，尽管血型鉴定说明他是这个家庭的亲属，却不能判定他是这家的儿子还是侄子，后来，杰夫里斯对他进行了 DNA 指纹鉴别，结果证实，这个孩子是这家儿子的可能性是 99.997%。

DNA 指纹鉴别首次用于司法调查是在 1986 年，当时英国莱斯特郡安德比地区的两名少女被奸杀，警方逮捕了一名男子，他承认杀害了其中一名女孩，却不承认另一桩谋杀案，警方期望 DNA 指纹鉴别技术能证明这两个女孩都是他杀的，出乎警方预料，结果证明嫌疑人在两件案子上都是清白的，警方又对该地区所有的男子进行了 DNA 指纹鉴别，但没有结果。直到一名叫皮奇福克的男子不经意向人透露一位朋友代替他向警方出示了 DNA 样本，警方才对他进行了第二次检测，并证实他就是杀人凶手。

DNA 指纹鉴别技术在以后的十几年间发展迅速。1998 年，英国法庭采集了 32 万个 DNA 样本，涉及几万个犯罪嫌疑人，结果大约有 5.6 万多人被证明无罪。美国五角大楼从 1992 年开始，便用该技术鉴定战死士兵的身份。美国的一家公司在 20 世纪 80 年代末利用该技术，做起了亲子鉴定的生意。

美军使用了 DNA 指纹鉴别技术，证明地洞里声称自己是"伊拉克总统"的人就是萨达姆；俄罗斯北奥塞梯人质事件中恐怖分子身份的确认也要依靠这项技术。世界上第一只克隆动物"多莉"被 DNA 指纹证明，它确实是其母亲的遗传复本。

DNA 指纹鉴别技术带给这个世界的何止是"是与非"的区别，杰夫里斯本人认为，科学家将来甚至可以从 DNA 指纹中判断出一个人头发、眼睛的颜色，以及相貌特征，而每个国家也将颁布 DNA 身份证，记录持有者所有的遗传信息，在器官移植、输血、耐药基因的认定和干细胞移植方面发挥重大作用，到那时，DNA 指纹鉴别就真正进入寻常百姓家了。

问题与思考

1. 生物体中的常量元素和微量元素有哪些？它们各有什么生物学功能？
2. 分析水对生命的重要意义。
3. 为什么要将糖的称呼由碳水化合物改为糖类？
4. 胆固醇和甘油三酯在分子结构上差别很大，为什么还把他们归入脂类？
5. 比较 DNA 和 RNA 结构的异同。
6. 蛋白质、核酸、多糖三类生物大分子中，连接单体的各是什么化学键？
7. 什么是生物大分子的高级结构？
8. 简述蛋白质二级结构的 α-螺旋和 DNA 二级结构的双螺旋的结构要点。
9. 简述三类生物大分子各有什么样的生物学功能。
10. 列举出三种维生素，搜集整理其各方面资料（分子结构、化学特性、食物来源和营养缺乏病症）。

主要参考文献

[1] 王镜岩，朱圣庚，徐长发. 生物化学[M]. 3 版. 北京：高等教育出版社，2002.
[2] 张惟杰. 生命科学导论[M]. 2 版. 北京：高等教育出版社，2008.
[3] 高崇明. 生命科学导论[M]. 2 版. 北京：高等教育出版社，2007.
[4] 吴相钰，陈守良，葛明德. 普通生物学[M]. 3 版. 北京：高等教育出版社，2009.
[5] 韩贻仁. 分子细胞生物学[M]. 3 版. 北京：高等教育出版社，2007.

第3章 生命体的结构基础——细胞

本章教学要点

1. 细胞概述，包括细胞的发现、细胞学说和研究前沿。
2. 细胞的基本结构，包括原核细胞和真核细胞。
3. 细胞周期及调控，包括细胞周期的基本概念、细胞分裂及其调控。
4. 细胞分化与凋亡，包括细胞分化、细胞凋亡、细胞衰老与死亡和细胞的癌变。
5. 细胞信号的转导，包括细胞通讯及其途径、胞内受体及细胞表面受体介导的信号传递。
6. 细胞生物学的一般研究方法。

引言

人类在很长的时期内，都是依靠肉眼来观察世界上形形色色的事物的。但是，人眼能够看到的物体，极限只有0.1 mm。公元1世纪时，罗马学者曾谈到装有水的水晶器皿可以放大字母。16世纪中期，瑞士的一位博物学家用放大镜描述了蜗牛壳和原生动物。1610年，伽利略(G. Galilei，1564—1642)根据望远镜倒视时有放大物体的特点，制成了一台显微镜，并对昆虫进行了观察。以后，自制显微镜的人日益增多，直到1665年，英国物理学家罗伯特·虎克从一小块清洁的软木上切下光滑的薄片。当他把它放到显微镜下观察时，似乎看到了一些小的空洞，但并不十分清楚。虎克切下的极薄的切片是白色的，他就在下面衬上一块黑色的木板，再用一个凸镜观察，结果他清楚地看到了薄片全部是多孔多洞的，像一个个蜂窝。虎克当时研究软木的目的，是为了阐明软木轻而具有弹性和疏水性等特点，结果却发现了很多小孔或小室。虎克首先把这些小孔叫做细胞。细胞这个名词一直沿用至今。1677—1678年，荷兰的显微镜学家列文虎克，用自制的显微镜发现浸泡胡椒的水中有许多小动物。与列文虎克同时期从事显微镜观察研究的，还有意大利和英国科学家。他们分别对植物细胞、原生动物、细菌、红细胞等进行了观察和描述。作为早期的显微镜学家，虎克和他们记录下许多重要的观察结果，第一次在一个新的水平上让人们看到了一个令人难以置信的十分复杂的生物界。从此人类对生物本身，对组成生命体的基本单位——细胞的探寻从未停止。

如果你问一个生物学家，某个细胞下一步会做什么？他可能先要问你该细胞的电压、氧化性、pH值、渗透性、葡萄糖浓度，等等，然后才可能据此预测它是正要发起一个动作电位，还是要进入有丝分裂，抑或正在走向凋亡。但如果你能轻松地得到亚细胞范围的温度曲线图，比如每个线粒体、中心粒甚至内质网区的温度，就像母亲给孩子量体温那么容易，情况又会完全不一样。日本京都大学科学家最近将绿色荧光蛋白和沙门氏菌体内感受热量的一种蛋白融合在一起，制造出一种能检测细胞内部不同细胞器温度波动的基因编码"温度计"，并将细胞器温度变化与细胞内部功能联系在一起，有助于人们进一步理解细胞行为。制作这种新型"温度计"的关键，是利用一种已知的蛋白控制绿色荧光蛋白(GFP)的转录，使GFP的荧光光谱随温度发生变化，这种以蛋白质为基础的新型热传感器还能通过基因编码，直接瞄准不同的细胞器，比如线粒体、内质网或细胞膜。当研究人员探测到线粒体的生热作用时，就可把温度与线粒体膜蛋白、三磷酸腺苷(ATP)生产联系在一起。

汽车的前后端并不一样，所以汽车更容易向前进，癌细胞也采用类似机制冲破正常组织扩散到全身。佛罗里达梅奥研究中心科学家成功地将癌细胞的形状变成了圆煎蛋状或大海星状，这些形状的癌细胞就失去了迁移的能力。

细胞凋亡(程序性细胞死亡)与人的生长、发育、衰老以及死亡息息相关。临床数据表明，细胞凋亡的异常会导致严重病变，比如癌症、老年痴呆症，等等。因此揭示细胞凋亡的分子机制不仅可以加深我们对这一基本生命过程的了解，还可以对开发新型抗癌、预防老年痴呆的药物提供重要线索。研究细胞凋亡的一个重要模式生物是秀丽线虫(*Caenorhabditis elegans*)，麻省理工学院的研究组因为通过遗传学揭示egl-1、ced-9、ced-4和ced-3构成的程序性细胞死亡的线性调控通路而获得2002年的诺贝尔生理与医学奖。细胞凋亡从线虫到人类都高度保守，当细胞接收到凋亡信号后，通过一系列精细调控和传递后，下游的凋亡执行者caspase家族蛋白(CED-3是其中一员)被激活从而诱导凋亡的发生。

对那些闹不清楚为什么睡一夜好觉会让我们能更好地思维的科学家来说，他们现在终于摸清点门道了。据一项新的研究报道，发生在就寝时间的独特的大脑变化可清除在白日积聚的有害毒素。当人类的睡眠被剥夺时，除了其他的行为方面的问题之外，他们还会表现出进行决策的问题和学习障碍。很清楚的一点是，为了能正常地工作就必须休息，但是科学家们还不清楚为什么睡眠可诱导恢复性的效果。最新研究应用一种叫做离子导入的技术来研究睡眠及清醒小鼠脑中的液体流动。发现流经这些脑细胞间的空白区域的液体很像一辆水中的垃圾车，在流经过程中可清除有毒代谢物——即清醒时进行日常作业中的脑细胞分泌的降解产物。

3.1 细胞概述

简单来说，生命是具层次特征的，如从组成生命的蛋白质、核酸、糖和脂肪等生物大分子开始，生命包含细胞、组织、器官、系统，再到个体、群体(种群、群落)，直至生态系统和生物圈等多个层次。在以上众多层次中，最基本、最重要的是细胞——独立生命的基本单位。

3.1.1 细胞的发现

人类对细胞的认识与仪器的发明和改进是并进的。1665年，英国学者胡克(Rorbert Hooke)发表了《Micrographia》一书，报道用自制的显微镜(30倍)观察栎树软木塞切片时发现"cella"。1674 年，荷兰布商列文虎克(Anton van Leeuwenhoek)自制了高倍显微镜(300 倍左右)观察到血细胞、池塘水滴中的原生动物、人类和哺乳类动物的精子。

显微镜的发展就为细胞世界提供了越来越清晰的窗口。显微镜有两个主要参数，即放大倍数和分辨率，表 3-1 给出了从肉眼到显微镜的具体参数。可见人眼能分辨的距离为 0.1 mm，光学显微镜(light microscope，LM)的分辨率为 0.2 μm 左右，基本上可以看到细菌的细胞，放大倍数在 1000 倍左右。如果要进一步放大，就需借助更高分辨率的显微镜，即电子显微镜(electron microscope，EM)。生物学家于 20 世纪 50 年代借助电子显微镜观察到了人白细胞的更加精细的结构。现代电镜的分辨率最高可达到 0.2 nm，在这种放大约 100 万倍的条件下我们可以看到细胞内的细胞器，具体见表 3-1。

表 3-1　生物体的观察工具和计量单位

观察工具（放大率）	计 量 单 位	观察的生物体
肉眼和放大镜(毫米) (0.1～0.2 mm 以上)	120 mm	鸵鸟卵
	1 mm	变形虫
	0.1 mm	人卵
光学显微镜(微米) (0.2～100 μm)	10 μm	一般细胞
	5 μm	人精子头部
	1 μm	葡萄球菌
电子显微镜(纳米) (0.2～200 nm)	100 nm	支原体
	50 nm	脊髓灰质炎病毒
	10 nm	蛋白质分子
X 线衍射(埃)	10 Å	氨基酸
	5 Å	蔗糖分子
	1 Å	氢原子

3.1.2　细胞学说

1839 年，在很多科学家发现了多种生物体的细胞的基础上，德国生物学家施旺(M. J. Schwan)和施莱登(M. J. Schleiden)共同提出了细胞学说。细胞学说主要有三个方面的内容。①细胞是有机体：一切动植物都是由细胞发育而来的，并由细胞和细胞产物所构成，动植物的结构有显著的一致性。②每个细胞作为一个相对独立的基本单位，既有它们"自己的"生命，又与其他细胞协调地集合，构成生命的整体，按共同的规律发育，有共同的生命过程。③新的细胞可以由老的细胞产生：1855 年德国学者魏尔肖(R. Virchow)又进行了重要补充，提出"一切细胞来自细胞"的著名论断，认为个体的所有细胞都是由原有细胞分裂产生的。

地球上成千上万种细胞可以分为两大类，即原核细胞和真核细胞。它们在生命进化的早期就已经分开，原核细胞出现在约 35 亿年前，而真核细胞出现在约 18 亿年前。现代理论认为，从染色体结构、RNA 加工、转录起始、RNA 聚合酶、翻译起始类型、核糖体蛋白，以及 DNA 序列分析看，真核生物主体起源于古细菌，通过吞噬某些真细菌，将其改变成线粒体和叶绿体，再进化成当今的真核生物世界。因此我们可以说细胞是构成有机体的基本单位，细胞是代谢与功能的基本单位，细胞是有机体生长发育的基础，细胞是遗传的基本单位，同时细胞也是生命起源与进化的基本单位。我们机体的细胞生活在等渗的水溶液中，有细胞膜结构将细胞的环境分化为内环境和外环境，细胞的功能需要内环境的稳定。

3.2　细胞的基本结构

细胞的结构复杂而精巧，它的协调配合使生命活动能够在变化的环境中自我调控、高度有序地进行。生物按细胞结构可分为两类，一是由真核细胞构成的真核生物，二是由原核细胞构成的原核生物。

3.2.1　原核细胞和原核生物

原核细胞和真核细胞在几个主要方面有所不同，例如：原核细胞较小，约为典型真核细胞的 1/10；更重要的是，原核细胞的结构简单得多。

1. 原核细胞概述

原核细胞(prokaryotic cell)是组成原核生物的细胞。这类细胞主要特征是没有由核膜包裹形成的细胞核，同时也没有核膜和核仁，其 DNA 卷曲在拟核区内，通常亦没有结合蛋白。

原核细胞一般没有细胞内由膜包被的结构，即没有恒定的内膜系统，核糖体为 70S 型，组成的基本结构含有荚膜、细胞壁、细胞膜、环状的脱氧核糖核酸分子、中膜体或间体、类囊体、鞭毛、纤毛等。

原核细胞不进行有丝分裂和减数分裂，DNA 复制后，转录和翻译同时进行，细胞随即分裂为二；鞭毛呈单一的结构，这类细胞不发生细胞质流动，观察不到变形虫样运动；质膜内含有呼吸酶，光合作用、氧化磷酸化均在细胞膜进行，因此没有叶绿体、线粒体等细胞器的分化。

2. 主要的原核生物

原核生物(prokaryote)是以原核细胞构成的，均为单细胞生物，根据外表特征，可把原核生物粗分为“三菌三体”六种类型，即细菌、放线菌、蓝细菌、支原体、衣原体和立克次氏体。

1) 细菌

细菌是在自然界分布最广、个体数量最多的有机体，是自然界物质循环的主要参与者。绝大多数细菌的直径大小在 0.5～5 μm。可根据形状分成三类：球菌、杆菌和螺旋菌(图3-1)。

图 3-1　细菌的形态

细菌主要由细胞壁、细胞膜、细胞质、拟核等部分组成，有的细菌还有荚膜、鞭毛、菌毛等特殊结构(图 3-2)。

(1) 细胞壁　细胞壁厚度因细菌不同而异，一般为 15～30 nm。主要成分是肽聚糖，由 N-

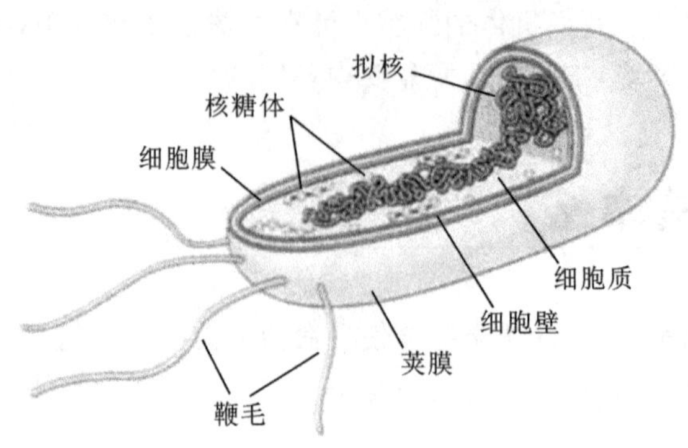

图 3-2　细菌的基本结构(摘自 M. B. Prescott,2003,略有修改)

乙酰葡糖胺和 N-乙酰胞壁酸构成双糖单元,以 β-1,4-糖苷键连接成大分子。N-乙酰胞壁酸分子上有四肽侧链,相邻聚糖纤维之间的短肽通过肽桥(革兰氏阳性菌)或肽键(革兰氏阴性菌)连接起来,形成肽聚糖片层,像胶合板一样,粘合成多层。

肽聚糖中的多糖链在各物种中都一样,而横向短肽链却有物种间的差异。革兰氏阳性菌细胞壁厚 20~80 nm,有 15~50 层肽聚糖片层,每层厚 1 nm,含 20%~40%的磷壁酸,有的还含有少量蛋白质。革兰氏阴性菌细胞壁厚约 10 nm,仅 2~3 层肽聚糖,其他成分较为复杂,由外向内依次为脂多糖、细菌外膜和脂蛋白。此外,外膜与细胞之间还有间隙。

肽聚糖是革兰氏阳性菌细胞壁的主要成分,凡能破坏肽聚糖结构或抑制其合成的物质,都有抑菌或杀菌作用。如溶菌酶是 N-乙酰胞壁酸酶,青霉素可抑制转肽酶的活性和肽桥的形成。

细菌细胞壁的功能包括:保持细胞外形;抑制机械和渗透损伤(革兰氏阳性菌的细胞壁能耐受 20 kg/cm^2 的压力);介导细胞间相互作用(侵入宿主);防止大分子入侵;协助细胞运动和分裂。

(2) 细胞膜　细胞膜是典型的单位膜结构,厚 8~10 nm,外侧紧贴细胞壁,某些革兰氏阴性菌还具有细胞外膜。细胞膜有多方面的重要功能,它与细胞的物质交换、细胞识别、分泌、排泄、免疫等都有密切的关系。通常不形成内膜系统,呼吸和光合作用的电子传递链位于细胞膜上。某些行光合作用的原核生物(蓝细菌和紫细菌),质膜内褶形成结合有色素的内膜,与捕光反应有关。某些革兰氏阳性细菌质膜内褶形成小管状结构,称为中膜体或间体,中膜体扩大了细胞膜的表面积,提高了代谢效率,有拟线粒体之称,此外还可能与 DNA 的复制有关。

(3) 细胞质与核质体　细菌和其他原核生物一样,没有核膜,DNA 集中在细胞质中的低电子密度区,称核区或核质体(nuclear body)。细菌一般具有 1~4 个核质体,多的可达 20 余个。核质体是环状的双链 DNA 分子,所含的遗传信息量可编码 2000~3000 种蛋白质,空间构建十分精简,没有内含子。由于没有核膜,因此 DNA 的复制、RNA 的转录与蛋白质合成可同时进行,而不像真核细胞那样生化反应在时间和空间上是严格分隔开来的。

每个细菌细胞含 5000~50000 个核糖体,部分附着在细胞膜内侧,大部分游离于细胞质中。细菌核糖体的沉降系数为 70S,由大亚单位(50S)与小亚单位(30S)组成,大亚单位含有 23S rRNA 与 30 多种蛋白质,小亚单位含有 16S rRNA 与 20 多种蛋白质。30S 的小亚单位对四环素与链霉素很敏感,50S 的大亚单位对红霉素与氯霉素很敏感。

位于细菌核区 DNA 之外,可进行自主复制的遗传因子称为质粒(plasmid)。质粒是裸露的双链环状 DNA 分子,所含遗传信息量为 2~200 个基因,能进行自我复制,有时能整合到核

DNA 中去。质粒 DNA 在遗传工程研究中很重要，常用作基因重组与基因转移的载体。

胞质颗粒是细胞质中的颗粒，起暂时储存营养物质的作用，包括多糖、脂类、多磷酸盐等。

(4) 其他结构　许多细菌的最外表还覆盖着一层多糖类物质，依据其边界明显与否分为荚膜和黏液层(slime layer)，代表细菌分别是肺炎球菌和葡萄球菌。荚膜对细菌的生存具有重要意义，细菌不仅可利用荚膜抵御不良环境，保护自身不受白细胞吞噬，而且能有选择地黏附到特定细胞的表面，表现出对靶细胞的专一攻击能力。例如，伤寒沙门杆菌能专一性地侵犯肠道淋巴组织。细菌荚膜的纤丝还能把细菌分泌的消化酶储存起来，以备攻击靶细胞之需。

鞭毛由一种称为鞭毛蛋白(flagellin)的弹性蛋白质构成，是某些细菌的运动器官，结构上不同于真核生物的鞭毛。细菌可以通过调整鞭毛旋转的方向(顺时针和逆时针)来改变运动状态。

菌毛是菌体表面极细的蛋白纤维，须用电镜观察，特点是细、短、直、硬和多。菌毛与细菌运动无关，根据形态、结构和功能，可分为普通菌毛和性菌毛两类。前者与细菌吸附和侵染宿主有关，后者为中空管子，与传递遗传物质有关。

(5) 细菌的繁殖　细菌以一分为二的方式繁殖，某些细菌处于不利的环境或耗尽营养时，形成内生孢子，又称芽孢，由于芽孢在细菌细胞内形成，故常称为内生孢子。芽孢的生命力非常顽强，是抵抗不良环境的休眠体，有些湖底沉积土中的芽孢杆菌经 500～1000 年后仍有活力，肉毒梭菌的芽孢在 pH 7.0 时能耐受 100 ℃煮沸 5～9.5 h。

2) 放线菌

放线菌是具有菌丝、以孢子进行繁殖、革兰氏染色阳性的一类原核微生物。由于放线菌具有分枝状菌丝、菌落形态与霉菌相似，所以过去曾认为它是“介于细菌与真菌之间的微生物”。然而，用近代生物学技术所进行的研究结果表明，放线菌实际上是属于细菌范畴内的原核生物，只不过其细胞形态为分枝状菌丝而已。从系统发育上看，放线菌(除高温放线菌外)与全部革兰氏阳性细菌同源。

3) 蓝藻

蓝藻又称蓝细菌(cyanobacterium)，能进行与高等植物类似的光合作用。

与光合细菌的光合作用的机制不一样，蓝藻是以水为电子供体放出 O_2，因此被认为是最简单的植物(图 3-3)。蓝藻没有叶绿体，但含有藻蓝素(呈蓝色，但含量少)和叶绿素(呈绿色并且含量多)，是能够进行光合作用的自养生物。细菌中绝大多数种类是营腐生或者寄生生活的一种生物。蓝藻和细菌中，都没有成形的细胞核。蓝藻细胞遗传信息载体与其他原核细胞一样，是一个环状 DNA 分子，但遗传信息量很大，可与高等植物相比。蓝藻细胞的直径一般

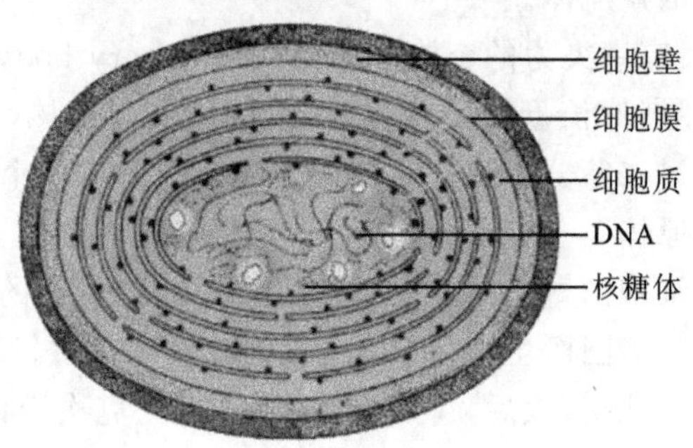

图 3-3　蓝藻的结构

在 10 μm,甚至可达 70 μm(如颤藻),因此肉眼不能看清蓝藻的细胞。蓝藻属单细胞生物,但有些蓝藻经常以丝状的细胞群体存在,例如:蓝藻门念珠藻类的发菜(nostoc commune var. flagtlliforme)是蓝藻的丝状体,发菜生长在西北草地和荒漠,因为和“发财”谐音,所以被人争相食用,现已被我国列为保护生物;做绿肥的红萍实际上是一种固氮蓝藻与水生蕨类满江红的共生体。蓝球藻、念珠藻、颤藻、发菜(细胞群体呈黑蓝色)均属于蓝藻,所以蓝藻并不都是呈现绿色的。

4) 支原体

支原体(mycoplasma)无细胞壁,因不能维持固定的形态而呈现多形性(图 3-4)。其大小通常为 0.2～0.3 μm,可通过滤菌器。细胞膜中胆固醇含量较多,约占 36%,这对保持细胞膜的完整性是必需的,凡能作用于胆固醇的物质(如二性霉素 B、皂素等)均可引起支原体膜的破坏而使支原体死亡。支原体基因组为一环状双链 DNA,相对分子质量小(仅有大肠杆菌的 1/5),合成与代谢能力很有限。肺炎支原体的一端有一种特殊的末端结构(terminal structure),能使支原体黏附于呼吸道黏膜上皮细胞表面,与致病性有关。

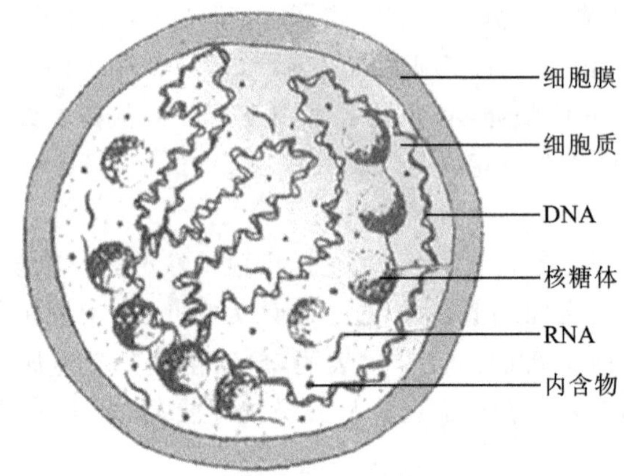

图 3-4 支原体细胞模式图

5) 衣原体和立克次氏体

衣原体(chlamydia)很小,直径 200～500 nm,能通过细菌滤膜。立克次氏体(rickettsia)略大,大多不能通过滤菌膜。它们都有 DNA 和 RNA,有革兰氏阴性细菌特征的含肽聚糖的细胞壁,但酶系统不完整,必须在寄主细胞内生活,有摄能寄生物之称。沙眼是衣原体引起的,由于能形成包含体,起初被认为是大型病毒,1956 年,中国著名微生物学家汤飞凡及其助手张晓楼等人首次分离到沙眼的病原体。

衣原体生活史特殊,具有感染力的个体称原体(elementary body),体积小,有坚韧的细胞壁。在宿主细胞内,原体逐渐伸长,形成无感染力的个体,称作始体(initial body),是一种薄壁的球状细胞,体积较大,通过二等分裂的方式在宿主细胞内形成一个微菌落,随后大量的子细胞分化为具有感染能力的原体。

立克次氏体也是专性细胞内寄生的,主要寄生于节肢动物,有的会通过蚤、虱、蜱、螨传入人体、如斑疹伤寒、战壕热。美国医生 H. T. Richetts 1909 年首次发现它是落基山斑疹伤寒的病原体,并于 1910 年牺牲于此病,故后人称这类病原体为立克次氏体。与衣原体的不同在于其细胞较大,无滤过性,合成能力较强,且不形成包含体。

3.2.2　真核细胞

真核细胞(eukaryotic cell)指含有真正的核(被核膜包围的核)的细胞。其染色体数在一个以上,能进行有丝分裂。可进行细胞质流动和变形运动,而光合作用和氧化磷酸化作用则分别由叶绿体和线粒体进行。除细菌和蓝藻植物的细胞以外,所有的真菌、动物细胞以及植物细胞都属于真核细胞。原始真核细胞在 12 亿～16 亿年前出现,现存的种类繁多,有些真核细胞极为原始,如涡鞭毛虫(甲藻)。由真核细胞构成的生物称为真核生物,因此真核生物包括大量的单细胞生物、原生生物和全部多细胞生物。

真核细胞具有一个或多个由双膜包裹的细胞核,遗传物质包含于核中,在核内可看到核仁。在真核细胞的核中最重要的是 DNA 与蛋白质共同组成的染色体结构,这些蛋白质主要是组蛋白及某些富含精氨酸和赖氨酸的碱性蛋白质。真核细胞细胞质中内膜系统很发达,存在着内质网、高尔基体、线粒体和溶酶体等细胞器,分别行使特异的功能(图 3-5、图 3-6),如细胞核和核糖体负责细胞的遗传控制,内膜系统负责细胞产物的制造和分发,叶绿体和线粒体负责细胞的能量转换,细胞骨架支撑细胞的形状和运动功能,而且细胞表面也有些起保护、支持及参与细胞相互作用的结构。多数真核生物进行有性繁殖,并进行有丝分裂。也有些真核生物的细胞进行无丝分裂,如蛙的红细胞、人的肝脏细胞。

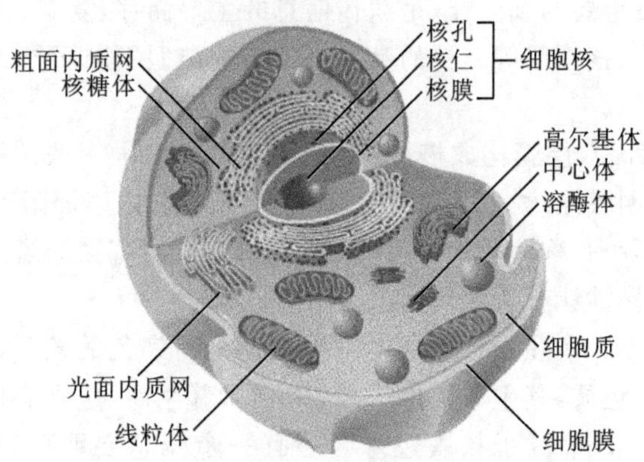

图 3-5　动物细胞结构图(摘自 Bruce Alberts,2008,略有修改)

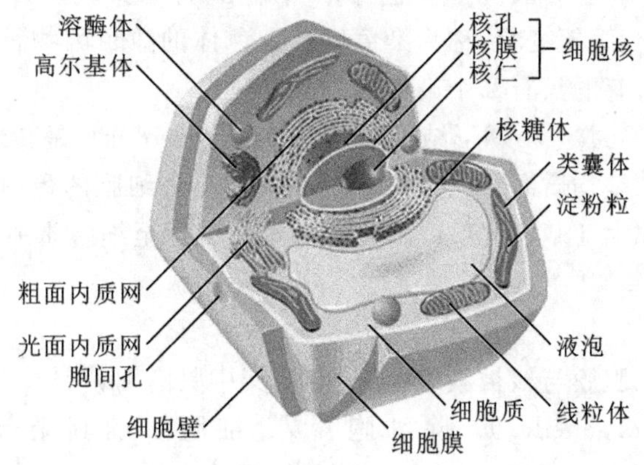

图 3-6　植物细胞结构图(摘自 Bruce Alberts,2008,略有修改)

1. 真核细胞的基本结构体系

真核生物是以生物膜的进一步分化为基础,使细胞内部构建成许多更为精细、复杂、具有专门功能的结构单位。尽管如此,但还是可以在亚显微结构水平将其划分为三大基本结构体系:①以脂质及蛋白质成分为基础的膜系统结构;②以核酸、蛋白质为主要成分的遗传信息表达系统结构;③由特异性蛋白质分子构成的细胞骨架体系。这些由生物大分子构成的基本结构都是在 5～10 nm 的较为稳定的范围之内。这三种基本结构体系构成了细胞内部结构紧密、分工明确、智能专一的各种细胞器,并以此为基础而保证了细胞生命活动具有高度程序化与高度自控性。

1) 细胞膜

真核细胞的细胞膜(质膜)是细胞表面的一层单位膜。真核细胞除了具有质膜、核膜外,发达的细胞内膜形成了许多功能区隔。由膜围成的各种细胞器,如核膜、内质网、高尔基体、线粒体、叶绿体、溶酶体等。在结构上形成了一个连续的体系,称为内膜系统(endomembrane system)。内膜系统将细胞质分隔成不同的区域,即所谓的区隔化(compartmentalization)。区隔化是细胞的高等性状,它不仅使细胞内表面积增加了数十倍,各种生化反应能够有条不紊地进行,而且细胞代谢能力也比原核细胞大为提高。

2) 细胞核

细胞核是细胞内最重要的细胞器,是遗传信息的主要储存、复制、转录场所,其主要结构包括核被膜、染色质、核仁、核纤层等。核的数目可因细胞类型不同而异。一般来说,细胞核约占细胞体积的 10%。

(1) 核被膜　核表面双层膜构成核被膜(nuclear envelope),按结构可分为外核膜和内核膜,外核膜与粗面内质网膜连续,其上有核糖体附着,内核膜内表面附着一层纤维状蛋白网,称核纤层。核膜上的圆形小孔称为核孔,是细胞核和细胞质的直接通道。核孔周围有盘状结构的核孔复合体,负责选择性让有关物质通过。

(2) 染色质　由 DNA 和蛋白质组成的可被碱性染料染色的核蛋白物质。依据形态特征可分为常染色质和异染色质,其中常染色质疏松伸展,着色浅,包含有能转录的基因。异染色质高度折叠浓缩,着色深,常位于核膜边缘。还有一个概念要明确,那就是染色体,核内由 DNA 和蛋白质构成的结构称为染色体(chromosome)。其实染色质与染色体只是同一物质在不同细胞周期的表现。有丝分裂间期染色体结构疏松,称为染色质(chromatin);有丝分裂过程中染色质高度螺旋化,缩短变粗,称为染色体。染色体的数目因物种而异,有的蕨类植物的染色体数多达 1260 个;有的只有 2 个染色体,如马蛔虫。

(3) 核仁　核内 1 至数个小球形结构,称为核仁(nucleolus),是转录 rRNA 和装配核糖体的场所。在光镜下核仁呈均质海绵状结构,其数目、大小与细胞的蛋白质代谢活跃程度有关。在核仁中合成核糖体的大亚基、小亚基前体,通过核孔转运至细胞质中,在细胞质中成熟,形成有功能的大亚基、小亚基。

3) 细胞质

细胞质是存在于细胞膜与核被膜之间的物质,其中具有可辨认形态和能够完成特定功能的结构称为细胞器(organelles)。除细胞器外,细胞质的其余部分称为细胞质基质(cytoplasmic matrix)或细胞质溶胶(cytosol),其体积约占细胞质的一半。细胞质基质并不是均一的溶胶结构,其中还含有由微管、微丝和中间纤维组成的细胞骨架结构。

细胞质基质(细胞液)的基本功能可概括为以下几个方面:①具有较大的缓冲容量,为细胞内各类生化反应的正常进行提供相对稳定的离子环境。②许多代谢过程是在细胞质中完成的,如蛋白质的合成、mRNA的合成、脂肪酸合成、糖酵解、磷酸戊糖途径、糖原代谢和信号转导。③供给细胞器行使其功能所需要的一切底物。④细胞骨架参与维持细胞形态,作为细胞器和酶的附着点,并与细胞运动、物质运输和信号转导有关。⑤ 控制基因的表达与细胞核一起参与细胞的分化,如卵母细胞中不同的mRNA定位于细胞质不同部位,卵裂是不均等的。⑥参与蛋白质的合成、加工、运输和选择性降解。

主要细胞器如下。

(1) 内质网(endoplasmic reticulum) 位于细胞质内,是由一层单位膜围成的形状、大小不同的小管、小泡和扁囊状结构,它们相互连接形成一个连续的网状膜系统。主要功能:使细胞质区域化,为物质代谢提供特定的内环境;扩大膜的表面积,提高代谢效率;内质网是蛋白质合成、糖基化和运输,质类合成的基地;参与物质运输、交换和解毒。

内质网分为粗面内质网和滑面内质网。粗面内质网(rough endoplasmic reticulum,RER)的膜表面附着核糖体,多分布在分泌活动旺盛的细胞内。主要生成膜蛋白和分泌蛋白,参与蛋白质的合成和加工;滑面内质网(smooth endoplasmic reticulum,SER),膜表面无核糖体附着,多分布在一些特化的细胞中,参与脂类合成,是脂类合成和解毒的场所。

(2) 高尔基体(Golgi body) 由成摞的扁囊和小泡组成,与细胞的分泌活动和溶酶体的形成以及植物有丝分裂末期形成细胞壁有关。主要功能:在细胞分泌活动中起着重要的运输作用;在分泌颗粒的形成过程中起着浓缩、修饰、加工等作用;参与糖蛋白的合成和修饰;参与蛋白质的改造,使无活性的前体物质(某些肽类激素)产生活性。

(3) 溶酶体(lysosome) 溶酶体由一层单位膜包围,内含多种酸性水解酶的泡状结构,是动物细胞中进行细胞内消化作用的细胞器,基质内呈酸性环境,含有多种酸性水解酶。主要功能:参与细胞内的各种消化活动,并与免疫活动及激素分泌的调节有一定的关系。

(4) 线粒体(mitochondrion) 由双层膜围成的与能量代谢有关的细胞器,多分布在需能较多的部位。其外膜含孔蛋白,通透性较高,内膜具高度不通透性,向内折叠形成嵴,含有与能量转换相关的蛋白,两层膜间形成膜间隙,含许多可溶性酶、底物及辅助因子。此外线粒体的基质内含三羧酸循环酶系、线粒体基因表达酶系等以及线粒体DNA、RNA和核糖体。主要功能:线粒体是细胞呼吸的部位,主要进行氧化磷酸化,合成ATP,为细胞生命活动提供直接能量;还与细胞中氧自由基的生成、细胞凋亡、细胞的信号转导、细胞内多种离子的跨膜转运及电解质稳态平衡的调控有关。

(5) 叶绿体(chloroplast) 叶绿体是植物进行光合作用的场所。形如透镜,也具有双层膜,内有类囊体。类囊体上有光合色素以及与电子传递相关的一系列蛋白复合体,几十个类囊体垛叠成为基粒。主要功能:叶绿体是发生光合电子传递反应即光反应的场所。光反应是指在类囊体膜上由光引起的光化学反应,它将光能转换为电能,进而形成ATP和NADPH并放出O_2。同时,利用光反应产生的ATP和NADPH,使CO_2还原为糖类等有机物,这个过程称为碳固定反应,亦即暗反应。

线粒体和叶绿体自身含有遗传表达系统,即双链环状DNA(mtDNA/ctDNA),因此有的也把线粒体和叶绿体称为半自主性细胞器。但我们清楚地知道这种细胞器编码的遗传信息十分有限,其RNA转录、蛋白质翻译、自身构建和功能发挥等必须依赖核基因组编码的遗传信息(自主性有限)。

(6) 细胞骨架(cytoskeleton) 细胞骨架有狭义和广义两种概念,广义来讲包括核骨架,就是存在于细胞核中的核纤层体系，核骨架不像细胞质骨架那样由非常专一的蛋白质成分组成，核骨架的成分比较复杂，主要成分是核骨架蛋白及核骨架结合蛋白，并含有少量 RNA。核骨架参与 DNA 复制、基因表达和染色体构建。具有转录活性的基因是结合在核骨架上的，RNA 聚合酶在核骨架上具有结合位点。狭义概念指细胞质骨架，是存在于真核细胞中由蛋白质纤维组成的网架结构，与细胞运动、分裂、分化和物质运输、能量转换、信息传递等生命活动密切相关。在细胞质基质中包括微丝、微管和中间纤维。核骨架、核纤层与中间纤维在结构上相互连接，贯穿于细胞核和细胞质的网架体系。

① 微管(microtubule)　微管是一种具有极性的细胞骨架。它是由微管蛋白聚合而成的中空长管状结构，直径 22～25 nm。α-微管蛋白和 β-微管蛋白首先形成 αβ 二聚体，γ-微管蛋白形成环状核心，然后 αβ 二聚体加入，合拢形成微管。细胞内微管的组装和解聚处于动态平衡中，某些化学药物可以干预该过程，如秋水仙素可阻断微管蛋白组装成微管，破坏纺锤体结构。紫杉酚能促进微管装配，并使已形成的微管趋于稳定。在生理状态或实验处理解聚后重新装配的发生处称为微管组织中心(MTOC)，常见的 MTOC 包括中心体(组织形成纺锤体)和基体(组织形成鞭毛)。微管的主要功能：参与细胞形态的维持，细胞内物质的运输(起到运输轨道的作用)，细胞器的定位，鞭毛的运动和纤毛的运动，纺锤体与染色体的运动。

② 微丝(microfilaments)　又称肌动蛋白纤维，是指真核细胞中由肌动蛋白(actin)组成、直径为 7 nm 的骨架纤维。聚合形成的微丝又称为 F-actin，游离的肌动蛋白称为 G-actin。微丝在体内呈动态变化，与细胞生理功能相适应。有些微丝是永久性的结构，有些是暂时性的结构。某些化学药物也可影响微丝的解聚，如细胞松弛素可以切断微丝，阻抑聚合，因而导致微丝解聚，相反鬼笔环肽可抑制微丝解聚。微丝的主要功能是维持细胞形态，分布于细胞质膜下，赋予细胞质膜机械强度。此外，微丝还参与细胞运动、细胞质分裂、肌肉收缩等过程。而且，微丝是微绒毛的主要结构单位，微绒毛是肠上皮细胞的指状突起，可增加肠上皮细胞表面积，以利于营养的快速吸收。

③ 中间纤维(intermediate filaments)　中间纤维因其直径介于肌粗丝和细丝之间而得名。中间纤维几乎分布于所有动物细胞，往往形成一个网络结构，特别是在需要承受机械压力的细胞中含量丰富，如上皮细胞中。除了细胞质中，在内核膜下的核纤层也属于中间纤维。中间纤维的功能主要包括以下几个方面：增强细胞抗机械压力的能力；参与桥粒的形成和维持；神经元纤维在神经细胞轴突运输中起作用；参与细胞内信息的传递；与 mRNA 的运输有关。

(7) 中心粒(centriole)　因其位于动物细胞的中心部位而得名，由相互垂直的两组“9＋0”三联微管组成。中心粒及其周围物质称为中心体(centrosome)。

(8) 微体(microbody)　由单层单位膜围成的小泡状结构，含有多种氧化酶，与分解过氧化氢和乙醛酸循环有关。

(9) 核糖体(ribosome)　为椭球形的粒状小体，核糖体无膜结构，主要由蛋白质(40％)和 rRNA(60％)构成，是合成蛋白质的细胞器，按照 mRNA 的指令由氨基酸合成多肽链。附着在内质网的核糖体合成膜蛋白和分泌蛋白质，其他细胞内蛋白质由游离核糖体合成。

4) 细胞表面

细胞表面起到保护细胞、支持细胞并完成细胞相互作用的功能，包括细胞外基质和细胞间连接。

动物细胞细胞外基质一般为大分子，依据功能的不同可分为三类：①糖胺聚糖及与蛋白质结合成的蛋白聚糖产物，它们可形成亲水胶质；②纤维性结构蛋白，如胶原蛋白和弹性蛋白，构成坚硬的束状或网格赋予细胞外基质强度和韧性；③黏着蛋白，如纤黏蛋白和层黏蛋白等，它们与细胞表面粘连，将细胞固定于组织。植物细胞的细胞外基质是植物细胞壁，位于植物细胞膜外，包括初生壁和次生壁两部分，初生壁是细胞形成时形成的，由多糖和蛋白质构成，以纤维素为骨架，半纤维素和果胶等为基质。次生壁位于质膜和初生壁之间，是细胞停止生长后细胞分泌物在初生壁的沉积，主要成分是纤维素。两壁之间为中胶层，富含果胶。植物细胞分化时，会出现相适应的细胞壁类型。细胞壁是保护细胞的外部屏障，减少水分蒸发，防止机械损伤、微生物入侵等，同时还具有细胞骨架和运输功能。

动物细胞之间不是彼此孤立的，例如在相邻的两个上皮细胞之间通过一种网状图案的结构形成紧密连接，起到封闭上皮细胞各细胞侧面间空隙的作用。对于植物细胞来说，也同样如此。不同的细胞借助细胞壁间的黏性多糖将细胞粘在一起。我们通常将植物细胞间小分子物质可通过的通道称作胞间连丝。

5）细胞的形状和大小

由于结构、功能和所处的环境不同，各类细胞形态千差万别，有圆形、椭圆形、柱形、方形、多角形、扁形、梭形，等等。原核细胞的形状常与细胞外沉积物（如细胞壁）有关，如细菌细胞呈棒形、球形、弧形、螺旋形等不同形状。单细胞的动物或植物，细胞形状更加复杂，如草履虫像鞋底状，眼虫呈梭形且带有长鞭毛，钟形虫呈袋状。高等生物的细胞形状与细胞功能和细胞间的相互关系有关。如动物体内具有收缩功能的肌肉细胞呈长条形或长梭形，红细胞为圆盘状。植物叶表皮的保卫细胞成半月形，两个细胞围成一个气孔，以利于呼吸和蒸腾。细胞离开了有机体分散存在时，形状往往发生变化，如平滑肌细胞在体内成梭形，而在离体培养时则可成多角形。一般来说，真核细胞的体积大于原核细胞，卵细胞大于体细胞。大多数动植物细胞直径在 20～30 μm。鸵鸟的卵黄直径可达 5 cm，支原体仅 0.1 μm，人的坐骨神经细胞可长达 1 m。

2. 真核细胞和原核细胞的区别

具有核膜包被细胞核的细胞称为真核细胞。无核膜包被细胞核的细胞称为原核细胞。真核细胞的细胞核和原核细胞的拟核都有两条 DNA 链。原核细胞核区（类核体、拟核）染色体只由环状 DNA 组成，不含组蛋白。细胞器仅有核糖体，70S。细胞壁主要成分为含乙酰胞壁酸的肽聚糖。具有细胞核是真核细胞与原核细胞最基本的区分。整个生物界也由此分原核生物和真核生物两类。两者其他的重要区别是真核细胞具有细胞内膜系统和骨架系统，而原核细胞没有。它们在生命进化的早期就已经分开，原核细胞出现在约 35 亿年前，而真核细胞出现在约 18 亿年前。两大类细胞的主要区别见表 3-2。

表 3-2　真核细胞和原核细胞的主要区别

特　征	原核细胞	真核细胞
细胞大小	较小（1～10 μm）	较大（10～100 μm）
细胞壁	主要组分为肽聚糖和乙酰胞壁酸	植物细胞主要组分为纤维素和果胶
细胞核	无核仁和核膜（拟核）	有核仁和核膜（真核）
DNA	一条环 DNA，少量结合蛋白	多条 DNA，与蛋白质结合，形成线状染色质或染色体
转录	细胞质中	细胞核内

续表

特　征	原核细胞	真核细胞
翻译	细胞质中	细胞质中
细胞器	无	有各种细胞器
内膜系统	细胞膜代替真核细胞内膜系统	复杂
细胞骨架	无	有微管、微丝
细胞分裂	无丝分裂	有丝分裂和减数分裂

3. 原核细胞和真核细胞的统一性

原核细胞具有与真核细胞相似的细胞膜和细胞质，虽然没有核膜包被的细胞核，也没有染色体，但有一个环状 DNA 分子，位于无明显边界的区域，这个区域叫做拟核。真核细胞染色体的主要成分也是 DNA。DNA 与细胞的遗传和代谢关系十分紧密。

3.3 细胞周期及调控

生命是从上一代向下一代传递的连续过程，是一个不断更新的过程。细胞的生命开始于产生它的母细胞的分裂，结束于子细胞的形成，或结束于细胞自身死亡。有些细胞每天都在分裂，有些高度特化的细胞，如成年神经细胞、肌肉细胞一旦形成永不分裂。那些能够进行分裂的真核细胞，从细胞首次出现到细胞完成分裂为止，会发生一系列有顺序的事件，有一个细胞周期(cell cycle)。细胞周期中一系列事件之所以能有条不紊地进行，是由细胞周期控制系统指导的，这个系统可以整合来自环境和自身的各种信息，在细胞周期的关键时刻发出指令，调控细胞的分裂进程。

3.3.1 细胞周期

细胞分裂产生的新细胞，经过生长、分裂而增殖成两个子细胞所经历的全过程，称为细胞周期。细胞周期通常分为间期与分裂期两个阶段。细胞生命活动大部分时间是在间期度过的，如大鼠角膜上皮细胞的细胞周期(图 3-7)，间期占 14000 min，分裂期仅占 70 min。

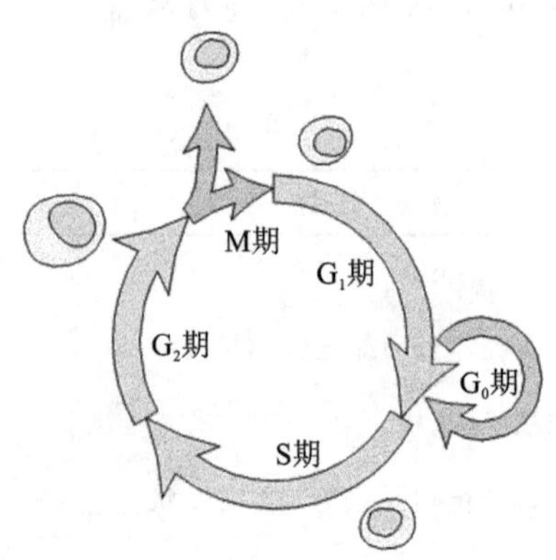

图 3-7　细胞周期示意图

1. 间期(interphase)

在细胞分裂间期进行着遗传物质 DNA 的复制过程，DNA 复制与细胞分裂前后有两个间隔(gap)，因此将间期又分为三个时期，即 DNA 合成前期(G_1期)、DNA 合成期(S 期)与 DNA 合成后期(G_2期)。间期是细胞合成 DNA、RNA、蛋白质和各种酶的时期，是为细胞分裂准备物质基础的主要阶段。

G_1期(first gap)是从上一次有丝分裂结束到 DNA 复制前的一段时间，又称合成前期，此期主要合成 RNA 和核糖体。该期特点是物质代谢活跃，迅速合成 RNA 和蛋白质，细胞体积显著增大。这一期的主要意义在于为下一阶段 S

期的DNA复制做好物质和能量的准备。

S期(synthesis)就是DNA合成期,在此期,除了合成DNA外,同时还要合成组蛋白。DNA复制所需要的酶都在这一时期合成。

G_2期(second gap)为DNA合成后期,是有丝分裂的准备期。在这一时期,DNA合成终止,大量合成RNA及蛋白质,包括微管蛋白和促成熟因子等。

2. 细胞分裂期(M期)

细胞的有丝分裂需经前、中、后、末期,它是一个连续变化的过程,由一个母细胞分裂成为两个子细胞。一般需1～2 h。

前期(prophase),染色质丝高度螺旋化,逐渐形成染色体(chromosome)。染色体短而粗,强嗜碱性。两个中心体向相反方向移动,在细胞中形成两极;而后以中心粒随体为起始点开始合成微管,形成纺锤体。随着染色质的螺旋化,核仁逐渐消失。核被膜开始瓦解为离散的囊泡状内质网。

中期(metaphase),细胞变为球形,核仁与核被膜已完全消失。染色体均移到细胞的赤道平面,从纺锤体两极发出的微管附着于每一个染色体的着丝点上。从中期细胞可分离得到完整的染色体群,共46个,其中44个为常染色体,2个为性染色体。男性的染色体组型为44+XY,女性为44+XX。分离的染色体呈短粗棒状或发夹状,均由两个染色单体借狭窄的着丝点连接构成。

后期(anaphase),由于纺锤体微管的活动,着丝点纵裂,每一染色体的两个染色单体分开,并向相反方向移动,接近各自的中心体,染色单体遂分为两组。与此同时,细胞被拉长,并由于赤道部位细胞膜下方环行微丝束的活动,使其缩窄,细胞遂呈哑铃形。

末期(telophase),染色单体逐渐解螺旋,重新出现染色质丝与核仁,内质网囊泡组合为核被膜,细胞赤道缩窄加深,最后完全分裂为两个二倍体的子细胞。

细胞周期可以表示为,G_1期→S期→G_2期→M期。有的细胞如造血干细胞,始终保持旺盛的分裂能力,沿着细胞周期周而复始,不断进行分裂。绝大多数高度分化的细胞不再分裂,如成熟的红细胞、神经细胞、肌肉细胞等,永远失去分裂能力。也有的细胞暂时离开细胞周期,进入休眠期,又称为G_0期,必要时可重新进入周期,如骨髓干细胞、潜在的癌细胞等。

3. G_0期

G_0期是脱离细胞周期暂时停止分裂的一个阶段。但在一定适宜刺激下,又可进入周期,合成DNA与分裂。G_0期的特点:①在未受刺激的G_0细胞,DNA合成与细胞分裂的潜力仍然存在;②当G_0细胞受到刺激而增殖时,又能合成DNA和进行细胞分裂。如肝部分切除后,剩余的肝细胞进入细胞周期恢复分裂能力。

3.3.2　细胞分裂

细胞分裂是一个细胞分裂为两个细胞的过程。分裂前的细胞称母细胞,分裂后形成的新细胞称子细胞。细胞分裂通常包括细胞核分裂和细胞质分裂两步。在细胞核分裂过程中母细胞把遗传物质传给子细胞。在单细胞生物中细胞分裂就是个体的繁殖,在多细胞生物中细胞分裂是个体生长、发育和繁殖的基础。细胞分裂分为有丝分裂和无丝分裂。

1. 有丝分裂

有丝分裂(mitosis)又称为间接分裂。1880年德国施特拉斯布格尔(E. Strasburger)在植物细胞中首次发现，1882 年德国弗莱明（W. Fleming）在观察蝾螈细胞分裂现象时提出了有丝分裂的概念。有丝分裂有纺锤体、染色体出现，子染色体被平均分配到子细胞，两子细胞获得完全相同的一套染色体。这种分裂方式是普遍存在的，是真核细胞分裂产生体细胞的过程。

有丝分裂包括间期、前期、中期、后期、末期和细胞质分裂等时期。标志前期开始的第一个特征是染色质开始浓缩形成有丝分裂染色体，由两条染色单体构成。细胞骨架解聚，有丝分裂纺锤体开始装配。高尔基体、内质网等细胞器解体，形成小的膜泡。前中期核膜破裂，纺锤体微管与染色体着丝粒处的动粒结合。每个已复制的染色体有两个动粒，朝相反方向与两极的微管结合。染色体开始移向赤道板。中期所有染色体排列到赤道板上，纺锤体微管连接染色体着丝粒、动粒和中心体。后期排列在赤道板上的染色体的姐妹染色单体分离产生向极运动。末期染色单体到达两极，染色单体开始去浓缩。核膜开始重新组装。高尔基体和内质网重新形成。核仁重新组装，RNA 合成功能逐渐恢复。

2. 无丝分裂

无丝分裂（amitosis）又称直接分裂，在分裂过程中没有纺锤丝与染色体的变化，细胞核和细胞质直接分裂为大小大致相等的两部分的细胞分裂方式。1841 年，雷马克（Remak）最早在鸡胚的血细胞中发现了无丝分裂。1882 年，弗来明（Flemmng）发现无丝分裂的分裂过程有别于有丝分裂。

无丝分裂时，球形的细胞核和核仁都伸长，然后细胞核进一步伸长成哑铃形，最后细胞核分裂，细胞质也随着分裂，并在滑面型内质网的参与下形成细胞膜。在无丝分裂中，核膜和核仁都不消失，没有染色体和纺锤丝的出现，当然也就看不到染色体复制的规律性变化。但这并不说明染色质没有发生深刻的变化，实际上，染色质也要进行复制，它随着细胞核分裂而分割遗传物质。至于核中的遗传物质 DNA 是如何分配的，还有待进一步研究。无丝分裂后遗传物质不能平均分配，涉及遗传的稳定性，有人认为无丝分裂大部分出现在不健康的细胞中。但是，事实似乎不是这样，无丝分裂在正常组织中也还是比较常见的。

3. 减数分裂

减数分裂（meiosis）是特殊的有丝分裂，与生殖细胞的形成有关（详见第 4 章）。减数分裂由紧密连接的两次分裂构成，第一次分裂称为减数分裂Ⅰ，第二次分裂称为减数分裂Ⅱ。通常减数分裂Ⅰ分离的是同源染色体，减数分裂Ⅱ分离的是姊妹染色单体，类似于有丝分裂。减数分裂的特点是 DNA 复制一次，而细胞连续分裂两次，结果是 1 个母细胞形成了 4 个子细胞，每个子细胞的染色体较母细胞减少了一半。减数分裂可分为 3 种主要类型。

配子减数分裂（gametic meiosis），又称终端减数分裂（terminal meiosis），其特点是减数分裂和配子的发生有直接关系。在雄性脊椎动物中，一个精母细胞经过减数分裂形成 4 个精细胞，后者在经过一系列发育形成成熟的精子。在雌性脊椎动物中，一个卵母细胞经过减数分裂形成 1 个卵细胞和 2～3 个极体。

孢子减数分裂（spodic meiosis）又称中间减数分裂（intermediate meiosis），其特点是减数分裂和配子发生没有直接的关系，减数分裂的结果是形成单倍体的配子体（小孢子和大孢子）。在植物和某些藻类中，小孢子经过两次有次分裂形成包含一个营养核和两个雄配子（精子）的成熟花粉（雄配子体），大孢子经过 3 次有丝分裂形成胚囊（雌配子体），内含 1 个卵核、2 个极核、3 个反足细胞和 2 个助细胞。

合子减数分裂（zygotic meiosis）也称初始减数分裂（initial meiosis），在真菌和某些原核生物中，合子发生减数分裂，形成单倍体的孢子，孢子通过有丝分裂产生新的单倍体后代。

经过减数分裂，二倍体的母细胞形成单倍体的子细胞（如精子和卵子），通过受精作用又恢复二倍体，减数分裂过程中同源染色体间发生交换，使子细胞的遗传多样化，从而增加了后代的适应性，因此减数分裂不仅是保证生物种染色体数目稳定的机制，同且也是物种适应环境变化不断进化的机制。

3.3.3　细胞周期的调控

真核细胞内有一个调控机构，使细胞周期能有条不紊地依次进行。细胞周期的准确调控对生物的生存、繁殖、发育和遗传非常重要。细胞周期调控系统由一些相关基因和特异性的细胞周期蛋白组成。2001 年，美国勒兰德·哈特韦尔（Leland H. Hartwell）、英国蒂莫希·亨特（R. Timothy Hunt）和保罗·诺斯（Paul M. Nurse）三人，经过多年的研究发现了细胞周期的关键因子与调控机制，促进了人们对细胞周期的进一步了解，开启了癌变与不正常细胞周期调控的研究方向，因而他们获得诺贝尔生理学和医学奖。

细胞周期蛋白（Cyclin）在 G_1 期合成，在细胞周期中浓度呈周期性变化。周期蛋白有很多种，主要有周期蛋白 A、周期蛋白 B、周期蛋白 D 及周期蛋白 E。不同的周期蛋白在细胞周期的不同阶段发生作用。CDK 是一类蛋白激酶，可以将特定蛋白质磷酸化，促进细胞周期运行。CDK 只有和周期蛋白结合才能被激，因此称为周期蛋白依赖性蛋白激酶（cyclin dependent kinase，CDK）。已知在动物中有 7 种 CDK，记作 CDK1～CDK7。

周期蛋白和 CDK 是驱动细胞周期正常运转的引擎（图 3-8），CDK 与周期蛋白形成 Cyclin-CDK 复合体后可以控制和协调细胞周期进程。CDK 和 Cyclin 都有许多种类，它们之间的不同组合形成不同的 Cyclin-CDK 复合体，控制细胞周期的不同阶段。如 Cyclin E-CDK2 促使 G_1 期向 S 期转变，Cyclin B-CDK1（MPF）通过磷酸化众多蛋白质，促使染色体凝集、纺锤体形成、核仁分解、核膜分解等，促使细胞进入分裂期。

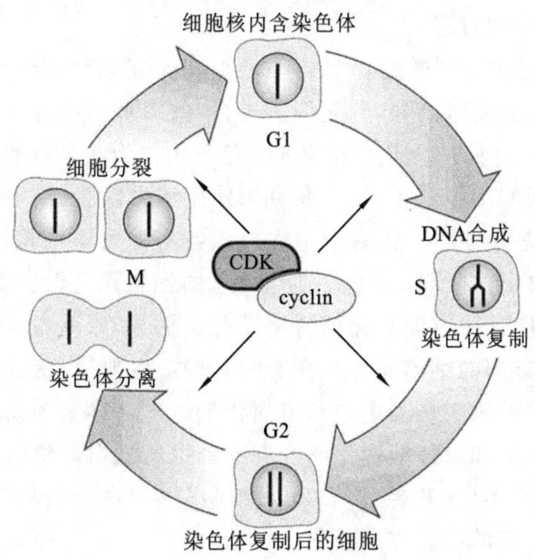

图 3-8　细胞周期的调控（摘自 D. O. Morgan，2010，略有修改）

3.4 细胞分化与凋亡

生老病死是生命体的普遍现象。受精卵经过分裂、分化、形态建成，生长发育为完整的生命体。在个体发育过程中，细胞在形态和功能上发生稳定性差异的过程称为细胞分化，细胞分化是个体发育的基础。在生命存续期间，无论是环境压力还是自身寿命，生命体细胞都面临衰老与死亡。细胞衰老不同于机体老化，它是一个非常复杂而重要的生命过程，细胞衰老的结果是死亡。细胞死亡的方式主要是细胞坏死和细胞凋亡。细胞坏死是细胞意外性死亡，是被动死亡。细胞凋亡是细胞程序性死亡，是细胞生理性、适应性、主动性的自杀行为。

3.4.1 细胞分化

在个体发育中，由一个或一种细胞增殖产生的后代，在形态结构和生理功能上发生稳定性的差异的过程称为细胞分化(cellular differentiation)。细胞分化的实质是细胞精确应对细胞内、外环境的调控信息，细胞基因组选择性表达产生了特异性蛋白质。另外，细胞分化过程中细胞质的不均等分配也是细胞分化的重要原因。

1. 细胞分化的特点

细胞分化是同一来源的细胞逐渐发生各自特有的形态结构、生理功能和生化特征的过程。细胞分化是生物界普遍存在的生命现象，是生物个体发育的基础。细胞分化使多细胞生物形成不同的细胞和组织，其特点如下。

(1) 细胞分化是一种持久性的变化　细胞分化不是仅发生在胚胎发育中，而是在整个生命过程中都进行着，在胚胎期达到最大程度，以补充衰老和死亡的细胞。如多能造血干细胞分化为不同血细胞的细胞分化过程。

(2) 细胞分化是稳定的不可逆的变化　一旦细胞受到某种刺激发生变化，开始向某一方向分化后，即使引起变化的刺激消失，分化仍能进行，并可通过细胞分裂不断继续下去。一般来说，分化了的细胞将一直保持分化后的状态，直到死亡为止。这种变化不同于各种生理活动，如激素刺激等所引起的细胞变化，后者在刺激作用消失以后，细胞又将恢复到原来的状况。

(3) 细胞分化之前先有决定　胚胎细胞在显示特有的形态结构、生理功能和生化特征之前，需要经历一个称作决定的阶段。在这一阶段中，细胞虽然还没有显示出特定的形态特征，但是其内部已经发生了向这一方向分化的特定变化。例如，果蝇的器官芽是幼虫中一些还没有分化但已经决定分化方向的细胞团。在变态时它们产生腿、翅膀、触角等。每一器官芽的发育方向都已决定，而且这种决定是稳定的和可遗传的。这种器官芽如果移植到成虫腹腔内会继续维持未分化的状态，但如果移植到正要变态的幼虫的适当部位就能被诱发分化，甚至在成虫腹腔内连续移植长达 9 年(大约经过 1800 次细胞分裂)之后，再移植到正要变态的幼虫体内，它们仍能各自按已决定的构造方向分化。

(4) 细胞分化过程中遗传物质不变性　细胞分化是伴随着细胞分裂进行的，亲代与子代细胞的形态、结构或功能发生改变，但细胞内的遗传物质不变。大量科学实验证明，高度分化的植物细胞仍具有发育成完整植株的能力，即植物细胞的全能性。大量的核移植实验证实，分化细胞的核仍保留完整的基因组 DNA。我国发育生物学家童第周 1978 年成功地将黑斑蛙成熟的细胞核移入去核的受精卵细胞内，培育出了蝌蚪。20 世纪 60 年代的爪蟾和 80 年代小鼠的核移植，90 年代末克隆羊“多莉”的诞生都证明了分化细胞具有完整的基因组 DNA。

2. 细胞分化的机制

细胞基因组选择性表达和细胞间相互作用在细胞分化过程中具有非常重要的作用。

1）基因选择性表达

细胞中的基因并不都与细胞分化有关，按照基因和细胞分化的关系，可将基因分为两类。一类是管家基因(housekeeping gene)，是维护细胞最低限度功能所不可缺少的基因。另一类是奢侈基因(luxury gene)，又称组织特异性基因，它与各种分化细胞的特殊性状有直接关系，可在不同类型细胞中特异表达，使不同细胞产生特定的形态结构特征和生理功能。在细胞分化过程中，管家基因的表达产物维持细胞的基本生命活动；奢侈基因应答细胞内、外刺激信号，选择性地表达、指导细胞在特定时间和空间合成组织特异性蛋白，完成相应功能。

2）细胞之间的相互作用

细胞之间的相互作用表现在细胞分化过程中，是一组细胞改变其邻近细胞的行为，导致邻近细胞改变其形态、分裂速度、分化方向，从而形成不同类型的细胞。细胞间相互作用是普遍存在的，对细胞分化的选择具有不同的效应，可以是细胞诱导，也可以是分化抑制。就作用方式来说，有的作用需要细胞的直接接触，另一些所需要的可能是间隔一定距离的化学物质的扩散。

(1) 细胞诱导作用　在胚胎发育过程中，一部分细胞影响相邻细胞向一定方向分化的作用称为细胞诱导作用。如中胚层形成的脊索可诱导其顶部的外胚层发育成神经板、神经沟和神经管，视细胞可诱导其外面的外胚层形成晶体，而晶体又可诱导外胚层形成角膜，等等。诱导不但在中轴器官的形成中起作用，也在以后器官的发生中起作用。对于来自上皮的一些结构的形成和分化，间质细胞在上皮附近的聚集常常是必不可少的。这里有一个有趣的实验。鸡的皮肤有两种衍生结构，腿下部的皮肤上有鳞片，覆盖身体的其他部位的有羽毛，这些上皮的衍生结构是中胚层细胞诱导产生的。如果将鸡大腿中胚层移植到胚胎翅膀外胚层下面，翅膀羽毛将按大腿羽毛的形态和排列而分化。如果将羽毛区域的中胚层和无羽毛区域的外胚层混合，会分化出羽毛。如果羽毛区的外胚层和鳞片区的中胚层混合，外胚层则会形成鳞片。实验说明了这些上皮的衍生结构是中胚层细胞诱导产生的，皮肤衍生结构的不同是下衬中胚层的区域性差异决定的。

(2) 分化抑制作用　完成分化的细胞可通过一些特定的信号抑制邻近细胞进行同类分化，这种作用称为分化抑制作用。分化抑制的结果是促进一群相同细胞中的单个细胞或某些细胞改变分化方向。如用含有成蛙心组织的培养液培养蛙胚，则蛙胚不能发育出正常的心脏，若去除成蛙心组织，则蛙胚发育正常，这说明分化成熟的蛙心组织细胞可以产生某种物质，抑制相邻细胞发生同样的分化，这就是分化抑制。

研究表明，在蝾螈幼虫或成体摘除水晶体后，可以从背部的虹彩再生出一个新的。进一步分析指出，虹彩背部的边缘层细胞具有再生水晶体的能力。如果把虹彩的背部组织移到一只未摘除水晶体的眼睛里，则长不出水晶体。如果把虹彩的背部移到另一个摘除水晶体的眼睛，不是位于背部，而是位于腹部，则可以再生出水晶体。如果在摘除水晶体的眼睛里，经常注射完整的(带有水晶体的)眼腔液体，在注射期间，也长不出水晶体。由此可见，虹彩背部的细胞虽然具有产生水晶体的能力，但正常水晶体会产生一种物质，对此起抑制作用。这种抑制作用，随着水晶体的摘除而消失，虹彩背部形成水晶体的能力才得以显示。

另外，细胞数量、细胞外基质、激素对细胞分化也有重要的影响。实验表明：当小鼠胚胎胰腺原基在体外进行组织培养时，可发育成具有功能的胰腺组织；如果把胰腺原基切成 8 小块分别培养，则都不能形成胰腺组织；如果再把分开的小块合起来，又可形成胰腺组织，可见细胞数量对诱导组织形成可能也是必要的。再比如，昆虫的变态发育过程，受保幼激素和蜕皮激素的调节。保幼激素可以保持幼虫特征，促进成虫器官原基的发育，蜕皮激素可以促进蜕皮和成虫的出现。当两者保持一定的比例时，幼虫化蛹，变为成虫。成虫期又开始合成保幼激素，促进性腺的发育。

3. 细胞表型和干细胞

在多细胞生物体内，每个细胞都有一定的性状，即细胞特定基因型在一定的环境条件下的表现，也称为细胞表型。根据细胞表型可将细胞分为三类：全能细胞、多潜能细胞和分化细胞。全能细胞能够产生有机体的全部细胞表型，它的全套基因信息都可以表达。多潜能细胞表现出发育潜能的一定局限性，仅能分化成为特定范围内的细胞，如多潜能造血干细胞仅能分化为淋巴细胞、单核细胞、粒细胞等。分化细胞是由多潜能细胞通过一系列分裂和分化发育成熟的特殊细胞表型，能够合成特异性的蛋白质或具有特殊功能的细胞。其中，全能细胞和多潜能细胞又称为干细胞(stem cell)。

1) 干细胞分类

根据干细胞的分化能力，可以分为全能干细胞(totipotent stem cell)、多能干细胞(multipotent stem cell)和单能干细胞(monopotent stem cell)。全能干细胞可以分化为机体内的任何一种细胞，直至形成一个复杂的有机体，如受精卵细胞。多能干细胞可以分化为多种类型的细胞，如造血干细胞可以分化为 12 种血细胞。单能干细胞只能分化为一种类型的细胞，而且自我更新能力有限，如上皮组织基底层的干细胞，肌肉中的成肌细胞等成体干细胞。

根据干细胞来源，将干细胞划分为三类，即胚胎干细胞(embryonic stem cell)、成体干细胞(adult stem cell)和核移植干细胞(cell nuclear transfer stem cell)。胚胎干细胞是指来源于胚胎内细胞团的细胞，通常人们把原始生殖细胞筛选分离出来的具有多能性或全能性的细胞、通过体外抑制培养分离获得的干细胞，以及从畸胎瘤中分离出来的多能性干细胞称为胚胎干细胞。成体干细胞是指存在于发育成熟组织、器官中的具有高度自我更新和分化潜能的未分化细胞，它保留了分化为该组织或器官的能力。现在认为，成体干细胞广泛存在于机体各种组织和器官中，不仅仅限于表皮和造血系统，在神经系统、肝、胰、角膜等高度分化的组织器官中也都存在，如造血干细胞、肝脏干细胞、神经干细胞、脂肪干细胞、骨髓间充质干细胞，等等。核移植干细胞就是将体细胞的细胞核用显微操作技术，移入其他个体的去核卵细胞，经组织培养获得的干细胞。核移植干细胞进行治疗性克隆，可以避免干细胞移植中的免疫排斥现象。

2) 干细胞的特点

干细胞具有以下生物学特点：①终生保持未分化或低分化特征；②在机体中的数目、位置相对恒定；③具有自我更新能力；④能无限制的分裂增殖；⑤具有多向分化潜能，可分化成不同类型的组织细胞，如造血干细胞、骨髓间充质干细胞、神经干细胞等成体干细胞，具有一定的跨系，甚至跨胚层分化的潜能；⑥分裂具有慢周期性，绝大多数干细胞处于 G_0 期；⑦具有两种分裂方式，即对称分裂和不对称分裂，前者形成两个相同的干细胞，后者形成一个干细胞和一个祖细胞。

3.4.2　细胞衰老与死亡

1. 细胞衰老

细胞衰老是正常环境条件下发生的功能减退逐渐趋向死亡的现象，是细胞生命活动的客观规律。衰老是一个过程，这一过程的长短即细胞的寿命，它随组织种类而不同，同时也受环境条件的影响。高等动物体细胞都有最大分裂次数，细胞分裂一旦达到这一次数就要死亡。各种动物的细胞最大分裂次数各不相同，人细胞为 50～60 次。一般来说，细胞最大分裂次数与动物的平均寿命成正比。

衰老细胞具有如下特征：从形态变化上来看，主要表现为细胞皱缩，膜通透性、脆性增加，核膜内折，细胞器数量特别是线粒体数量减少，细胞内出现脂褐素等异常物质沉积，最终出现细胞凋亡或坏死。总体来说老化细胞的各种结构呈退行性变化。从分子水平来看，衰老细胞会出现脂类、蛋白质和 DNA 等细胞成分损伤，细胞代谢能力降低，主要表现在五个方面：①DNA复制与转录受到抑制，但也有个别基因会异常激活，端粒 DNA 丢失，线粒体 DNA 特异性缺失，DNA 氧化、断裂、缺失和交联，甲基化程度降低；②mRNA 和 tRNA 含量降低；③蛋白质合成下降，细胞内蛋白质发生糖基化、氨甲酰化、脱氨基等修饰反应，导致蛋白质稳定性、抗原性、可消化性下降，自由基使蛋白质肽链断裂，交联而变性；④酶分子活性中心被氧化，金属离子 Ca^{2+}、Zn^{2+}、Mg^{2+}、Fe^{2+} 等丢失，酶分子的二级结构、溶解度、等电点发生改变，继而产生酶失活效应；⑤不饱和脂肪酸被氧化，引起膜脂之间或与脂蛋白之间交联，膜的流动性降低。

关于细胞衰老的机理，目前有很多学说，如目前已被广泛承认的如 DNA 损伤修复学说、大分子交联学说、差错灾难学说等，此外还有其他的研究热点，如代谢废物积累学说、自由基学说、体细胞突变学说、端粒学说、细胞有限分裂学说、重复基因失活学说和衰老基因学说等。

通过细胞衰老的研究可了解衰老的某些规律，对认识衰老和最终找到推迟衰老的方法都有重要意义。细胞衰老问题不仅是一个重大的生物学问题，而且是一个重大的社会问题。随着科学发展而不断阐明衰老过程，人类的平均寿命也将不断延长。但也会出现相应的社会老龄化问题以及心血管病、脑血管病、癌症、关节炎等老年性疾病发病率上升的问题。因此衰老问题的研究是今后生命科学研究中的一个重要课题。

2. 细胞死亡

细胞因受严重损伤而累及细胞核时，呈现代谢停止、结构破坏和功能丧失等不可逆性变化，此即细胞死亡。细胞死亡的主要方式有两种：凋亡（apoptosis）和坏死（necrosis）。凋亡是由细胞信号通路调控的死亡，而坏死是细胞对环境压力的一种被动死亡方式。

1）细胞凋亡

细胞在一定生理或病理条件下，受内在遗传机制的控制自动结束生命的过程，称为细胞凋亡或细胞程序性死亡。在细胞凋亡过程中，细胞缩小，DNA 被核酸内切酶降解成 180～200 bp片段，细胞膜反折，包围细胞碎片，如染色体片段和细胞器等，形成芽状突起，以后逐渐分离所形成的结构就形成凋亡小体。它是细胞凋亡的特征性形态结构，凋亡小体最后为邻近的细胞所吞噬，是最为常见的细胞死亡形式。细胞凋亡对于多细胞生物个体发育的正常进行，自稳平衡的保持以及抵御外界各种因素的干扰等起着非常关键的作用（图 3-9）。2002 年的诺贝尔医学和生理学奖授予了三位发现细胞凋亡规律的科学家。关于细胞凋亡研究成果可以帮助我们更加深刻地理解健康与疾病、生命与死亡，以及它们之间的相互关系。

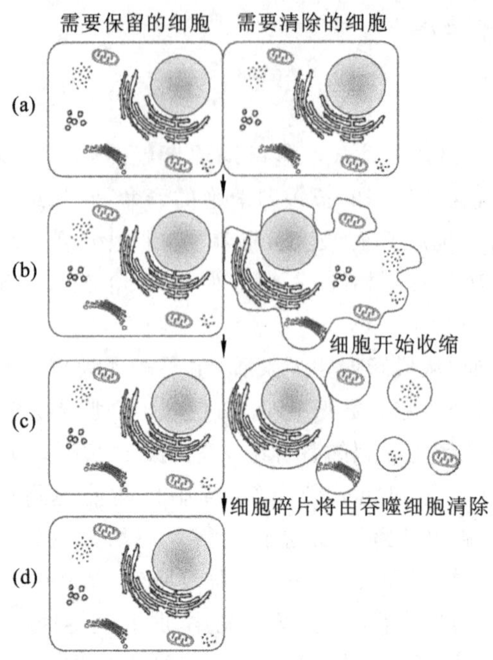

图 3-9　细胞凋亡的过程（摘自 H. Hoffmeister,2005,略有修改）

2）细胞坏死

极端的物理、化学因素或严重的病理性刺激引起的细胞损伤和死亡，称为细胞坏死。细胞坏死是非正常死亡，坏死发生时，细胞肿胀，细胞膜被破坏，通透性改变。细胞器散落到细胞间质，需要巨噬细胞去清除，结果使该局部组织发炎。相比起细胞坏死，细胞凋亡是更常见的细胞死亡形式。

长期以来细胞坏死被认为是因病理而产生的被动死亡，但是近期的研究表明，细胞坏死可能是细胞"程序性死亡"的另一种形式，具有包括引发炎症反应在内的重要生理功能。当细胞凋亡不能正常发生而细胞必须死亡时，坏死作为凋亡的"替补"方式被采用。如图 3-10 所示为常见的细胞死亡方式。

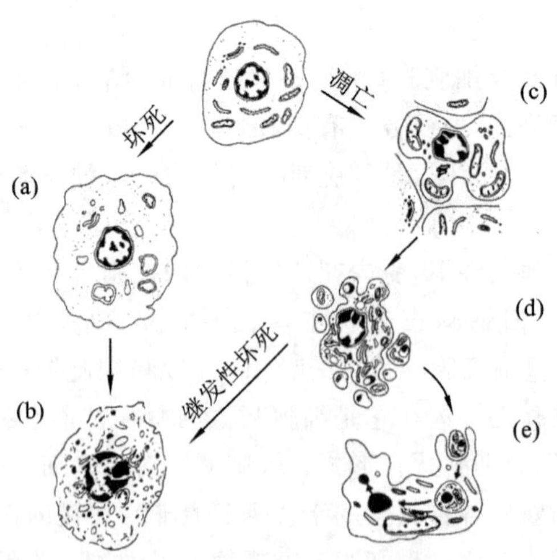

图 3-10　细胞死亡的方式（摘自 Bruce Alberts,2012,略有修改）

3.4.3 细胞的癌变

癌的英文是 cancer，来自拉丁文 carb，原意是山蟹，最早由古希腊名医希波克拉底(Hippocrate)提出。山蟹又凶又怪，又爱乱爬，形象地反映了癌的凶恶与易扩散。据统计，全球每年新增 1000 万癌症患者，约 670 万患者死亡；我国每年癌症新发病例 220 万，死于癌症的人数超过 150 万，癌症患者 5 年生存率仅有 20%～30%。癌症和心血管疾病、意外事故是当今世界所有国家的三大死亡原因，癌症不得不引起世人的广泛关注。

1. 癌和肿瘤

肿瘤不是癌。肿瘤是身体的一部分细胞与机体的其他组织生长不协调而表现出来的任意的无节制的增殖分裂，并最终增长而成的一个组织块。肿瘤既有良性的，又有恶性的。良性肿瘤逐渐增长时仅仅是压迫周围组织，而恶性肿瘤除了压迫组织以外，还不断侵入组织之中，这种恶性肿瘤称为癌。

正常细胞转变成癌细胞的致癌过程即为细胞癌变。该过程是细胞 DNA 受损突变后发生在细胞及基因级别上的，从而导致细胞不受机体控制恶性增殖的一系列改变，最终引起恶性肿瘤的形成。癌变是个复杂的受到多种因素控制的多阶段演变的过程，它也是个可逆转的细胞转化过程。

2. 癌基因和致癌因子

细胞癌变与遗传、环境等多种因素有关。

1) 癌基因

癌基因是人类或其他动物细胞(以及致癌病毒)固有的一类基因，一旦活化便能促使人或动物的正常细胞发生癌变。正常细胞的 DNA 中含有原癌基因和肿瘤抑制基因，它们是调控细胞周期的正常基因。

原癌基因(proto-oncogene)是调控细胞增殖和生存的正常基因，有促进细胞生长、有丝分裂和分化等正常进行的作用。原癌基因具有引起细胞癌变的潜能，可以突变为癌基因。原癌基因可以通过五种途径转变成癌基因，即点突变、基因扩增、染色体易位、局部 DNA 重组和插入性突变。这些变异的结果是产生了生物活性异常高的蛋白质，导致细胞周期失控或细胞凋亡减弱。

肿瘤抑制基因(tumor suppressor genes)是一类存在于正常细胞中的与原癌基因共同调控细胞生长和分化的基因，也称为抑癌基因。它能够抑制细胞过度生长、增殖从而预防肿瘤的形成，是细胞中的一类正常的“管家”基因。一般在细胞 DNA 受损时，肿瘤抑制基因就会使细胞分裂停止来修复 DNA，并在不可修复时使受损细胞凋亡。

在致癌因子的作用下，这两种基因发生突变，使原癌基因被激活成为癌基因，肿瘤抑制基因失效，导致该细胞的生长、分裂失去控制，使细胞增殖与凋亡失衡，变成持续生长和增殖的癌细胞，最终形成转移性癌。

2) 致癌因子

凡能引起细胞发生癌变的因子称为致癌因子。目前认为致癌因子大致分为三类：物理致癌因子、化学致癌因子和生物致癌因子。

物理致癌因子主要是指放射性物质发出的电离辐射、X 射线、紫外线等。紫外线辐射是导致皮肤癌的主要因素，动物模型研究表明，波长在 280～315 nm 的紫外线是辐射致癌的主要波段，尽管阳光中90%以上可被臭氧层吸收，但到达地面的部分足以导致皮肤晒黑、晒伤、老化、衰老甚至癌变。辐射危害可以来自环境污染，也可以来自医源性照射。多次反复接受X射线或放射性核素照射检查、用放射疗法治疗某些疾病可诱发某些肿瘤，如肺结核患者反复进行胸透检查，可诱发乳腺癌。"二战"时日本广岛、长崎原子弹爆炸，对幸存的居民进行29年的调查，发现皮肤癌、粒细胞性白血病发生率明显增加，而且距离爆炸中心越近，发生率越高。1986年，苏联切尔诺贝利核电站核物质外泄，诱发了众多白血病患者。居里夫人在研究工作中长期被放射线损伤，导致白血病。我国北方地区居民有冬季烧火炕的习惯，因此这些居民有的臀部皮肤会发生癌变形成所谓的炕癌。

化学致癌因子包括部分无机物如石棉，含砷、铬、镉的化合物等，以及部分有机物，如苯、四氯化碳、焦油、黄曲霉素、亚硝胺、有机氯杀虫剂等。染料中的二苯胺是第一个明确的致膀胱癌化学因子。吸烟是人体摄入化学致癌物的主要途径之一，从香烟的烟雾中可以分析出20多种化学致癌因子。3,4-苯并芘是煤焦油中的主要致癌成分，存在于烟草的烟雾、工厂的煤烟、汽车的尾气中，大量吸入上述气体肺癌的发病率明显增加。氯乙烯可诱发肝血管肉瘤。吸入了硫化镍、氧化镍的尘埃可导致肺癌与鼻腔癌。石棉污染的大气或水从呼吸或消化系统进入人体，可引发肺癌、胸与腹腔之间的癌症病变，以及肾癌，石棉导致的肺癌死亡数在所有商业化产品中仅次于烟草。日本"奥姆真理教"曾在东京地铁使用的"芥子气"，可以使人患白血病、肺癌、乳腺癌。有人用砷酸钠治疗皮肤病后，出现了局部色素增加，过度角化，最后发展为皮肤癌，砷是迄今发现的唯一使人致癌而不使动物致癌的物质。绝大多数化学致癌因子需在肝脏经过一系列代谢活化才具有致癌活性，化学致癌因子在体内的致癌活性取决于代谢活化和代谢解毒的平衡。化学致癌是长期、复杂、多阶段的过程，至少涉及引发、促进和发展三个阶段。在引发和发展阶段涉及遗传机制，在促进阶段主要是遗传外机制。

生物致癌因子主要是指能够诱导肿瘤发生的病毒、细菌和寄生虫，约占致癌因素的15%。肿瘤病毒包括DNA病毒和RNA病毒，DNA病毒的DNA可以直接嵌入宿主细胞染色体，RNA病毒须在逆转录酶的作用下把RNA基因逆转录为DNA，然后嵌入宿主细胞DNA中完成复制。常见的肿瘤病毒包括艾滋病病毒、人类乳头状瘤病毒(宫颈癌)、乙肝病毒(肝癌)、kaposi肉瘤相关疱疹病毒(kaposi肉瘤)等。幽门螺杆菌与胃癌密切相关，全世界约有一半人口都遭受过它的感染。在寄生虫致癌方面，典型的是血吸虫感染和肝吸虫感染，分别诱发膀胱癌和胆道癌。

随着社会的发展，细胞癌变的原因也变得更加复杂多样。不良情绪、过大的压力、不规律的饮食生活等都会诱发细胞癌变。

3. 癌细胞的特征

细胞由于受到致癌因子的作用，不能正常地完成细胞分化，而是变成了不受机体控制的连续分裂的恶性增殖细胞。这些细胞不同于正常细胞，其特征如下。

1) 形态结构发生变化

细胞核会发生变化，主要表现如下：细胞形状不规则且大小不一，呈结节状、分叶状等；细胞质中存在着大量的游离核糖体，它们是合成蛋白质的力量；核质比例失常，染色质增多、细胞核变大；核膜增厚，并伴随有凹陷、褶皱等；染色质增多，细胞核内染色深浅不一。另外，癌细胞表面的糖蛋白等黏附性物质减少，便于癌细胞在体内的扩散和转移。

2) 细胞分裂失控、无限增殖

细胞分裂失控增殖是肿瘤细胞的典型特征，主要原因有三个。一是它丧失了细胞周期的调控机制:癌细胞通过自分泌作用,合成了超量的超高活性的生长因子,促进自身分裂。二是它失去了细胞生长的接触性抑制:癌细胞与正常细胞不同,在分裂达到单层阶段以后没有受到抑制,而是继续分裂并逐渐堆积形成细胞团。三是它丧失了程序性细胞凋亡的控制:肿瘤细胞的增殖取决于分裂速率和程序性凋亡速率,控制细胞主动死亡的机制在癌细胞中不能发挥作用。另外,癌细胞之间在代谢和分裂、分化上失去了通讯联系也是癌细胞无限增殖的原因。

3)能够逃避免疫系统的识别和攻击

机体内普遍存在免疫系统,为什么癌症患者的免疫系统不能识别攻击自身的肿瘤细胞?现在普遍认为,在健康人体内免疫系统会例行公事,不断识别、清除新形成的肿瘤细胞,而癌症患者则失去了这种有效的识别和清除。可能是肿瘤细胞有某些机制与具有损伤肿瘤的免疫系统相互作用,使癌细胞得以存留和发展。这些逃逸机制包括如下几点。①肿瘤细胞刚出现时,抗原量少而弱,持续刺激宿主则能诱发免疫耐受性,使宿主失去对肿瘤的免疫应答能力。②细胞膜产生了新的抗原,逃避了宿主免疫系统的作用。③肿瘤细胞也可以破坏免疫系统,随着癌细胞的扩展,被免疫反应破坏的癌细胞都清除了,自然选择让缺乏抗原或产生较少抗原的更具有侵染性的更异常的癌细胞存活了下来。④癌细胞发展了很多抵抗免疫反应的方法,如有的肿瘤把自己包裹在一层致密的组织中,逃避免疫反应袭击,有的癌细胞分裂特别快,免疫系统不能及时、快速地消灭它们,等等。

4)细胞易分散易转移

癌细胞可以脱离原发病灶区,浸润侵入周围的组织,也可以进出毛细血管、淋巴管,通过循环系统在体内长距离转移,在病灶周围或远离病灶建立新的细胞群。这种浸润性生长和转移是癌细胞的典型特征。这种方式很可怕,它使人类无法通过手术切除或局部辐射治疗癌症。

4. 细胞癌变的机制

从事肿瘤研究的大多数专家认为,癌症是突变积累的结果。这些突变表现为 DNA 序列和染色体水平的结构和数目的改变,其中包括各类基因突变、缺失和扩增等,以及染色体缺失、重复、易位和非整倍体改变等。突变积累是细胞癌变的前提,使癌变细胞获得了六种属性:①增殖信号自给自足;②对抑制增殖的信号不敏感;③丧失细胞凋亡的调控;④无限制复制、分裂;⑤持续的血管增生;⑥浸润性生长和转移。现代学者认为,各种癌症的发展需要获得上述六种特征,每个特征可能通过不同的遗传或表观遗传机制获得。表观遗传学是研究没有 DNA 序列变化的、可遗传的表达改变。近年来,肿瘤表观遗传学取得了一系列突破性进展,已进入主流生物学和医学,许多研究者把表观遗传学改变作为癌变机制的一部分。表观遗传学改变和遗传学一样,可使原癌基因活化成癌基因,肿瘤抑制基因功能被灭活,这是癌变的生物学过程,结果细胞增殖、凋亡和分化失控,导致肿瘤的发生。

5. 癌症与遗传

肿瘤会不会遗传?这个问题很难简单地下结论。细胞的癌变与遗传物质有关,这是毋庸置疑的。大量医疗实践发现,遗传因素在癌症的发生过程中确实起一定的作用。癌症的发生是有遗传基础的,癌症属体细胞遗传病。与遗传关系最密切的癌症是儿童视网膜母细胞瘤,这种患者的兄弟姐妹中,往往有一半是视网膜母细胞瘤患者。另外,有研究表明:同卵双胞胎同时患乳腺癌、胃癌、肠癌的机会要比异卵双胞胎高 2 倍。

在面对家族肿瘤是否遗传问题上,很多人都存在疑问。就目前病因学研究结果来看,癌症与遗传的确有关,但癌症并不会直接遗传。不同的肿瘤可能有不同的遗传传递方式,而遗传因素在大多数肿瘤发生中的作用是对致癌因子的易感性或倾向性。在相同生活条件下的人群中，有的个体有更易发生癌症的倾向。癌症没有遗传的必然性，但有些癌症，如乳腺癌、结肠癌、肺癌、食管癌、视网膜细胞瘤等癌症比其他肿瘤更有遗传倾向。有些癌症，虽说有遗传倾向，但癌症的发生，既有家族性，同时绝大多数又与不良的饮食和环境因素密不可分，是它们共同作用的结果。

因此，我们说癌症的发生取决于内因和外因，大部分癌症是由环境因素为主引起的，少数由遗传因素引起。在具有遗传特征的基础上，癌症是否形成，还取决于精神、环境、饮食及生活习惯等诸多后天因素及外界各种致癌因子的综合作用。有癌症家族史的人并不一定就会得癌，只是得癌症的概率可能会比普通人大一些而已。由于遗传因素目前尚无法改变，有癌症家族史的人群通过合理的饮食调节，克服不良的生活习惯，注意锻炼身体，避免接触有毒、有害物质，保持心情愉快，即能达到不发病或减少发病的目的。

6. 癌症的诊断、预防和治疗

习惯上认为癌症是突然发生的病症，没有什么征兆。实际上，癌症的发生是一个长期而缓慢的过程，在这个过程中总有一些征兆，因此我们可以进行科学诊断、预防和治疗。

1）癌症的诊断

美国癌症学会经过多年积累，总结了可能发生癌变的七个特征，即大小便习惯改变、伤口经久不愈、不正常的出血或分泌、乳房或其他器官组织增厚或出现块状物、吞咽或消化困难、疣或痣明显改变、出现顽固性咳嗽或声音嘶哑。上述总结有两个不足：一是一旦这些症状出现可能癌变已处于晚期，二是即使表现一两个症状也未必是发生了癌变。但这些症状的出现足以引起重视，如果确实是由于癌症引起的，则有助于早期诊断和治疗。

目前，广泛用于肿瘤普查或早期诊断的手段包括巴氏宫颈涂片检查、乳房X线照相、结肠镜检查、X射线技术、粪便潜隐血检测及血液检查等。宫颈涂片细胞学检查是为检查宫颈癌发明的，借助显微镜可见宫颈脱落的癌细胞和正常细胞差异很大。此法已在国内、外被广泛应用，并已被充分肯定在宫颈癌普查方面的价值。宫颈涂片阳性者宫颈癌的确诊率为95.5%，可疑阳性者确认确诊率亦近70%。细胞的癌变常常反映在血液中某种蛋白质含量的升高上，如肝癌患者血液里甲胎蛋白(AFP)含量升高，某些结肠癌、胰腺癌、肺癌患者血液内癌胚抗原(CEA)含量升高，等等。前列腺特异抗原(SPA)在血液中含量极少，SPA含量升高意味着前列腺出现病变，可能是出现了感染发炎、增生或者癌变，因此医生常建议50岁以上男性定期检查SPA。尽管利用SPA检查技术诊断的肿瘤患者至少30%的人不会影响健康，但如果不进行SPA检查就会有更多的人因病症未被检出而受害。血液检查虽然不足以证明癌变的存在，但确实可为癌变的早期诊断提供参考。

活组织切片检查又称活检，往往可以对细胞癌变作出比较明确的诊断。尤其是细胞学检查，目前主要应用于肿瘤的诊断。细胞学检查是指通过对患者病变部位脱落、刮取和穿刺抽取的细胞，进行病理形态学的观察并做出定性诊断。细胞学检查涂片制作简便，不需做外科手术，损伤很小或无损伤，经济、快速、安全，阳性率可达70%～90%。

2）癌症的治疗

癌症治疗的最终目的是完全清除或杀死癌变细胞，把对正常细胞的伤害降到最低。常用的方法是手术切除，接着进行放疗、化疗或两者兼用杀死残余的癌细胞。随着生物学理论和技术的发展，生物治疗正在成为肿瘤治疗的新兴领域。生物治疗是一种自身免疫抗癌的新型治疗方法。它是运用生物技术和生物制剂采集患者自身免疫细胞，然后通过进行体外培养和扩增后再回输到患者体内，从而激发、增强机体自身免疫功能，达到治疗癌症的目的。癌症生物治疗是继手术、放疗和化疗之后的第四大癌症治疗技术。生物疗法目前在临床实践中对黑素瘤、肾细胞癌、前列腺癌、非霍杰金淋巴瘤、脑胶质瘤、肝细胞癌、结直肠癌、乳腺癌和鼻咽癌等都有较好效果。

3）癌症的预防

统计表明：来自遗传方面的癌症不足 2%，因此大多数癌症是可以预防的。预防癌症的手段主要有两个：一是避免接触致癌物质；二是接触致癌物后及时采用阻断细胞癌变的手段。只要采用合适的手段，超过一半的癌症是可以避免的。下面介绍几种常见癌症的预防方法。

吸烟和酗酒诱发的癌症死亡率约占 30%，此类癌症可以通过不吸烟、不吸二手烟、避免过度饮酒而预防。还有约 35%的癌症死亡与身体过度肥胖、营养不良、饮食不当有关。与职业压力、心情烦躁、抑郁有关的癌症也不超过 10%，其余的则与生活习惯、环境污染有关。如何预防癌症？世界各国医学人员提出，建立良好的生活习惯，远离含有致癌因素的环境，科学合理地调整饮食习惯。专家建议从以下几个方面做起。①远离烟草，拒绝二手烟，避免过度饮酒。②控制饮食、平衡膳食，切忌暴饮暴食，少吃酸菜、腌菜，多食用新鲜蔬菜和有机蔬菜，不要食用被污染的食物、发霉的食物等。③保持积极心态，正确面对各种压力；保持良好的情绪，克服悲伤、戒焦戒躁；生活有规律，劳逸结合，切忌彻夜不眠等。④加强体育锻炼，增强体质，提高免疫力，多运动、多出汗，避免形成酸性体质。⑤主动做防癌检查，有肿瘤家族史的人最好一年检查两次身体，健康人则建议每年查一次。

另外，政府部门可以通过立法宣传，加强对大众有关致癌因素的教育，成立相应的行政管理部门，加强食品、药品和环境监管，最大限度地降低细胞癌变的可能性。

3.5　细胞信号的转导

对细菌和酵母的研究表明，单细胞生物能够对环境中的理化变化作出反应，对周围其他细胞的存在也能够作出反应，这些细胞是一个独立生存的生命体，它们之间能够通讯并影响彼此的行为。

单细胞生物出现 2.5 亿年后，地球上出现了复杂的多细胞生物。在多细胞生物体中，每一个细胞都在一定的条件下执行各自的功能，而这些功能之间大多具有某种关联，为了使细胞的各种功能活动能够有序地完成，完善的细胞间的信号传导是必不可少的。

3.5.1　信号与受体

细胞的通讯与人类社会的通讯一样，存在信号的接收和传递问题。有些信号来自外界环境，有些信号由细胞发出。信号的接收依赖于信号（signal）与其特定受体（receptor）的结合，信号与受体结合可以激活受体，通过细胞信号的传递，而后激活一条或几条细胞内信号通路，最终引起细胞应答。

1. 信号

信号是指能够对生物体细胞产生影响的来自细胞内外环境的各种刺激。根据信号的性质不同，可分为物理信号和化学信号；根据信号存在的位置不同，可分为胞内信号和胞外信号。

胞外信号就是细胞外部刺激，又称为第一信使（first messenger）或初级信使（primary

messenger),包括胞外环境信号和胞间信号(intercellular signal)。胞外环境信号是指机械刺激、磁场、辐射、温度、风、光、CO_2、O_2、土壤性质、重力、病原因子、水分、营养元素、伤害等影响生物体生长发育的重要外界环境因子。胞间信号是指生物体细胞自身合成的能从产生之处运到别处,并能刺激其他细胞的细胞间通讯分子,通常包括激素、气体信号分子 NO、神经递质、多肽、糖类、细胞代谢物、甾体、细胞壁片段等。

胞内信号是指细胞感受细胞外环境信号和细胞间信号后产生的胞内信号分子,又称第二信使(second messenger)或次级信使。一般公认的细胞内第二信使有钙离子(Ca^{2+})、肌醇三磷酸(inositol 1,4,5-triphosphate,IP_3)、二酰基甘油(1,2-diacylglycerol,DAG)、环腺苷酸(cAMP)、环鸟苷酸(cGMP)等。随着细胞信号转导研究的深入,人们发现 NO、H_2O_2、花生四烯酸、环 ADP 核糖、IP_4、IP_5、IP_6 等胞内成分在细胞特定的信号转导过程中也可充当第二信使。

胞内信号和胞外信号的划分不是绝对的,研究表明,光、电等重要的胞外信号也可以在生物体内组织、细胞之间或其内部起信号作用。

信号既不是营养物质,又不是能源物质,也不是细胞结构成分。信号的主要功能是在细胞内和细胞间传递生物信息。生物体感受信号所携带的信息后,或引起跨膜的离子流动,或引起相应基因的表达,或引起相应酶活性的改变,最终导致细胞和生物体特异的生理反应。

2. 受体

受体是细胞表面或亚细胞组成中的一种天然分子,可以特异性地识别并结合信号物质,从而激活或启动一系列生理生化反应,最后导致该信号物质特定的生物学效应。绝大多数已经鉴定的受体都是蛋白质且多为糖蛋白,少数受体是糖脂(如霍乱毒素受体和百日咳毒素受体),有的受体是糖蛋白和糖脂组成的复合物(如促甲状腺激素受体)。

根据靶细胞上受体存在的部位,可将受体区分为细胞内受体(intracellular receptor)和细胞表面受体(cell-surface receptor)(图 3-11)。细胞内受体位于细胞质基质或核基质中,主要识别和结合小的脂溶性分子,如甾类激素、甲状腺素、维生素 D 和视黄酸(retinoic acid)等;细胞表面受体主要识别和结合亲水性信号分子,包括分泌型信号分子(如神经递质、多肽类激素、生长因子等)或膜结合型信号分子(细胞表面抗原等)。

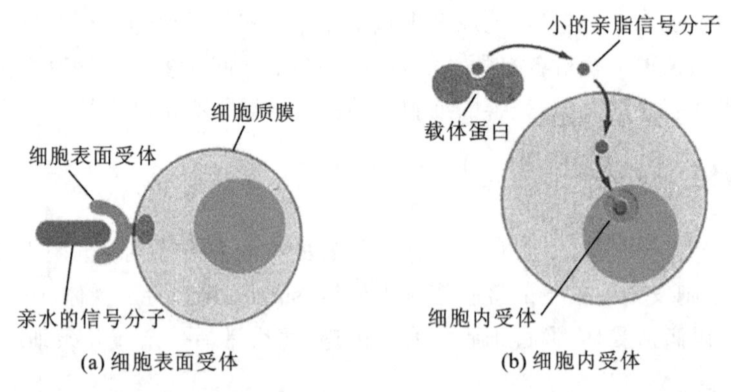

图 3-11 细胞内受体和细胞表面受体(摘自 Alberts 等,2007,略有修改)

根据信号转导机制和受体蛋白类型的不同,细胞表面受体分为三种类型(图 3-12):离子通道偶联受体(ion-channel linked receptor)、G 蛋白偶联受体(G-protein linked receptor)和酶联受体(enzyme-linked receptor)。

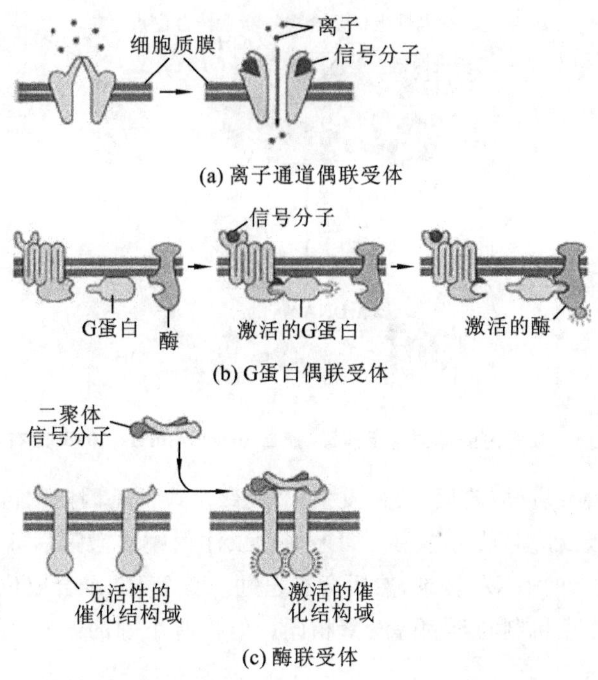

图 3-12　细胞表面受体的三种类型(摘自潘瑞炽,2001)

受体的功能主要有两个方面:第一,识别并结合特异的信号物质,接收信息,告知细胞在环境中存在一种特殊信号或刺激因素;第二,把识别和接收的信号准确无误地放大并往下传递,启动一系列胞内信号级联反应,最后导致特定的细胞效应。要使胞外信号转换为胞内信号,受体的这两方面功能缺一不可。

对多细胞生物而言,一个细胞经常暴露于上百种以不同状态存在的信号分子的环境中,细胞对外界特殊信号分子的反应能力取决于细胞是否具有相应的特殊受体。不同细胞对同一种化学信号分子可能具有不同的受体,因此不同的细胞可以以不同的方式应答于相同的化学信号。如作为神经递质的乙酰胆碱刺激骨骼肌细胞收缩,但却使心肌细胞的收缩速率和收缩力度下降。另外,同一细胞上不同的受体应答于不同的胞外信号也可以产生相同的生物学效应。例如肝细胞膜表面存在着胰高血糖素受体和肾上腺素受体,二者可分别结合胰高血糖素和肾上腺素,使细胞产生同一种应答,即促使肝细胞分解糖原。

3.5.2　胞内受体介导的信号传递

有些亲脂性信号分子,可以透过疏水性的质膜进入细胞内与受体结合而传递信号,如类固醇激素、视磺酸、维生素 D 等,它们的受体均在细胞内。

大多数细胞内受体(图 3-13)是依赖激素激活的调控基因的蛋白质。一般情况下,受体与抑制性蛋白质结合形成复合物,处于非活化状态。当信号分子(如皮质醇)与受体结合,抑制性蛋白质从复合物上解离下来而被激活,进而与基因特殊位点结合调节基因的转录。如类固醇激素与血清蛋白结合后,运输至靶组织并跨越质膜扩散进入细胞内,通过核孔与特异性核受体(nuclear receptor)结合形成激素-受体复合物并改变受体构象,激素-受体复合物与基因特殊调节区结合,从而调节基因转录。类固醇激素诱导的基因活化通常分为两个阶段:①直接激活

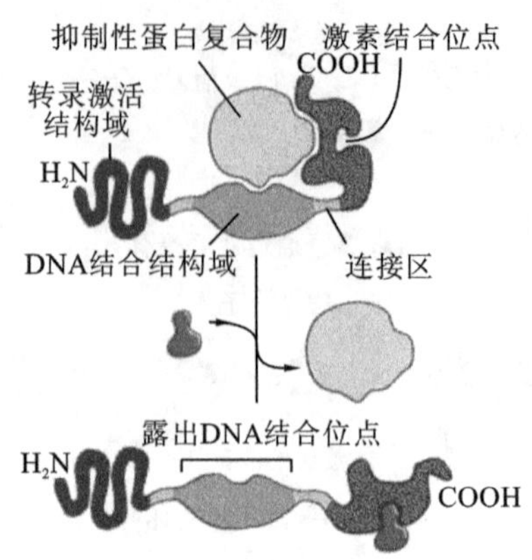

图 3-13　细胞内受体结构示意图(摘自 Bruce Alberts,2008,略有修改)

少数特殊基因转录的初级反应阶段,快速发生;②初级反应的基因产物再活化其他基因产生延迟的次级反应,对初级反应起放大作用。如果蝇幼虫注射蜕皮激素后 5～10 min 内便可诱导唾腺染色体上 6 个位点的 RNA 转录,然后会有超过 100 个 RNA 合成位点的转录。甲状腺素也是亲脂性小分子,作用机制与类固醇激素相同。但也有个别的亲脂性小分子,如前列腺素,其受体在细胞质膜上。

3.5.3　细胞表面受体介导的信号传递

通过细胞表面受体介导的信号传递由下列四个步骤组成。①不同形式的胞外信号首先被细胞表面特异性受体所识别,特异性(specificity)是识别反应的主要特征。②胞外信号(第一信使)通过适当的分子开关机制实现信号的跨膜转导,产生第二信使,将胞外信号转化为胞内信号。③第二信使信号级联放大(signal magnification)。④细胞应答。胞外信号跨膜转换主要有三种方式:离子通道连接受体跨膜转换信号、酶促信号直接跨膜转换和 G 蛋白偶联受体跨膜转换信号。下面主要讲述通过 G 蛋白偶联受体的信号跨膜转换。

G 蛋白即 GTP 结合调节蛋白(GTP binding regulatory protein),普遍存在于动植物细胞内。G 蛋白一般分为大 G 蛋白和小 G 蛋白两种类型,通常讲的 G 蛋白是指大 G 蛋白。大 G 蛋白在细胞跨膜信号转导中起主要作用,由 α、β、γ 三种不同亚基构成异三聚体,又称异三聚体 G 蛋白(heterotrimeric G-proteins)。α 亚基含有 GTP 结合的活性位点,并具有 GTP 酶活性;β 和 γ 亚基一般以稳定的复合状态存在。

当无外界刺激时,大 G 蛋白处于非活化状态,以三聚体形式存在,α 亚基上结合着 GDP,此时其上游的受体和下游的效应酶均无活性。当细胞接受外界信息后,受体与信号分子结合,受体构象改变,与 G 蛋白结合成受体-G 蛋白复合物,促进 α 亚基构象改变,释放 GDP 结合 GTP 而被活化。活化的 α 亚基与 βγ 亚基解离,并与下游的靶效应器结合,GTP 在 GTP 酶的作用下水解为 GDP,α 亚基恢复最初构象失去活性,并与下游靶效应器分离,α 亚基重新与 βγ 亚基复合体结合,完成一次信号的跨膜转换,并将信号传递下去(图 3-14)。G 蛋白下游的靶效应器很多,包括磷脂酶 C(PLC)、磷脂酶 D(PLD)、磷脂酶 A2(PLA2)、磷脂酰肌醇 3 激酶(PI3K)、腺苷酸环化酶、离子通道等。在上述过程中 G 蛋白的作用不仅是信号的跨膜转换,而且对外界微弱的信号具有放大作用。

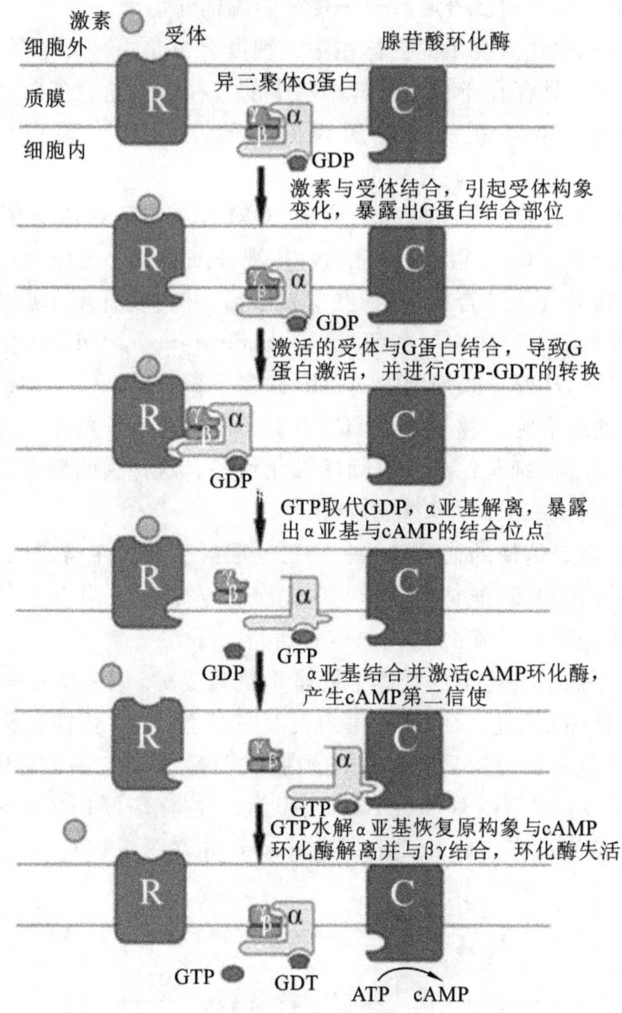

图 3-14　G 蛋白参与的跨膜信号转换(摘自潘瑞炽等,2001,略有修改)

下面以环腺苷酸(cAMP)、环鸟苷酸(cGMP)和磷脂酶 C 三种第二信使为例,来叙述 G 蛋白偶联受体所介导的信号传递。

1. 以 cAMP 为第二信使的信号通路——肝细胞内葡萄糖浓度的激素调节

当机体受到某些因素影响(如血糖浓度下降和剧烈活动)时,肾上腺素和胰高血糖素的分泌会增加。体内肾上腺素和胰高血糖可与肝细胞质膜表面的相应受体结合导致受体活化,从而使位于细胞质膜内表面 G 蛋白的 α 亚基活化,活化的 α 亚基可以激活腺苷酸环化酶(adenylate cyclase,AC)。AC 催化胞浆中的 ATP 脱去一个焦磷酸形成 cAMP。细胞内 cAMP 的正常基础浓度仅为 0.1～1 mmol/L,在激素作用下,可升高 100 倍以上。cAMP 浓度升高后,激活了细胞质中 cAMP 依赖的蛋白激酶 A(protein kinase A PKA)。将代谢途径中的一些靶蛋白的丝氨酸或苏氨酸残基磷酸化,将其激活或钝化。例如:把有活性的糖原合成酶 a 磷酸化,成为无活性的糖原合成酶 b,抑制糖原的合成,可使游离的葡萄糖增多;把无活性的磷酸化酶激酶磷酸化,成为有活性的磷酸化酶激酶,而后进一步把糖原磷酸化酶 b(无活性)磷酸化转变为糖原磷酸化酶 a(有活性),可加速糖原分解为葡萄糖的过程。肝细胞通过抑制糖原生成,促进糖原分解,可使血糖浓度升高。

2. 以 cGMP 为第二信使的信号通路——视杆细胞的光感受

我们的视觉、味觉和嗅觉系统中的受体在很大程度上也是一种 G 蛋白偶联受体。视紫红质(rhodopsin,Rh)就是一种存在于视网膜杆细胞中的一种跨膜光敏蛋白,它能对低强度光(如黑夜中的光)作出反应。位于视杆细胞质膜内侧的三聚体 G 蛋白(通常称为传导素,transducin,Gt)承载着视觉信号的转导功能。

在静息状态下,视杆细胞内存在着高浓度的 cGMP,这使得 cGMP 依赖的非选择性阳离子通道开放,细胞外 Na^+ 与 Ca^{2+} 得以进入细胞内,视杆细胞处于去极化过程中。当光子与视杆细胞上的光子受体视紫红质结合后,视紫红质被激活,并与视杆细胞膜内表面上的 Gt 蛋白结合。Gt 释放的 α 亚基随之与磷酸二酯酶(phosphodiesterase,PDE)结合而使其活化。活化的 PDE 可以水解 cGMP,从而导致细胞中 cGMP 浓度下降,依赖于 cGMP 的离子通道随之关闭,Na^+ 和 Ca^{2+} 不再进入细胞。随着 Na^+/Ca^{2+} 和 K^+ 交换系统的不断工作,视杆细胞内的 Na^+、Ca^{2+} 浓度进一步下降,细胞便趋于瞬间超极化状态。这种膜两侧电位的迅速改变是视觉形成的基础,由此我们得以在黑暗环境中看清图像。

3. 以磷脂酶 C 为第二信使的信号通路——乙酰胆碱引起的平滑肌收缩

乙酰胆碱是一种神经递质,能特异性地与各类胆碱受体结合,作用广泛。下面以平滑肌的收缩为例,来阐释以磷脂酶 C 为第二信使的信号通路。

乙酰胆碱作用于平滑肌细胞上的受体主要是毒蕈碱受体,该受体在全身的平滑肌细胞中都有表达。活化的受体激活了位于细胞质膜内表面的 G 蛋白,G 蛋白活化了细胞质基质中的磷脂酶 C(PLC),PLC 进一步分解质膜内侧的磷脂酰肌醇-4,5-二磷酸(PIP_2),PIP_2 分解产生 1,4,5-三磷酸肌醇(IP_3)和二酰基甘油(DAG)。因为产生了 IP_3 和 DAG 两个第二信使,所以该信号通路也称为双信使系统(double messenger system)(图 3-15)。

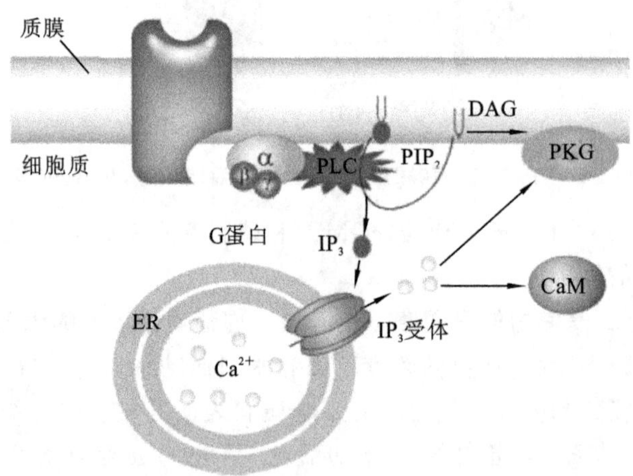

图 3-15　磷脂酰肌醇信号通路(摘自翟中和等,2007,略有修改)

IP_3 的主要功能是引发储存在内质网中的 Ca^{2+} 转移到细胞质基质中,致使细胞质基质的 Ca^{2+} 浓度升高;DAG 的主要功能是激活细胞内的蛋白激酶 C(PKC)。PKC 同时存在于细胞质膜和细胞质基质中,基质中的 PKC 呈钝化状态,当基质中 Ca^{2+} 浓度升高时,PKC 可以从基质中转移到细胞质膜上而被 DAG 活化。活化的 PKC 可磷酸化平滑肌细胞中的很多蛋白质,如肌钙蛋白、肌球蛋白轻链、肌球蛋白轻链激酶等,最终导致平滑肌的收缩。

3.5.4　细胞通讯及途径

高等生物所处的环境无时无刻不在变化，机体功能上的协调统一要求有一个完善的细胞间相互识别、相互反应和相互作用的机制，这一机制可以称作细胞通讯(cell communication)。细胞通讯就是细胞发出的信息传递到靶细胞(target cell)并与相应的受体相互作用，然后通过细胞信号转导产生一系列生理生化变化，最终表现为细胞整体的生物学效应的过程。细胞信号转导是细胞间实现通讯的关键过程，它对于多细胞生物间功能的协调、细胞生长和分化的控制、组织的发生与形态建成是必需的。

1. 细胞通讯的方式

细胞通讯的方式可以分为三种类型：接触通讯、化学通讯和连接通讯。

1）接触通讯

每个细胞都有众多的分子分布于细胞质膜的外表面，有的分子就像细胞的触角，可以与相邻细胞的膜表面分子特异性地相互识别和相互作用，以达到功能上的相互协调。这种相邻细胞间无须释放化学信号分子，通过直接接触而实现细胞间通讯的方式称为接触通讯(图3-16)。接触通讯可分为如下几种。①同种同类细胞间的识别，如胚胎分化过程中神经细胞对周围细胞的识别，输血和植皮引起的反应可以看作同种同类不同来源细胞间的识别。②同种异类细胞间的识别，如精子和卵子之间的识别，T淋巴细胞与B淋巴细胞间的识别。③异种异类细胞间的识别，如病原体对宿主细胞的识别。

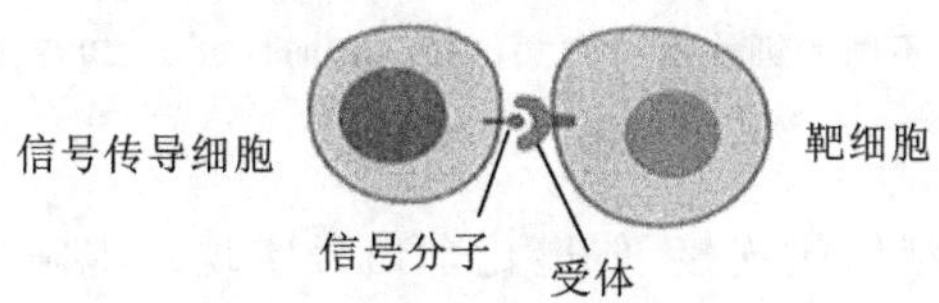

图3-16　细胞间接触通讯

2）化学通讯

化学通讯是细胞通过分泌一些化学物质，作为信号分子作用于靶细胞，是多细胞生物普遍采用的通讯方式。细胞分泌化学信号可长距离或短距离发挥作用。其作用方式分为如下几种。

(1) 旁分泌(paracrine)　细胞分泌局部介质(如各类细胞因子或气体信号分子)到细胞外液中，经过局部扩散作用于临近靶细胞(图3-17(a))。旁分泌方式对创伤或感染组织刺激细胞增殖以恢复功能具有重要意义。

(2) 化学突触(chemical synapse)传递神经信号(图3-17(b))　当神经元接受刺激时，神经信号以动作电位的形式沿轴快速传递至神经末梢，电压门控的Ca^{2+}通道将电信号转换为化学信号。即刺激突触前化学信号(神经递质，如乙酰胆碱)由突触前膜释放，经突触间隙扩散到突触后膜，再通过后膜上配体门控通道将化学信号转换回电信号，实现电信号—化学信号—电信号的快速转换。

(3) 内分泌(endocrine)　内分泌系统的内分泌腺细胞分泌激素到血液中，通过血液循环运送到体内各个部位，作用于靶细胞(图3-17(c))。其特点：①浓度低，仅为$10^{-12}\sim10^{-8}$ mol/L；②全身性，随血液流经全身，但只能与特定的受体结合而发挥作用；③时效长，激素产生后经过漫长的运送过程才起作用，而且血流中微量的激素就足以维持长久的作用。

(4) 自分泌(autocrine) 分泌细胞和靶细胞为同类或同一细胞,细胞对自身分泌的物质产生反应(图 3-17(d))。自分泌信号常存在于病理条件下,如肿瘤细胞合成并释放生长因子刺激自身,导致肿瘤细胞的持续增殖。

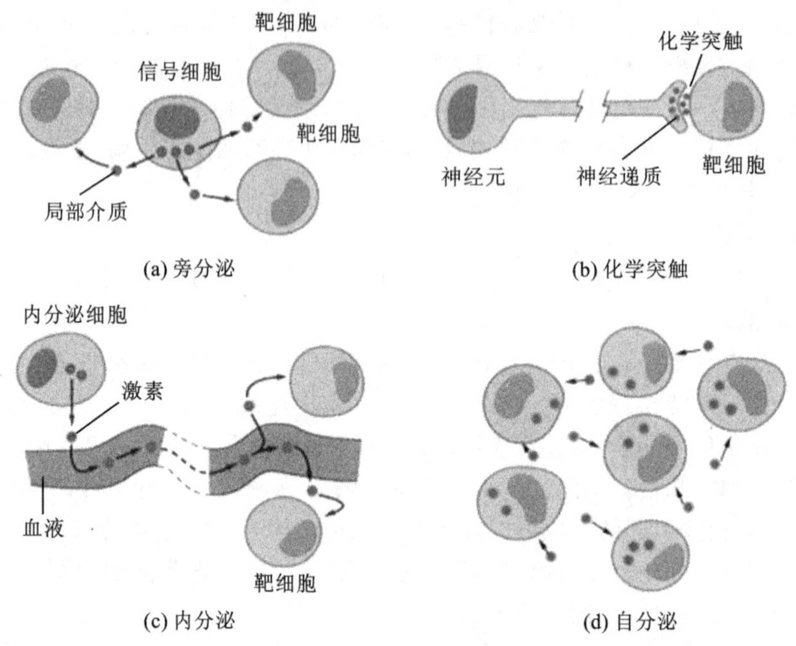

图 3-17 不同的细胞通讯方式(摘自 Alberts et al,2007,略有修改)

3) 连接通讯

相邻细胞间通过某种结构相连接,传递化学信号实现细胞间的通讯方式称为连接通讯。动物细胞通过连接子,植物细胞通过胞间连丝来完成连接通讯。

(1) 间隙连接(gap junction) 由相邻细胞膜上的两个连接子对接形成 2～3 nm 的间隙。连接子(connexon)是由 6 个相同或相似的跨膜蛋白环绕形成的一个中心直径约 1.5 nm 的亲水性孔道。可允许小分子物质如 Ca^{2+}、cAMP 通过,有助于相邻同型细胞对外界信号的协同反应,如可兴奋细胞的电偶联现象。间隙连接分布非常广泛,几乎所有的动物组织中都存在,数目由几个到十几万个不等。

(2) 胞间连丝(plasmodesmata) 由穿过细胞壁的质膜围成的细胞质通道,直径 20～40 nm。由于植物体中大多数细胞间都有胞间连丝相连,因此形成一个细胞质连续的整体,称为共质体。胞间连丝在细胞间的物质运输和信息传递过程中起着非常重要的作用。

2. 细胞通讯途径

通过胞外信号介导的细胞通讯通常涉及如下步骤。①产生信号的细胞合成并释放信号分子。②运送信号分子至靶细胞。③信号分子与靶细胞受体特异性结合并导致受体激活。④活化受体启动胞内一种或多种信号转导途径。⑤引发细胞功能、代谢或发育的改变。⑥信号的解除并导致细胞反应终止(图 3-18)。由此可见,细胞的通讯与人类社会的通讯有异曲同工之妙(图 3-19),由信号发射细胞发出信号(接触和产生信号分子),由信号接收细胞(靶细胞)探测信号,其接收的手段是通过接收分子(受体蛋白),然后通过靶细胞的识别,最后做出应答。

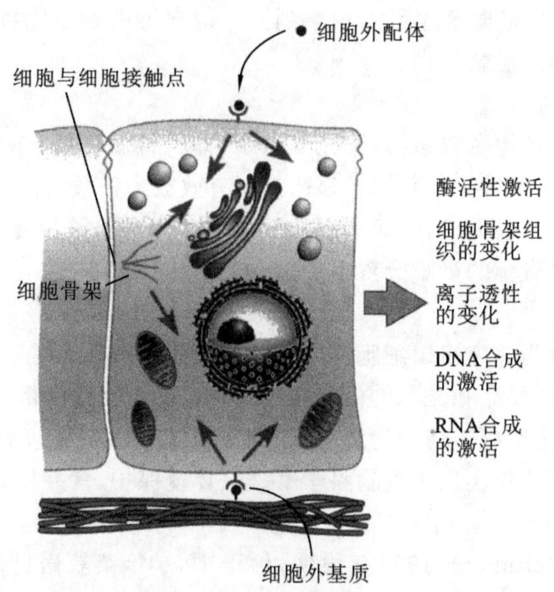

图 3-18　细胞通讯(摘自王金发,2011,略有修改)

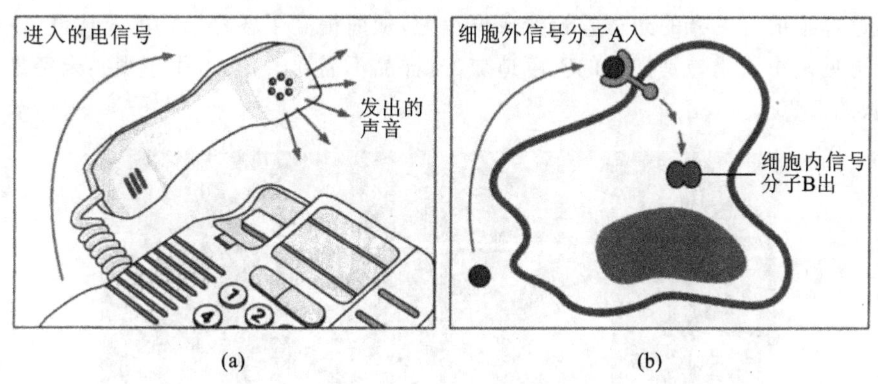

图 3-19　人类通讯和细胞通讯

3.6　细胞生物学的一般研究方法

生物科学是实验的科学,实验既提供了新的感性认识,又是检验认识的过程。生命科学的很多发现都是通过实验得以发现和发展的。细胞作为生命体最基本的单位,它的研究也离不开科学实验。

3.6.1　形态结构的研究方法

细胞虽小,但结构复杂。研究细胞形态结构的主要方法是显微技术。显微技术是以显微镜为基础的一项技术,下面简要介绍不同显微镜的特点及显微制样技术。

1. 显微镜

细胞的大小差别很大,有的用肉眼就能看到,如鸵鸟卵黄直径可达 5 cm。而最小的支原体仅有 0.1 μm，必须依靠显微镜才可以观察到。一般典型的动植物细胞直径在 10～20 μm，所以对细胞的研究离不开显微技术。

1）普通光学显微镜

普通光学显微镜的结构主要包括：①光学系统，即目镜和物镜；②照明系统，即光源、折光镜和聚光器。此外，还有机械支架系统。显微镜的有效放大倍数为几十倍到一千倍，对于任何显微镜来说最重要的不是放大倍数，而是它的分辨率。分辨率是指能分辨出的相邻两个质点间的最小距离。光学显微镜的最小分辨距离是 0.2 μm。

2）倒置显微镜

倒置显微镜是一种为适应组织细胞离体培养工作的显微观察需要而发展起来的一种光学显微镜。由于它的物镜、样品和光源的位置刚好与经典的显微镜颠倒，因而称为“倒置”。正立式显微镜的镜检方式，主要用于切片的观察，而倒置显微镜即是直接对培养皿、培养瓶中的标本进行显微观察。因而广泛应用于生物科学、医学、环境保护、食品检验等领域。

3）相差显微镜

相差显微镜由 P. Zernike 于 1932 年发明，他于 1953 年荣获诺贝尔物理学奖。其原理是利用光波的衍射和干涉特性使通过样品的相位差转变成振幅差，最终在图像中表现出明暗的不同。当光线通过不同密度的物质时，其滞留程度不同，密度大的滞留时间较长。相差显微镜可以将透过标本的可见光的光程差转变成振幅差，从而提高了各种结构的对比度，使各种结构变得清晰可见。由于反差是样品的密度造成的，样品不需要染色，可用于观察未经染色的标本和活细胞（图 3-20）。

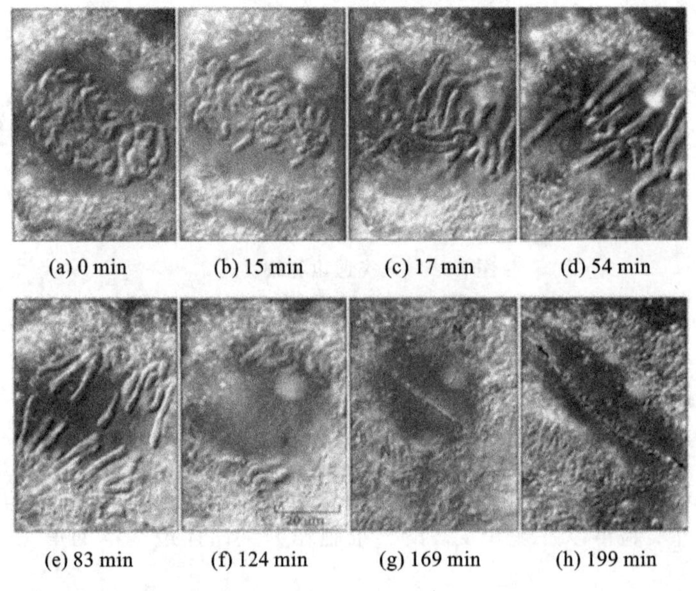

图 3-20　相差显微镜下的有丝分裂（摘自 William. V. Dashek，1996，略有修改）

相差显微镜与普通光学显微镜相比，在构造上有两个不同之处：①环形光阑，位于光源与聚光器之间；②相位板，涂有氟化镁的相位板加在物镜的后面，可将直射光或衍射光的相位推迟 1/4 波长，从而对由于密度不同而引起的相位差起放大作用。

4）荧光显微镜

荧光显微镜是目前在光学水平上对特异性蛋白质等生物大分子定性定位研究的最有力的

工具之一。荧光显微镜在结构上增加了两套滤光片(图 3-21):第一套称为激发滤光片,装在光源和样品之间,只有那些能激发荧光物质发光的特定波长的光才能通过;第二套称为阻断滤光片,装在物镜和目镜之间,只让材料发出的荧光通过。在黑暗背景的衬托下,发出荧光的样品很容易被观察。

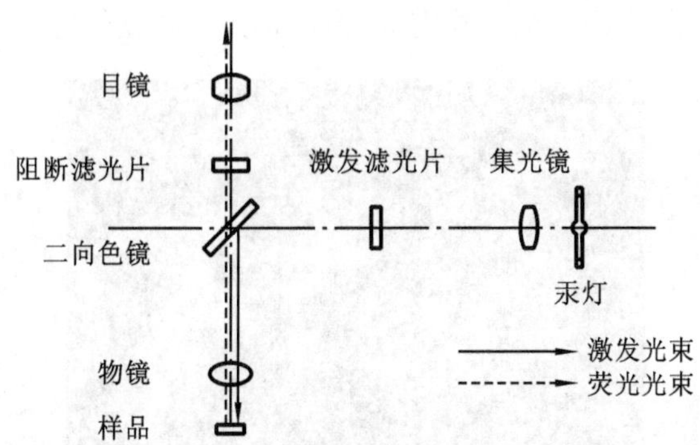

图 3-21　荧光显微镜光路图

当用激发光照射时,细胞发射荧光。这种荧光是细胞中固有的荧光物质发出的,称为自发荧光。目前也可以用产生荧光的绿色荧光蛋白(green fluorescent protein,GFP)基因与某种蛋白基因融合,在表达这种融合蛋白的细胞中,可直接通过观察 GFP 而观察该蛋白质在细胞内的动态变化。另一种是用荧光燃料对细胞中的成分进行特异染色,再经过激发光照射。照射后经化学反应使组织中非荧光物质发出的荧光称为次生荧光。细胞荧光显微术在现代生物学中已被广泛应用于特异性蛋白质、核酸等生物大分子的定性、定位工作。

5) 激光共焦点扫描显微镜

世界上第一台激光共焦点扫描显微镜(laser scanning confocal microscope,LSCM)实用产品于 1984 年问世,如今 LSCM 已成为分析细胞学的重要研究仪器。LSCM 由显微镜光学系统、激光光源、扫描装置和检测系统构成,整套仪器由计算机控制,各部件之间的操作切换都可在计算机操作平台界面中方便灵活地进行。

普通光学显微镜使用的卤素灯光源为混合光,光谱范围宽,成像时样品上每个照光点均会受到色差影响以及由照射光引起的散射和衍射的干扰,影响成像质量。LSCM 用激光作扫描光源,由于激光束的波长较短,光束很细,所以激光共焦点扫描显微镜有较高的分辨力,大约是普通光学显微镜的 3 倍。而由不同焦平面上扫描得到的“光学切片”经三维重建后能得到样品的三维立体结构,LSCM 因此被形象地称为“显微 CT”。

6) 电子显微镜

光学显微镜的分辨率归根结底受到照明光线波长的限制。如前所述,光镜的极限分辨率为 0.2 μm,要提高分辨率,就要选择波长更短的光源。电子束在不同的电压下有不同的波长,并且电压越高,波长越短。电子显微镜根据电子光学原理,用电子束和电子透镜代替光束和光学透镜,可使物体的超微结构在高放大倍数下仍能产生高分辨率的图像。目前透射电镜的分辨率能达到 0.2 nm,扫描电镜的分辨率能达到 1.2 nm,极大地满足了人们对物质超微结构研究的需要。

电子显微镜与普通光学显微镜的成像原理极其相似。由于电子不能穿过玻璃透镜,却带有负电性,因此可以通过磁场作用使之偏转、聚集和成像。在电镜中用于产生磁场的精密线圈称为电磁透镜。电子束由镜筒上端电子枪发射,以较高的速度投射到很薄的样品上,与样品中的原子发生碰撞，而改变运动方向，被成像系统所感知。电子显微镜一般分为透射电子显微镜（透射电镜）和扫描电子显微镜（扫描电镜）。透射电镜中的电子束能够穿透样品，后经物镜、中间镜和投影镜依次放大，最后形成终末图像，显示样品内部的超微结构。扫描电镜中的电子束经过电磁透镜聚焦后，形成极细的电子探针，在样品表面进行栅状扫描，激发出样品表面的次级电子，次级电子的多少与样品表面结构有关，最终得到一幅立体感很强的图像（图 3-22）。

图 3-22　扫描电镜下的花粉粒（摘自 Martin Oeggerli）

2. 显微制样技术

成功的显微技术离不开精巧的制样技术。对于大多数生物材料在自然状态下几乎看不清细胞的结构。为了看清细胞的结构，就要将材料制成薄片，如涂片、滴片、压片、切片等，然后根据需要进行染色。由于不同染料对不同细胞组分有特异的吸附作用，这样就可以增强反差，便于显微观察。下面简单介绍适用于光镜观察的石蜡切片技术和适用于电镜观察的超薄切片技术。

1）石蜡切片技术

石蜡切片是以石蜡作为包埋剂进行切片的方法。主要包括如下步骤。

（1）固定　为了保持所观察样品的真实性，固定是很重要的环节。固定剂一般为变性剂，如乙酸、甲醇、甲醛等。

（2）脱水　为了使石蜡能透入材料内部，必须除去材料内部的水分。这个操作过程称为脱水。脱水时常用不同浓度梯度的酒精逐级进行。

（3）渗透　脱水后的材料内部蓄含酒精，石蜡仍难渗入，必须用既能和酒精互溶又能溶解石蜡的媒浸剂浸渍，常用二甲苯。渗透要逐级进行，即不同浓度的二甲苯-酒精混合液进行逐步渗透。

（4）透蜡　透蜡是使石蜡透入材料内部的操作过程。透蜡一般在 60 ℃的恒温箱中进行，同脱水一样，也要逐渐进行。

（5）包埋　将材料包埋在石蜡中形成石蜡块以便于切片。

（6）切片　在石蜡切片机上进行，切片厚度一般为 6～8 μm。

（7）染色　先用不同浓度的二甲苯将切片中的石蜡除去，以便进行染色。染料一般根据不同的实验目的而选择。

2）超薄切片技术

电子显微镜技术在生命科学研究中能发挥巨大作用，除了由于电镜本身的分辨率与性能不断提高外，生物样品制备技术的不断提高与改进也是一个不可忽视的因素。由于电子束的穿透力很弱，用于电镜观察的标本必须制成厚度仅50 nm的超薄切片。超薄切片步骤与石蜡切片步骤基本相同。材料一般用锇酸或戊二醛进行固定，而后选用硬度更高的环氧树脂作为包埋剂进行包埋，以热膨胀或螺旋推进的方式利用超薄切片机进行切片。用重金属(铀、铅)进行染色。

此外，还有多种其他电镜制样技术，以适应不同的观察目的。如负染法观察某些粒子或生物大分子，冰冻断裂蚀刻复型技术观察生物材料的断面结构等。在此不一一赘述，如有需要可以参考相关书籍。

3.6.2 细胞组分的分析方法

细胞是组成有机体形态和功能的基本单位，自身又是由许多部分构成的。关于细胞结构的研究，不仅要知道它是由哪些部分构成的，还要进一步搞清楚每个部分是由什么组成的。而关于细胞功能的研究，不仅要知道细胞作为一个整体的功能，还要了解各个部分在功能上的相互关系。

1. 离心分离技术

离心分离技术主要用于分离细胞器、生物大分子及其复合物。分为差速离心和等密度离心两种，其中差速离心主要用于分离沉降系数不同的细胞组分，而等密度离心则用于分离沉降系数相似但密度不同的细胞组分。

差速离心是指低速与高速离心交替进行的离心方法，利用不同的离心速度所产生的不同离心力，可使各种沉降系数不同的颗粒先后沉淀下来。沉降系数差别在一个或几个数量级的颗粒，可以用此法分离。此法较为简单，离心时，根据不同样品选择转速与时间，待沉降系数大的组分沉淀下来后，让上清液再在更高的转速下离心以沉淀沉降系数小的颗粒。差速离心是分离较大细胞器(如细胞核、线粒体)及各种大分子颗粒的基本手段。

等密度离心主要用于分离沉降系数差别不大，而密度相差较大的组分。利用离心介质在离心管内形成一连续的密度梯度，将细胞混悬液或匀浆置于介质的顶部。离心一段时间后，不同密度的颗粒沉降到与其密度相同的位置停止沉降，聚集成区带，从而达到彼此分离的目的。一般而言，只要被分离组分间的密度差异大于1%就可以用等密度离心加以分离。

蔗糖或甘油(最大密度为1.3 g/cm^3)通常可用于分离膜性细胞器，如高尔基体、内质网、溶酶体等。如要分离DNA、RNA等密度大于1.3 g/cm^3的样品，则需要使用密度比蔗糖和甘油大的介质。重金属盐氯化铯(CsCl)是目前使用较多的离心介质，它在离心场中可自行调节形成浓度梯度，并能保持稳定。在氯化铯形成的密度梯度中，顶部的密度为1.65 g/cm^3，底部为1.75 g/cm^3。DNA的密度是1.70 g/cm^3，会停留在离心管的中部。

2. 细胞化学技术

细胞化学技术不是单一的技术，而是包括细胞化学染色法、免疫细胞化学技术、原位杂交技术等在内的一整套相关联的技术。

1) 细胞化学染色法

为了显示蛋白质、核酸、多糖和脂质等细胞组分，常利用显色剂与所检测物质的某个特殊基团特异性结合，通过颜色来判断某种物质在细胞中的分布和相对含量。

如福尔根(Feulgen)反应可以特异显示DNA的分布，也是DNA定量测定的主要方法之一。这是因为DNA酸水解后游离的醛基可以与希夫(Schiff)试剂反应形成紫红色的化合物。

四氧锇酸和苏丹Ⅲ均可用于证明脂肪滴的存在。前者与不饱和脂肪酸反应呈黑色;后者通过扩散进入脂滴中,使脂滴呈深红色。

2)免疫细胞化学技术

免疫细胞化学技术是对细胞内特异性蛋白质进行定位与定性的最有效的方法。随着20世纪70年代单克隆抗体技术的出现,免疫学技术取得了突飞猛进的发展,为细胞生物学的研究提供了强有力的手段。常见的细胞内蛋白质分子定位技术有免疫荧光技术、免疫电镜技术。

免疫荧光技术是将免疫学(抗原与抗体特异性结合)与荧光显微镜术相结合的一种技术。可以把被研究的蛋白质作为抗原制备抗体,将不影响抗体活性的荧光素标记在抗体上,预先将材料组织进行切片,与制备的标记抗体进行温浴,然后用荧光显微镜观察。

免疫荧光技术具有快速、灵敏、特异性强等特点,但分辨率有限。同样利用免疫学的原理,可以将抗体连接上金属铁、胶体金等标记物,以便于在电镜下观察,这便是免疫电镜技术。免疫电镜技术能有效地提高样品的分辨率,可以在超微结构水平上对特异性蛋白质进行定性与定位。

3)原位杂交技术

用标记的核酸探针通过分子杂交确定特异核苷酸序列在染色体上或在细胞中的位置的方法称为原位杂交(hybridization in situ)。它是分子生物学、组织化学及细胞学相结合而产生的一门技术。原位杂交技术首先是在光镜上发展起来的,放射性同位素标记的探针与样品中的DNA或RNA杂交后,用显微放射自显影的方法显示杂交分子的存在部位;或用荧光素标记的探针进行杂交,在荧光显微镜直接显示与探针杂交的核酸存在部位。也可以用胶体金标记探针,利用电子显微镜观察与探针杂交的核酸存在部位,这便是电镜原位杂交技术。原位杂交技术在显微与亚显微水平上的基因定位、特异mRNA表达等研究中起到重要作用。

3. 定量细胞化学技术

定量细胞化学技术是一种对细胞或组织中蛋白质或核酸等化学成分进行定量分析的技术,分为细胞显微分光光度技术和流式细胞仪技术。

细胞显微分光光度技术是利用细胞内某些物质对特异光谱的吸收,测定这些物质(如核酸与蛋白质等)在细胞内的含量,包括用紫外光显微分光光度计测定和用可见光显微分光光度计测定。

流式细胞仪(flow cytometry)可定量地测定某一细胞中的DNA、RNA或某一特异性蛋白质的含量,以及细胞群体中上述成分含量不同的细胞数量,并可进一步将某一特异染色的细胞从数以万计的细胞群体中分离出来。流式细胞仪技术近年来得到越来越广泛的应用。

利用流式细胞仪时,一般需要将细胞分散后对待测的某种成分进行特异染色,然后让悬液中的细胞以每毫秒1个细胞的速度一个个地通过流式细胞仪,此时检测器便可测出并记录每个细胞中的待测成分含量,并根据要求将该成分含量不同的细胞分离出来。如果染色过程不影响细胞活性,则分离出来的细胞还可以继续培养。

3.6.3 细胞培养、细胞工程、显微操作

1. 细胞培养

细胞培养是指细胞的体外培养。在无菌条件下,把动物细胞或植物细胞从有机体分离出来,在模拟体内的环境中,给以营养物质,使细胞不断生长、繁殖或传代。细胞培养技术是当今

细胞工程乃至基因工程应用的基础，是生物技术中最核心、最基础的技术。目前基于体外细胞培养，特别是干细胞的培养与定向分化技术的发展，人们有可能在体外构建组织甚至器官，并由此建立组织工程这一学科。

1）动物细胞培养

体外培养的动物细胞可分为原代细胞和传代细胞。原代细胞培养是指从机体取出细胞后立即进行培养。一般将培养的第 1 代细胞与传 10 代以内的细胞统称为原代细胞，可以在体外培养条件下持续传代培养的细胞称为传代细胞。

任何动物细胞的培养均需从原代细胞培养开始。幼年动物的肾、肺等细胞比较容易培养。一般原代细胞传代 10 次左右会出现生长停滞，大部分细胞衰老死亡，只有少数可以存活并且继续顺利传代 40～50 次，同时保持原来染色体的二倍数量和接触抑制行为。通常这种细胞传至 50 代便不能再传下去。但是如果部分细胞发生遗传突变，带有癌细胞的特点，则可在培养条件下无限传下去。这种能无限增殖的细胞具有重要的应用价值。

2）植物细胞培养

由于植物细胞不能像动物细胞那样在培养瓶中形成分散的单个细胞，所以植物细胞培养主要是单倍体培养和原生质体培养。

单倍体培养主要用花药在人工培养基上进行培养。可以从小孢子（雄性生殖细胞）直接发育成胚状体，然后生长成单倍体植株；或者通过愈伤组织诱导分化出芽和根，最终长成植株。单倍体细胞在植物育种中已取得了很大的成就。

由于植物细胞膜外有纤维素和半纤维素组成的细胞壁，在对人工培养的细胞（或组织）进行操作时比较困难。20 世纪 60 年代开始人们尝试用各种方法将细胞壁去除再进行细胞培养，即原生质体培养技术。原生质体培养一般选用植物的体细胞，经纤维素酶去除细胞壁，再在合适的无菌培养基上生长与分裂形成愈伤组织，经激素诱导可以分化成植株。植物细胞的培养与分化研究是植物基因工程的基础。

2. 细胞工程

细胞工程是指以细胞为对象，应用生命科学理论，借助于工程学原理与技术，有目的地利用或改造生物遗传特性，以获得特定的细胞、组织或新物种的一种综合性技术。

细胞工程是细胞水平上的生物工程。所使用的技术主要是细胞培养、细胞分化的定向诱导、细胞融合和显微注射等。通过细胞融合技术发展起来的单克隆抗体技术已经取得了重大的成就。细胞工程与基因工程结合，前景尤为广阔。

3. 显微操作

显微操作是在显微镜下，用显微操作装置对细胞进行解剖和微量注射的技术。显微操作仪是显微操作的基本装置。利用显微操作术可进行细胞核移植、基因注入、人工授精、细胞内微量注射、胚胎切割等。显微操作技术在核质关系、基因表达、胚胎发育机制等研究中具有重要意义。

当今生物学各学科之间的交叉性很强，特别是反映在研究方法上。除了以上介绍的这些方法外，其他实验技术，如基因操作技术、各种生物化学技术、生理学技术、微生物学技术和遗传学技术，甚至是物理学、数学等学科的技术和方法也常应用于细胞生物学研究中，尤其是在细胞分子生物学研究中，各种技术方法巧妙的结合将强劲地推动细胞生物学学科的发展。

【课外阅读】

朊病毒

早在300年前，人们就注意到发生在绵羊和山羊的“羊瘙痒症”，其症状为，丧失协调性、站立不稳、烦躁不安、奇痒难熬，直至瘫痪死亡。20世纪60年代，英国生物学家阿尔卑斯用放射处理破坏DNA和RNA后，其组织仍具感染性，因而认为“羊瘙痒症”的致病因子并非核酸，而可能是蛋白质。由于这种推断不符合当时的一般认识，也缺乏有力的实验支持，因而没有得到认同，甚至被视为异端邪说。1947年发现水貂脑软化病，其症状与“羊搔痒症”相似，以后又陆续发现了马鹿和鹿的慢性消瘦病(萎缩病)、猫的海绵状脑病。最为震惊的当属1996年春天的“疯牛病”，在英国甚至在全世界引起了一场空前的恐慌，甚至引发了政治与经济的动荡，一时间人们“谈牛色变”。

1997年，诺贝尔生理学与医学奖授予了美国生物化学家斯坦利·普鲁辛纳(Stanley Prusiner)，因为他发现了一种新型的生物朊病毒(Prion)。“朊病毒”最早是由美国加州大学旧金山分校动物病毒学家Prusiner等提出的，在此之前，它曾经有许多不同的名称，如非寻常病毒、慢病毒、传染性大脑样变等，多年来的大量实验研究表明，它是一组至今不能查到任何核酸，对各种理化作用具有很强抵抗力，传染性极强，相对分子质量在2.7万～3万的蛋白质颗粒，它是能在人和动物中引起可传染性脑病(TSE)的一个特殊的病因。

人类朊病毒现已发现以下四种：库鲁病、克雅氏病、格斯特曼综合征和致死性家族性失眠症，其病症与病理变化的主要特征与患病动物十分相似。对库鲁病的研究最早，库鲁病(Kuru病)是20世纪上半世纪大西洋的巴布亚和新几内亚东部福雷族高地居民中的一种局部流行病，其主要症状为震颤、共济失调、脑退化痴呆，渐至完全丧失运动能力，3～6个月内因衰竭而死亡。“Kuru”在该部落意为“恐惧”、“寒战”，故称该病为库鲁病，患者总数约为3万，以女性和未成年儿童居多。美国医学家盖杜赛克曾在该地区进行了20年研究，探明该病的发生与当地人食用人肉的祭祀方式密切关联，并提出了预防措施，1968年停止该仪式后该病得到控制，从而拯救了一个部落的人群，盖杜赛克为此获得了1976年诺贝尔生理学与医学奖。

最引起当今科学家兴趣和关注的是朊病毒的复制机理，由于朊病毒是一种只含有蛋白质而不含核酸的分子生物，并且只能在寄生宿主细胞内生存，因此合成朊病毒所需的信息，有可能是存在于寄主细胞之中的，而朊病毒的作用，仅在于激活在寄主细胞中为朊病毒的编码的基因，使得朊病毒得以复制繁殖。另一种学说认为，朊病毒的蛋白质能为自己编码遗传信息，这种假说与传统的分子生物学中的“中心法则”是相违背的，因为朊病毒没有核酸，于是人们假设朊病毒的复制可能的方法是：其一，通过逆转译过程产生为朊病毒编码的DNA或RNA，但这必须存在逆转译酶，甚至还要有逆转录酶；其二，它是蛋白质指导下的蛋白质合成，即蛋白质本身可作为遗传信息。1982年普鲁宰纳提出了朊病毒致病的“蛋白质构象致病假说”，以后魏斯曼等人对其逐步完善。其要点如下：①朊病毒蛋白有两种构象(图3-23)：细胞型(正常型PrP^{c})和瘙痒型(致病型PrP^{sc})，两者的主要区别在于其空间构象上的差异，PrP^{c}仅存在α螺旋，而PrP^{sc}有多个β折叠存在，后者溶解度低，且抗蛋白酶解；②PrP^{sc}可胁迫PrP^{c}转化为PrP^{sc}，实现自我复制，并产生病理效应；③基因

突变可导致细胞型 PrP^c 中的 α 螺旋结构不稳定，至一定量时产生自发性转化，β 片层增加，最终变为 PrP^{sc} 型，并通过多米诺效应倍增致病。

(a) 正常型 PrP^c

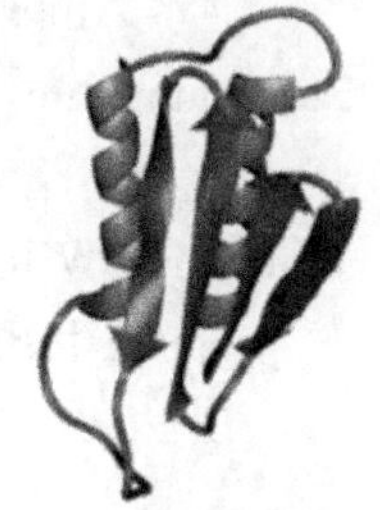
(b) 致病型 PrP^{sc}

图 3-23　朊病毒结构模型

朊病毒蛋白分子本身不能致病，而必须发生空间结构上的变化转化为朊病毒才会损害神经元。这一变化恰恰是朊病毒胁迫所致的，古人所讲的“近墨者黑”这句话用来描述这一变化比较合适，即一个致病分子先与一个正常分子结合，在致病分子的作用下，正常分子转变为致病分子，然后这两个致病分子分别与两个正常分子结合，再使后者转变为致病分子，周而复始，通过多米诺效应倍增致病。由此可见，致病的基本条件有二：一是具有朊病毒，二是具有朊病毒蛋白。动物实验证明，接种朊病毒可使动物患病，但是应用基因操作方法去除朊病毒基因的小鼠，即使导入朊病毒也不会感染。

从理论上讲，中心法则认为 DNA 复制是“自我复制”，即 DNA→DNA，而朊病毒蛋白是 $PrP^c \rightarrow PrP^{sc}$，是“自它复制”。这对遗传学理论可能是一种补充，也可能是彻底否定，因为“DNA→蛋白质”与“蛋白质→蛋白质”是矛盾的。对这一问题的研究会丰富生物学有关领域的内容，对病理学、分子生物学、分子病毒学、分子遗传学等学科的发展至关重要，对探索生命起源与生命现象的本质有重要意义。从实践上讲，为人畜健康、揭示与痴呆有关的疾病（如老年性痴呆症、帕金森病）的生物学机制、诊断与防治提供了信息，并为今后的药物开发和新的治疗方法的研究奠定了基础。

问题与思考

1. 真核细胞和原核细胞的主要区别是什么？
2. 举例说明生物界是如何被分为三主干六分界的。
3. 简述细胞周期。
4. 什么是细胞分化？简述细胞分化的特点。
5. 什么是细胞凋亡？诱导细胞凋亡的两条经典途径是什么？
6. 根据受体存在部位的不同，细胞信号通路分为几类？各有什么特点？
7. 简述 cAMP 信号通路在血糖浓度调节过程中的步骤。
8. 试述石蜡切片技术的一般步骤。
9. 比较差速离心与等密度离心的异同。

主要参考文献

[1] Campbell N A，Reece J B，Simon E J．Essential Biology（基础生物学）[M]．影印本．2 版．北京：高等教育出版社，2006．

[2] 周春江，刘敬，泽．生命科学导论[M]．北京：科学出版社，2011．

[3] 高崇明．生命科学导论[M]．北京：高等教育出版社，2007．

[4] Alberts B. Molecular Biology of the Cell[M]. 5th ed. New York: Garland Publishing Inc,2007.

[5] Karp G. Cell and Molecular Biology: Concepts and Experiments[M]. 6th ed. Weinheim: Wiley-VCH Inc,2010.

[6] 翟中和. 细胞生物学[M]. 3 版. 北京:高等教育出版社,2007.

第4章 生命的形态建成

1. 有性生殖、无性生殖的概念。
2. 植物的组织结构。
3. 植物的发育过程和调节方式。
4. 动物形态结构即生命活动的基本特征、调节。
5. 动物体的基本结构。
6. 动物生长发育的主要调控机制。

引言　何为西瓜膨大剂

2011年5月22日，陕西电视台《第一新闻》记者荆星和张知遇在西部网撰文，樱桃大的像草莓，草莓大的像苹果，苹果大的像甜瓜，甜瓜大的像西瓜，西瓜没法再大了，"为了良心爆炸了"。最近全国各地都爆出了西瓜爆炸的消息，有专家说是因为瓜农使用了膨大剂造成的。

西瓜膨大剂名为氯吡苯脲，别名为KT30或者CPPU，20世纪80年代由日本首先开发，之后引入中国，是经过国家批准的植物生长调节剂，对植物可产生助长、速长作用，俗称"膨果龙"，也叫"膨大素"，化学名称叫细胞激动素。中文通用名为氯吡苯脲，英文简称CPPU(N-2-氯-4-吡啶基苯-N′-苯基脲)，属苯脲类物质，其作用是刺激细胞分裂。

人们关心西瓜膨大剂是在关心食品安全。关于氯吡苯脲对植物作用机制方面的研究已经非常深入。比较而言，关于氯吡苯脲对人体长期影响的研究还很不充分。口服氯吡苯脲的急性毒性研究表明，对于大多数动物，其急性毒性属于低毒或微毒。动物实验表明，用放射性标记的氯吡苯脲饲养老鼠，吸收率达100%，65%~85%存在于尿、体内组织和呼出气中，20%由胆汁分泌；氯吡苯脲被老鼠吸收后很快从体内排出，不存在蓄积性。2011年7月5日，农业部农药检定所相关负责人对我国个别地方出现的"膨大剂西瓜炸裂事件"作出正式回应，称植物生长调节剂的毒性和残留量非常低，只要按照批准使用方法使用，不会出现安全事故。

大多数生命的个体由众多细胞组成，在生命个体的细胞数目大量增加的同时，细胞间的差异也越来越大，分化程度越来越复杂。胚胎发育不仅需要将分裂产生的细胞分化成具有不同功能的特异细胞类型，同时要将一些细胞组成功能和形态不同的组织和器官，最后形成一个具有表型特征的个体，这一过程称为形态建成(morphogenesis)。

4.1 生物的生殖

生物体产生自己后代的过程叫做生物的生殖。有些简单的生物通过细胞分裂进行生殖，后代就是亲代的遗传复制品，如变形虫、细菌、衣藻等。大多数动、植物甚至人类生命的繁殖，遗传物质的传承都是通过有性生殖得以实现的，有性生殖是生物界最普遍的重要的生殖方式。

4.1.1 生物生殖的概述

生物生殖分为有性生殖和无性生殖两种类型。无性生殖产生的后代，全部遗传物质是从单个亲本遗传的。有性生殖必须经过两性生殖细胞的结合形成合子再发育成新个体，后代的遗传物质分别来自被称为母本和父本的两个个体。高等动物的生殖细胞在胚胎发生时即已形成，高等植物的有性生殖过程是在花器中进行的。

1. 无性生殖

无性生殖指的是不经过两性生殖细胞结合，由母体直接产生新个体的生殖方式，分为分裂生殖(细菌及原生生物)、出芽生殖(酵母菌、水螅等)、孢子生殖(蕨类等)、营养生殖(草莓匍匐枝等)，具有缩短植物生长周期，保留母本优良性状的作用。

(1) 分裂生殖　又称为裂殖，是生物由一个母体分裂出新子体的生殖方式。分裂生殖生出的新个体，大小和形状大体相同。在单细胞生物中，这种生殖方式比较普遍。例如，草履虫、变形虫、眼虫、细菌都是进行分裂生殖的。

(2) 出芽生殖　又称为芽殖，是由母体在一定的部位生出芽体的生殖方式。芽体逐渐长大，形成与母体一样的个体，并从母体上脱落下来，成为完整的新个体。

(3) 孢子生殖(仅包括无性孢子)　有的生物，身体长成以后能够产生一种细胞，这种细胞不经过两两结合，就可以直接形成新个体。这种细胞叫做孢子，这种生殖方式叫做孢子生殖。例如根霉，它的直立菌丝的顶端形成孢子囊，里面产生孢子。孢子落在阴湿而富含有机质的温暖环境中，就能够发育成新的根霉。一般的低等植物和真菌都是这种生殖方式。如铁线蕨、青霉、曲霉。

(4) 营养生殖　由植物体的营养器官(根、叶、茎)生出新个体的生殖方式，称为营养生殖。例如，马铃薯的块茎、蓟的根、草莓匍匐枝、秋海棠的叶都能生芽，这些芽形成新个体。

2. 有性生殖

有性生殖(sexual reproduction)是通过生殖细胞结合产生后代的生殖方式。通常生物的生活史中包括二倍体时期与单倍体时期的世代交替。二倍体细胞借减数分裂产生单倍体细胞(雌、雄配子或卵和精子)，单倍体细胞通过受精(核融合)形成新的二倍体细胞。这种有配子融合过程的有性生殖称为融合生殖。某些生物的配子可不经融合而单独发育为新个体，称为单性生殖。

(1) 接合生殖(conjugation)　某些真菌、细菌、绿藻和原生动物进行有性生殖时，两个细胞互相靠拢形成接合部位，并发生细胞壁融合而生成接合子，由接合子发育成新个体，这样的生殖方式称为接合生殖。接合生殖的两个个体,供体即雄体的部分染色体可以转移到受体(雌体)的细胞中并导致基因重组。水绵的有性生殖、草履虫的有性生殖都是接合生殖的典型例子。

(2) 配子生殖(reproductive gametes)　多细胞生物及单细胞生物的群体则由特化的单倍体细胞(即配子),两性配子(gamete)结合产生形成合子,合子发育成新个体的有性生殖。根据两性配子间的差异程度,将配子生殖分为三种类型(图 4-1)。①同配生殖,两性配子在形状、大小、结构和运动能力上皆相同,是原始的类型。②异配生殖,两性配子的形态、结构相同,但大小不同,大的为雌配子,小的为雄配子。③卵式生殖,两性配子在大小、形态、结构及运动能力上皆存在明显的差异,雌配子大,无鞭毛,不能运动,称为卵,有些种类雄配子小,具鞭毛,可运动,称为精子。在藻类植物中三种有性生殖方式都能见到,高等植物中均为卵式生殖。

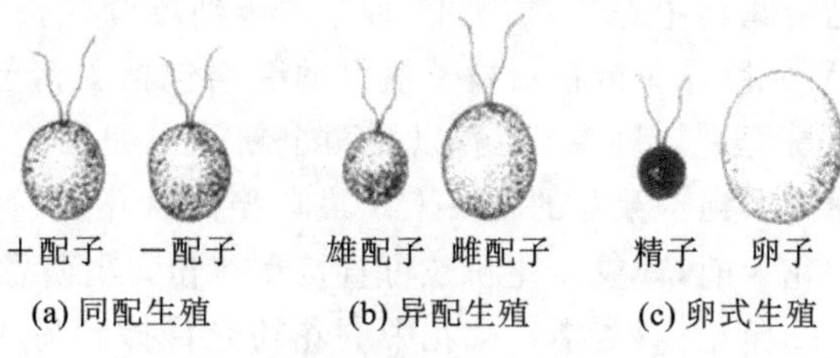

图 4-1　植物有性生殖的类型(摘自杨世杰,2004)

(3) 单性生殖　不经过两性配子的融合,由配子直接发育成新个体的有性生殖。常见的单性生殖主要是孤雌生殖(parthenogenesis)。如蜜蜂的雄蜂就是由未受精卵直接发育而成的。蚜虫很有趣,一生中大多数时间进行孤雌生殖,到秋末时才进行两性生殖,产生的卵与精子结合后,休眠越冬,次年再发育成雌性蚜虫。某些动物的幼体未达性成熟,在幼体阶段就可进行生殖,产生的不是卵而是幼体,称为幼体生殖。幼体生殖的母体在进行生殖时不需雄体参加,即卵不与精子结合,因此幼体生殖也可看成是孤雌生殖的一种类型。如瘿蚊除夏季进行两性生殖外,其余季节都进行幼体生殖。实际上,单性生殖也包括孤雄生殖,只不过孤雄生殖的例子仅见于人工组织培养中,如花药的离体培养。

4.1.2　高等植物的生殖

高等植物的有性生殖过程都是在花器里进行的,它包括减数分裂产生大、小孢子和大、小孢子进一步产生配子,雌、雄配子受精结合产生合子以及合子发育为种子和果实。与有性生殖过程具有直接联系的是花器里的雄蕊和雌蕊。

1. 植物大、小孢子的发生和雌、雄配子的形成

被子植物的大孢子、雌配子是在雌蕊的胚珠中产生的。在雌蕊子房的胚珠中,珠心细胞发育到一定阶段分化出胚囊母细胞(embryo sac mother cell)或称为大孢子母细胞(megaspore mother cell 或 megasporocyte),它的染色体数目为 $2n$。大孢子母细胞经过减数分裂通常产生直线排列的 4 个大分孢子(macrospore),其染色体数目为 n。此后,靠近珠孔端的 3 个大孢子逐渐自然消失,只有远离珠孔端的一个大孢子能继续发育,它经过连续的 3 次有丝分裂,依次形成二核胚囊、四核胚囊和八核胚囊。成熟的八核胚囊(embryonic sac)即雌配子体(female gametophyte),其中有 3 个反足细胞、2 个极核、2 个助细胞和 1 个卵细胞。

被子植物的小孢子、雄配子是在雄蕊的花药里产生的。当花药发育到一定阶段后,其幼小的雄蕊花药内，首先分化为孢原细胞，经有丝分裂后分化为花粉母细胞(poll mother cell)或称为小孢子母细胞(micros-porocytes)，它的染色体为 $2n$。每个小孢子母细胞经过减数分裂产生 4 个染色体数目减半的小孢子(microspore)，最初由胼胝质壁将它们包围并将其相互分隔。当胼胝质壁溶解后，小孢子(n)被释放出来，刚游离出来的小孢子内部充满浓厚的细胞质，核处于中央。随着体积的增长和液泡的形成，核被挤到边上，并在靠近细胞壁的位置进行第一次孢子的有丝分裂，产生 2 个子细胞。其中靠近细胞壁的核形成生殖细胞，另一个称为营养细胞。此后，生殖细胞进行第二次孢子有丝分裂，形成 2 个精细胞。这三种细胞的成熟花粉粒称为雄配子体(male gametophyte)，其中 2 个精细胞称为雄配子(male gamete)。

2. 传粉和受精

1) 传粉或受粉

传粉(pollination)是指花药中花粉散出，借助外力传到雌蕊柱头上的过程。传粉有两种方式：一种是自花传粉，另一种异花传粉。被子植物的受精包括受精前花粉在柱头上萌发，花粉管在花柱中的生长，花粉管进入胚珠、胚囊以及两个精子与卵细胞及中央细胞结合的全过程。①自花传粉：指花粉传送到本朵花的柱头上。最典型的自花传粉为闭花传粉和闭花受精(cleistogamy)，如豌豆在花蕾期，其成熟花粉粒可直接在花粉囊里萌发，通过柱头、花柱到达子房、进入胚囊完成受精。②异花传粉：指一朵花中的花粉粒传播到另一朵花的柱头上的过程。异花传粉是被子植物最普遍的传粉方式，是植物多样化的重要基础。异花粉可以发生在同一株植物的各朵花之间，也可发生在作物的品种内、品种间，或植物的不同种群之间，玉米、油菜、向日葵、梨、苹果、瓜类植物等，都是异花传粉植物。

2) 受精作用

受精(fertilization)是指花粉与柱头之间相互识别的生殖过程。当花粉粒落到柱头上，花粉粒壁蛋白(一种糖蛋白)与柱头细胞表面的蛋白质相互识别(recognition, rejection)，决定花粉与柱头的亲和性(compatibility)或不亲和性(incompatibility)，对亲和性好的花粉，柱头提供水分、营养物质及刺激花粉萌发生长的物质，花粉内壁凸出，同时，花粉内壁分泌角质酶，溶解与柱接触处的柱头表皮细胞的角质膜，以利于花粉管穿过柱头的乳突细胞。如果是自花或远花粉不具有亲和性，则产生“拒绝”反应，柱头乳突细胞基部产生胼胝质，在花粉萌发孔，或在开始伸出花粉管的一端，形成胼胝质，将萌发孔阻塞，阻断花粉的萌发和花粉管的生长。因此，花粉与柱头的识别作用对于完成受精作用有决定性意义。

花粉粒和柱头之间经识别后，亲和的花粉粒产生水合反应(pollen hydration)而从柱头分泌物中吸收水分和营养，内壁从萌发孔处向外突出，形成细长的花粉管(图 4-2)，花粉的内含物流入管内，花粉管穿过被侵蚀的柱头乳突的细胞壁，向下进入柱头组织的细胞间隙，向花柱和子房方向生长。

双受精作用(double fertilization)是指花粉在柱头上萌发，花粉管进入胚囊后，一个精子与卵细胞融合形成合子，另一个精子与 2 个极核融合形成三倍体胚乳核的过程。

3. 种子的发育

种子是植物有性生殖过程中由胚珠发育而来的结构，是新生命存在的场所。种子通常由胚乳、胚和种皮三部分组成。一般说来，被子植物的双受精完成以后，花被和雄蕊首先凋谢，柱头和花柱也随着萎缩，只有子房继续生长发育。在子房的胚珠里面，受精卵逐渐发育成胚，受精的极核逐渐发育成胚乳。

(1) 胚的发育　胚是由受精卵发育而来的。不同植物的胚，发育的过程大体相同，下面以

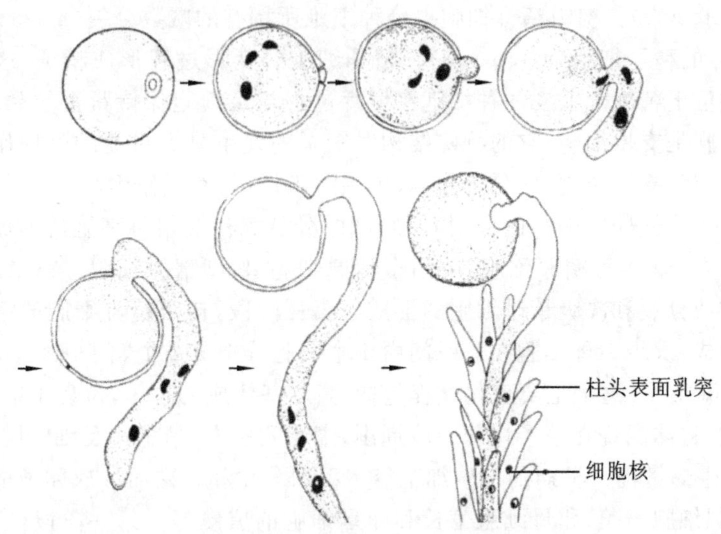

图 4-2　水稻花粉粒萌发和花粉管生长(摘自金银根,2010)

荠菜为例来说明。荠菜的受精卵经过短暂的休眠以后,就开始进行有丝分裂。在第一次分裂形成的两个细胞中,靠近珠孔的一个叫做基细胞,另一个叫做顶细胞。顶细胞经过多次分裂,形成球状胚体。基细胞经过几次分裂,形成一列细胞,构成胚柄。胚柄可以从周围组织中吸收并运送营养物质,供球状胚体发育,在球状胚体发育完成后,胚柄就退化消失了。球状胚体顶端两侧的细胞分裂速度比较快,形成了两个突起,这两个突起逐渐发育成两片子叶。两片子叶之间的一些细胞发育成胚芽,胚体基部的一些细胞发育成胚根,而胚芽与胚根之间的细胞则形成胚轴。这样,子叶、胚芽、胚轴和胚根就构成了胚。

(2) 胚乳的发育　胚乳是由受精极核发育而来的。受精极核不经过休眠就可开始进行有丝分裂,经过多次分裂形成大量的胚乳细胞,这些胚乳细胞构成了胚乳。多数双子叶植物在胚和胚乳发育过程中,胚乳逐渐被胚吸收,营养物质储存在子叶里,这样就形成了无胚乳种子,如大豆、花生和黄瓜等。多数单子叶植物在胚和胚乳发育过程中,胚乳不被胚吸收,这样就形成了有胚乳的种子,如小麦和玉米等。

(3) 种皮与果皮的发育　在胚和胚乳发育的同时,珠被发育成种皮,珠孔发育成种孔,珠柄发育成种柄,种柄脱落后留下种脐,整个胚珠则发育成种子。与此同时,子房壁发育成果皮,整个子房则发育成果实。

4.1.3　高等动物的生殖

高等动物的生殖为有性生殖,有性生殖由生殖系统完成。有性生殖过程包括三个阶段,即精子和卵子的发生、受精作用和胚胎发育。

1. 动物精子和卵子的发生

精子发生(spermatogenesis)是指精子在睾丸内形成的过程。包括精细管上皮的生精细胞分裂、增殖、演变和向管腔释放等过程,同时也存在着时间和空间上的变化规律。

(1) 精细管上皮的基本结构　精细管内衬以精细管上皮,含有足细胞和处于各个发育阶段的生精细胞。这些持续分裂和变化的生精细胞逐渐分化形成精原细胞(spermatogonium),精原细胞再经数次分裂形成性原细胞(gonocyte),性原细胞再经数次分裂形成初级精母细胞

(primary spermatocyte)。初级精母细胞再经种细胞所特有的减数分裂(meiosis),也称为成熟分裂,变为单倍体的精子细胞(spermatid)。精子细胞经变形过程形成精子,这一过程叫做精子的形成。上述位于精细管上皮的种细胞在发育过程与足细胞保持紧密的联系,足细胞包围着种细胞。足细胞是支持细胞,它的特殊结构对精子的发生具有重要的生理作用,例如,它对生精细胞具有营养和支持作用、内分泌作用、细胞通讯作用、吞噬作用等。

(2) 精子发生的过程　第一阶段,精原细胞的分裂和初级精母细胞的形成:性成熟后,精原细胞可分为三类,即 A 型精原细胞、中间型精原细胞、B 型精原细胞。第二阶段,初级精母细胞的第一次减数分裂和次级精母细胞的形成。第三阶段,初级精母细胞的第二次减数分裂和精子细胞的生成:次级精母细胞在短时间由 1 个细胞分裂成 2 个精子细胞。第四阶段,精子形成(spermiogenesis)。这个主要变化过程包括:高尔基体成为顶体,包裹于精子头部;中心体成为精子尾部;线粒体围绕在精子尾部中段周围;细胞质丢失,精子从足细胞脱离。

(3) 卵子发生的过程　早期的生殖细胞经一系列分化和成熟而形成卵子的过程。主要包括三个阶段:卵圆细胞增殖、卵母细胞生长和卵母细胞的成熟等。第一阶段,卵圆细胞增殖是指卵原细胞经有丝分裂生成初级卵母细胞,这个过程开始于胚胎前期,结束于中期,妊娠期短的动物可能结束于出生后一段时间。第二阶段,卵母细胞生长是指初级卵母细胞生长成次级卵母细胞,这个阶段的特点:卵黄颗粒增多,使卵母细胞体积增大;出现透明带;卵泡细胞通过有丝分裂增殖,由单层变为多层;初级卵母细胞形成后,一直到初情期到来之前,卵母细胞的生长发育处于停滞状态。

2. 胚胎发育和胚后发育

胚胎发育是指从受精卵起到胚胎出离卵膜的一段过程。卵子一旦受精就被激活,受精卵开始按一定的时间、空间秩序有条不紊地通过细胞分裂和分化进行胚胎发育。根据形态特征可将动物细胞早期胚胎发育分为以下几个阶段。

(1) 卵裂和囊胚形成　受精卵经过多次有规律的连续分裂形成子细胞的过程称为卵裂(cleavage)。卵裂所形成的细胞称为分裂球(blastomere)。卵裂是有丝分裂,但与普通的有丝分裂不同,卵裂不经过间期,卵裂期间仅仅是细胞数目的增加,不伴随细胞生长。其主要特点:分裂球本身不生长,分裂次数越多,分裂球的体积越小。随着细胞数量的增加,子细胞的核质比逐渐增大,直到接近正常核质比时,分裂球才开始生长,进入到一般的有丝分裂过程。

(2) 囊胚和原肠胚　当分裂球聚集为球状,中间出现一个空腔呈囊状时,它就成为囊胚,中间的腔称为囊胚腔(blatocel),腔内充满液体。当囊胚细胞开始迁移运动时,便发育到胚胎发育的下一个阶段。原肠胚(gastrula)是处于囊胚不同部位的细胞通过细胞迁移运动形成的。囊胚外部的细胞通过不同方式迁移到内部,围成原肠腔(archenteron)或称原肠(gastrocele),留在外面的细胞形成外胚层(ectoderm),迁移到里面的细胞形成内胚层(endoderm)。原肠腔的开口称为胚孔或原口(blastopore),此时的胚胎称为原肠胚。形成原肠胚的这种细胞迁移运动称为原肠作用或原肠胚形成(gastrulation)。原肠作用的方式有细胞移入、分层、内陷、外包等。事实上,原肠胚形成常常是几种方式结合进行,比如内陷常与外包同时进行,分层与内陷相伴出现。

(3) 原肠胚形成的过程　此过程确定了胚胎的基本模式。三胚层动物的原肠胚,除内、外胚层之外,还在其间形成中胚层(mesoderm),中胚层原基的形成也是细胞迁移运动的结果。内、中、外三个胚层的形成基本上奠定了组织和器官形成的基础。对脊椎动物而言,尽管由于卵黄含量不同导致卵裂方式的不同,形成了不同类型的囊胚,但将来形成各种器官的胚胎细胞在这时的分布情况大致相同。

(4) 胚后发育(post embryonic development)　在动物个体发育过程中,卵孵化后,或生出后,从幼虫或幼体至成虫的发育过程,或成体达到性成熟时的发育过程,称为胚后发育。由于动物的种类不同,胚后发育的情况也有区别。主要包括以下几个阶段:第一,生物体的质量增加及体积增大称为生长;第二,生物体的某部分在损坏、脱落或截除之后重新生成的过程称为再生(regeneration),如人的肝受到损伤后的修复、皮肤伤口的修复等就是再生;第三,生物形态结构和生理机能逐渐衰退称为衰老(senescence);第四,死亡,是生命活动不可逆性地完全停止。

4.2　植物的形态结构和发育

高等植物体是由多细胞组成的,不同植物的细胞以及同一植物不同组织的细胞间有很大的差异。植物细胞的大小差别很大且植物细胞具有许多显著不同的特性。高等植物的绝大多数细胞都具有坚硬的细胞外壁即细胞壁。高等植物可以进行光合作用,进行光合作用的高等植物细胞中具有叶绿体。在许多高等植物细胞中都有一个相当大的中央大滤泡,这也是高等植物细胞的重要特征之一。中央大液泡在细胞的水分运输、细胞的生长、细胞代谢等许多方面都具有非常重要的作用。

4.2.1　植物的细胞和组织

最简单的植物仅具有一个细胞,又称为单细胞植物,如衣藻、小球藻等。多细胞植物的个体,可由几个至亿万细胞组成,细胞的形态大小取决于小的遗传性、所担负的生理功能以及对环境的适应性。

1. 植物的细胞

植物细胞的大小差异很大(图 4-3),一般来讲其体积很小,在种子植物中,细胞直径一般在 10～100 μm 之间,较大细胞的直径也不过是 100～200 μm。也有少数植物的细胞较大,肉眼可以分辨出来,如番茄果肉、西瓜瓤的细胞,直径可达 1 mm;苎麻中的纤维细胞,最长可达 550 mm,但这些细胞在横向直径上仍是很小的。植物细胞因其精细的分工,其形状极具多样性,常见的有球形、多面体形、椭圆形、长筒形、长柱形、长棱形等(图 4-4)。例如,输送水分和养料具有输导作用的细胞,则多与轴平行排列呈长筒形,以利于物质的运输。起支持作用的细胞,一般呈长梭形,并聚集成束,以加强支持的功能。细胞形态的多样性,反映了细胞形态、结构与功能相适应的规律。

2. 植物的基本组织

典型的植物体由两类组织构成,即分生组织(meristematic tissue)和成熟组织(mature tissue)(图 4-5)。

1) 分生组织

植物体内具有显著细胞分裂能力的组织,由未分化的细胞组成,一般位于植物体的生长部位,如根尖和茎尖的生长锥,与根的伸长和茎长高有关,根和茎中的形成层及木栓形成层与根和茎的加粗生长有关。组成分生组织的细胞,除具有持续性分裂能力外,还具有细胞幼嫩、细

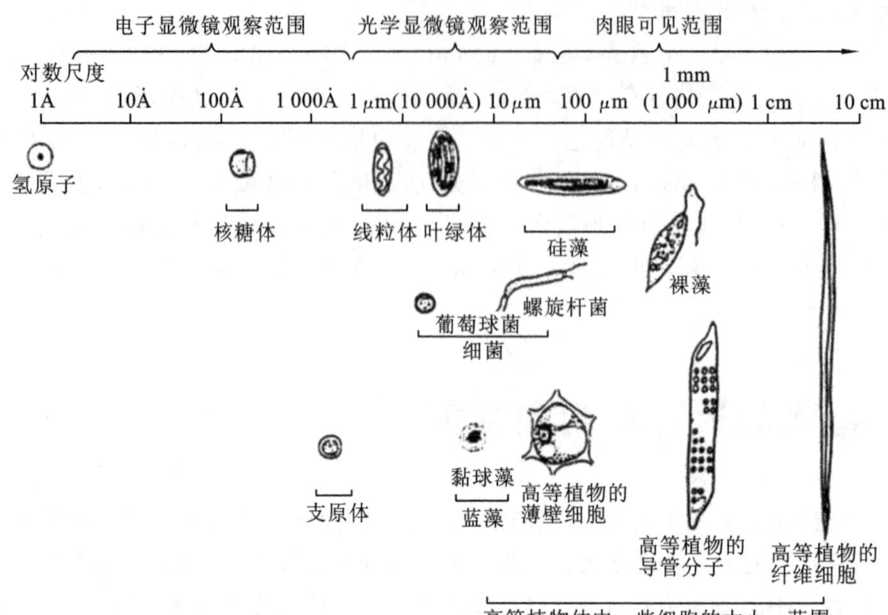

图 4-3 植物细胞和细胞器的大小与氢原子的比较(摘自朱念德,2004)

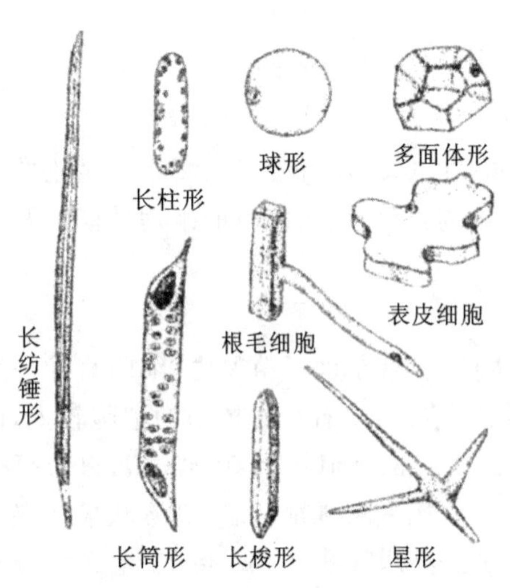

图 4-4 植物细胞的形状(摘自关雪莲,2001)

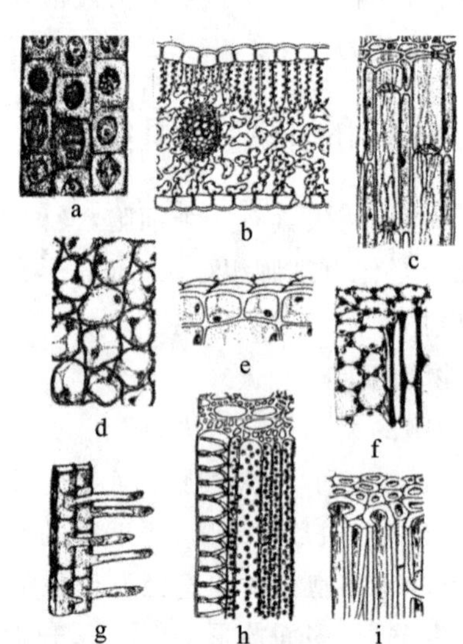

图 4-5 植物的组织(摘自关雪莲,2001)

注:a—分生组织(示细胞分裂);b—同化组织(示表皮内的叶肉细胞);c—韧皮部(示筛管与伴胞);e—保护组织(示表皮);f—厚角组织;g—吸收组织;h—木质部(示导管与管胞);i—厚壁组织。

胞壁薄、细胞核大、细胞质浓厚、没有或只有很小的液泡以及没有细胞间隙等特点。

2) 成熟组织

成熟组织也称为永久组织(permanent tissue),如薄壁组织形成后可转化为分生组织或石细胞。成熟组织是由分生组织衍生的细胞发展而来的,因其生理功能和结构的不同而区分为薄壁组织、保护组织、输导组织、机械组织和分泌组织。

(1) 薄壁组织(parenchyma) 也称基本组织(ground tissue),在植物体内分布广泛,是植物体的主要组织。它们具有同化、贮藏、通气和吸收等重要功能。薄壁组织的细胞壁薄，一般只有初生壁而没有次生壁，细胞质少，液泡大，常占据细胞的中央。细胞排列松散，有较大的细胞间隙和较多的细胞间液。叶中的薄壁细胞含有叶绿体，它们构成叶中的栅栏组织和海绵组织，光合作用在这些组织中进行，故称同化组织（assimilating tissue）；根、茎中的薄壁组织可贮藏淀粉、蛋白质和脂肪等营养物质，故称贮藏组织（storage tissue）；水生植物根、茎、叶中的薄壁细胞的间隙构成了通气组织（aerenchyma）。

（2）保护组织（protective tissue）　暴露在空气中的器官（茎、叶、花、果实）表面的表皮由保护组织构成。一般只有一层细胞。细胞排列紧密，犬牙交错，没有细胞间隙，紧密镶嵌，形成具有保护功能的细胞薄层。保护组织的细胞特点是细胞质少、液泡大。叶、茎等表皮层外面有角质层，其上常有蜡质，可防止水分过度蒸发，也可保护植物免受真菌等寄生物的侵袭。

（3）输导组织（conducting tissue）　植物体运输水分和营养物质的组织。它是由多种组织形成的复合组织。输导组织也称维管组织（vascular tissue）。维管组织是高等植物特有的组织，由木质部和韧皮部构成。木质部（xylem）是高等植物体内具有输导水分和支持功能的一种复合组织。在被子植物体中由导管（vessel）、管胞（tracheid）、木薄壁细胞和木纤维构成。导管由许多筒状、端壁有穿孔的细胞上下连接而成。构成导管的细胞称为导管分子（vessel element）。导管分子为长形细胞，随着细胞的成熟，细胞的次生壁不均匀加厚，细胞壁木质化；当细胞成熟后，原生质体瓦解死去，同时细胞横壁（端壁）穿孔形成了中空的长形管道。导管是被子植物输导水分和无机盐的主要组织。导管因壁增厚情况不同可形成环纹导管、螺纹导管、梯纹导管、孔纹导管和网纹导管。而且导管的口径大小也不同，口径越大，输导水分的效率就越高。管胞是植物体内另一种输导水分的组织。构成管胞的细胞是两头尖的长形细胞。在细胞成熟过程中细胞次生壁加厚并木质化，原生质体在该过程中消失。细胞成熟后死去，在两个管胞间不形成穿孔，而是靠细胞壁上的纹孔相连。因细胞口径小，输导水分的能力比导管小。在裸子植物体内没有导管，故管胞是裸子植物输导水分的主要组织。韧皮部（phloem）是高等植物体内具有输导营养物质和支持功能的一种复合组织。在被子植物中由筛管、伴胞、韧皮薄壁细胞和韧皮纤维组成。裸子植物的韧皮部仅有筛胞，无筛管和伴胞。韧皮部运输营养物质具有双向性，即光合作用合成的有机物质通过韧皮部运输到根部、茎部或分生组织，供生长所需；而根部贮藏的物质经分解后，可通过韧皮部向上运输到茎、叶和果实。

（4）机械组织（mechanical tissue）　支持植物体的组织，细胞大多为细长形，其主要特点是细胞壁局部或整体加厚。机械组织分为厚壁组织和厚角组织。厚壁组织（sclerenchyma）的细胞壁整体加厚和木质化，成熟的厚壁细胞一般失去原生质体。所以厚壁组织非常坚硬。厚壁组织根据形状不同分为纤维（fiber）和石细胞（stone cell）。纤维一般是两头尖的细长形细胞，细胞壁轻度木质化，故有韧性，如黄麻纤维、亚麻纤维。石细胞是形状不规则、多为等径的死细胞，细胞壁加厚。各种坚果和种子的硬壳中主要是石细胞。厚角组织（collenchyma）的细胞是生活的细胞，细胞壁在角隅处加厚，故名厚角细胞。该细胞壁主要由纤维素组成，因此壁的坚韧度不强但有弹性。厚角组织一般分布于幼茎和叶柄内，是草本植物根和茎的主要支持组织，叶柄内的厚角组织有支撑叶子的功能。

（5）分泌组织（secretory）　由分泌细胞组成的组织。这些细胞产生一些特殊物质如蜜汁、黏液、挥发油、树脂、乳汁等，故称为分泌细胞。

4.2.2 植物器官的形态结构

种子植物的器官包括根、茎、叶、花、果实、种子，其中前三类为营养器官，后三类为生殖器官。

1. 植物的根

根是陆生植物从土壤中吸收水和无机盐的器官，也是固定地上植物体的器官。

1）根的形态和类型

当种子萌发时，胚根发育成幼根突破种皮，与地面垂直向下生长为主根。主根生长到一定长度，从内部生出许多支根，称侧根，侧根和主根常成一定角度。除了主根和侧根外，在茎、叶或老根上生出的根，叫做不定根。

（1）侧根伸长到一定的长度时，又可生出新的侧根，这样反复多次分枝，形成整株植物的根系。

① 根系　主根比侧根明显地粗而长，从主根上生出侧根，主次分明的称为直根系，如棉花、蒲公英、胡萝卜等均是直根系。根系的主根和侧根无明显的区别，主根长出后不久就停止生长或死亡，而由胚轴和茎基部的节上生出许多不定根，组成须根系，如小麦、水稻、葱等植物的根系。

② 变态根　适应不同的生活环境，根的功能会发生改变，从而引起形态和结构都发生变化的根称为变态根。根变态是一种可以稳定遗传的变异。主根、侧根和不定根都可以发生变态。变态根主要有贮藏根和气生根两种类型。

（2）贮藏根贮藏了大量营养物质，通常在地下，主要由主根和胚轴发育而成，称为肉质直根，如萝卜、胡萝卜和甜菜的根等；主要由侧根或不定根发育膨大而成，称为块根，如甘薯和大丽花的根。

（3）气生根由植物茎上发生，是生长在地面以上的、暴露在空气中的不定根。有四种特化的类型。①支持根，由茎节上长出的一种具有支持作用的变态根，如甘蔗和玉米茎基部的节上发生的许多不定根，可防止倒伏。②攀援根，如常春藤、凌霄花和络石等的茎细长、不能直立，上生许多很短的气生根，能分泌黏液，固着于其他物体之上，借此向上攀援生长。③呼吸根，一部分生长在湖沼或热带海滩地带的植物，如海桑、红树和水松等，生在泥水中呼吸十分困难，因而有部分根垂直向上伸出土面，暴露于空气之中，便于进行呼吸，呼吸根生有许多气道。④寄生根，有些寄生植物，如桑寄生和菟丝子等，它们的不定根常发育为吸器，可以钻入寄主的茎内，以吸取寄主的营养为生。

2）根尖的结构

根尖(root tip)是主根或侧根尖端，是根的最幼嫩、生命活动最旺盛的部分，也是根的生长、伸长及吸收水分、无机盐的主要部分。无论一年生或多年生植物，根尖都包含根冠、分生区、伸长区和成熟区。

（1）根冠　保护根尖的结构，形似帽子，覆盖在根下面幼嫩的分生区上，保护分生组织。根不断伸长，根冠细胞不断被磨损坏，由分生区细胞分裂加以补充。

（2）分生区　位于根冠上部，长约 1 mm，分生细胞是幼嫩的，属未分化的细胞，它终生保持着分裂能力，逐渐增加根纵向的细胞数目，使根生长、延长并补充根冠死亡的细胞。

（3）伸长区　在分生区上方，细胞来自分生区细胞分裂，不再分裂，但能迅速延长，是根部延长的动力。在细胞延长的同时，出现了细胞分化，逐渐形成导管、筛胞等。

(4) 成熟区　也称根毛区，位于伸长区的上方，细胞已完成分化，表皮细胞向外长出指状突起，即根毛，有吸收水分和矿物质的能力。

3) 根的初生结构

根尖顶端分生组织经过细胞分裂、生长和分化形成根的成熟结构的生长过程为初生生长(primary growth)。在初生生长过程中形成的各种成熟组织属初生组织(primary tissue)，由它们构成根的结构，就是根的初生结构(primary structure)，若用根尖成熟区做一横切面，可观察到根的全部初生结构，从外至内分为表皮、皮层和维管柱三部分。

(1) 表皮(epidermis)　根最外面的一层细胞，细胞砖形、整齐、壁薄，部分细胞向外突出形成根毛。

(2) 皮层(cortex)　由多层薄壁细胞组成，细胞排列疏松，有多细胞间隙。皮层细胞中一般不含叶绿体，但细胞质中贮有淀粉。皮层的最外一层与表皮层靠近的细胞排列非常整齐，没有细胞间隙，成为连续的一层称为外皮层(exodermis)。当根毛枯死、表皮脱落时，外皮层细胞的细胞壁栓质化，起保护作用。皮层最里面也有一层排列紧密的细胞，称为内皮层(endodermis)。内皮层细胞特殊，细胞的径向壁和横向壁上有一部分加厚并栓质化，形成围绕细胞的一周环带，称为凯氏带(Casparian strip)。在电子显微镜下观察，凯氏带处的质膜平滑，而其他处的质膜呈波浪形，内皮层细胞的质膜与凯氏带之间紧贴在一起。因凯氏带不透水，故水分和无机离子只能通过内皮层细胞本身的质膜，才能到达维管柱，表明内皮层细胞质膜的选择透性能控制物质的运转。在根中，通过内皮层向内部转移的物质，因为有凯氏带而无法通过细胞质膜，且原生质体固着在凯氏带上，物质也不能在细胞壁和细胞质之间，唯一的通道只能是穿过内皮层的非凯氏带区的质膜，故凯氏带有调节物质进入维管柱的功能。

(3) 维管柱(vascular cylinder)　在根的皮层内，由中柱鞘(pericycle)、木质部(xylem)和韧皮部(phloem)三部分组成。中柱鞘是维管柱的最外层，是紧接内皮层之内的一层或数层薄壁细胞层，保持潜在的分生能力，可以形成不定根、不定芽及部分形成层等。在单子叶植物的老根里，中柱鞘细胞常形成厚壁组织(图 4-6)。

初生结构中木质部称为初生木质部(primary xylem)，以区别次生结构中的木质部。初生

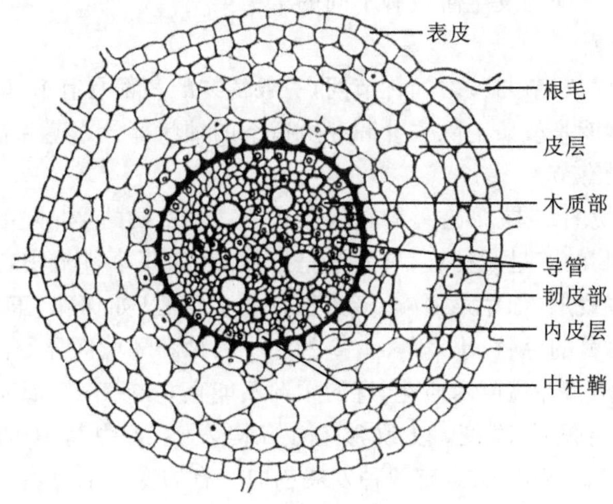

图 4-6　小麦根的结构(摘自关雪莲，2001)

木质部位于根的中心部位，在横切面上呈辐射状。被子植物初生木质部主要由导管分子和管胞组成。导管分子末端彼此相通形成导管，管胞的末端彼此重叠，重叠的壁上有小孔，使管胞上下相通，形成运输通道。

初生结构中韧皮部称为初生韧皮部（primary phloem），初生韧皮部与初生木质部相间排列。在单子叶植物中初生韧皮部和初生木质部之间，为薄壁组织所隔开。一般情况下，根的维管柱中无髓，但某些单子叶植物如高粱则有髓。

4）根的次生结构

多数单子叶植物具有顶端生长而不具有加粗生长的能力。多年生木本植物和裸子植物不仅有向顶端生长的能力，而且还具有加粗生长的能力。加粗生长是形成层活动的结果。形成层（cambium）位于根维管柱中木质部和韧皮部之间，由形成层细胞进行分裂，产生的新细胞，一部分向内形成次生木质部（secondary xylem），另一部分向外形成次生韧皮部（secondary phloem），使根加粗。为了把由形成层细胞分裂形成的这些结构与根尖分生组织细胞分裂形成的初生结构相区别，称它们为次生结构（secondary structure）。次生木质部和次生韧皮部的细胞组成基本上和初生结构相同，只是薄壁组织较多。

在具有增粗生长的植物根中，由于维管形成层的活动，每年都有新增生的次生维管组织添加进来，使表皮和皮层遭到挤压而破坏。在皮层组织破坏之前，中柱鞘细胞恢复了分裂能力，成为木栓形成层（cork cambium）。木栓形成层分裂，向外产生木栓，向内形成少数生活细胞，叫栓内层。木栓、木栓形成层和栓内层共同组成多年生植物根的周皮，替代初生的表皮和皮层，成为次生保护组织。多年生植物根粗壮而硬，其表面就是木栓层。

5）根的生理功能

根是在长期进化过程中适应陆地生活发展起来的器官。它主要具有吸收水分和无机盐、固着和支持、贮藏营养和输导等作用和功能。另外，有些植物的根与土壤中的真菌结合形成菌根，菌根和根毛一样有较强的吸收功能。豆科植物根中，可以被土壤中的根瘤菌侵入形成根瘤（root nodule），根瘤菌具有固氮作用，这就是种豆肥田的道理。

2. 植物的茎

茎组成地上部分的枝干，上承枝叶，下接根部，在形态、结构和功能上，都与根和叶密切相关。不同植物的茎，在不同的发生阶段有不同的结构类型。

1）茎的形态和类型

茎上生叶的部位称节，节与节之间称节间，一般植物的茎都具有节和节间。在茎的顶端和节上叶腋处生有芽，茎就是枝条上除去叶和芽所留下的轴状部分。茎和根在形态上相似，主要区别是茎上有节，根没有节。

植物的茎适应环境的结果，形态差异很大。有的茎是木质的（木本植物），有的茎是草质的（草本植物）。多数植物的茎呈圆柱形，有的茎呈三棱形（如莎草科植物），或四棱形（如唇形科薄荷、留兰香等），或多棱形（如芹菜等）。多数植物的茎实心（如棉花、玉米等），有些植物的茎有髓腔而空心（如禾本科的毛竹、小麦等）。茎的大小因种和环境而异，有的矮小、幼嫩，可直立生长，有的高大、挺立增粗并高度木质化，有的柔弱不能直立，或攀缘，或缠绕，或贴附于其他物体上。有的茎因功能发生改变，以致形态、结构发生某些特殊的适应，成为变态茎（modification of stem）。茎的变态，有两种发展趋向。有的变态部分特别发达，有的却格外退化。无论发达或退化，变态的部分都保存着茎特有的形态特征：有节和节间，有退化成膜状的叶，有顶芽或腋芽。根据形态上的差异，可分为两大类型：地上变态茎，如肉质茎、叶状茎、茎卷须、茎刺等；地下变态茎，如根状茎、块茎、球茎、鳞茎等。茎变态是一种可以稳定遗传的变异。

在木本植物的枝条上，其叶片脱落后留下的瘢痕称为叶痕（leaf scar）。叶痕中的点状突起是枝条与叶柄间的微管束断离后留下的痕迹，称为微管束迹（bundle scar）。有的枝条上还有芽鳞痕（bud scale scar）存在，这是密集的芽鳞片脱落后留下的环状痕迹。根据芽鳞痕的特征，可以判断枝条的生长年龄和生长速度（图 4-7）。

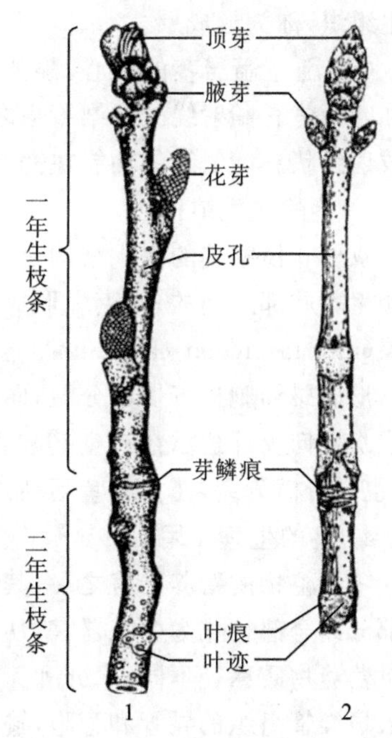

图 4-7　枝条的形态（摘自金银根，2010）

2）茎的初生结构

由茎顶端分生组织细胞分裂、分化形成的各种结构，叫做初生结构。双子叶植物茎初生结构分为表皮、皮层和维管柱（图 4-8）。

（1）表皮　表皮由一层砖形细胞组成，包在茎的最外层，有保护作用。表皮细胞为生活细胞，不含叶绿体。表皮细胞外壁较厚并有角质层，能降低蒸腾作用，并增加表皮的坚韧性。表皮细胞有气孔和表皮毛等分布。

（2）皮层　茎的皮层是由基本分生组织细胞衍生而来的，由多层细胞构成，包含多种组织，其中最主要的有薄壁组织。构成薄壁组织的细胞是生活细胞，细胞壁较薄，由纤维素和果胶组成，有细胞间隙，构成通气系统。靠近表皮的薄壁组织含叶绿体，能进行光合作用，故幼茎常呈绿色。茎的皮层常常有厚角组织并成束出现，故使茎呈棱形，如南瓜的茎。

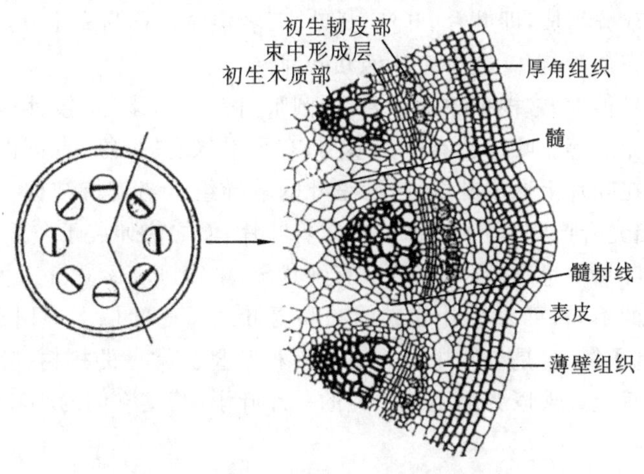

图 4-8　茎的初生结构（摘自杨继，1999）

（3）维管柱　双子叶植物茎维管组织在皮层内形成维管柱。维管柱往往由分开的维管束和夹在中间的束间薄壁组织组成。初生维管束由初生韧皮部、形成层和初生木质部组成。大多数植物茎的初生韧皮部在外，初生木质部在内。双子叶植物的初生韧皮部由筛管、伴胞、韧皮薄壁细胞和韧皮纤维组成。初生木质部位于形成层的里面，由导管、管胞、木薄壁细胞和木纤维组成。

（4）形成层　双子叶植物茎的初生维管束中，位于初生韧皮部和初生木质部之间的一层分生组织，称为形成层。

(5) 髓　髓居茎的中心，髓的结构因不同植物而不一样，一般由薄壁组织组成，有细胞间隙和叶绿体。髓射线处在维管束之间，也由薄壁细胞组成。内连髓部，外通皮层，在横断面上呈放射线状。髓射线的功能在髓和皮层间有横向运物作用并有贮藏功能。

3）茎的次生结构

双子叶植物茎的次生结构是形成层活动的结果。形成层在维管束之内，位于初生韧皮部和初生木质部之间的，叫束中形成层(fascicular cambium)；位于两个维管束之间的，叫束间形成层(interfascicular cambium)，这种形成层在横切面上是一个圆环。

形成层细胞进行切向分裂，向内(髓方向)形成次生木质部加添在初生木质部的外方，向外形成次生韧皮部加添在初生韧皮部的内方。形成层在不断进行切面分裂形成次生结构的同时，也进行横分裂，使植物茎不断加粗。

4）茎的生理作用

茎是植物的营养器官之一，其生理功能主要是起支持和输导作用。有些植物的茎还由于其部分或全部特化为变态器官，从而具有繁殖、攀援、保护等特殊功能。茎运输水分、无机盐和有机营养物质途径不同，水分和无机盐由根毛区从土壤中吸收入植物体内，经根皮层、中柱鞘进入根维管组织的导管和管胞，输送到茎、叶、花和果实等器官；光合作用的产物从叶片经维管组织的筛管或筛胞运送到植物体各个器官。

3. 植物的叶

叶始于茎尖生长锥的叶原基，叶是种子植物制造有机物质极为重要的器官。叶的形态多样化，但每种植物只具有一种形态的叶，故叶的形态是鉴别植物种类的常用的特征之一。

1）叶的形态和类型

植物的叶由三部分组成，即叶片、叶柄、托叶，三者俱全的称为完全叶，否则称为不完全叶。多数植物的叶是不完全叶，但一般都有叶柄和叶片。

叶片的形状差异很大，常根据象形命名，如圆形、椭圆形、扇形、披针形、线性、卵形、肾形、三角形、近心形、倒卵形等。叶缘也有很大差别，有平滑缘、具齿缘，有锯齿缘、重齿缘、倒齿缘等。叶柄的维管束在叶片上形成叶脉，叶脉是叶的输导组织与支持结构。它一方面为叶提供水分和无机盐、输出光合产物，另一方面又支撑着叶片，使之能伸展于空间，保证叶的生理功能顺利进行。叶脉在叶片中呈有规律的分布，有网状脉、平行脉和叉状脉三种类型。

依照叶片数目的不同，可以将叶分成单叶和复叶。每一叶柄上，只长一枚叶片的称为单叶，如榕树、枫香、桃子等，这是植物中最普遍的一种叶型。常见的构树，叶片边缘缺刻分裂得很深，乍看之下，每每让人误以为那不是单纯的一片叶子，其实它们的小叶脉都相互连接，所以也是一种单叶。

每一叶柄上长出两枚或两枚以上的叶片，称复叶。复叶柄称为总柄，总柄上分出若干小柄，每一小柄上连着一枚小叶。复叶可分为三种：①单身复叶，柚子的叶片分为两节，一节短小，另一节外形像鸡蛋，它原本是单一的叶片，但叶片上具有显著的关节，使得叶身像被分裂成两段，称为单身复叶。②三出复叶，在野外到处蔓爬的葛藤及我们常吃的红豆、绿豆、豇豆、四季豆等，总柄上共有三片叶子，一片在顶端，两侧各有一片，是明显的三出复叶。③掌状复叶，鹅掌藤、七叶树、木棉树等，所有小叶的基部集合生长在叶柄的顶端，像手掌展开的形状，都是掌状复叶。④羽状复叶，小叶排列在总柄的两侧，整个复叶看起来像一片羽毛，如肾蕨、香椿、刺槐、枣树叶等。羽状复叶若有两次分枝，则分别称为二回、三回羽状复叶等，小叶的数目是奇数的称为奇数羽状复叶(玫瑰花等),是偶数的称为偶数羽状复叶(荔枝等)。

在植物的各种器官中,叶的可塑性最大,发生的变态最多。仙人掌的叶变为刺状,以减少水分的散失;酸枣、洋槐的托叶变成坚硬的刺,起着保护作用;豌豆的复叶顶端几片小叶变为卷须,攀缘其他物体;洋葱的肉质鳞叶,贮藏营养物质;食虫植物的捕虫叶(瓶状的猪笼草、囊状的狸藻、盘状的茅膏菜),叶上有分泌黏液和消化液的腺毛,当捕捉到昆虫后,由腺毛分泌消化液,将昆虫消化并吸收。

2) 叶的结构

(1) 叶柄的结构　叶柄的结构一般与茎的结构相似,由表皮、基本组织和维管束三部分组成。表皮一般只有一层细胞,表皮内为薄壁组织,其中有厚角组织,是叶柄的主要机械组织。维管束呈半圆形分散排列在薄壁组织中,和茎中的维管束结构相似。木质部在向茎面,韧皮部在背茎面。在双子叶植物中,木质部和韧皮部之间往往还有两层形成层,但只有短时间的活动。

(2) 叶片的结构　一般被子植物叶片构造基本一致,由表皮、叶肉(绿色组织)及叶脉(维管组织)三部分组成。叶片多是水平方向伸展,上面和下面受光不同。叶肉(mesophyll)组织是叶片内最发达、最重要的一部分,由含有许多叶绿体的薄壁细胞组成,是绿色植物进行光合作用的场所。双子叶植物在有背、腹面之分的两面叶中,叶肉组织明显地分为两部分,一部分叫栅栏组织(palisade tissue),位于上表皮之下,细胞呈圆柱形,其长径和表皮成垂直方向排列,其中含有较多的叶绿体,细胞排列整齐,细胞间隙小,在叶片中排成一层、两层、三层或以上;另一类是海绵组织(spongy tissue),位于栅栏组织和下表皮之间,细胞形态规则,排列无序,细胞间隙发达,内含叶绿体少。单子叶植物叶肉中没有栅栏组织,只有海绵组织。

3) 气孔的结构和调节

气孔(stomata)是植物叶片与外界进行气体交换的主要通道。气孔的开闭会影响植物的蒸腾作用、光合作用、呼吸作用等生理过程。气孔由两个半月形保卫细胞所围成。两保卫细胞凹入的一面是相对的,中间的细胞壁中层溶解成为孔隙,即气孔。保卫细胞是生活细胞,内含叶绿体,可行光合作用。有些植物的气孔在保卫细胞的四周还有一个或多个与表皮细胞不同的副卫细胞(subsidiary cell),副卫细胞有一定的排列次序(图 4-9)。

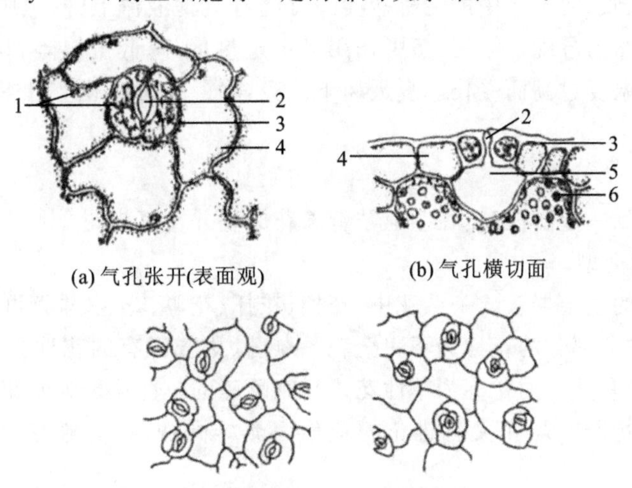

(a) 气孔张开(表面观)　(b) 气孔横切面

(c) 保卫细胞外侧有副卫细胞

图 4-9　气孔(摘自杨继,1999)

注:1—细胞核;2—气孔;3—保卫细胞;4—表皮细胞;5—孔下室;6—叶肉细胞。

植物在阳光下进行光合作用，经由气孔吸收二氧化碳，所以气孔必须张开，但气孔张开又不可避免地发生蒸腾作用，气孔可以根据环境条件的变化调节孔的大小而使植物在损失水分较少的条件下获取最多的二氧化碳。当气孔蒸腾旺盛、叶片发生水分亏缺时，或土壤供水不足时，气孔开度就会减小甚至完全关闭；当环境供水良好时，气孔张开。气孔保卫细胞在结构上有很大的变异，可以分为两大类。第一类为肾形，第二类为哑铃形(图 4-10)。气孔的分布与植物长期适应生存环境有关。例如：浮在水面的水生植物，气孔分布在叶上表面，有利于气体交换及蒸腾作用；禾谷类植物叶片较直立，叶片上、下表面光照及空气湿度等差异很小，都可以进行气体和水分交换。气孔的数目很多，但直径很小，所以气孔所占的总面积很小，一般不超过叶面积的 1%。其蒸腾量却相当于与叶面积相等的自由水面蒸发量的 15%～50%，甚至达到 100%。

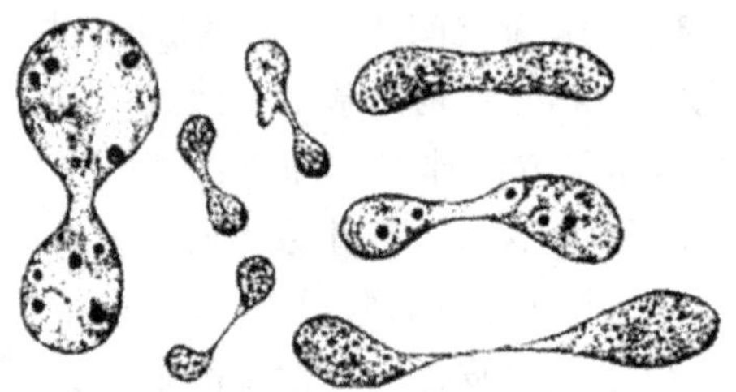

图 4-10　气孔(摘自杨继，1999)

4) 叶的生理作用

叶的功能主要是光合作用和蒸腾作用，有些植物的叶子还有贮藏和繁殖功能。

(1) 光合作用(photosynthesis)　绿色植物利用太阳能，将 CO_2 和水合成有机物，并将光能转变为化学能贮藏在有机物中，同时释放出氧气，这个过程称为光合作用。叶片是植物进行光合作用的最主要器官。

(2) 蒸腾作用(transpiration)　水分以气体状态从生活的植物体表面(主要是叶表面)散失到大气中的过程。蒸腾作用对植物有重大意义。第一，它是植物吸收与转运水分的一个主要动力。第二，根吸收、溶于水中的无机盐类。可随着蒸腾液流上升，蒸腾作用促进矿物质元素在植物体内的运输与分配。第三，蒸腾作用可带走热量，降低植物体和叶面温度，使叶在强烈的日光下不会因温度过高而受伤。夏天树下凉爽，除了因为树冠遮阴外，还因蒸腾作用带走了大量热量。

4. 植物的花

被子植物发育到一定阶段时，在茎上孕育着花原基并发育为花。

1) 花的形态和类型

花是被子植物的生殖器官。一朵花中，花柄、花托、花萼、花冠、雄蕊群、雌蕊群都有的花称为完全花，缺少其中一部分的花称为不完全花。雌蕊、雄蕊都有的花称为两性花，两者都没有的花称为无性花，只有其一的花称为单性花。只有雌蕊的单性花称为雌花，只有雄蕊的单性花称为雄花。一株植物既有雌花又有雄花的花称为雌雄同株，只有雌花或雄花的花称为雌雄异株。

花是适应于生殖、极度缩短且不分枝的变态枝。花柄也称花梗，是连接花和茎的柄状结构，果实形成时，花柄发育成果柄。花柄的顶端膨大形成花托，是花器官其他各组成部分着生的部位。花萼、花冠是不育的变态叶。花萼(calyx)在花的最外层，通常只有一轮，常呈绿色，可光合作用，为花芽提供营养；但也有一些植物的花萼呈花瓣状，有利于昆虫的传粉，如紫茉莉等。也有的植物在花萼外侧还有一轮绿色的副萼(epicalyx)，如棉花、草莓等的花。花冠位于花萼的上方或内侧，由若干花瓣(petal)组成，可排列为一轮或多轮。花冠常具有各种鲜艳的颜色，这是细胞中的有色体，或液泡中的花色素，或二者均有所致。花瓣或花冠都具有多种形态，如钟状、蝶状、唇状等；花瓣或花冠具有多种功能，有的花瓣基部有分泌结构，可释放挥发油类和分泌蜜汁，可吸引昆虫，有利于传粉，人类常用它提取精油或用于保健；花冠还有保护雌、雄蕊的作用。花色、花形、花味的多样性不仅吸引昆虫，而且也美化了环境、美化了人的生活。但也有些植物的花无花瓣或花冠，如紫柳(*Salix wilsonii* Seemen)、玉米等，它们依赖风媒传粉。花冠内花瓣的数目、形态、离合情况常随植物的种类而异，是植物分类的重要依据。

多数植物的花聚集成花序。花序中没有典型的花萼、花冠，有苞片和小苞片。花序的主轴称为花轴，根据花轴分枝的方式和开花的顺序分为无限花序和有限花序两大类。

(1) 无限花序　花轴顶端可以继续生长一个时期，花序基部的花先开，然后向顶依次开放。如果花密集排列，几成平面，则花从边缘向中央依次开放。无限花序又可分为以下几种：总状花序(如油菜、荠菜等)、穗状花序(如车前草)、葇荑花序(如杨、柳)、肉穗花序(如玉米的雌花序)、伞形花序(如柴胡、五加等)、伞房花序(如麻叶绣球)、头状花序(如向日葵、三叶草等)、隐头花序(如无花果)、圆锥花序(如丁香、水稻)、复穗状花序(如小麦、大麦)、复伞形花序(如胡萝卜、小茴香、芹菜)、复伞房花序(如接骨木、花楸)等。

(2) 有限花序　花序的顶端或中心的花先开，然后由顶向基或由内而外依次开花。常见的有以下几种：单歧聚伞花序(如唐菖蒲、附地菜、萱草)、二歧聚伞花序(如大叶黄杨)、多歧聚伞花序(如大戟)等。

被子植物的花序类型比较复杂，有的外形似某种无限花序，但开花次序却具有有限花序的特点，例如葱的花序呈伞形，苹果的花序呈伞房状，但它们的顶花先开，仍属有限花序。

2) 雄蕊群的结构和类型

雄蕊位于花冠的内层，是可育的变态叶，一个变态叶组成一枚雄蕊。一朵花的所有雄蕊称为雄蕊群，是植物的雄性生殖器官。

(1) 雄蕊的结构　雄蕊由花丝和花药组成。雄蕊原基形成后，经过顶端生长和局部有限的边缘生长，原基迅速伸长，顶端分化发育成花药，基部形成花丝。横切花丝，最外一层为表皮，内为基本组织，中央有一个维管束，上连药隔，下连花托。花药是雄蕊产生花粉的结构，由花粉囊和药隔组成。花粉囊内容纳花粉。成熟花粉粒有椭圆形的，也有略呈三角形或长方形的，水稻、小麦、棉花等为球形，油菜、蚕豆、桑、苹果等为椭圆形，茶略呈三角形。成熟花粉粒具有两层细胞壁，即外壁和内壁，内含 2～3 个细胞，即一个营养细胞和一个生殖细胞或两个精细胞。

(2) 雄蕊的类型　多数植物的雄蕊彼此分离，但有些植物雄蕊的花药合生、花丝分离，称为聚药雄蕊(如菊科植物)；有些花丝合生而花药分离，合成一束的称为单体雄蕊(如锦葵科植物)，合成两束的称为二体雄蕊(如豆科植物)。花丝的长短，也因植物种类而异，多数为等长，称为等长雄蕊，如蔷薇科植物；有些植物在一朵花中的花丝长短不等，两长两短共 4 枚的称为二强雄蕊(如唇形科植物)，四长两短共 6 枚的称为四强雄蕊(如十字花科植物)等。因此，雄蕊类型常随植物种类的不同而不同，也是植物分类的重要依据。

3）雌蕊群的结构和类型

雌蕊位于花中央或花托顶部，是可育的变态叶，一个变态叶组成一个心皮。一朵花的所有雌蕊称为雌蕊群，是植物的雌性生殖器官。

（1）雌蕊的结构　包括柱头（stigma）、花柱（style）和子房（ovary）三部分。柱头位于雌蕊的上部，是承受花粉粒的地方，常常扩展成各种形状。风媒花的柱头多呈羽毛状，增加柱头接受花粉粒的表面积。虫媒花的柱头常能分泌水分、脂类、酚类、激素和酶等物质，有的能分泌糖类和蛋白质，有助于花粉粒的附着和萌发。花柱位于柱头和子房之间，其长短随各种植物而不同，是花粉萌发后花粉管进入子房的通道，与传粉的选择性有关。花柱提供花粉管生长的营养物质，增加了花粉管进入胚囊的选择性。子房是雌蕊基部膨大的部分，外为子房壁，内为一至多数子房室。胚珠着生在子房室内。受精后，整个子房发育为果实，子房壁成为果皮，胚珠发育为种子。

（2）雌蕊的类型　根据组成雌蕊的心皮数目和心皮间离、合情况不同，雌蕊常分为若干类型。一朵花中只有一个心皮构成的雌蕊叫单雌蕊（monogynous），如大豆、桃等；有多个彼此分离的单雌蕊，称为离生雌蕊（apocarpous gynaecium），如八角、玉兰、草莓、毛茛等；有多个心皮的称为复雌蕊（compound pistil），如油菜、茄、棉花等。

5. 植物的果实和种子

植物传粉受精后，子房发育为果实，子房里的胚珠发育为种子。

1）种子的结构和类型

种子的基本结构包括种皮和胚，有的种子还有胚乳，胚由子叶、胚芽、胚轴、胚根四部分组成。根据成熟种子是否具有胚乳及子叶的数目，可将被子植物的种子分为以下三种类型。

（1）双子叶有胚乳种子　蓖麻有胚乳种子（图 4-11）的外种皮坚硬、光滑，具有花纹，内种皮薄。种子的一端有类似海绵状的结构，叫种阜，是由外种皮衍化而成的突起，有吸收作用。种孔被种阜覆盖，种脐紧靠种阜而不明显，在种子宽面的中央，有一长条隆起，为种脊，其长度与种子几乎相等。剥去种皮，就可见到白色的胚乳，胚乳内含丰富的油脂。胚包藏于胚乳之中，沿着种子宽面平行纵切，可见到两片大而薄的子叶，其上有明显脉纹。两片子叶的基部与胚轴相连，胚轴上方是胚芽，下方是胚根。

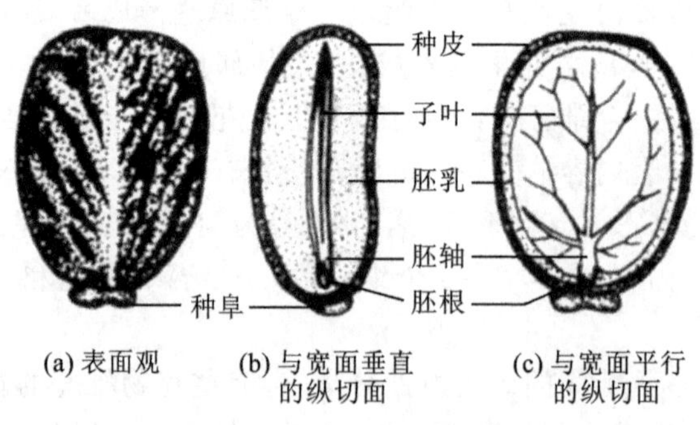

图 4-11　蓖麻有胚乳种子（摘自杨世杰，2004）

（2）单子叶有胚乳种子　以小麦为例说明这类种子的基本结构（图 4-12）。小麦籽实的外面，除包有较薄的皮以外，还有较厚的果皮与之愈合而生，二者不易分离，故小麦籽实称为颖果。小麦种皮以内绝大部分是胚乳。胚乳可分为两部分，紧贴种皮的是糊粉层，其余绝大部分是含淀粉的胚乳。

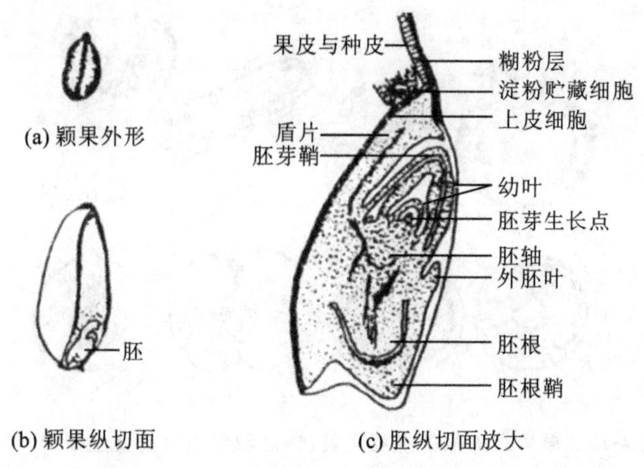

图 4-12　小麦颖果的结构(摘自杨世杰,2004)

小麦的胚位于籽实基部的一侧,只占麦粒的一小部分,它是由胚芽(包括幼叶和生长点)、胚芽鞘、胚根、胚根鞘、胚轴和子叶构成。在胚轴的一侧生有一片子叶,形如盾,称为盾片。盾片与胚乳交界处有一层排列整齐的上皮细胞,其分泌的植物激素能促进胚乳细胞的营养物质分解,并吸收、转移到胚以供利用。胚轴在与盾片相对的一侧生小突起,称外胚叶。玉米、水稻的籽实结构基本与小麦相似。

(3) 双子叶无胚乳种子　大豆种子的种皮光滑,其上面有一椭圆形深色斑,位于种子的一侧,为种脐,一端有一小圆形的种孔,种脐另一端有一明显种脊。大豆种子的胚具有两片富藏养料的肥厚子叶。胚轴上方为胚芽,夹在两片子叶之间,胚轴下方为胚根,其先端靠近种孔。种子萌发时,胚根由种孔伸出。

2) 果实的结构和分类

果实由果皮和种子组成。果皮通常可分为三层,由外及内分别是外果皮、中果皮和内果皮。果实完全由子房发育而成的果实是真果(如桃、杏、小麦、水稻等),除子房外,还有花托、花萼、花序轴等一起参与组成的果实称为假果(如苹果、瓜类等)。果实一般可分为三大类,即单果、聚合果和聚花果。单果是在一朵仅具有一枚雌蕊的花中,其雌蕊子房发育而成的果实,聚合果(aggregate fruit)是在具有离生单雌蕊的花中,其雌蕊的子房均独自发育而成的果实。复果(multiple fruit)是由整个花序发育而成的果实,又称聚花果。

(1) 单果(simple fruit)　由一朵花中的一个单雌蕊或复雌蕊参与形成的果实。根据果实成熟时的质地和结构,可将单果分为肉果和干果两类。

肉果(图 4-13)肉质多汁,常见的肉果有三类。①核果:由一至数心皮组成的雌蕊发育而来,外果皮薄,中果皮肉质,内果坚硬,如桃、李、杏和核桃等。②柑果:外果皮革质,中果皮较疏松,内果皮膜质分为若干室,向内伸出汁囊,如柑橘、柚等。柑果为芸香科植物所特有。③瓠果:由具侧膜胎座的下位子房发育而成的假果,花托和外果皮结合为坚硬的果壁,中果皮和内果皮肉质,胎座发达,如南瓜、西瓜等,瓠果为葫芦科植物所特有。

干果成熟时果皮干燥,开裂的干果称裂果(图 4-14),不开裂的干果称闭果(图 4-15)。

裂果因心皮数目及开裂方式不同,又分为下列几种。①蒴果:由复雌蕊发育而成的果实,成熟时有各种开裂方式。如棉花、蓖麻等。②荚果:由单雌蕊发育而成的果实,成熟时,沿腹缝线与背缝线裂开,如大豆等。但也有不开裂的,还有其他开裂方式的。荚果为豆科植物所特有。③蓇荚果:由单雌蕊发育而成的果实,成熟时仅沿一个缝线裂开(腹缝线或背缝线),如梧

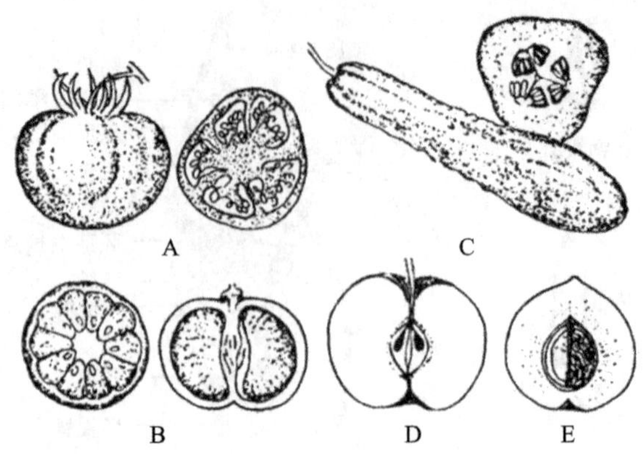

图 4-13　单果之肉果的主要类型(外形和剖面)(摘自金银根,2010)

注:A—番茄的浆果;B—温州蜜柑的柑果;C—黄瓜的瓠果;D—苹果的梨果;E—桃的核果。

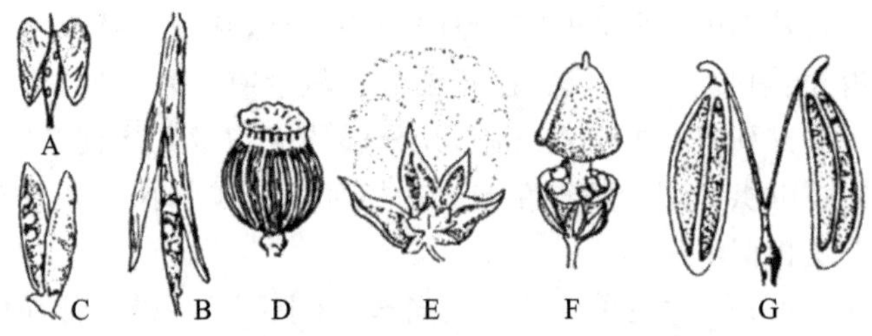

图 4-14　裂果的主要类型(外形和剖面)(摘自金银根,2010)

注:A—荠菜的短角果;B—油菜的长角果;C—豌豆的荚果;
D—虞美人的蒴果;E—棉的蒴果;F—车前草的蒴果;G—双悬果。

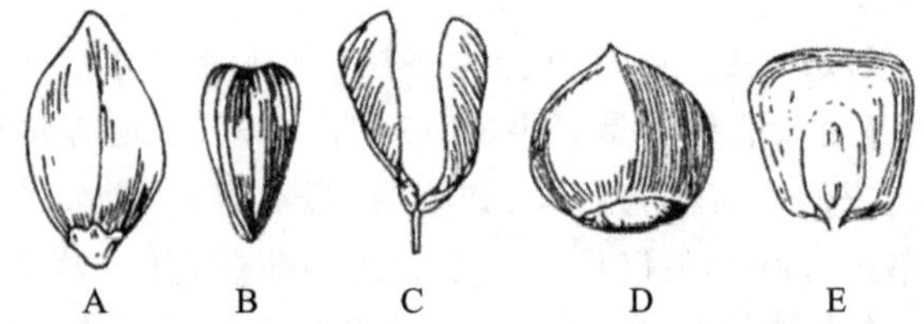

图 4-15　闭果的主要类型(外形和剖面)(摘自金银根,2010)

注:A—瘦果(荞麦);B—瘦果(向日葵);C—翅果(榆树);D—坚果(板栗);E—颖果 (玉米)。

桐、芍药、牡丹等。④角果:两心皮组成,具假隔膜,成熟时从两腹逢线裂开。有长角果和短角果之分,如萝卜、油菜是长角果,荠菜、独行菜是短角果。

闭果果实成熟后果皮不开裂。闭果可分为以下几种。①瘦果:内含一粒种子,成熟时,果皮革质或木质,容易与种子分离。②翅果:果皮向外延伸成翅,有利于果实传播,如榆、臭椿。③坚果:果皮坚硬,内含一粒种子,如板栗。④分果:由两个以上心皮构成,各室含一粒种子,成熟时心皮沿中轴分开,如萝卜、芹菜。

(2) 聚合果(aggregate fruit)　由一花内若干离生心皮雌蕊聚生在花托上发育而成的果实,每一离生雌蕊形成一单果。根据聚合果中的单果的种类,又可分为聚合瘦果(草莓)、聚合核果(悬钩子)、聚合坚果(莲)、聚合蓇突果(八角)(图 4-16)。

(3) 复果(multiple fruit)　由整个花序形成的果实,又叫复果,如桑椹、凤梨、无花果等(图 4-17)。

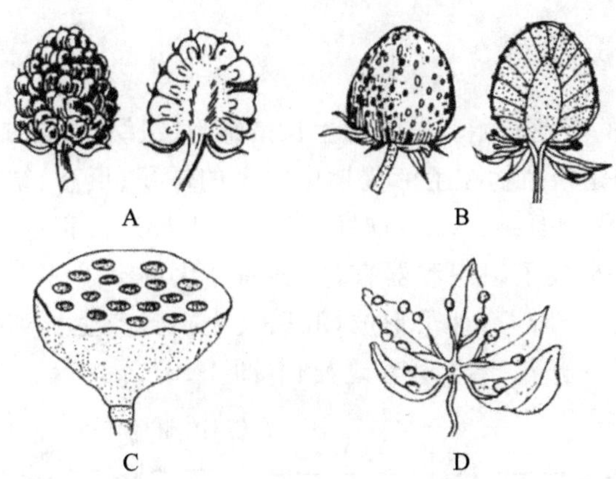

图 4-16　聚合果的主要类型（摘自金银根,2010）

注：A—聚合核果(悬钩子)；B—聚合瘦果(草莓)；C—聚合坚果(莲)；D—聚合蓇葖果(梧桐)。

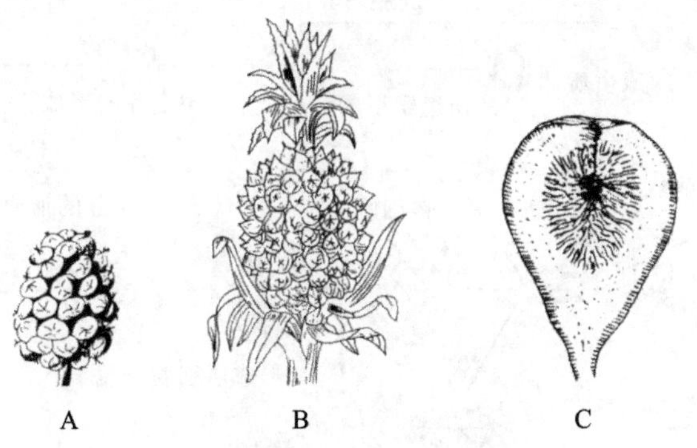

图 4-17　复果(聚花果)（摘自金银根,2010）

注：A—桑椹；B—凤梨；C—无花果。

3）果实和种子的传播

果实和种子成熟后要脱离母体，散布较远的距离，以争取更多的生存空间，使种群繁衍。如果植物的果实和种子没有适当的传播方法，其后代就要拥挤在一起，这样，种内个体间的生存竞争将会十分激烈，导致相当多的个体因生存竞争的失败而死亡；同时其后代聚集在一起，还迫使进行近亲交配，这很不利于植物的进化。因此，植物通过长期的自然选择，成熟果实和种子具备了适应于各种传播方式的结构和特性，以扩大后代个体的分布范围，使种群更加繁荣。有的果实或种子借助于风吹、水流、动物和人类的携带来散播，也有的形成某种特殊的弹射机构来散布。

（1）风力传播　适应于风力传播的果实和种子，大多数小而轻，并有翅或毛等附属物。例如，蒲公英的果实具有冠毛，柳的种子外面有绒毛，榆树的果实具有翅等，这类果实很容易随风传播到远方。

（2）水力传播　水生植物、沼泽植物的果实或种子，多借助于水力传播。例如，莲的花托形成“莲蓬”，含有大量疏松而海绵状的通气组织，适于水面漂浮传播。生长在热带海边的椰子，其外果皮和内果皮坚实，可抵御海水的侵蚀，中果皮疏松纤维状，能借海水漂浮到远方。

（3）人类和动物的活动传播　有些植物的果实外表有刺状或钩状附属物，当人或动物经过时，可黏附于衣物或动物的皮毛上，被携带到远方，如苍耳（*Xanthium sibiricum* Patrin ex Widder）、鬼针草（*Bidens pilosa* L.）

4.2.3　植物的生长发育

植物的一生从种子的萌发开始。植物的生长是细胞、组织、器官或植物体重量的不可逆增加。发育(development)是指植物在生活周期中发生的体积、形态、结构和功能的变化。发育包括生长(growth)和分化(differentiation)两个方面。生长是发育过程中的量变，分化则是发育的量变，分化的结果是形成了组织和器官，生长和分化贯穿于整个发育过程(图 4-18)。高等植物的分化发育包括三个阶段：种子形成(胚胎发生)、营养生长和生殖生长。其共同的历程：种子萌发→幼苗生长→开花、结实→衰老死亡(图 4-19)。

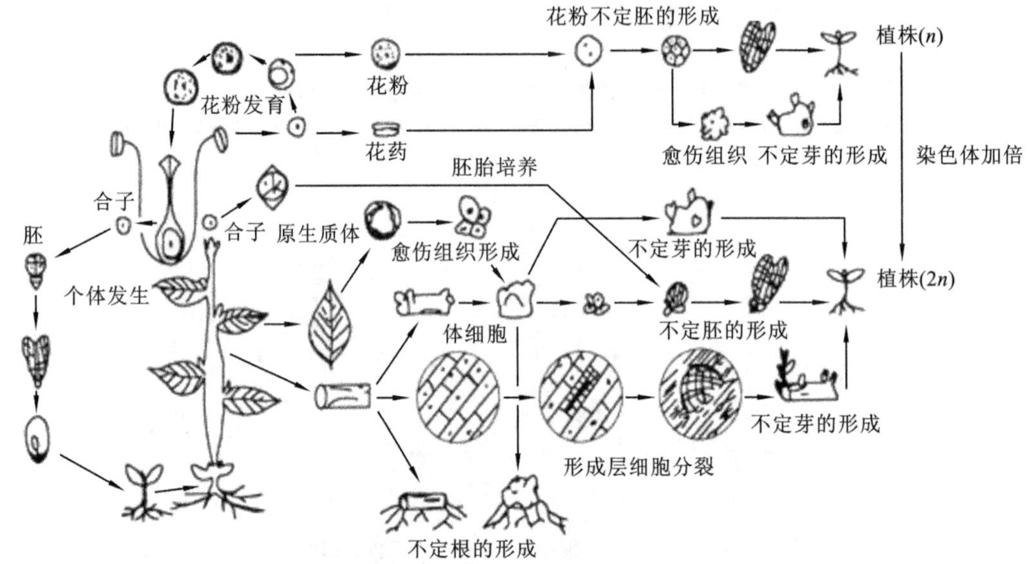

图 4-18　由高等植物的细胞、组织和器官培养成植株的过程(摘自王忠，2000)

1. 种子的萌发

在环境条件合适的条件下，种子内的胚胎开始恢复生长，并形成植物幼苗。该过程分五个阶段。

(1) 吸胀吸水期　干燥的种子必须吸收足够的水分才能恢复细胞的各种功能，因此吸水是种子萌发的第一步。吸水的量取决于种子的成分，富含蛋白质的种子吸胀力大，吸水多，其次是淀粉种子，油料种子吸水量最小。

(2) 细胞恢复活跃的生理活动力　种子吸水达到一定量时，细胞质由原来的凝胶态转变为溶胶态，呼吸增强，活动力逐渐恢复活跃状态。子叶或胚乳中的营养物质分解并运往胚，并在胚中合成细胞生长所需的各种物质。

(3) 胚细胞恢复分裂和延长　随着胚细胞合成代谢增强以及生长素、细胞分裂素等恢复生理活性，刺激胚细胞开始分裂和伸长。

(4) 胚根和胚芽伸出种皮　随着细胞的持续分裂，胚根和胚芽相继顶破种皮，通常胚芽向上伸出时上胚轴或下胚轴成弯钩状，以保护顶端生长点免遭土壤的破坏。禾本科植物种子在萌发时，胚芽鞘和胚根鞘先突破种皮，保护其内的胚芽和胚根。而后胚根和胚芽再突破胚根鞘和胚芽鞘继续生长。

(5) 幼苗形成　胚根突破种皮后继续向下生长，形成主根，继而形成根系，而胚芽向上生

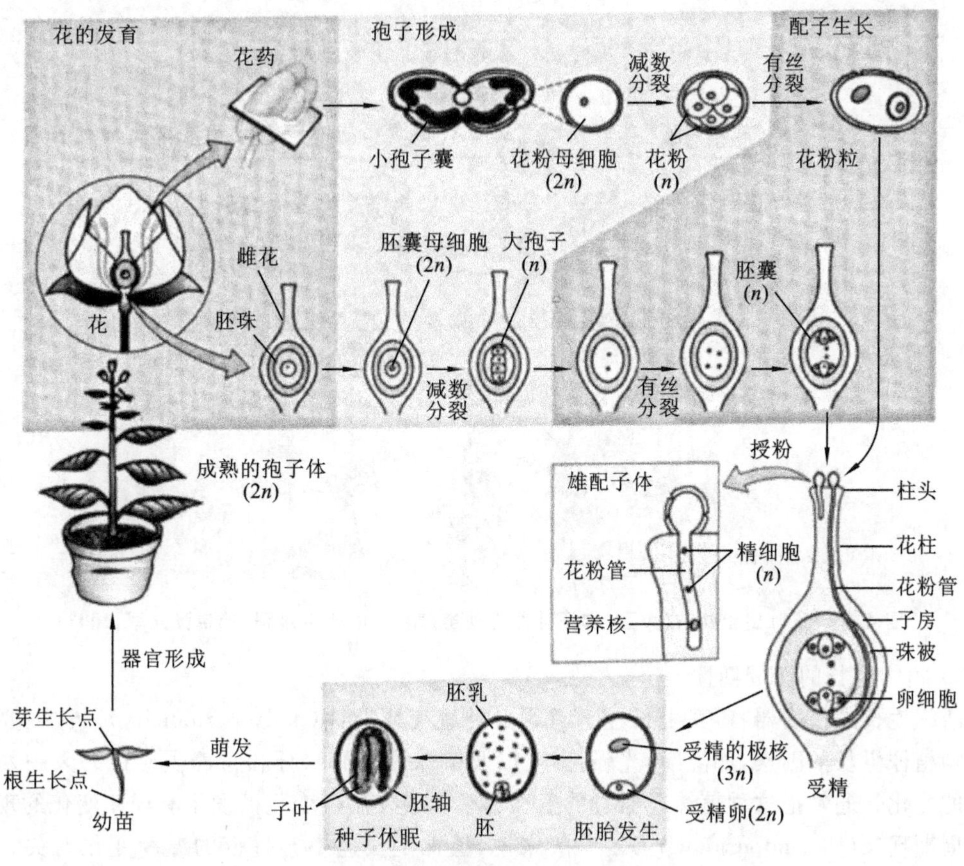

图 4-19　开花植物的生长周期(摘自 Buchannan 等,2000)

长形成茎叶系统。

根据种子萌发后(形成幼苗)子叶出土还是留在土里,将幼苗分为子叶出土型和子叶留土型两类(图 4-20)。子叶出土的幼苗,其种子在萌发时下胚轴迅速伸长,将上胚轴和胚芽一起推出土面,结果子叶出土,如棉花、菜豆、蓖麻等。这些幼苗在真叶未长出前,子叶见光后发育出叶绿体进行光合作用。一般子叶出土的幼苗不宜深播。子叶留土的幼苗其种子在萌发时,上胚轴伸长,而下胚轴不伸长,结果子叶留在土壤里,如玉米、小麦、豌豆、蚕豆等。这类幼苗子叶作为吸收和贮藏营养物质的器官,养料耗尽脱落死亡。这类植物可以深播,以得到更多的水分和养料。

2. 植物生长的周期性

植物的整体、器官和组织在生长过程中常常遵循一定的规律,表现出特有的周期性。

1) 植物生长大周期

在植物生长过程中,细胞、器官及整个植株的生长速率都呈现出“慢—快—慢”的基本规律,即开始生长缓慢,以后逐渐加快,直到最高点后再逐渐减慢,最后停止生长。我们把植物生长的这三个阶段总和起来,称作生长大周期(grand period of growth)。植物生长大周期的产生与细胞生长过程有关,因为细胞生长的三个时期,即分生期、伸长期、分化期呈“慢—快—慢”的生长规律。生长大周期是植物生长的固有规律,研究和了解生长大周期对生产实际有重要的指导意义。由于植物生长是不可逆的,为促进或抑制植物生长,必须在生长速率最快期到来之前采取措施才有效。

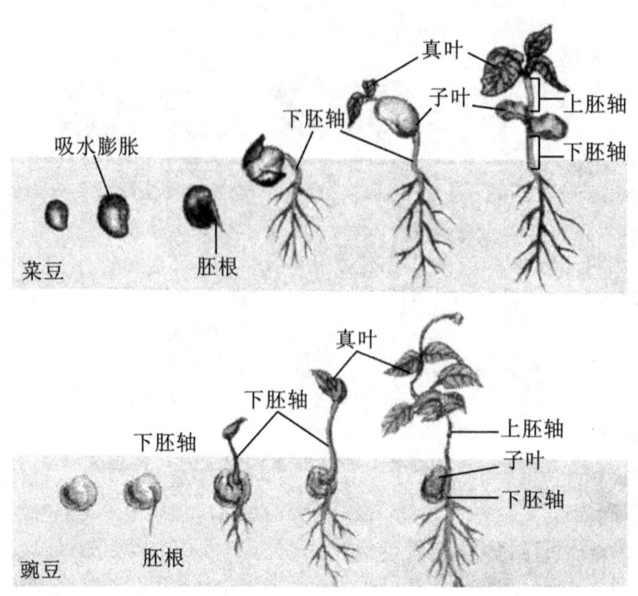

图 4-20　子叶出土幼苗(菜豆)和子叶留土幼苗(豌豆)的萌发过程(摘自张立军,2007)

2）植物生长的温周期性

活跃生长的植物器官,其生长速率有明显的昼夜周期性(daily periodicity)。这主要是由于影响植株生长的因素,如温度、光强、湿度以及植株体内的水分和营养供应在一天中发生有规律的变化。通常把这种植株或器官的生长速率随昼夜温度变化而发生有规律变化的现象称为温周期现象(thermoperiodicity)。一般来说,植株生长速率与昼夜的温度变化有关。如越冬植物,白天的生长量通常大于夜间,因为此时限制植物生长的主要因素是温度。但在温度高、光照强、湿度低的日子里,影响生长的主要因素则为植株的含水量。

植物生长的昼夜周期性变化是植物在长期系统发育中形成的对环境的适应性。如番茄虽是喜温作物,但系统发育是在变温下进行的。在白天温度较高(23～26 ℃)、夜间温度较低(8～15 ℃)时生长最好,果实产量也最高。水稻在昼夜温差大的地方栽种,不仅植株健壮,而且籽粒充实,米质也好,这是因为白天温度高,光照充足,有利于光合作用以及有利于其产物的转化与运输,夜间温度低,呼吸消耗下降,有利于糖分的积累。

3）植物生长的季节周期性

植物在一年中其生长随季节变化而表现出的规律的周期性变化叫做季节周期性(seasonal periodicity of growth)。植物生长受到一年四季的温度、光照、水分等影响。如春季,日照时间不断变长,温度不断回升,植株开始萌芽,夏季日照进一步延长,温度不断提高,雨水增多,植物旺盛生长。秋季日照逐步缩短,气温下降,生长逐渐停止,植物逐渐进入冬眠。植物生长的周期性除受环境条件的影响外,还受植物内部生长节律的影响,如,生长在稳定条件下的人工气候室中的树木也表现出间歇性生长的规律。

3. 花器官的形成

大多数种子植物在种子萌发后需要经过一个幼年期(童期),才能在适宜的外界条件下开花结实。种子植物开花之前必须达到的生理状态称为花熟状态。植物达到花熟状态之前的生长阶段称为幼年期或称为童期。处于幼年期的植物,即使满足其开花所需的外界条件(温度和日照等)也不能开花。一年生植物的幼年期一般较短,只需几天或几周;一年生植物的幼年期较长，果树为 3～15 年。

高等植物的成花过程分为三个阶段：①成花诱导（lower induction）或成花转变（flowering transition），即适宜的环境刺激诱导植物从营养生长向生殖生长转变；②成花启动（floral evocation）或花发端（flower initiation），即处于成花决定态的分生组织，经过一系列内部变化分化成形态上可辨认的花原基（floral primordia）或花序原基；③花的发育（floral development），即花器官的形成，花原基进一步分化形成花或花序。

在植物的成花过程中，经过成花诱导之后，必须在适应的条件下，才能使花原基正常生长，完成全部成花过程，开出花来。影响花器官形成的内外因素如下。

（1）营养　营养是花芽形成的物质基础，其中糖类和蛋白质尤为重要。碳氮比（C/N）适当有利于芽形成；氮素过多时，碳氮比偏小，植株易贪青徒长，花芽形成少或晚；氮素营养不足，碳氮比偏大，花芽分化慢且花少。也有报道，含磷化合物和核酸也参与花芽分化。此外，微量元素（如 Mo、Mn、B 等）缺乏，也会引起花发育受阻。因此，生产上要注意氮、磷、钾肥和微量元素的均衡使用；也可通过环割或环剥等措施，调整碳氮比，以利于花的形成。

（2）植物生长物质　适当浓度的细胞分裂素、脱落酸、乙烯和多胺可以促进多种果树的花芽分化，低浓度的生长素有利于花芽分化，适当浓度的赤霉素可促进某些石竹科植物花萼、花冠的生长，但抑制多种果树花芽的分化。生产上，夏季对果树新梢进行摘心，则赤霉素和生长素减少，细胞分裂素含量增加，促进花芽分化。

（3）光照　花芽分化期间，若光照充足，有机物合成多，利于开花；若多阴雨，则营养生长延长，花芽分化受阻。例如，小麦的花粉母细胞形成前夕进行遮光处理 72 h，花粉全部败育。在生产上，通过果树的整形修剪、棉花的整枝打叉、合理密植等措施，可以避免枝叶的相互遮阴，使各层叶片都得到较强的光照，以利于花芽分化。

（4）温度　在一定温度范围内，花芽分化速度随温度升高而加快。如水稻在减数分裂期遇 17 ℃以下低温时，花粉母细胞进行异常分裂，毡绒层细胞肿胀且不为花粉粒输送营养，形成不育花粉粒，造成严重减产；苹果的花芽分化最适温度是 22～30 ℃，若平均气温低于 l0 ℃，花芽分化停滞。

（5）水分　在禾谷类植物的雌、雄蕊分化期和减数分裂期严重缺水会引起颖花退化，但夏季的适当干旱可提高果树的碳氮比从而促进花芽分化。

4. 植物开花

一朵花中雄蕊或雌蕊发育成熟，花萼和花冠开放，露出雄蕊和雌蕊的现象或过程称为开花。在开花过程中，雄蕊花丝迅速伸长并挺立，雌蕊柱头或分泌柱头液，或柱头裂片张开，或羽毛状的柱头的毛状物突起等，以利于接受花粉。

不同植物的开花年龄、开花季节和开花期长短，以及一朵花开放的具体时间，因种类和环境而各不同。一般一二年生植物，一生中仅开花一次，结实后枯萎死亡。多年生植物在达到开花年龄后，能每年按时开花结实，并延续多年。多年植物开花的年龄，有很大差异，如桃 3～5 年、柑橘 6～8 年、桦木 10～12 年，以后则每年开花。竹类虽为多年生植物，却一生只开一次花，开花后即死去。植物的开花季节也因植物不同而异。多数植物在早春至春夏之间开花。有的在盛夏开花，如莲；有些植物在秋季甚至深秋、初冬开花，如茶、油茶及枇杷。

5. 植物的成熟与衰老

衰老是指导致植物各部分功能不可逆衰退的过程，是植物发育进程中自身遗传程序控制的一个阶段，是对环境的适应表现。植物的衰老有四种类型。

(1) 整体衰老(overall senescence) 许多一年生植物，包括主要的农作物，如小麦、玉米、水稻、大豆等植物，即使在适宜生长的条件下，随着果实和种子的产生，植株很快变黄衰老。

(2) 地上部分衰老(top senescence) 多年生植物和灌木，由于季节变化，每年的一定时期，地上部分衰老死亡，但地下部分维持生命，待第二年重新长出茎叶，开始新的一年的生长。

(3) 脱落衰老(deciduous senescence) 多年生落叶木本植物的叶片发生季节性衰老脱落，而根和茎仍保持生活力。

(4) 渐进衰老(progressive senescence) 叶子和老的器官组织逐渐衰老死亡，由新的器官取代。如一些常绿树木，叶片不在同一时期衰老脱落，而是分批轮换地衰老脱落。

衰老在生态适应、种的延续等方面有着积极的生物学意义。多年生木本植物秋季落叶，一方面可以将叶片上的物质降解撤离，转移到树干中去，以利于翌年其他部分生长之用；另一方面，落叶可降低蒸腾作用，是越冬的一种重要适应。一年生植物整株衰老，留下具有抗性结构的种子，可以避免不利气候的胁迫而得以生存，保证种的延续。当植物遇到暂时性胁迫时，水分供应不足、矿物质元素缺乏、极端温度、机械创伤等情况时，植物体局部的衰老是个体生存的一种适应性方式，待环境条件改善后，恢复正常生长。生产上，衰老往往会带来经济损失，如叶子早衰，可影响光合作用而导致减产。因此，研究衰老的机制及其调节方法对于农林业生产有着重要的意义。

6. 植物生长的相关性

植物体各个组成部分是一个统一的整体。高等植物各部分之间保持相当恒定的比例和相对确定的空间位置，植株不同部分的生长相互依赖，相互促进，又相互制约，植物各个部分在生长上的相互促进和相互制约的现象，称为生长的相关性。相关现象广泛存在于细胞与细胞、组织与组织、器官与器官之间。

1) 植物地上部分与地下部分的相关性

植物的地上部分和地下部分处在不同的环境中，两者之间有维管束的联络，存在着营养物质与信息物质的大量交换。地下部分的代谢活动和生长则有赖于地上部分所提供的光合产物、生长素、维生素等物质，同时，叶片也合成一些化学信号物质，传送到根系，调节着地下部分的生长和生理活动。

地上部分的生长和生理活动则需要地下部分(主要是根系)提供水分、矿物质、氮素以及根中合成的植物激素、氨基酸等。通常所说的“根深叶茂”、“本固枝荣”就是指地上部分与地下部分的协调关系。一般情况下，植物的根系生长良好，其地上部分的枝叶也较茂盛；同样，地上部分生长良好，也会促进根系的生长。

2) 主茎和侧枝的相关性

植物的顶芽长出主茎，侧芽长出分枝，通常主茎生长快，而侧枝和侧芽生长较慢或潜伏不长，如果剪去顶芽，侧芽则迅速生长，这表明顶芽的存在对侧芽的生长有抑制作用。这种顶芽抑制侧芽而优先生长的现象称为顶端优势。顶端优势现象普遍存在于植物界。但各种植物表现不尽相同。

3) 营养生长和生殖生长的相关性

营养生长与生殖生长是植物生长发育过程中两个不同的阶段，二者之间存在着既相互依赖又相互制约的关系。

(1) 营养生长对生殖生长的影响 表现为既促进又抑制的关系。植物的营养生长进行到一定阶段必然要进入生殖生长，因此营养生长是植物生殖生长的基础，生殖生长所需要的养料，大部分是由营养器官所提供的。没有健壮的营养器官，生殖器官就不可能获得足够的养分。因此，营养生长好，生殖生长才能正常，才能获得较高的产量；营养生长不好，生殖生长也受影响。但如果营养生长过于旺盛，如发生徒长现象时，营养器官吸收和制造的营养物质将大部分用于营养体的生长，从而可使生殖生长因营养物质的缺乏而受到抑制，生殖器官分化推迟生育缓慢或花芽分化不良，果小粒瘪，落花落果严重。

(2) 生殖生长对营养生长的影响　由于生殖生长要消耗大量的营养物质，因此主要表现为生殖生长对营养生长的抑制作用。通常从花芽分化开始，生殖器官就开始消耗营养体的营养物质。一年生或多年生一次性开花结果的植物，一旦开花结果营养生长就几乎完全停止。对于多年生树木，如生殖器官的生长过于旺盛，会制约营养器官的生长。植株大量开花结果，很多养分为花果所消耗，枝叶等营养器官的生长就会趋于停滞、衰退以致死亡。

4.2.4　细胞信号转导对植物生长发育的调节

植物体的生长发育受遗传基因和环境信号的调节、控制。遗传基因决定着个体发育的基本模式，植物的生长发育是遗传基因在一定时间、空间上顺序表达的过程。在基因表达和个体生长发育过程中，又时刻受到来自个体细胞内、外的各种环境信号的影响，环境信号控制着植物的生长发育和形态建成。植物不像动物那样，有着完善的神经系统和内分泌系统，它是靠细胞信号转导(signal transduction)系统来调节自身、适应环境变化的。细胞信号转导包括胞外信号的感受、跨膜信号转换、信号级联放大与整合、细胞特定的生理反应四个阶段。

1. 胞外信号的感受

影响植物生长发育的信号很多(图 4-21)。当存在刺激信号时，植物细胞必须能够感受并接受这些刺激，也就是胞外信号和细胞表面受体相结合。目前关于植物受体研究较多的是光

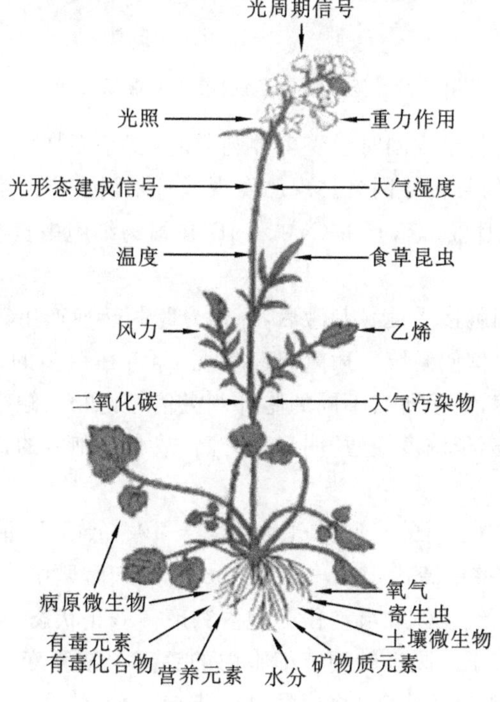

图 4-21　影响植物生长发育的各种环境因子示意图(摘自 Buchanan. 2000)

受体和激素受体，有关植物激素的调节详见下文。

2. 跨膜信号转换

外界信号物质与细胞表面的受体结合后，将外界信号转换为胞内信号的过程称为信号跨膜转换。胞外信号跨膜转换研究得最多、最清楚的是G蛋白偶联受体的信号跨膜转换(详见第3章)。

3. 信号级联放大与整合

胞外信号即初级信号经过跨膜转换进入细胞后，通常产生第二信使并通过相应的胞内信使系统将信号级联放大，引起细胞最终的生理反应(图4-22)。目前植物中普遍接受的胞内第二信使系统主要有钙信使系统和肌醇磷脂信使系统。至于环核苷酸信使系统，在动物中普遍存在，研究得也较为透彻，但是否同样适用于植物尚有争议。

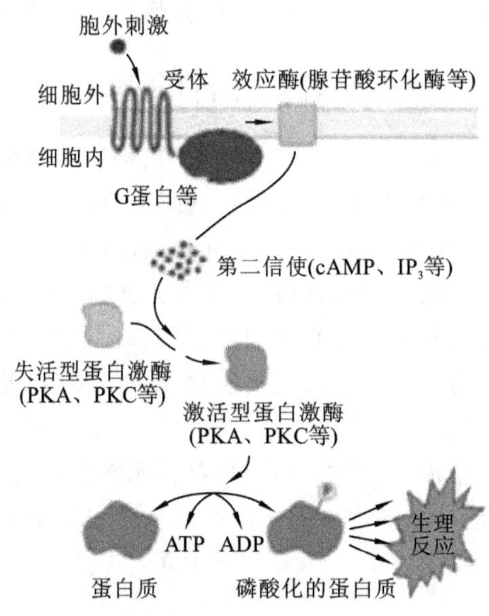

图4-22 第二信使学说(摘自潘瑞炽,2001)

植物细胞在感受某一刺激或同时感受多种刺激时，复杂多样的信号系统之间存在着相互交流，形成植物细胞内的信号转导网络。现已发现了一系列重要的第二信使，如Ca^{2+}、cAMP、cGMP、IP_3、DAG(二酯酰甘油)等，其中Ca^{2+}和IP_3在植物细胞中普遍存在。

1) 钙信使系统

钙信使系统是植物细胞接受信号刺激后，经信号跨膜转换产生钙信号，这是植物细胞中重要的也是研究最多的胞内信使系统。大量研究表明Ca^{2+}在众多的植物从接受刺激到产生反应的过程中作为第二信使，几乎所有不同的胞外刺激信号，如光、触摸、重力、植物激素、病原菌等，都能引起胞内游离钙离子浓度短暂、明显地升高，或在细胞内的梯度和区域分布发生变化，产生特异的钙信号。

正常情况下，细胞质中游离的Ca^{2+}水平为$10^{-7}\sim10^{-6}$ mol/L，液泡中为10^{-3} mol/L，内质网中为10^{-6} mol/L，细胞壁中高达$10^{-5}\sim10^{-3}$ mol/L。细胞质中Ca^{2+}水平较低，因而细胞壁可作为胞外钙库，内质网、线粒体和液泡作为胞内钙库。静止状态下这些梯度的分布是相对稳定的，当受到刺激时，钙离子跨膜运转调节细胞内的钙离子浓度变化，产生钙信号。钙信号作用于下游的调控元件(钙调节蛋白等)将信号进一步向下传递，引起相应的生理生化反应。当Ca^{2+}作为第二信使完成信号传递后，细胞质中的Ca^{2+}又被运回到Ca^{2+}库，胞质中游离Ca^{2+}浓度恢复到原来的静息态水平，同时 Ca^{2+} 也与受体蛋白分离，信号终止，完成一次完整的信号转导过程。

钙信号如何能对不同的胞外刺激起反应而诱发特定的生理效应？目前认为产生钙信号的特异性可能有如下两种模式：一是钙信号本身具有特异性，独特的 Ca^{2+} 时空特异性变化方式决定生理反应的特异性；二是钙信号产生后可以通过下游相应的钙受体蛋白产生不同的生理效应。

植物细胞中发现的钙受体蛋白主要有钙调素（calmodulin，CaM）和钙依赖性蛋白激酶。CaM 是植物细胞中分布最广、了解最多的钙受体蛋白。它是一种由 148 个氨基酸组成的耐热、耐酸的小分子可溶性球蛋白，等电点 4.0，相对分子质量约为 16.7 kDa。CaM 与 Ca^{2+} 有很高的亲和力，每个 CaM 分子有 4 个 Ca^{2+} 结合位点，可以与 1～4 个 Ca^{2+} 结合。当信号引起细胞质中 Ca^{2+} 达到一定阈值（大于 10^{-6} mol/L），Ca^{2+} 和 CaM 结合，形成活化态的 Ca^{2+} · CaM 复合体，然后与靶酶结合将靶酶激活，引起生理反应，这种方式在钙信号传递中起主要作用。CaM 也可以直接与靶酶结合，诱导靶酶的活性构象，从而调节靶酶的活性。现已证明：有 10 多种酶受 Ca^{2+} · CaM 的调控，如多种蛋白激酶、NAD 激酶、H^+-ATP 酶、Ca^{2+}-ATP 酶、Ca^{2+} 通道等；在以光敏色素为受体的信号转导中 Ca^{2+} · CaM 都起着非常重要的作用。

2）肌醇磷脂信使系统

肌醇磷脂信使系统是植物细胞信号转导中的另一种重要的胞内信使系统，是继 cAMP、钙调素发现以来的第三个里程碑。

肌醇磷脂（inositol phospholipid）是细胞膜的基本组成成分，主要分布于细质膜内侧，其总量约为膜磷脂总量的 10%。现已确定的肌醇磷脂主要有三种：磷脂酰肌醇（PI）、磷脂酰肌醇-4-磷酸（PIP）和磷脂酰肌醇-4,5-二磷酸（PIP_2）。在光和激素的刺激下，经过信号的跨膜转换，激活质膜内侧锚定的磷脂酶 C（PLC），将 PIP_2 水解为三磷酸肌醇（IP_3）和二酯酰甘油（DAG）两种第二信使。IP_3 和 DAG 可以分别通过 IP_3/Ca^{2+} 和 DAG/PKC 两个信号途径进一步传递信号，因此称之为“双信使途径”。IP_3 和 DAG 完成信号传递后经过肌醇磷脂循环可以重新合成 PIP_2，实现 PIP_2 的更新合成（图 4-23）。

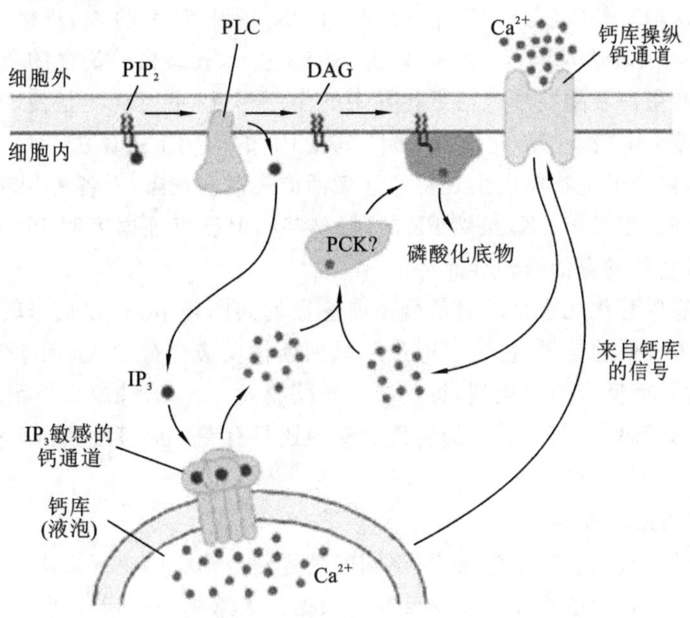

图 4-23　植物细胞肌醇磷脂信使系统（摘自 Google）

IP_3是水溶性的，可以从细胞质膜扩散到细胞质，激活胞内钙库(如液泡等)上的IP_3受体(IP_3敏感钙通道)，Ca^{2+}从液泡中释放出来，细胞质中Ca^{2+}浓度升高，实现肌醇磷脂信使系统与钙信使系统之间的交联，通过胞内的Ca^{2+}信使系统调节和控制相应的生理反应。这种IP_3促使胞内钙库释放Ca^{2+}，增加细胞质中Ca^{2+}浓度的信号转导，称为IP_3/Ca^{2+}信号转导途径。已有大量证据表明，IP_3/Ca^{2+}系统对于干旱、脱落酸引起的气孔关闭起着重要的调节作用。

植物细胞中是否存在蛋白激酶C(PKC)迄今为止尚无直接的证据，尽管有报告称DAG可以促进保卫细胞质膜上的质子泵以及气孔开放的作用，但DAG/PKC途径是否在植物细胞中存在尚待进一步证实。

3）蛋白质的可逆磷酸化

蛋白质可逆磷酸化(图4-24)包括蛋白质的磷酸化和去磷酸化，分别由蛋白激酶(protein kinase,PK)和蛋白磷酸酶(protein phosphatase,PP)催化完成。第二信使产生后，其下游的靶分子一般都是细胞内的PK和PP，调控着相应蛋白的可逆磷酸化过程，进一步传递信号。

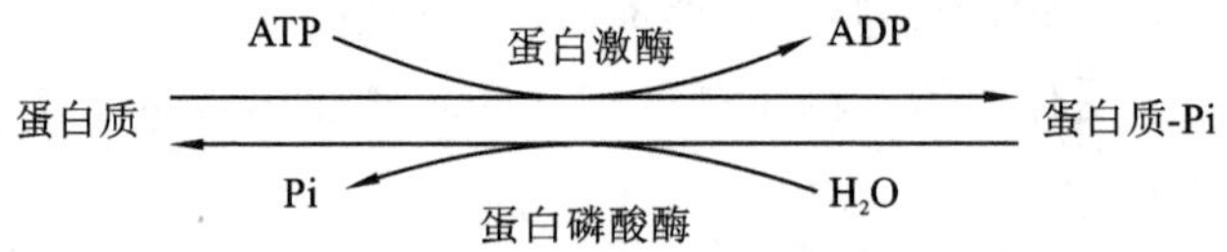

图4-24　蛋白质可逆磷酸化反应式(摘自潘瑞炽，2004)

目前植物中已经鉴定并分离出多种PK和PP，并对其功能进行了初步的研究。

PK是一个大家族，植物中有3%～4%的基因编码，它们的主要作用是催化底物蛋白质氨基酸残基的磷酸化。据此氨基酸的种类分为Ser/Thr型、Tyr型和His型。在植物中首先发现了钙依赖蛋白激酶(calcium dependent protein kinase,CDPK)，它属于Ser/Thr型，是一个植物中独特的PK家族，也是目前植物细胞内信号转导途径中研究较为清楚的一种PK。CDPK的活性依赖于Ca^{2+}，CDPK中具有与CaM相似的调节结构域，当钙信号产生后，Ca^{2+}直接与CDPK结合，解除CDPK的自身抑制，激活CDPK，促进靶酶或靶分子磷酸化，产生相应的生理反应。从拟南芥中已经发现了34种CDPK基因，环境胁迫、机械刺激、植物激素等均可诱导CDPK基因表达，参与质膜ATP酶、K^+通道、水孔蛋白等活性的调节作用。

蛋白磷酸酶与蛋白激酶在细胞信号转导中的作用相反，主要功能是使磷酸化的蛋白质去磷酸化。靶酶在PK作用下磷酸化而被“激活”，在PP的作用下去磷酸化而“失活”，这种相互对立的反应系统，避免了生物体内出现持续性激活或失活的现象，对各种相应生物活性的有序进行具有保障作用。相对于PK，虽然PP的研究较晚，但已有证据表明PP参与了脱落酸、病原菌、环境胁迫及生长发育信号转导途径。

蛋白质的可逆磷酸化几乎是所有信号传递途径的共同环节，并在信号转导中具有级联放大作用。即使外界微弱的信号，也可以通过一系列连锁反应充分放大(图4-25)。在一系列反应中，前反应产物是后反应的催化剂，每反应一次就放大一次，这种放大作用可达成千上万倍。另外，蛋白质可逆磷酸化在信号引起的生理效应中还具有专一应答性和持久性，如细胞分裂和分化等过程。

4. 细胞特定的生理效应

外界刺激能够引起相应的细胞反应，不同的外界信号细胞的生理反应也不同，整合所有细胞的生理反应最终表现为植物体的生理反应。根据植物感受刺激到表现出相应生理反应的时间，植物的生理反应可分为长期生理效应和短期生理效应。如植物的气孔反应、含羞草的感振

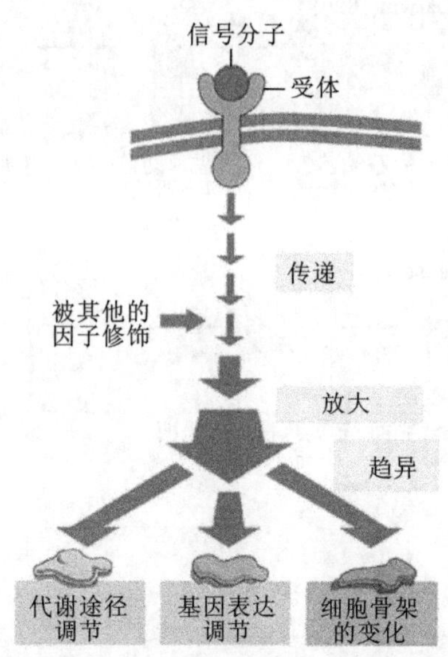

图 4-25　细胞内信号的级联放大作用(摘自《生命奥秘》,2009)

反应等属于短期生理效应;如光对种子萌发的调控、春花作用和光周期效应对植物开花的调控等则属于长期生理效应。另外,由于植物生存的环境因子非常复杂,常常是多种刺激同时作用,激发细胞内的信号转导网络联动,最终表现出植物体适应外界环境的最佳的生理反应。

4.2.5　植物生长物质的调节作用

植物生长物质(plant growth substances)是调节植物生长发育的微量化学物质。它可分为植物激素和植物生长调节剂两类。植物激素是指植物细胞接受特定环境信号诱导产生的低浓度时可调节植物生理反应的活性物质,包括生长素(auxin)、赤霉素(GA)、细胞分裂素(CTK)、脱落酸(abscisic acid,ABA)和乙烯(ethyne,ETH)五大类,它们从影响细胞的分裂、伸长、分化到影响植物发芽、生根、开花、结实、性别决定、休眠和脱落等。

1. 生长素

生长素是最早发现的植物激素,它不同于生长激素。生长素是在植物向光性的研究中发现的(图 4-26)。1928 年由荷兰科学家温特(F. W. Went)首次分离出来,并命名为 auxin(希腊语,促进的意思),同时提出了燕麦试验(Avena test)法,用来定量测定生长素。

1) 生长素的结构和种类

1934 年,荷兰人郭葛(K. Kögl)从人尿、根霉、麦芽中分离和纯化了一种刺激生长的物质,经鉴定为吲哚乙酸(indole-3-acetic acid,IAA),$C_{10}H_9O_2N$,相对分子质量为 175.19。从此,IAA 就成了生长素的代号(图 4-27)。1946 年从未成熟的玉米胚中也提纯了 IAA。此后大量的试验证明 IAA 在高等植物中广泛存在,是植物体内主要的生长素。

除了 IAA,植物体内还发现了几种自然发生的具有生长素活性的物质,其中:一些是吲哚衍生物,例如吲哚乙醇,吲哚乙醛,吲哚乙腈等,这些物质是 IAA 生物合成的前体,在体内通过转变成 IAA 表现出生长素的活性;另一些是植物内源化合物,如从玉米叶片和种子中提取的吲哚丁酸(IBA),从莴苣种子中提取的 4-氯吲哚乙酸(4-chloro IAA)具有很强的生长素活性。

从化学结构上看,具有生长素生物活性的化合物的分子结构特征有如下三点:①具有一个

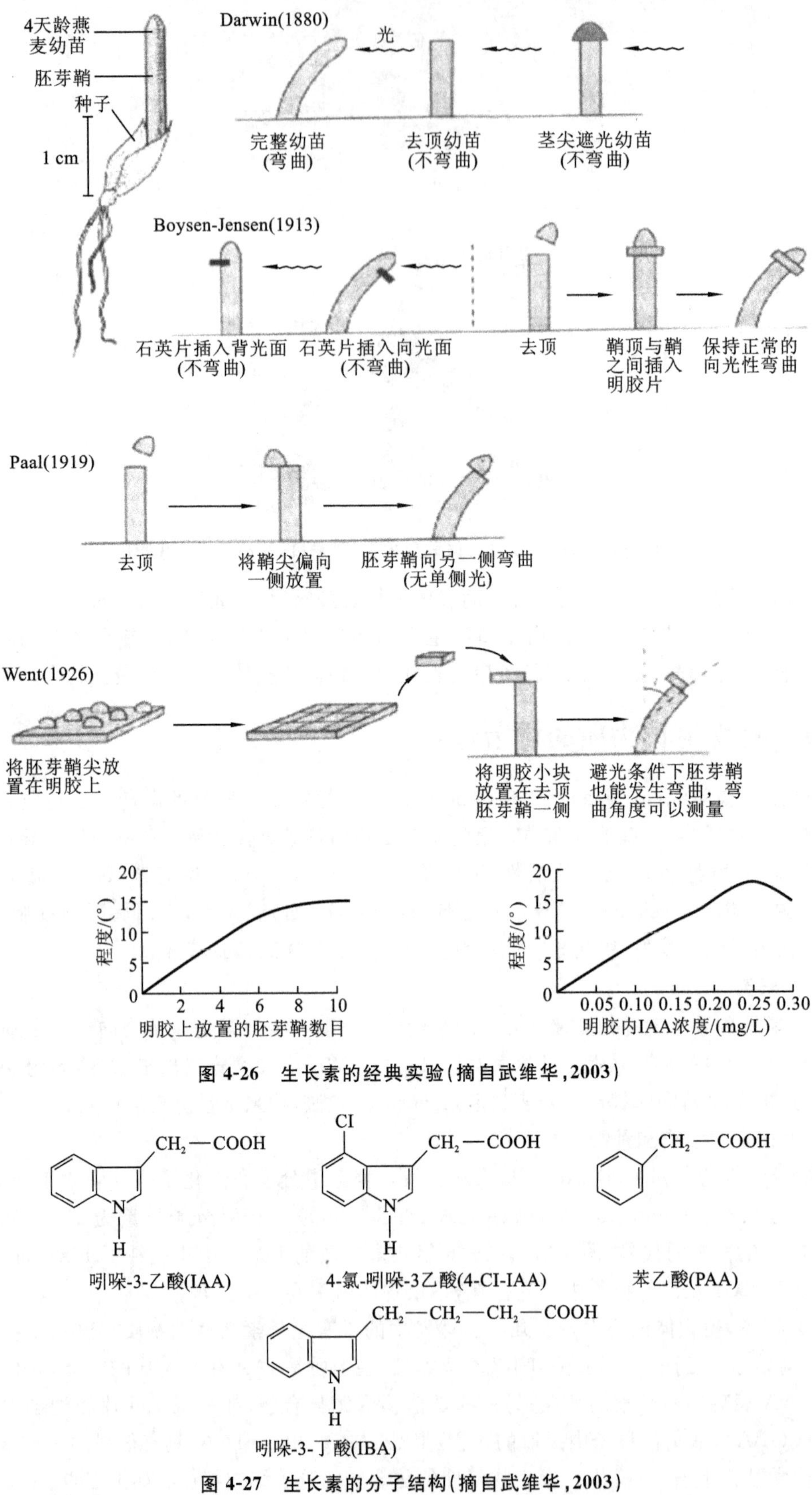

图 4-26　生长素的经典实验(摘自武维华,2003)

图 4-27　生长素的分子结构(摘自武维华,2003)

芳香环；②具有一个羧基侧链；③芳香环和羧基侧链之间有一个芳香环或氧原子间隔。根据这些结构特点，人们合成了一系列具有生长素生物活性的化合物，如 2,4-二氯苯氧乙酸(2,4-D)，α-萘乙酸(NAA)等，并在研究和生产中进行了大量的应用。

2）生长素的分布和运输

生长素的生物合成部位都是细胞快速分裂的组织，植物体的幼嫩部位，生长素合成较多。一般认为，茎尖是合成生长素的中心，根尖生长素的合成也很多。植物各种器官中都有生长素的分布，主要集中在生长旺盛的部位，例如茎尖分生组织，幼嫩叶片，发育中的果实，禾谷类的居间分生组织等。衰老的组织或器官中生长素的含量则较少。

生长素在植物体内的运输具有极性，即生长素只能从植物的形态学上端向下端运输，而不能向相反的方向运输，这称为生长素的极性运输(polar transport)。其他植物激素则无此特点。生长素的极性运输与植物的发育有密切的关系，顶芽产生的生长素向根基部运输可以形成顶端优势。生长素的极性运输是一种可以逆浓度梯度、消耗能量的主动运输过程，因此，在缺氧的条件下会严重地阻碍生长素的运输。另外，一些抗生长素类化合物能抑制生长素的极性运输。

生长素在植物体内有两种存在形式，即自由型和结合型。IAA 与细胞内的糖、氨基酸等结合的为结合型生长素(bound auxin)；反之，没有与其他分子以共价键结合的易从植物中提取的生长素叫自由型生长素(free auxin)。自由型 IAA 具有生理活性，结合型 IAA 没有生理活性。结合型 IAA 是生长素的贮藏形式，约占组织中生长素总量的 50%～90%。结合型 IAA 可以水解成自由型 IAA，恢复生物活性和极性运输。

3）生长素的生理作用

生长素的生理作用十分广泛，包括对细胞分裂、伸长和分化，营养器官和生殖器官的生长、成熟和衰老的调控等方面。

(1) 促进生长　温特曾经说过，没有生长素，就没有生长，可见生长素对生长的重要作用。生长素对生长的作用有三个特点。①双重作用：生长素在较低浓度下促进生长，高浓度时则抑制生长。在低浓度的生长素溶液中，根切段的伸长随浓度的增加而增加；当生长素浓度大于 10^{-10} mol/L 时，对根切段伸长的促进作用逐渐减少；当浓度增加到 10^{-8} mol/L 时，则对根切段的伸长表现出明显的抑制作用。生长素对茎和芽生长的效应与根相似，只是浓度不同。②不同器官对生长素的敏感性不同，根对生长素的最适浓度大约为 10^{-10} mol/L，茎的最适浓度为 2×10^{-5} mol/L，而芽则处于根与茎之间，最适浓度约为 10^{-8} mol/L。③对离体器官和整株植物效应有别，生长素对离体器官的生长具有明显的促进作用，而对整株植物往往效果不太明显。IAA 促进生长的作用，主要是促进细胞的伸长，促进离体茎段的伸长生长。

(2) 促进分化　IAA 可以诱导和促进植物细胞的分化，尤其是促进植物维管组织的分化。例如正在快速生长的幼嫩叶片内产生的生长素，可以诱导茎内的维管束分化与之贯通。春天木本树木萌动的幼芽对形成层的活化也是从上向下进行的，所以新一轮的木质部和韧皮部生长是从幼嫩的枝条开始逐渐向根部移行的。这是因为幼叶或幼芽内产生的生长素在控制着维管束的分化。茎内的维管束再生也受生长素的控制。如果在茎上切一个楔形缺口，将维管束切断，那么伤口内侧的薄壁细胞就会重新分化成为维管束，恢复上、下维管束的连接(图4-28)。在这个过程中，无论是木质部还是韧皮部的分化，都受生长素的控制。如果将伤口上部的叶片去掉，断绝生长素的来源，就会抑制维管束的分化；由于生长素是从上向下的极性运输，所以去掉伤口下部的叶片，不会影响维管束的再生分化。

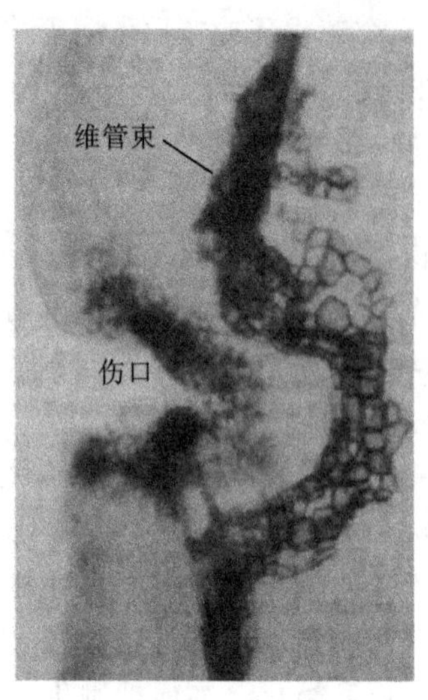

图 4-28 IAA 诱导的黄瓜茎伤口的薄壁细胞形成维管束(摘自武维华,2003)

(3) 促进侧根和不定根发生　尽管较高浓度的生长素抑制根的生长,但是高浓度的生长素(10^{-8} mol/L 以上)可以促进侧根(lateral root)和不定根(adventitious root)的发生。植物根系侧根的发生一般在伸长区和根毛区的上端,由中柱鞘上的某些细胞分化而成。生长素可以诱导这些细胞分裂,并逐渐形成一个根原基,最后穿透皮层和表皮,形成一个侧根。如果将植株去掉幼芽或幼叶,会大幅度地减少侧根的发生。植物的无性营养体繁殖主要靠插条繁殖,植物插条或叶片在水培或湿润的土壤培养条件下,可以从切口附近长出不定根。这是因为叶片或幼芽形成的生长素从上向下极性运输,最后积累在插条的切口附近,从而刺激不定根的发生。如果利用生长素处理插条切口,会大幅度促进不定根的形成。

(4) 促进果实发育　在正常情况下,花粉和胚乳细胞中大量产生生长素,植物传粉受精后,刺激子房的发育形成果实。果实发育初期的生长素来源于胚乳细胞,在果实发育后期主要来源于胚。同时人们发现花粉中含有大量的生长素,花粉的提取物可以刺激未授粉的茄科(Solanaceous)植物坐果。这种不通过授粉就能坐果的现象称为单性结实(parthenocarpy)。因为单性结实会产生无籽果实,所以在生产中具有重要的应用价值。例如生产中经常使用生长素类物质处理茄科植物(如番茄、辣椒)、葫芦科植物(黄瓜、南瓜等)以及柑橘等,一方面可以促进坐果,另一方面还可以用来生产无籽果实。关于生长素与果实发育的经典试验是 1950 年 J. P. Nitsch 利用草莓进行的。草莓的种子是一种瘦果,附生在膨大的花萼上。Nitsch 发现去掉草莓的种子会抑制果实的膨大,利用生长素处理又会恢复果实的正常生长,这是因为种子是促进果实膨大的生长素供应源。另外,生长素还被用来控制果实的脱落。根据应用时间和应用浓度的不同,生长素既可以促进坐果早期果实的脱落,也可以防止未成熟果实的脱落。利用生长素处理促进坐果早期果实的脱落在生产上是一种化学疏果技术,用来防止坐果过密,有利于剩下的果实发育成大果;利用生长素处理防止未成熟果实的脱落,可以保证果实正常成熟,增加产量。

2. 赤霉素类

赤霉素(gibberellin,GA)是一类具有赤霉烷骨架,能刺激细胞分裂和伸长的一类化合物的总称。最早是由日本科学家发现的。在水稻育苗过程中,有一种由赤霉菌引起的“恶苗病”,表现为植株异常细高,移栽后不易成活或者难以结实。1926 年,黑泽英一在水稻恶苗病菌的培养液中发现一种能引起水稻徒长的物质,但没有命名。1938 年,薮田贞次郎和住木谕介首次提取、结晶出这种强烈刺激植物生长的物质,并命名为赤霉素(gibberellin)。1959 年赤霉素的化学结构被确定。随着微生物和高等植物中越来越多的赤霉素类化合物被鉴定,它们被命名为 GA_x,其中 x 是数字序号,和结构以及代谢顺序没有关系,只表示该赤霉素被发现的顺序。

1) 赤霉素的种类和化学结构

1950 年代,赤霉素被确立为植物激素。GA 的种类很多,广泛分布于植物界,从被子植物、裸子植物、蕨类植物、褐藻、绿藻、真菌和细菌中都发现有赤霉素的存在。到 1998 年为止，已发现赤霉素 121 种，可以说，GA 是植物激素中种类最多的一类激素。

赤霉素是一类双萜酸化合物，由 4 个异戊二烯单位组成，基本结构是赤霉烷(gibberellane)。根据 GA 碳原子数分成两类，20 个碳原子的称为 C20-GA，19 个碳原子的称为 C19-GA。以这两种基本结构为基础，形成了赤霉素分子结构的多样性(图 4-29)。

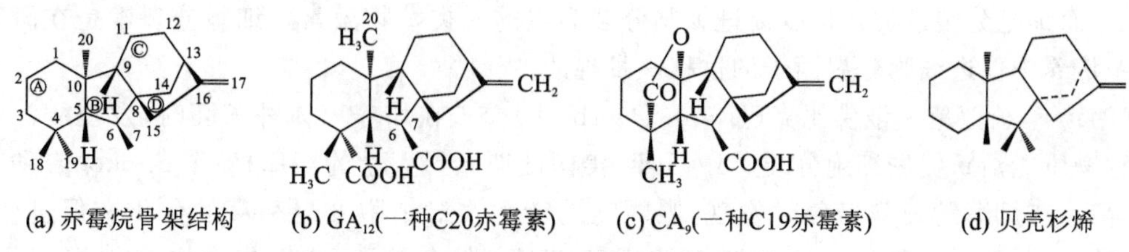

图 4-29　赤霉素的化学结构(摘自潘瑞炽，2008)

活性赤霉素有若干结构特征：①活性赤霉素 7 位碳原子上都有羧基，呈现酸性，这是活性赤霉素必需的结构特征；②C19-GA 的相对生物活性比 C20-GA 要高；③3β-羟基、3β，13-二羟基或 1，2 不饱和键是赤霉素具有最高生物活性的特征，如 GA_1、GA_4、GA_3、GA_7、GA_{32} 等。

2）赤霉素的分布和运输

赤霉素的合成部位至少有三部分，发育中的果实种子、茎端和根部。对豌豆幼苗的分析表明，在幼芽、幼叶和上部茎节内赤霉素含量最高。最活跃的合成器官是发育中的果实和种子，种子成熟后活性赤霉素水平几乎为零，但含有大量的赤霉素前体 GA_{12} 醛，可能在未来种子萌发过程中转化为活性赤霉素。赤霉素的含量，生殖器官中的比营养器官中的高，前者每克鲜组织含量为 1～10 μg，而后者每克鲜组织含量为 1～10 ng。

赤霉素在植物体内有两种存在形式，自由型和结合型。结合型没有活性，是一种储存和运输形式。赤霉素的运输没有极性，可以双向运输。根尖合成的赤霉素通过木质部向上运输，而叶原基产生的赤霉素则是通过韧皮部向下运输，在茎中合成的赤霉素可以通过韧皮部运输到植株的其他部分，不同植物间运输速度的差异很大。

3）赤霉素的作用及机制

赤霉素的典型作用是显著地促进植物茎节的伸长生长，并在从种子萌发到开花结果等植物的各种生理现象中扮演重要的角色。

(1) 促进植物生长　施用外源赤霉素可以促进许多植物的茎节伸长生长。赤霉素促进生长与 IAA 不同，赤霉素主要是促进整株植物生长，尤其是对矮生突变品种的效果特别明显，对离体茎切段的伸长没有明显的促进作用。

(2) 调节植物幼态和成熟态之间的转换　许多多年生的木本植物具有幼态和成熟态两个生长发育阶段，幼态植物不能开花，只有达到一定年龄，进入所谓的成熟态后才能对光照或低温发生反应，被诱导开花结实。例如，GA_3 可以诱导常春藤(Hedera helix)从成熟态转变为幼态；赤霉素 GA_4 和 GA_7 同时处理可以诱导许多幼态的针叶植物进入成熟态。

(3) 影响花芽分化和性别控制　赤霉素在决定雌雄异花植物花的性别上具有重要的意义，因为许多环境因素对植物性别的影响可能是通过影响赤霉素来实现的。例如，玉米的雄花在顶穗上，而雌花主要在果穗上。短日照和低温处理可以大幅度地增加玉米植株体内的赤霉素含量，特别是它能使果穗内多种赤霉素的水平上升 100 倍，同时它还能诱导果穗花发育为雌性花。施用外源赤霉素同样会诱导果穗雌花的发育。

(4) 打破休眠促进种子发芽　赤霉素在种子萌发过程中有多方面的作用，例如赤霉素可以刺激胚芽的营养生长。在萌发的谷类种子糊粉层中，赤霉素诱导合成许多水解酶，如淀粉酶、蛋白酶等，赤霉素的这个生理效应被广泛地应用在酿造工业中。

3. 细胞分裂素

生长素和赤霉素的主要作用是促进细胞的伸长生长，虽然它们也能促进细胞分裂，但这是次要的，而细胞分裂素类则是以促进细胞分裂为主的一类植物激素。细胞分裂素是在研究植物组织培养中促进细胞分裂因子的过程中发现的。

1941 年，荷兰范·俄佛比克(J. Van Overbeek)等人在培养离体种子胚时，发现椰汁中存在一种物质能活跃促进细胞分裂。1948 年，美国威斯康星大学的斯库格(F. S. Skoog)和中国崔澂等人，在烟草髓细胞培养时发现，腺嘌呤的衍生物对细胞分裂和芽的分化有促进作用。1956 年，F. S. Skoog 和 Miller(穆勒)在加热灭菌过的鲱鱼精子 DNA 提取物中发现了一种具有促进细胞分裂活性的物质，即 6-呋喃氨基嘌呤，命名为激动素(kinetin，KT)。1963 年，澳大利亚的莱撒姆(D. S. Letham)在玉米未熟种子的胚乳中分离出玉米素(zeatin)，化学结构与生物活性都和激动素类似，都是腺嘌呤的衍生物。

1) 细胞分裂素的结构和种类

1965 年，斯库格等人提议将来源于植物、生理活性类似于激动素的化合物统称为细胞分裂素(cytokinin，CTK，CK)，目前在高等植物中已至少鉴定出了 30 多种细胞分裂素。

天然细胞分裂素主要有玉米素、双氢玉米素、玉米素核苷、异戊烯基腺苷等。它们具有相似的结构(图 4-30)，都是 N-6-取代氨基腺嘌呤，不同的细胞分裂素之间的差异在腺嘌呤 6 位或 2 位上取代基的不同。

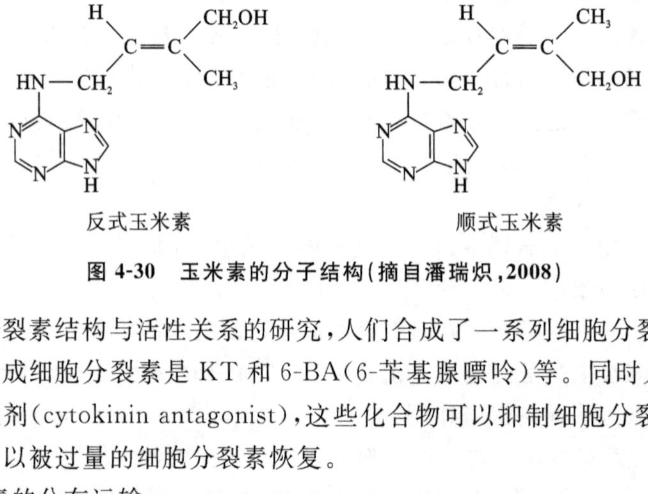

反式玉米素　　　　顺式玉米素

图 4-30　玉米素的分子结构(摘自潘瑞炽，2008)

通过对细胞分裂素结构与活性关系的研究，人们合成了一系列细胞分裂素，在农业和园艺上应用得最广的合成细胞分裂素是 KT 和 6-BA(6-苄基腺嘌呤)等。同时人们也发现了一些细胞分裂素的拮抗剂(cytokinin antagonist)，这些化合物可以抑制细胞分裂素的生理作用，但是这种抑制作用可以被过量的细胞分裂素恢复。

2) 细胞分裂素的分布运输

广泛分布于各个器官和组织，多集中在强烈进行细胞分裂的部位。从高等植物中发现的细胞分裂素，大多数是玉米素或玉米素核苷。玉米素是游离型的，有活性，玉米素核苷是结合型的，它结合在 tRNA 上，没有活性，只有从 tRNA 上解离出来才能发挥作用。

主要合成部位是根尖分生组织，通过木质部运到地上各个器官，为被动运输。根尖内合成的细胞分裂素通过导管液向上运输到植物地上器官发挥生理调节作用。植物伤流实验是这个结论的有力证据。将植物地上部切除，从断口处收集伤流液，经分析发现其中含有细胞分裂素，如果维持根部土壤的湿润，伤流液内的细胞分裂素含量在好几天的时间内不会发生变化，说明细胞分裂素可能是在根系内合成的。另外，如干旱等影响根系活性的环境胁迫可以减少根系内细胞分裂素的合成。

3）细胞分裂素的生理作用

细胞分裂素的作用及其广泛，主要表现为促进细胞分裂，诱导营养芽和花芽的分化，促进侧芽生长、叶片扩大、气孔开放、种子发芽，促进结实，延迟叶片衰老等。

(1) 促进细胞分裂和膨大　细胞分裂素最显著的作用是，它与生长素配合促进细胞分裂。如果只有 IAA 则细胞不分裂，若同时含有 IAA 和 CTK 则细胞迅速分裂。大量的试验证明，在细胞分裂周期中，生长素和细胞分裂素都是重要的调节因素，类似于动物细胞分裂中的生长因子(growth factor)。IAA 促进细胞核的分裂，CTK 促进细胞质的分裂；如果缺乏 CTK，只有核分裂没有质分裂，结果会形成多核细胞。另外，CTK 能够增加细胞壁的可塑性，使细胞吸水膨大。

(2) 促进侧芽和不定芽的生长分化　1957 年，Skoog 和 Miller 等人发现烟草髓愈伤组织是否产生根或芽，取决于生长素与激动素的比值，因此认为激动素的主要作用是诱导液的分化。现在一般认为，CTK 与 IAA 的比值高有利于芽的分化，低则有利于根的分化，如两者的浓度相等，则愈伤组织保持生长而不分化。所以，通过调整两者的比值，就可诱导愈伤组织形成完整的植株。另外，细胞分裂素还具有诱导侧芽生长、削弱或解除顶端优势的作用。如野生型烟草具有很强的顶端优势，如果某些真菌侵入产生过量的细胞分裂素，则侧枝生长茂盛，几乎可以与主茎相当，出现所谓的“丛枝病”。

(3) 延迟叶片衰老和促进营养物质转运　延缓衰老是细胞分裂素特有的作用，这种延迟衰老的作用对植株上未脱落叶片具有更显著的效果。例如用细胞分裂素处理植株上的一个叶片，即使其他叶片发黄脱落，这片处理过的叶片仍然会保持绿色；甚至一个叶片上的一个小点用细胞分裂素处理后，周围其他组织开始衰老，该点仍然会维持绿色。延缓衰老的机理不是十分清楚，可能与诱导营养物质的转运有关。细胞分裂素作为一种指引同化物移动方向的信号，可以诱导营养物向它移动(图 4-31)。

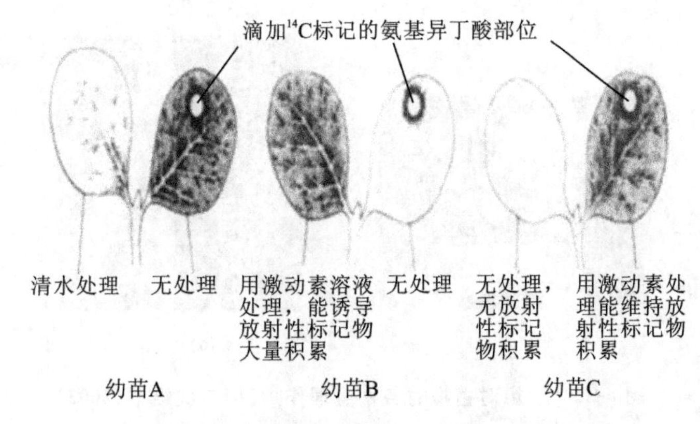

图 4-31　细胞分裂素诱导氨基酸移动(摘自武维华，2003)

4. 乙烯

我们的祖先很早就知道用烟熏的方法催熟果实和打破球根球茎花卉的休眠，这恐怕是人类最早利用乙烯的事例了。1901 年俄罗斯圣彼得堡植物研究所的奈刘波 Dimitry Neljubow 研究证实，乙烯(ethylene)会引起黑暗条件下培养的豌豆幼苗表现出茎节缩短、横向增粗和水平生长等异常的“三重反应”(triple response)。1934 年，R. Gane 等人认为乙烯是一种气体植物激素。早在1910年，卡曾斯(Cousins)就发现橘子产生的气体能催熟同船混装的香蕉。直到1934年，甘恩(Gane)证明植物组织能产生乙烯。1959年，气相色谱出现，伯格(S. P. Burg)等测出了未成熟果实中有极少量的乙烯产生，随着果实的成熟，产生的乙烯不断增加。1965年在伯格的提议下，乙烯被公认为是植物的天然激素。

1) 乙烯的分布和运输

乙烯(C_2H_4)的化学结构极为简单，相对分子质量为28，在生理条件下比重比空气轻，容易燃烧和氧化。乙烯在极低浓度(0.01～0.1 μl/L)时对植物产生生理效应。

种子植物、蕨类、苔藓、真菌和细菌都可产生乙烯。高等植物各器官都能产生乙烯，但不同组织、器官和发育时期，乙烯的释放量不同。成熟组织释放乙烯较少，分生组织释放较多。在种子萌发、叶脱落、花衰老、果实成熟时乙烯产生的量最多。

一般情况下，乙烯就在合成部位起作用。在植物体内的运输性较差，只能通过细胞间隙进行扩散，但是扩散距离非常有限。乙烯的前体1-氨基环丙烷1-羧酸(ACC)可溶于水溶液，推测ACC可能是乙烯在植物体内远距离运输的形式。ACC在木质部溶液中运输。在根系淹水条件下，植物上部叶片会发生乙烯诱导的典型反应——偏上生长(图4-32(b))。这是因为水使根系周围的土壤空气急剧减少的表现。可能的原因：根系内产生了大量的ACC，由于水淹缺氧无法转变为乙烯而发生积累，便通过蒸腾流向上运输；运输到地上部的ACC迅速转变为乙烯发挥作用。这里ACC是乙烯长途运输的“载体”，因为ACC符合植物激素的定义，也有人认为ACC才是激素。

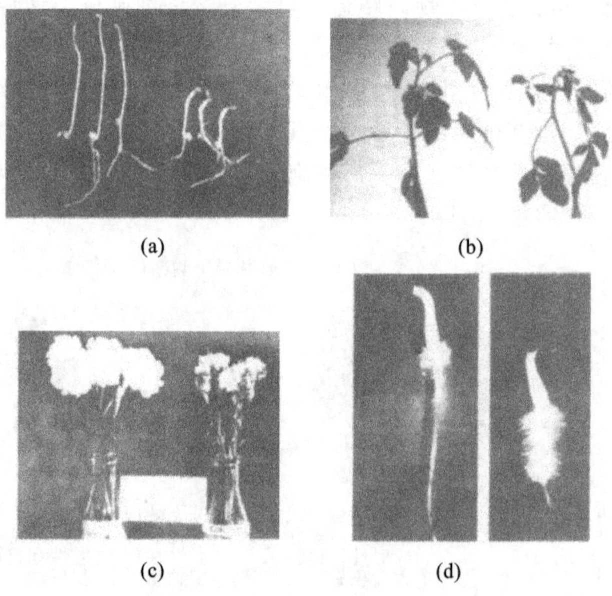

(a) (b) (c) (d)

图4-32 乙烯对植物的各种生理作用(摘自武维华，2003)

2) 乙烯的生理作用

乙烯对幼苗生长的“三重反应”和乙烯促进果实成熟的现象，导致了乙烯的发现。实际上，乙烯对植物生长发育的影响是非常广泛的，包括种子萌发、细胞扩张、细胞分化、开花、衰老和脱落。

(1) 改变生长习性 乙烯对植物生长的典型效应是抑制茎的伸长生长(变短)、促进茎或根的侧向生长(增粗生长)及上胚轴水平生长(横向生长、偏上生长)，这就是乙烯所特有的“三重反应”。三重反应中的水平生长性质对种子幼苗生长具有重要意义，如果土壤中萌发的幼苗遇到障碍，产生乙烯诱导上胚轴水平生长绕过障碍，则有利于幼苗长出地面。乙烯对茎与叶柄都有偏上生长的作用，从而造成了茎横生和叶下垂。

（2）促进果实的成熟　催熟是乙烯最主要和最显著的效应，因此也称乙烯为催熟激素。乙烯对果实成熟、棉铃开裂、水稻的灌浆与成熟都有显著的效果。果实的成熟包括果肉软化、淀粉水解和蔗糖积累、色素和香味物质的产生，还包括有机酸、酚类（单宁）含量的下降等。众所周知，柿子即使在树上已成熟，但仍很涩口，不能食用，只有经过后熟才能食用。由于乙烯是气体，易扩散，如用塑料袋封装柿子，果实产生的乙烯很快扩散，再加上自身催化作用，后熟过程加快，一般 5 天后就可食用了。再如，一旦箱里出现了一只烂苹果，如不立即除去，它会很快使整个一箱苹果都烂掉。这是由于腐烂苹果产生的乙烯比正常苹果的多，触发了附近的苹果也大量产生乙烯，使箱内乙烯的浓度在较短时间内剧增，诱导呼吸跃变，加快苹果成熟和贮藏物质消耗的缘故。

（3）促进脱落　许多植物的叶片、果实和花朵等器官在衰老后都会发生脱落。脱落发生在这些器官基部的一些特殊的细胞层，称为离层（abscission layers）。在叶片衰老时，离层细胞的细胞壁在纤维素酶和果胶酶的作用下开始降解。乙烯是脱落过程的主要调节激素，叶片内的生长素可以抑制脱落的发生，但是过高浓度的生长素反而会诱导乙烯的发生，促进脱落。

（4）促进开花和雌花分化　乙烯可促进菠萝和其他一些植物开花，还可改变花的性别，促进黄瓜雌花分化，并使雌、雄异花同株的雌花着生节位下降。乙烯在这方面的效应与 IAA 相似，而与赤霉素相反，现在知道 IAA 增加雌花分化就是由于 IAA 诱导产生乙烯的结果。

（5）其他效应　乙烯还可诱导插枝不定根的形成，促进根的生长和分化，刺激根毛的大量发生，打破种子和芽的休眠，诱导次生物质（如橡胶树的乳胶）的分泌等。

5. 脱落酸

脱落酸（abscisic acid，ABA）是指能引起芽休眠、叶子脱落和抑制生长等生理作用的植物激素。20 世纪 60 年代，人们在研究棉铃脱落时发现了脱落酸。人们在对植物芽和种子休眠的研究过程中认识到，是植物中的生长抑制物质导致了休眠，并尝试从一些植物材料特别是休眠芽中分离提取这些抑制物。此后，一种促进棉桃脱落的物质被提纯，并命名为脱落素Ⅱ（abscisin Ⅱ）。1967 年，在渥太华召开的第六届国际植物生长物质会议上，正式定名为脱落酸（abscisic acid，ABA）（图 4-33）。

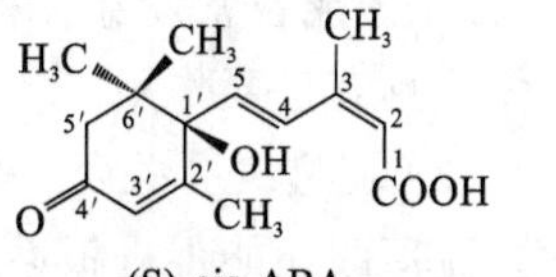

(S)-cis-ABA
天然活性形式

图 4-33　脱落酸的化学结构
（摘自武维华，2003）

1）脱落酸的结构和种类

脱落酸在高等维管植物中广泛存在。在植物体中，脱落酸在从根尖到茎尖的所有部位均有存在，而且几乎所有含叶绿体或淀粉质体（amyloplast）的细胞中都可以合成脱落酸。

脱落酸是一种酸性倍半萜，其化学结构和类胡萝卜素分子结构的末端部分比较相似，包含了 15 个碳原子，含有一个具有不饱和键和三个甲基的脂肪环、一个不饱和侧链和一个羧基末端。

2）脱落酸的分布和运输

脱落酸广泛存在于被子植物、裸子植物和蕨类植物，苔类和藻类植物中含有一种化学性质与脱落酸相近的生长抑制剂，称为半月苔酸（lunularic acid），此外，在某些苔藓和藻类中也发现有脱落酸。

高等植物各器官和组织中都有脱落酸，其中以将要脱落或进入休眠的器官和组织中较多，在逆境条件下脱落酸含量会迅速增多。水生植物的脱落酸含量很低，一般每千克含 3～5 μg；陆生植物含量较高，温带谷类作物每千克通常含 50～500 μg，鳄梨的中果皮与团花种子含量每千克分别高达 10 mg 与 11.7 mg。

脱落酸运输不具有极性。在菜豆叶柄切段中，^{14}C 脱落酸向根基部运输的速度是向顶运输的 2～3 倍。脱落酸主要以游离型的形式运输，也有部分以脱落酸糖苷的形式运输。脱落酸在植物体的运输速度很快，在茎或叶柄中的运输速率大约每小时是 20 mm。

3）脱落酸的生理作用

在植物体内，脱落酸不仅存在多种抑制效应，还有多种促进效应。其主要作用包括如下几点。

（1）促进叶片衰老脱落　脱落酸是在研究棉花幼桃脱落时发现的。脱落酸在叶片的衰老过程中起着重要的调节作用，由于脱落酸促进了叶片的衰老，增加了乙烯的生成，从而间接地促进了叶片的脱落；脱落酸促进器官脱落主要是促进了离层的形成。将脱落酸溶液涂抹于去除叶片的棉花外植体叶柄切口上，几天后叶柄就开始脱落，此效应十分明显，已被用于脱落酸的生物检定。

（2）促进休眠　外用脱落酸时，可使旺盛生长的枝条停止生长而进入休眠，这是它最初被称为“休眠素”的原因。脱落酸与赤霉素的作用相反，能够促进芽和种子休眠。目前认为，植物的生长和休眠是脱落酸与赤霉素共同调节的结果。两者的合成来自于共同的前体——甲瓦龙酸，在长日照条件下利于赤霉素的合成，在短日照条件下利于脱落酸的合成。一般木本植物，在秋天的短日条件下，叶中甲瓦龙酸合成赤霉素的量减少，而合成脱落酸的量不断增加，使芽进入休眠状态以便越冬。在春夏季节，日照增长，赤霉素合成增多，促进树芽的发育。实验还证明：脱落酸与赤霉素的比例控制着种子的休眠与萌发。种子休眠与种子中存在的脱落酸有关，如桃、蔷薇的休眠种子的外种皮中存在脱落酸，所以只有通过层积处理，脱落酸水平降低后，种子才能正常发芽。种子休眠是植物种子适应不良环境的一个重要手段，脱落酸对维持种子休眠具有重要作用。

（3）促进气孔关闭　脱落酸可引起气孔关闭，降低蒸腾，这是脱落酸最重要的生理效应之一。脱落酸还能促进根系的吸水速率，增加向地上部分的供水量，因此脱落酸是植物体内调节蒸腾的激素。

（4）增加抗逆性　脱落酸是对环境因素反应最激烈的激素之一，有“逆境激素”的别称。干旱、寒冷、高温、盐渍和水涝等逆境都能使植物体内脱落酸迅速增加，同时抗逆性增强。如叶片中的脱落酸浓度在水分胁迫条件下短时间内可以上升 50 倍。

6. 其他天然植物生长物质

除了上述五大类植物激素外，人们在植物体内还陆续发现了其他一些对生长发育有调节作用的物质。主要有油菜素内酯、茉莉酸、水杨酸和多胺四类。只是由于种种原因，这些物质迄今尚未被列入植物激素之列。

1）油菜素内酯

1970 年，美国的米切尔（Mitchell）从油菜花粉中分离出油菜素（brassin），它能引起菜豆幼苗节间伸长、弯曲、裂开等异常生长。1979 年，格罗夫（Grove）等获得结晶确定了油菜素的结构，命名为油菜素内酯。后来，又从许多植物中分离出多种油菜素内酯类似物，目前已知的天然油菜素内酯类化合物有 60 余种。

油菜素内酯具有促进细胞伸长、分裂，促进光合作用，还能通过对细胞膜的作用，增强植物对干旱、病害、盐害、除草剂、药害等逆境的抵抗力，因此有人将它称为"逆境缓和激素"。油菜素内酯极高的生物活性，激发了人们极大的研究兴趣。而且随着油菜素内酯生物合成途径的逐渐阐明，以及拟南芥油菜素内酯突变体研究的进展，在第十六届国际植物生长物质年会上被正式确认为第六类植物激素。

2）茉莉酸

1962 年，Demole 等人首先在茉莉属（*Jasminum*）植物素馨花（*J. officinale* var. grandiflorum）的香精油中发现了的最早作为重要的香料成分使用茉莉酸。1971 年，Aldridge 等从真菌的培养物滤液中首次分离并鉴定了茉莉酸的结构。现已证明：茉莉酸及茉莉酸甲酯（methyl jasmonate，MJ）广泛地存在于各种植物中，目前在 150 属 206 种植物（包括真菌、苔藓和蕨类）中都有发现，并且具有抑制生长和促进衰老等生理活性，从而引起了人们的广泛关注。现在，茉莉酸已经成为一种公认的新型植物激素，对植物的生长发育和抗逆性起重要调节作用。

3）水杨酸

早在 1763 年，英国的斯通（E. Stone）发现柳树皮有很强的收敛作用，还可以治疗疟疾和发热。后来发现产生作用的是水杨酸糖苷，经过许多药物学家和化学家的努力进一步获得了阿司匹林（aspirin）。阿司匹林即乙酰水杨酸，它在生物体内可很快转化为水杨酸。20 世纪 60 年代后，人们发现了水杨酸在植物中的重要生理作用，如诱导某些植物开花，诱导烟草、黄瓜等植物对病原微生物的抗性。水杨酸最典型的生理作用是诱导植物产生系统获得性抗性。植物受到病原菌感染时，在感染部位会迅速积累高水平的水杨酸，运输到植物其他部位后会导致抗性的产生。

4）多胺

多胺（polyamine）是植物体内一类具有生物活性的低相对分子质量的脂肪族含氮碱，包括赖氨酸和精氨酸。植物体内中含量最丰富的多胺有腐胺（putrescine）、精胺（spermine）、亚精胺（spermidine）。多胺主要分布于植物的分生组织内，有刺激细胞分裂、促进生长和防止衰老的作用。在花芽形成与开花、花粉管生长、胚胎发生、果实生长、不定根发生等生理过程中具有显著的生理作用。

7. 植物生长调节剂

科学家在致力于植物激素理论研究的同时，重视植物激素的应用研究。化学家与植物生理学家在植物激素研究领域通过密切合作，研制了许多具有类似植物激素活性的物质，即植物生长调节剂（plant growth regulator），从而逐步形成了一整套成熟有效的作物化控技术。植物生长调节剂是指人工合成（或从微生物中提取）的，具有和植物生长物质相似的生理效应，可以调节植物生长发育的非营养性化学物质。在我国，赤霉素、缩节胺（助壮素）、多效唑等植物生长调节剂的开发研究，均卓有成效，产生了巨大的经济效益与社会效益。

1）植物生长调节剂主要类型

（1）生长促进剂　可以促进细胞分裂、分化和伸长，促进营养生长，促进生殖器官的发育。常用的生长促进剂主要有以下几类：提高抗逆性的脱落酸、多效唑、比久、矮壮素；打破休眠促进萌发的赤霉素、激动素、胺鲜酯（DA-6）、氯吡脲、果宝、硫脲、氯乙醇；促进茎叶生长的赤霉素、胺鲜酯、果宝、油菜素内酯、三十烷醇；促进生根的吲哚丁酸、萘乙酸、2，4-D、比久、多效唑、乙烯利；促进花芽形成的乙烯利、比久、6-苄基氨基嘌呤、萘乙酸、2，4-D、矮壮素；保花保果的

2,4-D、胺鲜酯、氯吡脲、果宝、防落素、赤霉素;促进果实成熟的胺鲜酯、氯吡脲、果宝、乙烯利、比久;提高氨基酸含量的多效唑、防落素、吲熟酯;促进果实着色的胺鲜酯、氯吡脲、复硝酚钠、果宝、比久、吲熟酯、多效唑;提高含糖量的增甘膦、调节膦。

(2) 生长抑制剂　能够抑制顶端分生组织细胞的伸长和分化,使植株生长矮小,但往往促进侧枝的分化和生长,从而破坏顶端优势,增加侧枝数目。常用的生长抑制剂主要有以下几类:抑制茎叶生长的多效唑、优康唑、矮壮素、比久、皮克斯、三碘苯甲酸、青鲜素、粉锈宁;抑制花芽形成的赤霉素、调节膦;用于疏花疏果的萘乙酸、甲萘威、乙烯利、赤霉素、吲熟酯、6-苄基氨基嘌呤。

(3) 生长延缓剂　抑制植物亚顶端分生组织的生长,而不影响顶端分生组织的生长,也不影响叶片和花的发育。常用的生长延缓剂主要有以下几类:用于延长花期的多效唑、矮壮素、乙烯利、比久;延缓果实成熟的 2,4-D、赤霉素、比久、激动素、萘乙酸、6-苄基氨基嘌呤;延缓衰老的 6-苄基氨基嘌呤、赤霉素、2,4-D 和激动素;延长贮藏器官休眠的胺鲜酯(DA-6)、萘乙酸钠盐、萘乙酸甲酯。

2) 植物生长调节剂在生产实践中的应用

(1) 打破休眠,促进萌发　植物为了避开不良环境,往往用休眠状态来保证生存,使植物体内生长促进剂物质大于抑制物质,可以打破休眠。在生产实践中,常用赤霉素、细胞分裂素作促进剂,打破种子休眠、促进发芽。如杜鹃、山茶花、牡丹的种子,用 100×10^{-6} g/mL 赤霉素处理可以发芽;百合的鳞茎用赤霉素处理,储存 6 天后就能发芽;排除温度、湿度、气候等条件,外施植物生长调节剂 6-苄基嘌呤或赤霉素可以打破球根休眠,促进球根发育。

(2) 催花、促花,调节花期　为了适应市场和节日的需要,控制花卉的花期很重要,在生产实际中除调节光、温、肥、水外,可以用植物调节剂(催花剂、迟花剂)诱导或延缓开花,增加花朵。如郁金香株高 5～10 cm 时用调节剂可提前开花,把乙烯利滴在观赏凤梨科植物叶腋中能诱导开花,赤霉素可促进紫罗兰、天竺葵、石竹、唐菖蒲、秋海棠等花卉植物开花,IBA、NAA、PP333 可使杜鹃、一品红、落地生根、菊花、麝香石竹、倒挂金钟等花卉延迟开花。

4.3　动物的形态结构和发育

动物是多细胞真核生命体中的一大类群,它们能够对环境作出反应并移动,捕食其他生物,称为动物界(animalia)。目前在全世界范围内已发现的动物隶属 42 门 70 余纲 350 目 150 多万种。分布于地球淡水、海洋和陆地,包括山地、草原、沙漠、森林、农田、水域以及两极在内的各种生态环境。动物的出现,为沉寂的地球增添了无尽的活力。

4.3.1　动物的概述

一般认为,最早的动物在 4.5 亿～5 亿年前出现。作为动物,不论是单细胞的原生动物,还是多细胞的后生动物,都属于生物界,都具备和植物、微生物相同的生命特征。

1. 动物生命活动的基本特征

作为生命体,生命活动表现出与非生命体截然不同的显著特征。

(1) 新陈代谢(metabolism)　新陈代谢是指机体主动地与环境进行物质和能量交换的过

程，同时体内物质和能量也在进行转变。新陈代谢过程包括两个基本方面：一方面把从外界环境摄入体内的营养物质综合成自身的物质，或暂时贮存起来，称为同化作用（或组成代谢）；另一方面是将组成自身的物质或贮存于体内的物质分解，并把分解后的废物排出体外，称为异化作用（或分解代谢）。在进行同化作用时要吸收能量，在进行异化作用时要释放能量。后者所释放的能量，除一部分用于同化作用外，其余的供应机体各种生命活动的需要及产生热量。因此，新陈代谢又可分为物质代谢与能量代谢两个方面，二者密切联系，物质代谢必定伴有能量的转移。新陈代谢是生命的最基本特征。新陈代谢一旦停止，生命也就停止。

(2) 兴奋性(excitability)　活组织或细胞的周围环境条件迅速改变时，有发生反应(response)的能力或特性，称为兴奋性。这种引起反应的环境条件的迅速变化称为刺激(stimulus)，包括物理的和化学的因素，如光、电、声、温度、化学药品、机械振动和压力等。活组织在接受刺激而发生反应时，其表现可以有两种形式；一种是由相对静止状态转变为显著活动状态，或由活动弱变为活动强，称为兴奋(excitation)；另一种是由显著活动状态转变为相对静止状态，或由活动强变为活动弱，称为抑制(inhibition)。

(3) 适应性(adaptability)　当环境发生改变时，机体或其部分组织的机能与结构也将在某种限度内随着发生相应的改变，以求与所在环境保持相对平衡，机体的这种能力称为适应性。动物越高等，适应性越强。到了人类，不仅能适应环境，而且还能改造环境。长期适应的结果是进化。所以在进化过程中，机能的分化与专门化是机体对外界环境长期适应的结果。

(4) 生长(growth)与生殖(reproduction)　生长、生殖是新陈代谢的具体表现。生长是个体组成代谢超过了分解代谢的结果，表现为个体在重量、大小等方面的增长。生殖是个体生长达到一定限度时可形成新个体的过程，表现为生物种群成员的增加。

2. 动物体的内环境与稳态

在人和动物体内存在大量的液体，称为体液(body fluid)，包括细胞内液和细胞外液。体液占人和哺乳动物体重的 60%～70%，其中细胞内液占 40%～45%，细胞外液占 20%～25%(15%是组织液，5%是血浆、淋巴)。细胞外液是细胞生活的内环境(internal environment)。

动物机体由大量结构、功能各异的细胞组成(如人有 10^{14} 个细胞)。这些细胞直接生存于细胞外液中，而不与外环境发生接触。细胞新陈代谢所需的养料来自细胞外液中，代谢产物排放到细胞外液中，再通过细胞外液与外环境沟通。因此，细胞外液是细胞浸浴、生存和发挥生理效应的体内环境(图 4-34)，是机体赖以生存的必要条件，故称内环境，以区别于身体的外部环境。

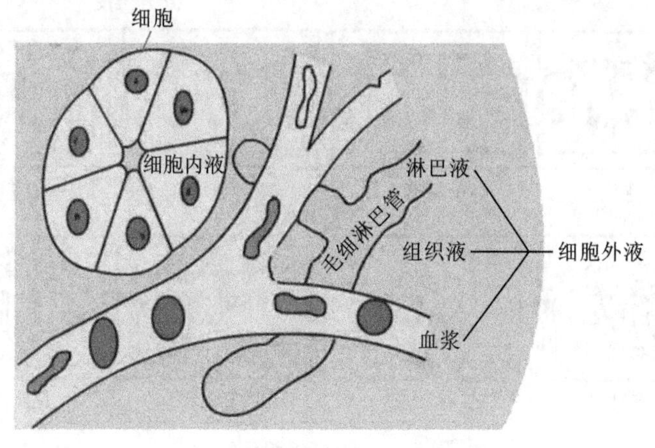

图 4-34　细胞外液是动物体的内环境

细胞的生存对内环境条件要求很严格，内环境各项理化因素的相对稳定性乃是高等动物生命存在的必要条件。然而，内环境理化性质不是绝对静止的，而是各种物质在不断转换中达到相对平衡状态，即动态平衡状态。机体依赖调节机制，对抗内外环境变化的影响，维持内环境处于动态平衡的相对稳定状态，称为稳态(homeostasis)，又称自稳态或内稳态。

由于细胞不断地进行着新陈代谢，新陈代谢本身不断地扰乱内环境的稳态，外环境的强烈变动也可影响内环境的稳态；为此，机体的血液循环、呼吸、消化、排泄等生理功能必须不断地进行调节，以纠正内环境的过分变动。

内环境的稳态是细胞、器官维持正常生存和活动的必要条件；同时，各种细胞器官的正常生理活动又能自动维持内环境的稳态。

在疾病情况下，细胞外液的某些成分会发生变化，超出正常的变化范围，这时机体许多器官可发生代偿性的活动改变，使内环境的各种成分重新恢复正常；如果器官、细胞的活动改变不能使内环境的各种成分恢复正常，则内环境可进一步偏离正常，使细胞和整个机体的功能发生严重障碍，甚至死亡。

4.3.2 动物体的基本结构

构成人体和动物体的基本结构和功能单位是细胞。细胞在体内借细胞间质进行有序的组合即形成组织。组织是由相似的细胞和细胞间质组成的执行相似功能的细胞群体结构。

1. 基本组织

根据组织结构和功能，将其归为四大类：上皮组织、结缔组织、肌肉组织和神经组织。

(1) 上皮组织(epithelial tissue) 覆盖在身体表面和器官内、外表面的膜状的紧密排列的细胞。包括单层上皮和复层上皮(图 4-35)。包括单层扁平上皮、单层立方上皮、单层柱状上皮、变移上皮、假复层柱状纤毛上皮、复层扁平上皮、复层柱状上皮等。有的上皮形成腺体，有的具有感觉作用。上皮组织具有保护、分泌、排泄和吸收等功能。

(2) 结缔组织(connective tissue) 由细胞和大量细胞间质构成。细胞间质包括无定形基

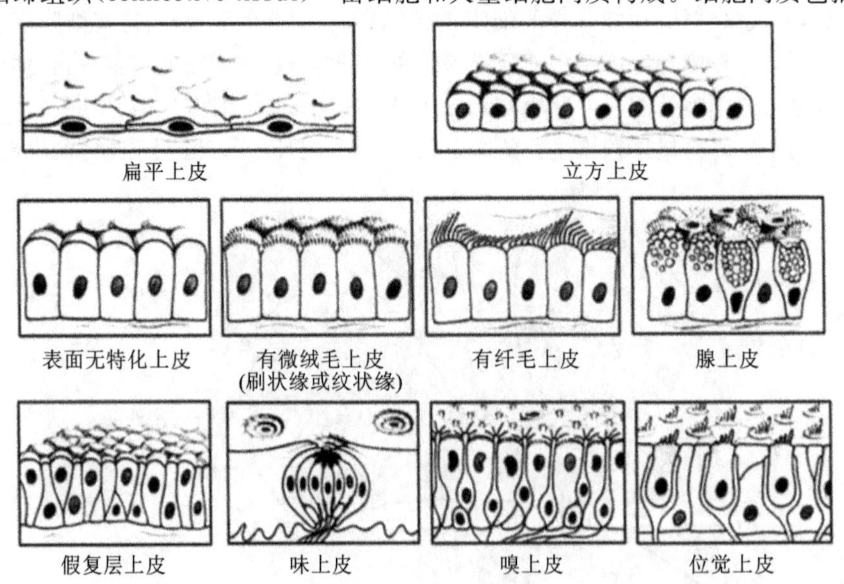

图 4-35 上皮组织示意图

质、细丝状的纤维和不断循环更新的组织液。细胞散居于细胞间质内，分布无极性；纤维排列疏松并织成网，适应各方向的张力。包括疏松结缔组织、致密结缔组织、网状结缔组织、脂肪组织、软骨组织、骨组织、血液与淋巴等。广泛分布在各器官之间、组织之间和细胞之间。具有支持、联结、营养、防御、保护和修复创伤等功能(图 4-36)。

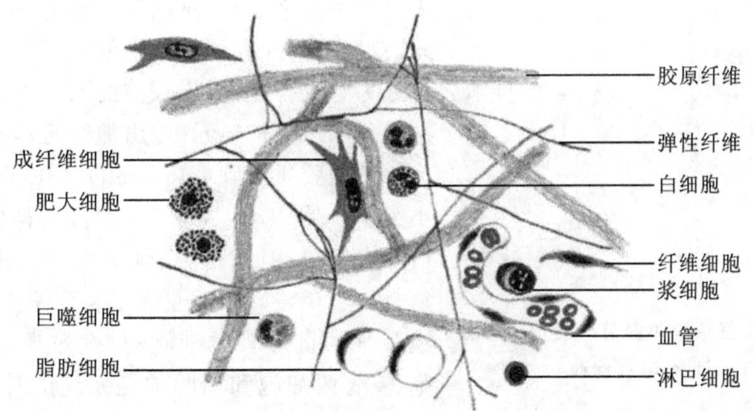

图 4-36　疏松结缔组织示意图(摘自叶创兴，2006)

(3) 肌肉组织(muscle tissue)　主要是由肌细胞组成，肌细胞之间有少量的结缔组织以及血管和神经。肌细胞呈长纤维形，又称为肌纤维，具有收缩和舒张的能力。根据肌纤维的结构和功能的特性，肌组织可分为骨骼肌、心肌、平滑肌三种(图 4-37)。通过收缩，肌肉完成动物体和人体不同部位的运动。

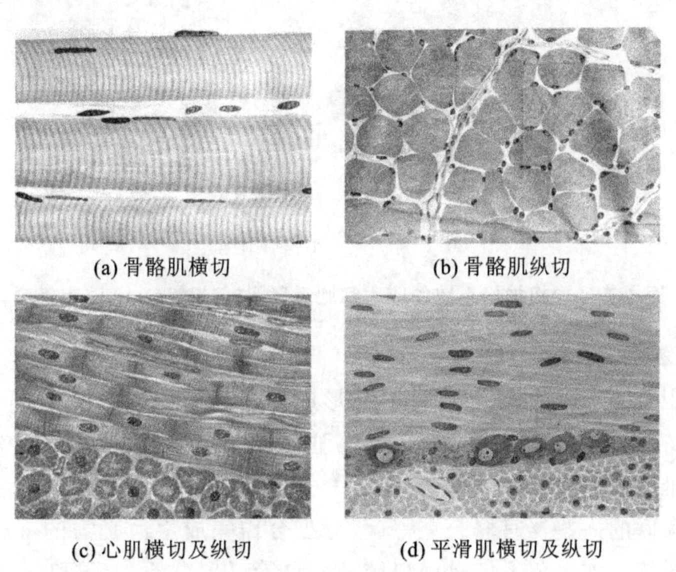

图 4-37　肌肉组织示意图

(4) 神经组织(nervous tissue)　这是动物体内分化程度最高的一种组织。由神经细胞和神经胶质细胞组成。

神经细胞(神经元，neuron)是神经组织结构和功能的基本单位，具有感受刺激并传递神经冲动的功能，由胞体和突起构成。根据突起的形状和功能可分为树突和轴突：树突多呈树状分支，分支上有许多树突棘，主要功能是接受刺激；轴突仅一个，呈细索状，末端常有分支，主要作

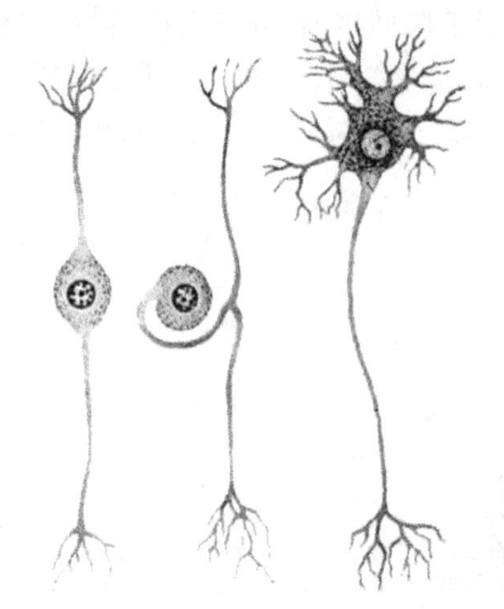

图 4-38 双极、假单极和多极神经元示意图（摘自 Google，略有修改）

用是传导神经冲动到神经末梢。细长的轴突和树突又称为神经纤维。神经纤维的末端很细，并终止于器官组织内，称为神经末梢，包括感觉神经末梢和运动神经末梢。根据不同的分类方法，可将神经元分为不同的类型，如：根据突起数量可分为多极神经元、双极神经元和假单极神经元（图 4-38）；根据功能可分为感觉神经元（传入神经元）、中间神经元（联络神经元）、运动神经元（传出神经元）等。

神经胶质细胞（glial cell）是位于神经元之间的小细胞。体积小，数量多，数目为神经元的 10～50 倍。有突起，但无树突、轴突之分。主要起支持、修复、再生、免疫、代谢、营养、绝缘等作用。包括中神经系统的星形胶质细胞、少突胶质细胞、小胶质细胞、室管膜细胞和周围神经系统的神经膜细胞与卫星细胞等（图 4-39）。

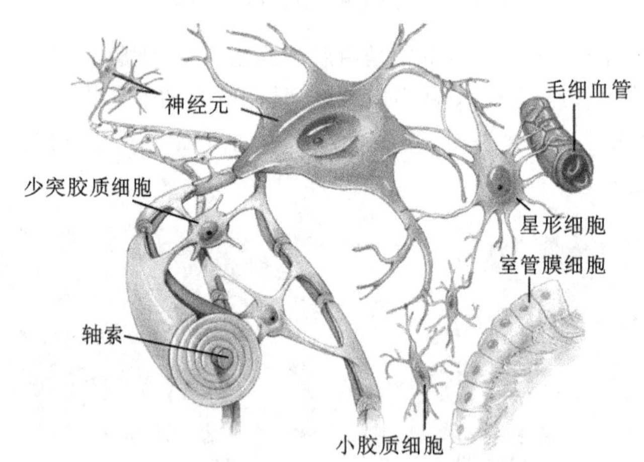

图 4-39 中枢神经系统的胶质细胞示意图（摘自 Google，略有修改）

2. 器官和系统

由不同的组织按照一定的次序联合起来，形成具有一定功能的结构，即为器官。每一种器官完成与其形态特征相适应的生理功能。如心脏，以心肌组织为主，联合上皮组织、结缔组织、神经组织等构成推动血液循环的器官。

在功能上相关联的一些器官联合在一起，分工合作完成生命必需的某种功能的结构单元称为系统或器官系统。如消化系统是由口腔、咽、食管、胃、小肠、大肠和肝、胆、胰联合构成，共同完成对食物的消化和对营养的吸收。

1）运动系统

运动系统由骨、关节和骨骼肌组成，主要功能是支持、保护和运动作用。在运动中，骨骼肌是动力器官，骨和关节是被动部分，骨起杠杆作用，关节是运动的枢纽。

（1）骨骼　以人体为例，全身共有 206 块骨，按形状可区分为长骨、短骨、扁骨和不规则骨四种基本形态；按照部位可分为头骨（29 块）、躯干骨（51 块）、上肢骨（64 块）和下肢骨（62 块）

四部分。

骨由骨组织构成，包括分布于表面的致密的骨密质和分布于中间的疏松的骨松质。新鲜骨的表面除关节面的部分外，都被骨膜覆盖着，具营养、再生等作用。在成人，骨的有机质占骨重量的 1/3，具弹性和韧性；无机质：成人 2/3，使骨挺实坚硬。幼年时骨中有机质较多，易变形；老年人骨中的有机质较多，易骨折。

骨骼系统的主要作用是支持和保护作用。骨髓腔和骨松质中含有骨髓，具有造血机能。

体育锻炼可使骨密质增厚，骨变粗，骨面肌肉附着处突起明显，骨小梁排列整齐而有规律，骨的新陈代谢加强，血液循环得到改善，从而使骨变得更加粗壮、坚固、抗折、抗弯、抗压缩和抗扭转性能提高。

骨与骨之间借结缔组织相连接称为骨连接。包括直接连接和关节两种。前者在两骨之间以少量结缔组织、软骨或骨直接相连，相连接的骨之间无腔隙、不具有活动性或仅有微小活动性；后者以结缔组织囊包绕，两骨相邻处光滑，骨间有一腔隙，可产生屈、伸、外展、内收、外旋、内旋和环转等运动。

(2) 骨骼肌　人体全身有肌肉 600 余块。按骨骼肌的外形可分为长肌、短肌、扁肌和轮匝肌几种基本形态(图 4-40)；按功能可分为屈肌、伸肌、收肌、展肌、旋肌、括约肌等。

每块肌肉以骨骼肌纤维为基础，连同其他结缔组织以及血管、神经等共同构成。一般分为肌腹和肌腱两部分，肌腹由骨骼肌纤维聚集而成，是肌肉中收缩的部分；肌腱由排列紧密、粗大的胶原纤维束构成，无收缩能力，但能承受很大的拉伸力量。肌肉周围还有一些协助和保护肌肉活动的结构，如筋膜、腱鞘、滑膜囊等。

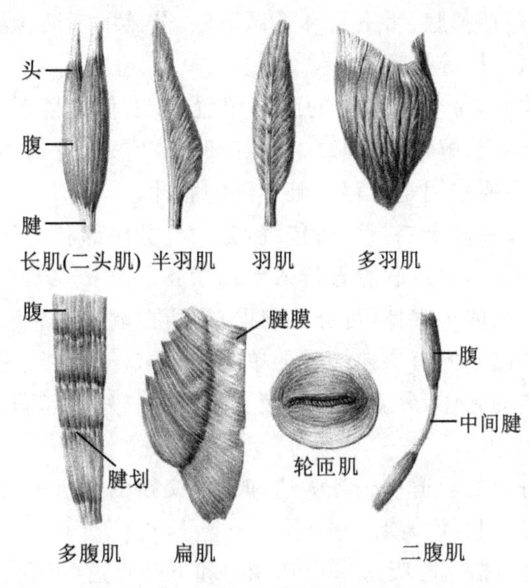

图 4-40　肌的各种形状

全身肌肉大多数分布在关节周围，一般都是按相互拮抗的规律与关节运动轴对应配布的，在关节的每个运动轴相对侧分别配布有两组作用相反的肌肉。肌肉收缩时，通过收缩产生的力而引起肌肉附着端产生一定的运动。肌肉收缩时，相对固定或运动幅较小的附着端称之为定点，相对运动或运动幅度较大的附着端称为动点。肌肉的定点和动点是相对的，是可相互置换的。

骨骼肌与骨骼或软骨相连，配布在不同关节周围，在神经系统的统一支配下，完成随意运动，并通过运动对周围环境作出灵活的反应，还可改变面部的表情。

2）消化系统

消化系统由消化道和消化腺两部分组成，完成食物的摄取、消化和吸收。

消化道由口腔、咽、食管、胃、小肠、大肠、肛门等部分构成。

口内有两大器官即牙和舌。牙对食物进行咬断、咀嚼，起物理消化作用，使被粉碎的食物易于吞咽，同时增大食物与消化酶的接触面积。舌是具有敏感味觉的肌肉器官，并具有搅拌作用。

咽是呼吸和消化的共同通路。进食时咽喉上下运动控制食道和气管交替开通。

食道是肌肉管道，全长约 25 cm，通过反复收缩和舒张，将食物挤压至胃。

胃可容纳食物，还可分泌胃酸和胃蛋白酶原，胃通过反复收缩运动，碾磨、搅拌食物，形成酸性食糜。反刍类动物的胃分为瘤胃、网胃、瓣胃和皱胃四室，胃中没有被及时消化的食物可以周期性地返回口腔，被再次咀嚼消化。

小肠上起幽门，下接盲肠，成人全长 5～7 m，分为十二指肠、空肠和回肠三部分，是人和哺乳动物最主要的消化吸收器官。小肠壁由内向外可分为黏膜层、黏膜下层、肌层和外膜。内壁突起形成许多环状褶皱，皱襞上密布许多指状绒毛，绒毛上皮细胞的游离面上又形成紧密排列的微绒毛，这种结构大大提高了小肠的消化和吸收面积。

大肠是消化管的最后一段，人体的大肠约 1.5 m，包括盲肠、阑尾、结肠、直肠和肛管几部分，其中结肠是大肠最长的一段，可分为升结肠、横结肠、降结肠、乙状结肠。

消化腺包括唾液腺、胰腺、肝脏、胆囊、胃腺、小肠腺、大肠腺等。

人体唾液腺有三对，包括腮腺、舌下腺和下颌下腺，分泌的唾液含糖蛋白和酶，具有湿润食物、水解淀粉、杀菌、排泄、保护等作用。

肝是体内最大的消化腺，位于人体中的腹部位置，在右侧横隔膜之下。肝脏可以分泌胆汁，还有贮存和代谢营养物质、解毒、吞噬衰老的红细胞、产热等重要功能。

胆囊位于肝的下方，主要作用是贮存肝脏分泌的胆汁。

胰腺位于腹膜后，其头部被十二指肠所包绕，分为外分泌部和内分泌部两部分。外分泌部由腺泡和腺管组成，分泌胰液，通过胰腺管排入十二指肠。

胃腺是分布在胃黏膜内的小腺体，可分泌胃酸、胃蛋白酶原和黏液。

小肠腺是小肠上皮凹陷于固有层内形成的单管腺，开口于相邻小肠绒毛之间。

大肠腺是大肠黏膜内的腺体，分泌的大肠液主要对食物残渣起润滑作用。

3）呼吸系统

呼吸系统包括气体进出的通道——呼吸道和气体交换的场所——肺，为血液提供氧气，同时排出细胞新陈代谢的终产物(CO_2)。

(1) 呼吸道　呼吸道包括上呼吸道(鼻、咽、喉)和下呼吸道(气管、支气管及分支)。

鼻是人体与外界进行气体交流的直接接触部位，也是嗅觉器官，由外鼻、鼻腔和鼻旁窦组成。鼻旁窦有 4 对：上颌窦、额窦、蝶窦、筛窦，是鼻腔周围的含气骨腔，通过小管与鼻腔相通，对发声起共鸣的作用。鼻腔内面覆有黏膜，上鼻甲及其所对应的鼻中隔及其顶部的鼻黏膜区为嗅区，活体时呈淡黄色；其余为呼吸区，富含血管，活体时呈微红色。

咽是上宽下窄的漏斗形管道，成人约 12 cm，可分为鼻咽、口咽和喉咽，是气体和食物的共同通道。喉位于颈前部中部，由喉软骨、喉肌、韧带、纤维膜、喉黏膜等围成，是呼吸和发声的重要器官。

气管和支气管连接在喉与肺之间的管道，由软骨、肌肉和结缔组织等构成。气管长 11～12 cm，由 14～16 块“C”形软骨环及连接韧带构成；在第五胸椎下缘，气管分支为左、右两个支气管，左支气管较缓、平、长，右支气管较陡、直、短。气管和支气管是气体出入的通道，并可清除异物、调节空气温和湿度。

(2) 肺　位于胸腔，左右各一，右肺较宽而短；左肺较窄而长。支气管入肺后反复分支，越分越细，呈树枝状，即支气管树，最后形成由单层扁平上皮构成的肺泡。肺泡是肺的主要构成结构，薄而布满毛细血管，是气体交换的部位。

(3) 气体运输与交换　呼吸全程包含四个重要阶段：肺通气、肺换气、气体在血液内运输和组织换气(图 4-41)。

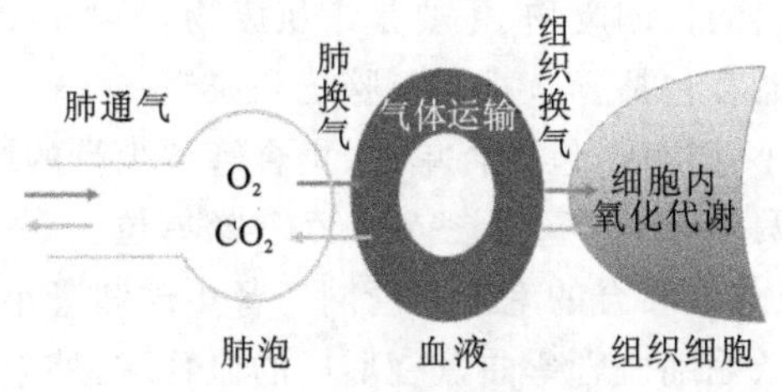

图 4-41　呼吸过程示意图

4) 血液与循环系统

在心脏节律性舒张和收缩的推动下，血液在循环系统中按一定的方向进行的周而复始的流动过程，称为血液循环(blood circulation)。血液循环的意义在于：运输原料和代谢产物；运输激素；维持内环境的稳定性；参与机体免疫。

血液是广义结缔组织的一种，包括血细胞和血浆两大部分。血细胞是血液中的有形成分，它包括红细胞、白细胞、血小板。血浆是血液中无一定形态的液体部分，含大量的水和多种化学物质，如无机盐、蛋白质、非蛋白有机物等。

循环系统由心脏和血管构成。心脏是由心内膜、心肌层和心外膜组成的中空的肌肉质器官，分为左心房、左心室、右心房、右心室四腔(图 4-42)。

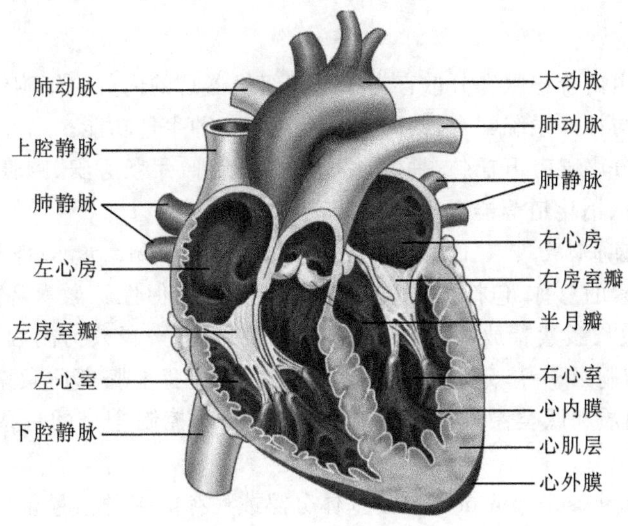

图 4-42　心脏的基本结构

心脏具有射血功能，它不停地将压力很低的静脉中的血液吸引进来，又将其射到压力较高的动脉内。心脏这种活动与水泵相似，故称为心泵。

血管又分为动脉血管、静脉血管和毛细血管。肺循环的血管包括发自右心室的肺动脉、肺部毛细血管及进入左心房的肺静脉，是肺的功能血管，主要功能是完成气体的交换。主动脉发自左心室，是体循环的动脉主干，分支为各级动脉后，形成毛细血管，再汇集成各级静脉，从右心房入心。

5）排泄系统

代谢终产物、多余的物质以及药物等经血液循环通过某些器官排出体外的过程称为排泄。哺乳动物的排泄途径有四条：呼吸道排出 CO_2；皮肤出汗；消化道排出代谢物；肾脏排出尿液。通过肾脏以尿液的形式排出的代谢废物（主要是含氮废物）是排泄的主要形式。

人和哺乳动物的排泄器官包括肾、输尿管、膀胱和尿道。

肾主要由许多迂曲的小管构成，包括肾单位、集合管和少量的结缔组织。肾单位是肾结构和功能的基本单位。人的两侧肾有 170 万～240 万个肾单位。每个肾单位都包括肾小球、肾小囊和肾小管三部分，以及与之结合的毛细血管网。肾小球和肾小囊合称肾小体。

肾小球是一个由数十条毛细血管弯曲盘绕形成的血管球，外包围着肾小囊，血液从入球小动脉流入肾小球，由出球小动脉流入肾小球。肾小球有滤过作用，滤过血液中的血细胞和大分子蛋白质，其余部分形成原尿，不可滤过葡萄糖。肾小球主要分布在肾脏的皮质部分，流经动脉血，不进行物质交换。

肾小囊很薄，其内紧贴着肾小球，内、外两层之间有一层囊腔，主要分布在肾脏的皮质部分。血液在肾小球和肾小囊壁过滤后进入肾小囊腔，形成原尿。肾小管弯曲细长，与肾小囊相通，周围有与出球小动脉相连接的毛细血管网。大量的肾小管汇集成一些较大的管道即集合管，通入肾盂。

尿的生成是持续不断的生理过程，而排尿是间断的。将尿生成的持续性转变为间断性排尿，这是由膀胱的机能完成的。尿由肾脏生成后经输尿管流入膀胱，在膀胱中贮存，膀胱是一个囊状结构，位于盆腔内。当贮积到一定量之后，产生尿意，在神经系统的支配下，由尿道排出体外。

6）内分泌系统

内分泌系统是由内分泌腺和分散存在于某些组织器官的内分泌细胞组成的体内信息传递系统。内分泌系统与神经系统配合，共同调节机体的各种生理功能。

人体主要的内分泌腺有下丘脑、垂体、松果体、甲状腺、甲状旁腺、胸腺、肾上腺、胰岛、性腺等（图 4-43）。心、肾、消化道等器官也具有内分泌功能。

（1）下丘脑与脑垂体分泌　下丘脑激素（hypothalamic hormones）是下丘脑的神经细胞产生的一系列肽类激素的总称，包括促甲状腺激素释放激素、促性腺激素释放激素、促肾上腺皮质激素释放激素、生长激素释放激素、催乳素释放因子、乳素释放抑制因子、促黑激素释放因子、促黑激素释放抑制因子等，分别调节促甲状腺激素、促肾上腺皮质激素、促性腺激素、生长激素、催乳素等蛋白质和肽类激素的生成和释放，由此而控制全身的一些主要的内分泌腺的活动。

垂体激素（hypophyseal hormones）是垂体分泌或贮存的多种微量蛋白质和肽类激素的总称，有垂体分泌的腺垂体激素和下丘脑产生贮存在神经垂体中的神经垂体激素两大类。腺垂体激素包括促甲状腺激素、促肾上腺皮质激素、黄体生成激素、促卵泡成熟激素、催乳素、生长

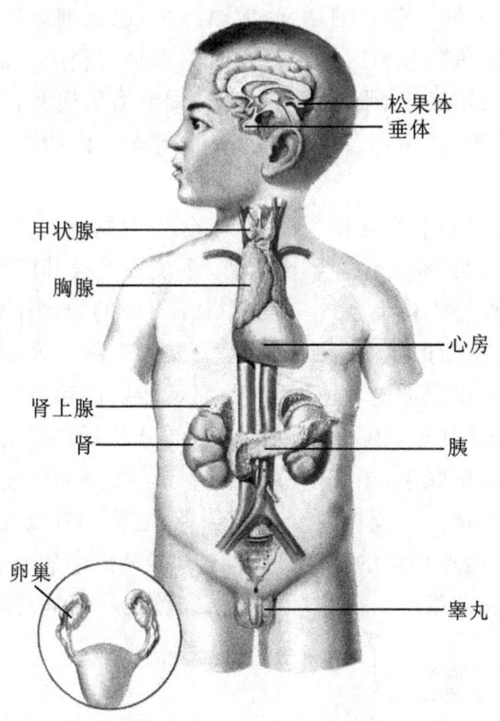

图 4-43　内分泌系统的组成

激素和促黑激素等。这些激素进入血液循环，被输送到诸如甲状腺、肾上腺皮质、性腺等外周内分泌腺体以及乳腺、骨骼、肌肉等器官，调节动物体的生长、发育、生殖、代谢，或控制各外周内分泌腺体以及器官的活动。

(2) 甲状腺激素　甲状腺细胞合成分泌甲状腺激素，包括四碘甲腺原氨酸(T_4)和三碘甲腺原氨酸(T_3)，为含碘的氨基酸衍生物。甲状腺激素的生理作用包括促进新陈代谢、维持机体正常生长发育、提高中枢神经系统的兴奋性等。甲状腺功能异常时，可导致甲亢、甲低、黏液性水肿、甲状腺肿、呆小症等疾病。

(3) 甲状旁腺激素和降钙素　甲状腺后方的甲状旁腺可分泌甲状旁腺激素，也称升钙素。甲状旁腺激素的作用是调节钙、磷代谢，使血钙升高，血磷降低。甲状腺滤泡旁细胞可分泌降钙素。降钙素的作用是降低血钙。

(4) 胰岛素和胰高血糖素　胰岛是处于胰腺腺泡之间的细胞群，有五种细胞，其中 α 细胞分泌胰高血糖素，β 细胞分泌胰岛素。胰岛素是含有 51 个氨基酸的小分子蛋白质，可促进组织细胞对糖的摄取、贮存和利用，并能抑制糖原分解和糖异生，从而增加血糖的去路，减少血糖的来源，使血糖降低。胰岛素缺乏时，血糖水平升高，大量糖从尿中排出，即糖尿病。胰高血糖能促进肝糖原分解和糖异生，因而使血糖升高；还能激活脂肪酶，促进脂肪分解；大剂量的胰高糖素，可将心肌终池内的 Ca^{2+} 动员出来，从而提高心肌收缩力，增加心输出量，升高血压。

(5) 肾上腺分泌的激素　肾上腺位于肾上方，由中央部的髓质和外周部的皮质组成。肾上腺髓质分泌肾上腺素和去甲肾上腺素，机体在紧急状态时，交感-肾上腺髓质系统作为一个整体被动员起来，使中枢神经系统兴奋性升高，使机体处于警觉状态，反应敏捷，表现为：心跳加强加快，心输出量增加，内脏血管收缩，分配至活动肌肉的血量增多；支气管舒张，气流通畅；肝糖原、脂肪分解增强，提供更多的葡萄糖和脂肪酸作为骨骼肌、心肌、脑组织的能量来源；组织耗氧量增加，产热增加，皮肤血管收缩增强，散热减少，以利维持体温；等等。这一系列变化，对于机体同有害刺激作“斗争”，或暂时度过紧急时刻都是有利的。皮质激素可分为三类：盐皮质激素、糖皮质激素和少量雄激素、雌激素等。具有调节物质代谢，生长发育，增加机体对有害刺激的耐受力、抗炎、抗过敏、抗中毒及抗休克等作用等多方面的重要作用。

7）神经系统

神经系统是机体内起控制盒主导作用的系统，分为中枢神经系统和周围神经系统两大部分。中枢神经系统通过周围神经与体内各个器官、系统发生极其广泛、复杂的联系。神经系统在维持机体内环境稳态，保持机体完整统一及其与外环境的协调平衡中起主要作用。人类的大脑皮层由于劳动和社会生活的影响得到了高速发展和不断完善，产生了语言、思维、学习、记忆等高级功能活动，使人不仅能适应环境的变化，而且能认识和主动改造环境。

神经系统由中枢部分及其外周部分组成。中枢部分包括脑和脊髓，分别位于颅腔和椎管内，两者在结构和功能上紧密联系，组成中枢神经系统。外周部分包括 12 对脑神经和 31 对脊神经，它们组成外周神经系统。外周神经分布于全身，把脑和脊髓与全身其他器官联系起来，使中枢神经系统既能感受内外环境的变化（通过传入神经传输感觉信息），又能调节体内各种功能（通过传出神经传达调节指令），以保证人体的完整统一及其对环境的适应（图 4-44）。

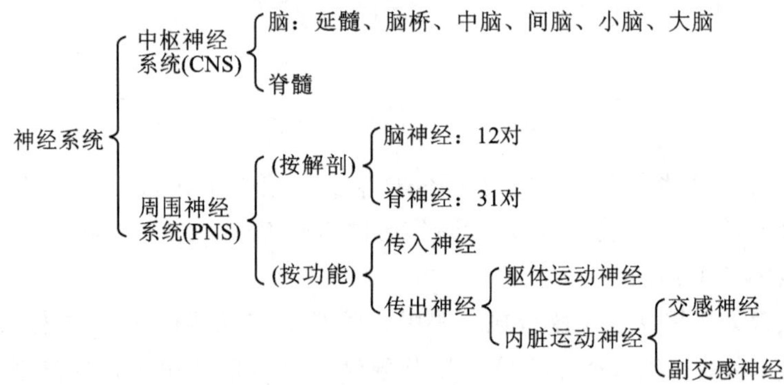

图 4-44　神经系统的组成示意图

脊髓位于椎管，呈前后略扁的圆柱形，横切面呈椭圆形，中间部分为蝶形，以神经元细胞体为主构成，称为灰质；灰质外部为白质，主要是一些上行或下行的纤维。从脊髓上共发出 31 对脊神经，都是混合性神经，支配躯干和四肢的感觉与运动。

脑可分为端脑、间脑、中脑、脑桥、延髓和小脑等六部分。中脑、脑桥和延髓合称脑干，是上、下行神经通路的中继站，且调节心血管、呼吸、消化等活动；延髓有“生命中枢”之称。小脑包含较小的中央部分和左右两个半球，是保持身体平衡、协调肌肉运动的控制中心。间脑位于脑干和端脑（大脑）之间，间脑的主要部分是背侧丘脑和下丘脑，前者与感觉分析有关，后者与内脏活动、情绪活动和生殖活动的调节有关。大脑是脑的最高级部位，由两侧大脑半球借胼胝体连接而成，每个半球分五叶，即额叶、顶叶、颞叶、枕叶和岛叶，包括表面的皮质和内部的髓质。大脑皮层的表面具有隆起的回和凹陷的沟，不同的皮质区具有不同的功能区域，称为“中枢”，如躯体运动中枢、躯体感觉中枢、听觉中枢、视觉中枢、语言中枢等，都分别定位于不同的脑区。大脑深层的白质为髓质。在半球的基底部，髓质中藏有的灰质团块，称为基底神经核。半球内的室腔称为侧脑室。

周围神经系统主要由躯体神经和内脏神经组成。躯体神经（somatic nerves）主要分布于皮肤和运动系统(骨、骨连接和骨骼肌),管理皮肤的感觉和骨骼肌的感觉及运动。内脏神经(visceral nerves)主要分布于心脏、内脏器官、血管和淋巴管等的心肌、平滑肌和腺体,管理它们的感觉和运动。

8) 感觉器官

感受器是指分布在体表或组织内部的一些专门感受机体内、外环境改变的结构或装置。感受器多种多样:有些感受器是外周感觉神经末梢本身,如体表或组织内部与痛觉感受有关的游离神经末梢;有的感受器是裸露在神经末梢周围再包绕一些特殊的由结缔组织构成的被膜样结构,如触觉小体和环层小体;但是对于一些与机体生存密切相关的感觉来说,体内存在着一些结构和功能上都高度分化了的感受细胞,它们以类似突触的形式直接或间接同感觉神经末梢相联系,如视网膜中的视杆和视锥细胞是光感受细胞,耳蜗中的毛细胞是声波感受细胞等,这些感受细胞连同它们的非神经性附属结构,构成了各种复杂的器官如眼、耳等。高等动物中最重要的感受器,如眼、耳、前庭、嗅、味等器官,都分布在头部,称为感觉器官。

当感觉器官受到光、声、化学物质等形式的刺激达到一定强度以后,会引起感受器产生神经冲动,冲动沿着神经纤维传导到脑,产生感觉并做出相应的反应。

视觉功能由眼、视神经和视觉中枢的共同活动来完成。眼的结构可分为折光系统和感光系统两大部分。折光系统由角膜、房水、晶状体、玻璃体组成,能够把来自外界物体的光线聚集在视网膜上形成物像。感光系统具有复杂结构和功能的视网膜,视网膜上的感光细胞能感受光的刺激,产生兴奋,并发放冲动,通过视神经传入视觉中枢产生视觉。

传导和感受声波的听觉器官是耳。耳分外耳、中耳和内耳。内耳耳蜗能感受到声波的刺激,形成听觉;前庭和三个半规管能感受头部位置的变化和身体的直线或旋转运动,是维持身体平衡的位置觉器官之一。

嗅觉细胞是深入鼻腔上部的一些感觉神经细胞。空气中挥发性物质的分子随呼吸进入鼻腔,极小的浓度即可引发嗅细胞兴奋。

舌与味觉、吞咽、语言等功能有直接关系,人主要通过舌上的味蕾来感知味觉。

皮肤可以感受痛、触、压、温度等的变化。

9) 生殖系统

生殖是保持种族延续的各种生理过程的总称。高等动物和人的生殖是通过两性生殖器官的活动来实现的。因此,生殖过程包括生殖细胞(卵子和精子)的形成、交配和妊娠等重要环节。生殖器官包括主性器官和附性器官。主性器官即性腺,男性性腺为睾丸,女性性腺为卵巢。

雄性生殖系统包括生殖腺和生殖管道,部分脊椎动物还有副性腺和交配器。一般雄性高等脊椎动物的雄性生殖系统包括精巢(睾丸)、附睾、输精管、副性腺及阴茎等结构(图 4-45)。

睾丸是产生精子的器官,还有内分泌功能。睾丸含有近 1 000 条曲细精管。曲细精管由处于发育不同阶段从外向内的精细胞组成,精细胞包括精原细胞、初级精母细胞、次级精母细胞、精子细胞、精子和支持细胞等。产生的精子在附睾内发育成熟并具有生理活性。精子由头、颈和尾三部分组成,染色体集中在头部,前端还有含水解酶的顶体。

雌性生殖系统也包括生殖腺和生殖管等结构。一般雌性高等脊椎动物的生殖系统包括卵巢、输卵管、子宫、阴道和外生殖器等部分(图 4-46)。

卵巢是产生卵子的器官,还有内分泌功能。卵巢的外层皮质中有许多处于不同发育阶段的卵泡,包括原始卵泡、初级卵泡、次级卵泡和成熟卵泡;还有闭锁卵泡、黄体和白体等。女性

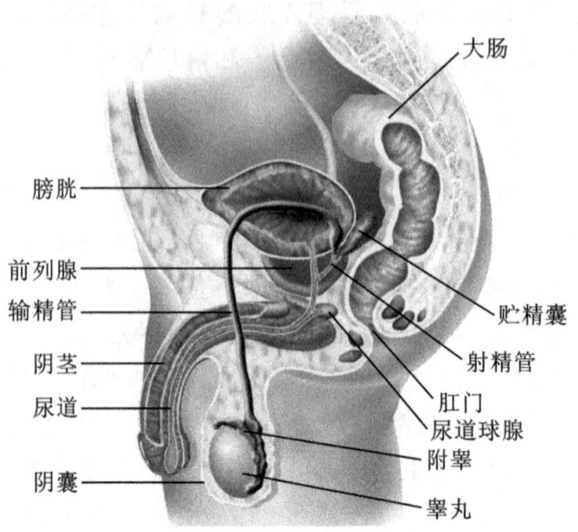

图 4-45　男性生殖系统示意图(摘自生殖医学网)

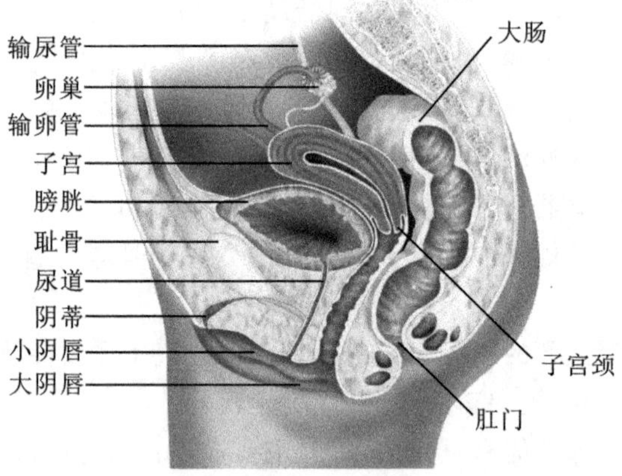

图 4-46　女性生殖系统示意图(摘自生殖医学网)

从 15 岁左右开始进入性成熟期,每月有一个卵泡发育成熟并排卵。排卵日期在下次月经来潮前 14 天左右。排出的卵子进入输卵管。排卵后,卵巢内的卵泡细胞在雌激素的作用下发育为黄体。如果排卵后卵没有受精,黄体便退化,形成白体。同时子宫内壁脱落引起子宫出血,即女性的月经现象。

4.3.3　动物的发育

动物发育是动物体以遗传信息为基础进行自我构建和自我组织的过程,是基因按照特定时空选择性表达,并逐步转化为特征表型的过程。发育使生物个体内每个细胞中众多基因的结构、功能和表达上的差异最终在个体水平上得以体现。

绝大多数无脊椎动物的胚胎发育是在有性生殖基础上进行的,有少数种类兼行孤雌生殖式的胚胎发育。无脊椎动物的胚胎发育过程并不限于在卵膜或母体内进行,很多种类中有幼虫期,由幼虫到成体要经过变态。我们把不经幼虫期的发育为直接发育,经过幼虫期才能发育为成体的为间接发育。无脊椎动物有性生殖的胚胎发育除普遍经过卵裂、囊胚、原肠胚、幼虫和成体器官发生等阶段外,有的在幼虫期之后和未进入成体之前还有一个称为后幼虫期的过渡阶段，如对虾类的后幼虫期已具有所有附肢，但在体躯比例、附肢长短和外部生殖器官等方面尚未达到成体水平。又如，蟹的后幼虫期（大眼幼虫）具有与成体相同的头胸部，但宽大的腹部尚未弯折其下。

由于进化过程的不同，无脊椎动物胚胎期较脊椎动物为短，但各发育阶段差异明显。进化水平越低的种类，其胚胎发育历程越短，各个发育阶段越明显。

我们主要以人体为例简要介绍脊椎动物胚胎发育的基本过程。

1. 受精

精子穿入卵子并相互融合的过程称为受精（fertilization）。人类的受精时间发生于排卵后 24 h 内，游动到输卵管壶腹部的精子与卵子相遇并融合。精子在女性输卵管内能生存 1～3 天，卵子能生存 1 天左右，如在女子排卵日前后数天内性交，精子和卵子可能在输卵管壶腹部相遇。精子经过雌性生殖道或穿越卵丘时，包裹精子的外源蛋白质被清除，精子质膜的理化和生物学特性发生变化，使精子获能。获能的精子接触卵周的卵膜或透明带时，特异地与卵膜上的某种糖蛋白结合，激发精子产生顶体反应：顶体外围的部分质膜消失，顶体外膜内陷、囊泡化，顶体内含物包括一些水解酶外逸。顶体反应有助于精子进一步穿越卵膜，细胞核进入卵中，并且很快与由次级卵母细胞核一分为二产生的卵核融合，最终产生一个二倍体的合子。

2. 卵裂、囊胚与植入

合子马上开始分裂，并在输卵管中缓慢运行，经过连续多次分裂之后（3～5 天），形成 12～16 个细胞的桑椹胚，进入子宫腔。桑椹胚在子宫腔内继续细胞分裂形成囊胚。胚胎是由许多细胞构成的中空的小球体，称为胚泡。从受精后的第 5、6 天开始至第 11、12 天，整个胚泡埋入子宫内膜，这个过程叫做着床或植入（图 4-47）。

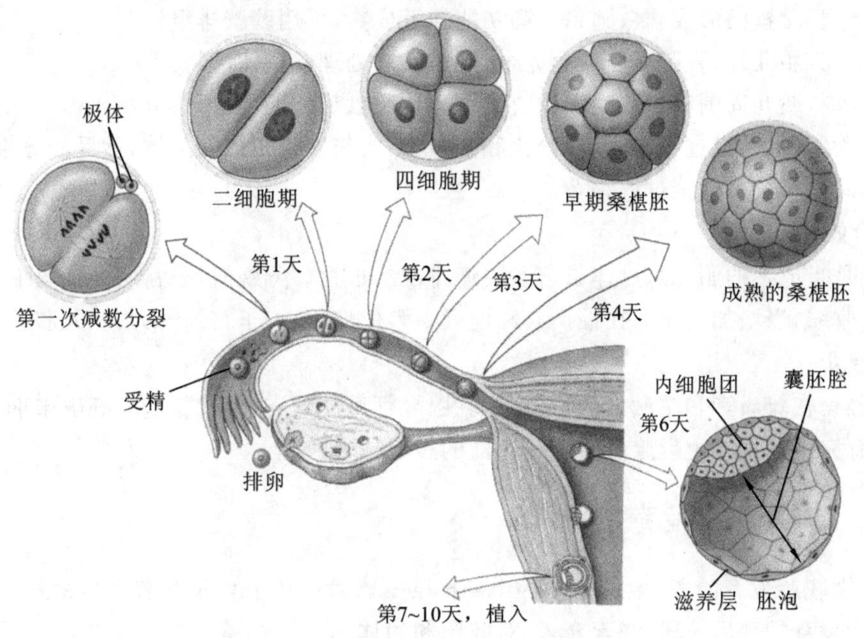

图 4-47　囊胚形成及植入示意图

植入一般是位于子宫的底部或体部，若植入部位靠近子宫颈，形成的胎盘称前置胎盘，分娩时容易堵塞子宫颈，导致胎儿娩出困难。在子宫以外的地方植入称为异位妊娠或宫外孕，常发生于输卵管，偶见于子宫阔韧带、肠系膜甚至在卵巢表面。

3. 妊娠

胚泡植入增厚的子宫内膜后中，就称为妊娠。子宫内膜重新长好，胚泡表面的滋养层细胞不断分裂，长出绒毛状突起，形成许多绒毛，伸入子宫内膜，吸收母体营养。胚泡不断通过细胞分裂和细胞的分化而长大，分成了两部分。一部分是胚胎本身将来发育成胎儿；另一部分演变为胚外膜，包括羊膜、胎盘和脐带等，胎儿通过胎盘和母体进行物质交换。

在卵子受孕后的第 6 天，胚泡滋养层细胞就开始合成人绒毛膜促性腺激素，以后逐渐增多，第 8～10 周达到最高峰。此激素可作为早孕的准确指标。人绒毛膜促性腺激素可刺激卵巢的月经黄体转为妊娠黄体，若无此激素则转入下一个月经周期。胎盘可以分泌雌激素和孕激素，在妊娠黄体退化后，继续维持妊娠。

4. 胚胎发育过程简述

受精后 6 周，胚形已隐约可见，长 7～12 mm，开始出现心跳，每分钟 140～150 次，是母亲心跳的两倍。

到第 8 周，所有哺乳动物的胚胎差别不大，尚很难区分。

第 9 周，胎儿已基本成形，能看到手的进一步分化。

第 11 周的胎儿，进入妊娠的第 4 个月后，从 5 cm 长到 10 cm。

第 20 周的胎儿，已经能够自如地移动手臂，把手指放在唇边，促进吮吸反射的形成。此时经腹壁可触到子宫内的胎体。胎头圆而硬，有浮球感；胎背宽而平坦；胎臀宽而软，形状略不规则；胎儿肢体小且有不规则活动。

第 27 周时，体内器官逐步分化和成熟，生殖器官清晰可辨。这时胎儿如果出世，有的已经可以存活。

第 32 周，胎盘已形成，眼、肺、胃、肠功能接近成熟，可用膀胱排泄。

第 36 周，胎儿耳、肾脏等已发育完全，肝脏已能处理一些代谢物。

第 40 周，胎儿周围的羊水变浑浊，呈乳白色，胎盘功能退化，即将分娩。

从受精卵开始，经过细胞分裂、分化和生长，形成与亲代相似的个体，然后经分娩产生新的独立个体。人类妊娠的全过程约 280 天。

5. 分娩

分娩是指成熟的胎儿从母体子宫经阴道排出的过程。分娩时，子宫肌强烈收缩，并伴膈肌和腹肌的收缩，以增加腹压。在催产素和前列腺素的作用下，子宫颈开大，胎儿和胎盘娩出。

6. 授乳

妊娠后，在雌激素和孕激素的作用下，乳腺导管反复分支，形成腺泡。妊娠末期，腺泡逐渐膨胀，发育完全。直接由乳腺供给婴儿乳汁的过程称为授乳。

4.3.4 动物生长发育的调节

在动物胚胎发育阶段，生长因子(growth factor)对胚体的生长起着主要的控制和调节作用；在动物发育的稍后阶段，激素介入，对胚胎和幼体的生长起着重要调控作用。动物在生长发育过程中，不断适应外部环境变化，保持内环境相对稳定，维持正常的新陈代谢，维护机体的协调统一，神经系统和内分泌系统则发挥着非常重要的作用。

1. 生长因子对生长发育的调节作用

生长因子属于多肽类，是对体内一大类特殊的生物活性物质的通称，在体内分布广泛，种类多样，作用复杂。生长因子与特异性质膜结合后，可启动快速链式反应，最终导致 DNA 复制和细胞分裂。比较重要的生长因子有胰岛素样生长因子、转化生长因子、成纤维细胞生长因子、表皮生长因子等。

(1) 胰岛素样生长因子(insulin-like growth factors，IGFs)　IGFs 是单链多肽，化学结构与胰岛素相似，属多功能的细胞增殖调控因子。主要在肝细胞内合成，目前主要分离提纯得到两种，即 IGFs Ⅰ 和 IGFs Ⅱ。前者在出生后动物的生长发育中起调节作用，后者主要在胚胎期的胎儿生长中具有重要调控作用。IGFs 能以自分泌的形式刺激肝细胞生长，对肝外其他组织的增长调节作用则以内分泌和旁分泌的形式参与。它能促进细胞增殖、分化，参与脂肪组织的糖代谢和糖转运，促进脂肪和糖原合成，增加细胞对葡萄糖的利用，并使生长激素发挥正常功能，调整机体的生长状态。因此，IGFs 在细胞的分化、增殖、代谢的生长发育中具有重要的促进作用。IGFs 还可促进胚胎成肌细胞和肌卫星细胞肌管蛋白质的合成，抑制蛋白质的降解；促进中胚层来源的细胞分裂；促进由促卵泡激素介导的颗粒细胞的分化与增殖，提高卵母细胞的体外活力和生长能力；促进和维持泌乳等。

(2) 转化生长因子(transforming growth factor，TGF)　TGF 是一组物理化学性质和生物学特性不同的肽类生长因子的总称，如 TRF-α 和 TGF-β。前者对皮肤厚度、胃肠道细胞、血管、免疫和内分泌系统有明显影响；后者对细胞的增殖、发生、转化有一定的调节作用。除主要引起细胞分化的作用外，TGF 对卵巢激素的分泌也有影响，能显著增强卵泡刺激素诱导的促黄体生成素受体的形成；还能促进成肌细胞的分化和囊胚细胞数的增加。

(3) 成纤维细胞生长因子(fibroblast growth factor，FGF)　FGF 是由垂体和下丘脑分泌的多肽，能促进成纤维细胞的有丝分裂、中胚层细胞的生长，刺激血管形成。对骨骼系统，FGF 能促进生成大量的成骨细胞、抑制破骨细胞；对消化系统，FGF 能加强胃肠功能，促进消化酶的分解；对血液系统，FGF 可加强骨髓造血功能，促进干细胞生成，进而生成大量红细胞和白细胞；还可加强左心室厚度，增强心肌弹性；诱导毛细血管生长。另外，FGF 还可促进生肌细胞增殖，抑制生肌细胞的分化。

(4) 表皮生长因子(epidermal growth factor，EGF)　EGF 是由 53 个氨基酸残基组成的小肽，在体内体外都对多种组织细胞有强烈的促分裂作用，通过自分泌、旁分泌和内分泌途径对生殖器官及生殖激素产生调控作用。EGF 可促进细胞增殖，增加体内物质转运和糖代谢，增加前列腺素的合成和释放等，如：抑制胃酸分泌，增加皮肤内二硫键生成；促进肝的肥大增生以及脂肪的生成，增加鸟氨酸脱羧酶的活性及多胺水平；增加平滑肌细胞 DNA 的合成，促进卵泡细胞分裂；调节甲状腺细胞的生长、分化和激素分泌等。

2. 激素对生长发育的调节

生长发育受很多激素的影响，最主要的是甲状腺激素和生长激素。胰岛素、睾酮、雌激素、肾上腺皮质激素等也具有明显作用。

(1) 生长激素(growth hormone)　高等脊椎动物的生长激素产生于垂体中，是哺乳动物胚后生长的最主要的调控因子。在生长激素缺乏或者失效的情况下，幼体的生长显著减慢，而给予生长激素后可以使个体的生长恢复正常，并且它具有追加效应，即在一定的时期内它可使已经滞后的生长快速达到正常水平。生长激素分泌过多就会引起巨人症，分泌过少就会造成侏儒症。

(2) 甲状腺激素(thyroid hormone)　甲状腺素是一种重要的含碘代谢激素，作用范围广泛，几乎遍及全身各组织、器官，作用迟缓而持久，主要是调节新陈代谢、生长、发育等生理过程。另外,甲状腺激素对泌乳具有促进作用,增加脂肪物质的分解,增加蛋白质的合成。但大剂量甲状腺激素可使蛋白质分解代谢加快,出现氮的负平衡,机体呈现出消瘦、疲乏无力等现象。发育过程中甲状腺激素分泌不足极易导致生长和神经系统发育障碍而呈现呆小症。

(3) 胰岛素(insulin)　由胰岛B细胞受内源性或外源性物质如葡萄糖、乳糖、核糖、精氨酸、胰高血糖素等的刺激而分泌的一种蛋白质激素,是机体内唯一降低血糖的激素,同时可促进糖原、脂肪、蛋白质的合成。胰岛素使能量以最经济的脂肪形式储存起来,外周组织胰岛素抵抗可抵消胰岛素的作用,使营养重新分配,满足重要生命器官的发育。胰岛素一方面促进细胞对氨基酸的摄取和蛋白质的合成,另一方面又可抑制蛋白质的分解,因而有利于生长。腺垂体生长激素的促蛋白质合成作用,必须有胰岛素的存在才能表现出来。因此,对于机体的生长来说,胰岛素也是不可缺少的激素之一。

(4) 性激素(sex hormone)　性激素是由动物体的性腺、胎盘、肾上腺皮质网状带等组织合成的甾体激素,化学本质是脂质,具有促进性器官成熟、副性征发育和维持性功能等的作用。雌性动物卵巢主要分泌两种性激素——雌激素与孕激素,雄性动物睾丸主要分泌以睾酮为主的雄激素。

孕酮是作用最强的孕激素,也称黄体酮,是哺乳类卵巢的卵泡排卵后形成的黄体以及胎盘所分泌的激素。其主要功能在于使哺乳动物的副性器官作妊娠准备,是胚胎着床于子宫,并维持妊娠不可缺少的激素。

睾丸、卵巢及肾上腺均可分泌雄激素。睾酮是睾丸分泌的最重要的雄激素。雄激素作用于雄性副性器官如前列腺、精囊等,促进其生长并维持其功能,也是维持雄性副性征不可缺少的激素。

需要特别指出的是,内分泌腺分泌激素调节机体生命活动,内分泌腺也受到垂体分泌的腺垂体促激素的调节,腺垂体激素的活动又受控于特异性下丘脑激素。激素在血液中的水平过高,反过来也能减弱垂体或与下丘脑的分泌活动。一方面,下丘脑、垂体、内分泌腺、激素之间,层层控制,相互制约,组成一个闭环的反馈系统(图4-48)。另一方面,下丘脑与垂体又把神经调节与激素调节有机地结合起来,凸显了神经调节在机体生命活动调节中的主导作用。

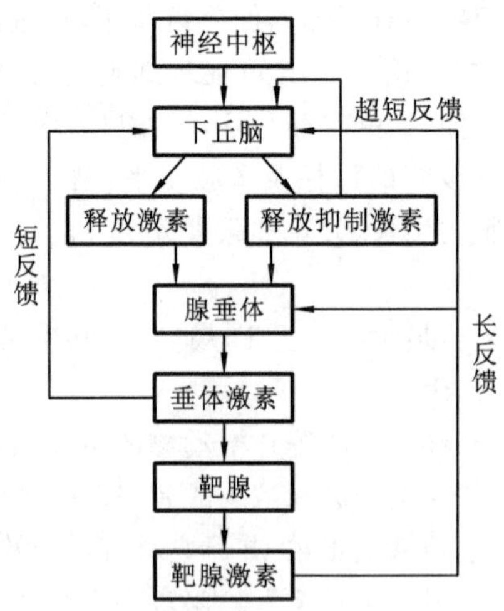

图4-48　激素分泌的反馈调节示意图

3. 生命活动的调节

动物和人体内各器官、系统各自进行着各种正常生理机能活动，而机体内、外环境又经常处于变动之中，因此机体内必须具有一整套精确的调节机构，用以不断地调节体内各器官、系统的活动，使它们相互密切协调配合，使机体形成一个统一的整体；同时也要不断地调节机体的各种机能活动，以便与内、外环境的变化相适应。机体的这种调节作用主要是通过神经调节、体液调节、自身调节等方式进行的。

(1) 神经调节　通过神经系统的反射活动而实现的调节称为神经调节(nervous regulation)。反射的结构基础称为反射弧，包括感受器、传入神经、神经中枢、传出神经和效应器五个部分。神经调节的特点是迅速、准确，但作用部位较为局限。

(2) 体液调节　机体的某些细胞能产生某些特异性化学物质(如内分泌腺细胞所分泌的激素)，通过血液循环输送到全身各处，对某些特定的组织起作用，以调节机体的新陈代谢、生长、发育、生殖等机能活动，这种调节称为体液调节(humoral regulation)。此外，组织细胞的一些代谢产物在组织中含量增加时，能引起局部的血管舒张，使局部血流量增加，从而使积蓄的代谢产物能较迅速地被运走，这可称为局部体液因素调节。体液调节的特点是缓慢、持久、作用范围广。

(3) 自身调节　除了神经调节和体液调节之外，人体的器官、组织、细胞尚有自身调节作用。所谓自身调节(autoregulation)，是指人体在体内、体外环境发生变化时，器官、组织、细胞可不依赖于神经和体液调节而产生的适应性反应。例如，心肌收缩力在一定范围内与收缩前心肌纤维的初长度成正相关。也就是说，在一定范围内，收缩前心肌纤维愈长，收缩时产生的收缩力量愈大。例如，当回心血量突然增加时，心肌被拉长，心肌的收缩力量自动加强，排出更多的血液，使心脏不至于过度扩张。这种调节依靠心肌本身即可完成，而不依赖于神经和体液因素。又如，脑血管在动脉血压波动不大时，可通过血管的自身舒缩活动以改变血流阻力，使脑的血流量能经常保持相对恒定。自身调节起到的是一种局部调控作用，它所能调节的范围虽然较小，但对人体生理功能活动的调控仍有一定生理意义。自身调节的特点是调节幅度小，范围小，灵敏度小。

总而言之，自身调节也是功能调控方式中的一种不可忽视的方式，它作为生理功能调节的最基本的调控方式，与神经调节和体液调节密切配合，共同为实现机体生理功能活动的调控发挥各自应有的作用。神经调节、体液调节和自身调节三者是人体生理功能调控过程中相辅相成、不可缺少的三个环节。

4. 生命活动调节中的反馈作用

机体的许多控制和调节作用都表现为反馈(feed back)调节现象，这对于保证生理机能的稳定性和精确性是十分重要的。

反馈是指一种效应产生的结果反过来影响这种效应本身。这种控制系统具有自动调节的能力(图 4-49)。

(1) 负反馈(negative feedback)　如果反馈信息可使控制中枢的原始信息减弱，称为负反馈，如血压调节反射。在生理机能调节中的反馈多数属于负反馈形式。在负反馈情况时，反馈控制系统平时处于稳定状态。如出现一个干扰信息作用于受控系统，则输出变量发生改变，导致该反馈控制系统发生扰乱；这时反馈信息与参考信息发生偏差，偏差信息作用于控制系统使控制信息发生改变，以对抗干扰信息的干扰作用，使输出变量尽可能恢复到扰乱前的水平。例如，人体的体温经常可稳定在 37 ℃左右，就是负反馈调控作用的结果。现在认为下丘脑内有

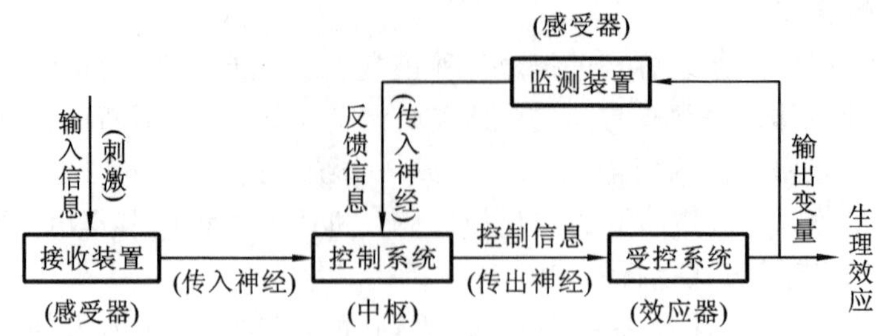

图 4-49　反馈控制系统模式图(摘自徐丰彦)

决定体温水平的调定点的神经元，这些神经元发出参考信息使体温调节中枢发出控制信息来调节产热和散热过程，保持体温维持在 37 ℃左右；如果人体进行剧烈运动，产热突然增加(即发生干扰信息，使输出变量增加)，体温随着升高，则下丘脑内的温度敏感神经元(监测装置)就发生反馈信息与参考信息进行比较，由此产生偏差信息作用于体温调节中枢，从而改变控制信息来调整产热和散热过程，使升高的体温回降，恢复到 37 ℃左右。

(2) 正反馈(positive feedback)　如果反馈信息使控制中枢的原始信息加强，则称为正反馈，如排尿反射。在正反馈情况时，反馈控制系统则处于再生状态。正反馈控制系统一般不需要干扰信息就可进入再生状态，但有时也可因出现干扰信息而触发再生。例如：出现一个干扰信息作用于受控系统，则输出变量发生改变，这时反馈信息为正值，导致偏差信息增大；增大的偏差信息作用于控制系统使控制信息增强，导致输出变量的改变进一步加大；由于输出变量加大，又反过来加大反馈信息，如此反复使反馈控制系统活动不断再生。分娩过程是正反馈控制系统活动的实例。当临近分娩时，某些干扰信息可诱发子宫收缩，子宫收缩导致胎儿头部牵张子宫颈部；宫颈受到牵张可反射性地导致催产素分泌增加，从而进一步加强宫缩，转而使宫颈进一步受到牵张；如此反复再生，直至胎儿娩出为止。

(3) 前馈控制系统(feed-forward control system)　干扰信号在作用于受控部分，引起输出变量改变的同时，还可直接通过感受装置作用于控制部分，即在未引起反馈调节之前，同时又经另一快捷途径发出干扰信号直接作用于控制部分，及时调控受控部分的活动(图 4-50)。

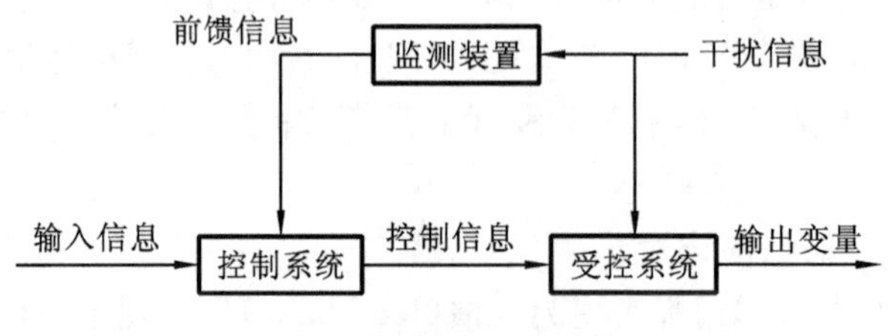

图 4-50　前馈控制系统模式图

从图 4-50 可以看出，在前馈控制系统中，输出变量不发出反馈信息，监测装置在检测到干扰信息后发出前馈信息，作用于控制系统，调整控制信息以对抗干扰信息对受控系统的作用，从而使输出变量保持稳定。即受控部分的输出变量未出现“偏差”而引起负反馈调节之前，外界干扰信号对控制部分直接产生作用。因而前馈可以避免负反馈在纠正“偏差”时易出现滞后现象和较大波动的缺陷。因此，前馈控制系统所起的作用是预先监测干扰，防止干扰的扰乱；或是超前洞察动因，及时作出适应性反应。条件反射活动是一种前馈控制系统活动。例如，动物见到食物引起唾液分泌，这种分泌比食物进入口中后引起唾液分泌来得快，而且富有预见性，更具有适应性意义。但前馈控制引起的反应，有可能失误，例如动物见到食物后并没有吃到食物，则唾液分泌就是一种失误。反馈控制和前馈控制相互协调，共同组成人体的自动控制系统(图 4-51)。

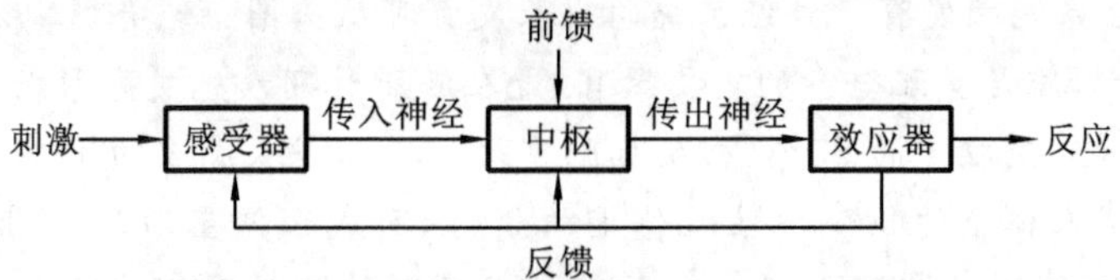

图 4-51　人体功能调节的自动控制示意图

知识链接

胚后发育

胚后发育(postembryonic development)是指幼体从卵膜孵化出来或从母体内生出来以后，发育成为性成熟的个体，在动物个体发育中占有着重要的地位。

许多动物的幼体在形态结构和生活习性上都与成体没有明显差别，因此，幼体不经过明显的变化就可成长为成体，如爬行动物、鸟类和哺乳动物。对于这些动物来说，胚后发育主要是指身体的长大和生殖器官的逐渐成熟。

但并不是所有动物的成体结构和功能获得都是在胚胎期完成的，许多动物从幼体到成体，其功能仍在不断地发生变化。实际上，可以说绝大多数动物都存在胚后发育的现象，有的甚至表现得十分突出，主要表现为幼体与成体在形态结构和生活习性上有明显的差异，如蚕、蛙。这类动物在胚后发育过程中，形态结构和生活习性上都要发生显著的变化，而且这些变化又是集中在短期内完成的。这种类型的胚后发育过程叫做变态发育。

不同的动物可能具有差异性很大的胚后发育过程。我们以人体为例介绍一下胚后发育的一般规律。

1. 人体胚后发育的分期

人出生以后的发育，通常分为婴儿期、幼儿前期、幼儿期、童年期、青春期、青年期、成年期和衰老期等几个时期。

婴儿期至童年期是生长发育速度很快的一段时间。通过这一时期，生长和机能分化基本上已获得平衡。青春期是从童年到成年的过渡阶段，是指生殖器官开始发育到成熟的阶段，也是生长的另一高峰。人体发育的各个时期中，青春期的开始年龄、发育速度、成熟年龄等，各个人之间存在着较大的差异。就开始年龄来说，男孩一般比女孩晚两年。初、高中学生的发育一般都进入了青春期。在成年期，绝大部分组织、器官的生长只局限于对磨损、损伤和废弃组织的修复和更新的代偿性生长，以及疾病后的康复。至老年期，机体各种机能逐渐衰退，甚至连损伤后的修复都难以维持。

身体各部分的生长和发育虽是同时进行的，但其速度各异，因此从总的方面可分为四种类型。

(1) 身体的总发育　在儿童期，身高、体重增长较快，全身(除头颈外)的骨骼和肌肉、呼吸系统、消化系统、脾、肾、循环系统以及血液总量等都有很大的变化。

(2) 生殖系统的发育　男女生殖系统(包括睾丸、前列腺、精囊、卵巢、输卵管、子宫以及外生殖器等)的生长发育除在儿童期生殖系统几乎没有增长外,其余各期均与身体总的生长发育相似,到青春期发展很快,直至性成熟。

(3) 神经系统的发育　神经系统的生长发育可从头围、脑、脊髓以及有关结构的增长来分析。例如,脑是支配全身的重要器官,是在胚胎时期最先发育形成的,到出生时,婴儿脑重已达成人时期脑重的25%(初生儿脑重约380 g,成人脑重约1450 g),而同时期初生儿体重仅为成人体重的5%(初生儿体重约3 kg,而成人体重约为60 kg)。出生后,脑的发育也一直处于优先地位,如第一年脑部的发育可达生后脑部发育的50%,第二年仍维持较快的发育速度,可再增加20%,到第6年时,脑部的发育即达成人脑重的90%,至青春期,神经系统几乎均已发育完全。

(4) 淋巴系统的发育　淋巴系统的生长发育与身体总的生长发育完全不同。如胸腺,在7岁时即达成人的大小,但还继续生长,至12岁时为成人大小的200%,以后随着全身免疫机能的完善,当身体其他部分继续生长时,胸腺则萎缩变小,至20岁时,又达成人大小,到老年时更加衰退。

2. 人体青春期发育的特点

进入青春期,由于神经系统和激素的调节作用,人体的形态和功能都发生了显著的变化。

(1) 青春期的生长突增　人体的生长发育速度除出生后第一年较快外,5岁以后增长的速度一直很缓慢,进入青春期增长的速度又大大加快,称为青春期生长突增(adolescent growth spurt)。青春期生长突增约与第二性征的发育过程同时进行,此时人体的增长十分惹人注目,其增长几乎涉及全身骨骼、肌肉和绝大多数内脏器官。全身骨骼的增长速度并不完全相同,因此,生长突增后改变了人体的整个骨骼框架。在身高的年龄生长曲线图中,躯干和四肢长度的对比、肩宽和盆宽的对比变化最为突出。身高是生长突增变化良好的指标,青春期男子每年可增长7～9 cm,最多可达10～12 cm,女子每年也可增长5～7 cm,最多可达9～10 cm。

青春期的生长突增,包括身高、体重、胸围、肩宽、小腿长等,无论在起止的时间,还是增长的幅度和侧重的部位都显示出明显的性别差异。生长突增开始的年龄范围,女孩为8～11岁,男孩为10～14岁。多数女孩的月经初潮是在生长高峰后一年开始,月经初潮后增长速度继续缓慢下来。男女学生的身高、体重的均数随年龄逐渐增高时,每项指标中男、女生的增长曲线都有两次交叉的现象。第一次交叉在9～10岁,由于此时女孩已开始了青春期生长突增(女生比男生的早2年左右)。这次交叉后,女生的身高、体重增长水平均超过了同年龄的男生。第二次交叉在14～16岁,交叉后男生的身高、体重的增长水平又超过于同年龄的女生,说明男生的青春期突增已经开始,而女生则开始进入缓慢阶段。以后男、女学生的增长差距继续增加,致使男生在18岁时身高、体重、肩宽、胸围和小腿长等的绝对值均较同年龄女生的高,而身高、肩宽的差距更为显著,因而形成成年男子身体较高、肩部较宽,而成年女子身体丰满、髋部较宽的不同男女体态,即二性体态(sexual dimorphism)。

脑颅骨生长发育的完成绝大部分是在儿童的早期。在青春期,前额显著向前生长,主要是由于前额骨和眉弓的增长,中颅窝和后颅窝也有某些增大。面颅骨的增长在身高生长突增高峰后几个月也达高峰。

青春期体重的生长突增高峰不如身高的明显,但增长的时间比身高的长,幅度也较大，同时在性成熟后，体重仍继续增长。

在青春期，肌肉的增长非常突出。例如，8～15岁的7年中，肌肉与全身重量之比仅增加5.4%，而在15～18岁的二三年中增加达11.6%。男子肌肉一直持续增长到20多岁才达到高峰。皮下脂肪的增长从1～6岁一直是很缓慢的，女孩从8岁起，男孩从10岁起开始加快增长。女孩在青春期，皮下脂肪的分布以乳房、臀部、上臂内侧等处为多，皮下脂肪的增长是持续的，有时甚至达到过胖的程度。男孩则在身高、体重生长突增后，皮下脂肪的增长则逐渐减少。因此，在青春期，女青年显得较丰满，而男青年则因肌肉发达而显得更加强壮。以上所述主要是形体生长发育的变化，与此同时，各种生理功能也发生了明显的变化。

青春期生长的突增离不开整个内分泌系统的调节。在青春前期和青春期，男、女儿童的生长激素在睡眠时分泌增多，因此，每日总的分泌量比成人的多。

肝受生长激素的刺激所分泌的生长素介质的增加尤为明显。生长素介质A(有免疫活性的)在女孩自10～12岁升高，至12～19岁达高峰，男孩的高峰比女孩的晚2年出现。青春期生长素介质上升期正相当于性腺的急速生长期。此外，性激素、肾上腺皮质激素、肾上腺皮质所分泌的雄激素，以及甲状腺素和胰岛素对靶器官的单独或协同作用都是不可缺少的。

(2) 青春期性器官和性征的发育　男性在10岁以前性器官发育很慢，进入青春期后发育才开始加速。首先是睾丸的体积开始增大，这通常是男子青春期开始时出现的体征。青春期前的睾丸内无李氏间质细胞，所以此时的睾丸不产生睾酮。小管管腔在6岁时才出现。从生殖上皮到精子的发生的进程是以支持细胞的分化和处于基层的精原细胞分裂为指标的。前列腺发育后，发生第一次遗精，此时精液中并无精子。第一次遗精后，体格的增长已由生长突增高峰转到缓慢阶段。遗精是一种正常的生理现象，青春期后所有健康的男子均会发生。首次遗精的年龄多数为14～16岁。北京市1980年对1801名男生的调查结果是，首次遗精的年龄最小的为12岁，至18岁时，97%的男生已发生首次遗精，平均首次遗精年龄为15～16岁，比女生的平均月经初潮年龄约晚2岁。首次遗精最多的季节是夏季。

附性器官和副性征也随着睾丸的发育而依序迅速地发生和生长。对于发育正常的男子，多用阴茎的长度、性征被毛(阴毛、腋毛)的出现、分布范围以及体毛的改变分成4或5级来表示其发育的程度。青春期开始后，在阴茎的根部首先出现短而纤细的毛，以后逐渐被黑的多卷曲的毛代替。性成熟时，阴毛可向上和大腿内侧分布。腋毛比阴毛晚1～2年出现。唇颏部开始长出胡须，额部发际后移，逐渐形成男性成人面貌。喉结突起是男性特有的副性征，一般从12岁开始出现，18岁时增大至成人的98.6%。各年龄出现声音变低而粗的人数的百分比与喉结突起者相吻合。在腋毛出现的同时，有1/3～1/2的男孩乳房也发育，经常是一侧，有时两侧都有，表现为乳头突出，偶尔在乳晕下有硬块，少数有轻微触痛，数月后即消失，是正常的现象，可能与雌激素在此期分泌相对过多有关。青春期发育的顺序，多因种族、遗传甚至地区不同而异。

女性在8岁以前卵巢很小，8～10岁开始发育较快，以后直线上升。在月经初潮前，卵巢、输卵管及子宫一起下降到盆腔内达成人的位置。月经初潮时，卵巢约重6 g，只达成熟卵巢重量的30%。此时卵巢内的许多颗粒发育得相当大，随后退化而不发生排卵。在多次无排卵月经周期后，才出现有排卵的月经周期。

儿童时子宫无弯曲，处于颅-骶平面的长轴上。6岁以前的几年，子宫的大小增长很少，6岁以后，子宫体生长加快。在青春期的早期，子宫体的增大主要是由于子宫肌层的生长，而宫腔壁只衬着一单层短柱状上皮，亦无分泌活性。月经初潮前不久，子宫内膜才开始发育，宫颈管扩大，腺体开始分泌。婴儿的子宫全长2.5～3 cm，宫颈占子宫全长的2/3，子宫体占1/3。初潮时子宫全长5.5～8 cm，子宫体约占全长的1/2，经产妇的子宫体则占全长的2/3。月经初潮后，正常子宫稍向前屈或前倾，直立时，子宫几乎与水平平行，子宫体在膀胱之上，而宫颈向后。总之，10～18岁时，子宫的长度比幼年的增加了1倍，它的形状和各部分的比例也有所改变。

通常在副性征出现前阴道和外阴就开始变长，一直持续到初潮稍后。阴道上皮受雌激素的刺激增生变厚，其细胞内含有糖原，约在初潮前一年，阴道液由中性变为酸性，其中含有许多阴道脱落的角质化上皮细胞。前庭大腺开始分泌。阴阜由于脂肪的逐渐堆积而变丰满。小阴唇增大，表面的细皱纹更加明显，大阴唇变肥厚，并都出现色素沉着。

乳房的发育是女性青春期出现最早的指标。两侧乳房的发育有先有后，大小亦可不对称，这是正常现象，在进一步发育成长时通常可自然消失。

阴毛和腋毛的出现和乳房发育的先后因个体和种族而异。腋毛的出现比阴毛的晚半年至一年。腋部和阴部的顶浆分泌腺也在阴毛和腋毛出现时开始分泌。

月经初潮是青春期发育到中期时必然出现的生理现象，因其比较突出又不是偶发事件，并为正常女子发育中独有的现象，因此是女子发育速度的重要指标和青春期的重要标志之一。月经初潮时，卵巢的机能尚未发育完全，不稳定，所以开始几次常不规则，约在一年内才逐步按月来潮。月经初潮与第一次排卵的时间中间还有一间期。月经初潮后一年内开始排卵者仅占18%，初潮后1～3年内无排卵均属正常现象，这期间为正常生理不孕期。初潮出现的时间与身体各方面的发育程度有关，一般都是在身高和体重生长突增达最高峰的1～2年后，即生长速度下降到一定阶段时才发生。

我国女子的月经初潮年龄平均约为14.5岁(波动范围在10～16岁之间，北京地区最早的为8岁、最晚的为20岁)。月经初潮过早的女孩其他方面还不太成熟，而月经初潮晚的女孩，其他体征及内部结构、功能等方面的发育都已较为成熟。早熟比晚熟的从月经初潮到排卵的间隔时间更长些。

问题与思考

1. 简述生殖的类型。
2. 简述种子萌发的过程。
3. 何为植物组织细胞的分化和特化？细胞的生长和特化有何关系？
4. 不同类型的植物组织分布有何规律？
5. 影响植物生长调节剂作用的因素有哪些？
6. 简述植物细胞信号转导的定义及过程。
7. 简述异三聚体G蛋白参与细胞外信号跨膜转换的过程。
8. 简述生命活动的基本特征。

9. 试述动物体生命活动的反馈与前馈调节。

10. 动物体有哪四种基本组织？各有何特点？

11. 试述动物体主要的器官系统。

12. 简述动物体生长发育的基本过程及其调控。

主要参考文献

[1] 李锁平.遗传学[M].郑州:河南大学出版社,2010.

[2] 郝建军,康宗丽.植物生理学[M].北京:化学工业出版社,2005.

[3] 肖尊安.植物生物技术 [M].北京:化学工业出版社,2005.

[4] 北京大学生命科学学院编写组.生命科学导论[M].北京:高等教育出版社,2000.

[5] 潘瑞炽.植物生理学[M].5 版.北京:高等教育出版社,2008.

[6] 孙大业,郭艳林,马力耕.细胞信号转导[M].3 版.北京:科学出版社,2001.

[7] 王宝山.植物生理学[M].2 版.北京:科学出版社,2007.

[8] 安利国主编.发育生物学[M].北京:科学出版社,2012.

[9] 武维华.植物生理学[M].北京:科学出版社,2003.

[10] 杨世杰.植物生物学[M].北京:科学出版社,2000.

[11] 金银根.植物学[M].2 版.北京:科学出版社,2010.

[12] 张立军,梁宗锁.植物生理学[M].2 版.北京:科学出版社,2007.

[13] 牟玉婷,吴伟,隋玉健,等.激素调控促进动物生长发育的研究[J].吉林畜牧兽医,2011,32(6):6-8.

[14] 王芳,陈子林.茉莉酸类植物激素分析研究进展[J].生命科学,2010,22(01):45-58.

[15] 路文静.植物生理学[M].北京:中国林业出版社,2011.

[16] 吴庆余.基础生命科学[M].2 版.北京:高等教育出版社,2006.

[17] 许崇任,程红.动物生物学[M].北京:高等教育出版社,2007.

[18] 刘凌云,高士争.几种生长因子在动物生长发育过程中的作用[J].饲料博览,2004(9):10-12.

[19] 王玢,左明雪.人体及动物生理学[M].3 版.北京:高等教育出版社,2012.

[20] 张红卫.发育生物学[M].2 版.北京:高等教育出版社,2006

[21] 桂建芳.易梅生[M].北京:科学出版社,2002.

第5章 生命体能量的获得与转换

本章教学要点

1. 新陈代谢的概念和类型。
2. 生命体系中酶促反应的本质和酶的作用机制。
3. 能量的获得：光合作用的光反应和暗反应过程。
4. 能量的释放：电子传递、糖酵解、三羧酸循环和氧化磷酸化过程。

引言 光伏农业

2012年5月9日，《中国特产报》报道了陈羽的文章《光伏农业：蔬菜大棚种菜发电两不误》。文章称："种菜是农业，发电是工业。"这是一种传统的思维模式，如今在山东寿光，光伏蔬菜大棚将两者巧妙结合起来，创造了一种新的农业模式——光伏农业。

光伏蔬菜大棚不是普通的蔬菜大棚，普通大棚覆盖的是塑料薄膜，而这个大棚的棚顶是白灰相间的透明薄膜太阳能光伏玻璃和太阳能薄膜电池板。这种太阳能薄膜电池板，会将太阳辐射"分解"为植物光合作用需要的光能和太阳能发电需要的光能，既满足植物生长，又实现了光电转换。山东寿光市稻田镇张扎营村有一个31兆瓦光伏农业蔬菜大棚一体化工程。这个工程共分三期，总占地3180亩，总投资14.6亿元。目前，一期工程1兆瓦示范项目已建起6个光伏大棚，除一个实验棚外，其余5个大棚已全部租赁给了菜农。

据测算，一块发电板平均每天能发电0.7度，一个占地1亩的大棚，一年理论上能发电42100度。寿光有40万亩大棚，如果十分之一的大棚用上这项新技术，一年就能发电16亿多度。不过，改造一个占地一亩的大棚，需要35～40万元。由于投资偏高，所以现在所建大棚全部由公司投资，然后租赁给菜农使用。

租赁光伏大棚好处多：一是投资少，建一个10 m×160 m普通大棚需投资近10万元，而租赁光伏大棚每年只需2万元的租金；二是收入高，普通大棚一年只能种两季，光伏大棚可以种四季，收入可以翻番；三是寿命长、节约成本、节省劳动力，光伏大棚顶部是光伏玻璃和电池板，其使用寿命能达到25年，普通大鹏每年薄膜钱就要花三四千元，25年就能省下将近10万元。而且，光伏大棚还可以抗八级大风，不怕冰雹，减少棚内病虫害。

据负责该工程的寿光华天新能源科技集团项目经理孙明亮介绍，公司正在研制不用盖草苫、棉被的新一代光伏大棚——中空玻璃大棚。

2013 年 5 月 7 日，《哈尔滨日报》报道哈尔滨市拟建世界最大植物工厂。光控恒温封闭式植物工厂投资建设团队拟在哈尔滨市建设世界最大的植物工厂。植物工厂将利用立体植物栽培和 LED 补光等先进技术，蔬菜产量将比传统种植提高数十甚至几百倍。

植物工厂为多层机构：上层为太阳能发电，所产生的电能并入国家电网，享受国家光伏能源政策；中层为立体植物栽培，利用 LED 补光，实现空间利用最大化；下层有效利用地下热源，源源不断地为植物生长提供热量。植物工厂里，西红柿单株产量可达到千斤，水稻可生产五六季，黄瓜产量可提高 200 倍，生菜 35 天就可长成。同时，工厂内生产的农产品是无污染、无残留绿色食品。工厂栽培的生菜，因生长在 LED 补光环境下，与传统生菜相比，维生素 C 可提高 4 倍，维生素 A 可提高 12 倍。

该项目预计投资额为 100 亿元人民币，规划用地预计 2 万到 5 万亩，一期植物工厂施工用地 1000 亩，试验用地 100 亩，配套生活休闲区用地 1500 亩；研发中心面积 3000 平方米。植物工厂建成后能够基本满足哈尔滨市及周边地区冬季叶菜供应。

生命体系中的能量来源是太阳能。绿色植物和一些微生物(如光合细菌等)通过光合作用把太阳能转变为化学能，并储存在糖等有机分子中。食草动物、食肉动物、还原腐生的动物等通过食物链间接地利用太阳能。然而，所有有机体在日常生命活动中所消耗的能量都来自于生物氧化，即把储存在有机分子中的化学能通过氧化分解释放出来，并以高能磷酸键的方式储存在三磷酸腺苷(ATP)中，供生物化学反应使用。

5.1 新陈代谢概述

任何活着的生物都必须不断地摄取食物，不断地积累能量，还必须不断地排泄废物，不断地消耗能量。也就是说，构成生物体的细胞每天都有死亡，也都有新生。这种生物体与外界环境之间的物质和能量交换以及生物体内物质和能量的转变过程称为新陈代谢(metabolism)。新陈代谢是生命现象的最基本特征。

5.1.1 新陈代谢的类型

生物在长期的进化过程中，不断地与它所处的环境发生相互作用，逐渐在新陈代谢的方式上形成了不同的类型。按照自然界中生物体同化作用和异化作用方式的不同，新陈代谢的基本类型可以分为以下几种。

1. 同化作用的三种类型

根据生物体在同化作用过程中能不能利用无机物制造有机物，新陈代谢可以分为自养型、异养型和兼性营养型三种。

(1) 自养型(autotroph)　绿色植物直接从外界环境摄取无机物，通过光合作用，将无机物合成复杂的有机物，并且存储能量来维持自身生命活动的进行，这样的新陈代谢类型属于自养型。少数种类的细菌，不能进行光合作用，而能利用体外环境中的某些无机物氧化时所释放出来的能量合成有机物，并且依靠这些有机物氧化分解时所释放出来的能量来维持自身的生命活动,这种合成作用称为化能合成作用。例如,硝化细菌能够将土壤中的氨(NH_3)转化为亚硝酸(HNO_2)和硝酸(HNO_3),并且利用这个氧化过程所释放出来的能量来合成有机物。总之,生物体在同化作用的过程中,能够把从外界环境中摄取的无机物转变成为自身的组成物质,并且储存能量,这种新陈代谢类型称为自养型。

(2) 异养型(heterotroph) 人和动物不能像绿色植物那样进行光合作用,也不能像硝化细菌那样进行化能合成作用,它们只能依靠摄取外界环境中现成的有机物来维持自身的生命活动,这样的新陈代谢类型属于异养型。此外,营腐生或寄生生活的真菌、大多数种类的细菌,它们的新陈代谢类型也属于异养型。总之,生物体在同化作用的过程中,把从外界环境中摄取的现成的有机物转变成为自身的组成物质,并且储存能量,这种新陈代谢类型称为异养型。

(3) 兼性营养型 有些生物(如红螺菌)在没有有机物的条件下能够利用光能固定二氧化碳并以此合成有机物,从而满足自己的生长发育需要;在有现成的有机物时这些生物就会利用现成的有机物来满足生长发育的需要。

2. 异化作用的三种类型

根据生物体在异化作用过程中对氧的需求情况,新陈代谢的基本类型可以分为需氧型、厌氧型和兼性厌氧型三种。

(1) 需氧型(aerobic) 绝大多数动物和植物都需要生活在氧充足的环境中。它们在异化作用的过程中,必须不断地从外界环境中摄取氧来氧化分解体内的有机物,释放出其中的能量,以便维持自身各项生命活动的进行。这种新陈代谢类型叫做需氧型,也叫做有氧呼吸型。

(2) 厌氧型(anaerobic) 这一类型的生物有乳酸菌和寄生在动物体内的寄生虫等少数动物,它们在缺氧的条件下,仍能够将体内的有机物氧化,从中获得维持自身生命活动所需要的能量。这种新陈代谢类型称为厌氧型,也称为无氧呼吸型。

(3) 兼性厌氧型 这一类生物在氧气充足的条件下进行有氧呼吸,把有机物彻底分解为二氧化碳和水,在缺氧的条件下可把部分有机物分解为乳酸或酒精和水。典型的兼性厌氧型生物就是酵母菌。酵母是单细胞真菌,通常分布在含糖量较高和偏酸性的环境中,如蔬菜、水果的表面和菜园、果园的土壤中。酵母是兼性厌氧微生物,在有氧的条件下,将糖类物质分解成二氧化碳和水,在缺氧的条件下,将糖类分解成二氧化碳和乙醇。酵母在生产中的应用十分广泛,除了用于熟知的酿酒、发面外,还能用于生产有机酸、提取酶等。

5.1.2 新陈代谢的本质和特点

新陈代谢包括物质代谢(material metabolism)和能量代谢(energy metabolism)两个方面。物质代谢是指生物体与外界环境之间物质的交换和生物体内物质的转变过程。能量代谢是指生物体与外界环境之间能量的交换和生物体内能量的转变过程。在新陈代谢过程中,既有同化作用(assimilation),又有异化作用(dissimilation)。同化作用(又称合成代谢)是指生物体把从外界环境中获取的营养物质转变成自身的组成物质,并且存储能量的变化过程。异化作用(又称分解代谢)是指生物体能够把自身的一部分组成物质加以分解,释放出其中的能量,并且把分解的终产物排出体外的变化过程。

人和动物摄入外界的物质(食物)以后,通过消化、吸收,把可利用的物质转化、合成为自身的物质;同时把食物转化过程中释放出来的能量储存起来,这就是同化作用。绿色植物利用光合作用,把从外界吸收进来的水和二氧化碳等物质转化成淀粉、纤维素等物质,并把能量储存起来，就是同化作用。异化作用是在同化作用进行的同时，生物体自身的物质不断地分解变化，并把储存的能量释放出去，供生命活动使用，同时把不需要和不能利用的物质排出体外。

各种生物的新陈代谢在生长、发育和衰老阶段是不同的。婴幼儿、青少年需要更多的物质来建造机体，因此新陈代谢旺盛，同化作用占主导位置。到了老年、晚年，人体机能日趋退化，新陈代谢就逐渐缓慢，同化作用与异化作用的主次关系也随之转化。动物冬眠时，虽然不吃不喝，但是新陈代谢并未停止，只不过变得非常缓慢。新陈代谢是生命体不断进行自我更新的过程，如果新陈代谢停止了，生命也就结束了。

5.2　酶与新陈代谢

新陈代谢是生物体内全部有序化学变化的总称，其中的化学变化一般都是在酶的催化作用下进行的。酶是促进一切代谢反应的物质，没有酶就没有新陈代谢。

5.2.1　酶的化学本质和组成

酶是由活细胞产生的生物催化剂，酶所催化的化学反应称为酶促反应(enzymatic reaction)。在酶促反应中被酶催化的物质称为底物(substrate，S)，经酶催化所产生的物质称产物(product，P)，酶所具有的催化能力称为酶的活性(enzyme activity)，如果酶丧失催化能力称为酶失活(enzyme inactivation)。

1. 酶的化学本质

人们对酶的认识源于生产与科学研究的实践。1883 年，法国化学家佩延(Anselme Payen)从麦芽的水抽提物中用乙醇沉淀出一种对热不稳定的物质，它可促进淀粉水解成可溶性糖，使人们开始意识到生物细胞中可能存在着一种类似于催化剂的物质。1878 年，德国库尼(Wilhelm Kuhne)首先把这类物质称为“enzyme”，中文译为酶，意在“发酵中”。1926 年，美国化学家萨姆纳(J. B. Sumner，1887—1955)从刀豆中提取出脲酶并获得结晶，证明脲酶具有蛋白质的性质，并提出酶本身就是一种蛋白质。

早在 1968 年，英国剑桥大学克里克(Francis Crick)在他的论文“基因密码的起源”一文中提到“可能第一个酶是具有复制能力的 RNA”时，没有人予以注意。直到 20 世纪 80 年代，美国著名科学家托马斯・R・切赫(Thomas Robert Cech)和西尼・奥尔特曼(S. Altman)陆续发现有催化活性的 RNA，提供了 RNA 是早期生物催化剂的强有力证据，两人因此获得了 1989 年度诺贝尔化学奖。20 世纪 90 年代，美国加州大学分子生物学教授诺勒尔(H. F. Noller)证明大肠杆菌的 23Sr RNA 具有催化肽键形成的作用，此后更多的证据表明，某些 RNA 分子有固有的催化活性。这种具有催化作用的 RNA 被称为核酶(ribozyme)。

1994 年，美国 G. F. 乔伊斯(Gerald. F. Joyce)等报道了一个人工合成的 35 bp 的多聚脱氧核糖核苷酸能够催化特定的磷酸二酯键，将其称为脱氧核酶或 DNA 酶(DNA enzyme)。由于 DNA 分子比 RNA 稳定，而且合成成本低，因此在未来的药物研究中可能具有更广泛的前景。迄今已经发现了数十种脱氧核酶，尚未发现天然存在的催化性 DNA。

核酶和脱氧核酶的发现，使人们进一步认识到并不是所有的酶都是蛋白质。现代科学认为，酶是一类由活细胞产生的，具有催化活性和高度专一性的特殊生物大分子，包括蛋白质和核酸。

2. 酶的化学组成

作为一类具有催化功能的蛋白质，酶与其他蛋白质一样，具有很大的相对分子质量，一般从一万到几十万甚至百万以上。根据酶的组成成分，可分单纯酶和结合酶两类。

(1) 单纯酶　基本组成单位仅为氨基酸。它的催化活性仅仅取决于它的蛋白质结构，如消化道蛋白酶、淀粉酶、酯酶、核糖核酸酶等。

(2) 结合酶　由蛋白质部分和非蛋白质部分组成，前者称为酶蛋白，后者称为辅助因子，酶蛋白与辅助因子结合形成的复合物称为全酶。对于结合酶而言，只有全酶才具有催化活性。酶蛋白在酶促反应中起着决定反应特异性的作用，辅助因子则决定反应的类型，参与电子、原子、基团的传递。

辅助因子可以是金属离子，也可以是小分子有机化合物。常见酶含有的金属离子有 K^+、Na^+、Mg^{2+}、Cu^{2+}（或 Cu^+）、Zn^{2+} 和 Fe^{2+}（或 Fe^{3+}）等。它们所起的作用：一是它是酶活性的组成部分；二是它是连接底物和酶蛋白分子的桥梁；三是它是酶蛋白分子构象的成分。

按照辅助因子与酶蛋白结合的紧密程度不同，酶分为辅酶和辅基两大类。辅酶与酶蛋白结合疏松（非共价键相连），可以用透析或超滤方法除去，一种辅酶可为几种酶的辅酶；辅基与酶蛋白结合紧密（共价键相连），不易用透析或超滤方法除去，需经化学处理才能将其与酶蛋白分开，辅基一般为一种酶专有。辅酶和辅基的差别仅仅是它们与酶蛋白结合的牢固程度不同，并无严格的界限。B 族维生素是形成体内结合酶辅酶或辅基的重要成分。

5.2.2　酶的分子结构和作用机理

1. 酶的分子结构

酶的分子中存在许多功能基团，例如—NH_2、—COOH、—SH、—OH 等，但并不是这些基团都与酶活性有关。一般将与酶活性有关的基团称为酶的必需基团（essential group）。有些必需基团虽然在一级结构上可能相距很远，但在空间结构上彼此靠近，集中在一起形成具有一定空间结构的区域，该区域与底物相结合并将底物转化为产物，这一区域称为酶的活性中心（图 5-1）。对于结合酶来说，辅酶或辅基上的一部分结构往往是活性中心的组成成分。

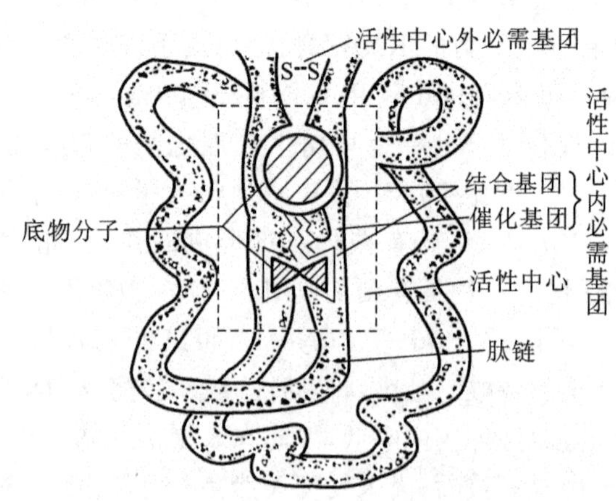

图 5-1　酶的活性中心

构成酶活性中心的必需基团可分为两种，与底物结合的必需基团称为结合基团，促进底物发生化学变化的基团称为催化基团。活性中心中有的必需基团可同时具有这两方面的功能。还有些必需基团虽然不参加酶的活性中心的组成，但为维持酶活性中心应有的空间构象所必需，这些基团是酶活性中心以外的必需基团。

酶分子很大，其催化作用往往并不需要整个分子，例如，用氨基肽酶处理木瓜蛋白酶，使其肽链自 N 端开始逐渐缩短，当它原有的 180 个氨基酸残基被水解了 120 个后，剩余的短肽仍有水解蛋白质的活性。又如，将核糖核酸酶肽链 C 端的三肽切断，余下部分也有酶的活性，可见某些酶的催化活性仅与其分子的一小部分有关。不同的酶有不同的活性中心，故对底物有严格的特异性。

2. 酶的作用机理

在任何化学反应中，反应物分子必须超过一定的能阈，成为活化的状态才能发生变化，形成产物。这种提高低能分子达到活化状态的能量，称为活化能。催化剂的作用，主要是降低反应所需的活化能，以致相同的能量能使更多的分子活化，从而加速反应的进行。酶能显著地降低活化能，故能表现为高度的催化效率(图 5-2)。

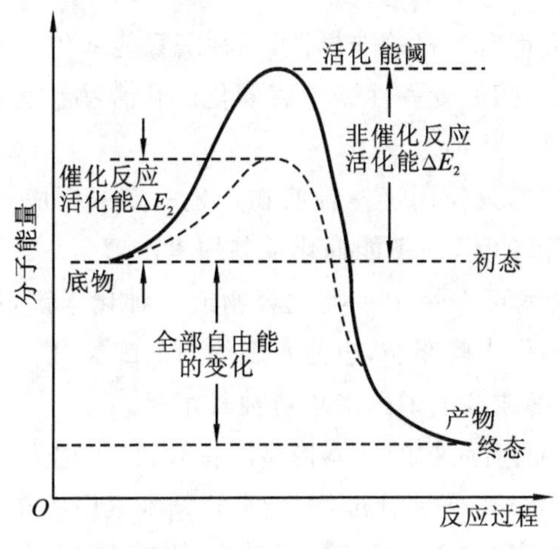

图 5-2　酶的作用机理

中间复合物学说：目前一般认为，酶催化某一反应时，首先在酶的活性中心与底物结合生成酶-底物复合物，此复合物再分解释放出酶，同时生成一种或数种产物，此过程可用下式表示：

$$E+S \rightleftharpoons ES \rightleftharpoons E+P$$

式中：E 代表酶；S 代表底物；ES 代表酶与底物形成复合物(中间产物)；P 代表反应产物。

由于 ES 的形成速度很快，且很不稳定，所以一般不易得到 ES 复合物存在的直接证据。但从溶菌酶结构的研究中，已制成它与底物形成复合物的结晶，并得到了 X 线衍射图，证明了 ES 复合物的存在。ES 的形成，改变了原来反应的途径，可使底物的活化能大大降低，从而使反应加速。

5.2.3　酶在新陈代谢中的作用

新陈代谢是生命有机体最重要的特征之一，新陈代谢所包括的各种各样的物质变化和能量变化都是在酶的作用下进行的。酶是一类由活细胞产生的，具有催化活性和高度专一性的特殊蛋白质，是一类生物催化剂。酶具有两方面的特征：既有与一般催化剂相同的催化性质；又具有一般催化剂所没有的生物大分子的特征。

酶与一般催化剂一样，只能催化热力学允许的化学反应，缩短达到化学平衡的时间，而不改变平衡点。酶作为催化剂在化学反应的前后没有质和量的改变。微量的酶就能发挥较大的催化作用。酶和一般催化剂的作用机理都是降低反应的活化能。

1. 高度的催化效率

一般而论，酶促反应速率比非催化反应高 $10^7 \sim 10^{20}$ 倍。例如，以下反应在无催化剂时，需活化能 75 kJ/mol，在胶体钯存在时，需活化能 50 kJ/mol，在过氧化氢酶存在时，仅需活化能 8 kJ/mol以下。据报道，如果在人的消化道中没有各种酶参与催化作用，那么，在体温 37 ℃的情况下，要消化一餐简单的午饭，大约需要 50 年。经过实验分析，动物吃下的肉食，在消化道内只要几小时就可完全消化分解。另外，将唾液淀粉酶稀释 100 万倍后，仍具有催化能力。由此可见，酶的催化效率是极高的。

$$H_2O_2 + H_2O_2 \longrightarrow 2H_2O + O_2$$

2. 高度的专一性

酶对底物及催化的反应都有严格的选择性，一种酶只能催化一类甚至一种化学反应，并生成一定的产物，这种现象称为酶的专一性。受酶催化的化合物称为该酶的底物或作用物。酶对底物的专一性通常分为以下几种。

(1) 绝对特异性　有的酶只作用于一种底物产生一定的反应，称为绝对专一性，如脲酶，只能催化尿素水解成 NH_3 和 CO_2，而不能催化甲基尿素水解。

(2) 相对特异性　一种酶可作用于一类化合物或一种化学键，这种不太严格的专一性称为相对专一性。如脂肪酶不仅水解脂肪，也能水解简单的酯类；磷酸酶对一般的磷酸酯都有作用，无论是甘油的还是一元醇或酚的磷酸酯均可被其水解。

(3) 立体异构特异性　酶对底物的立体构型的特异要求，称为立体异构专一性或特异性。如：α-淀粉酶只能水解淀粉中 α-1,4-糖苷键，不能水解纤维素中的 β-1,4-糖苷键；L-乳酸脱氢酶的底物只能是 L 型乳酸，而不能是 D 型乳酸。酶的立体异构特异性表明，酶与底物的结合，至少存在三个结合点。

3. 酶易失活

酶是蛋白质，酶促反应要求一定的 pH 值、温度等的条件，凡是能使蛋白质变性的因素都可使酶失活。强酸、强碱、有机溶剂、重金属盐、高温、紫外线、剧烈震荡等任何使蛋白质变性的理化因素都可能使酶变性而失去其催化活性。同时温度、pH 值等也影响酶的活性。

4. 酶的催化活性在体内受到调节控制

酶是生物体的组成成分，和体内其他物质一样，它也在体内进行着新陈代谢，酶活力的调控方式很多，包括酶的生物合成的诱导和阻遏，抑制剂调控、共价修饰调控、反馈调控、酶原激活及激素调控等。这些调控保证酶在体内新陈代谢中发挥其适当的催化作用，使生命活动中的种种化学反应都能够有条不紊、协调一致地进行。

5. 辅助因子的作用

有些酶是复合蛋白，必须在辅助因子（如辅酶、辅基或金属离子）存在的情况下才具有完整的生物学活性。

5.3 能量的获得——光合作用

几乎所有的植物，还有某些原生生物和细菌都是光合自养生物，它们能利用太阳能把无机成分合成它们自己的有机物，将能量储存于分子中用来驱动植物细胞的各种功能活动，同时这些能量也可被各种不同的生物所利用。

一般来说，光合作用(photosynthesis)是指光合生物吸收太阳能，并将其转变成有机化合物中化学能的过程。实际上，光合作用是一个典型的氧化还原反应过程。光合作用的核心问题是太阳能的固定和转化。在植物光合作用过程中，包括光反应和暗反应两个阶段，发生三个重要事件：①CO_2被还原成糖；②H_2O 被氧化成 O_2；③光能被固定并转化成化学能。光合作用的通式表示为

$$6H_2O+6CO_2 \longrightarrow C_6H_{12}O_6+6O_2$$

式中：CO_2经光合作用还原成六碳糖(糖类)。

光合作用为包括人类在内的几乎所有生物的生存提供了物质来源和能量来源。因此，光合作用对于人类和整个生物界都具有非常重要的意义，被称为地球上最重要的化学反应。光合作用的意义可以概括为以下几个方面。

(1) 合成有机物　光合作用是地球上进行的最大的有机合成反应。据估计，地球上的绿色植物每年大约合成四五千亿吨有机物。因此，人们把地球上的绿色植物比作庞大的“绿色工厂”。

(2) 转化并储存太阳能　绿色植物通过光合作用将太阳能转化成化学能，并储存在光合作用制造的有机物中。地球上几乎所有的生物都是直接或间接地利用这些能量作为生命活动的能源的。煤、石油、天然气等燃料中所含有的能量，归根结底都是古代的绿色植物通过光合作用储存起来的。

(3) 使大气中的氧和二氧化碳的含量相对稳定　据估计，全世界所有生物通过呼吸作用消耗的氧和燃烧各种燃料所消耗的氧，平均为 10000 t/s。以这样消耗氧的速度计算，大气中的氧大约只需 3000 年就会用完。然而，这种情况并不会发生。这是因为绿色植物广泛分布在地球上，不断地通过光合作用吸收二氧化碳和释放氧，从而使大气中的氧和二氧化碳的含量保持相对稳定。

5.3.1 光合色素

叶绿体是植物进行光合作用的器官，它主要存在叶片的栅栏组织和海绵组织中。高等植物叶绿体中与光合作用有关的主要色素为叶绿素和类胡萝卜素，在藻类中还含有藻胆素。

叶绿素是由一个四吡咯组成的卟啉环头和一个叶醇基的尾巴构成的(图 5-3)。叶醇基可插入类囊体膜脂双层中，并与蛋白质结合。卟啉环是亲水的，中央有一个镁原子；叶醇基是亲脂的。整个叶绿素分子不溶于水，但可溶于酒精、丙酮、乙醚等有机溶剂。

高等植物叶绿素有 a 和 b 两种，类胡萝卜素包括胡萝卜素和叶黄素。光合色素按功能可分为两类：一类只吸收和传递光能，不直接参与光化学反应过程的色素，称为天线色素(antenna pigment)。如大部分叶绿素 a、全部叶绿素 b 和全部类胡萝卜素；另一类是少数处于特殊状态的叶绿素 a 分子，它直接参与光化学反应过程，这些色素称为反应中心色素(reaction

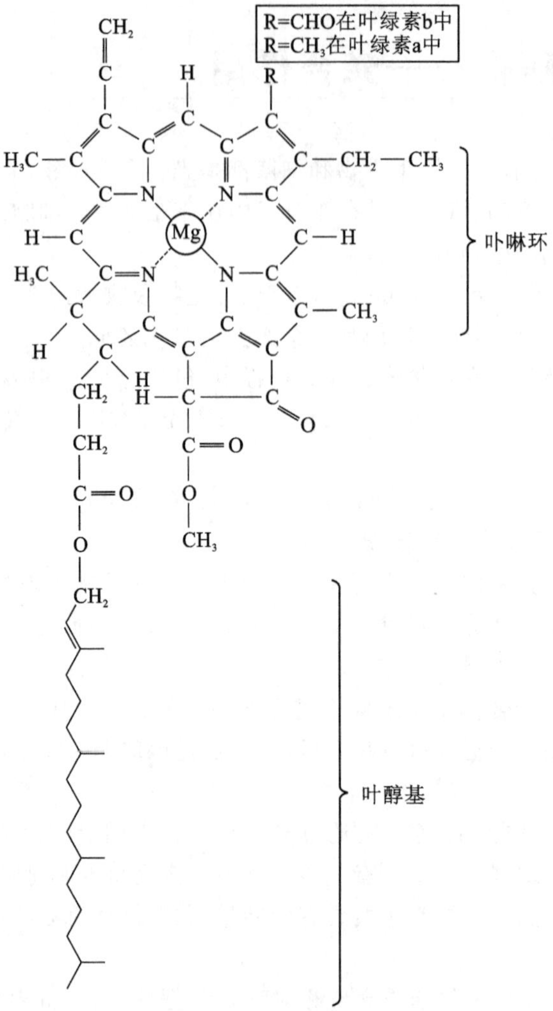

R=CHO在叶绿素b中
R=CH_3在叶绿素a中

卟啉环

叶醇基

图 5-3　叶绿色分子结构图(摘自高崇明,2007)

center pigment)。反应中心色素分子,用对光能吸收高峰的波长表示,如吸收高峰在 700 nm 的色谱(P)分子以 P700 表示,吸收高峰在 680 nm 则表示为 P680。

5.3.2　光反应和光合磷酸化

光合作用可分为光反应(light reaction)和暗反应(dark reaction)两部分。光反应是发生在叶绿体类囊体膜上,它是将光能变为化学能,并放出氧气的过程。光反应中光能的吸收、传递和转换过程只由原初反应完成。将电能转化为活跃的化学能是通过光合电子传递链和光合磷酸化完成的。活跃的化学能转变为稳定的化学能,是在暗反应中通过碳同化过程完成的。

1. 原初反应

原初反应(primary reaction)是指发生于光合作用最起始阶段的反应过程,即天线色素吸收的光能以共振方式传递给反应中心叶绿素,后者由基态被激发成激发态(高能态),产生的高能电子传递给原初电子受体 A,最后分离的电荷便进入光合电子传递链。该过程包括光物理过程(光能的吸收、光能的传递)和光化学过程(光能转化成化学能)。

首先天线色素吸收的光能以诱导共振方式传递到反应中心，中心叶绿素被激发成激发态(Chl^*)，产生一个高能电子，电子传递给电子受体 A，受体 A 被还原，Chl 失去电子被氧化：

$$Chl^* + A \longrightarrow Chl^+ + A^+$$

然后 Chl^+ 再从电子供体 D 获得一个电子：

$$Chl^+ + D \longrightarrow Chl + D^+$$

电子供体 D^+ 吸收光量子，再次发生电子从基态向激发态跃迁，放出电子进行新一轮循环。

$$D + A \longrightarrow D^+ + A^-$$

即光引起了一个氧化还原反应，产生了电荷分离。

2. 光系统

光系统(photosystem，PS)位于类囊体膜上，它包括位于集光复合体中的天线色素和位于反应中心上反应中心叶绿素和原初电子受体(图 5-4)。

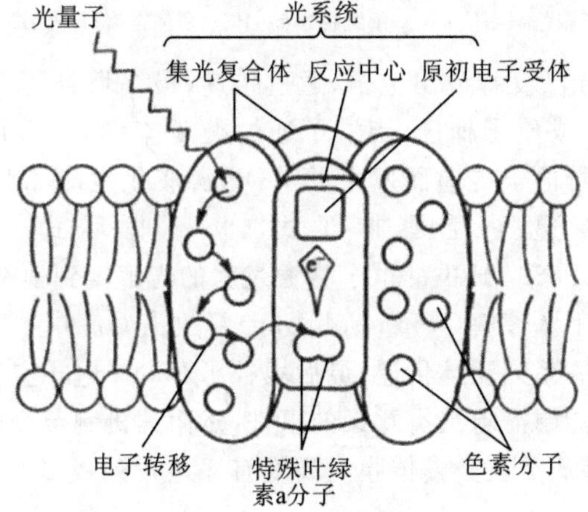

图 5-4　光系统结构示意图(摘自高崇明，2007)

所有能进行放氧光合作用生物都具有 PSⅠ和 PSⅡ两个光系统。PSⅠ反应中心色素是 P700，PSⅡ是 P680。德克森霍夫(J. Deisenhofer)等 3 位德国科学家因对光合细菌 PSⅡ反应中心三维空间结构研究取得突破性进展，而荣获 1988 年诺贝尔化学奖。

非放氧光合作用仅有类似 PSⅡ途径，如在紫硫细菌中，硫被硫氧化酶和细胞色素系统氧化成亚硫酸盐，放出的电子在传递过程中可偶联产生 ATP。而氢细菌质膜上有辅酶 Q、维生素 K_2 和细胞色素等呼吸链组分，电子由氢进入电子传递链，在传递过程中可产生 ATP。

3. 光合电子传递链和光合磷酸化

PSⅠ和 PSⅡ通过电子传递链(图 5-5)连接，并高度有序地排列在类囊体膜上，承担着电子传递和质子传递任务。电子如何在分子间传递尚不清楚，质子传递只是能量转换的一种表现方式。

1) 非环式电子流动

在 PSⅠ中，P700 受光激发所释放出的电子通过电子受体、铁硫中心(Fe-S)和铁氧还蛋白(Fd)传递，最后把电子传递给 $NADP^+$ 还原酶，使 $NADP^+ \rightarrow NADPH + H^+$。而 $P700^+$ 缺失的电子将由 PSⅡ传递来的电子填补。

$$Q \longrightarrow PQ \longrightarrow Cytb_6\text{-}f \longrightarrow PC \longrightarrow P700^+$$

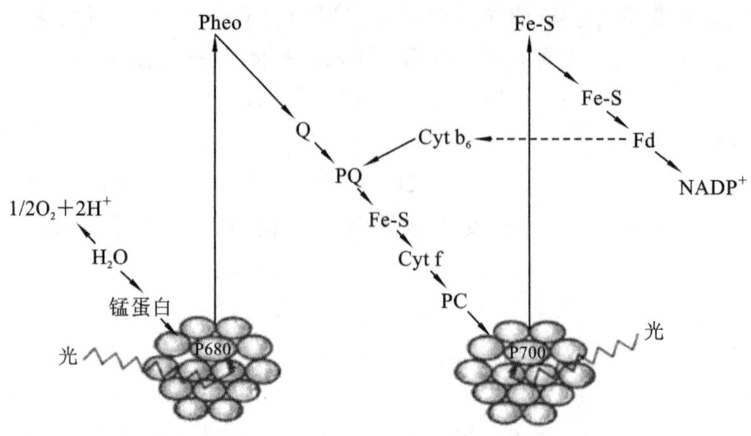

图 5-5　类囊体膜上非环式和环式电子传递链(摘自高崇明,2007)

注:Pheo—去镁叶绿素;Q—醌类化合物;PQ—质体醌;Fe-S_2—铁硫蛋白;
Cyt f—细胞色素 f;Cyt b_6—细胞色素 b_6;PC—质体蓝素;Fd—铁氧还蛋白。

在 PSⅡ中,P680 受光激发释放出电子,通过传递,最终填补了 $P700^+$ 电子缺失。在这一过程中,在类囊体内、外形成质子梯度,当质子通过类囊体膜上 ATP 合成酶时可生成 ATP。在光合作用过程中,伴随着电子传递而发生的 ADP 磷酸化生成 ATP 的过程,称为光合磷酸化。又因这一电子传递途径是非环式,也称非环式光合磷酸化(noncyclic photophosphorylation)。$P680^+$ 缺失的电子将通过水的光解得到填补。

在叶绿体中,在光照下水裂解(water splitting)释放出 O_2,并产生电子、质子,质子被释放到类囊体腔中,电子经过一系列受体传递,最后填补了 $P680^+$ 电子空缺。水如何裂解是人们最想了解,也是解决人类对能源需求最有意义的事件,然而其机制至今尚不得知。

由于上述各电子传递成员在类囊体膜上高度有序地排列成 Z 形,因此也称为光合电子传递 Z 链。

2) 环式电子流动

当 $NADP^+$ 供应不足时,电子可以从 Fd→Cyt b_6-f→PC→$P700^+$ 进行传递,形成所谓环式途径。在这一过程中,既无 NADPH 生成,也不发生水裂解和 O_2 释放。但是,在电子传递中仍有质子积累,因此可以生成一定量 ATP,故称为环式光合磷酸化(cyclic photophosphorylation)。

5.3.3　暗反应

暗反应(dark reaction)是在叶绿体基质中进行的,它是利用光反应中产生的 ATP 和 NADPH 将 CO_2 还原为糖的过程。虽然,照射到地球上日光量有 50%可被植物利用,但是进入有机分子中的能量却仅是其中的 0.05%,约 1.3×10^{18} kJ;光合作用固定碳的数量是巨大的,据估计全世界每年消耗的矿物燃料(约相当于 3×10^{9} t 碳)也不过是光合作用所固定碳的 2%。由此可见保护我们绿色的家园是何等重要。

CO_2 还原成糖的过程是一个复杂的酶促反应。高等植物固定 CO_2 的途径有卡尔文循环(C_3 途径)、C_4 途径和景天科酸代谢途径。其中卡尔文循环是最基本的途径,C_4 途径和景天科酸代谢途径固定的 CO_2 只有进入卡尔文循环才能合成淀粉。

1. C_3 途径

如果从气孔进入叶内的 CO_2 固定后的最初产物是 3 碳化合物(3-磷酸甘油酸),就称 C_3 途径。在此 CO_2 提供了碳源，ATP 提供了能源，NADPH 提供了高能电子。C_3 途径是卡尔文(M. Calvin)等在 20 世纪 50 年代发现的，故称卡尔文循环(Calvin Cycle)，它是所有植物光合作用碳同化(合成自身物质并储存能量)的基本途径(图 5-6)。卡尔文因此而荣获了 1962 年诺贝尔化学奖。

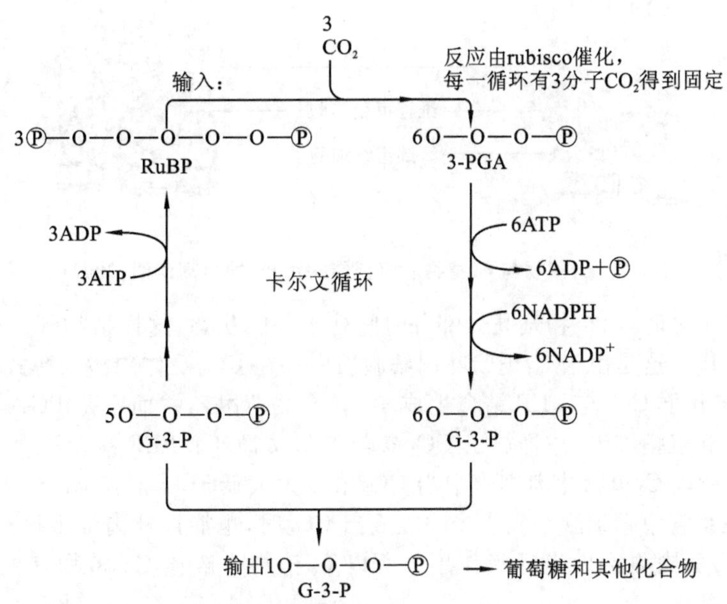

图 5-6　卡尔文循环(摘自高崇明，2007)

卡尔文循环可分为三个阶段。①碳的固定：CO_2 与核酮糖-1，5-二磷酸(RuBP)在 RuBP 羧化酶催化下反应，生成 3-磷酸甘油酸(3-PGA)。RuBP 羧化酶占叶绿体全部蛋白质的 50%～60%，也是生物圈最丰富的蛋白质。②还原作用：由 3-PGA→甘油醛-3-磷酸(G-3-P)，即 CO_2 还原作用。G-3-P 一部分用于糖的合成。③CO_2 受体(RuBP)再生：另一部分 G-3-P 经过一系列转变，再形成 RuBP 过程。

C_3 植物是地球上广为分布的植物，它们当中的一些成员是重要农作物，如大豆、小麦、燕麦和水稻等。

2. 光呼吸

RuBP 羧化酶是一种双功能酶，在 CO_2 浓度高时对 RuBP 行使羧化作用，使暗反应得以进行；在 CO_2 浓度低时起加氧作用，使 RuBP 发生氧化反应。

在炎热干旱时，植物为保持水分关闭气孔，阻止了 CO_2 进入，导致叶肉细胞内 CO_2 浓度偏低，O_2 浓度相对升高，RuBP 羧化酶起加氧酶作用：使叶绿体中的 RuBP 氧化，消耗 O_2，其产物为乙醇酸。乙醇酸再进入过氧化物酶体中氧化，生成甘氨酸和 H_2O。甘氨酸进入线粒体生成丝氨酸、CO_2 和 NH_3。丝氨酸再返回氧化物酶体变成甘油酸，甘油酸又进入叶绿体的卡尔文循环。即植物细胞依赖光照，吸收 O_2 放出 CO_2 过程，称光呼吸(photorespiration)。许多 C_3 植物光呼吸要消耗掉近 50%卡尔文循环所固定的碳，并且不生成 ATP，因此光呼吸是一种浪费。

3. C_4 途径

生活在热带的植物，如玉米、甘蔗等，为了减少光呼吸的负作用，除了卡尔文循环外，还进化出 C4 途径与之相联。

在 C4 途径中，CO_2 固定发生在叶肉细胞中，而卡尔文循环则是发生在含有叶绿体的维管束鞘细胞中(图 5-7)。

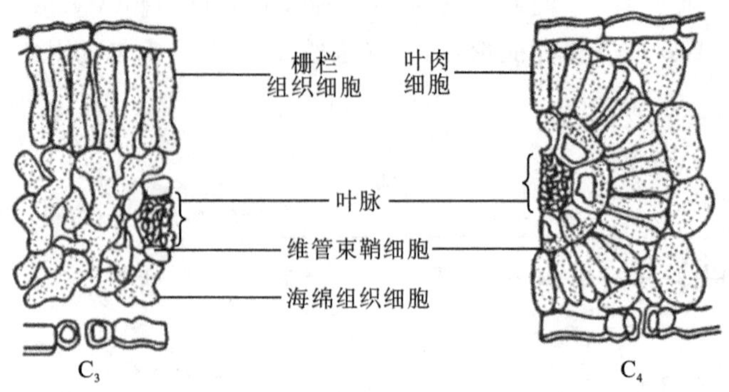

图 5-7 C_3植物与C_4植物叶解剖结构比较(摘自高崇明,2007)

在天气炎热干旱时,C_4植物气孔大部分时间处于关闭状态,这样植物既保存了水分,又能继续进行光合作用。这是由于C_4植物叶肉细胞质中存在CO_2受体磷酸烯醇式丙酮酸(PEP),在PEP羧化酶催化下CO_2与PEP结合生成4C化合物草酰乙酸而不是PGA,草酰乙酸再变成苹果酸进入维管束鞘细胞,并释放出CO_2参与卡尔文循环。PEP羧化酶对CO_2亲和力大,而不与O_2结合,所以C_4植物叶肉细胞中当CO_2浓度大大低于O_2时,PEP羧化酶还能照样固定CO_2。即使在维管束鞘细胞中发生光呼吸放出CO_2时,也能被叶肉细胞再次吸收利用。这样在C_4植物中几乎检测不出光呼吸作用。所以C_4植物一般比C3植物有更高的光合作用效率。

4. CAM植物

在菠萝、仙人掌以及大多数汁多味美的肉质植物中还存在着第三种固定碳的模式和保水形式,这些植物统称为景天科酸代谢(crassulacean acid metabolism,CAM)植物,它们能适应非常干旱的气候。这是由于CAM植物仅在夜晚打开气孔准许CO_2进入,与C_4植物类似,通过PEP固定成4C化合物草酰乙酸,再进一步还原成苹果酸储存在液泡中,白天液泡中苹果酸运到细胞基质中将CO_2释放出来,然后再进入叶绿体中的卡尔文循环。即CAM植物CO_2固定和卡尔文循环是发生在同一细胞中,而C_4植物是发生在两种不同细胞中。

5.4 能量的释放——细胞呼吸

生命的活动和维持需要消耗能量。一切生物都要从环境中获得稳定的物质及能量供应才能活下去,如果不能从外界获得能量,有机体将会死亡。在细胞的生命过程中,每时每刻都进行着营养物的分解并从中获得能量。生物体细胞把有机物氧化分解并产生能量的化学过程,称为细胞呼吸(cellular respiration)。

5.4.1 细胞呼吸概述

每一个活细胞的生命活动都需要能量来维持。细胞内每时每刻都在进行着能量的转换,这都有赖于生物的代谢活动。新陈代谢包括物质代谢和能量代谢两个方面。

1. 物质代谢

物质代谢包括分解代谢和合成代谢,两者不是简单的可逆反应,它们往往是通过不同的反应并由不同的酶催化而实现的。生物机体除了对分解代谢和合成代谢采取不同的途径外，甚至对同一种物质的分解代谢和合成代谢两个过程会选择在细胞的不同部位进行。比如，ATP 分子的合成是在线粒体内膜通过 ATP 合成酶以氧化磷酸化的形式合成的；而 ATP 分解反应大多数是在细胞质中进行的。再如：脂肪酸分解成乙酰辅酶 A 的过程是在线粒体内通过 β 氧化进行的，但是乙酰辅酶 A 合成脂肪酸的过程却是在细胞质中进行的。分解代谢和合成代谢选择不同的反应途径，增加了生物机体内化学反应的数量，从而对代谢活动的调控具有更大的灵活性和应变能力。

分解代谢和合成代谢的许多环节是双方都可共同利用的。这种可以公用的代谢途径称为两用代谢途径。三羧酸循环是两用代谢途径的典型例证。例如，不同氨基酸分解代谢可形成三羧酸循环的中间产物，α-酮戊二酸是谷氨酸脱去氨基的产物，草酰乙酸是天冬氨酸脱去氨基的产物等；α-酮戊二酸、草酰乙酸既是氨基酸以及蛋白质分解代谢的产物，又可以作为合成氨基酸以及蛋白质的前提物质，又可以进一步被氧化分解生成二氧化碳和水。这种两用代谢途径的存在，使机体细胞的代谢增加了灵活性。

2. 能量代谢

能量代谢与物质代谢相伴发生，它包括同化作用与异化作用两个方面。

生物体将简单的小分子合成复杂大分子并消耗能量的过程称为同化作用或合成代谢，光合作用是最典型的同化作用。生物体将复杂化合物分解为简单小分子并放出能量的反应，称为异化作用或分解代谢。在有氧和缺氧条件下，葡萄糖等食物分子在生物细胞中产生能量的情况是不一样的。

细胞呼吸是最重要的异化作用。细胞呼吸是指有机物在细胞内经过一系列氧化分解，生成二氧化碳或其他产物，释放出能量并生成 ATP 的过程。其根本意义在于给机体提供可利用的能量。细胞呼吸本质上是一种氧化反应，氧化有机质产生能量。细胞呼吸氧化的物质包括糖类、脂肪、蛋白质等多种分子。

细胞呼吸和汽油的燃烧产生能量在本质上是相同的，但是，细胞呼吸没有剧烈的发光发热现象，能量是逐步按需释放的，如果细胞内一次释放出过多的能量，温度将会急剧上升，细胞将会死亡。

细胞呼吸是在复杂的细胞体系中(主要是在线粒体中)进行的，在温和条件下和在酶的参与和调控下将复杂的有机物逐步降解为简单的无机物，同时放出能量。在这一过程中，有机物在有氧的条件下经过酶的催化，一步一步地降解，逐步按需释放能量，最后成为二氧化碳和水。

3. 能量传递的载体——ATP

有机物降解放出的能量并不能直接被细胞所利用，须将其转化到 ATP(三磷酸腺苷)的磷酸高能键上才能被细胞使用。ATP 是细胞内特殊的自由能载体，它在细胞内广泛地存在着，它在细胞质、细胞核和线粒体中捕获和储存能量。能用于机体做功的能量称为自由能。ATP 全称是腺嘌呤核苷三磷酸，简称腺苷三磷酸。

ATP 是细胞的能量“货币”，虽然一些其他化合物也可为细胞提供能量，例如，GTP(鸟苷三磷酸)、UTP(尿苷三磷酸)以及 CTP(胞苷三磷酸)等。GTP 对 G 蛋白的活化、蛋白质的生物合成、蛋白质的转运等都作为推动力提供自由能。UTP 在糖原合成中起到活化葡糖糖分子的作用。CTP 在合成磷脂酰胆碱、磷脂酰乙醇胺、纤维素中发挥重要作用。但细胞最常用的是 ATP。当 ATP 分子水解时放出能量，这些能量一部分以热的形式散失，其他的则被细胞各种吸能反应或过程所利用。生命活动需要有不断的能量供应，细胞有很高的能量需求，而

ATP 在不断地被细胞利用的同时，也在不断地合成，以满足细胞生命过程的需要。ATP 水解所产生的能量大小适合于细胞使用。

肌肉收缩、合成代谢、跨膜运输以及所有的需能反应都属于机体做功，以 ATP 形式储存的自由能，主要在四方面提供机体对能量的需求。①ATP 向生物提供合成时所需的能量。在生物合成过程中，ATP 将其所携带的能量提供给大分子的结构元件，使这些元件活化处于较高的能态，这就为进一步装配成生物大分子做好了准备。②ATP 是生物机体活动以及肌肉收缩的能量来源。③细胞逆浓度梯度摄取物质时需要能量。④在 DNA、RNA 和蛋白质等生物合成中，保证基因信息的正确传递，ATP 也以特殊方式起着传递能量的作用。

ATP 作为自由能的储存分子，并不是以长期不动的形式存在的，而是不断地处于动态平衡的周转之中。一般情况下，ATP 分子一旦形成，1 min 内就被利用，所以严格地说，ATP 并不是能量的储存形式，而是一种传递能量的分子。

通常意义的呼吸和细胞呼吸是相互关联的。例如，当你运动时，吸入肺部的氧气被输送到血液中，血液再将其输送给肌肉细胞，肌肉细胞便利用这些氧气进行细胞呼吸，将由血液输送来的葡萄糖等有机分子氧化分解成二氧化碳和水，并产生较多的能量使肌肉收缩运动，便完成特定的动作，同时，二氧化碳废气又被血液运送到肺部，再经口或鼻腔排出体外。

当我们运动较缓慢时，血液为肌肉细胞及时输送细胞呼吸所需的氧气，但是，如果做激烈运动，肌肉细胞就需要在很短时间内分解更多的葡萄糖，获得更多的能量，以满足机体对能量的需求，这时往往会造成氧气供应不足，肌肉细胞就会像酵母细胞一样进行部分无氧呼吸，导致一部分葡萄糖不能充分被氧化，其结果是，葡萄糖被分解成乳酸，而不是水和二氧化碳，同时也快速产生较少的能量用于应急。而肌肉中产生的乳酸会使我们产生酸痛的感觉。

细胞呼吸是由一系列化学反应组成的一个连续完整的代谢过程，每一步化学反应都需要特定的酶参与才能完成。在这一系列反应中，某一步化学反应得到的产物同时又是下一步反应的底物。根据产物的性质和反应在细胞中发生的部位，将细胞呼吸的化学过程分为糖酵解、三羧酸循环和电子传递及 ATP 合成三个阶段。

5.4.2 糖酵解

细胞呼吸的第一阶段是糖酵解阶段。在无氧条件下，葡萄糖经过一系列反应进行分解，转变为 2 分子丙酮酸，并净生成两个 ATP 分子提供能量，这个过程叫糖酵解。糖酵解发生在细胞质中。

糖酵解过程可以说是葡萄糖最初经历的酶促分解过程，也是葡萄糖分解代谢所经历的共同途径。糖酵解过程被认为是生物最古老、最原始获取能量的一种方式。在自然发展过程中出现的进化程度较高的生物，虽然进化为利用有氧条件进行生物氧化获取能量，但仍保留了这种原始的方式。这一系列过程，不但成为生物体共同经历的葡萄糖的分解代谢前期途径，而且有些生物体还利用这一途径在供氧不足的条件下，给机体提供能量以作为应急。

糖酵解过程从葡萄糖到形成丙酮酸共包括 10 步化学反应，整个过程需要 10 种酶，大都需要 Mg^{2+} 作为辅助因子。整个过程全部在细胞质中进行，并且不需要氧参加(图 5-8)。将 1 分子六碳糖分解成 2 分子丙酮酸，可划分为两个阶段。

1. 糖酵解的准备阶段

葡萄糖通过磷酸化、异构化、裂解成三碳糖。每裂解 1 个己糖分子，共消耗 2 分子 ATP，产生 2 个三碳化合物，整个过程需要 5 步完成。

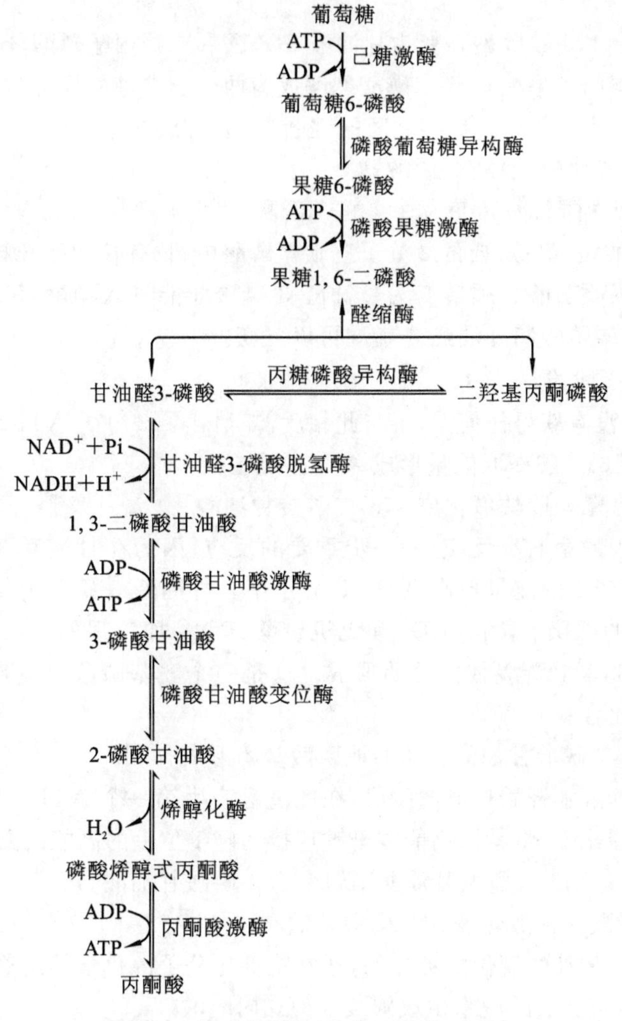

图 5-8　糖酵解图解(摘自王镜岩,2000)

1）第 1 步，葡萄糖的磷酸化

葡萄糖发生酵解作用的第一步是 D-葡萄糖分子第 6 位的羟基磷酸化，生成葡萄糖-6-磷酸。这是一个磷酸基团转移的反应，即 ATP 的 γ-磷酸基团在己糖激酶的催化下，转移到葡萄糖分子上，形成活化分子葡萄糖-6-磷酸。这个反应需要 Mg^{2+} 的存在。所以糖酵解的起始阶段需要消耗 ATP，使葡萄糖分子进入高能状态从而启动整个葡萄糖代谢过程。

葡萄糖形成葡萄糖-6-磷酸的反应基本上是不可逆的。这一反应保证了进入细胞的葡萄糖可立即被转化为磷酸化形式，这不仅为葡萄糖随后的裂解活化了葡萄糖分子，而且还保证了葡萄糖分子一旦进入细胞就能有效地被捕获，不会再透出细胞外。

2）第 2 步，葡萄糖-6-磷酸异构化形成果糖-6-磷酸

葡萄糖-6-磷酸在磷酸葡萄糖异构酶的催化下，转化成果糖-6-磷酸。

3）第 3 步，果糖-6-磷酸形成果糖-1,6-二磷酸

这一步是糖酵解过程中的第二个磷酸化反应。也是糖酵解过程中使用第二个 ATP 分子的反应。果糖-6-磷酸在磷酸果糖激酶催化下进一步磷酸化，将 ATP 上的末端磷酸基转移到

C_1位置上，形成1,6-二磷酸果糖。从葡萄糖活化开始，形成1分子果糖-1,6-二磷酸消耗了2分子ATP。

4）第4步，果糖-1,6-二磷酸转变为甘油醛-3-磷酸和二羟丙酮磷酸

这是一个由六碳糖到果糖-1,6-二磷酸裂解成为两个三碳糖的反应过程，在果糖-1,6-二磷酸醛缩酶的催化下发生裂解，C_3和C_4之间的键断裂，裂解成两个三碳糖，即1分子酮糖（二羟丙酮磷酸）和1分子醛糖（甘油醛-3-磷酸）。

5）第5步，二羟丙酮磷酸转变为甘油醛-3-磷酸

果糖-1,6-二磷酸裂解后形成的2分子三碳糖磷酸中，只有甘油醛-3-磷酸能继续进入糖酵解途径，因此，二羟丙酮磷酸必须转变为甘油醛-3-磷酸才能进入糖酵解途径。在丙糖磷酸异构酶催化下，二羟丙酮磷酸和甘油醛-3-磷酸可以互变。

2. 糖酵解的放能阶段

在准备阶段，并没有获得任何能量，与此相反，却消耗了2分子ATP。酵解的第二阶段是放能阶段，从甘油醛-3-磷酸提取能量形成ATP分子。

1）第6步，甘油醛-3-磷酸氧化成1,3-二磷酸甘油酸

这是糖酵解过程的第6步反应，是一步重要的反应，因为在甘油醛-3-磷酸的醛基氧化为羧基时，将氧化过程产生的能量储存到ATP分子中。甘油醛-3-磷酸的氧化和磷酸化是在甘油醛-3-磷酸脱氢酶的催化下，由NAD^+和无机磷酸（Pi）参加实现的。在此反应中，醛基氧化释放的能量推动了1,3-二磷酸甘油酸的形成。这是一个酰基磷酸。酰基磷酸是具有高能磷酸基团转移势能的化合物。

2）第7步，1,3-二磷酸甘油酸转移高能磷酸基团形成ATP

这一步反应是糖酵解开始产能的阶段，在此过程产生第一个ATP。1,3-二磷酸甘油酸在磷酸甘油酸激酶的催化下，将其以高能酸酐键连接在碳1位上的高能磷酸基团转移到ADP分子上形成ATP分子。1,3-二磷酸甘油酸则转变为3-磷酸甘油酸。

3）第8步，3-磷酸甘油酸转变为2-磷酸甘油酸

该反应是由磷酸甘油酸变位酶催化的，通常将催化分子内化学基团移位的酶称为变位酶。

4）第9步，2-磷酸甘油酸脱水生成磷酸烯醇式丙酮酸

这一反应是由烯醇化酶催化的。烯醇磷酸酯具有高基团转移势能。

5）第10步，磷酸烯醇式丙酮酸转变为丙酮酸并产生1分子ATP

这是由葡萄糖形成丙酮酸的最后一步反应，催化此反应的酶称为丙酮酸激酶。磷酸基团由磷酸烯醇式丙酮酸转移到ADP，并同时生成丙酮酸。

由葡萄糖分解为2分子丙酮酸并产生能量的糖酵解的总反应可表示为

$$\text{葡萄糖}+2ADP+2Pi+2NAD^+ \longrightarrow 2\,\text{丙酮酸}+2ATP+2H_2O+2NADH+2H^+$$

3. 糖酵解过程的特点

① 葡萄糖的6个碳原子完全用于形成2分子丙酮酸，糖酵解过程不丢失碳原子，不形成CO_2。

② 葡萄糖酵解不需要氧气参加，因此有氧或无氧均可进行。

③ 在糖酵解的起始阶段还需要消耗2分子ATP来启动整个葡萄糖的代谢过程，但在糖酵解的后期共可产出4分子ATP，因此净产生2分子ATP。

④ 产生2分子高能化合物NADH，在有氧条件下NADH经电子传递可产生ATP。

从葡萄糖到形成丙酮酸的酵解过程，在生物界都是极其相似的。但是，丙酮酸以后的途径

却随着机体所处的条件和发生在什么样的生物体中而各不相同。在无氧条件下生成乳酸或生成乙醇。人们将微生物经过无氧条件产生乳酸的过程称为乳酸发酵，将丙酮酸脱羧形成乙醇的过程称为乙醇发酵。乳酸发酵和乙醇发酵除了在最后步骤不同外，所经历的步骤完全相同。

4. 发酵作用

发酵作用是糖酵解的继续。发酵过程并不继续产生 ATP，在此过程中，酵解过程中发生的 2 分子 NADH 重新生成 NAD^+，NAD^+ 可在糖酵解过程中循环使用，因此，发酵的作用是使糖酵解在无氧条件下得以继续进行产生 ATP。有两种类型的细胞可进行发酵作用，一类是厌氧细胞，一类为兼性好氧细胞。前者包括在完全没有氧分子存在时能生存的某些细菌，后者包括各种其他细菌、酵母、动物的肌肉细胞及其他一些细胞。这些细胞在无氧时能进行发酵作用，在有氧时进行比发酵作用更有效的过程。

1）乳酸发酵

动物包括人，在激烈运动时，或由于呼吸、循环系统障碍而发生供氧不足时，缺氧的细胞必须用糖酵解产生的 ATP 分子暂时满足对能量的需要。为了使甘油醛-3-磷酸继续氧化，必须提供氧化型的 NAD^+。丙酮酸作为 NADH 的受氢体，使细胞在无氧条件下重新生成 NAD^+，于是丙酮酸的羰基被还原，生成乳酸，催化该反应的酶是乳酸脱氢酶。

在无氧条件下，每分子葡糖糖代谢形成乳酸的总方程式如下：

$$C_6H_{12}O_6 + 2ADP + 2Pi \longrightarrow 2C_3H_6O_3 + 2ATP + 2H_2O$$

由于葡萄糖产生等摩尔的 NADH 和丙酮酸，每分子葡萄糖所产生的 2 个 NADH 分子，都可以通过利用 2 个丙酮酸分子而重新被氧化。

2）酒精发酵

酵母在无氧条件下，将丙酮酸转变为乙醇和 CO_2。这一过程包括两个反应步骤，第一步是丙酮酸脱羧形成乙醛和 CO_2，催化这一步反应的酶是丙酮酸脱羧酶，第二步乙醛由 $NADH + H^+$ 还原生成乙醇同时产生氧化型 NAD^+，催化这一反应的酶是乙醇脱氢酶。

产生酒精和乳酸时无氧呼吸释放的能量不同。无氧呼吸分解有机物不彻底，释放的能量很少，还有大量的能量储存在不彻底氧化分解产物酒精或乳酸中。1 mol 葡萄糖在分解产生乳酸时，只释放约 196.65 kJ 的能量，转移到 ATP 中的能量只有 61.08 kJ；1 mol 葡萄糖在分解产生酒精和 CO_2 时，释放 225.94 kJ 的能量，转移到 ATP 中的能量只有 61.08 kJ。可见，无氧呼吸分解产生不同产物时释放的能量是不同的，但转移到 ATP 中的能量是相同的。

糖酵解过程有三步反应是不可逆的，催化这三个反应的酶分别是已糖激酶、磷酸果糖激酶和丙酮酸激酶。这三种酶具有调节糖酵解的作用。生物合成过程对碳骨架的需求情况也会调节糖酵解。因为糖酵解也为生物合成提供碳骨架。

除了葡萄糖以外，其他糖通过不同的方式进入糖酵解途径。淀粉和糖原经消化后都转变为葡萄糖进入糖酵解途径，水果和由蔗糖水解产生的果糖，由乳糖水解产生的半乳糖，由糖蛋白等多糖经消化产生的甘露糖都是通过转变为糖酵解途径的中间产物而进入糖酵解途径的。

5.4.3　三羧酸循环

细胞呼吸的第二阶段称为三羧酸循环或柠檬酸循环或 Krebs 循环。这一途径之所以称为柠檬酸循环是因为在循环的一系列反应中，关键的化合物是柠檬酸，又因为它有三个羧基，所以又称为三羧酸循环，简称 TCA 循环。这一途径还可称为 Krebs 循环，这是以德国生物化学家 Hans Krebs 的名字来命名的，以纪念他对阐明三羧酸循环所做出的杰出贡献。

糖酵解过程只释放出葡萄糖的一部分能量，其余的能量储存在酵解过程所产生的 2 分子丙酮酸中。在缺氧环境中生活的一些生物如酵母菌，通过糖酵解产生的 ATP 便能满足其代谢活动的需要，但对于大多数生物来说，在有氧条件下，葡萄糖的分解代谢并不停止在丙酮酸，而是继续进行有氧分解，最后形成 CO_2 和水。通过丙酮酸的进一步分解和呼吸链获得更多的能量，才能满足它们代谢的需要。所经历的途径分为两个阶段，分别是三羧酸循环和氧化磷酸化。

三羧酸循环是在细胞的线粒体中进行的。丙酮酸通过三羧酸循环进行脱羧和脱氢反应，羧基形成 CO_2，氢原子则随着载体（NAD^+、FAD）进入电子传递链经过氧化磷酸化作用，形成水分子并将释放出的能量合成 ATP。

1. 乙酰辅酶 A 的形成

在有氧条件下，糖酵解产生的丙酮酸分子从线粒体外膜进入膜间隙，然后通过载体易化扩散进入线粒体的基质中。丙酮酸进入线粒体基质中并没有直接进入循环反应，而是先进行准备工作。在准备阶段，丙酮酸首先氧化脱羧释放出 1 分子 CO_2，剩余的二碳片段与辅酶 A 结合形成处于活化状态的乙酰辅酶 A，同时 NAD^+ 接受该反应放出的氢和电子，形成了 NADH。

乙酰辅酶 A 是乙酰基与辅酶 A 暂时结合在一起形成的，也是一种高能化合物，丙酮酸氧化产生的能量转移于其中。乙酰辅酶 A 也是许多物质如脂肪酸降解的中间产物。

从丙酮酸转变为乙酰辅酶 A 需进行四步反应，催化这些反应的酶是包括丙酮酸脱氢酶在内的多酶复合体，此复合体由三种酶高度组合在一起而形成，统称为丙酮酸脱氢酶复合体或丙酮酸脱氢酶系。这三种酶分别是丙酮酸脱氢酶、二氢硫辛酰转乙酰基酶、二氢硫辛酸脱氢酶。它们在结构上形成一个有秩序的整体，使丙酮酸脱氢酶催化形成乙酰辅酶 A 的复杂反应得以相互协调依次有序地进行。

丙酮酸脱氢酶复合体在丙酮酸转变为乙酰辅酶 A 过程中起着重要催化作用，这一途径也是哺乳动物使丙酮酸转变为乙酰辅酶 A 的唯一途径。乙酰辅酶 A 既是三羧酸循环的入口物质，又是合成脂类的起始物质，这意味着丙酮酸既可以继续分解提供能量又可以参与生物合成途径，这一切关键在于对丙酮酸脱氢酶复合体活性的调控。

2. 异柠檬酸的生成

乙酰辅酶 A 进入三酸酸循环，首先和草酰乙酸结合形成柠檬酸。

1）第 1 步，草酰乙酸与乙酰辅酶 A 缩合形成柠檬酸

这一步反应是三羧酸循环的起始步骤。通过这一反应，含有两个碳原子的化合物以乙酰辅酶 A 形式进入三羧酸循环。催化该反应的酶是柠檬酸合酶。

2）第 2 步，柠檬酸异构化形成异柠檬酸

柠檬酸异构化形成异柠檬酸适应了柠檬酸进一步氧化的需要。催化该反应的酶是乌头酸酶，因该酶在催化过程中形成顺乌头酸中间产物而得名。

3. 异柠檬酸氧化脱羧

在三羧酸循环中包括 4 个氧化-还原步骤。异柠檬酸氧化脱羧是一个氧化-还原步骤，也是三羧酸循环中两次氧化脱羧反应中的第一个反应。

1）第 3 步，异柠檬酸氧化形成 α-酮戊二酸

催化这一反应的酶称为异柠檬酸脱氢酶，氧化的中间产物是一个不稳定的酮酸，即草酰琥珀酸，再转变为 α-酮戊二酸。

2）第 4 步，α-酮戊二酸氧化脱羧形成琥珀酰辅酶 A

这是三羧酸循环中两次氧化脱羧作用中的第二次脱羧。催化该反应的酶称为 α-酮戊二酸脱氢酶，该酶也是一个多酶复合体，又称为 α-酮戊二酸脱氢酶系。

4. 草酰乙酸的再生

经过上述 4 步反应，进入三羧酸循环的 1 分子乙酰辅酶 A 的两个碳原子全部经过脱羧作用形成 CO_2。此后再经过 4 步反应，琥珀酰辅酶 A 形成草酰乙酸完成一个循环。

1）第 5 步，琥珀酰辅酶 A 转变成琥珀酸并产生一个高能磷酸键

该反应的催化酶为琥珀酰辅酶 A 合成酶，也称为琥珀酰硫激酶。这个步骤产生一个高能磷酸键，在哺乳动物形成 1 分子 GTP，在植物和微生物直接形成 ATP。这是三羧酸循环中唯一直接产生一个高能磷酸键的步骤。这是通过分解途径在底物水平上直接产生 ATP 的，这种磷酸化称为底物磷酸化。底物水平磷酸化的机理较为简单，在磷酸化过程中，相关的酶将底物分子上的磷酸基团直接转移到 ADP 分子上。这些底物是葡萄糖分解为 CO_2 过程中形成的有关中间产物，这种转移过程的发生是由于这些带有磷酸基团的底物相当不稳定，磷酸基团与底物相连的化学键非常脆弱，在酶的作用下发生磷酸基团的转移形成了比原反应物更稳定的新产物和 ATP 分子。糖酵解中 ATP 的形成也属于底物水平磷酸化。在呼吸链中 ATP 的生成与电子传递相偶联，涉及质子的跨膜运输等，称为氧化磷酸化。

2）第 6 步，琥珀酸脱氢形成延胡索酸

该反应由琥珀酸脱氢酶催化，琥珀酸脱氢酶与三羧酸循环中的其他酶不同，它是唯一嵌入线粒体内膜的酶，是线粒体内膜的一个重要组成部分，而其他酶大多存在于线粒体的基质中。

3）第 7 步，延胡索酸水合形成 L-苹果酸

催化延胡索酸水合形成苹果酸的酶是延胡索酸酶。该酶的催化反应具有严格的立体专一性，因此形成的苹果酸只有 L-苹果酸。

4）第 8 步，L-苹果酸脱氢形成草酰乙酸

这是再生成草酰乙酸完成三羧酸循环的最后一个步骤，由苹果酸脱氢酶催化。

整个过程包括 8 个步骤，每一步反应由不同的酶催化（图 5-9）。三羧酸循环的总化学反应式可以总结为：

$$\text{乙酰辅酶 A} + 3NAD^+ + FAD + GDP + Pi \longrightarrow 2CO_2 + 3NADH + FADH_2 + GTP + 2H^+ + COASH$$

5. 三羧酸循环的特点

①三羧酸循环（图 5-9）的每一次循环都纳入一个乙酰辅酶 A 分子，即两个碳原子进入循环，又有两个碳原子以 CO_2 的形式离开循环。但是，离开循环的两个碳原子并不是刚刚进入循环的那两个碳原子。

②每一次循环共有 4 次氧化反应，参与这 4 次氧化反应的有 3 分子 NAD^+ 和 1 分子 FAD，同时有 4 对氢原子离开循环，形成 3 分子 NADH 和 1 分子 $FADH_2$。

③每一次循环以 GTP 的形式产生一个高能键，并消耗 2 分子水。

④三羧酸循环中虽然没有氧分子直接参与，但是三羧酸循环只能在有氧条件下进行，三羧酸循环所产生的 3 个 NADH 和 1 个 $FADH_2$ 分子只能通过电子传递链和氧分子才能够再被氧化。

⑤三羧酸循环共有 4 个脱氢步骤，其中 3 对电子经 NADH 传递给电子传递链，最后与氧结合形成水。每对电子传递产生 2.5 分子 ATP，3 对电子共产生 7.5 分子 ATP，一对电子经 $FADH_2$ 转移给电子传递链产生 1.5 分子 ATP，三羧酸循环本身只产生 1 分子 ATP（GTP）。

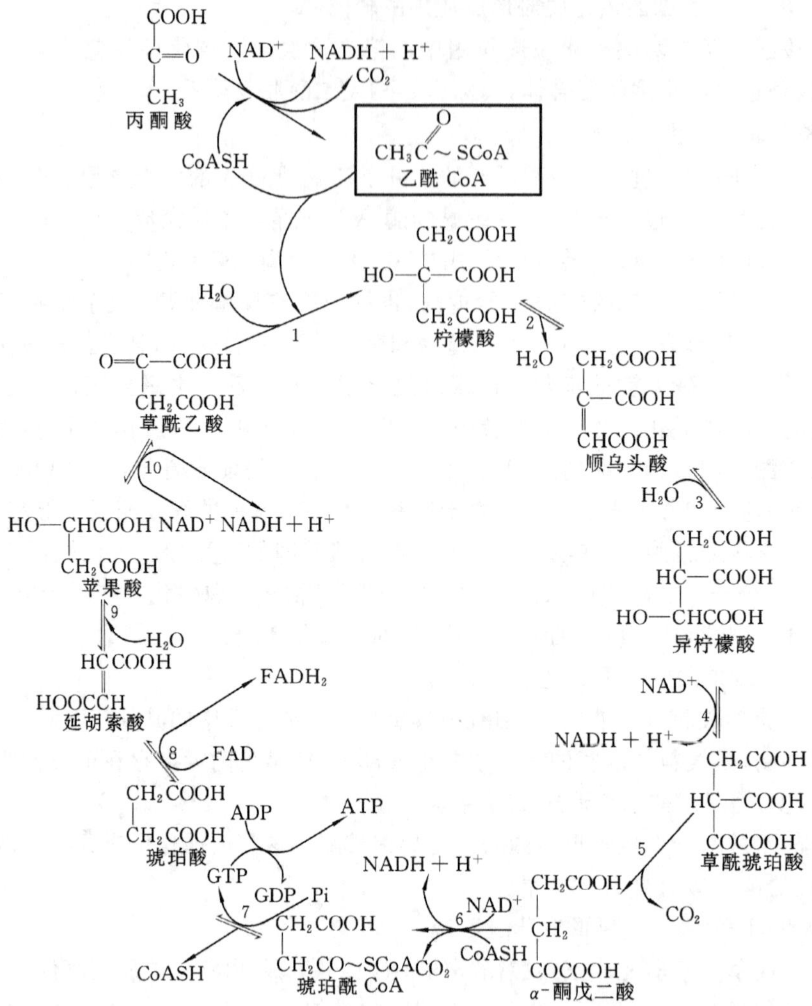

图 5-9　三羧酸循环(摘自王允祥,2011)

因此,三羧酸循环每循环一次最终可形成 10 分子 ATP,这个数值比以前的计算少了 2 分子 ATP(以往是 9+2+1=12)。

如果从丙酮酸脱氢开始计算每分子丙酮酸氧化脱羧产生 1 分子 NADH,经电子传递链最后产生 2.5 分子 ATP。因此,从丙酮酸开始经过一次循环共产生 12.5 分子 ATP。1 分子葡萄糖形成 2 分子丙酮酸,所以经三羧酸循环共产生 25 分子 ATP(2×12.5=25)。

如果从葡萄糖开始计算,在糖酵解阶段,底物水平磷酸化共产生 4 分子 ATP,己糖分子活化消耗 2 分子 ATP,糖酵解阶段产生的 2 分子 NADH,经过电子传递链生成 5 分子 ATP,由于糖酵解阶段产生于细胞质中的 2 分子 NADH 进入呼吸链时按甘油磷酸穿梭途径穿过线粒体内膜需消耗 2 分子 ATP,因此,糖酵解阶段合计积累 5 分子 ATP。所以,经过糖酵解和三羧酸循环,1 分子葡萄糖通过有氧呼吸共形成 30 分子 ATP。

6. 三羧酸循环的意义

三羧酸循环在分解代谢中十分重要。葡萄糖的分解是细胞中最常见的代谢途径,除糖类之外,有机体还利用脂肪和蛋白质作为营养物,这些营养物质被分解后,转化成三羧酸循环的中间产物参与代谢。三羧酸循环是糖、脂类和氨基酸代谢的最后共同途径。

蛋白质分子水解为氨基酸分子，然后进一步水解，脱去的氨基转化为氨排出体外，脱去氨基后的分子转化为各种中间代谢产物，如丙酮酸、乙酰辅酶 A、延胡索酸、α-酮戊二酸、草酰乙酸等。各种氨基酸的化学结构不同，脱去氨基后转化成的产物也不同。无论氨基酸进入哪条代谢途径，其碳骨架最终都要被分解氧化为 CO_2。脂肪的代谢更复杂，甘油三酯首先被水解成甘油和脂肪酸，甘油转变成 3-磷酸甘油醛进入糖酵解途径。脂肪酸在线粒体中通过 β-氧化作用依次移去两个碳原子，最终形成乙酰辅酶 A，乙酰辅酶 A 再进入三羧酸循环进一步氧化。

三羧酸循环在糖类、脂肪和蛋白质的合成代谢中也十分重要。三羧酸循环中的各种中间产物及中间产物的前体，如丙酮酸、乙酰辅酶 A 等都可以作为合成代谢途径中的起始化合物。例如，α-酮戊二酸及来自氨基酸分解产生的 NH_3 可作为谷氨酸合成的前体物质。草酰乙酸提供了天冬氨酸合成的碳骨架。这些氨基酸可进一步用于蛋白质及肽链的生物合成。葡萄糖也可转化为脂肪，葡萄糖氧化产生的乙酰辅酶 A 可用于长链脂肪酸的生物合成。

可见三羧酸循环具有分解代谢和合成代谢双重性。一方面是绝大多数生物体主要的分解代谢途径，是提供大量自由能的重要代谢系统。另一方面又在许多合成代谢中发挥重要作用，所以，三羧酸循环是新陈代谢的中心环节。

5.4.4　呼吸链和氧化磷酸化

生物体需要的能量大多来自糖、脂肪、蛋白质等有机物的氧化，最终产物是 CO_2 和 H_2O。有机分子在细胞内氧化成 CO_2 和 H_2O 并释放出能量形成 ATP 的过程，笼统称为生物氧化。

糖、脂肪、蛋白质在细胞内彻底氧化之前，都先经过分解代谢，在不同的分解代谢过程中，都伴有代谢物的脱氢和辅酶 NAD^+ 或 FAD 的还原。这些携带者氢离子和电子的还原型辅酶 NADH 和 $FADH_2$ 最终将氢离子和电子传递给氧时，都经历相同的一系列电子载体传递过程。

1. 呼吸链

电子从 NADH 或 $FADH_2$ 到 O_2 的传递所经过的途径形象的称为电子传递链，或称为呼吸链(respiratory chain)。电子传递链是典型的多酶体系，主要是由线粒体内膜上的蛋白复合体组成。这些复合物包含了一系列电子传递体。每一个电子传递体从上游(较高能量水平)的相邻电子传递体接受电子呈还原态，当它把电子再传递给下游相邻的电子传递体时，它又转变成氧化态。分子氧是电子传递链中最后的电子受体，当电子经电子传递链最终传到分子氧时，它便结合 2 个 H^+ 形成了最终产物 H_2O。

电子传递链大致分为四个部分，分别称为 NADH-Q 还原酶(复合物Ⅰ)、琥珀酸 Q 还原酶(复合物Ⅱ)、细胞色素还原酶(复合物Ⅲ)和细胞色素氧化酶(复合物Ⅵ)。每一种复合物都能催化电子穿过呼吸链的某一过程。电子传递酶复合体的辅基包括黄素类、铁硫基团、血红素和铜离子，这些辅基都是电子载体。电子传递都通过与酶分子结合的辅基来完成(图 5-10)。

1) NADH-Q 还原酶

NADH-COQ 还原酶又称为 NADH 脱氢酶，简称为复合物 I，哺乳动物的复合物 I 是一个大蛋白质分子，由 42 条不同的多肽链组成。总的相对分子质量接近 10^6 kD，其中 7 个疏水的跨膜多肽由线粒体基因编码。复合物 I 含一个带有 FMN 的黄素蛋白和至少 6 个铁硫中心。复合物 I 每传递 1 对电子伴随 4 个质子从线粒体基质转移到膜间隙。

在电子传递链中共有 3 个质子泵，该酶是第一个质子泵。该酶的作用是先与 NADH 结合并将 NADH 上的两个高势能电子转移到 FMN 辅基上，使 NADH 氧化，并使 FMN 还原。

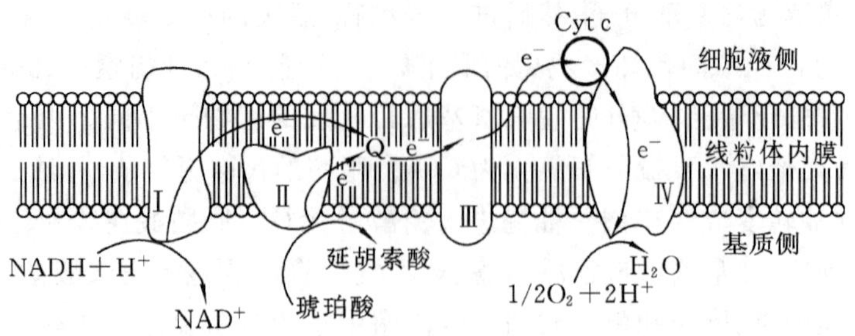

图 5-10　电子传递链复合物(摘自王允祥,2011)

NADH-Q 还原酶辅基 $FMNH_2$上的电子又转移到铁硫聚簇上(Fe-S),它是 NADH-Q 还原酶的第二种辅基。

2) 辅酶 Q

辅酶 Q 又称为泛醌,简称为 Q,它在电子传递中的作用是将电子从 NADH-Q 还原酶(复合体Ⅰ)和琥珀酸-Q 还原酶(复合体Ⅱ)转移到细胞色素还原酶上。辅酶 Q 是脂溶性辅酶,它在线立体内膜中可以结合到膜上,也可以以游离状态存在,它以不同形式在电子传递链中起传递电子的作用。它不只是接受 NADH-Q 还原酶脱下的电子和氢原子,还接受线粒体其他黄素酶类脱下的电子和氢原子。辅酶 Q 在电子传递链中处于中心地位,它在呼吸链中是一种和蛋白质结合不紧密的辅酶,这使它在黄素蛋白和细胞色素类之间能够作为一种特殊的电子载体起作用。

3) 琥珀酸-Q 还原酶

琥珀酸-Q 还原酶又称为复合物Ⅱ、琥珀酸脱氢酶,由四种不同的蛋白质组成。它是三羧酸循环中唯一一个结合在线粒体内膜上的酶(最近的研究表明,复合物Ⅱ是跨膜蛋白),其功能为催化来自琥珀酸的 1 对电子经 FAD 和 Fe-S 传给辅酶 Q 而进入呼吸链。$FADH_2$作为该酶的辅基在传递电子时并不与酶分离,只是将电子传递给琥珀酸脱氢酶分子的铁-硫聚簇。电子经过铁-硫聚簇又传递给辅酶 Q,从而进入了电子传递链。

来自琥珀酸的电子能量较低,琥珀酸-Q 还原酶以及其他的酶,将电子从 $FADH_2$转移到辅酶 Q 时,不伴随质子的跨膜转移,不能产生足够的自由能用于产生 ATP。因此,复合体Ⅱ催化的电子传递不伴随 ATP 的生成。这一步的意义在于,它保证了 $FADH_2$上的高能电子进入了电子传递链。

4) 细胞色素还原酶

细胞色素还原酶的名称多种多样,又称为复合物Ⅲ或 Cyt bc_1 复合物(简称 bc_1)。该复合物由 10 条多肽组成,总的相对分子质量为 2.5×10^5,含 1 个 Cyt b(携带两个血红素基团 b562 和 b566)、1 个 Cyt c_1 和 1 个铁硫蛋白。复合物Ⅲ的功能是催化电子从辅酶 Q 传给 Cyt c。每一对电子穿过该复合物到达 Cyt C 时有 4 个 H^+ 从基质跨膜转移到膜间隙。

细胞色素是一类含有血红素辅基的电子传递蛋白的总称。细胞色素几乎存在于所有的生物体内,只有极少数专性厌氧微生物没有这类蛋白质。细胞色素还原酶在线粒体内膜的排列是不对称的。在电子传递链中细胞色素还原酶的作用是催化电子从 QH_2转移到细胞色素 c。

5) 细胞色素 c

细胞色素 c 是一个相对分子质量为 13000 的较小球形蛋白质,由 104 个氨基酸构成一条单一的多肽链,是唯一能溶于水的细胞色素。

细胞色素 c 交互地与细胞色素还原酶(复合体Ⅲ)的细胞色素 c_1 和细胞色素氧化酶(复合体Ⅵ)接触,起到在复合体Ⅲ和复合体Ⅵ之间传递电子的作用。

细胞色素 c 接受由复合体Ⅲ传递来的电子并不是简单地一次完成,而是分为两个阶段。在第一阶段,还原型辅酶 Q 所具有的两个高势能电子中的一个转移到细胞色素还原酶的铁-硫聚簇,再经过细胞色素 c_1 传递到细胞色素 c。在第二阶段,由另一分子 QH_2 通过相同的途径将另一个电子传递到细胞色素 c。总之,两个 QH_2 参与电子传递,使两个细胞色素 c 还原,经过全过程又产生一个 QH_2 分子。一个 QH_2 分子的两个电子分别传递给 2 分子细胞色素 c。

6) 细胞色素氧化酶

细胞色素氧化酶又称为细胞色素 c 氧化酶、复合物Ⅵ。哺乳动物的细胞色素氧化酶由 13 条多肽链组成。总相对分子质量为 2.04×10^5 D,其中最大且疏水性最强的 3 个多肽由线粒体基因编码。

该酶共有四个氧化-还原中心:Cyt a 和 Cyt a_3 及两个铜离子(Cu_A 和 Cu_B)。催化电子从 Cyt c 传给氧,生成水。细胞色素氧化酶接受和传递电子的顺序是先由还原型细胞色素 c 将所携带的电子传递给血红素 a-Cu_A 聚簇,然后再传递给血红素 a_3-Cu_B 聚簇。在这里 O_2 经过一系列步骤最后生成 2 分子 H_2O。

复合物Ⅵ每传递一对电子从基质中摄取 4 个 H^+。其中 2 个 H^+ 用于水的形成,另外 2 个 H^+ 被跨膜转移到膜间隙。尽管两个血红素 a 分子在化学结构上完全相同,但因处于细胞色素氧化酶的不同部位,它们就有不同的性质,因此一个命名为血红素 a,另一个命名为血红素 a_3。两个铜离子分别称为 Cu_A 和 Cu_B。真核生物的电子传递和氧化磷酸化都是在细胞的线粒体内膜发生的。原核生物则是在浆膜发生的。

2. 氧化磷酸化

氧化磷酸化(oxidative phosphorylation)指的是电子在沿着电子传递链传递过程中所伴随的,将 ADP 磷酸化而形成 ATP 的全过程。氧化磷酸化是需氧细胞生命活动的主要能量来源,是生物产生 ATP 的主要途径。

还原性辅酶 NADH 和 $FADH_2$ 上的电子通过一系列电子载体传递给 O_2,还原性辅酶上的氢原子以质子形式脱下,质子和离子型氧结合而成水,还原性辅酶 NADH 和 $FADH_2$ 通过电子传递再氧化。在电子传递过程中释放的能量可使 ADP 磷酸化形成 ATP。

ATP 的合成是在线粒体内膜由电子传递链将 NADH 和 $FADH_2$ 上的电子传递给氧的过程中释放出自由能供给 ATP 合成。释放自由能的部位有三个,这三个部位也正是 ATP 合成的部位。第一个部位是由复合物Ⅰ执行的,它将 NADH 上的电子传递给辅酶 Q。第二个部位是由复合物Ⅲ执行的,它是电子从辅酶 Q 传递给细胞色素 c。第三个部位是由复合物Ⅵ执行的,它将电子从细胞色素 c 传递给氧。

ATP 的合成是由线粒体内膜上 ATP 酶完成的,因为该酶最先发现的是它的水解反应,但是它在线粒体的真正作用是合成 ATP,为强调该酶的实际合成作用,现在普遍称为 ATP 合酶(图 5-11)。在电子显微镜下,ATP 合酶的分子由球形的头部和基部组成,头部朝向线粒体基质,规则性的排布在内膜下并以基部与内膜相连。

氧化磷酸化和电子传递相偶联,偶联的机理是什么?目前共存在三种假说:化学偶联假说、结构偶联假说和化学渗透假说。越来越多的证据支持化学渗透假说。

1961 年,英国科学家 Mitchell 提出了化学渗透学说,解释了线粒体内膜上电子传递过程中氧化磷酸化及 ATP 形成的机理,Mitchell 由此荣获了 1978 年的诺贝尔奖。化学渗透假说

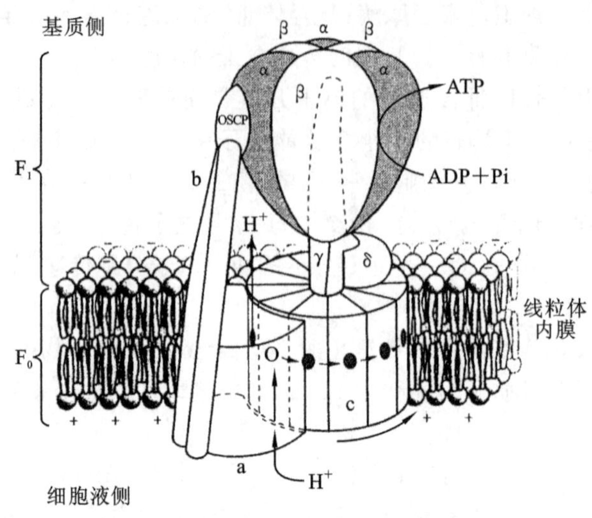

图 5-11 ATP 合成酶(摘自贾弘禔,2005)

认为,电子传递释放出的自由能和 ATP 合成是与一种跨线粒体内膜的质子梯度相偶联(图5-12)的。该学说解释了线粒体内膜上电子传递过程中氧化磷酸化及 ATP 形成的机理。该学说主要含义如下:当线粒体内膜上的呼吸链进行电子传递时,电子能量逐步降低,促使从呼吸链脱下的 H^+ 穿过内膜从线粒体的基质进入到内膜外的膜间隙中,造成跨膜的质子梯度。产生质子外高内低的化学势,外正内负的电动势,两者合起来称为电化学动力势。在电化学动力势作用下,质子顺浓度梯度从膜间隙经 ATP 合酶返回到线粒体的基质中,ATP 合酶在质子流的推动下,驱动 ATP 合成。

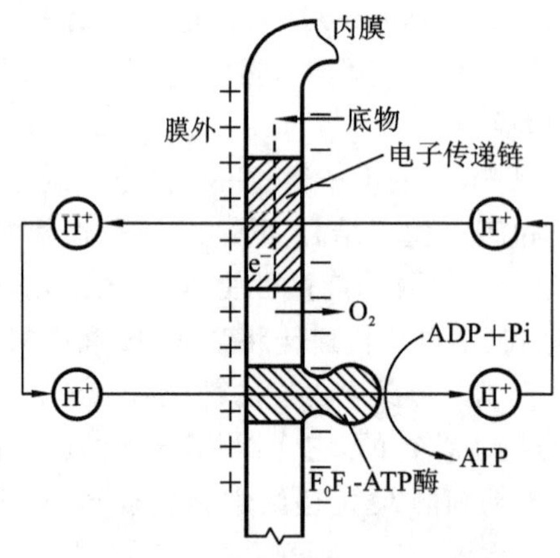

图 5-12 化学渗透假说(摘自王允祥,2011)

尽管化学渗透假说曾获得了 1978 年的诺贝尔奖,但能量偶联的具体分子机制还没有完全阐明。目前跨膜质子电化学梯度产生的质子化学电势和质子跨膜循环在能量偶联中起关键作用已成共识。

5.4.5 细胞呼吸的意义

正常情况下,细胞或生物体内每时每刻都在进行着能量的转换。生命的一切活动都需要足够的能量来维持。例如，小分子前体合成蛋白质、DNA、脂类等生物大分子多聚体的生物合成代谢、细胞中逆浓度梯度的物质跨膜主动运输、神经细胞的轴突运输、神经递质转运体转运神经递质、生物体的运动和形状改变、细胞的生长、繁殖植株对矿物质元素的吸收和运输等都需要消耗能量。

生命一切活动需要的能量主要通过细胞呼吸获取，细胞呼吸是生物体获得能量的主要代谢途径。有机物质通过细胞呼吸的三个阶段(糖酵解、三羧酸循环、电子传递和氧化磷酸化)被充分分解，蕴藏的能量被逐步释放出来，呼吸作用释放能量的速度较慢，而且逐步释放，适合于细胞利用，充分满足了生命活动对能量的需求。释放出来的能量，一部分转变为热能，例如，对于恒温动物来说，它可以维持体温的恒定，另一部分则以 ATP 等形式储存着。当 ATP 等分解时，就把储存的能量释放出来，供生物生理活动需要。任何活细胞都在不停地呼吸，呼吸停止则意味着死亡。

除了能提高足够的能量满足生命活动的需要外，细胞呼吸过程中产生的很多中间产物又是许多生物合成的前提物质，可以为生物合成反应提供碳骨架，从而保证了生物合成反应的顺利进行。

知识链接

汉斯·克雷布斯

汉斯·阿道夫·克雷布斯(Hans Adolf Krebs，1900—1981)是一对犹太夫妇的儿子，1980 年 8 月 25 日生于德国希尔德斯海姆。父亲乔治(George)是施雷新人，一个有名望的耳鼻喉科大夫。母亲阿尔马(Alma)是希尔德斯海姆人。克雷布斯大学攻读医学，1923 年在德国慕尼黑通过了国家考试，1924 年在汉堡大学作为威廉·冯·默伦多夫(Willielm von Mollendorff)的学生取得了医学博士学位。

1926—1930 年，他在奥托·瓦伯(Otto Warburg，1883—1970)领导的柏林威廉皇家生物学研究所工作。瓦伯在 1920 年代就已经是一位有声望的生物化学家，在呼吸链和酶的研究，特别是在生物氧化的分析研究上有卓越的贡献。为此他获得了 1931 年诺贝尔生理医学奖。克雷布斯在瓦伯实验室的四年，正是该实验室工作开展迅速、思想十分活跃的时期，使他不但作出了一些有关呼吸、代谢的研究成绩，学习到了利用瓦伯呼吸器、组织薄片法、光谱分析法等技术，还学习了瓦伯的学术思想和治学的严谨风格。

1. 鸟氨酸循环的发现

1931 年，他回到母校弗赖堡大学医学院任教，在西格弗里德·坦郝泽(Siegfried Thannhauser)指导下，专攻新陈代谢系统的疾病。他的第一个课题是有关在肝脏中尿素合成的研究。当时已经清楚地了解，尿素这一在蛋白质代谢中氮的最终产物，是在肝脏中从氨基酸生成的。尿素合成量相当大，一般在 24 h 内，人体可排出尿素 30 g 或更多。尿素的测定方法也较为简单。题目选定后，他对各种实验条件进行了严格的审定。如为保持肝组织薄片活力的最适酸碱度和最理想的无机盐配方等。然后，再一一测试 20 种氨基酸对尿素生成的不同效应。

1931 年 11 月，他和助手一起发现了鸟氨酸能高速合成尿素的异常效应。从文献中他知道前人早在本世纪初就做过实验，证明精氨酸在肝脏中经精氨酸酶的作用，分解为鸟氨酸和尿素。为此，他首先严格地检查了所使用的鸟氨酸是否混杂有精氨酸，结果是否定的。然后，他又测试了不同浓度的鸟氨酸对尿素生成的影响。结果表明，即使鸟氨酸的浓度很低，合成尿素的反应仍然高速进行。那么，鸟氨酸在这个反应中究竟起了什么作用呢？当时，对化学反应中微量化合物或元素的存在，能使反应加速的催化作用已有所了解。这种微量化合物即催化剂，在反应前后不变，但在中间步骤中可能参加反应，形成中间复合体。克雷布斯在这些知识的基础上，比较了鸟氨酸与其结构相近似的精氨酸和瓜氨酸（刚刚发现），发现了以下的关系：鸟氨酸在 NH_3 和 CO_2 存在时，可以生成瓜氨酸，再与 NH_3 相遇后又可形成精氨酸。在精氨酸酶的作用下，精氨酸水解为尿素和鸟氨酸，鸟氨酸可以再循环。

NH_2—CH_2—$(CH_2)_2$—HC—NH_2—$COOH$（鸟氨酸） + NH_3 + CO_2 ⟶ NH—$C(=O)NH_2$—CH_2—$(CH_2)_2$—HC—NH_2—$COOH$（瓜氨酸）

瓜氨酸 $+NH_3$ ⟶ NH—$C(=NH)NH_2$—CH_2—$(CH_2)_2$—HC—NH_2—$COOH$（精氨酸）

精氨酸 $+H_2O$ —精氨酸酶⟶ 鸟氨酸 + NH_2—$C(=O)$—NH_2（尿素）

鸟氨酸

瓜氨酸

精氨酸酶

尿素

精氨酸

这样，既符合前人的研究结果，即精氨酸在酶的作用下生成尿素，又符合少量鸟氨酸可高速生成尿素的实验结果。这部分比较结构和加氨、加水的研究，被克雷布斯称之为“纸化学”，也就是在纸上进行分析推理的研究过程。以后的实验完全证明了这一推理的正确性，在生物化学研究的历史上，这是第一个以循环模式出现的代谢过程，也是生物体内化学变化高速的奥秘之一。然而在开始的实验阶段，在克雷布斯的头脑中并没有什么先入的“循环”概念。但是，在严格控制的实验结果面前，经过仔细的分析，并从化学结构上推导，他终于发现了客观存在的“循环”现象。

这个实验报告发表后，极大地震动了生物化学界。世界上许多一流的生物化学家，包括英国的霍普金斯（Hopkins，1861—1947）和瓦伯都认为这是生物化学研究上的重大突破，纷纷请他作学术讲演。这对一向谦虚的克雷布斯来说是极大的鼓励，大大地增强了他献身科学的信心。

2. 三羧酸循环的发现

正当克雷布斯的工作颇有成就并被弗赖堡医学院提名为生化系主任时，噩运突然降临到他头上。1933 年，希特勒在德国实行法西斯专政，推行极端的种族主义“排犹”政策，克雷布斯是犹太血统，但他对德国的传统文化和生活方式很有感情，并且热爱德国。纳粹党对这样一位年轻有为的科学家也不肯放过，竟勒令他离开医学院。同年 6 月，在霍普金斯等人的支持和美国洛克菲勒基金会的资助下，他携带着装满各种仪器的 16 个大箱子，只身到了英国。初到英国，克雷布斯立刻被剑桥大学生物化学实验的气氛所吸引。在这里各项工作开展顺利，国内外学者往来不断，经常进行学术上的自由讨论。1961 年，他在纪念霍普金斯的讲话中回忆说："剑桥有来自各地的地位、能力、信仰各不相同的人，但是他们研讨而无争吵，辩论而无猜忌，质询而无恶意，批评而非辱骂，赞扬而无谄媚。在科学上直抒己见，在生活上和睦相处。"克雷布斯认为，"这样的从知识到感情的气候，十分有利于对科学真理的追求。"从此，他的科学工作就向着更高的水平发展。

克雷布斯在剑桥工作了两年，在工作的同时继续有关氨基酸代谢的研究。1935 年受聘于设菲尔德大学任药学系讲师，三年后改为生物化学讲师。这期间，他得到英国医学研究委员会的资助，有可能找助手和招研究生，三羧酸循环的研究就是在这时开始的。

20 世纪 20—30 年代，正是生物体内分解代谢研究十分活跃的时期，有关糖的酵解和各种代谢物氧化后产生 CO_2、H_2O 和能量的过程的研究，大量涌现于各种生物化学的刊物上。克雷布斯十分注意这方面的学术动态，尤以两方面的研究成果，特别引起他的注意。

一个是出生于匈牙利，后定居美国的生物化学家圣乔奇(Albert Szent-Ghorgye)的工作。圣乔奇十分注意 20 年代关于某些含四碳的二羧酸在脱氢酶作用下的变化途径：

$$\underset{\text{琥珀酸}}{\begin{array}{l}\mathrm{CH_2—COOH}\\ |\\ \mathrm{CH_2—COOH}\end{array}} \xrightarrow{-2\mathrm{H}} \underset{\text{延胡索酸}}{\begin{array}{l}\mathrm{HOOCH}\\ \|\\ \mathrm{CH—COOH}\end{array}} \xrightarrow{+\mathrm{H_2O}}$$

$$\underset{\text{苹果酸}}{\begin{array}{r}\mathrm{HO—CH—COOH}\\ |\quad\quad\\ \mathrm{CH_2—COOH}\end{array}} \xrightarrow{-2\mathrm{H}} \underset{\text{草酰乙酸}}{\begin{array}{r}\mathrm{O{=}C—COOH}\\ |\quad\quad\\ \mathrm{CH_2—COOH}\end{array}}$$

1934 年到 1937 年间，他选用了呼吸作用效率极高的鸽胸肌作为实验材料，发现向这种碎肌悬浮液中加入任何一种上述四碳二羧酸时，都可以使呼吸作用处于稳定的高速状态，表明这些二羧酸同体内代谢物的氧化有直接的关系。

另一个是有关柠檬酸的氧化过程。建立脂肪酸 β-氧化理论的努普(F. Knoop，1875—1946)和马丁斯(C. Martins)于 1937 年发表了如下的实验结果：

$$\underset{\text{柠檬酸}}{\begin{array}{r}\mathrm{CH_2COOH}\\ |\quad\quad\\ \mathrm{HO—C—COOH}\\ |\quad\quad\\ \mathrm{CH_2COOH}\end{array}} \xrightarrow{-\mathrm{H_2O}} \underset{\text{顺乌头酸}}{\begin{array}{l}\mathrm{CH_2COOH}\\ |\\ \mathrm{C—COOH}\\ \|\\ \mathrm{CHCOOH}\end{array}} \xrightarrow{+\mathrm{H_2O}} \begin{array}{r}\mathrm{CH_2COOH}\\ |\quad\quad\\ \mathrm{CH—COOH}\\ |\quad\quad\\ \mathrm{HO—CHCOOH}\end{array} \xrightarrow[-\mathrm{CO_2}]{-2\mathrm{H}}$$

$$\underset{\alpha\text{-酮戊二酸}}{\begin{array}{r}\mathrm{CH_2COOH}\\ |\quad\quad\\ \mathrm{CH—COOH}\\ |\quad\quad\\ \mathrm{HO—CHCOOH}\end{array}} \xrightarrow[-\mathrm{CO_2}]{-2\mathrm{H}+\mathrm{H_2O}} \underset{\text{琥珀酸}}{\begin{array}{l}\mathrm{CH_2COOH}\\ |\\ \mathrm{CH_2COOH}\end{array}}$$

但他们并没有进一步把这一结果同体内其他代谢变化相联系。

克雷布斯从自己的知识及研究背景出发，抓住上述两方面工作进行了认真的研究和分析，认识到上述二羧酸和三羧酸都具有高效促进体内代谢物氧化的能力。1937 年提出了柠檬酸在代谢物氧化成水和 CO_2 的过程中，起到了承上启下的关键作用。为了证明这一设想，他设计了一系列实验：当把柠檬酸加入碎鸽胸肌悬浮液中时，柠檬酸可促进鸽胸肌的呼吸作用，本身变为 α-酮戊二酸，再变为草酰乙酸，同时产生 CO_2 和水。当把草酰乙酸加到悬浮液中时，则可产生柠檬酸。这就是克雷布斯提出的第二个循环的设想——柠檬酸循环。但是，含四个碳的草酰乙酸如何变成含六个碳的柠檬酸，多出的两个碳原子从何而来？他联系到糖酵解和脂肪酸氧化，包括一些氨基酸脱氨基后的氧化产物，都是含两个碳的化合物，如果这些二碳化合物能同四碳的草酰乙酸缩合成六碳的柠檬酸，则二碳化合物就可以不断地进入柠檬酸循环，产生 CO_2 和水。这样，就解决了主要食物成分在体内氧化供能的全过程，符合生物体高效率氧化供能的实际。

1937 年 6 月 10 日，他把这一发现寄给了《自然》杂志编辑部。最初的公告很简单，只是一篇约 700 个单词的手稿。五天之后，他收到了退回的论文，并附有一封回信，说对此文没有版面刊登。不久，论文发表在卡尔·纽伯格(Carl Neuberg)的纪念册上。由于这个循环比前一个复杂，加上二碳化合物如何同草酰乙酸缩合，为什么草酰乙酸一定是同二碳化合物缩合成柠檬酸，而不是逆转变为柠檬酸，其中能量如何产生，以及许多反应的细节当时都未能完善。因此柠檬酸循环公布后争论颇多，经过克雷布斯本人和生化界许多人的努力，不断地用实验补充证明，包括使用新的同位素示踪法，到 20 世纪 40 年代后期，终于得到了广泛的支持。1953 年，克雷布斯由于发现了柠檬酸循环得到了诺贝尔生理学或医学奖，这次大奖为他和德裔美国人弗里茨·李普曼(Frits Lipmann)所共享。因为在柠檬酸循环中主要是三羧酸起作用，故后多称为“三羧酸循环”。又由于克雷布斯对此循环的贡献，亦被称为“Krebs 循环”。

克雷布斯的天才预测是建立在广博的知识和期刊资料的阅读和研究之上的，是建立在精确的实验设计和严格的操作之上的，而尤其不可缺少的是建立在周密的逻辑思考之上的。这就是他本人所说的“纸化学”功夫。从这里可以看出，在实验科学中“动手”和“动脑”相结合是何等的重要！

3. 节俭的一生

克雷布斯一生工作勤奋，1938 年才结婚。1939 年，他加入英国籍，在第二次世界大战期间，受英国政府委托致力于研究并且组织了有关粮食问题，特别是面粉及维生素 A 和 C 这一项目的研究。1945 年在谢菲尔德大学被聘为教授和生化系主任，1947 年被选为皇家学会会员。1954 年他从谢菲尔德迁居牛津，在那里当了大学生物化学教授和特里尼蒂大学研究员。1967 年 9 月，他在退休之后，仍借助医学研究会的支持，在牛津继续进行他的研究工作。这时他的身份是拉德克利夫医院新陈代谢实验室的负责人。同时他还在皇家公费医院医学研究所任生物化学客籍教授。他的工作间是个只能从又窄又陡的梯子才能上去的房间，里面摆满了书、杂志和卷宗，几乎都不能再塞进一把椅子，这对一位研究所的领导人和诺贝尔奖获得者来说是多么的不协调。

克雷布斯生活很节俭，他要求不高，但首先是要保持身体健康。他讨厌吸烟和用含酒精的饮料(并认为矿泉水或水疗不起什么作用)，习惯早早就寝。他们全家吃着自己种的蔬菜和水果。社交邀请活动他总是尽量避开(小时候是由于害羞和拘束，而成了著名的诺贝尔奖获得者之后，则又不愿意做“桌上的装饰品”而被滥用)。克雷布斯一直到年事很高都非常活跃，既是实验室里的老师和研究者，又是专业会议的参加者。1981 年 7 月 1 日，他在第 31 届诺贝尔奖获得者大会（医学奖获得者第 11 届大会）上所作的最后一次报告的题目是《柠檬酸循环和其他新陈代谢途径的进化》。

1973 年他被吸收为科学艺术的普鲁士高级勋章颁发团的国外成员，这使得他能够定期来德国访问，参加一年两次的专题会议。他也是德国利奥波迪内自然科学研究院的一位受尊敬的客人、会员、荣誉会员和节庆日的致辞人。

1981 年 11 月 22 日，汉斯·克雷布斯患病（黑色素瘤）才几天，就在牛津医院与世长辞了。1981 年 11 月 26 日在牛津特里尼蒂大学历史悠久的小礼拜堂（1691 年建）里举行了追悼会，灵柩上放着德意志联邦共和国总统送的由黑、红、金三色彩带组成的花圈，在公墓上放着科学艺术的普鲁士高级勋章颁发团送的带有蓝色绶带的花束和德国利奥波迪内自然科学研究院的花圈。参加宗教仪式的杰出英国人中有科学艺术的普鲁士高级勋章获得者洛德·托德（Lord Todd）（1957 年诺贝尔化学奖），他是作为颁发团主席的代表而前来悼念的。汉斯生前曾说过：“我之所以得到更多的幸福，更好的命运，是因为我是一个乐观主义者。我已经从生活中得到了相当多的东西。”我们这些见过汉斯·克雷布斯的人将永远铭记这位身材不高，但精神高尚的人。

从 1923 年到 1981 年，他一生发表 347 篇论文，主要涉及下列问题的研究：尿素的形成，尿酸合成，在新陈代谢中柠檬酸的作用，谷氨酰胺的合成，柠檬酸循环，碳的同化，能量转换，新陈代谢过程，酮体的生理作用，肝脏中的糖异生，控制叶酸及蛋氨酸的新陈代谢。他在生物化学方面的论文，尤其是关于新陈代谢的论文，其首创性和重大意义得到了全世界的公认。

以上根据《世界科学》（Roswitha Schmid 著，王慕义摘译）和《生物学通报》（李佩珊 1988）整理。

萤火虫发光的原理和意义

萤火虫不论雄性的还是雌性的，夏秋的夜晚都会一闪一闪地发光。雄虫比雌虫的个体小一些，但发出的闪光却亮一些。萤火虫发出的闪光，主要是求偶的信号，用来吸引异性前来交尾。萤火虫的发光器官位于腹部后端的下方，该处具有发光细胞。发光细胞的周围有许多微细的气管，发光细胞内有荧光素和荧光素酶。荧光素接受 ATP 提供的能量后就被激活。在荧光素酶的催化作用下，激活的荧光素与氧发生化学反应，形成氧化荧光素并且发出荧光。反应中释放的能量几乎全部以光的形式释放，只有极少部分以热的形式释放，反应效率为 95%，甲虫也因此而不会过热灼伤。人类到目前为止还没办法制造出如此高效的光源。

问题与思考

1. 什么是新陈代谢？说明物质代谢和能量代谢的含义以及互相关系。
2. 什么是酶？酶催化反应的机制是怎样的？
3. 什么是光合作用？为什么说太阳能是整个生命世界的能量源泉？
4. 光合作用中光反应与暗反应有何重要区别？

5. 糖酵解途径的主要调控环节是什么？
6. 三羧酸循环的双重意义是什么？
7. 化学渗透假说的主要内容是什么？

主要参考文献

[1] 李金亭，段红英. 现代生命科学导论 [M]. 北京：高等教育出版社，2009.
[2] 高崇明. 生命科学导论[M]. 北京：高等教育出版社，2007.
[3] 王镜岩，等. 生物化学 [M]. 北京：高等教育出版社，2002.
[4] 张惟杰. 生命科学导论[M]. 北京：高等教育出版社，2008.
[5] 吴庆余. 基础生命科学[M]. 2 版. 北京：高等教育出版社，2006.
[6] 翟中和. 细胞生物学[M]. 4 版. 北京：高等教育出版社，2011.
[7] 王镜岩. 生物化学[M]. 3 版. 北京：高等教育出版社，2003.
[8] 郭承华. 生命科学基础[M]. 济南：山东大学出版社，2001.
[9] 赵德刚. 生命科学导论[M]. 北京：科学出版社，2008.
[10] 闫桂琴. 生命科学导论[M]. 北京：北京师范大学出版社，2010.
[11] 陈铭德. 现代生命科学导论[M]. 上海：华东师范大学出版社，2010.
[12] 李庆章. 基础生命科学导论[M]. 北京：中国农业出版社，2005.
[13] 宋志伟. 普通生物学[M]. 北京：中国农业出版社，2006.
[14] 周春江. 生命科学导论[M]. 北京：科学出版社，2011.

第6章 生命的延续——遗传与变异

本章教学要点

1. 遗传的分子基础，包括DNA的复制和基因的表达等。

2. 遗传的基本规律：分离定律、自由组合定律、染色体学说和伴性遗传、连锁交换定律等。

3. 变异的主要类型，包括基因突变、基因重组、染色体变异等。

4. 人类常见遗传病，包括人类遗传病、癌基因与恶性肿瘤等。

引言

提到遗传现象，人们往往联想到生物体的种种特征由亲代向子代传递的现象，而遗传学也仅仅是研究这种传递原理的学问。传统遗传学将亲子之间的遗传和变异看作是遗传学的主要研究内容，但现在遗传学所涉及的范围要广泛得多。首先，我们应该注意到任何个体都是由被称为受精卵的单细胞发育而来的，由亲代直接向后代传递的所有物质都存在于且只存在于这个单细胞中，因此如何通过这个单细胞实现全部的遗传功能就成了遗传学需要解决的一个大问题。为此，我们需要解决如下一系列问题：遗传信息如何控制胚胎的发育过程？遗传物质如何控制生物体自身结构与功能？遗传物质自身的维持、复制与变化，等等，这一切问题的解决，都有赖于对遗传物质本身，即基因的结构和功能的深入理解。

越来越多的研究表明，基因对生命体的调控不是单向的，而是存在基因与环境，DNA与RNA，DNA与蛋白质的相互调控。生命信息的传递是多向的、网络化的，因此遗传学的研究对象非常复杂。生命信息的存在和传递是复杂生命现象存在的前提，也是所有生物体存在的共同基础，由此凸显出1953年DNA双螺旋结构的发现对生命科学的发展的伟大意义。著名遗传学家赖特在1959年曾经断言"整个生物学领域将由于遗传学而变成统一的学科，最终将同物理学媲美。"他所指的正是所有生物体所具有的这种在信息传递与控制的内在统一性。只有当我们充分理解遗传物质本身，遗传物质与其他生命物质、遗传物质与环境的相互作用和信息传递之后，各个门类的生命科学研究才具有坚实的基础。

生命过程的交接传递被称为遗传，但这种传递不仅仅发生在不同的代次之间，细胞内DNA的复制和细胞分裂成子细胞是更基本也是更经常发生的遗传过程。在生命形成的早期，由遗传物质与环境的互作造成的细胞生长和分化构成了宏观的个体发育;在成体阶段细胞分裂和分化仍然频繁发生,以补充磨损和死亡的细胞。细胞内基因突变可以发生在机体的所有类型的细胞中。基因突变既可以在下一代表现出表型的改变、遗传病,造成生物群体的遗传多样性,并为进化提供基本材料,也可以造成机体本身的病理变化,肿瘤细胞的发生就是细胞内基因突变的结果之一。

经典遗传学研究遗传物质通过细胞分裂向子细胞或后代传递的过程,因而它又称为传递遗传学。目前已经认识到,遗传物质除了这种传递方式外,还存在遗传物质在不同细胞或不同个体之间的横向传递过程,这种传递是通过病毒或质粒等微小基因载体在不同细胞之间的穿梭来完成的。基因横向传递现象最初在对细菌抗药性的研究中被注意到,但随后发现这其实是一种普遍存在的遗传物质的传递现象,在真核生物基因组中有百分之几的遗传物质是通过病毒横向传递的方式得到的。对基因横向传递的研究开辟了遗传学研究的新领域,这些研究成果不但对基因工程、转基因技术的开发和传染性疾病的防治具有重要意义,而且加深了我们对生物进化过程的认识。

遗传物质是遗传学研究的基本对象。研究基因的结构和功能,研究维持生命的存在和代代传递所需的遗传信息的表达和调控,在细胞层次上理解遗传的本质,全方位地阐明遗传物质在细胞之间、机体之间的传递方式和过程等,构成了现代遗传学研究的主要方面。

6.1 遗传的分子基础

早在1868年,瑞士生物化学家米歇尔(J. F. Miescher)就在脓细胞核中提取到了富含磷的酸性化合物。在1902年,即孟德尔遗传定律重新发现后两年,美国遗传学家萨顿(Walter Sutton)将孟德尔的遗传因子定位在染色体上,形成遗传的染色体学说。由于染色体以DNA和蛋白质为主要成分,因此遗传物质的候选对象就集中在这两种高分子物质上。

6.1.1 DNA是主要的遗传物质

19世纪末期,已经确定脱氧核糖核酸即DNA是由含氮碱基、核糖和磷酸三种物质构成的。遗传学家最初认为DNA只是由四种脱氧核苷酸形成的简单大分子,不可能产生丰富的遗传信息。而构成蛋白质的氨基酸种类繁多,化学性质复杂,其结构所能承载的信息量大,理应是遗传物质的理想物质,但随后一系列科学实验证实了核酸才是真正的遗传物质。其中:在1944年由艾佛里(O. Avery)完成的肺炎双球菌转化实验、1952年由赫尔希和蔡斯(Hershey & Chase)进行的噬菌体感染实验证明了DNA是遗传物质;在1956年又证明在某些病毒中RNA也可以是遗传物质。这一系列实验吸引了遗传学家将注意力转向DNA,并逐步揭示了DNA的秘密。

1953年,沃森和克里克(J. D. Watson & F. H. C. Crick)建立了DNA双螺旋结构模型;同年5月,两人又在《自然》杂志上发表了名为"脱氧核糖核酸结构的遗传学意义"的文章,提出了DNA通过半保留复制的方式进行自我复制,这一原理在1958年由米西尔逊和斯塔尔(Meselson & Stahl)用他们漂亮的实验得到了证实。在20世纪50年代末期,克里克提出了分子遗传学的一系列基本原理,即连接物假说、序列假说和中心法则,分别预测了tRNA的存在和作用，遗传信息的储存方式和遗传信息的传递方式。这一系列预测在20世纪60年代和70年代都得到了证实和发展，使我们对生命本质的认识有了飞跃性的进展。

6.1.2　DNA的复制

DNA的复制方式最初是通过理论预测出来的。20世纪40年代末，美国的生物化学家查格夫(Chargaff)等人对来自不同种属的原核生物和真核生物的DNA水解物进行了分析，发现了DNA样品中碱基组成的规律。查格夫注意到来自不同种属的DNA的4种碱基组成不同，即DNA的碱基组成具有种属特异性。但来自同一种属不同组织的DNA样品具有相同的碱基组成，即碱基组成没有组织和器官的特异性，而且这种组成不会随个体的年龄、营养状态和环境变化而改变，即碱基组成没有发育时间阶段的特异性。更重要的是，在所有的DNA中，腺嘌呤残基个数等于胸腺嘧啶残基个数，即A＝T，而鸟嘌呤残基个数等于胞嘧啶残基个数，即G＝C。从这些关系中可以看出，嘌呤残基的总个数等于嘧啶残基的总个数，即A＋G＝T＋C，这一原理叫做查格夫法则(Chargaff's rules)。

碱基之间的这些定量关系对于奥森和克里克建立DNA双螺旋模型和预测遗传信息的复制方式至关重要。在此前后，剑桥大学数学研究生格里菲斯运用化学键理论计算出不同碱基之间的键和力，以及它们之间如何搭配才能使分子最为稳定。结果表明G和C之间形成3个氢键，A和T之间形成2个氢键，这一计算结果正好与查格夫的统计相吻合。克里克马上意识到这样一种碱基之间吸引力的搭配，正好可以解释DNA复制的原理，即以DNA单链为模板，通过G和C、A和T之间的氢键吸引力来合成另一条DNA互补的单链。这种碱基之间特异性的亲和力被称为碱基互补(complementary base pairing)。这样形成的新链和旧链结合在一起，就形成了新的DNA双螺旋。DNA在复制时，DNA双螺旋的两条链彼此分开，各自作为模板，通过碱基互补原则合成两条新的DNA双螺旋。这种DNA的合成方式叫做DNA的半保留复制(semiconservative replication)。根据这种复制原理，只要知道DNA双螺旋中一条DNA链上的碱基排列顺序，就可以推知另一条互补链上的碱基排列顺序。

1. DNA的复制过程

DNA复制是指以DNA分子为模板，以四种脱氧核苷酸为原料，按照碱基互补配对的原则，合成子代DNA链的过程，结果由一个亲代DNA分子产生出两个相同的子代DNA分子，由一条双链变成两条一样的双链(如果复制过程正常的话)，每条双链都与原来的双链一样(排除突变等不定因素)。DNA复制是一种在所有的生物体内都会发生的生物学过程，是生物遗传的基础。DNA复制包括复制的起始、延伸、终止三个阶段。

(1) DNA复制起点　DNA只能在染色体的特定位点起始复制。在原核细胞中DNA只有一个复制起点，而在真核细胞中每条染色体都有许多复制起点。但这些复制起点不是在每次DNA复制时都启用的，复制起点是否启用取决于对染色体复制速度的要求。在快速分裂的细胞，比如胚胎细胞中，要求DNA快速复制，启用的复制起点就多，反之就少。DNA的复制起点是一段特定碱基序列，可以结合一些与DNA复制起始有关的蛋白质，形成前复制复合体(pre-replication complex)。在S期开始时前复制复合体促进与DNA复制有关的各种酶和因子组装成复制体(replisome)。

(2) DNA复制的启动　在复制体的解螺旋酶的作用下，DNA复制起点的DNA双链解旋打开，然后单链结合蛋白结合在形成的DNA单链上以稳定其结构。

(3) 引物合成　DNA 不能直接启动 DNA 的合成，必须首先在 DNA 模板上依据碱基互补原则合成一段 RNA 序列，这段 RNA 序列叫做 RNA 引物(RNA primer)。游离核苷酸首先通过氢键结合在相应的模板的碱基上，在引物酶的作用下在结合上去的核苷酸之间形成新的磷酸二酯键。RNA 引物的作用是提供 3′末端，以起始 DNA 链的合成。

(4) DNA 延伸　在 RNA 引物的 3′端，按照碱基互补的原则，在 DNA 聚合酶的作用下，以周围的游离脱氧核苷酸为原料开始合成新的 DNA 单链，与 RNA 引物之间连在一起形成 RNA-DNA 混合链。DNA 复制具有高度的保真性：出错率仅为 10^{-5} 左右。但这还远远不能满足 DNA 精确复制的需要，在进化过程中出现了 DNA 复制校对修复机制，可进一步使最终出错率小于 10^{-9}。以人的基因组含有 3×10^{9} 个碱基计算，每次人体基因组复制只出现约 3 次碱基错误插入。

(5) DNA 局部解链复制造成 DNA 链局部的泡状结构称为复制泡，DNA 复制的位置称为复制叉。随着半保留合成的 DNA 的复制起点向两边延伸，形成逐渐扩大的复制泡，直到与相邻的复制泡融合在一起。一个复制起点所负责的复制范围叫做一个复制子(replicon)。

(6) 新的脱氧核苷酸只能加入到先前存在的 RNA 或 DNA 3′末端上，所以 DNA 合成只能沿 5′端→3′端方向进行。这样两条链中有一条可以随着 DNA 双螺旋的解开过程使 DNA 的合成连续进行下去，因而复制较快，被称为先导链。而另一条新链的合成是不连续的，只能随着 DNA 双螺旋的解开一段段地合成。每一小段有大约 200 个碱基，称为冈崎片段(ckazaki fragment)。在切除 RNA 引物后，再通过 DNA 合成的延伸补充切除 RNA 后的缺口，然后在 DNA 连接酶的作用下相互连成完整的新链。这条合成较慢的链叫做后随链。这样的 DNA 合成方式被称为半不连续复制(图 6-1)。

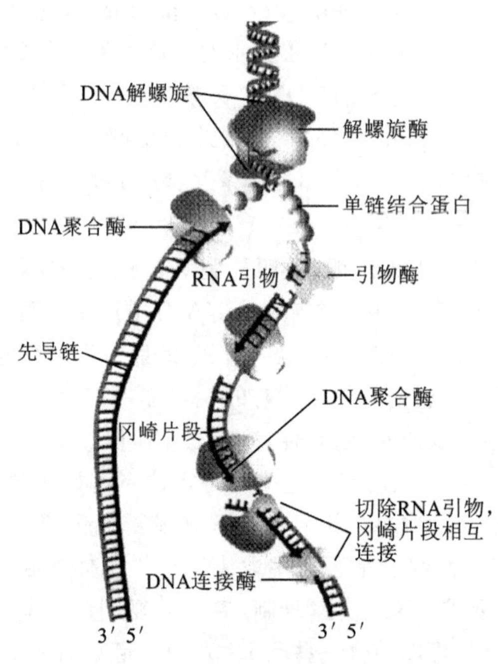

图 6-1　DNA 的半不连续复制

2. 端粒的复制和端粒酶

由于 DNA 复制只能沿 5′端→3′端进行，在 5′端切除了 RNA 引物后就会产生一段无法复制的 DNA 片段。随着 DNA 复制次数的增多，DNA 的末端将可能产生越来越大的缺失。为了保护线状 DNA 的末端，真核细胞染色体的末端出现一种特殊的延长结构，称为端粒(telomere)。端粒由特殊的重复 DNA 序列和相应的蛋白质构成。脊椎动物的端粒 DNA 重复单元为 TTAGGG，该重复单元重复了数百到数千次，其长度在 2～20 kb 之间。

端粒不是半保留复制的产物，而是在端粒酶的作用下通过酶促反应将脱氧核苷酸加到染色体的末端。端粒酶(Telomerase)是一种含有 RNA 的酶。端粒酶的蛋白质部分具有反转录酶活性，可使用 RNA 提供的模板合成端粒 DNA。在其 RNA 序列上有一段为端粒重复序列的合成提供模板的序列片段，如人的模板序列为 5′-CUAACCCUAAC-3′。这段序列在合成端粒时可反复使用，合成一个重复单元后，端粒酶向 DNA 模板新合成的 3′移动，引物模板再和新合成 DNA 片段配对，依此循环往复，形成端粒的重复序列(图 6-2)。端粒的 3′端延长后，端粒酶移开，以延长的单链为模板合成 RNA 引物，再合成互补链。剩余的 3′末端回折，深入到双链 DNA 的内部，形成发夹结构。这种结构有利于保护端粒 DNA 免受 DNA 酶的破坏。

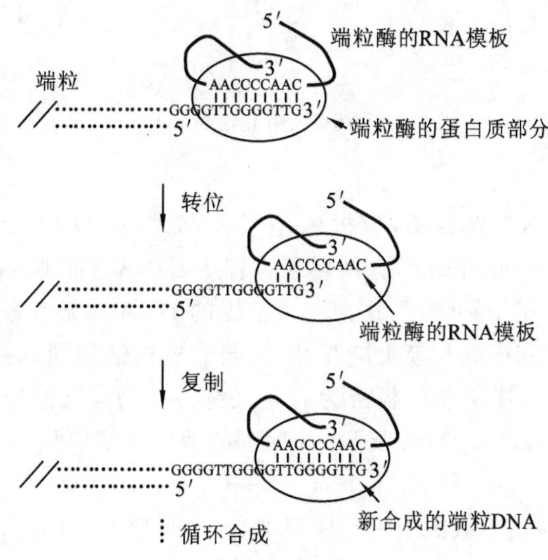

图 6-2　端粒 DNA 的复制(四膜虫)

端粒的主要作用：①保持染色体末端的完整；②与核纤层相连，使染色体固定在核膜内侧；③影响染色体的行为；④可能控制细胞的寿命。

一般人体细胞中没有端粒酶的活性，端粒在 DNA 反复的复制过程中不断变短。在体外培养的细胞一般只能分裂 50 次左右，推测染色体端粒的变短可能与细胞的寿命有关。当端粒短到一定程度后，DNA 即停止复制，细胞分裂终止。生殖细胞和多数癌细胞中有端粒酶活性。它们的端粒可维持自身的长度。具有端粒酶的细胞可以反复分裂，这与肿瘤细胞的无限生长有关。科学家正在开发抑制端粒酶的药物，以抑制肿瘤细胞的反复分裂。

6.1.3　基因的表达

DNA 的双螺旋模型预示遗传信息蕴藏在 DNA 碱基序列中。通过这一序列信息可以控制机体的生长发育和生理活动。克里克在 20 世纪 50 年代末就遗传信息的流动提出了中心法则。该法则认为，DNA 的碱基序列可以指导 RNA 的合成，并将碱基序列蕴含的遗传信息转移到 RNA 中，再以 RNA 为中介决定蛋白质上氨基酸的序列。DNA 通过指导蛋白质的合成间接决定机体的发育和各项生理功能。DNA 通过转录和翻译形成具有生物活性的蛋白质的过程称为基因表达(gene expression)。

1. 中心法则

中心法则(central dogma)描述了遗传信息传递的单向性,DNA 不会接受从蛋白质传递过来的序列信息,它只根据自身的信息自我复制。1960 年 RNA 依赖性的 RNA 聚合酶的发现和 1970 年反转录酶的发现对这一概念提出了一定的修正。这两类酶存在于一些反转录病毒及细胞内,可以以 RNA 为模板合成互补的 RNA 链或 DNA 链,提示 RNA 也可以作为独立的遗传物质存在,并且在特定情况下遗传信息可以由 RNA 流向 DNA(图 6-3)。需补充的是,蛋白质的氨基酸序列信息虽然不能逆向决定核酸的碱基序列,但有些蛋白质可以控制基因的复制、转录、转录后加工和翻译,从这个意义上说,基因和蛋白质处于相互调控的状态。

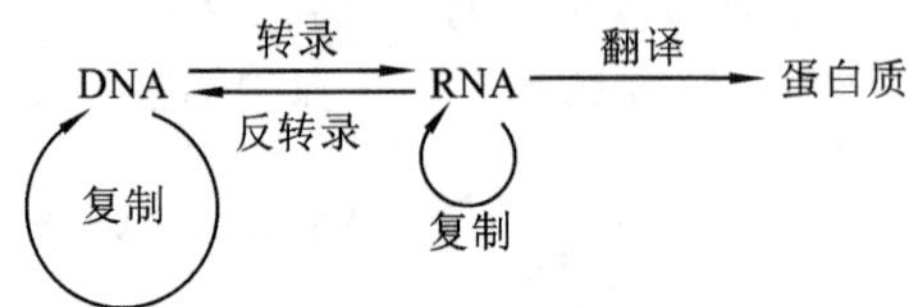

图 6-3 中心法则

2. 转录

使用 DNA 指导的 RNA 聚合酶,依据碱基互补方式,用 DNA 上的碱基序列指导合成 RNA 的过程叫做转录(transcription)。在转录过程中,DNA 上的腺嘌呤(A)在 RNA 上的互补碱基是尿嘧啶(U)。除了个别情况,作为一个基因的 DNA 双链片段中只有一条链被转录。由于转录形成的 RNA 碱基序列与模板链互补,而与非模板链相同,为了使 DNA 序列与所编码的 RNA 序列内容一致,规定非模板链为有意义链。在科学文献中,都是按照非模板链的 DNA 序列记录和书写的,本书所有涉及 DNA 序列的地方也都如此。

1) 转录的启动

决定一个基因是否转录不取决于编码序列本身,而是要看基因两侧的侧翼序列中是否存在与转录有关的序列,如启动子、增强子、终止子等,以及一些蛋白质因子是否存在。

(1) 启动子(promotor) 启动子是位于基因转录起始点上游侧翼序列的 DNA 序列,可以结合 RNA 聚合酶和蛋白因子,并可提供转录起点信息。在真核细胞中,常见的启动子序列包括 TATA 盒(因富含 TATA 而得名),位于在转录起点上游−19 bp 到−27 bp 处;TATA 盒,位于转录起点上游−70 bp 到−80 bp 处;GC 匣(富含 GC 序列),位于转录起点上游更远的地方。这些启动子序列可以和不同的转录因子结合以决定是否启动转录。

(2) 增强子(enhancer) 增强子可以在基因的任何位置,增强基因转录活性的序列,可位于转录起始点的上游或下游,与基因的距离可远可近,甚至插入内含子中。增强子发挥作用时无明显的方向性,通常具有组织特异性。

(3) 转录因子(Transcription factor) 转录因子是可以与启动子和增强子结合的蛋白因子,其种类繁多,通过与这些 DNA 片段的结合启动基因的转录。不同的基因通常需要不同的转录因子启动转录。

在真核细胞,在转录因子和增强子的作用下,DNA 解链,启动子结合 RNA 聚合酶,RNA 合成即开始。

2) 转录的延伸和终结

转录是沿着 5′→3′方向进行的,新的核糖核苷酸的不断聚合,通过新的磷酸二酯键而使

RNA 不断延伸。DNA 上有促使转录终止的信号序列，转录到达此序列后，在一些蛋白因子的作用下转录停止，DNA-RNA 杂链解旋，新合成的 RNA 和 RNA 聚合酶从 DNA 上解离下来（图6-4）。

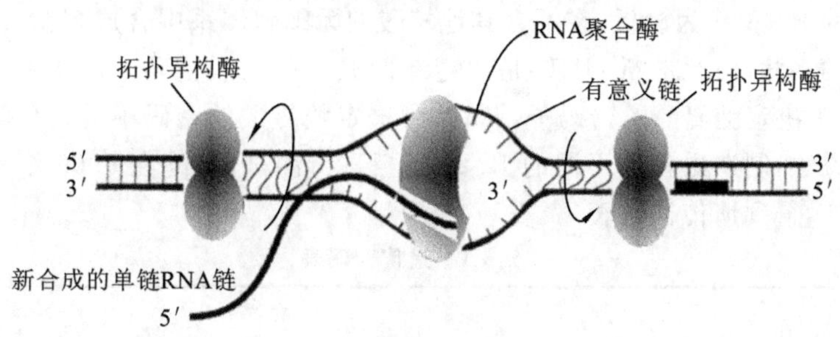

图 6-4　转录的延伸和终结

在原核细胞内，新合成的 mRNA 可立即用于蛋白质的合成，而真核细胞的 RNA 初始转录产物还要进一步加工、转运或储存，其中只有一部分运送到细胞质中参与翻译过程。

3. 转录后加工

真核生物 RNA 在转录后需要进行一定的裁剪，或再加上一定的核苷酸才能成熟。这里仅介绍 mRNA 的转录后加工（图 6-5）。其内容包括如下几点。

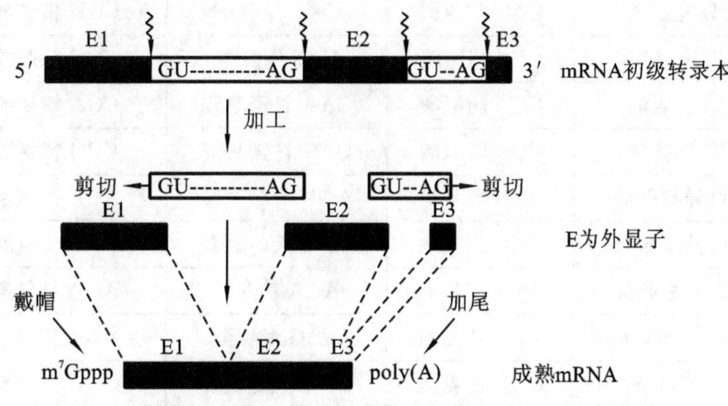

图 6-5　mRNA 转录后的加工

（1）剪接　转录后的初级转录本叫核内不均一 RNA（hnRNA）。在剪接体（spliceosome）的作用下将内含子剪去的过程叫剪接。

（2）5′端加帽　在 mRNA 的 5′端加上一种特殊核苷酸“7 甲基鸟嘌呤核苷酸”称为 5′端加帽。其作用是促进 mRNA 与核糖体的结合并保护该端。

（3）3′端添尾　在多聚腺苷酸酶的作用下在 mRNA 的 3′端添加 100～200 个腺苷酸（poly A），其作用是延长 mRNA 的寿命，促进转移，并有利于核糖体的识别。

4. 遗传密码

在 DNA 或 RNA 蕴藏的遗传信息传递给蛋白质时涉及两种不同序列信息的对应问题，即核酸碱基的排列顺序如何编码蛋白质上氨基酸的排列顺序问题。这两个序列的对应编码叫做遗传密码（Genetic code）。

要由只含有 4 种碱基的 DNA 为带有 20 种氨基酸的多肽编码，前提是必须存在 20 种以上的碱基密码子，因此碱基和氨基酸显然不是一对一的对应密码关系。如果是两个碱基的排列对应一个氨基酸，也只能形成16种碱基密码子。因此需要有至少3个碱基的排列组成决定一个氨基酸的密码子。实验表明确实如此。

密码的破译工作始于1961年。尼伦博格(M. Nirenberg)等人用人工合成的只含有多聚尿嘧啶核苷酸的RNA作为模板，在不含其他核酸的无细胞体系中合成多肽，结果得到一条只含有苯丙氨酸的多肽，由此推断UUU是决定苯丙氨酸的三联密码子。使用同样的方法他们又证明了CCC为决定脯氨酸的密码子，AAA为决定赖氨酸的密码子等。科学家在此基础上不断改进实验方法，制造出各种不同的RNA模板进行测试，最终在1966年完成了全部遗传密码的破译工作，得到遗传密码表(表6-1)。

表6-1 遗传密码表

第一个核苷酸5′端	第二个核苷酸				第三个核苷酸3′端
	U	C	A	G	
U	UUU 苯丙氨酸	UCU 丝氨酸	UAU 酪氨酸	UGU 半胱氨酸	U
	UUC 苯丙氨酸	UCC 丝氨酸	UAC 酪氨酸	UGC 半胱氨酸	C
	UUA 亮氨酸	UCA 丝氨酸	UAA* 终止密码	UGA* 终止密码	A
	UUG 亮氨酸	UCG 丝氨酸	UAG* 终止密码	UGG 色氨酸	G
C	CUU 亮氨酸	CCU 脯氨酸	CAU 组氨酸	CGU 精氨酸	U
	CUC 亮氨酸	CCC 脯氨酸	CAC 组氨酸	CGC 精氨酸	C
	CUA 亮氨酸	CCA 脯氨酸	CAA 谷氨酰胺	CGA 精氨酸	A
	CUG 亮氨酸	CCG 脯氨酸	CAG 谷氨酰胺	CGG 精氨酸	G
A	AUU 异亮氨酸	ACU 苏氨酸	AAU 天冬酰胺	AGU 丝氨酸	U
	AUC 异亮氨酸	ACC 苏氨酸	AAC 天冬酰胺	AGC 丝氨酸	C
	AUA 异亮氨酸	ACA 苏氨酸	AAA 赖氨酸	AGA 精氨酸	A
	AUG* 甲硫氨酸	ACG 苏氨酸	AAG 赖氨酸	AGG 精氨酸	G
G	GUU 缬氨酸	GCU 丙氨酸	GAU 天冬氨酸	GGU 甘氨酸	U
	GUC 缬氨酸	GCC 丙氨酸	GAC 天冬氨酸	GGC 甘氨酸	C
	GUA 缬氨酸	GCA 丙氨酸	GAA 谷氨酸	GGA 甘氨酸	A
	GUG 缬氨酸	GCG 丙氨酸	GAG 谷氨酸	GGG 甘氨酸	G

5. 翻译

翻译(translation)是用mRNA指导蛋白质合成的过程，其中包含着将mRNA上的序列信息解读为所合成的多肽上的氨基酸序列信息。

1) 转移核糖核酸(tRNA)

在20世纪50年代末，克里克认为存在着一种与核酸和氨基酸都能相互作用的适配器(adapter)分子，该分子能够破译储存于DNA中的遗传信息，并认为适配器是一类能够结合氨基酸的小的核酸分子，这种适配器应该有20种以上，对应着每一种氨基酸。到20世纪60年代发现了tRNA正是这种适配器。

tRNA将储存在mRNA中的遗传信息与多肽的氨基酸序列联系起来。tRNA与mRNA的联系是通过碱基配对实现的。mRNA上的序列称为密码子，而与密码子配对的tRNA上的序列称反密码子。对于 mRNA 上的每一个密码，与该密码互补的 tRNA 都将携带一个相应的氨基酸到生长的肽链末端。

2）氨基酸的活化

在蛋白质生物合成中，各种氨基酸在掺入肽链之前必须先经活化，然后再由特异的 tRNA 携带至核糖体上，才能以 mRNA 为模板相互聚合成肽链。氨基酸的活化是氨基酸和 tRNA 在 ATP 提供的能量的作用下相互结合成氨基酰-tRNA 的化学反应。活化的氨基酰-tRNA 携带氨基酸到达核糖体的结合位点。

3）翻译起始复合体的形成

起始复合体是由核糖体小亚基和大亚基、模板 mRNA、一个特殊的起始 tRNA 和几个称为起始因子的辅助蛋白质组成。在真核细胞中翻译的起始氨基酸总是甲硫氨酸，而在原核细胞上，翻译的起始氨基酸为甲酰甲硫氨酸。首先核糖体小亚基与 mRNA 结合，然后起始 tRNA 上的反密码子与 mRNA 上的起始密码 AUG 结合，接着大亚基再结合上去。这些过程需要起始因子的参与。

在核糖体大亚基上有 3 个结合位点：A 位点即氨基酰-tRNA 的结合位点，P 位点即肽酰-tRNA 的结合位点，E 位点为 tRNA 的退出位点。

4）肽链的延伸

当蛋白质合成启动后，起始氨基酰-tRNA 占据 P 位，A 位被用来接收下一个氨基酰-tRNA。在肽链延伸阶段，每连接一个氨基酸都要重复进行一轮延伸循环反应，需要如下三个反应步骤（图 6-6）。

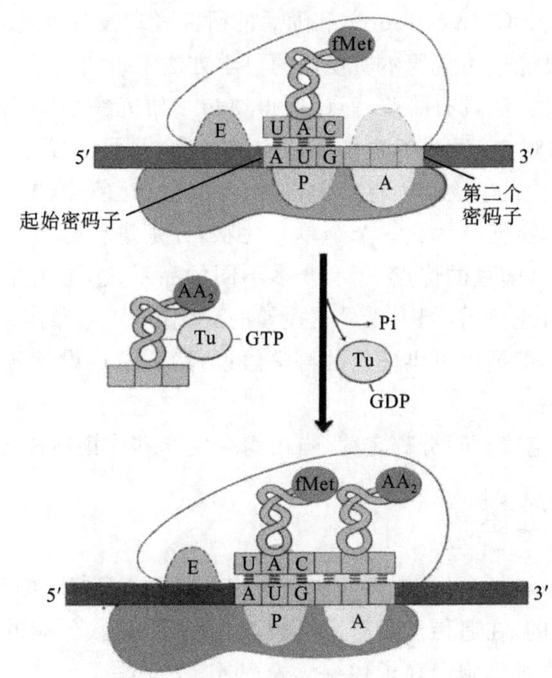

图 6-6　肽链的延伸

（1）进位　将正确的氨基酰-tRNA 定位在 A 位。

（2）转肽　将位于 A 位氨基酰-tRNA 上的氨基酸与先前合成的多肽在氨基酰转肽酶的作用下形成新的肽键，多肽转移到 A 位的氨基酰-tRNA 上。

(3) 移位 mRNA 相对于核糖体移动一个密码子，肽酰-tRNA 移到 P 位，让出 A 位，而 P 位的 tRNA 进到 E 位，然后释放出来。

延伸反应需要延伸因子(EF)的参加。每进行一轮延伸循环，连接在 P 位 tRNA 分子上的氨基酸残基数都增加一个。

5) 多肽链延伸的终止

在多肽链中的最后一个肽键形成后，携带新合成多肽链的肽酰-tRNA 从 A 位转移至 P 位，使一个终止密码(UAA、UAG 或 UGA)处于 A 位，没有任何 tRNA 可以与终止密码结合，只有释放因子(RF)能够结合终止密码。释放因子结合后改变了肽酰转移酶的活性，使得该酶能够水解肽酰-tRNA 酯，多肽产物从核糖体释放出来。核糖体随即解离为大亚基和小亚基，为合成另一个多肽分子做准备。

多肽合成后，通常要经过一系列化学修饰，经过正确的折叠过程才能形成具有正确空间结构和功能的蛋白质。

6.2 遗传的基本定律

现代遗传学起始于一位伟大科学家——孟德尔(Gregor Johann Mendel，1822～1884)的开创性工作。其实在孟德尔之前已经有了一些不同品种的植物杂交实验。早在孟德尔论文发表 100 年前，德国植物学家 J. G. Koelreuter 就已经注意到了一些性状在某一代消失后，又会在下一代中出现。但是 J. G. Koelreuter 和随后的研究者却没有因此总结出分离定律。究其原因，是早期的研究者没能采用孟德尔所使用的科学方法。

那么，孟德尔研究的方法具有哪些特点，使得遗传学研究突显曙光呢？第一，孟德尔抛弃了传统的融合性遗传的观点，强调了遗传性状的独立性，并假定独立的遗传因子的存在。第二，孟德尔注重数据搜集，在生物学中首次引入统计和概率运算方法解决问题。第三，采用分析的方法，将个体的整体特征分解成一个个单一性状，分别进行分析。第四，孟德尔选择对了遗传研究材料——豌豆。豌豆的优点：①有众多不同的品系；②每个品系都是纯种，可以稳定遗传；③自然条件下是自花授粉，但人工异花授粉的后代可育；④操作方便。第五，孟德尔遵从了科学研究的一般守则，即提出可供证伪的科学假说，然后通过设计实验证明假说，使之上升为遗传定律。

遗传学有三大基本定律，即：分离定律、自由组合定律和连锁遗传定律。

6.2.1 基因分离定律

分离定律(law of segregation)是遗传学中最基本的一个定律。它阐明了控制生物性状的基因在体细胞中是成对的，在遗传上具有高度的独立性，在减数分裂的配子形成过程中，成对的基因相互分离，进入生殖细胞。在子代继续表现各自的作用。

1. 孟德尔经典的豌豆遗传实验

当孟德尔只关注豌豆的一种相对性状，比如观察豌豆的两种花色时，他注意到，当对开紫花的植株和开白花的植株进行杂交时，下一代(子一代，F_1 代)只出现开紫花的植株。但是开白花的性状并没有永远消失，如果让 F_1 代植株自交，F_2 代又会出现一定比例开白花的植株。

孟德尔统计了 F_2 代不同花色植株的数量，得到结果是 705 棵开紫花，224 棵开白花。孟德尔敏锐地推测开这两种花植株的理论比例可能是 3∶1，并依此对整个现象提出了分离假设。

①遗传性状由成对存在的遗传因子决定。

②形成生殖细胞时，成对的遗传因子相互分离，每个生殖细胞中只有成对因子中的一个。

③合子形成时，遗传因子恢复成对的状态。

④遗传性状具有显性与隐性之分，这是由它们的遗传因子特性决定的。

这些假设用于豌豆花色实验，得到如图 6-7 所示的方法和结果：这里开紫花是显性性状，开白花是隐性性状。亲代开紫花植株具有的遗传因子是 PP，亲代开白花植株具有的遗传因子是 pp，F_1 代植株具有的遗传因子是 Pp。

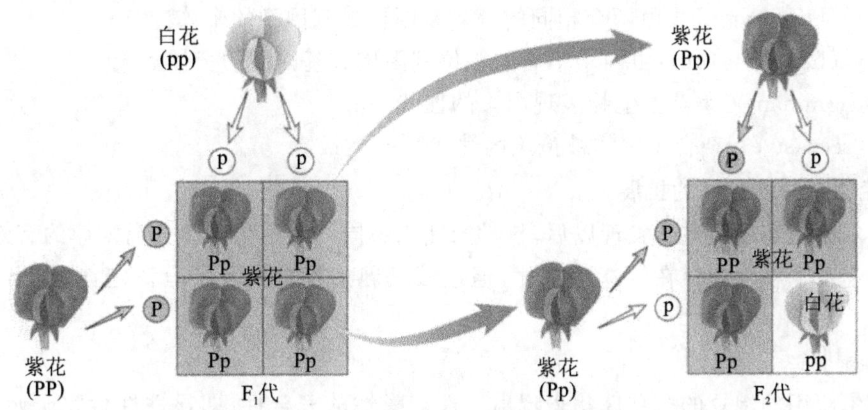

图 6-7　孟德尔豌豆花色实验的图解

为了验证这分离假设，孟德尔进行测交实验，即使用 F_1 代植株与开白花的亲代植株进行杂交。根据分离假设，孟德尔预计：开紫花和开白花植株的比例应为 1∶1（图 6-8）。

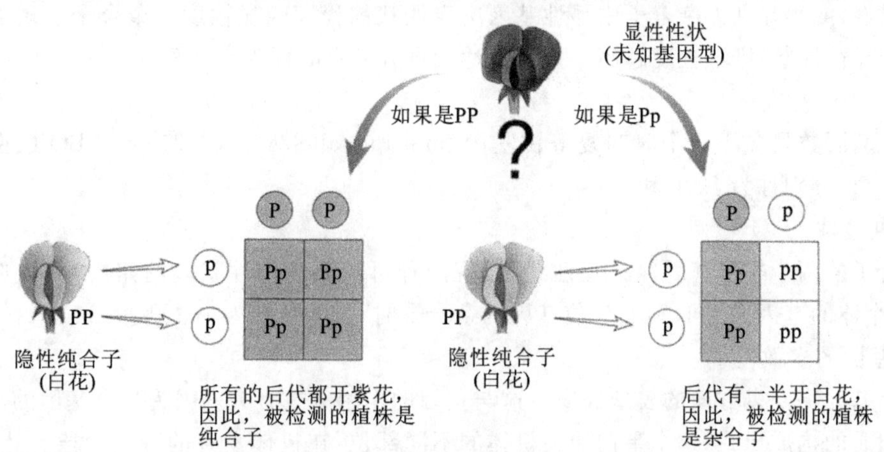

图 6-8　孟德尔豌豆花色实验的测交实验

实验结果表明，两种花色植株的比例确实接近 1∶1，从而圆满地证实了理论的正确性。孟德尔还发现他所研究的其他 6 对性状的遗传方式完全符合分离假设。这样孟德尔的假设就得以证明，成为遗传学的第一定律——分离定律。

孟德尔从 1856 年到 1863 年，进行了 8 年的豌豆杂交实验，于 1865 年在布吕恩（今捷克布尔诺）自然科学研究协会上报告了他的研究结果，1866 年在该会会刊上发表了题为《植物杂交试验》的论文。因为他超前的研究结果一时不为人所理解，直到他去世也没有什么反响。1900年成为遗传学史乃至生物科学史上划时代的一年，这一年来自三个国家的三位学者几乎同时独立地“重新发现”孟德尔遗传定律。从此，遗传学进入了孟德尔时代。1909年，丹麦生物学家约翰逊将孟德尔的“遗传因子”改称为基因(gene)。随后遗传学的术语逐渐得到统一，重要的概念如下。

等位基因(allele)：同源染色体上相对位置上的决定同种性状的不同基因。

性状(character)：生物的形态、结构、生理功能过程的特征。

基因型(genotype)：生物个体的特定基因组成。

表型(phenotype)：生物个体在基因型的作用下形成的性状表现。

纯合子(homozygote)：由两个相同的等位基因构成基因型的个体。

杂合子(heterozygote)：由两个不同的等位基因构成基因型的个体。

显性(dominant)：杂合子生物表现出来的性状。

隐性(recessive)：杂合子生物被掩盖的性状。

2. 孟德尔分离定律的扩展

孟德尔分离定律被重新发现以后，科学家使用不同的动植物检验分离定律的有效性，证明这是有性生殖生物普遍存在的遗传规律，但也根据新的发现扩展了分离定律，提出一些新的概念。

1) 半显性

孟德尔使用的豌豆的7种性状表现出显性和隐性的完全性，即显性性状完全遮盖隐性性状的表达。但在各生物中并不是所有性状都表现这种明显的显性和隐性，有很多杂合子的性状不同程度地介于两种纯合子之间。例如红花金鱼草和白花金鱼草杂交，F_1代的花色为粉色；F_2代开红花、粉色花、白花的植株比例为1∶2∶1。这说明了在这种植物中红花对白花呈不完全显性，或半显性。杂合子中显性基因决定性状的程度叫显性度。杂合子表现的性状越是偏向于显性性状，则显性度越高。显性度达到百分之百时即为完全显性。

2) 复等位基因

等位基因数目多于两个时叫复等位基因(multiple alleles)。例如决定ABO血型的等位基因有3个，分别称为I^A、I^B和i。

3) 共显性

杂合子的两个等位基因都决定性状，出现两种可观察到的性状。例如在ABO血型的遗传中，当个体的基因型为I^A和I^B等位基因的杂合子时，血型呈现为AB型。

4) 基因的多效性

一个基因决定多方面的表型效应。这与基因的作用方式有关。因为一个基因的功能决定一个蛋白质的构成形式，这个蛋白质在机体的不同部位，在机体发育的不同阶段表达，可能发挥不同的功能，表现为不同形式的表型效应。例如有一种叫做成骨不全的人类显性遗传病，致病基因的直接效应是I型胶原的缺陷，这种缺陷在身体的不同部位表现出不同的效应，如多发性骨折、蓝色巩膜、和耳聋等。

6.2.2 基因的自由组合定律

孟德尔所研究的7对豌豆的性状的遗传都符合分离定律的预测，下一个问题是任意两对性状在遗传过程中是否相互影响？孟德尔对此进行了实验研究。黄色和绿色种子是一对性状，黄色对绿色显性；饱满和皱缩的种子是另一对性状，饱满对皱缩显性。孟德尔选用黄色饱满种子的植株和绿色皱缩种子的植株杂交，F_1代出现黄色饱满种子的植株，这是分离定律所预计的。当他用 F_1代进行自交时，F_2代黄色种子和绿色种子的出现率比值是 3∶1；饱满种子和皱缩种子出现率的比值也是 3∶1；这些都符合分离定律的预期。如果观察两种性状的组合，则出现了 4 种表型：黄色饱满种子、黄色皱缩种子、绿色饱满种子、绿色皱缩种子，其出现次数比值是 9∶3∶3∶1。在孟德尔研究的 7 对性状中任意两对杂合性状自交，都会出现9∶3∶3∶1的分离比。孟德尔的解释如下。

具有两对以上的相对性状的杂种在形成配子时，决定各相对性状的遗传因子（基因）之间独立地发生自由组合。这就是自由组合定律（law of independent assortment）。种子颜色和饱满度的杂交实验如图 6-9 所示。

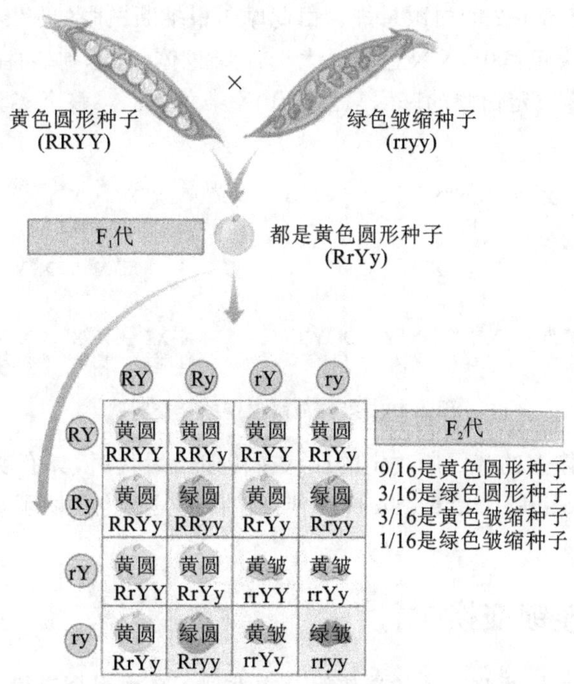

图 6-9　种子颜色和饱满度的杂交实验

为验证自由组合假设，孟德尔还进行了“测交实验”：他使用表型为黄色饱满种子的双杂合的 F_1代与表型为绿色皱缩种子的双隐性性状的植株进行杂交，预期后代出现 4 种表型，即黄色饱满种子、黄色皱缩种子、绿色饱满种子、绿色皱缩种子，其比例是 1∶1∶1∶1。实验结果证明了自由组合假设的正确性。

6.2.3　基因染色体学说和伴性遗传

1. 基因位于染色体上

孟德尔的实验预测了独立的遗传因子即基因的存在，但基因到底是什么化学物质？在当时并不清楚。与此同时，人们对细胞的精细结构有了越来越多的了解。在 1879 年，德国学者佛莱明发现染色体和有丝分裂，1883 年又发现了减数分裂。但在当时染色体仅作为细胞分裂时产生的一种物质被描绘，染色体成对存在，但不知道其功能。1902 年美国遗传学家萨顿(Sutton)提出基因是在染色体上，理由是它们之间呈现平行关系：染色体和基因都是成对存在的；它们在减数分裂和生殖细胞形成时都有分离现象，即同源染色体的分离和成对基因的分离；生殖细胞结合后它们又都表现为二倍性。由此提出了基因的染色体学说。

2. 伴性遗传

首次将特定基因定位在一条染色体上的是美国生物学家摩尔根(T. H. Morgan)。他以果蝇为实验材料进行孟德尔式的杂交实验。正常果蝇的眼睛颜色是红色的。摩尔根在一群果蝇中发现一只白眼雄果蝇。他用它与正常红色眼睛的雌蝇交配，生下的后代(F_1代)都是红眼果蝇，由此证明红眼对白眼是显性性状。当摩尔根用 F_1代继续交配，在产生的 F_2代中又出现了约 1/4 的白眼果蝇，这些都满足于孟德尔的分离定律。但仔细观察后发现，所有的白眼果蝇都是雄性的。在 F_2代雄性中，白眼果蝇占 1/2 左右。如果用白眼雄蝇与 F_1代雌蝇“测交”，则后代无论雌、雄性都有约 1/2 的白眼果蝇。由此摩尔根推断白眼的遗传与性别有关，并可能位于性染色体上。在性染色体中，X 染色体远大于 Y 染色体，考虑到雌性也可能出现白眼，而雌性没有 Y 染色体，那么决定白眼的基因只能位于 X 染色体上。整个实验过程和结果可由图 6-10 加以解释。

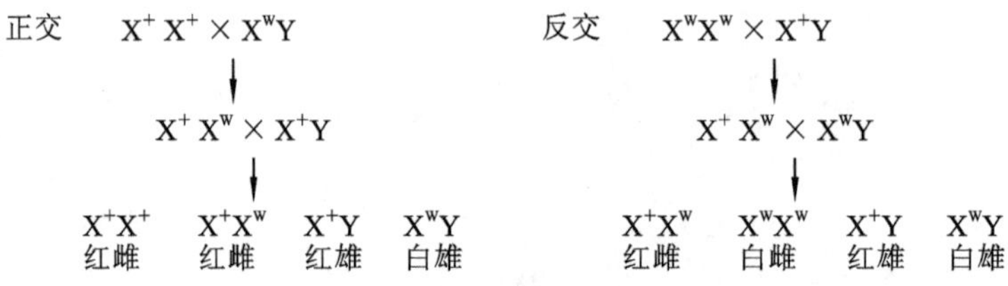

图 6-10 果蝇白眼遗传的杂交实验

这种位于性染色体上的基因所决定的性状在传递给后代时，具有明显的性别分布上的差异，称为伴性遗传(sex-linked inheritance)。伴性遗传的发现也证明了基因的染色体学说的正确性。

6.2.4 基因的连锁交换定律

孟德尔在研究豌豆的两对形状的遗传组合中发现了自由组合定律。但后人在对果蝇等物种进行两对形状的遗传研究时发现，有时两对形状在子代中不能自由组合，而是出现原有的组合(亲组合)更多地出现的情况。摩尔根经过仔细分析，提出了基因的连锁交换定律。

1. 连锁和连锁群

细胞内具有成千上万个基因，但染色体的数量则很少，像果蝇只有 4 对染色体。因此必定有许多基因位于同一条染色体上。这些位于同一条染色体上的不同基因之间的关系叫做连锁(linkage)。每条染色体上所有的基因组成一个连锁群。连锁群的数量和该物种染色体的类型数相当。例如人类有 24 种染色体(22 种常染色体和两种性染色体)，则人类的所有基因组成 24 个连锁群。位于同一连锁群的不同基因之间在形成配子时就不能发生自由组合。孟德尔的自由组合定律在这种情况下不能成立，只有在所研究的两个基因分属不同的连锁群，或者说位于不同类型的染色体上时，它们之间才能发生自由组合。

在 1908 年，W. Bateson 和 R. Punnett 在研究香豌豆的花色和花粉粒形状这两对性状的遗传时，首次发现了不符合自由组合定律的情况。他们在对双杂合子进行自交时，发现后代虽然出现 4 种表型的组合，但其比例不是 9∶3∶3∶1，而是其中的两种组合，即紫色长粒和红色圆粒占绝大多数，另外两种组合很少。后来人们才明白决定花色和花粉粒形状的两个基因位于同一条染色体上，它们之间呈连锁关系。

2. 连锁交换定律

摩尔根使用果蝇对连锁现象进行了大量研究，并对杂交后代出现的不同性状组合的数目进行统计分析，发现了不同类型的连锁关系。

1）完全连锁

在摩尔根的一个实验中，灰色长翅（基因型为 BBVV）和黑色残翅（基因型为 bbvv）杂交可得到灰色长翅的后代（BbVv）。若 F_1 代的雄性与黑色残翅（bbvv）的雌性"测交"，不能得到预期的灰色长翅（B_V_），灰色残翅（B_vv），黑色长翅（bbV_），黑色残翅（bbvv）四种类型的后代，而只有灰色长翅（B_V_）和黑色残翅（bbvv）两种后代。说明决定这两个性状的两基因之间的连锁关系。基因 B 和基因 V 在一条染色体上，而基因 b 和基因 v 在另一条染色体上。如图 6-11所示。这种在 F_2 代中只出现亲代中存在的性状组合的情况叫做完全连锁。

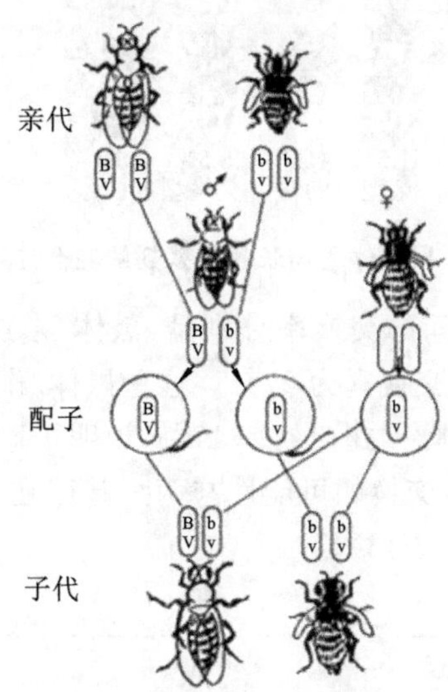

图 6-11　果蝇体色和长翅/残翅的完全连锁（雄性）

2）不完全连锁

在上述实验中，如果使用 F_1 的雌蝇与黑色残翅（bbvv）雄蝇"测交"，在 F_2 代中除了灰色长翅（B_V_）和黑色残翅（bbvv）外，还出现少量灰色残翅（B_vv）和黑色长翅（bbV_）两种新的表型组合。这 4 种表型组合中，灰色长翅和黑色残翅是在亲代中存在的，叫做亲组合，它们出现的概率相近，共占 F_2 代果蝇的 83%，而灰色残翅和黑色长翅是新的性状组合，叫做重组合，占 F_2 代果蝇的 17%。

出现重组合的原因是在配子形成的减数分裂过程中，同源染色体和同源片段之间发生了交换，使得位于不同片段的等位基因之间产生了重组（图 6-12）。

从上述实验可以看到，雄性果蝇中决定黑色体色和残翅的基因之间不出现交换现象，只有雌性果蝇才出现交换，目前还不知道产生这种现象的原因。

摩尔根的一个学生斯特蒂文特（Sturtevant）注意到，如果检测一条染色体上的 3 个基因之间两两的交换率，它们在数值上是可以叠加的。例如在果蝇中决定黑体、朱红眼、残翅的 3 个

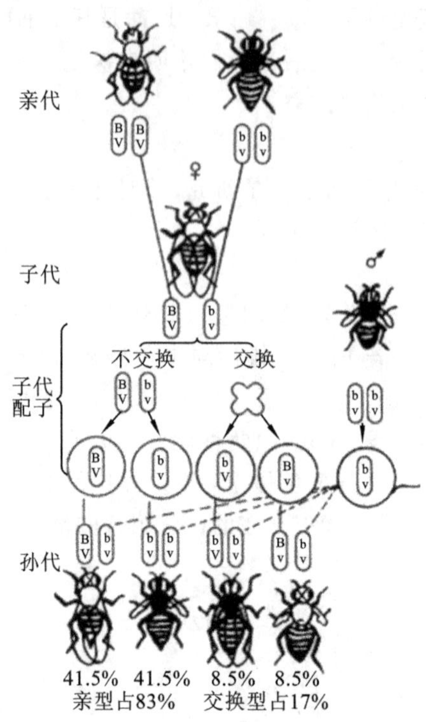

图 6-12　果蝇体色与长翅和残翅的完全连锁(雌性)

基因位于一个连锁群中，它们之间的交换率分别是：黑体/朱红眼的交换率为 9%，残翅/朱红眼的交换率为 8%，黑体/残翅的交换率为 17%。这里黑体/朱红眼的交换率 9%和残翅/朱红眼的交换率 8%相加，就得到黑体/残翅交换率 17%，说明了这些基因在染色体上呈线性排列，一条染色体的两个基因之间发生交换的可能性与两个基因在染色体上的距离有关，两者距离越远，发生交换的可能性越大(图 6-13)。

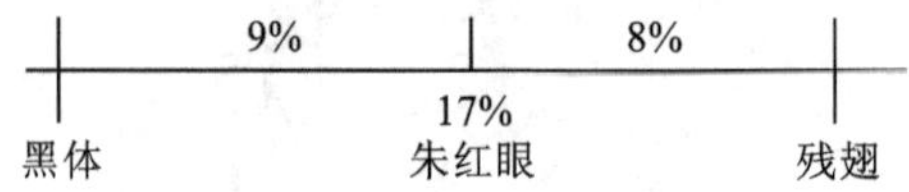

图 6-13　基因在染色体上的距离与交换率

因此，可以通过对相互连锁的不同基因之间交换率的检测，确定连锁群中不同基因的位置和排列顺序。基因的距离采用 1%的重组频率为基本单位，称为 cM。例如，决定黑体和朱红眼的两个基因的距离是 9 cM。这就是基因作图(即确定基因在染色体上的位置)的基本原理。

通过大量的实验，摩尔根总结出了遗传学的第三个定律：连锁交换定律(law of linkage and crossing-over)。该定律认为位于同一条染色体上的基因彼此连锁，而不能在形成生殖细胞时自由组合，减数分裂时发生的交换可以改变连锁关系，则基因之间表现为不完全连锁关系。

6.3　变异的主要类型

遗传物质的变异是指 DNA 上碱基排列顺序的改变，其表现形式有基因突变、遗传重组和染色体变异。这些变异如果导致某些基因的损伤、缺失、拷贝数改变或表达异常，则会影响到表型变化，造成遗传病、群体内部的遗传多样性等情况。还有一种情况是 DNA 的碱基序列没有发生不可逆改变，但在碱基上发生了一定程度的化学修饰。这种化学修饰可以影响到基因的表达，进而对表型产生影响，但不影响 DNA 按照原来碱基互补原则的复制和传递，这种情况叫做表观遗传变异。

6.3.1　基因突变

基因突变(gene mutation)是指基因在结构上发生碱基对组成或排列顺序的改变。当 DNA 链中一个碱基改变时，又称点突变(point mutation)。有些基因突变涉及多个碱基的改变，如不同数目碱基的缺失、重复、插入等。

1. 基因突变的原因

基因突变是变异的主要来源，也是生物进化发展的根本原因之一。基因突变的原因很复杂，根据现代遗传学的研究，基因突变产生的原因，包括外界环境条件和生物内部因素。

(1) 物理因素　一些物理因素，如电离辐射、紫外线等可造成 DNA 的损伤和基因突变。

(2) 化学因素　导致基因突变的化学物质称为诱变剂。一些碱基类似物，如 5-溴尿嘧啶类似 T，掺入后既能与 A 配对，也能与 G 配对，导致碱基替换。再如吖啶类染料，如原黄素，吖啶黄等与 DNA 结合，夹在碱基之间，错开碱基，导致移码突变。一些致癌物，如黄曲霉素、苯并芘等也都是直接的或间接的诱变剂。

(3) 生物学因素　DNA 复制时可能造成复制差错。人体细胞每复制一次 DNA 都可出现 3 次左右的复制差错，一个人的一生在机体内可发生达 10^{16} 次细胞分裂，平均每秒 10^{7}。可以想象随着机体的老化，基因突变将会逐渐积累。一些遗传病可导致基因突变率上升，例如，着色性干皮病患者的 DNA 修复酶有缺陷，从而不能修复物理或化学因素造成的 DNA 损伤，导致突变积累。在病毒感染时，病毒 DNA 插入到基因组时也可造成基因插入点的基因突变。

2. 基因突变的效应

发生在基因组不同区域的基因突变具有不同的表型效应。例如：发生在启动子区的突变可以改变基因的表达模式；RNA 剪接部位的突变可影响 RNA 的剪切，造成异常的 mRNA 等。发生在基因编码区(外显子)的突变可以改变所决定的多肽链上氨基酸的排列顺序，造成变异蛋白质的产生，可导致机体的病理改变；但如果突变不影响多肽链的关键氨基酸，对个体可能不产生可察觉的有害效应或有利效应。从进化的角度看，这种突变称为“中性突变”。发生在非基因片段的突变一般不会引起任何表型改变，也属于中性突变。中性突变是造成群体中遗传多样性的重要原因。

基因突变可发生在个体发育的任何阶段和任何细胞中。发生于生殖细胞的基因突变可能通过受精卵直接遗传给后代。而体细胞突变能引起个体某些体细胞在遗传结构上的改变，导致其形态上或功能上的某些变化，突变的体细胞经过有丝分裂，可以形成一个有相同遗传改变的细胞克隆，造成体细胞遗传病或肿瘤的发生，但不会造成后代的遗传改变。

基因突变是等位基因和新基因的产生方式。基因突变后在原有座位上出现的新的等位基因，称为突变基因。在进化过程中，有些基因在基因组中可以形成很多拷贝，这些拷贝可以通过不同形式的突变造成基因功能的不同方向的改变，从而产生新的基因。

基因突变可以是显性的或隐性的。如果显性基因突变在生殖细胞中发生，可通过受精卵直接遗传给后代，并在子代中表现出显性效应；如果生殖细胞中发生的基因突变是隐性的，则其效应就可能被未突变的等位基因所掩盖，造成携带这一隐性基因的携带者。

3. 基因突变的分子机制

根据碱基变化的情况，基因突变可分为碱基替换、核苷酸的插入或丢失、移码突变和动态突变等情况。

1）碱基替换

碱基替换(base substitution)是指一个碱基被另一碱基所替换，是点突变的一种。替换方式有两种：转换和颠换。同类碱基之间的替换，如一个嘌呤被另一个嘌呤所取代，或是一个嘧啶被另一个嘧啶所取代称为转换；不同类碱基的替换，如嘌呤取代嘧啶。嘧啶取代嘌呤称为颠换。

根据编码序列的碱基替换对多肽链氨基酸序列的影响，可分成四种情况。

(1) 同义突变(same sense mutation)　碱基替换使某一密码子发生改变，但改变前后的密码子都编码同一氨基酸，所以并不造成所编码的氨基酸序列发生改变，不影响表型。

(2) 错义突变(missense mutation)　碱基替换导致改变后的密码子编码另一种氨基酸，结果使多肽链氨基酸种类和排列发生改变，产生变异的蛋白质分子。

(3) 无义突变(nonsense mutation)　碱基替换使原来编码某一个氨基酸的密码子改变成终止密码子，导致在翻译时多肽链合成提前终止。这类突变造成多肽链截短，通常产生无生物活性的多肽。

(4) 终止密码突变(termination codon mutation)　终止密码突变与无义突变相反，指原有的终止密码子经碱基替换变成编码某个氨基酸的密码子，导致多肽链在该停止合成的位置继续延长，直到 mRNA 的末尾或下一个终止密码子出现才停止，结果形成过长的异常多肽。

2）核苷酸的插入或丢失

核苷酸的插入或丢失是指在编码的 DNA 序列上插入或丢失一个或多个脱氧核苷酸所造成的突变，其中移码突变较为重要。

移码突变(frame shift mutation)：在 DNA 编码顺序中插入或缺失一个或几个碱基对，但不是 3 个或 3 的倍数，造成这一位置以后的阅读框架的改变，形成一系列编码移位错误。移码突变的结果使变动部分以下的氨基酸种类和顺序全部发生改变，从而对所合成的蛋白质的功能造成较大的影响。

如果在编码的 DNA 序列上插入或丢失的脱氧核苷酸数目是 3 或 3 的倍数，则相当于插入或缺失了一个或多个密码子，造成所合成的多肽链上增多或减少一个或多个氨基酸。

3）动态突变

动态突变(dynamic mutation)又称为不稳定三核苷酸重复序列突变，在基因组中常见的有由 3 个脱氧核苷酸为一个单元形成的串联重复序列。这种重复序列在某种情况下其拷贝数会随时间逐渐增加，因而称为动态突变。有些三核苷酸重复序列位于基因内部，它们的拷贝数增加有可能影响基因的表达，或造成基因表达产物中某一种氨基酸重复的积累。

脆性 X 综合征是家族性智力低下最常见的原因之一。患者 X 染色体上的 FMR-1 异常。该基因的 5′端非编码区有一段由$(CGG)n$组成的串联重复序列，其拷贝数不稳定。在正常人群中，CGG 的拷贝数在 6～50 个之间。当拷贝数增至 60～200 时称为前突变，为无临床表现的携带者，其拷贝数在向后代传递时有继续增加的倾向。该 DNA 序列上带有 230 个以上拷贝时叫做全突变，其个体将会出现以智力低下为主要特征的脆性 X 综合征。病因是全突变造成相邻的 CpG 岛的甲基化，抑制了基因的表达，从而出现临床症状。(CGG)n 越长则症状越严重。女性因为具有两条 X 染色体，一条 X 染色体产生的全突变不产生症状或症状较轻，而男性只有 1 条 X 染色体，如带有全突变则引起较重的症状，故临床上多是男性发病。由前突变转化为完全突变只发生在母亲向后代传递的过程中。

亨廷顿舞蹈病是另一种三核苷酸(CAG)重复序列异常扩增导致的疾病，呈常染色体显性遗传。CAG 是编码谷氨酰胺的密码子，在正常人的亨廷顿基因中有 11～34 个 CAG 串联拷贝，在亨廷顿蛋白质中出现相应的一长串谷氨酰胺。当一个个体 CAG 的重复次数达到 39 次以上时就有可能造成亨廷顿舞蹈病的发病。(CAG)n 重复次数越多，发病年龄越早，症状也越严重。病因是过多的谷氨酰胺重复造成蛋白质的异常沉积，损害神经细胞。

动态突变发生的分子机制可能与 DNA 复制过程中 DNA 链的"滑动"造成错误的配对，或减数分裂时同源染色体的不等交换有关。

6.3.2　遗传重组

遗传重组(genetic recombination)是指任何原因造成的 DNA 序列的重新排列，不同 DNA 分子间发生了共价连接。其过程包括 DNA 链的断裂，交换或转移片段，并以新的方式相互连接，形成新的 DNA 分子。遗传重组既可以发生在相同物种的 DNA 之间，也可以发生在不同物种的 DNA 之间。遗传重组可以是生物体内自然发生的过程，也可以是人为设计的。通过人工操作形成自然界所没有的新的 DNA 分子，这种人工技术称为重组 DNA 技术。遗传重组包括同源重组、位点特异性重组和转座作用等类型。遗传重组是遗传变异和生物进化的基本原因之一。

1. 同源重组

同源重组是指具有同源序列的 DNA 分子之间或分子之内的重新组合。发生重组的 DNA 片段在较大范围的同源序列之间发生碱基互补结合，在同源位点断裂后相互交换对等的断端再进行接合。这一过程需要重组酶的催化。减数分裂时的同源染色体的非姐妹染色单体交换，细菌的转导、接合，某些病毒的重组都属于同源重组。

2. 位点特异性重组

DNA 重组时，以小范围的 DNA 同源序列为特殊位点，供重组蛋白识别，发生两个 DNA 分子不对等的交换重组。一个 DNA 分子有时整合到另一个 DNA 分子之中，例如 λ 噬菌体 DNA 的 att 位点和大肠杆菌 DNA 的 attB 位点之间通过这种重组，可使 λ 噬菌体 DNA 整合到大肠杆菌的 DNA 中。

3. 转座作用

转座子(transposon)是基因组中具有转位特性的 DNA 序列，可自主复制，从染色体的一个区段转移到另一个区段，或从一条染色体转移到另一条染色体，或在基因组中增加拷贝。1932 年，美国遗传学家麦克琳托克(B. McClintock)首先发现了玉米籽粒色斑不稳定遗传现象。紫色的玉米籽粒可由于色素合成缺陷变成白色，在玉米籽粒发育过程中又可重新出现籽粒的紫色斑点。为此麦克琳托克提出转座子的概念，认为是转座子在色素合成基因的插入和离开，造成了该基因的失活和恢复活，进而形成玉米籽粒上的紫色斑点。根据转座方式的不同，可以将转座子分为剪切-粘贴转座子、复制转座子和反转录转座子等类型。在人类基因组中约有 40%的序列是由转座子进化而来的。一些人类遗传病是由于转座子插入到正常基因造成的。例如一些血友病患者的凝血因子Ⅷ基因因插入了被称为L1序列的反转录转座子而失活，进而造成患者凝血障碍。

4. 重组DNA技术

重组DNA技术又称遗传工程(genetic engineering)。有目的地将一个供体细胞内的DNA片段与另一个不同的DNA分子进行遗传重组，形成重组DNA分子，可以转移到其他细胞内形成新的遗传性状。来自供体的目的基因被转入受体细菌后，可进行基因产物的表达，从而获得用一般方法难以获得的生物产品，如胰岛素、干扰素、乙型肝炎疫苗等；还可以形成优质的动植物新品种，如金色水稻，抗虫或抗除草剂的玉米、大豆、棉花，以及花卉、蔬菜等。

6.3.3 染色体畸变

染色体在数目上或结构上的改变统称为染色体畸变(chromosomal aberration)，可分为数目异常和结构畸变两大类。

1. 染色体畸变的原因

染色体畸变可以自然地发生，或者说看不出明显的诱因，称为自发畸变；因各种已知因素引起的称为诱发畸变。各种可能的原因如下。

(1) 物理因素　包括高热、射线等因素。各种射线是造成染色体畸变的重要诱因，如X-射线、γ射线、α和β粒子、中子等可造成染色体的断裂。

(2) 化学因素　许多化学药物可以导致染色体畸变，包括一些烷化剂、核酸的类似物、嘌呤、抗生素、硝酸或亚硝酸类化合物、一些抗癌药物(如环磷酰胺)、许多农药(如有机磷杀虫剂)等，还包括一些食品添加剂、防腐剂、保鲜剂、工业的废水毒物，如苯、甲苯、砷等。

(3) 病毒的作用　病毒可诱发染色体断裂。例如，麻疹病毒感染后可导致患者淋巴细胞染色体重排和粉碎化，或染色体的丢失。含有病毒的细胞通常会相互融合形成合胞体，在有丝分裂时形成多极纺锤体。

(4) 年龄因素　体内非整倍体细胞的发生率随着年龄增长而增加，染色体结构畸变也在老年人中更常见。培养的淋巴细胞对一些化学诱变剂(如烷化剂)的敏感性随着年龄的增加而增加。处于减数分裂前期的初级卵母细胞在母体内存在时间越长，越容易造成染色体不分离，因此高龄母亲出生的三体型患儿的风险增大。

(5) 遗传因素　某些遗传素质与染色体畸变有关，例如不同的个体对射线和化学诱变剂的敏感性存在很大差异；一些常染色体隐性遗传病患者的染色体常发生自发断裂，称为染色体不稳定综合征等。研究表明，可能存在染色体不分离易感基因，使某些个体易分娩三体型后代。

2. 染色体数目异常

染色体数目异常包括整倍性改变和非整倍性改变两类。整倍性改变是染色体组的数目偏离正常(通常为二倍体)，形成单倍体、三倍体、四倍体等类型，三倍体以上的称为多倍体。非整倍体是个别染色体数的改变。

1) 整倍性改变

染色体数目呈整倍性增加。正常的多倍体可见于植物，如小麦等。它们又分同源多倍体和异源多倍体。动物的多倍体通常是异常的。

人类全身性三倍体($3n$)，四倍体个体是致死的($4n$)，在流产儿中可见到三倍体和四倍体。

在活婴中只有极罕见的三倍体、四倍体个体，且多为含有二倍体的嵌合体或异源嵌合体($2n/3n$)。

多倍体形成的原因如下。

(1) 双雌受精　卵母细胞在减数分裂时由于某种原因未能排出极体，结果形成二倍体卵子，与一个正常精子受精后，即可形成三倍体受精卵。

(2) 双雄受精　受精时有两个精子穿卵，形成三倍体受精卵。

(3) 核内复制　在两次细胞分裂之间，染色体复制了一次以上。

(4) 核内有丝分裂　染色体正常复制了一次。但在细胞分裂的中期，核膜未能破裂，纺锤体不能形成，因此不能出现后期染色单体的分离和胞质的分裂，从而形成四倍体。

(5) 在植物中，两个不相同的种杂交，再经过染色体加倍，可形成异源多倍体。

2) 非整倍性改变

细胞中个别染色体数的增加或减少，形成非整倍体。在人类染色体畸变中，非整倍性数目改变比其他染色体畸变出现的概率高。当人类细胞内染色体总数少于 46 条时就叫亚二倍体；染色体总数大于 46 条时叫超二倍体。

(1) 人类非整倍性改变的主要类型：

① 单体型　某种染色体减少了一条，使细胞内染色体总数只有 45 条。

② 三体型　某种染色体增加了一条，使细胞内染色体总数为 47 条。三体型在临床染色体病中最常见。

③ 多体型　某号染色体增加了两条或两条以上。在临床上只能看到性染色体多体型的个体。

(2) 非整倍性改变的形成机理：

① 染色体不分离　细胞分裂时某些染色体没有按照正常的机制分离，从而造成了两个子细胞中染色体数目的不等分配。例如人类减数分裂的染色体不分离时，形成带有 22 条或 24 条染色体的配子，受精后分别形成单体型和三体型(图 6-14)。

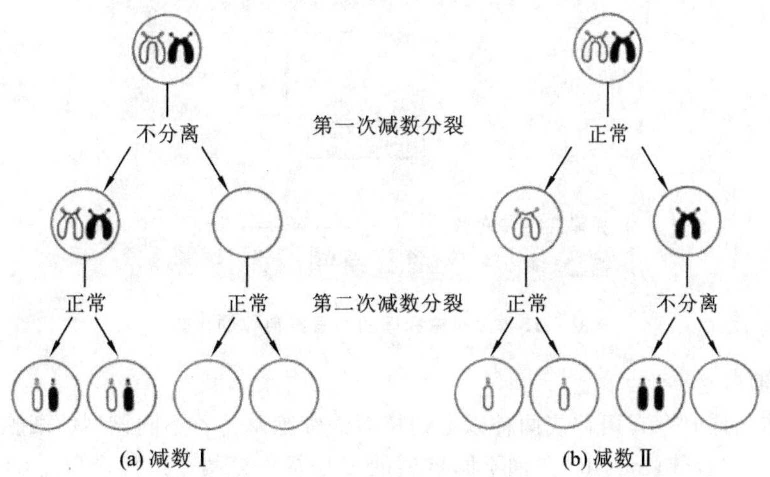

图 6-14　染色体不分离

② 染色体丢失　发生在细胞分裂的中期至后期阶段。原因是某一条染色体的着丝粒未能与纺锤丝相连，或移动迟缓，因而在后期不能被拉向细胞的任何一极，导致该染色体不能随其他染色体一起被包围在新的细胞核内，最终被分解而丢失。

3. 染色体结构畸变

染色体结构畸变是指染色体部分片段的缺失、重复或重排。染色体断裂及断裂后的异常连接是形成所有染色体结构畸变类型的基础。异常重接形成的各种结构异常的染色体称为衍生染色体。染色体结构畸变如造成细胞内遗传物质的缺失或重复，就被称为“不平衡的”，如未造成遗传物质的缺失或重复，就称为“平衡的”。后者一般不造成表型的改变。

染色体结构畸变的主要类型如下。

①缺失　染色体某一片段的丢失，可分两类。末端缺失：一次断裂后断端以远的片段缺失。中间缺失：染色体的某一个臂上发生两次断裂，两断裂点之间的断片丢失。缺失又称为部分单体型。

②重复　某一染色体片段有两份或两份以上。重复又称为部分三体型。

③倒位　一条染色体发生两处断裂，中间的断片颠倒后再与两端的断片接合，结果形成中间片段的方向与断裂前相反。倒位可分为臂内倒位和臂间倒位。臂内倒位：两次断裂发生在着丝粒的一侧。臂间倒位：两次断裂分别发生在长、短臂上。

④易位　染色体发生断裂后，无着丝粒的片段转移到另一条染色体上。可分为相互易位和逻伯逊易位。相互易位：两非同源染色体发生断裂，相互交换无着丝粒片段。罗伯逊易位（又称为着丝粒融合）：两近端着丝粒染色体都在着丝粒附近断裂，然后两长臂接合在一起形成一条较大的染色体；两短臂丢失。

此外，染色体结构畸变还包括环状染色体、等臂染色体、双着丝粒染色体等类型。

倒位、易位等染色体结构改变，如未造成遗传物质的缺失或重复，则不会影响个体的表型。将人类染色体与类人猿染色体相比，发现人和黑猩猩的四号染色体因一个臂间倒位而不同（图6-15），人类二号染色体由罗伯逊易位产生。在黑猩猩、大猩猩、猩猩中均无这条染色体，但多了两条近端着丝粒染色体（图 6-16）。

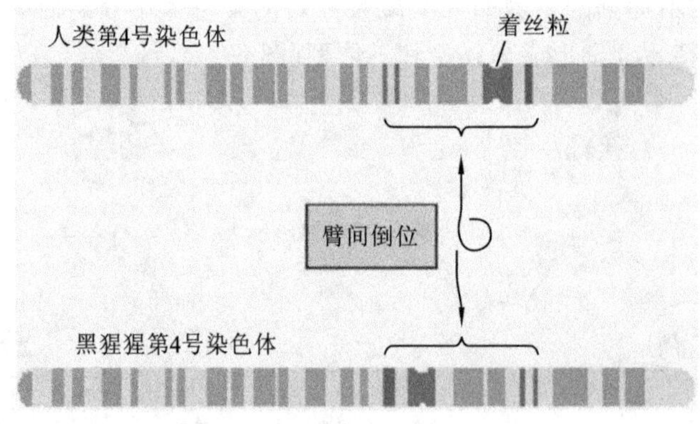

图 6-15　人和黑猩猩的四号染色体的比较

4. 嵌合体

一个个体内同时存在两种或两种以上的核型的细胞系。若不同核型的细胞系都来自同一个合子，就称为嵌合体（mosaic）。如不同核型的细胞系来自两个或两个以上的合子则称为异源嵌合体（chimera）。

嵌合体产生于卵裂早期的各种染色体数目异常或结构畸变。异源嵌合体产生的原因：两个不同的卵子分别受精；一个卵母细胞和极体分别受精等，由此形成的两个胚胎结合成一个胚胎并发育，即形成异源嵌合体。嵌合体和异源嵌合体的表型特征不典型，视个体中不同核型细

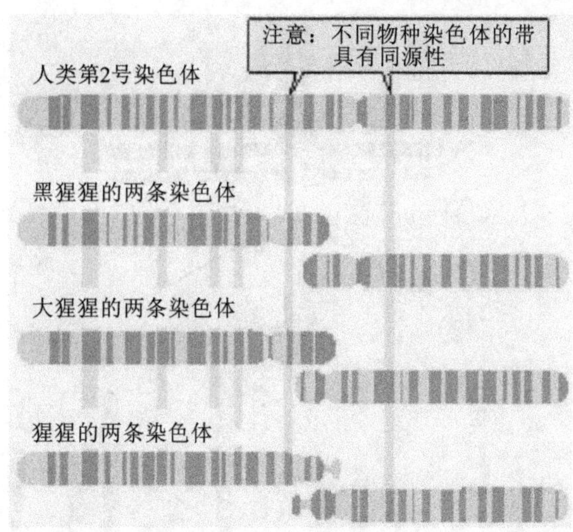

图 6-16　人类二号染色体由罗伯逊易位产生(在黑猩猩、大猩猩、猩猩中均无)

胞的比例和所在的组织器官而定。

5. 染色体异常的后果

1) 染色体畸变对人类后代的影响

(1) 自然流产　染色体异常是造成流产的重要原因。据查，在流产儿中约 50%有染色体异常。

(2) 出生缺陷　人类的各种染色体异常胚胎只有少数能够出生，可以大致分为四种类型：单体型、三体型、部分单体型和部分三体型。他们表现的临床症状常以综合征的方式表现出来。常染色体病主要表现为出生缺陷，基本特点为生长发育迟缓、智力低下和特征性异常体征。性染色体病主要表现为青春期后性征和生育能力的异常。见后面的详细描述。

(3) 携带者　带有染色体结构畸变但表型正常的个体。分为平衡易位携带者和倒位携带者两类。携带者带有的染色体结构畸变一般来自同样是携带者的父亲或母亲的遗传。这些携带者的生殖细胞在减数分裂时可产生不平衡的配子，因此他们在婚后常有较高的流产、死胎率和新生儿死亡率，并可生育各种畸形儿。

2) 结构畸变经过减数分裂的传递

染色体畸变携带者的细胞中某对同源染色体中的一条发生了结构畸变，另一条正常，称为结构杂合体。第一次减数分裂时，结构杂合体的两条同源染色体为了能实现同源片段的联会，需要形成某些特殊的结构，造成异常的减数分裂，并可能生下染色体病的后代。

(1) 相互易位　存在相互易位的生殖细胞在第一次减数分裂的前期进行同源染色体联会时，为了能使同源片段结合在一起，相互易位产生的两条衍生染色体和未发生易位的各自的同源染色体聚在一起形成四射体。分裂后期时同源染色体分离的方式有不同的组合类型，其中有一些产生了异常配子，图 6-17 的例子说明了这一点。

(2) 倒位　在减数分裂过程中倒位的片段为了能与同源染色体上的正常片段联会，将形成特有的倒位环。如果在倒位环内发生奇次交换，臂间倒位将会出现同时带有缺失和重复的两种新的染色体(图 6-18)。臂内倒位将会出现双着丝粒染色体和无着丝粒片段。

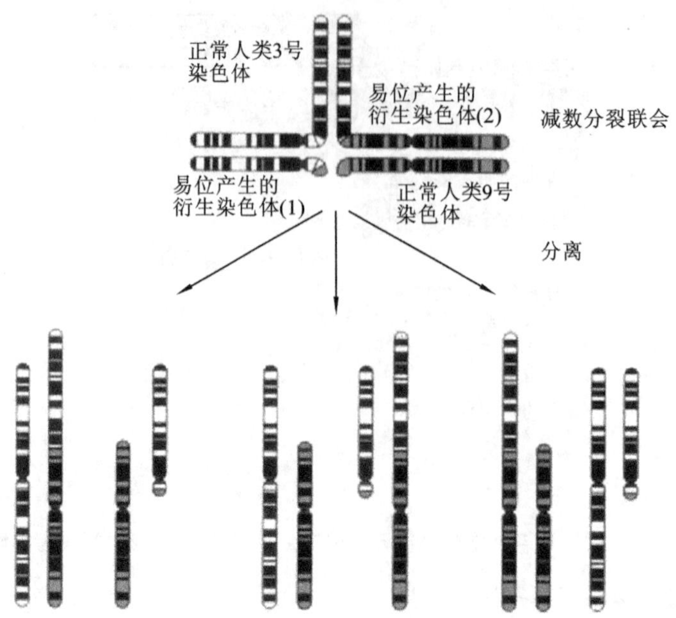

图 6-17　两条易位染色体和未发生易位的同源染色体形成四射体，导致不平衡配子的形成

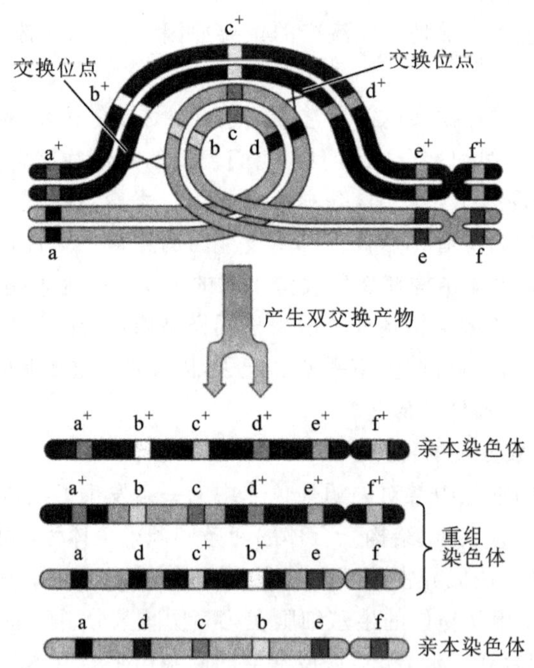

图 6-18　臂间倒位形成的倒位环和交换引起的后果

6.3.4　表观遗传变异

基因的 DNA 序列不发生改变，但是由于 DNA 甲基化、RNA 编辑等作用，使得基因表达发生可持续的改变的现象，称为表观遗传变异(epigenetic inheritance)。

1. DNA 甲基化

DNA 甲基化(DNA methylation)是 DNA 化学修饰的一种形式，在甲基转移酶的催化下，在 DNA 的 CpG 二核苷酸序列的胞嘧啶上选择性地添加甲基，形成 5-甲基胞嘧啶：CH_3 + 胞嘧啶→5′-甲基胞嘧啶。

DNA 甲基化抑制或降低附近基因的转录水平，是表观遗传变异的主要原因。在基因转录起始点附近，常有高度密集的 CpG 重复序列，被称为 CpG 岛。推测该序列与基因转录活性有关。CpG 序列可以作为筛选基因的标志。

2. 基因组印记

基因组印记(genomic imprinting)也叫遗传印记，是指不同亲代来源的染色体上等位基因因不同的甲基化而产生差异性表达。基因组印记产生于配子形成时期，母源染色体基因印记失活，父方等位基因得到表达，称为母系印记；父方染色体基因印记失活，而母方来源的等位基因得到表达，称为父系印记。在成体内，印记的基因在生殖细胞形成时，原有的印记会被抹去，重新打上自己性别的印记。

(1) 父源和母源印记基因的不同效应

由于父母来源的基因的具有不同的印记，可以产生不同的表型效应。例如：PWS(Prader-Willi)和 AS (Angelman)是两种不同的染色体综合征。它们都是第 15 号染色体特定区域的基因异常所致。父源 15 号染色体在该部位缺失时导致 PWS；而母源 15 号染色体相同片断的缺失却引起 AS。说明在这一染色体区域具有不同的基因，有的是父源基因被印记，有的是母源基因被印记。

1984 年，McCarth 等用人工单性生殖的方法产生两种小鼠胚胎，一种两套染色体组都来自雄性亲本，另一种两套染色体组都来自雌性亲本。两类小鼠均在发育期死亡。全套染色体都来自雄性亲本的胚胎胎盘发育良好，但胚体发育不良，而全套染色体都来自雌性亲本的胚胎胎盘发育不好，但胚体发育相对较好。这一实验说明父源基因组对胎盘和胎膜十分重要，而母源基因组对受精卵的早期发育非常重要。

(2) 基因组印记形成的原因

哈佛大学的大卫·黑格认为，遗传印记是有胎盘的哺乳动物和种子依赖母体存活的植物所特有的。两性细胞的利益不同导致了基因组印记，胎盘是胎儿摄取母亲营养的器官。雄性的生殖细胞所带的基因有助于形成较大的胎盘，以便尽可能有效地汲取母亲的营养，而雌性生殖细胞的表达的基因则降低形成胎盘的能力。

胎盘既是胚胎摄取母体营养物质的器官，也具有分泌某些激素的功能：①释放绒毛膜促性腺激素，可以维持母体孕激素的浓度，后者提高母亲的血压和血糖，这有助于维持胚胎发育和胚胎利用母体营养；②人胎盘催乳素(hPL)可降低母体对葡萄糖的利用并将其转给胎儿作能源，同时增加母体游离脂肪酸以利于胎儿摄取更多营养。所以这些激素有促进胎儿生长的作用。

雌性防止雄性基因过度表达的机制：①母体提高胰岛素等分泌水平以降低血糖水平。②雌性生殖细胞的基因降低形成胎盘的能力。

6.4 人类常见遗传病

6.4.1 人类遗传病

因遗传因素而患的疾病被称为遗传病(genetic disorder)。遗传物质的异常可以是生殖细胞或受精卵中的遗传物质在结构或功能上的改变,也可以是体细胞内遗传物质在结构或功能的改变。前者可以传递给下一代,即呈现垂直传递的特征,造成通常意义上的遗传病;后者可引起个体患病,但不会传给后代,这种病叫做体细胞遗传病。垂直传递的遗传病分为染色体病和基因病,其中基因病又分为单基因病和多基因病。各种遗传病的分类如图 6-19 所示。

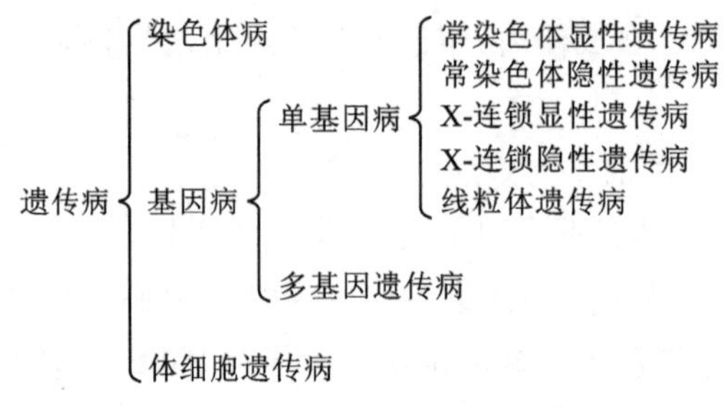

图 6-19 遗传病的分类

遗传病容易与先天性疾病和家族性疾病的概念混淆,但它们并不一致。先天性疾病是指出生时已存在的畸型或疾病,但并不一定是父母的遗传物质异常所造成。例如,母亲怀孕期间感染风疹病毒可造成胎儿先天性心脏病。家族性疾病是指表现出家族聚集现象的疾病,也并不一定与父母的遗传物质异常有关。共同的生活环境和生活习惯可能是发病的原因。例如,维生素 C 缺乏所致的坏血病就是一种营养素缺乏引起的疾病,有可能在一个家族中反复出现。

1. 单基因遗传病

单基因遗传病是指某种遗传病主要受一个座位的基因所控制。单个基因及其所控性状的遗传受孟德尔定律制约,所以又称孟德尔式遗传病。

致病基因是导致疾病发生的基因,由正常基因突变而来,形成正常基因的等位基因。如果致病基因与正常的等位基因处于杂合子时个体患病,则所患疾病是显性遗传病;如果致病基因与正常的等位基因处于杂合子时个体不患病,致病基因在纯合子时才发病,则所患疾病是隐性遗传病。根据致病基因的存在位置,将单基因遗传病分为常染色体遗传病、X-连锁遗传病和线粒体病。

1) 常染色体显性遗传病

常染色体显性遗传病(AD)是从同样患病的父亲或母亲那儿传下来的疾病,其一般特点如下:①患者多是杂合子;②患者的父母之一是患者;③患者的子女有一半发病机会;④男女患病概率均等;⑤连续遗传,即连续几代人都可见到患者;⑥双亲无病,子女一般不发病。

2) 常染色体隐性遗传病

常染色体隐性遗传病(AR)系谱表现出如下特点:①患者的双亲一般不患病,但都是致病基因的携带者；②患者的同胞有 1/4 的发病可能，男女发病概率均等；③系谱中一般见不到连续几代发病的连续遗传现象，往往出现散发病例；④近亲结婚可使发病风险明显增加。

近亲婚配明显提高 AR 的发病风险的原因：AR 发病的前提是婚姻的双方带有同样的致病基因。这在随机婚配时发生的概率很低，但如果两个有血缘关系的个体婚配，由于他们之间存在共同祖先，他们身上可能带有从共同祖先分两条路线传递而来的共同基因。他们的后代发生致病基因纯合的可能性明显增大。

衡量两个有血缘关系的个体基因相近程度的指标叫亲缘系数，它是指两个有共同祖先的个体在某一基因座上具有相同等位基因的概率。根据亲缘系数的大小，可将血亲分成不同的亲属级别。一级亲属：包括一个人的父母，子女，同胞。他们之间的亲缘系数为 1/2。二级亲属：亲缘系数为 1/4 的亲属，包括一个个体父母的父母、子女的子女、父母的同胞和同胞的子女等。三级亲属：亲缘系数为 1/8 的亲属。例如，祖父母的父母(即曾祖父母)、曾孙(女)、祖父母的同胞、同胞的孙子、堂兄弟姐妹、表兄弟姐妹等。其他亲属级别依此类推。

3）X-连锁显性遗传病(XD)

X 染色体遗传的分析：男性的 X 染色体来源于母亲，又只将 X 染色体传给自己的女儿，不存在男性→男性之间的传递。这种 X 染色体在两性之间的传递方式称为交叉遗传。一般情况下女性 XD 为杂合子。由于女性带有 X 染色体的数目是男性的两倍，所以女性带有致病基因并发病的可能性为男性的两倍左右。但女性杂合子患者因有正常等位基因存在，在不完全显性的情况下病情比男性相对较轻且常有较广泛的变异。

XD 的基本特点：①群体中女性患者的人数多于男性，但女性患者的病情较男性轻；②男性患者的母亲是患者，父亲一般正常，而女性患者的父母之一是患者；③男性患者的女儿都是患者，儿子都正常，而女性患者的儿子和女儿患病的概率各为 1/2；④系谱中可见连续遗传的现象。

4）X-连锁隐性遗传病

X-连锁隐性遗传病(XR)的基本特点：①男性发病的可能性大大高于女性，系谱中常常只见男性患者；②男性患者的致病基因来自携带者的母亲；③在系谱中表现出女性传递，男性发病表现出交叉遗传的特点，因此在系谱中可出现隔代遗传的现象，在患者父亲和母亲的两个家系中，只有母亲家系中的男性个体可能是同病的患者；④女性患者的父亲一定是患者。

5）从性遗传和限性遗传

从性遗传(sex-conditioned inheritance)：常染色体的基因所控制的性状，在不同的性别有不同的表达程度和表达方式，从而造成男女(雌雄)性状分布上的差异。例如秃顶是男性常见的一种症状，女性少见。秃顶基因位于常染色体，男性杂合子即可发病，而女性必须是秃顶基因的纯合子才可能表现秃顶。这是因为秃顶的发生除了要有秃顶基因的存在外，还受到体内雄性激素水平的影响。

限性遗传(sex-limited inheritance)：性状只在一种性别中表达，而在另一种性别完全不表达。例如，女性子宫阴道积水，男性的尿道下裂等均为常染色体遗传。致病基因虽在两性中都存在，但在一种性别中因缺乏适宜的表达器官而不表现性状。

6）线粒体病

线粒体病(mitochondrial disease)是一套与线粒体异常有关的临床疾病的集合，通常涉及那些对能量需求较高的组织，例如心脏、肌肉、肾脏和内分泌系统等。有些是线粒体基因突变引起的，另一些与细胞核基因有关，因而表现出多种遗传模式——前者表现为母性遗传，后者为孟德尔式遗传。其主要病理基础是线粒体功能损害，特别是产能不足。线粒体也是细胞凋亡起始的一个主要的开关，所以线粒体疾病也导致细胞凋亡。

线粒体遗传病常不够典型，在同一家族的成员中同一线粒体 DNA 的突变能产生非常不同的症状。这与其各自遗传下来的突变线粒体基因所占的百分比的随机波动有关。线粒体遗传病通常是迟发的，并有一个进行性的过程。主要临床症状有肌病、心肌病、痴呆、突发性肌阵挛、耳聋、失明、贫血、糖尿病、大脑供血异常等。

2. 染色体病

染色体病(chromosomal disorder)为先天性的染色体畸变所导致的疾病，这意味着同一种染色体畸变存在于患者全身所有细胞或相当一部分细胞中。由于每条染色体带有成百上千的不同基因，因此如果染色体发生可以观察到的异常，哪怕是微小的畸变，都会造成大量基因的表达异常，从而引起机体的结构和代谢的严重紊乱，所以染色体病往往是比较严重的疾病，并且是造成早期流产的重要原因。染色体病常以一系列畸形和症状组合的形式表现，故又称为染色体综合征。据估计，新生儿染色体异常的发生率为 0.5%～1%，人群中平均染色体结构异常携带者的发生率估计为 0.25%～0.47%。在流产胚胎中有染色体异常的约占 50%，而人类约 15%的可察觉妊娠将以流产而告终，可见染色体异常在受精卵中的发生率是不低的。

1）常染色体病

在常染色体病中最常见的是三体型，主要以 21 三体型、18 三体型和 13 三体型最常见。其他染色体异常的常染色体病主要是结构畸变造成的部分三体型和部分单体型所致。

(1) 先天愚型(21 三体综合征，Down's syndrome)　先天愚型是人类最常见的染色体病，新生儿发病率为 1/600～1/800。由于患者寿命较低，故成年人中很少见到。该病在 1866 年由英国医生 Langdon Down 首先描述，因此命名为 Down 综合征，但长期不能确定病因。直到 1959 年才由 Lejeune 证实患者体内多出一条 21 号染色体，因此以后又称为 21 三体综合征。这是第一个得到证明的染色体异常导致的疾病。

先天愚型的主要临床表现为生长发育迟缓，不同程度的智力低下和包括头面部特征在内的一系列异常体征。其中智力发育不全是本病最突出的症状。患者呈现特殊面容：如眼距过宽、眼裂狭小、外眼角上倾、内眦赘皮、鼻根低平、外耳小、皮纹异常等。患者中 40%有先天性心脏病，白血病的发病风险是正常人的 15 到 20 倍；存活至 35 岁以上的患者易出现老年性痴呆(Alzheimer 病)的病理表现。患者多出的 21 号染色体产生于减数分裂时 21 号染色体不分离，95%的病例来源于母亲。高龄产妇容易产下先天愚型患儿。有少数患者没有多出的 21 号染色体，但有经罗伯逊易位到其他染色体上的 21 号染色体片段。这种带有易位片段的染色体一般来自平衡易位携带者体内减数分裂所产生的不平衡配子。其中以 21 号染色体和 14 号染色体之间的罗伯逊易位最常见。他们的父母在婚后往往有较高的流产率。这种类型的先天愚型的发病有明显的家族倾向。

(2) 其他常染色体病　较常见的三体综合征还有 18 三体综合征和 13 三体综合征，它们的发病率都远低于先天愚型，症状也远较先天愚型严重。大多数 18 三体综合征和 13 三体综合征的胚胎发生流产，出生儿的平均寿命也很少超过一年。他们的产生多与染色体不分离有关，高龄妇女容易生出这类患儿。染色体结构畸变造成的染色体病种类很多，涉及从 1 号到 22 号各种常染色体，但基本都是一些罕见的综合征。多数病例是父母生殖细胞中新发生的染色体结构畸变所引起，少数是平衡易位携带者或倒位携带者产生不平衡配子所引起。如果是后者，则再次生育时还有染色体病患者出生的可能。

5p 综合征（猫叫综合征）产生于第 5 号染色体短臂部分缺失，是一种部分单体综合征。发病率在新生儿中占 1/50000。它是染色体结构畸变综合征中发病率较高的一种类型。该病最具特征性的特点是患儿的哭声尖细，似猫的叫声。其他症状有生长、智力发育迟缓，各种特征性体态异常和内脏畸形。患者存活能力低下。有 10%～15%是平衡易位携带者产生的不平衡配子所引起。

2）性染色体病

X 染色体或 Y 染色体在数目或结构上发生异常可导致性染色体病的发生。这类疾病的主要特征是性发育不全或两性畸形，有些表现为智力低下、畸形和行为异常等。

性染色体对性别决定起重要作用。但人类 X 染色体数目的多少与性别决定无关；Y 染色体的有无则决定了个体的不同性别，而但真正决定性别的仅仅是 Y 染色体短臂上很小的一个片段，其中 SRY 基因在决定性腺的组成上起决定性作用。SRY 编码一种 DNA 结合蛋白，只在睾丸分化前于性腺的体细胞中表达。这一基因的失活将导致“46，XY”性腺发育不全的女性表型出现。X 染色体和 Y 染色体在减数分裂同源片段的重组有可能导致 SRY 从 Y 染色体易位到 X 染色体上，从而造成“46，XX”男性个体或“46，XY”女性个体的出现。

X 染色体尽管是一条很大的染色体，约占全部单倍体染色体全长的 6%，但与长度相似的常染色体（例如 7 号或 8 号染色体）相比，X 染色体数目异常的后果要轻微得多，而后者都是致死的。这与 X 染色体的剂量补偿机制有关。

X 染色体的剂量补偿是指包括人类在内的哺乳动物细胞内 X 染色体的数目有两条或两条以上时，只有一条保持活性，其余的都没有转录活性，并固缩形成 X 染色质。因此无论男女都只含有一条具有转录活性的 X 染色体，使两性 X 连锁基因表达产物的量保持在相同水平上。这种效应称为 X 染色体的剂量补偿。这样可以保证个体在有 X 染色体的数目异常时，多余的 X 染色体可以通过失活而减少危害性。但 X 染色体的失活是不完全，某些 X 染色体片段的二倍性对女性性征的正常发育是必需的，因此 X 染色体数目异常也会影响个体性征和生育能力的发育。

（1）先天性睾丸发育不全综合征（klinefelter syndrome，Klinefelter 综合征）　患者的核型为 47 XXY，较正常男性多出一条 X 染色体，因此又叫做 47XXY 综合征。本病以睾丸发育障碍和不育为主要特征，在男性中每 850 人中就有一名患者，在男性不育患者中占 1/10。患者体征呈女性化倾向，表现为胡须少、无喉结、体毛稀少、皮下脂肪丰富、乳房女性型等。一些患者有精神分裂症倾向，在男性精神发育异常患者中本病的发生率约为 1/100，远高于一般人群中的发病率。47XXY 核型产生于减数分裂时性染色体的不分离。与常染色体的三体型相似的是，出生患儿的风险随母亲年龄的增高而增大。

（2）XYY 综合征　男性的核型中多出一条 Y 染色体，为 47XXY。其发生率 0.11%。多数个体有正常的寿命和生活。性征和生育能力一般正常。少数患者有性腺发育不良、隐睾、尿道下裂和不育。患者的体态特点是身材高大，但常肌肉发育不良。少数个体有社会适应不良，人格异常和犯罪倾向，但其犯罪常常是非暴力的。多出的 Y 染色体也来自染色体不分离。

（3）性腺发育不全（turner syndrome，Turner 综合征）　女性患者的核型为 45X。缺少一条 X 染色体。该病发病率为 1/5000～1/2500。患者常在出生时或青春期发育之前即可表现异常，主要表现为，出生体重低，婴儿期的足淋巴水肿，身材发育缓慢，尤其是缺乏青春期发育而造成成年身材显著矮小，有明显的体征异常，第二性征发育差，乳房不发育，卵巢无卵泡，原发闭经，因而不能生育。少部分患者智力发育迟缓，空间感知能力差。具有 Turner 综合征症状的患者可有不同的核型，其共同之处是有X染色体缺失或部分片段的缺失。性腺发育不全的治疗：可在青春期后给予性激素产生人工月经周期，改善症状，增加身高，但难以恢复生育能力。

(4) X三体综合征　也称为XXX综合征，是一种女性常见的性染色体异常，新生儿中发生率在1/1000左右。X三体个体多数表型正常，并可生育，不构成临床问题。但约25%的患者卵巢功能异常、月经失调、乳腺发育不良、可不育。

(5) 两性畸形(hermaphroditism)　个体的性腺或内、外生殖器、第二性征具有不同程度的两性特征，或有与本病性别相反的特征称为两性畸形。判定个体性别的依据是存在何种性腺组织。有睾丸组织的是男性，有卵巢的为女性。患者体内同时存在睾丸和卵巢组织时称为真两性畸形；只存在一种性腺组织，但外生殖器或第二性征具有程度不同的异常特征为假两性畸形。

两性畸形形成的原因很复杂，性染色体的畸变有时导致两性畸形的发生，但并非所有两性畸形都由性染色体异常引起。某些单基因的缺陷和环境因素也可造成两性畸形。在性别分化和发育过程中，由于遗传的或环境因素的影响使性激素的分泌或代谢发生紊乱都可导致两性畸形。在一些遗传病中，两性畸形可作为多发畸形的体征之一而表现。

真两性畸形的染色体可分46XX型、46XY型、46XY/46XX嵌合型等类型。一些46XX型真两性畸形个体用SRY基因探针做荧光原位杂交(FISH)，显示其常染色体或X染色体上具有Y染色体上的SRY基因，这是Y染色体片段易位的结果。假两性畸形根据性腺为睾丸或卵巢，可将其分为男性假两性畸形和女性假两性畸形。造成男性假两性畸形的原因：雄激素合成障碍、雄激素的靶细胞受体异常或促性腺激素异常等。造成女性假两性畸形最常见的原因是肾上腺性征异常综合征，该病患者肾上腺皮质增生，造成雄性激素产生过多。有时母亲在怀孕其间不适当地使用孕激素或雄性激素，或者母亲肾上腺皮质功能异常活跃，也可使女胎男性化，造成出生后女性假两性畸形。

3. 多基因病

1) 多基因性状

有些遗传性状或遗传病受许多不同基因座基因的控制，每个基因的不同等位基因之间没有显性与隐性的区分，而是共同影响性状。这些基因的作用积累起来，可以形成一个明显的表型效应，称为多基因性状。多基因性状或多基因病除受遗传因素影响外，环境因素也起很大作用，因此又称为多因子遗传。

参与形成多基因性状的每个基因的遗传都符合孟德尔遗传定律，但由于表型是由各个基因的效应累积而成的，因此不会表现出典型的孟德尔分离比。其性状在群体中的分布不像单基因性状那样具有特征明显、不连续、常表现为有或无的性状特征，而是呈现出一种连续分布的，用数量描绘的性状特征；例如身高、体重、智力、肤色等都是多基因决定的性状，它们的变异分布都是连续、只能用数据描绘的，因此多基因遗传的性状称为数量性状(quantitative trait)，而单基因性状为质量性状(qualitative trait)。如果把多基因性状变异分布绘成曲线，则得到近似正态分布的曲线类型(图6-20)。

2) 多基因病

多基因病(polygenic disease)涉及多种基因和环境因素，包括许多常见病、多发病，如高血压、糖尿病、精神分裂症、哮喘病、有遗传因素的肿瘤等。因其病因复杂，这类疾病又被称为复杂疾病。在对其进行遗传分析时难以像单基因病那样通过孟德尔式的分析推算致病基因的传

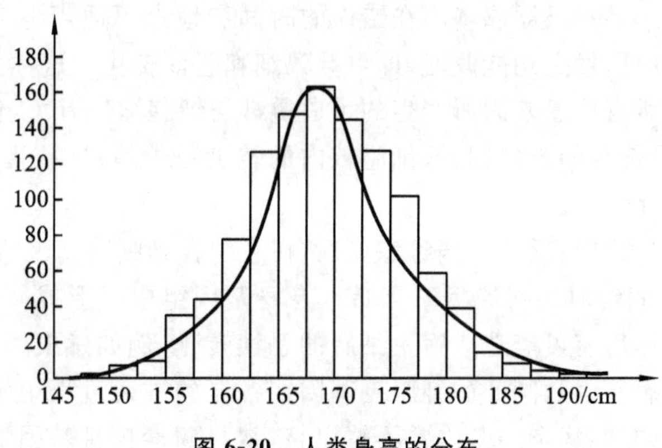

图 6-20　人类身高的分布

递和发病风险。但有其他方法推算多基因病的发病风险，主要如下。

(1) 多基因病患者一级亲属的复发风险　在家族中的复发风险与该病的遗传率和一般群体发病率有一定的数量关系。当疾病的群体发病率为 0.1%～1%，遗传率为 70%～80%时，患者一级亲属的发病率约等于群体发病率的平方根。例如，唇裂在我国人群中的发病率为 0.17%，其遗传率为 76%，患者一级亲属的发病率为 0.17%的平方根，即 4%左右。

(2) 患病人数与发病风险　一个家庭中患病的人数愈多，则发病风险愈高。例如：当一对表型正常的夫妇生出一个唇裂患儿后，再次生育的复发风险为 4%；如果他们生过两个这样的患儿，再次生育的复发风险就增高 2～3 倍，即近于 10%。这是因为生育患儿越多，说明这对夫妇所携带的患病基因越多，越有可能将更多的患病基因传递给下一个孩子，使复发风险相应地增高。

(3) 病情严重程度与发病风险的关系　患者的病情越严重，其亲属患同样疾病的风险就愈高。因为病情反映了患者带有的易感基因的量，病情越重，带有的易感基因越多，其父母也会带有较多的易感基因，下一个子女更有可能患病。同样以唇裂为例，患者只有一侧唇裂，其同胞的复发风险约为 2.46%；如果是两侧唇裂并发腭裂，则同胞复发风险可达 5.74%。

6.4.2　癌基因与恶性肿瘤

肿瘤是一类因基因突变导致细胞异常增殖引起的疾病。导致基因突变的诱变剂和导致肿瘤发生的致癌剂常是一类物质因素，说明了基因突变在肿瘤发生中的作用。这类导致肿瘤发生的基因突变如果发生在体细胞内，则肿瘤就是散发的，没有家族遗传特征。由于细胞内基因突变需要随着年龄积累，因此肿瘤多是老年人易患的疾病。但有一些导致肿瘤的基因突变发生在某一位祖先的生殖细胞中，然后这一突变在家族中传播，则会导致这一肿瘤在家族中发病率明显升高。有两类基因的突变与肿瘤的发生有关，分别是癌基因和抑癌基因。

1. 癌基因(oncogene)

癌基因是能引起细胞恶性转化的核酸片段，在体外能引起细胞转化，在体内诱发肿瘤的发生。癌基因首先在致癌的反转录病毒的基因组中被发现，后来在真核细胞基因组内发现了和病毒癌基因同源的基因，后者就被称为细胞癌基因或原癌基因。

研究表明，原癌基因广泛存在于从酵母到人的真核细胞内，其高度保留的特性说明了功能的重要性。这些基因与细胞生长、增殖、分化有关，可促进个体的生长发育；在成体阶段通过细胞分裂随时补充受损的细胞，维持机体的生命活动。在暂时不生长分裂的细胞中，癌基因处于封闭状态，不转录、表达。一旦原癌基因在错误的时间和地点不适当地表达，或基因结构发生突变导致所合成的蛋白质发生功能改变，即可导致细胞恶性转化。这称为原癌基因的激活，从而它就成了癌基因。所有原癌基因所产生的蛋白质都与细胞增殖有关，包括生长因子、生长因子受体、参与生长信号传导的蛋白因子、细胞核内的转录因子等，这些蛋白质的结构或表达量的异常造成细胞的恶性转化。

病毒癌基因产生的原因：反转录病毒感染后，在它整合到细胞基因组时插入到原癌基因附近，当重新形成 RNA 病毒时误将原癌基因带入自身基因组中所形成。带有病毒癌基因的反转录病毒感染了生物体后有可能造成宿主细胞的恶性转化，例如感染了劳氏肉瘤病毒的鸡可以得恶性肿瘤。病毒癌基因和同源的细胞癌基因在各自的进化过程中发生变异，在结构和功能上产生一定区别。例如，病毒癌基因常不够完整，常与病毒自身基因形成融合基因，所编码的氨基酸序列也有变化。

对于恶性肿瘤患者，搞清楚哪一类癌基因是致病因素对有效治疗至关重要。例如有 10% 的肺癌的发生与一种生长因子受体(EGFR)的异常表达有关，易瑞沙(Iressa)作为一种抗癌药物，是 EGFR 的抑制剂，只对 EGFR 表达异常的肺癌有效。应在治疗肺癌前先检测是否有这个突变，以决定是否使用易瑞沙。

2. 肿瘤抑制基因

肿瘤抑制基因(tumor suppressor gene)也叫抑癌基因 (anti-oncogene)。其作用与原癌基因相反，是一类对细胞增殖起抑制作用的基因。原癌基因和肿瘤抑制基因相互制约，共同调控细胞的增殖活动。这些基因的失活或缺失时，就会导致细胞非正常分裂，从而就有可能转化为肿瘤细胞。P53 是一种重要的肿瘤抑制基因，其作用是当 DNA 有缺陷时阻止细胞分裂，促使有缺陷的细胞凋亡。许多癌症化疗药物通过破坏肿瘤细胞 DNA 的复制，使之产生缺陷，再通过 P53 蛋白的作用，促使肿瘤细胞凋亡而起作用。如果 P53 基因发生突变而被破坏，则许多化疗药物不能起到抗癌作用。

3. 肿瘤发生的病因分析

肿瘤的发生是一个复杂的病理过程，通常涉及一系列基因异常，一些家族性肿瘤具有多基因遗传病的特征。一些表面上同一类肿瘤实际上具有完全不同的发病机理。要想对肿瘤进行有效的治疗就需要对肿瘤的发生机理有深入的了解。对多种基因异常引起的疾病需要对不同基因进行综合分离分析，找出该病中外显率相对较高，并对疾病易感性有实质影响的主基因，然后进行连锁分析和主基因定位，最终克隆并确认有关基因。

目前已经寻找到一系列与不同肿瘤发生有关的基因。例如在 1990 年，通过对乳腺癌的综合分离分析和连锁分析，在 17 号染色体上发现了一个与乳腺癌发病有关的易感主基因 BRCA1。1994 年又在 13 号染色体上发现了另一个乳腺癌相关基因 BRCA2。这两个基因都是肿瘤抑制基因，对细胞的正常生长有重要调节作用。BRCA1 或 BRCA 2 基因发生突变后，抑制肿瘤发生的功能就受到了影响。已发现数百种 BRCA1 或 BRCA 2 的基因突变。带有突变基因的个体乳腺癌和卵巢癌的发病率明显上升。带有 BRCA1 基因突变的妇女患乳腺癌和卵巢癌的概率分别是 50%～85%和 15%～45%，而带有 BRCA2 基因突变的个体患乳腺癌和卵巢癌的概率分别是 50%～85%和 10%～20%。对有乳腺癌或卵巢癌家族史的个体，最好进行有关基因的检测，若发现有 BRCA1 或 BRCA2 基因的异常，进行预防性乳腺或卵巢的摘除是一种有效的预防手段。

一些癌症的发生与病毒感染有关。据估计，有约 20%的癌症是由于感染了某种病原体所致。例如人乳头瘤病毒(HPV)是一种DNA病毒,具有多种类型,侵犯人体皮肤和生殖系统,引起人体皮肤、黏膜损害和各种癌症的发生。据估计,近半数妇女感染HPV,有90%以上的宫颈癌都伴有高危型HPV感染。因此可以说大多数宫颈癌是通过传染的方式发病的。在美国,近一半的妇女20岁之前就接种了HPV疫苗,这对防止宫颈癌的发生意义重大。宫颈癌成为第一种可以通过疫苗接种预防的癌症。

6.5 人类基因组计划

举世瞩目的人类基因组计划(Human Genome Project,HGP)开创了生命科学一个崭新的纪元。HGP与曼哈顿"原子弹"计划、"阿波罗"登月计划,并称为自然科学史上的"三计划"。HGP是人类历史上第一次由全世界各国科学家共同执行的科研项目。

6.5.1 人类基因组计划的诞生

1986年7月,美国人T. H. Roderick首次提出基因组学概念,它着眼于研究并解析生物体整个基因组的所有遗传信息。基因组是生物体内遗传信息的集合,是某个特定物种细胞内全部DNA分子的总和。每个生物体的基因组决定了该生物体的遗传特性,决定了生物体发育、生殖、生长、疾病、衰老、死亡等所有生命现象,因此,阐明基因组DNA序列及其功能,就等于获得了一张生命的元素周期表。

1. 何谓人类基因组计划

在现在所有的生物基因组中,人们最感兴趣的是人类自身的基因组。人类基因组是指人体所有遗传信息的总和,即人体每个体细胞中的全套基因构成基因组。

成人身体大约有10^{13}个细胞,每个细胞都含有相同的基因组拷贝。正常人细胞内有23对46条染色体,其中22对为常染色体,另一对为X染色体和Y染色体。人类基因组由两个独立的部分组成:核基因组(nuclear genome)和线粒体基因组,这里主要指核基因组,包括24条染色体(22+X+Y)上的全部基因。它们分布在长度不一的线形DNA分子上,每一条DNA分子都与蛋白质结合形成染色体结构。人类核基因组由包含约32亿个核苷酸的DNA组成,分为24个线性分子,最短的50 Mbp,最长的260 Mbp,每一个分子包含在不同的染色体中。人类基因组中约存在30000个基因。

线粒体基因组(mitochondrial genome)是一个长为16569 bp的环形DNA分子,在线粒体中有许多拷贝。人类的线粒体基因组仅含37个基因。

人体所有体细胞的核基因组完全相同,所以人类只有一个核基因组,约含3万5千个基因。确定23对染色体上3.5万个基因的分布;阐明人类基因组30多亿个碱基对的排列顺序;破译它所代表的生物学功能;从分子水平上揭示人类遗传信息之谜。这就是人类基因组计划,也称人类基因组图谱工程,旨在获得人类染色体的物理图谱和基因图谱以及测定核苷酸的全序列。

2. HGP的诞生

人类基因组计划的诞生和美国"肿瘤计划"的失败密切相关。20世纪60年代初期,肿瘤发病率在世界各国急速上升,美国决心在20年内解决肿瘤的早期诊断和治疗,斥资几百亿美元，动员全国的科研力量，结果研究失败了，因为研究发现：几乎所有与细胞增殖有关的基因都与肿瘤有关。计划的失败使人们认识到仅仅依靠单一学科的努力是极其有限的，必须把人类对自身的认识从单个基因研究提高到对整个基因组的研究。

人类基因组计划是由美国科学家，诺贝尔奖获得者杜尔贝科(Dulbecco)于1986年率先提出的，他在1986年3月7日出版的《Science》杂志上发表了一篇题为《肿瘤研究的一个转折点：人类基因组的全序列分析》的短文，提出包括癌症在内的人类疾病的发生都与基因直接或间接有关，呼吁科学家们联合起来，放弃"零敲碎打"的研究方法，从整体上研究和分析人类的基因组序列。这一呼吁得到了美国一些著名科学家组的一致支持。

1990年，历经五年辩论以后，美国国会批准由国立卫生研究院和能源部共同组成人类基因组研究所。美国的人类基因组计划于10月1日正式启动，总体计划是拟在15年内投入至少30亿美元进行人类全基因组的分析，并逐渐扩展为多国协作计划。

3. HGP 诞生的背景

20世纪80年代初，一些有远见卓识的科学家们集体提出HGP，一次性解读人类基因组全部DNA序列。虽然原因是多方面的，但是基本上可以归纳为以下几点。

第一是DNA测序技术和相关分子生物学技术日趋成熟。随着DNA双螺旋结构的解析，自20世纪70年代起，生物化学家们发明了一系列重要分子生物学技术。比较重要的技术如下：①1967年人们相继发现了许多作用于DNA的酶，如连接酶、解螺旋酶，其中最重要的是限制性内切酶；②1972年两位美国学者确立了DNA重组技术即基因工程技术；③1977年DNA测序技术问世，尤其是自动测序仪和毛细管DNA自动测序仪极大地促进了科研的发展；④1998年PCR技术问世；⑤大的基因载体，即酵母人工染色体载体(YAC)和细菌人工染色体载体(BAC)先后确立；⑥计算机技术的飞速发展，把基因片段正确连接起来的工作就是依靠计算机来完成的。

第二是生物医学发展的迫切需求。很多疾病严重地威胁着人们的生命，生存和健康是人类的头等大事，有些旧的顽疾挥之不去，新的疾病又不断出现，现有的临床技术和药物疗效远不能满足人们的需要。人类在对癌症的数十年研究中发现，根据细胞病理、生理生化指标和临床症状进行的药物设计和治疗有一定的局限性，不能突破对疾病本质和遗传机制的认识，这就限制了药物设计的准确性和药物直达靶位的方向性，这一切都呼唤着科技创新时代的到来。随着未知基因序列的不断解读，遗传疾病相关变异的定位克隆(Positional cloning)，新转录因子和信号传导通路的不断发现，都使DNA测序技术和需求被推到了科学界关注的焦点。当大家都在争取基金，计划测定自己感兴趣的基因时，一个重要观点的提出赢得了广泛的支持：与其说各测各的基因，不如集中攻关测定全基因组的序列。集中攻关的特点就是可以使操作专业化和规模化，这个原则在DNA测序领域一直适用至今。另外，当时遗传学和基因组学等学科的发展也遇到了新的瓶颈。由于DNA空间结构变化的多样性、修饰的复杂性，以及蛋白质间相互作用的差异性等错综复杂的相互关系，只有从基因组水平研究全部基因和蛋白质的关系，绘制全基因组遗传图谱和物理图谱，才能从根本上了解生命现象和疾病的本质。因此，科学家们在众多生命科学计划中最终选择了以DNA测序为基本特征的人类基因组计划作为突破生命奥秘和攻克人类疾病的新的启动计划。

第三是启动国际合作，调动全球各方资源的必要性。比如，人类基因组研究会涉及世界各国的人类遗传资源，与其说在美国集中收集(虽然美国是个移民国家，但是就人类学的标准而言，异地取样往往是不被接受的)，不如让这些国家直接参加一个共同的合作项目，同时他们所代表的国家还可以给予资金的支持。

6.5.2　HGP 的发展历程和主要成就

人类基因组计划立项以来，历时 16 年，耗资 27 亿美元，由美、英、日、德、法、中等多个国家，全世界 16 个基因组研究室的 1100 多位科学家，共同努力、通力合作、历尽艰辛，成就了人类生命科学研究史上不朽的丰碑，开创了生物工程工业的新时代。

基因组测序方法：①用特殊的酶把染色体分成较小的片段；②把这些片段“喂给细菌”，从而产生数以百万的复制品，使研究人员获得更多的“原料”；③这些克隆的片段被放入四种溶液中，每种溶液都含有能够辨认这些片段以哪个碱基字母（A、T、C、G）结尾的化学物质，识别出特定的字母后，这些片段被贴以荧光标签；④贴了标签的片段传送到充满凝胶的管子里，一个电荷沿着管子慢慢拉动这些片段，小片段运动速度比大片段快，它们根据大小得以分类；⑤所有不同的片段都根据大小进行分类，每节都比下一节长一个碱基对，激光读出每个片段末尾的荧光标签，排出这段 DNA 的基因序列。现在采用新的测序方法，一次可测出几百个乃至上千个基因序列，大大提高了工作效率。

1. HGP 的主要研究内容

美国国立卫生研究院和能源部制定了先作图后测序的三个五年计划。第一个五年（1991—1995 年）的目标是技术上改进 5～10 倍，作图完成 50%，测定核苷酸顺序 1%；第二个五年（1996—2000 年）的目标是技术上改进 5～10 倍，作图完成 100%，测定核苷酸顺序 10%；第三个五年（2001—2005 年）的目标是测定核苷酸顺序 100%，找出所有基因。

通过国际合作，用 15 年时间构建详细的人类基因组遗传图和物理图，并期望通过分析每个人类基因的功能和基因在染色体上的位置，使医学专家们了解所有疾病的分子结构，从而从根本上获得治疗的方法，进而破译人类全部遗传信息，使人类第一次在分子水平上全面地认识自我，最终解开人类生命的奥秘。这是 HGP 的最初目标，因此 HGP 从 1987 年提出到 1990 年正式实施，研究的具体内容表现在四张图上，即遗传图谱、物理图谱、序列图谱和基因图谱，主要内容是绘制人类基因组序列框架图。1993 年，修订后的 HGP 内容包括：人类基因组作图及序列分析；基因鉴定；基因组研究技术的建立、创新与改进；模式生物（主要包括大肠杆菌、酵母、果蝇、线虫、小鼠、水稻、拟南芥等）基因组的作图和测序；信息系统的建立，信息的储存、处理及相应软件的开发；与人类基因组相关的伦理学、法学和社会影响与结果的研究；研究人员的培训、技术转让及产业开发；研究计划的外延；等等。这些内容构成了 20 世纪到 21 世纪最大的系统工程。

2. HGP 的主要发展历程

1990 年 10 月，美国首先正式启动了 HGP。

1992 年，美国和法国的两支研究队伍分别完成了人类 Y 染色体和第 21 条染色体的第一张物理图谱；随后又分别完成了鼠和人的遗传图谱。

1993 年，英国 Sanger 中心加入 HGP，成为一个重要的测序中心。随后，英国、法国、日本、加拿大、苏联、中国等许多国家积极响应，都开始了不同规模、各有特色的人类基因组研究。

1994 年，美国与法国完成了人类基因组中的第一个完整遗传连接图谱。

1996 年 3 月，Nature 发表了法国、加拿大合作获得的完全由 5264 个微卫星（AC/TG）n 标记组成、遗传距离（分辨率）平均为 1.6 cm 的人类最新的遗传连锁图。同年，建立了包含

15086 个 STS 标志、分辨率达 199 kb 的人类基因组物理图谱。讨论并公布了充分体现 HGP 精神(全球共有,国际合作,即时公布,免费共享)的百慕大原则。

1997 年,完成了约 330 Mb 的人类染色体区域的测序,占总基因组的 11%左右。模式生物研究也硕果累累,完成了 141 种病毒、2 种真菌和酿酒酵母的测序工作,完成了小鼠高密度遗传图谱的绘制工作,完成了覆盖率约达 92%的水稻基因组第一代 BAC 指纹物理图,完成了大肠杆菌基因组(5Mb)全部测序。另外毛细管测序仪上市。

1999 年 9 月,中国加入 HGP,承担了位于人类第 3 号染色体短臂上 3000 万 bp 测序任务。同年 12 月,第 22 条染色体破译,人类首次成功地完成人体染色体基因完整序列的测定。

2000 年 4 月,中国完成 1%测序任务,所有指标均达到国际人类基因组计划协作组对“完成图”的要求。精确度 99.99%,发现 142 个基因,其中 80 个为预测基因。

2000 年 6 月 26 日,6 个国家的科学家公布人类基因组工作框架图,成为人类基因组计划进展的一个重要里程碑。

2001 年 2 月,《自然》杂志首次公布了《人类基因组的初步测定和分析》,全面介绍了人类基因组框架图的“基本信息”。2001 年 9 月,HGP 第十次战略大会在杭州召开,还有 1%的难测序列,约 700 个疑难点。

2002 年,英、美、日、加拿大、尼日利亚、中国制定人类基因组单体型图计划。

2003 年 4 月 15 日,美、英、德、日、法、中 6 个国家共同宣布人类基因组序列图完成,人类基因组计划的所有目标全部实现,提前 2 年实现了目标。

2004 年 10 月,公布了人类基因组完成图。

2005 年 3 月,人类 X 染色体测序工作基本完成,并公布了该染色体基因草图。2005 年 10 月 26 日,6 个国家的科学家在英国《自然》杂志发表报告宣布人类基因组单体型图计划第一期工作已经完成。

2006 年 5 月 18 日,美、英科学家在英国《自然》杂志网络版上发表了人类最后一个染色体 1 号染色体的基因测序。在人体全部 22 对常染色体中,1 号染色体包含 3141 个基因,数量最多,是平均水平的两倍,共有超过 2.23 亿个碱基对,破译难度也最大:由 150 名英国和美国科学家组成的团队历时 10 年才完成。至此,历时 16 年,覆盖了人类基因组的 99.99%、解读人体基因密码的“生命之书”写完了最后一个章节。

2007 年 5 月 31 日,Watson 的个人基因组图谱向全世界公开。2007 年 10 月 13 日,在深圳高交会一号展馆,全球第一个中国人基因组图谱,即全球第一个黄种人基因图谱(炎黄一号)正式发布,这也是第一个亚洲人全基因序列图谱。

3. HGP 参与国家的主要贡献

人类基因组计划是人类历史上第一次由世界各国不分大小、不分强弱,所有科学家一起执行的科研项目。人类基因组计划的开展是由多个部门、实验室、学会之间的合作,或者是由数个部门、科研组织组成的一个新的机构来执行的。这是一种不同科学组织和不同国家之间的合作,这些组织和国家都强调精诚合作、共享材料、共享数据、共同攻关。对此项工作做出突出贡献的六个国家如下。

美国:美国是 HGP 的发起者。1988 年,美国成立了“国家人类基因组研究中心”,由 DNA 双螺旋模型的提出者 Watson 任主任,1990 年 10 月 1 日,经美国国会批准,美国 HGP 正式启动。有 7 家研究中心参与,完成了 54%的工作任务。

英国:1989 年 2 月,英国开始 HGP,英国成立了“英国人类基因组资源中心”,由帝国癌症研究基金会与国家医学研究委员会(ICRP-MRC)共同负责全国协调与资金调控。自 1993 年开始，伦敦的桑格尔(Sanger)中心成为全世界最大的测序中心，单独完成 33%的测序任务。

法国：1990 年 6 月，法国宣布启动 HGP，科学研究部委托国家医学科学院制定计划，建立了人类多态性研究中心(CEPH)，注重整体基因组、cDNA 和自动化。CEPH 为第一代物理图与遗传图的构建做出了不可磨灭的贡献。法国对 DNA 序列图的贡献为 2.8%左右。

日本：在美国的推动下，日本于 1990 年启动国家级 HGP，与日本的其他领域的领先地位相比，日本的人类基因组略逊一筹，对 DNA 序列图的贡献为 2.2%。

德国：1995 年，德国开始 HGP，先后成立了资源中心和基因扫描定位中心，并开始对 21 号染色体的大规模测序工作，对序列图的贡献为 7%。

中国：1994 年，我国启动 HGP，先后成立了南方基因中心、中国科学院遗传与发育生物学研究所和北方人类基因组中心，1999 年 7 月在国际人类基因组完成注册，同年 9 月全面开展工作，负责测定人类基因组全部序列的 1%。

另外，早在 1990 年 6 月，欧共体就通过了“欧洲人类基因组研究计划”，主要资助 23 个实验室重点用于“资源中心”的建立和运转。加拿大、丹麦、以色列、瑞典、芬兰、挪威、澳大利亚、新加坡、苏联及东德等也都开始了不同规模、各有特色的人类基因组研究。

6.5.3　HGP 主要成果及对人类的意义

HGP 是一项庞大的科学工程，历时 10 多年，在诸多研究领域取得了显著进展和辉煌成就。目前，HGP 已成为探索人类生老病死等生命奥秘的重大计划，成为征服人类顽疾有希望的计划，成为推动生物产业化发展的前沿计划。

1. HGP 的主要成就

经过各国科学家的合作与努力，人类基因组计划于 2000 年 6 月完成了人类基因组的“工作框架图”，2002 年 2 月又公布了“精细图”，2006 年 5 月完成了最后 1 条染色体的测序工作，人类基因组测序范围从 90%提高到了 99.99%，以碱基对为基础的误差率从 1/1000 降到 1/10000。

人类基因组计划研究结果初步揭示，人类基因组 DNA 总长约 31.647 亿 bp，分散为 24 条长度不一的线形 DNA 分子，最长的分子为 250 Mb(百万碱基对)，最短的为 55 Mb。最初发现人类基因数目为 3.4 万到 3.5 万，最新的研究结果显示人类基因数目不多于 2.5 万。研究成果表明：

①基因数目比想象的要少得多，人类基因组的 DNA 由 3×10^9 个碱基对组成，人类只有 2 万～3 万个遗传基因，编码序列不足总基因量的 5%，这相当于线虫、果蝇遗传基因数的 2 倍，仅比老鼠多 400 个遗传基因。如此少的基因数目，而能产生如此复杂的功能，说明基因组的大小和基因的数量在生命进化上可能不具有特别重大的意义，也说明人类的基因较其他生物体更“有效”，人类某些基因的功能和控制蛋白质产生的能力与其他生物的不同。

②人类基因组中存在“热点”和大片“荒漠”，在染色体上有基因成簇密集分布的区域，也有大片的区域只有“无用 DNA”(不包含或含有极少数基因的成分)。基因组上大约有 1/4 的区域没有基因的片段。在所有的 DNA 中，只有 1%～1.5%DNA 能编码蛋白质，在人类基因组中 98%以上序列都是所谓的“无用 DNA”，35.3%的基因组包含重复序列。这些重复的“无用”序列，绝不是无用的，它一定蕴涵着人类基因的新功能和奥秘，包含着人类演化和差异的信

息。经典分子生物学认为一个基因只能表达一种蛋白质，而人体中存在着非常复杂繁多的蛋白质，提示一个基因可以编码多种蛋白质，蛋白质比基因具有更为重要的意义。

③平均的基因大小有 27 kb，其中 G+C 含量偏低，仅占 38%，而 2 号染色体中 G+C 的含量最多；17 号、19 号、22 号染色体是含基因最丰富的染色体，X、4 号、18 号和 Y 染色体上相对贫瘠，而 13 号染色体含基因量最少。

④目前已经发现和定位了 26000 多个功能基因，其中尚有 42%的基因不知道其功能。

⑤人与人之间 99.99%的基因密码是相同的，差异仅为万分之一，说明人类不同"种属"之间并没有本质上的区别。

⑥男性的基因突变率是女性的两倍，而且大部分人类遗传疾病是在 Y 染色体上进行的，说明男性可能在人类的遗传中起着更重要的作用。

⑦人类基因组中有 200 多个基因来自于插入人类祖先基因组的细菌基因，这种插入基因在无脊椎动物中是很罕见的，说明它是在人类进化晚期才插入的。可能是在人类的免疫防御系统建立起来前，寄生于机体中的细菌在共生过程中发生了与人类基因组的基因交换。

⑧发现了大约 140 万个单核苷酸多态性，并进行了精确的定位，初步确定了 30 多种致病基因。

⑨人类基因组编码的全套蛋白质（蛋白质组）比无脊椎动物编码的蛋白质组更复杂，也就是说人类的进化特征不仅靠产生全新的蛋白质，更重要的是要靠重排和扩展已有的蛋白质，以实现蛋白质种类和功能的多样性。

除了人类基因组以外，迄今为止，世界各国的科学家还完成了大肠杆菌、酵母、线虫、果蝇、拟南芥等一些重要生物基因组的测序。

2. HGP 对人类的意义

1990 年启动的 HGP（预计斥资 30 亿美元，实际支出很难估计），不仅可以与 1942—1945 年（斥资 20 亿美元）制造原子弹的"曼哈顿计划"媲美，也可以与 1961—1972 年（斥资 254 亿美元）的"阿波罗登月计划"争艳。据最新的估计，HGP 为美国所创造的经济效益已经达到 10000 亿美元，而且这一计划未来的价值体现还在不断继续。HGP 对科学发展、人类进步具有划时代的意义。

1）树立大科学观念，全面促进科学发展

科学发展至少要具备四个基本要素：人才与科学思想、技术与实验方法、资源与素材组织、管理与项目实施，其中人才与科学思想是首要的。国际"人类基因组计划"联合体最终由美、英、法、德、日、中六国逾千名科学家实际参与，用时 16 年，耗资数 10 亿美元共同完成。这个大科学项目既有有威望、有能力的领导者，又有一大批既能脚踏实地地工作又能协调共进的坚定支持者。HGP 实现了以大科学计划带动学科发展的新策略，宣告了大科学观的科学性、必要性、正确性和可行性，诠释了加强国际合作、交流的重要意义；宣布了科学发展"以科学假说为基础和以自由探索为形式"科研原则及"一枝独秀"时代的终结；宣告了一种新的科研形式——"发现导向的科学研究"的诞生，在生命科学领域由此兴起了各类"组学"（omics）研究，就是这一形式的有力证据。

HGP 的深入发展诞生了许多新学科、新领域：以生物信息资源的收集、储存、分析、利用、共享、服务、研究与开发为核心的生物信息学（bioinformatics）；以跨物种、跨群体的 DNA 序列比较为基础，利用模式生物与人类基因组之间编码顺序和组成、结构上的同源性，研究物种起源、进化、基因功能演化、差异表达和定位、克隆人类疾病基因的比较基因组学（comparative genomics)；以蛋白质整体水平表达和空间构象与功能的相关性为主要目标，研究基因组 DNA 序列与蛋白质之间错综复杂关系为主要内容的蛋白质组学(proteomics)；以基因组学与临床医学、医药产业的密切结合为基本特征，以基因治疗为突破口，研究不同个体疾病、药物反应与 DNA 多态关系的医学基因组学(medical genomics) 和药物基因组学(pharmaco genomics)；等等。

HGP 促进了生命科学的信息化和网络化发展。HGP 破译了人类 DNA 分子的全部核苷酸顺序，建立了人类遗传物质的一整套信息数据库。DNA 序列的信息化，提供了使用大型计算机解读遗传信息的可能性。生物芯片的发展一方面依赖于人类基因图谱的破解，另一方面也将促进该计划的实施。生物芯片是涉及计算机、微电子、化学等多学科的交叉技术，具有高通量、微型化和自动化等特点，主要应用于基因表达测序、疾病诊断、药物筛选、基因突变及多态性分析等领域。生物信息网络化，实现了生命科学研究成果的资源共享。就人类来说，这一张序列图将与第一张解剖图一样永垂科学史册。

2) HGP 引导医学革命，迈向精准医学

HGP 最初是作为一项治疗肿瘤等疾病的突破性计划提出的，一直将疾病基因的定位、克隆、鉴定作为研究核心，形成了疾病基因组学。对于单基因病，如亨廷顿舞蹈病、遗传性结肠癌和乳腺癌等，可以采用“定位克隆”和“定位候选克隆”的全新思路，为这些疾病的基因诊断和基因治疗奠定基础。对于心血管疾病、肿瘤、糖尿病、神经精神类疾病(老年性痴呆、精神分裂症)、自身免疫性疾病等多基因疾病，可以采用基于基因组知识的治疗，基于基因组信息的疾病预防、疾病易感基因的识别、风险人群生活方式和环境因子的干预。

HGP 的成果用于基因的诊断、致病遗传基因的检测。在一定意义上来说，所有的疾病都是基因病，都能从基因中找出原因。基因诊断技术是一种快速、高效、准确的诊断方法。基因诊断技术可以将某些遗传性或病毒性疾病在发病前就诊断出来，从而使许多疾病的提前预防成为可能。这样，我们将来去医院看病，除了要带病历外，还要带一张光盘，那上面有患者的“基因图”。医生先把患者的基因图与正常的基因图做一个比较，就能看出病来。而且基因图还可以发预告：你将会长多高？你会不会发胖？你将来会不会秃顶？你最终会不会死于糖尿病或癌症？等等。当人们发现了某种致病基因后，再治这种病就变得非常简单了：可以在发病前就设法预防它的发作，也可以设法修饰或改变这个基因的表达，比如，癌症、糖尿病、哮喘、高血压等现代医学无法根治的病都可以采用基因治疗。基因研究的突破将使医学发生革命性的改变。

利用 HGP 成果开展基因治疗。基因治疗是指一切通过基因水平的操作而达到治疗疾病目的的疗法，包括体细胞基因治疗和胚系细胞基因治疗。体细胞基因治疗是将基因定向导入致病细胞以便代替或修补这种致病缺陷。胚系细胞基因治疗是以遗传的形式改变个体的全身的每一个细胞，科学家认为在生殖细胞水平采用胚系遗传工程进行基因治疗，将诞生完美无缺的人类。

基因研究会对我们现有的医疗模式产生重大影响，医生可根据各人不同的基因序列特征进行有效指导，对患者的缺陷基因进行纠偏、补救，就可以最大限度地防病于未然。人类的保健模式将从“生了病后再治疗”的消极模式转变为“预防”、“预测”的积极模式。

早在 HGP 完成之前，时任 NIH 基因组研究所所长的考林斯博士(Francis Collins)就提出了“从基因组结构到基因组生物学，再到疾病生物学和医学科学”的路线图，意在以最快的速度将这一计划所产生的成果转移到产生经济和社会效益上。发明第一代荧光自动测序仪的著名

科学家胡德博士也曾提出“4P”(Predictive 预测,Preventive 预防,Personalized 个性化,Participatory 参与)医学的思想,旨在指引基因组学成果的具体应用。2011 年,美国科学院、美国工程院、美国国立卫生研究院及美国科学委员会共同发出“迈向精准医学”的倡议,宣示基因组学的研究成果和手段可以促成生物医学和临床医学研究的交汇,并提出了几个可实施大项目的建议,比如“百万美国人基因组计划”、“糖尿病代谢组计划”、“暴露组研究(Exposome)计划”等。

实现精准医学需要在两个大领域即基础生物医学与临床医学建立实际的“转化”研究和紧密的接轨机制。尽管目前精准医学还不是一个具体的学科和大项目,但是在这个科学思维框架下的蓝图已经规划好了,世界各国已成立了诸多“转化”中心,启动了各类“转化”研究。鉴于英国的医学临床资源规范而且丰富,2013 年英国斥资一亿英镑率先启动了“十万人基因组测序计划”。

精准医学的提出同时给基础研究和临床研究指出了共同发展之路。2013 年,我国吴孟超院士、王振义院士、陈香美院士等 200 余位专家就精准医学达成共识:实现精准医学的基础是对疾病进行重新分类,要改变目前沿用的以症状、部位、器官为要素命名疾病的传统方法。精准医疗的成功有赖于建立一个框架来调控、搜集和解释生物技术时代涌入的大量信息,利用人类基因组学、蛋白质组学、信号传导学、细胞生物学、微生物学,结合环境及临床数据,建立个体数据港,实施全球合作及数据共享,在精准的疾病分类及诊断基础上,对有相同病因、共同发病机制的患者亚群实现精准的评估、治疗和预防。

基因预测和预防,基因诊断、检测和生物芯片,基因治疗、改良以及器官复制与再生将使整个医学改观。届时,危害人类健康的 5000 多种遗传病以及与遗传密切相关的癌症、心血管疾病、关节炎、糖尿病、高血压、精神病等,都可以得到早期诊断和治疗。DNA 序列差异的研究将有助于人类了解不同个体对环境易感性与疾病的抵抗力,因而 DNA 序列分析很有可能成为最快速、最准确,也最便宜的诊断手段之一。随着人类基因组计划的不断推进,用不了几年,人们将看到一份描述人类自身的说明书,它是一本完整地讲述人体构造和运转情况的指南,而现代医学则可根据每个人的“基因特点”对症下药,这就是 21 世纪的“个体化医学”。

3) HGP 促进生命科学基础研究,开启后基因组时代

HGP 是国际生物学界的一项“太空计划”,是对人类智慧的一项挑战。这本天书的“读出”,并不是 HGP 的终极目标,它的终极目标应该阐明人类全部基因的位置、功能、结构、表达调控方式以及与致病有关的变异。所以这本“天书”要“读通”和“读懂”。HGP 对医学的巨大影响只能随着科学家们逐渐把它“读通”和“读懂”而显露出来。人类基因组核苷酸顺序的群体多态性也是一个广袤无垠的领域。

从总体的角度解析生物基因组的全部遗传信息,可以帮助我们从一个全新的视角来探讨生物的结构、功能、生长、发育、遗传及健康与疾病等重要问题,基因组学必将对生命科学的发展产生重要影响。HGP 极大地促进了生命科学领域一系列基础研究的发展,人类基因组的研究将使人们发现许多新的人类基因和蛋白质。迄今为止,人们知道人类正常基因和疾病基因的数量很少。人类基因组的作图和测序的成功,将会显示大量新的基因及其编码的蛋白质。我们也应该清楚地认识到,人类基因组测序的完成并不能代表人类基因组计划大功告成:随着人类基因组测序和数十种生物基因组序列图谱的完成,生命科学研究将进入“后基因组时代”。

1996 年起,随着 HGP 的陆续完成,国际上基因组、转录组、蛋白质组、代谢组乃至表型组工作的相继开展,各种类型功能基因组数据的爆炸性增长,信息整合和数据挖掘的重要性显得

尤为突出，甚至有人将细胞的基因组、转录组和蛋白质组综合起来称为操纵子组(operomics)来研究它的功能。这就是通常所说的后基因组学(postgenomics)，它主要包括如下内容。①人类基因的识别和鉴定：采用生物信息学、计算机生物学技术和生物学实验手段以及两者相结合的方法，收集并不断扩充现有的各种数据库，研制、建立更多样化的数据库和信息处理软件；从基因的编码序列、调控序列、重复序列、保守序列、特征性序列、蛋白质序列，包括模式生物已得到的基因组序列等多角度、多方面入手，进行比较基因组学研究。②基因功能信息的提取和鉴定：利用改进的定量 PCR 技术、原位杂交技术、微点阵技术和基因表达的连续分析方法绘制基因表达图谱，同时包括对人类基因突变体的系统鉴定。③蛋白质组学的研究：建立蛋白质谱图，研究基因与蛋白质的相互作用关系，科学家对数万个蛋白质片段进行识别和分类，最终绘制出一张蛋白质组图。可以预见，蛋白质组研究将导致药物开发方面的实质性突破，使得生命科学能够实现长期以来所追求的目标，即研制出治疗诸如癌症和艾滋病等在内的各种疾病的药物。

除此之外，人类基因组的研究也有利于对生物进化的理解。如果我们知道了人类和其他生物基因的全序列，就可以追溯人类多数基因的起源。因此，基因组与生命形式和生物形态进化的关系研究也将是 21 世纪"后基因组学"开展研究的主要问题。

4) HGP 促进生物产业发展，带动生物经济

"人类基因组计划"伊始，就定位在带动生物产业的迅猛发展。生物产业，亦称生物技术产业，是将最新的科学与技术应用于生物及其部分，为改变生物及非生物而创造出新技术、新产品和新的服务领域而形成的生产经营活动。生物产业的形成阶段为 1980—2000 年，成长阶段为 2000—2025 年，2025 年以后将进入成熟阶段。也就是说，目前世界生物产业尚处于大规模产业化的开始阶段。据预测，从 2020 年开始，生物产业将真正成为世界经济的主导产业之一。

生物产业包括现代生物产业和传统生物产业。现代生物产业包括基因工程、细胞工程、酶工程、发酵工程，主要是生物医药(生物疫苗及诊断试剂、创新药物、现代中药、生物医学材料、生物人工器官、临床诊断治疗设备等)。生物医药产业占整个生物产业的 75%。

HGP 释放了大量的基因信息，必将带领生物产业向生物信息 (bioinformatics)、生物芯片(biochips)、药物基因组学(pharmacogenomics)、基因治疗(gene therapy)等新生物技术产业发展。21 世纪生物技术(BT)将取代信息技术(IT)，以现代生物产业为主导的生物经济将会成为新的经济增长点，对世界经济和人类生活产生深远而广泛的影响。

早在 20 世纪 80 年代，阿尔温·托夫勒在《第三次浪潮》中曾预言生物经济时代的到来。2000 年 5 月，斯坦·戴维斯(Stan Davis)和克里斯托弗·迈耶(Christopher Meyer)正式提出生物经济(bioeconomy)的概念。生物经济是以生命科学与生物技术研究开发为基础的，建立在生物技术产品和产业之上的经济，是一个与农业经济、工业经济、信息经济相对应的新的经济形态。2002 年以来，生物经济得到了广泛共识。生物经济包括四大产业：制药、健康医疗、农业和食品，并且与环境、能源、信息和化工等领域融合，甚至渗透到原来与生物无关的各个领域，从而引起一场产业革命，世界将进入生物经济时代和生物社会。

很多国家将发展生物经济提高到国家战略的高度，全球生物技术产业市场仍以美国为主，美国国家科技委员会三个主席，其中两个主席是来自生物科学领域(一是哈罗德·瓦姆斯，诺贝尔生理学与医学奖获得者，任斯隆-凯特琳癌症中心主任；二是艾瑞克·兰德，人类基因组序列测序工作领导者，麻省理工学院生物学教授)，表明生物科学在美国国家战略考虑中得到了前所未有的重视。英、法、德等欧洲国家和澳大利亚、韩国等近年研发投入最多的领域就是生

物技术。日本2009年提出了“生物产业立国战略”，新加坡制定了五年跻身“生物技术顶尖行列”，建成世界“生命科学中心”的目标；英国首次通过生命科学研究十年规划，将年度科研经费的三分之一用于生物产业的前沿性研究。

2009年5月13日，温家宝总理主持召开国务院常务会议，通过了《促进生物产业加快发展的若干政策》；同年9月，温家宝总理主持召开产业发展座谈会，提出并强调要大力发展战略性新兴产业，并明确生物产业为七大战略性新兴产业之一。

生物经济正在成为网络经济之后又一个新经济增长点，生物技术产品销售额每5年翻一番，增长率高达25%～30%，是世界经济增长率的10倍左右。生物技术产业已经成为国际科技竞争乃至经济竞争的重点。美国、英国、瑞士等发达国家生物经济产业已占到GDP的11%～17%，中国仅占4%，中国目标是2015年达到8%。

比尔·盖茨预言，超过他的下一个世界首富必出自生物技术领域。事实上，生物技术革命所产生的深远影响远远超出人们的想象。麦肯锡顾问公司的报告指出，到2010年，全球化学产品的产值中，将有1/5是应用生物技术的产品。生物技术研究所取得的重大进展预示着生物经济时代为时不远了。

5）HGP引发伦理人文讨论，促进社会和谐发展

人类基因组计划告诉我们：基因组不是一块僵硬的遗传模板，而是一个流动的动态的结构，DNA分子恒久处在重排、插入和缺失造成的变动之中；物种之间的横向基因转移不仅从远古起就持久、大量地发生，并且可能是生命进化的主要动力之一。人类基因组图谱的完成所带来的忧虑似乎比喜悦还多。它可能在法律、伦理以及国家安全等许多方面产生负面影响，甚至可能给人类自身带来灾难。从事基因医学研究的基因联盟执行总裁玛丽·戴维森(M. Davis)说：“与任何新技术一样，基因研究必将引起多种新的潜在问题，许多问题我们甚至还未发现。”

一是基因序列知识产权问题。人类基因组所包含的遗传信息是人类的共同遗产，理所当然地应为全人类所有，然而，人类及模式生物遗传信息又是21世纪生物技术、制药工业、农业、环保以及其他相关产业知识和技术创新的主要源泉，蕴藏着极大的商业价值。因此，从一开始科学界与工业界之间，针对基因序列知识产权问题就产生了较大的分歧。人类基因组组织发表过多次声明，认为对人类基因组DNA序列等重要数据的独占或延误公布将阻碍科学的发展，所以不应该申请专利或采取垄断措施。但同时也不反对针对中、下游成果申请专利，例如，对某些功能明确又有重要用途的cDNA或基因工程产品等申请专利。

二是保护基因隐私权问题。如何保护基因隐私权是基因研究在法律方面遇到的最大难题。假如医生掌握了一个20岁的人的遗传密码，确诊他在50多岁时会患一种致命的疾病，他有知情权，它的信息如何发布呢？告知本人？他的亲属？他的老板？他的投保公司？雇主在决定雇用前如果知道了这个消息，那么雇主是否有权取消他的应聘资格？保险公司该不该因为知道了这个情况而拒绝为他保险呢？如果他本人知道若干年后会患某种致命疾病时，他将怎样欢度余生？

三是基因歧视和人的克隆对社会贻害无穷。国际人类基因组伦理学会委员邱仁宗教授说，生命奥秘这本“天书”打开后，人们首先面对的是“基因歧视”。有些人会看不起天生携带“坏”基因的人。其实基因没有好坏之分，如霍金（当代最伟大的残疾人物理学家）携带可怕的肌肉萎缩基因，但这并不影响他成为当代最伟大的科学家。设想他的父母在他出生前先知道了这种可怕的基因而采取堕胎，人类就会少一位天才。再一个令人担心的问题是基因知识是否会被人滥用，是否会被用来制造具有超常潜能的“超人”。一家国外组织声称要用人和猿的

基因造出智能猿,用作科技时代的奴隶。虽然这项计划已被禁止,但专家们担心仍会有人欲扮演“上帝造人”的角色,用基因造出魔怪。

四是基因争夺将使世界更加动荡不安。现在“基因殖民主义”正悄悄地而又极其激烈地进行着。第三世界国家在技术、资金、设备落后的情况下,即使拥有丰富的基因资源,也只好眼睁睁地看着这些本属于本国人民的宝贵财富被掠夺。发展中国家可能成为基因廉价供应国,成为发达国家掠夺的新对象。一位发展中国家的科学家愤怒地说:“你们已经抢走了我们的黄金和钻石,现在又来抢我们的基因!”中国有56个民族,具有丰富的基因资源,因此目前已有些外国公司公开表示想来华设厂,进行“基因开发”。如何打好这场基因战,如何保护、利用、开发自己丰富的基因资源,如何接受21世纪生物技术的挑战等,是每一个发展中国家都必须考虑的问题。

五是基因武器使人类自身的生存面临着巨大的威胁。美国塞莱拉基因组公司文特尔教授警告说:“人类在掌握能够对自身进行重新设计的基因组草图以后,也就走到了自身命运的最后边缘。”正如许多高技术成果很快被应用于军事领域一样,基因工程刚一问世,一些军事大国(美、俄、英、德等)竞相投入大量人力和经费开始研究基因武器。基因武器是生物武器中的新成员,具有成本低、便于大规模生产、使用非常方便、杀伤力极强、难以防治等特点。据估算,用5000万美元建造的基因武器库,其杀伤力将远远超过用50亿美元建造的核武库。据悉,美国利用细胞中DNA的生物催化作用,把一种病毒的DNA分离出来,再与另一种病毒的DNA结合,拼接成一种剧毒的“热毒素”基因毒剂,只需要20 g这种毒剂,就可使全球60亿人口死于一旦。俄罗斯早就着手研究剧毒的眼镜蛇毒素基因与流感病毒基因的拼接,试图培育出具有眼镜蛇毒素的新流感病毒,它能使人既出现流感症状,又出现蛇毒中毒症状,导致患者瘫痪和死亡。以色列也正在依据阿拉伯人的基因构成加紧研制一种专门对付阿拉伯人,但对犹太人没有危害的基因武器——“人种炸弹”,以对付阿拉伯人。一位前克林顿政府生物伦理学顾问警告说,使用以特定种族基因为目标的生物武器可能在许多年内不被察觉。因此,研究和保护种族特异性和易感性基因已成为一个民族能否繁衍和生存的重大问题。

近年来,生物技术的伦理问题更趋复杂,HGP有可能带来的社会问题应当引起生物医学界、法律界及其社会各界的高度关注。HGP使人类对于人性、人文、人权、平等等概念甚至社会结构都要重新讨论,使人们不得不深入研究人类基因组计划的相关理论、社会、法律等人文问题,共同商讨、制定对策,以取得全社会的理解和支持,保证和促进HGP的健康发展,为人类造福,促进社会和谐发展。

另外,HGP的完成还为其他重要生物包括农作物基因组研究提供了借鉴,将促进农业生物技术、海洋生物技术、能源和环境生物技术等领域的发展。基因组计划的实施和完成将对人类未来产生难以预料的影响,将引导人类进入一个全新的时代。

6.6 生物信息学

生物信息学是生物学与信息工程技术交叉的跨学科领域,旨在对大量的生物学数据进行存储、管理、检索及注释等;通过生物信息学相关软件工具的开发,对生物学实验数据进行加工与分析,挖掘数据所蕴含的生物学意义,解决生命起源,生物进化,个体发育、病变及衰老等生命科学方面的重大问题。

6.6.1 生物信息学概述

生物信息学的发展源于人们对生物学数据信息传递、保存及处理等方面重要性认识的加深。早在1970年，Ben Hesper和Paulien Hogeweg就提出了“生物信息学”的定义：生物信息学生物系统信息处理的研究。同一时期，美国生物医学科学家Elvin A. Kabat率先对实验中获得的大量抗体序列数据进行生物学序列分析，因而他成了生物信息学的鼻祖之一。在20世纪80—90年代，蛋白质序列比对的计算机智能化发展及“基因组学”革命，使“生物信息学”一词被重新挖掘出来用于特指核苷酸序列及氨基酸序列等生物信息学储存数据库的产生及维护。

20世纪90年代以后，人类基因组计划的实施所带来的庞大的序列数据信息，使得生物信息学的重要性越来越突出。2000年，美国国家卫生研究院(NIH)将“生物信息学”正式定义为，通过计算机方法和工具的研究、开发及应用，对生物学、医学、行为学和卫生学等相关数据进行采集、存储、整理、归档、分析与可视化，从而使这些数据得到充分的运用及拓展。目前，生物信息学也被认为是与生物物理学及生物化学相平行的一个新领域，无论是处理由高通量技术产生的基因组、转录组和蛋白质组数据，还是由传统的生物实验技术收集到的数据，生物信息学都扮演着极其重要的角色。

著名的生物化学、生物物理学家、诺贝尔奖获得者Walter Gilbert曾提出：“新的生物学研究模式的出发点应该是理论的，科学家需要先从理论上的推测出发，然后再返回到实验中去，追踪或验证这些理论，通过运用计算机技术，生物学家可以改变他们研究生命现象的途径。”

在过去的几十年里，基因组学及分子研究技术、信息技术都有极大的发展，并且它们的发展结合在一起提供了海量的分子生物学信息，因而生物信息学也被称为，了解生物学过程的数学及计算机方法。怎样使研究者们能够充分利用现有的数据库，如何快速处理不断更新的庞大的数据库，是生物信息学所要研究的重要问题。

6.6.2 生物信息学的研究内容和方法

生物信息学最初的目标是增强对生物学过程的理解，目前它的研究范围十分广泛，已经成为生物学研究中重要的部分。生物信息学可以对实验分子生物学产生的大量原始数据进行加工，经过图片或信号的处理，可以输出总体性的结果；生物信息学的研究内容也伴随着基因组研究而发展，可以对基因组学上大量的数据进行加工、存储、分析及注释等，从而有效地组织这些数据，挖掘新的生物学通路、生物学网络，分析基因或蛋白质表达和调控等；另外，它在DNA、RNA和蛋白质结构的模拟、塑造，分子间的相互作用以及药物设计等方面发挥了重要作用。

然而，不同于其他的研究手段，生物信息学关注的是开发和应用相关的计算机集成技术解决生物学问题，包括模式识别，数据挖掘，算法及结果的输出，或者运用计算机科学、数学及工程学等方法来处理生物学数据，并储存在数据库及信息系统中，推进生物学数据分析管理等实际问题的解决。分析生物学数据包括软件计算，数据采集，图像处理及模拟的算法，而算法反过来也依赖于理论基础，如依赖于离散数学、控制理论、系统理论、信息理论及统计学等。生物信息学中常用的软件工具有Java、Perl、C＋＋、R、SQL和CUDA。

目前，该领域关注较多的研究包括序列比对，基因组学及基因表达，新基因研究，全基因组关联分析及进化树，蛋白质结构比对与预测，蛋白质与蛋白质之间的相互作用，药物设计与开发等，另外还包括数据库、算法、统计技术的开发及完善。

1. 序列比对及序列数据库

随着基因组测序技术的推进，许多生物体的DNA序列都被破译并且被储存在数据库中，这些序列需要进行注释、同源性分析、基因分类及基因结构分析等，许多信息都需要开展进一步的研究，单纯的人工分析早已不切实际。通过建立优化的数理统计模型，设计软件工具能比较两个或两个以上的序列相似性或不相似性，比如BLAST可以从260000个物种、1900亿核苷酸中搜索出相关序列进行比较。另外，测序过程中，利用鸟枪法将基因组DNA打断成数千条小的片断（一般35～900个核苷酸长度），这些片断的末端序列相互重叠，需要经过片断组建，与基因组序列进行正确比对重组出完整的基因组；这样所得到的结果会存在许多的缺口，需要进一步整理分析。由于鸟枪法至今仍是基因组测序的选择之一，基因组组建程序也是生物信息学研究的一个重要方向。另外，通过高通量测序技术可以在基因组范围内检测点突变，这都需要加强生物信息学的分析。

2. 基因表达及调控分析

基因表达数据分析也是目前生物信息学研究的一个热点。许多基因mRNA表达水平可以通过多种技术来检测，如基因芯片、EST测序、SAGE标签测序、MPSS、RNA-Seq及多原位杂交。所有这些技术都存在生物学检测上的噪音或干扰，因而需要在生物信息学上采用相应的模型分析方法，开发统计学软件来去除。通过这些研究，可以从癌细胞与非癌细胞的基因芯片数据中推断出肿瘤细胞实际的转录本拷贝数变化，对这些紊乱表达的基因可以进行聚类分析，将表达模式相似的基因聚为一类，并通过KEGG中的biological process或者pathway数据库进行基因功能分析及相关基因的寻找，找出癌细胞的基因差异和哪些基因功能的改变有关。

另外，生物信息学技术可以应用于基因表达调控的研究。启动子分析涉及基因编码区周围的序列鉴定及序列模式分析，这些模式会影响该区域被转录成mRNA的水平。通过比较一个物种在不同状态下基因的表达情况，从表达数据中推断基因的调控；通过聚集分析，可以从基因芯片数据中找出共表达基因，聚集分析常见的方法有k-means clustering、self-organizing maps (SOPs)、hierarchical clustering、Bi-CoPaM等。

3. 基因组注释

生物信息学在测序分析上的另一个方面是注释，包括通过基因计算寻找法在基因组范围内来搜索编码蛋白、RNA或其他功能序列的基因，及许多被称为“垃圾”DNA的不为人知的功能片断，通过开发一些基因组DNA分析软件，标注出它们的生物学特征。相关的软件在不断地更新和改善。

4. 比较基因组及进化生物学

进化生物学是研究物种起源和延续，以及它们随着时间的改变过程。早期的进化研究工作主要是比较不同物种同一种基因序列的差异。近年来较多模式生物基因组测序工作已经完成，因而通过这些物种的全基因组数据的比较研究对生命至关重要的基因结构及调控模式，并建立复杂的计算模式来预测生物进化模式，通过基因组间图谱比较可以追溯两个基因组分叉的进化过程，追溯多种生物的进化及共享越来越多的物种信息。基因组进化的复杂性对数学模型及算法程序的开发者们提出了许多有趣的挑战。

5. 蛋白质表达分析及蛋白质结构的预测

生物样品中的蛋白质谱可以通过蛋白质基因芯片及高通量质谱检测，前者类似于基因芯片，后者涉及将大量的质谱数据与蛋白质序列数据库进行比对，对不完整多肽进行复杂的统计学分析。生物信息学在这些数据分析中起着重要的作用。

蛋白质结构的预测是生物信息学另一个重要的应用。大多数情况下，蛋白质的氨基酸序列(一级结构)可以很容易地从它对应的编码基因的序列中获得，它决定了蛋白质独特的天然空间结构。我们常说的结构信息通常指的是它的二级、三级、四级结构。如何对这些结构进行有效的预测仍然是一个开放性的问题。在结构生物信息学中，同源性用于预测蛋白质的哪个部分对于它的结构及它与其他蛋白质的相互作用起重要作用。在同源模型技术中，已知某种蛋白质的结构信息，就可以用于预测另一种同源蛋白质的功能。这种方法是目前唯一有效预测蛋白质结构的方法。例如，人类血红蛋白与蔬菜的血红蛋白，它们在生物体中都起着转运氧气的作用。尽管这些蛋白质有着完全不同的氨基酸序列，但它们具有相似的蛋白质结构。

6. 网络生物学与系统生物学

生物学网络分析用于弄清代谢网络或者蛋白质-蛋白质相互作用网络。尽管生物学网络可以由分子或者基因等实体来构建，网络生物学试着整合不同数据类型，如蛋白质、小分子、基因表达数据以及其他在物理或者功能上相关的数据。系统生物学涉及运用细胞亚系统的计算机模拟(如代谢网络及组成代谢物，信号转导通路及基因调控网络的酶)来分析和可视化细胞中这些复杂联系的过程。

7. 药物设计

在过去的 20 年中，许多蛋白质的三维结构已经通过 X 射线衍射及蛋白质核磁光谱技术进行了测定，生物科学家们也一直在寻找与人类疾病相关蛋白质的结构及各种治疗和预防方法。基于生物分子结构进行药物设计是生物信息学中十分重要的研究领域。根据分子的三维结构形状，利用计算机程序模拟它的可旋转键并检测原子运动的分子动态(称为对接捕获)，可以设计出与它相互作用的药物分子，从而达到抑制或促进其活性的目的。

8. 文献分析

随着生物学文献发表数量的增加，读者已经不可能去阅读每一篇文献，这就需要进行文献分析。文献分析旨在运用计算及统计学语言来开发不断增加的文本资源，研究的方向取自统计学及计算机语言。例如，鉴定出生物学词汇的全称及简写，识别生物学词汇如基因名字。

6.6.3 国内外主要数据库及搜索工具

近年来，生物学实验数据迅猛地增长，数据的计算机和网络化使这些数据充分地得到组织和利用；同时，计算机技术和国际互联网络的快速发展使得这些大规模数据的存储、处理和传输也越来越便捷，生物科学家们可以很快地了解并共享最新的研究成果。

生物信息学网络资源主要是以数据库为主体，包括软件、信息查询、专题组及自动计算等多种工具的综合资源。生物信息学各种数据库几乎覆盖了生命科学的各个领域。国际上三大核苷酸数据库分别是美国国家生物技术信息中心(NCBI)的 GenBank 数据库、欧洲生物信息学研究所(EBI)的 EMBL 核酸序列数据库和日本信息生物学中心(CIB)的 DDBJ 数据库。著名的蛋白质序列数据库有美国生物医学基金会建立的 PIR、瑞士生物信息学研究所和欧洲分子生物学实验室共同维护的 SWISS-PROT。著名的蛋白质结构数据库是美国 PDB。这些数据库中的数据来源于众多的研究机构和基因测序小组，或者来源于科学文献。

1. 美国国家生物技术信息中心的 GenBank 数据库

GenBank 是一个由美国国立生物技术信息中心(NCBI)建立和维护的开放性的序列数据库，主要负责收集美洲发表的核酸序列和蛋白质序列，以及相关的文献著作和生物学注释。Genbank 库里的数据来源于超过 100000 个不同的物种，并且每天都在不断地更新和扩大，它已经成了生物学领域研究中最重要也是最有影响的一个数据库。每条 Genbank 数据记录包含了对序列的简要描述，它的科学命名，物种分类名称，参考文献，序列特征表，以及序列本身。序列特征表里包含对序列生物学特征注释，如：编码区、转录单元、重复区域、突变位点或修饰位点等。

用户通过 NCBI 的检索系统 Entrez，不仅可以方便地在网络浏览器上检索 Genbank 的核酸数据，还可以检索来自 Genbank 和其他数据库的蛋白质序列数据、基因组图谱数据、来自分子模型数据库(MMDB)的蛋白质三维结构数据、种群序列数据以及由 PubMed 获得 Medline 的文献数据。对于检索获得的记录，用户可以选择需要显示的数据，保存查询结果，甚至以图形方式观看检索获得的序列。另外，用户也可以向 Genbank 提交序列数据，具体的操作可以参考 NCBI 说明(http://www. ncbi. nlm. nih. gov)。

2. 欧洲生物信息学研究所的 EMBL 核酸序列数据库

EMBL 核酸序列数据库由欧洲分子生物学实验室于 1980 年创建，并由生物信息学研究所(EBI)维护的核酸序列数据构成，收集来源于欧洲大部分核酸序列数据库，是欧洲最主要的核酸序列数据库。EMBL 与其他核酸数据库具有不同的记录格式，但对于核酸序列均采用相同的记录标准，用户可能通过 Webin 系统或者 Sequin 软件提交数据；由于与 Genbank 和 DDBJ 的数据合作交换，提交到该库的序列会同步出现在另外两个数据库中。该数据库的查询检索可以通过由 EBI 提供的序列提取系统 SRS(Sequence Retrieval System)服务来完成。相应的网址如下：

数据库网址：http://www. ebi. ac. uk/embl/

SRS 的网址：http://srs. ebi. ac. uk/

WEBIN 的网址：http://www. ebi. ac. uk/embl/Submission/webin. html

3. 日本信息生物学中心的 DDBJ 数据库

DDBJ 数据库由日本遗传研究所遗传信息中心维护，从地域上来看主要负责亚洲来源的核酸序列的收集，用户可以通过 SAKURA、MSS 和 Sequin 三个途径提交数据；因与 Genbank 和 EMBL 核酸数据库同步交换数据，所以它也是一个全面的核酸序列数据库。用户可检索 DDBJ 数据库中的原始数据，或采用 FASTA/BLAST 检索对用户提供的序列或片断作出同源性分析。

DDBJ 的网址：http://www. ddbj. nig. ac. jp/

4. 人类生物基因组数据库 GDB

GDB 于 1990 年始建于美国 Johns Hopkins 大学，是一个为人类基因组计划(HGP)保存和处理基因组图谱数据的数据库。其中包括全球范围内致力于人类 DNA 结构和 10 万种人类基因序列研究的分析成果，具有重要的参考作用。目前，该库包括以下内容。

(1) 人类基因组：包括基因、克隆、断裂点、细胞遗传标记物、易断位点、重复片段等。

(2) 人类基因组示意图：包括细胞遗传图、关联图、辐射杂交图、综合图等。

(3) 人类基因组内的变异：包括基因突变和基因多态性以及等位基因发生频次等数据

资料。

GDB 数据库用表格方式列出基因组结构数据，并可显示基因组图谱，给出等位基因等基因多态性数据库。此外，GDB 数据库还包括了与核酸序列数据库 GenBank 和 EMBL、遗传疾病数据库 OMIM、医药文摘数据库 Med Line 等其他网络信息资源的超文本链接。

GDB 的网址：http://www.gdb.org

GDB 的国内镜像网址：http://gdb.pku.edu.cn/gdb/

6.6.4 生物信息学应用与发展

随着近十几年来高通量检测技术与信息技术的高速发展，人们获得了大量的关于基因和蛋白质的数据，这些数据的不断膨胀和知识的积累，都需要借助于生物信息学的方法进行加工处理，从这些大规模数据中抽取出规律，提取并预测潜在的生物学知识和原理。

生物信息学的发展非常迅猛，网络数据库和计算生物学、数据分析软件的建设成为它研究中的重要内容，它极大地推动了分子生物学的发展，已经成为生物学研究中必不可少的研究手段，广泛应用在基础研究、药物研究、疾病诊断及环境监测、食品安全检测等行业中。

随着后基因组时代的到来，生物信息学研究的重点也将逐步转移到功能基因组研究。如何从海量的文献中发现相关未来信息，为基因调控网络，蛋白质与蛋白质之间的相互作用分析等提供帮助，是生物信息学发展的任务和挑战。我们希望在不远的将来，生物信息学的研究成果中能完美地给出细胞、生物体或者整个生物系统高度复杂性的计算机模型及其原理。

（本节由北京理工大学毛志伟，饶玲，马宏老师撰写）

【课外阅读】

ABO 血型系统的分子基础

血型，这个对我们并不怎么陌生的词汇在生活中常常出现：遇到突发事件，在医院给伤员输血前要检测血型；在各种身体检查中，尤其是“血液检查”这一项，血型总是其中不可缺少的一部分；还有，现在的年轻人热衷于将血型和人的性格联系到一起，等等。那么血型到底指的是什么、它的遗传机制和基因决定又是怎样的、血型对人类的生命健康又有怎样的影响呢？

血型系统(blood group system)是由红细胞表面抗原所决定的血液抗原类型，既有我们熟知的 ABO 血型系统和 Rh 血型系统，又有我们不太了解的 MN 血型系统等。血型(blood groups;blood types)是以血液抗原形式表现出来的一种遗传性状，狭义地讲，血型专指红细胞抗原在个体间的差异，但现已知道除红细胞外，白细胞、血小板乃至某些血浆蛋白，个体之间也存在着抗原差异，因此广义的血型应包括血液各成分的抗原在个体间出现的差异。

由于血型系统是根据红细胞膜上同种异型抗原关系进行分类的组合，红细胞抗原决定簇可引起同种异型免疫应答，也可引起异种免疫应答，因此在鉴定人的血型时，一般是用特异性的人抗血清进行凝集反应。医疗实践中的输血配型、母婴由于血型差异造成的新生儿溶血症都与这种特异性的免疫应答有关，血型包含遗传特性，它在医学、人类学、遗传学和法医学等多方面有重要的理论价值和实践意义。比如，胎儿或者新生儿溶血通常是由于母儿血型不合造成的，胎盘是母体与胎儿交换营养物质的重要器官，母亲血液中的抗体通过胎盘进入胎儿体内，溶解胎儿红细胞，造成溶血，发病时伴有黄疸、病情严重可致贫血，同时还会出现水肿等。再如，如果母亲是 O 型血，孩子是 A 型血，母亲体内有 O 型红细胞，血浆中带有抗“A”型红细胞抗体，通过胎盘，母亲的抗“A”型红细胞抗体进入胎儿的体内，与胎儿 A 型血的红细胞中的 A 抗原发生反应，所以就发生溶血。

红细胞血型是 1900 年由奥地利的兰德施泰纳发现的，他把每个人的红细胞分别与别人的血清交叉混合后，发现有的血液之间发生凝集反应，有的则不发生，他认为凡是凝集者，红细胞上有一种抗原，血清中有一种抗体，如抗原与抗体有相对应的特异关系，便发生凝集反应，如红细胞上有 A 抗原，血清中有 A 抗体，便会发生凝集，如果红细胞缺乏某一种抗原，或血清中缺乏与之对应的抗体，就不会发生凝集。根据这个原理他发现了人的 ABO 血型。

ABO 血型系统是人类应用最为广泛的血型系统，它以人类红细胞表面是否含有凝集原 A 和 B 作为分类标准，根据凝集原 A、B 的分布把血液分为 A、B、AB、O 四型。红细胞上只有凝集原 A 的为 A 型血，其血清中有抗 B 凝集素；红细胞上只有凝集原 B 的为 B 型血，其血清中有抗 A 的凝集素；红细胞上有 A、B 两种凝集原的为 AB 型血，其血清中无抗 A、抗 B 凝集素；红细胞上无 A、B 两种凝集原的为 O 型血，其血清中有抗 A、抗 B 凝集素。具有凝集原 A 的红细胞可被抗 A 凝集素凝集；抗 B 凝集素可使含凝集原 B 的红细胞发生凝集。除此之外，还有少数血型亚型，如 A_1、A_2、A_{1B}、A_{2B}及 B 亚型等。

人类 ABO 血型系统的抗原（图 6-21）合成基于前体物质 H 抗原，H 抗原是一种糖脂，其分子结构是以糖苷键与多肽链骨架结合的四糖链，即 β-D-半乳糖、β-D-N-乙酰葡萄糖胺、β-D-半乳糖以及在 β-D-半乳糖 2-位连接的抗原决定簇 α-L-岩藻糖。H 抗原的决定基因 FUT1 位于 19 号染色体，长度超过 5000 个碱基对，包括 3 个外显子。FUT1 基因有两个等位基因 H 和 h，H 等位基因编码岩藻糖转移酶，使岩藻糖与糖链末端的半乳糖相连，形成 H 抗原，而 h 等位基因无法编码具有活性的岩藻糖转移酶，hh 纯合子个体在人类中非常罕见，形成所谓孟买血型。

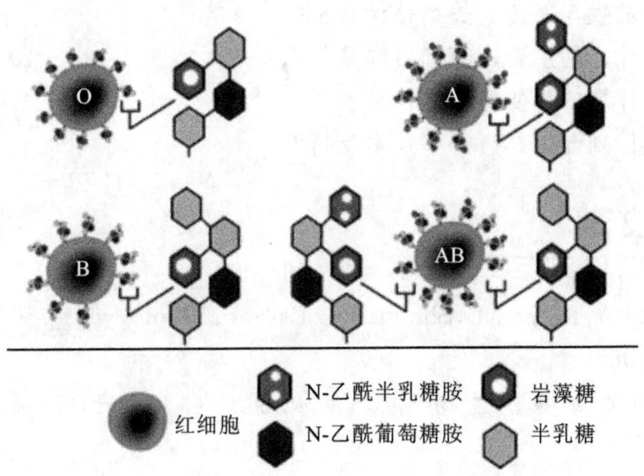

图 6-21　红细胞表面决定 ABO 血型的多糖结构

编码 ABO 抗原决定簇的是 9 号染色体上的 ABO 基因，含 18000～20000 个碱基对，包括 7 个外显子，其中最大的第 7 外显子和第 6 外显子的碱基数占整个编码序列的

77%。ABO基因有三个最主要的等位基因：I_A(A)、I_B(B)和i(O)。这些等位基因的原初产物是糖基转移酶。I_A等位基因编码α-1,3-N-乙酰氨基半乳糖转移酶，能将α-N-乙酰半乳糖胺接到H抗原的β-D-半乳糖上，形成A抗原；I_B等位基因编码α-1,3-D-半乳糖转移酶，将α-D-半乳糖接到H抗原的相同位置，形成B抗原；i等位基因的第6外显子包含一个核苷酸缺失，导致其编码的蛋白质无法正常表达，从而失去酶活性，因此O型血的抗原就是未经改变的H抗原。

ABO血型系统的遗传方式为由单基因决定的共显性遗传。ABO基因位于9号染色体的长臂上3个主要的基因为I_A、I_B和i，I_A和I_B对i均为显性，故而只有基因型是ii的人才有O型血，基因型是I_AI_A或I_Ai的人是A血型，基因型是I_BI_B或I_Bi的人是B血型。而I_A和I_B是共显性，因此基因型是I_AI_B的人具有两种表型，即AB型血。

输血时若血型不合会使输入的红细胞发生凝集，引起血管堵塞和管内大量溶血，造成严重后果，以在输血前必须做血型鉴定，正常情况下只有血型相同者可以相互输血。在缺乏同型血源的紧急情况下，因O型红细胞无凝集原，不会被凝集，可输给其他任何血型的人。AB型的人，血清中无凝集素，可接受任何型的红细胞，但是异型输血输入量大时，输入血中的凝集素未能被高度稀释，有可能使受血者的红细胞凝集，所以大量输血时仍应采用同型血。临床上在输血前除鉴定ABO血型外，还根据凝集反应原理，将供血者和受血者的血液进行交叉配血实验，在体外确保两者血液不发生凝集，方可进行输血以保安全。

问题与思考

1. 什么是碱基互补原则？它的生物学意义是什么？
2. 两对性状的伴随遗传，什么情况下符合自由组合定律，什么情况下符合连锁交换定律？
3. 遗传多样性是通过什么方式产生的？
4. 如何确认遗传病？
5. 恶性肿瘤的发生与遗传的关系是什么？
6. 人类基因组计划的主要内容和目的是什么？
7. 人类基因组计划的重要意义是什么？
8. 人类基因组计划诞生具有哪些技术支持？

主要参考文献

[1] Campbell N A，Reece J B，Simon E J. Essential Biology[M]. 影印本(第2版). 北京：高等教育出版社，2006.

[2] (美)拉弗，(美)约翰逊. 生物学[M]. 6版. 谢莉萍，张荣庆，等，译. 北京：清华大学出版社，2008.

[3] 吴庆余. 基础生命科学[M]. 2版. 北京：高等教育出版社，2006.

[4] 宋思扬. 生命科学导论[M]. 2版. 北京：高等教育出版社，2010.

[5] 李晋楠. 人类基因组计划研究进展综述[J]. 浙江师大学报：自然科学版，1999，22(3)：69-72.

[6] 郭晓华. 人类基因组计划(HGP)的提出及重大意义[J]. 沈阳教育学院学报,2003,4(2):114-116.

[7] 贾贞,安黎哲,徐世健. 基因工程导论[M]. 兰州:兰州大学出版社,2004.

[8] 韩萍,俞诗源. 人类基因组计划研究进展[J]. 西北师范大学学报,2005,41(5):96-101.

[9] 贾贞,安黎哲,徐世健. 基因工程导论[M]. 兰州:兰州大学出版社,2004.

[10] Hogeweg P. The roots of bioinformatics in theoretical biology[J]. PLoS Computational Biology,2011,7,doi:10.1371/journal.pcbi.1002021.

[11] Attwood T K, Gisel A, Eriksson N E. Concepts historical milestones and the central place of bioinformatics in modern biology: A European perspective[J]. Bioinformatics-Trends and methodologies,2011, doi:10.5772/23535.

[12] Claverie J M, Notredame C. Bioinformatics for Dummies[M]. John Wiley & Sons,2011.

[13] Abu-Jamous B, Fa R, Roberts D J, Nandi A K. Paradigm of Tunable Clustering Using Binarization of Consensus Partition Matrices (Bio-CoPaM) for Gene Discovery[J]. PLoS ONE,2013,8(2):e56432.

[14] Abu-Jamous B, Fa R, Roberts D J, et al. Yeast gene CMR1/YDL156W is consistently co-expressed with genes participating in DNA-metabolic processes in a variety of stringent clustering experiments[J]. Journal of the Royal Society Interface,2013,10(81):20120990. doi:10.1098/rsif.2012.0990.

[15] Antonio Carvajal-Rodrlguez. Simulation of Genes and Genomes Forward in Time[J]. Current Genomics,2012,(11):58-61.

[16] 姜鑫. 生物信息学数据库及其利用方法[J]. 现代情报,2005,(6):185-187.

[17] 何玮. 欧洲核酸序列数据库——EMBL及其检索方法[J]. 中国图书情报科学,2004,(11):74-77.

[18] 邢美园,苏开颜. 生物信息学数据库——日本DDBJ数据库及其检索应用[J]. 情报杂志,2003,(5):59-61.

第7章 生命体的防御系统与人体健康

本章教学要点

1. 机体的防御系统、特异性免疫和非特异性免疫。
2. 癌症、心血管疾病的产生原因及预防。
3. 重大传染病,如手足口病、艾滋病、禽流感的发病机制及预防。
4. 人体所需的主要营养素及其营养价值。
5. 平衡膳食、营养配餐的意义及原则。

引言

1798年英国一位医学院学生Edward Jenner发表了他的开创新纪元的牛痘疫苗的报告。他从挤奶的农妇接触牛痘而不生天花这一现象得到了启发。他把牛痘(cowpox)的脓包液接种于健康的男孩,待反应消退之后再用同样方法接种天花,男孩不再发病。这一创造性的发现引起人们的极大兴趣。当时称这种方法为Jenner牛痘疫苗接种(Jennerian vaccinate)。

疫苗为什么有免疫性?当时关于流行病的病原存在一些模糊观念,这也限制了人们关于致病及免疫原因的正确思考。然而不管怎样,在免疫科学真正确立之前,Jenner的贡献是巨大的。他所创立的牛痘疫苗成为人们与天花奋斗长达200年之久的最重要的武器。1976年世界上仅剩下最后一例天花患者,三年后的1979年世界卫生组织郑重宣布天花已被清除。所以人们通常把免疫学的起源归功于Jenner在1798年关于牛痘疫苗的发现。

1880年法国科学家巴斯德(Louis Pasteur)关于鸡霍乱(fowl cholera)预防免疫作用的报道是科学免疫学诞生的重要标志。他使用活性减弱的霍乱病菌培养物作为疫苗,成功地防止了有致病力的霍乱病菌的传染。1881年巴斯德更进一步证明杀死的霍乱菌以及病毒、炭疽菌等都能成功地诱发免疫。他将这类接种诱导免疫的制剂称为疫苗(vaccine)。同时柯赫(Robert Koch)首次分离了炭疽病菌。1880年柯赫在细菌病原研究中发现了结核菌(*Tuberculosis bacillus*),并且研究了用疫苗来预防结核病的方法。他首次观察到现在知道的属于结核菌引发的迟发型超敏反应现象,并且建立了柯赫法则(Koch's postulates)——病原分离鉴定的著名法则。

7.1 机体免疫与防御系统

生物体具有清除来自环境(空气、食物和水体)的多种病原体(病毒、细菌等),以及体内因基因突变产生的肿瘤细胞的能力,这是它们实现防御功能、维持体内环境稳定(homeostasis)所不可缺少的。这种机体能够自动识别和排除"异己"的防御机制,通称为免疫(immune)。

7.1.1 机体免疫概述

执行免疫功能的是生物体的免疫系统。免疫系统是在生物种系发生和发展过程中逐步进化而建立起来的。无脊椎动物的防御功能表现为吞噬作用(phagocytosis)和炎症反应(inflammation);脊椎动物开始有淋巴细胞和淋巴器官,能引起特异性免疫反应;鸟类有腔上囊,出现了特异性抗体;哺乳动物逐渐产生淋巴结及完整的淋巴系统;人类和其他高等动物有完善的免疫系统。免疫系统主要由免疫器官和免疫细胞所组成。免疫器官按其发生的早晚和功能差异,可分为中枢免疫器官和外周免疫器官。

1. 中枢免疫器官

中枢免疫器官(central immune organ)又称为初级免疫器官(primary immune organ),包括胸腺、骨髓和腔上囊,是免疫细胞产生、发育,接受抗原刺激和分化、成熟的场所,对外周免疫器官的发育也有促进作用。

1) 骨髓

骨髓是造血器官,可生成多能造血干细胞,淋巴细胞以及其他所有血细胞都来自于骨髓中的造血干细胞。也是人和哺乳动物的中枢免疫器官,多种与免疫相关的血细胞可在其内分化成熟。图 7-1 介绍了免疫细胞的来源。在胚胎期,造血细胞最早发现在卵囊的血岛。随后在胚囊和胚肝之间出现血管连接,然后在胚脾中短暂出现,最后在骨髓中出现并不断地增加。青春期的造血功能被骨髓取代,而且造血大多发生在脊椎骨、胸骨、髂骨和肋骨中。这些骨中的红骨髓为类似海绵状的网架所固定,网架的空隙充满着血细胞的前体,随着血细胞的成熟,通

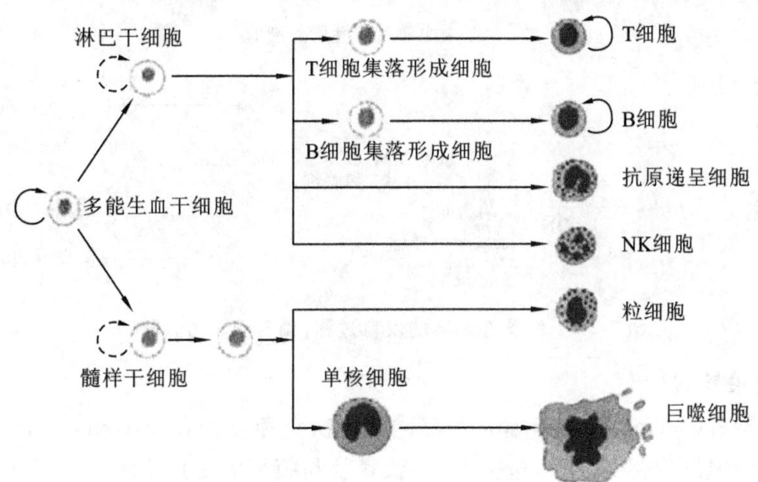

图 7-1　免疫细胞的来源(摘自张惟杰,2008)

过血管窦的密集网络输送到血液循环系统中。

2）腔上囊

腔上囊又称法氏囊，是禽类特有的中枢免疫器官，其功能与骨髓类似，位于泄殖腔后上方。腔上囊是禽类B淋巴细胞分化成熟的场所，来自骨髓的始祖B细胞在囊激素和囊内微环境作用下，能够分化、成熟为具有免疫活性的B细胞。这种B细胞通过血流进入外周免疫器官后，能够接受抗原刺激分化成熟为浆细胞，产生抗体。哺乳动物无腔上囊，其骨髓是与禽类腔上囊相当的中枢免疫器官，B细胞主要在骨髓发育分化成熟。少数可在胎儿肝脏和新生儿脾脏中产生、分化、发育、成熟。

3）胸腺

人的胸腺位于胸腔前纵隔上部，胸骨后方，分二叶，呈不太规则的三角扁片状，外包有结缔组织被膜，被膜的结缔组织向内伸入，将胸腺分成许多小叶，靠近胸腺外膜区为皮质，深部为髓质。皮质主要由淋巴细胞构成，髓质主要是上皮性网状细胞。胸腺的淋巴细胞又称为胸腺细胞。皮质中淋巴细胞形态大，呈活跃的分裂状态，并有大量的巨噬细胞，可以吞噬死亡的淋巴细胞。髓质中的淋巴细胞形态小，淋巴细胞和巨噬细胞数量均较少。另外有散在的胸腺小体(Hassall小体)，是由许多退化、变性的上皮细胞积聚形成的多层同心圆结构。胸腺是T细胞成熟的场所。来自骨髓的始祖T细胞在胸腺上皮细胞及其产生的胸腺素和细胞因子作用下，能够分化成熟为具有免疫活性的细胞(图7-2)。这种T细胞移居外周免疫器官后，可以接受抗原刺激，增生分化，产生免疫效能。实验证明，新生期摘除胸腺的动物细胞免疫功能缺乏，体液免疫功能受损。成人胸腺产生新生T细胞的数目减少，体内T细胞数量有赖于长寿命T细胞和成熟T细胞在中枢淋巴器官外分裂而维持。

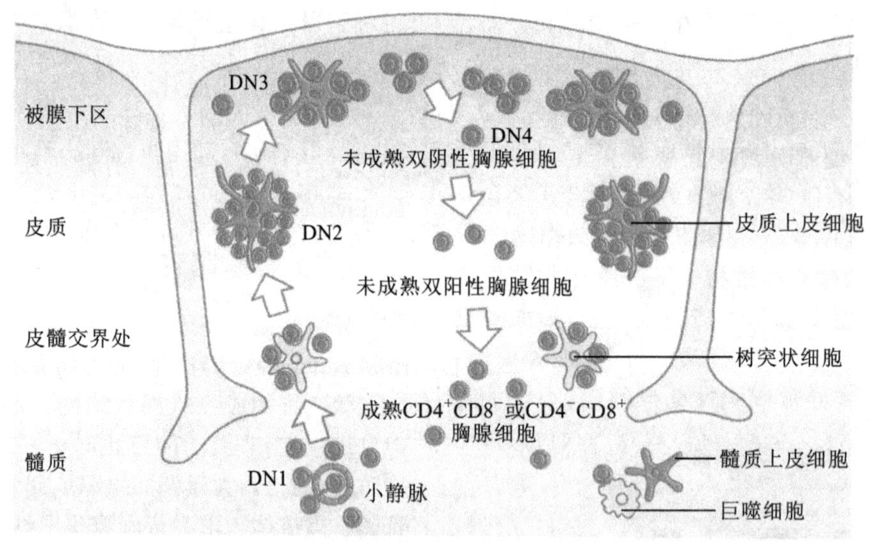

图7-2　T细胞在胸腺的发育过程(摘自龚非力,2009)

2. 外周免疫器官

外周免疫器官(peripheral immune organ)又称次级免疫器官(secondary immune organ)，在个体发育过程中出现相对较晚，包括淋巴结、脾及黏膜相关免疫系统。它是成熟淋巴细胞定居的场所，也是淋巴细胞对外来抗原产生免疫应答的主要部位。

1）淋巴结

淋巴结形似蚕豆，大小为 1～25 mm。人体有 500～600 个淋巴结，主要沿淋巴管道分布，内含 T 细胞、B 细胞、巨噬细胞和树突细胞。淋巴结是淋巴液的滤器，也是具有免疫活性的 T 细胞、B 细胞移居和接受抗原刺激后产生免疫应答的重要场所。

2）脾脏

脾脏是机体最大的淋巴器官，具有造血、储血和过滤的作用，也是具有免疫活性的 T 细胞、B 细胞移居和接受抗原刺激后产生免疫应答的重要场所。

3）黏膜免疫系统

黏膜免疫系统是由弥散地分布于呼吸道、消化道、泌尿生殖道等处黏膜及黏膜下的淋巴细胞构成的。淋巴小结为致密的淋巴组织，接受抗原刺激后可出现生发中心，主要含 B 细胞和少量 T 细胞。弥散的淋巴组织由 T 细胞、B 细胞、巨噬细胞和树突细胞组成。由黏膜相关的淋巴组织中 B 淋巴细胞合成的抗体主要是 IgA 或 IgE 类抗体。

3. 免疫细胞

免疫细胞泛指所有参加免疫应答或与免疫应答有关的细胞及其前身，主要包括造血干细胞、淋巴细胞、单核细胞、巨噬细胞及其他抗原递呈细胞、粒细胞、肥大细胞和红细胞。

1）造血干细胞

造血干细胞是存在于造血组织中的一群原始造血细胞。造血干细胞在人胚胎 2 周时可出现于卵黄囊，第 4 周开始转移至胚肝，妊娠 5 个月后，骨髓开始造血，出生后骨髓成为造血干细胞的主要来源。

2）淋巴细胞

淋巴细胞来源于淋巴系干细胞，是一个复杂不均一的细胞群体，它包括许多形态相似而功能不同的亚群。从大的细胞群体来源来分，淋巴细胞可分为 T 细胞、B 细胞和第三群淋巴细胞，后者包括自然杀伤细胞（NK 细胞）（natural killer cell，NK）和淋巴因子激活的杀伤细胞（lym-pho-kine activated killer cell，LAK）等。其中，能够接受抗原刺激并发生特异性免疫应答的淋巴细胞称为抗原特异性淋巴细胞，或称为免疫活性细胞。

（1）T 细胞　来自胚肝或骨髓的始祖 T 细胞（pro-T），在胸腺内微环境作用下分化发育为成熟的淋巴细胞，称为胸腺依赖性淋巴细胞（thymus dependent lymphocyte），简称 T 细胞。T 细胞表面抗原具有人类白细胞抗原（HLA）、人类主要组织相容性抗原，这些抗原对 T 细胞激活和产生免疫效应有重要作用。其中的白细胞分化抗原，即分化抗原（CD 抗原），种类众多，功能各异。T 细胞表面受体有 T 细胞抗原（识别）受体，能够特异性地识别和结合抗原，简称 T 细胞受体，只能识别抗原递呈细胞（APC）加工处理后的抗原分子，不能直接识别和结合可溶性抗原；绵阳红细胞受体，简称 E 受体（CD2），为人类 T 细胞所特有；有丝分裂原受体，有非特异性刺激细胞发生有丝分裂的物质；白细胞介素受体，由免疫细胞和非免疫细胞产生的一组能介导白细胞间和其他细胞间的相互作用的细胞因子。人类 T 细胞不是均一的群体，根据其表面标志和功能可分为五个亚群。TCRαβ、CD3 和 CD2 分子是 T 细胞各亚群共同具有的表面标志。

（2）B 细胞　也称为骨髓依赖的淋巴细胞（bone marrow dependent lymphocyte），是始祖 B 细胞在人类和哺乳类动物骨髓或禽类腔上囊中发育分化成熟的淋巴细胞，膜表面带有自行合成的免疫球蛋白，即膜抗体。B 细胞在骨髓内发育和分化，经过始祖 B 细胞、前 B 细胞、未成熟 B 细胞和成熟 B 细胞几个阶段。始祖 B 细胞由骨髓淋巴系干细胞衍化而来，形态较大，无膜表面免疫球蛋白,可表达CD19抗原分子。前B细胞由始祖B细胞分化而来,对抗原无免疫应答力。未成熟B细胞由前B细胞分化而来,IgM单体分子表达于细胞膜表面,通过表面受体与相应自身抗原结合。成熟B细胞由未与自身抗原结合的未成熟B细胞分化发育而来,膜表面表达众多抗体。

(3) 自然杀伤细胞　也称NK细胞,来源于骨髓,主要存在于血液和淋巴组织中,如存在于脾脏和淋巴结中。由于NK细胞的细胞质中含有嗜天青颗粒,故又称大颗粒淋巴细胞(large granular lymphocyte,LGL)。NK细胞表面无特异性抗原受体,能非特异性杀伤肿瘤细胞和病毒感染的靶细胞,其杀伤作用不受MHC分子的限制。NK细胞可表达低亲和性IgGFc受体(CD16分子),能定向杀伤与IgG抗体结合的靶细胞,这种杀伤作用称为依赖性细胞介导的细胞毒作用(ADCC)。NK细胞杀伤靶细胞不受MHC限制,也无需抗体参加和抗原预先致敏,因此在机体早期抗病毒感染的免疫防御过程中和早期非特异性杀伤突变肿瘤细胞的免疫监视过程中具有重要作用。

(4) 淋巴因子激活的杀伤细胞　人或动物外周血淋巴细胞或脾细胞在含有IL-2的培养基内培养一定时间后,能诱导生成一种新的杀伤细胞,称为淋巴因子激活的杀伤细胞(lymphokine activated killer cell,LAK),简称LAK细胞。具有广谱抗肿瘤作用,能非特异性杀伤多种肿瘤细胞,包括某些对杀伤性T细胞和NK细胞不敏感的肿瘤细胞。

7.1.2　特异性免疫

特异性免疫(specific immune)也称为获得性免疫,是指生物体出生后与抗原接触时才产生的免疫防御功能。这种获得性免疫对诱发的抗原有特异性,它可以特异性地识别和有选择地杀伤和清除外来的病原体和抗原性分子。

1. 抗原

抗原(antigen,Ag)是一类能刺激机体产生特异性抗体和致敏淋巴细胞,并能与相应抗体或致敏淋巴细胞在体内或体外发生反应的物质。特异性的防御主要是由免疫细胞(immunocyte)来完成的。免疫细胞主要指淋巴细胞。这种细胞的功能具有特殊性,即当淋巴细胞受到某类入侵异物的作用而激活时,所产生的抗体或细胞反应只针对这一种入侵异物(抗原)的特性,所以也称为特异性免疫。

1) 抗原类别

抗原的分类方法很多,依据抗原的来源,可分为如下几类。

(1) 天然抗原　天然的蛋白质是主要的抗原物质,具有很强的免疫原性,例如卵白蛋白、各种血清蛋白、细菌毒素、许多酶类和激素等。抗原物质必须"非经口"地进入机体才能引起免疫反应,因为在消化道内有许多酶类,抗原可被其降解而丧失免疫原性。蛋白质的免疫原性大小,除与相对分子质量有关外,还与所含的氨基酸种类有关。如用一种氨基酸合成的多肽,不论相对分子质量大小,其免疫原性都很弱;用多种不同氨基酸合成的多肽,其免疫原性会增强。在肽链中如有苯环氨基酸(如酪氨酸、苯丙氨酸),则其免疫原性显著增强。除蛋白质本身,还有蛋白质与核酸结合的核蛋白,如核组蛋白、病毒,蛋白质与糖结合的球蛋白,如γ球蛋白等,脂肪与蛋白质结合的脂蛋白,如细胞膜脂蛋白等复杂的蛋白质大分子都具有免疫原性。此外,一些小分子蛋白质和天然多肽等已作为抗原进行了研究,如胰岛素、胰高血糖素、胃泌素、降血钙素、血管紧张肽、促肾上腺皮质激素和生长素等,它们虽具有免疫原性,但一般都较弱。

多糖是除蛋白质外最常见的抗原物质，尤其在细菌中最为常见。但多糖的相对分子质量小，必须与蛋白质结合后才能形成完全抗原(如黏多糖)。许多细菌中都有多糖抗原，如肺炎球菌的荚膜抗原就是发现最早的多糖抗原，在分类学上占有重要地位。又如巴氏杆菌和链球菌的荚膜中也有多糖抗原。

脂类本身不具免疫原性，它本身只能是半抗原，为了获得抗体，必须与较大的蛋白质分子、多糖或红细胞结合后成为脂蛋白或脂多糖时，才可呈现出免疫原性。例如沙门氏菌的 O 抗原是脂多糖抗原。

核酸是细胞和病毒的成分中相对分子质量大而无免疫原性的物质，它必须与蛋白质结合后才能成为完全抗原。现在已知双链 DNA、单链 DNA 和双链 RNA 等都具有半抗原的性质，能与蛋白质分子耦联后诱导免疫应答而制备抗体。有人从全身性红斑狼疮患者血清中找到了核酸抗体及抗细胞核抗体。

(2) 人工抗原　经过人工化学改造的天然抗原即为人工抗原。制备人工抗原主要是为了研究、了解免疫原性的化学基础，因此将高度复杂的天然抗原用已知的化学基团置换。用这种方法可以为免疫反应的特异性本质提供重要信息。

抗原与抗体的结合并非整个分子所有部位的结合，只是抗原分子的一部分特殊结构与抗体结合，这种特殊结构称为抗原决定簇。一个抗原分子可能有多个不同的决定簇，所以用以置换的化学基团相当于单一的抗原决定簇。它本身没有免疫原性，但能与相应抗体结合，因此称为半抗原。三硝基酚、二硝基酚、苯砷酸等都是常用的半抗原，用以制备人工抗原，如 DNP 蛋白、碘化蛋白等。

(3) 合成抗原　合成的多肽抗原见表 7-1。

表 7-1　合成的多肽抗原(摘自于善谦，1999)

类　型	实　例
同聚物	聚-L-脯氨酸
直链多肽	聚谷氨酸^{56}赖氨酸^{38}络氨酸^{6}
无规共聚物	脯氨酸^{66}谷氨酸^{34}
有序聚合体(α 螺旋)	络氨酸-丙氨酸-谷氨酸
多链(有支链)共聚体	聚(酪、谷)-聚-DL-丙-聚-L-赖

(4) 超抗原　一般的多肽抗原只能被少数抗原特异性 T 细胞识别并激活相应的 T 细胞，正常情况下最多仅能刺激 10000 个 T 细胞中的一个。但某些免疫刺激分子有强大的刺激能力，具有类似有丝分裂原的作用，只需极低浓度(如 1～10 ng/mL)即可诱发最大的免疫效应，可使 5 个淋巴细胞中的 1 个激活，是普通抗原刺激能力的 2000 倍。因此，这种刺激分子被称为超抗原(superantigen，SAg)，以显示其作用力的强大。

T 细胞抗原受体(TCR)与通常的 MHC-Ag 复合物结合，其特异性识别涉及五个可变成分(V_α、V_β、J_α、J_β、D_β)。而超抗原被 TCR 识别之前不需要经抗原递呈细胞(APC)处理，它直接与类分子链区的多肽结合槽以外的部位结合，并以完整蛋白质的形式被递呈给细胞。超抗原与 TCR 结合仅通过 V_β，而不涉及 T 细胞的任何其他受体分子。

已发现的超抗原分子有两大类：外源性超抗原，主要是某些微生物的毒素，包括金黄色葡萄球菌肠毒素 A 至 E，A 族链球菌 M 蛋白和致热外毒素 A～C，关节炎支原体丝裂原，小肠结肠类耶氏菌膜蛋白等；内源性超抗原，是指次要淋巴细胞刺激抗原。

2）抗原的外源性

抗原对免疫动物来说，必须是外源的异物才能被机体免疫系统识别，引起免疫应答。这种外源异物对免疫动物来说是"非自身"的成分，这是一个经典的概念，然而对外源异物的概念却随着研究的深入而扩大。一般来说，动物在胚胎期，免疫系统接触过的物质，即为"自身"物质。胚胎成熟以后，对这些物质不能识别。在胚胎期与免疫系统隔绝的未接触过的成分，虽然也是动物的正常成分，但在胚胎成熟以后，能被识别。这类成分称为"假自身"。它们尽管不是外来的，但也能成为抗原，这就是"自身抗原"。由自身抗原诱发的抗体即为自身抗体。由此可见，动物自身成分能否成为免疫原，是在胚胎时期决定的。自身抗原在一定条件下，与免疫系统接触便可诱发免疫应答，有时能导致自身免疫病。此外免疫原与被免疫的动物之间在系统发育上距离越远的，表现越强的免疫原性。不同物种之间的免疫原性一般大于同种不同个体之间的免疫原性。

2. 抗体

抗体是有机体应答外界入侵异物而产生的能与之反应的物质。免疫细胞所产生的特异性抗体都是球蛋白，总称为免疫球蛋白(immunoglobulins)。免疫球蛋白存在于血液、淋巴及某些细胞分泌物如眼泪、初乳以及消化道、呼吸道和泌尿道分泌的黏液中。

1）抗体的结构特点

抗体是由特异基因编码的球状蛋白，参与免疫应答。它们由4条多肽链组成(图7-3)。抗体分子的形态结构取决于氨基酸的顺序，不同的氨基酸顺序又决定着不同的分子折叠，这是一切蛋白质分子的特性。因此抗体分子有一定的构型。由于各种抗体分子的构型不同，所以它们才能识别并与之相应的化合物(抗原)发生反应。

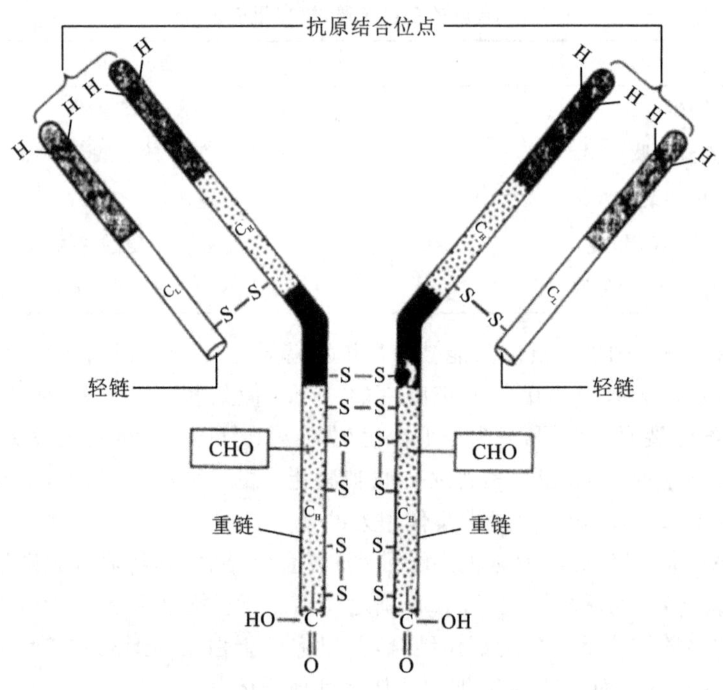

图7-3 抗体的结构(摘自G. H. 弗里德，2002)

免疫球蛋白分子的结构类似于其他功能蛋白的结构，同样由一级、二级、三级和四级结构构成。如前所述，氨基酸序列分析表明免疫球蛋白的H链区和L链区均由V区和C区组成。

进一步的序列分析发现，每条链均由 110 个氨基酸左右构成的结构域重复组成，每个结构域内每相隔 60 个氨基酸就有两个链内二硫键连接。L 链有一个可变结构域（V_L）和一个恒定结构（C_L），H 链有一个可变结构域（V_H）和 3 个（α 链，γ 链，δ 链）或 4 个（μ 链，ε 链）恒定结构域（C_H1，C_H2，C_H3，C_H4）。

免疫球蛋白肽链的二级结构由 β 片层和环状结构组成，没有 α 螺旋结构。β 链经过一段长度不等的环状区反向平行折叠，并与相邻的 β 链通过氢链相连，从而形成反平行的 β 片层。每个片层结构由 3～4 条链组成，其氨基酸残基垂直排列在 β 片层的一侧，疏水残基向内，亲水残基向外。两个 β 片层结构通过疏水作用及二硫键的作用形成一个免疫球蛋白的结构域。可变区和稳定区的结构域相似，但 V 区比 C 区多一对 β 链及一个环状结构。环状结构的部位就是超变区的抗原结合所在的部位。

2）免疫球蛋白的类型

血液或血浆凝固后，析出的黄色液体称为血清（serum）。抗原免疫后的动物血清中含有大量能与相应抗原结合的抗体分子，称为抗血清。血清蛋白经电泳分离后呈现出不同的迁移率，依次为白蛋白（alnulin），α、β、γ 球蛋白（globulin），1940 年前后，Tiselius 和 Kabat 发现抗血清中的 γ 球蛋白组分的含量明显地高于正常血清，用抗原吸附处理抗血清后，其 γ 球蛋白组分的含量恢复至与正常血清一样，从而证明了抗体的活性存在于球蛋白组分内。后来进一步的实验证明小部分抗体活性存在于 β 球蛋白部分，γ 球蛋白也不一定都具有抗体活性。为了准确描述抗体球蛋白的性质，世界卫生组织和国际免疫学会先后决定将具有抗体活性或化学结构与抗体相似的球蛋白统称为免疫球蛋白。γ 球蛋白的组分为 IgG（G 免疫球蛋白），是最多的一类，占抗体的 80%～85%。β 球蛋白组分包括 IgM、IgA，后来又陆续发现了 IgD 和 IgE。这就是人的五类抗体，即 IgG、IgM、IgA、IgD 和 IgE。

3. 免疫应答

免疫活性细胞识别抗原，产生应答（活化、增殖、分化等）并将抗原破坏和（或）清除的全部过程称为免疫应答（immune response），是机体免疫系统对抗原刺激所产生的以排除抗原为目的的生理过程。这个过程是免疫系统各部分生理功能的综合体现，包括抗原递呈、淋巴细胞活化、免疫分子形成及免疫效应发生等一系列生理反应。通过有效的免疫应答，机体得以维护内环境的稳定。

免疫应答又可分为体液免疫和细胞免疫。免疫系统启动的是体液免疫还是细胞免疫取决于入侵病原体的种类和入侵途径。免疫系统对于细胞外病原体可以直接进行清除或直接中和其产物（如毒素），其中抗体起重要作用；对于细胞内病原体，免疫系统往往动员 T 细胞，或者用细胞毒直接杀灭受感染的细胞；或者通过释放细胞因子激活其他细胞例如巨噬细胞，通过激活的细胞发挥清除细胞内病原体的作用。

7.1.3　非特异性免疫

与特异性免疫对应的是非特异性免疫（nonspecific immunity）。生物体在种系发育和进化过程中形成的免疫防御功能称为非特异性免疫，也称为固有免疫，它是生物体先天获得的，而且始终存在的防御机制。这些起着自然免疫性机制的成分，是机体表面上的如皮肤、黏膜、机体分泌的脂肪酸等有效的物理和化学屏障。此外，在机体内部的干扰素和其他白细胞分泌的细胞介素、血清中的补体成分和溶菌酶等，它们对病原物都具有抑制或杀伤作用。另外，机体中有一些细胞在自然免疫中也起着重要的防御作用，如各种有吞噬作用和自然杀伤作用的细胞，中枢神经系统中的小胶质细胞(microglial cells)等。当外来的侵害物一旦越过了外表的物理和化学屏障而进入机体时，这些细胞便起着破坏和清除外来物的作用。总之，这些物理的和化学的以及细胞的防御的一个共同特点是先天就有的，而不是病原侵染后才产生的。由于这种机制并不具有针对某一类异物的特殊性，所以也称为非特异性的免疫。

非特异性免疫的特点如下。①作用范围广：机体对侵入的抗原物质的清除没有特异的选择性。②反应快：抗原物质一旦接触机体，立即遭到机体的排斥和清除。③有相对的稳定性：既不受入侵抗原物质的影响，也不因侵入的抗原物质的强弱或次数而有所增减。④有遗传性：生物体出生后即具有非特异性免疫能力，并能遗传给后代。因此，非特异性免疫又称固有免疫或先天性免疫。⑤非特异性免疫是特异性免疫发展的基础。从种系发育来看，无脊椎动物的免疫都是非特异性的，脊椎动物除非特异性免疫外，还发展了特异性免疫，两者紧密结合，不能截然分开。从个体发育来看，当抗原物质侵入机体以后，首先发挥作用的是非特异性免疫，而后产生特异性免疫。因此，非特异性免疫是一切免疫防护能力的基础。

1. 炎症反应

炎症反应是机体清除外来异物造成组织损伤后再使组织恢复正常的过程。因此，炎症反应具有防御和破坏的双重性。人类白细胞的巨噬细胞完成非特异性防御。巨噬细胞主要包括中性粒细胞和单核细胞。它主要靠吞噬来处理异物，并参与炎症反应。病原体侵入后，受感染或损伤的细胞会释放化学报警信号，组胺和前列腺素等化学物质导致局部血管膨胀，引发血管通透性增加使得更多的免疫细胞浸润，这样就增加了感染或损伤部位的血流，引起这个区域产生红肿和发热，导致毛细血管中巨噬细胞通过变形运动渗出血管，聚集到侵入的异物周围，经过识别异物，最后吞入和消灭异物。这一过程主要是将侵入的细菌等包围并予以消灭，以防止病原微生物在体内的扩散。某些感染形成的脓液就是死亡或正在死亡的病原体组织及中性粒细胞的混合物，血管内游离出的单核细胞在感染部位变成巨噬细胞，吞噬病原体和死细胞的残留物(图 7-4)。

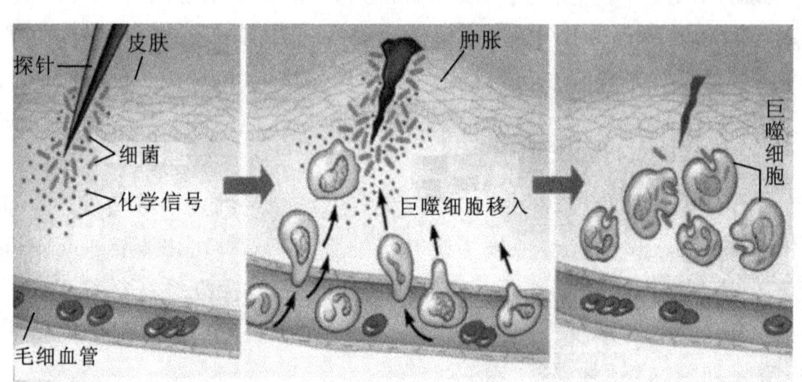

图 7-4　炎症反应机制(摘自李金亭，2009)

2. 体温反应

体温和发热反应能抑制某些病原体的生长，也可认为是一种防御病原体的生理屏障。在更强烈的炎症反应中，遇到侵入病原体的巨噬细胞会释放出一种称为白细胞介素-1 化学物质，经血液输送到大脑，与细菌分泌的内毒素共同作用于下丘脑神经元，导致体温上升。体温上升可刺激白细胞的吞噬作用，增加肝、脾中铁浓度以降低血液中铁的浓度，从而抑制细菌生长。但过热可能使某些关键的酶失活，对机体造成危险。通常对人类而言，体温高于 39.4 ℃时就已经很危险了，如果高于 40.6 ℃时则常常是致死的。

3. 血脑屏障和胎盘屏障

血脑屏障主要是由软脑膜、脉络膜和脑毛细血管组成，其结构致密，能阻止病原体及其他大分子物质进入脑组织或脑脊液，从而保护中枢神经系统不受损害。血脑屏障随个体发育而逐渐成熟，婴幼儿容易发生脑脊髓膜炎和脑炎，就是血脑屏障发育不完善的缘故。胎盘屏障是由母体子宫内膜的基蜕膜和胎儿绒毛膜滋养层细胞共同组成的。这个屏障既不妨碍母子间的物质交换，又能防止母体内的病原微生物侵入胎儿体内，从而保护胎儿的正常发育。妊娠前 3 个月，血胎屏障未发育完全，若母体发生感染，病原体有可能通过胎盘侵入胎儿体内，影响胎儿的正常发育，造成畸形、流产或死胎。

7.2　常见重大疾病及其预防

本节列举了几类严重影响人类健康及其正常工作和生活的疾病，包括恶性肿瘤、严重心脑血管疾病、艾滋病、禽流感、手足口病、传染性非典型肺炎等。

7.2.1　癌症

癌症(cancer)也称恶性肿瘤(malignant neoplasm)，是机体在各种致癌因素的长期作用下，发生细胞过度增长或分化异常失控形成的，由控制细胞生长增殖机制失常而引起的疾病。其根源是体细胞中调节细胞生长与分裂的基因异常表达(详见第 3 章)。

文献表明：我国按世界人口标化发病率排前 10 位的癌症是肺癌、胃癌、肝癌、乳腺癌、食管癌、结直肠癌、子宫体癌、子宫颈癌、白血病和脑瘤/神经肿瘤。癌症高发人群为 40 岁以上人群，尤其是男性，40 岁以后癌症的发病率和死亡率均超过女性。2008 年全国恶性肿瘤新发病例数和死亡数约为 281.72 万和 195.83 万，占全球恶性肿瘤发病例数和死亡例数的 22.3%和 25.9%；其中男性 162.25 万和 122.22 万，占全球男性的 24.5%和 29.0%，女性 119.47 万和 73.61 万，占全球女性的 19.8%和 22.0%。恶性肿瘤已成为我国城市居民第一位死亡原因，农村居民第二位死亡原因，恶性肿瘤在城乡居民前 10 位死因构成中分别占 26.33%和 23.11%。常见恶性肿瘤患病情况见图 7-5。

1. 致癌原因

研究认为，人类 80%的癌症是由外界环境中的致癌因素引起的，主要包括化学因素、物理因素和生物因素。另外，生活方式、行为习惯、工作压力也是引起癌症的重要原因。

美国国立癌症研究中心对人类吃、穿、住、行等生活和工作中的各种物品进行实验，结果表明，有 1600 多种都可能致癌。空气污染和水污染是致癌因素中最重要的污染源，亚硝胺类是一类致癌性强的物质。苯并芘产生于石油、天然气、烟草等物质的燃烧过程，可引起肺癌、消化道癌、膀胱癌、乳腺癌等。甲醛被大规模地运用于人类的生产生活中，不但能导致鼻腔癌和鼻窦癌，并有强烈但尚不充分的证据显示，它可以引起白血病。

饮食不合理是引起癌症的重要原因，约占癌症病因的 30%，饮食引起的癌症主要有食管癌、胃癌、肝癌、结肠癌、直肠癌、乳腺癌等；黄曲霉毒素常存在于储存时间过长的粮食、豆类中，

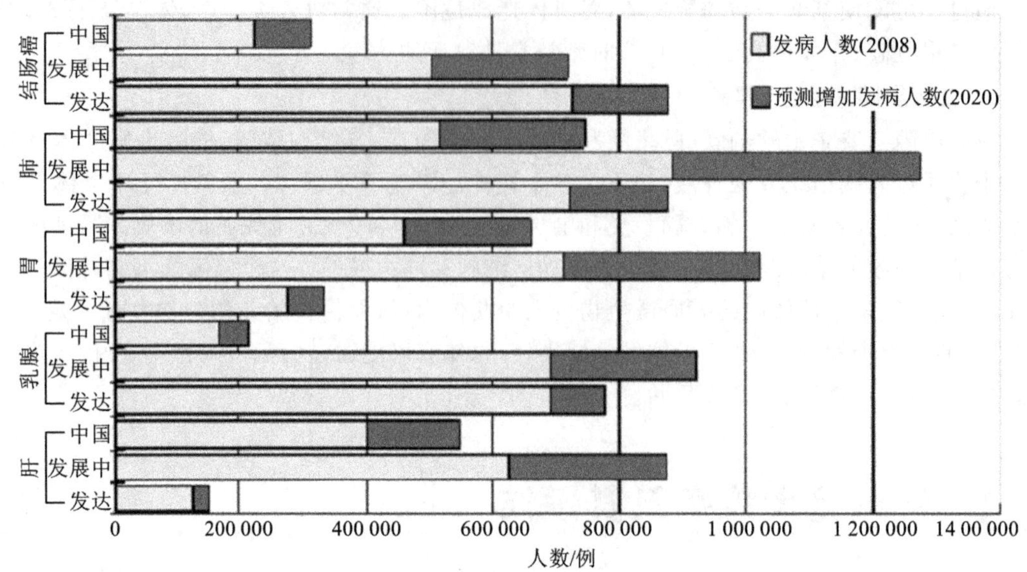

图 7-5　常见恶性肿瘤患病情况(摘自王永川,2012)

注:“发展中”指发展中国家;“发达”指发达国家。

主要引起肝癌,还可以诱发骨癌、肾癌、直肠癌、乳腺癌、卵巢癌等。与高脂饮食有关的有子宫内膜癌、卵巢癌、前列腺癌、胆囊癌;与酗酒有关的有喉癌、口腔癌;与饮食中缺碘有关的有甲状腺癌;与饮食中亚硝胺类污染有关的有鼻咽癌。

2. 癌的治疗

通常对于癌症的治疗方法是手术切除恶性肿瘤,针对不同类型的肿瘤,治疗方法也不同。

(1) 化学疗法　用化学药物治疗癌症。化疗主要用于各种类型的白血病,或者用于无法手术而又对治疗不敏感的患者。化疗通常在杀伤癌细胞的同时对人体正常细胞也有损伤,所以化疗患者往往会出现不同程度的副作用,如恶心、呕吐、脱发等。

(2) 免疫疗法　利用癌细胞表面特异抗原进行免疫治疗。例如,通过大量植入巨噬细胞、细胞毒 T 细胞、自然杀伤细胞等免疫细胞来杀灭肿瘤细胞。利用单克隆抗体,补充白细胞介素、干扰素、免疫球蛋白等免疫因子来杀灭癌细胞或抑制其生长。

(3) 冷冻疗法　低温(−40 ℃以下)和高温(45 ℃以上)都可以将癌细胞杀死。因此人们利用液氮冷冻治疗浅表皮肤和某些良性皮肤肿瘤,以局部加温治疗皮肤癌、四肢癌、膀胱癌,加温方法有短波、超短波、微波及激光等。

(4) 放射疗法　放射疗法利用各种射线(如 X 线、β 线、γ 射线)以及高速发射的电子、中子和质子等照射恶性肿瘤,产生电离或激发作用,使癌细胞的 DNA 分子遭到破坏死亡。除此之外,射线可使机体内环境的水分子电离产生不稳定的化学活性强的自由基团,对癌细胞起抑制作用和杀灭作用。目前,无创性立体定向放射是世界医学治疗恶性肿瘤的领先技术,具有疗效好、准确、安全、无创伤等优点,并且可以避免癌细胞种植性转移和血液转移。但此法只对霍奇金病、非霍奇金淋巴瘤、白血病等放疗敏感的疾病疗效好。与化疗一样,放疗可对人体正常细胞造成损害,产生一些副作用。

3. 癌的预防

癌症的预防分为三级:一级预防是让没有患癌症的人不患癌,这是最重要的;二级预防是早发现、早诊断、早治疗，让不幸得了癌症的人能够治愈；三级预防是对癌症患者进行正确的治疗和正规的康复训练，提高患者的生活质量，减少死亡率。癌症预防的目标是降低癌症的发生。在现有的人类癌中，直接与遗传有关、与职业有关的癌为数不多，而大约 80％的癌的病因与人类的生活方式或生活中的行为有关，故肿瘤学家将这种与生活方式密切相关的癌称之为“生活方式癌”。世界卫生组织提出：应用现代医学知识和医疗技术，有 1/3 癌症可以预防；1/3 可以治愈；1/3 可以延长寿命。因此，对于癌症“防胜于治”。

(1) 保持良好的心理健康　当人长期处于孤独、悲戚和绝望的状态下时，会导致精神内分泌紊乱，使免疫监视功能减弱，引起癌细胞突发性增长。因此，在生活中应积极克服悲伤、焦虑、痛苦、急躁的情绪，尽可能使自己觉得生活美好，保持良好的心理健康状态。

(2) 养成良好的生活习惯　不憋尿、不抽烟，多饮水。饮水少、长时间憋尿易使尿液浓缩，尿在膀胱滞留时间较长，尿中的化学物质刺激黏膜上皮细胞，可导致癌症的发生。香烟中含有有害物质达 600 种以上，其中 40 余种可致癌，抽烟严重威胁人类健康。

(3) 注意合理饮食　多吃蔬菜、水果，食用谷物食物，选择低脂肪食品，少吃腌制食品，不吃发霉烟熏食物，不过量喝酒。新鲜蔬菜如胡萝卜、萝卜、茄子、甘蓝等，含有干扰素诱导物，能刺激细胞产生干扰素，增强对疾病和对癌症的抵抗力，部分水果中本身就含有抗癌物质，如乌梅、枣、无花果等。谷物食物中纤维素含量高的纤维素具有促进肠道中有害物质的排出，降低结肠癌和直肠癌的发病率。高脂肪食物是癌细胞的助长剂，可使大肠内正常的厌氧菌将胆汁的有关成分转变为致癌物质，导致动脉硬化、冠心病与癌症的发病率升高，尤其是肠癌发病率升高。腌制食品中含有亚硝酸盐，能与人体内蛋白质分解的氨结合成为亚硝氨，这是形成食管癌的重要因素。发霉的粮食及食品中常含有致癌物质黄曲霉毒素。饮酒过多有损健康，口腔、咽喉、食管和肝脏的癌与饮酒过量有关。饮酒男性一天不应超过两杯，女性不应超过一杯。

(4) 避免环境污染，减少与有害物质的接触，做好定期体检工作。

(5) 坚持体育锻炼，增强体质，提高抵抗癌症的能力。

7.2.2　心血管疾病

心血管疾病主要是指心脏血管性疾病，其中冠状动脉粥样硬化性心脏病和心肌梗死对人类的危害最大。流行病学研究结果显示，造成心血管疾病上升和年轻化趋势的主要原因是，社会经济发展使人民生活水平提高后形成的不良生活习惯和不合理的膳食结构。导致心血管疾病的主要因素有高血压、高血脂、吸烟、酗酒、肥胖、糖尿病、不合理的膳食结构。

1. 动脉粥样硬化

随着年龄的增长，动脉壁内发生脂质沉着和纤维化，使动脉的弹性降低并引起局部管腔狭窄，造成动脉粥样硬化(简称动脉硬化)从而影响相关内脏和肢体的供血和功能。动脉粥样硬化的形成是一个缓慢的过程，可能发生于儿童期或青年期，经过数十年的时间积累，病症现象多发生于中年以后。在 35～55 岁之间，男性动脉硬化的发病率比女性高 5～7 倍，70 岁以后，男女发病率大致相同，由此说明动脉粥样硬化可能与雌、雄激素的分泌有关。

动脉粥样硬化早期无症状，中晚期当受累的动脉管狭窄，影响供血时，可引起缺血性头痛或组织坏死，甚至引起死亡。根据动脉粥样硬化的部位，常见的动脉粥样硬化有如下几种：冠状动脉粥样硬化，导致冠心病等各种症状表现；脑动脉粥样硬化，引起有关部位的脑梗死和脑出血；主动脉粥样硬化，晚期病变可引起胸主动脉瘤或腹主动脉瘤；下肢动脉粥样硬化，发生在腿部的股动脉或小腿的胫腓动脉，可引起走路时疼痛，甚至引起趾坏死。

2. 心肌梗死

在冠状动脉病变的基础上，冠状动脉血流终止，可使相应的心肌出现严重持久的缺血，最终导致心肌缺血性坏死，即为心肌梗死。心肌梗死的主要病因是冠状动脉粥样硬化，冠状动脉内膜下斑块造成管腔狭窄，血流不通，导致心肌梗死；偶为冠状动脉栓塞、炎症、先天性畸形等，在冠状动脉硬化的基础上，冠脉内膜增厚，斑块合并出血、溃烂、钙化等使血管内膜粗糙不平，血小板易于聚集、吸附，进而可导致心肌梗死。此外，休克、脱水、大出血、外科手术或严重心律不齐等可导致心肌供血急剧下降或中断。而其他如重体力活动、情绪过分激动或血压急剧升高，以及儿茶酚胺分泌过多也是导致心肌梗死的重要因素。

3. 心血管疾病的预防

动脉粥样硬化是导致心肌梗死的直接原因，预防动脉粥样硬化与心肌梗死具有一定的相似性，而预防心肌梗死是在预防动脉粥样硬化的基础上进行的。引起动脉粥样硬化的病因诸多，可预防但又不能完全预防。动脉粥样硬化由膳食、体力活动等方面导致的则可预防，若由遗传因素导致的，现阶段还无较好的预防方法。动脉粥样硬化的预防，膳食方面，多吃维生素、矿物质、膳食纤维含量较高的水果、蔬菜，少吃动物脂肪、胆固醇、蛋白质等含量过高的肥肉和猪油，禽类、鱼和瘦肉摄入适当；体力活动方面，在代谢基础之外，营养能量的消耗与体力活动成正比，并注意劳逸结合，保持心情舒畅。中年以后的脑力劳动者应有意识地多参加体育锻炼；生活习惯方面，吸烟者必须戒烟，肥胖超重者要有计划地减轻体重。必要时，应借助一定的药物预防动脉粥样硬化与心肌梗死。

7.2.3 传染病

传染病是由具有传染病性的致病性微生物（也称病原体，如细菌、病毒、立克次氏体、支原体、衣原体、螺旋体、寄生虫等）侵入人体，发生使人体健康受到某种程度的损害甚至危及生命的传染性疾病。传染病种类很多，可通过不同方式，直接或者间接地传播，造成人群中传染病的传播、发生或者流行。病原体侵入人体后，会引起人体发生生物化学或病理生理学、新陈代谢及免疫学等一系列改变，这个过程称为传染。

1. 病毒性传染病

病毒是由外壳蛋白和核酸（DNA 或 RNA）所组成的非细胞结构的颗粒。它们通过宿主细胞来繁殖自己，并使宿主细胞受到损伤和破坏，同时通过改变宿主细胞的表面结构诱发宿主产生过激的变态反应造成宿主细胞受损从而引起各种疾病。

病毒的致病性有两个方面。一是破坏宿主细胞。病毒可以通过增殖过程阻断细胞本身蛋白质和核酸的合成，从而导致细胞病变死亡，例如脊髓灰质炎和脑炎病毒；病毒也可以在出芽增殖时使宿主细胞膜融合形成多核巨细胞，或使膜上出现病毒编码的新抗原，在机体免疫作用下产生免疫反应最终引起死亡，例如流感、疱疹病毒；感染病毒后，病毒将其核酸整合到宿主细胞染色体中，使受感染的宿主细胞发生转化、增生甚至形成肿瘤，例如单纯疱疹病毒、丙肝病毒、白血病病毒等。二是通过病毒感染引起的免疫病理损伤。病毒感染引发宿主免疫系统产生过敏反应，引起机体产生的抗体不仅对病毒产生反应，同时也对宿主细胞进行攻击，引起宿主细胞损伤。例如，乙肝病毒感染时引起的肾脏、关节病变就是由于免疫复合物所致。病毒还可以通过直接损害免疫细胞，造成宿主免疫系统崩溃，机体免疫力下降甚至丧失。重要病毒性传染病有病毒性肝炎，常见的有甲、乙、丙、丁、戊型肝炎。

2. 细菌性传染病

致病性细菌可通过多种途径和方式（包括细菌表面的荚膜、菌毛以及各种侵袭性酶）侵入机体中，并在体内繁殖与扩散。细菌致病性的强弱主要由细菌所产生的各种毒素所决定。毒素是细菌生长繁殖过程中合成的能损害宿主机体，使之发生病变，出现症状甚至死亡的毒性物质，分为内毒素和外毒素两类。内毒素存在于细菌体内，只有当它们死亡后才释放出来，这类毒素主要是脂多糖类物质。内毒素一般聚集在细胞壁中，大多数革兰氏阴性菌常含有这种毒素，如脑膜炎双球菌、伤寒沙门氏菌等。内毒素一般较稳定，在 100 ℃下煮沸 1 h 也不被破坏。不过内毒素毒性不大，作用也不是专门针对某一器官。一般来说，各种内毒素所产生的症状都很相似，表现为无力、头痛、发热，严重时可能导致休克，甚至死亡。

外毒素在细菌生活时就能从细菌细胞中排出体外。它的化学成分是蛋白质类物质。一般来说，它们的毒性很强，能造成各种急性病。它们的毒性有选择性，因而可表现为不同的特定症状，如破伤风杆菌的痉挛毒素对极弱的胆碱酯酶有毒害作用，能引起肌肉痉挛；在未煮熟的肉类中存在一种肉毒芽胞杆菌，它所产生的毒素进入消化道后不会被胃酸和肠消化液破坏，毒素进入消化道被吸收到血液，经循环系统进入脑部，可引起四肢无力、昏迷、说胡话甚至死亡。外毒素的致命弱点是怕热，一般在 60～80 ℃加热 30 min 后毒性完全丧失。由细菌引起的传染性疾病非常多，例如痢疾、破伤风、霍乱和结核等。

3. 真菌性传染病

真菌引发的疾病如头癣、股癣、脚癣等。致病真菌侵入人体的一定部位，例如皮肤、毛发和指甲可以引起相应组织感染。另有一些是由于机体免疫系统造成的超敏反应，也就是机体本身对侵入体内的病原体进行猛烈攻击而引发的症状。

4. 传染病的传播途径

病原体从传染源排出后经过一定的方式再侵入人体，所经过的途径称为传播途径，也称传染途径。不同传染病的传播途径不一定相同。一种传染病也可有多种传播途径。传染病的传播途径主要有以下几种。

(1) 空气传播　病原体通过空气中飞沫、尘埃侵入人体。主要见于呼吸道传染病，如肺结核、麻疹、白喉、百日咳、流感、流脑、猩红热等。这是因患者讲话、咳嗽、打喷嚏、吐痰时，鼻咽部、肺部喷出的含有病原体的黏液、飞沫滞留在空气中而引起传播的。

(2) 水源传播　水源传播也称介水传播，是指通过饮用或接触病原体污染的水源而引起的传播。肠道传染病如霍乱、伤寒、菌痢、病毒性肝炎等都可经水传播。结膜炎（红眼病）、血吸虫病、钩端螺旋体病等也以接触被污染的水而传播。

(3) 食物传播　食物传播是指食用被病原体污染了的食物而引起的传播，所有的肠道传染病和结核、白喉等呼吸道传染病，都可以通过被污染的食物而造成传播。

(4) 接触传播　接触传播有直接接触传播和间接接触传播两种。直接接触传播是指传染源与易感者不经过任何外界因素而造成的传播，如人被狂犬咬伤会感染狂犬病，接触含有病原体的体液如精液，会感染艾滋病、淋病、梅毒等。间接接触传播在肠道传染病中最为多见，如接触病原体污染的物品、用具感染肠道传染病等。

(5) 虫媒传播　虫媒传播又称为吸虫节肢动物传播，主要是通过昆虫等传播，如蚊子可传播疟疾、流行性乙型脑炎等，蜱可传播森林脑炎，黑热病是由白蛉虫传播的等。

(6) 医源性传播　被病原体污染而没有经过消毒灭菌或消毒灭菌不彻底、不严格的医疗器械，被使用后可造成传播，如乙型肝炎。同时，输入被病原体污染的血液、血液制品，可感染艾滋病、乙型肝炎、丙型肝炎等。

（7）土壤传播　传染源在土壤里经过和土接触而传播，如：蛔虫卵必须在土壤中发育至一定阶段成为感染期幼虫，经口进入人体引起感染；破伤风杆菌生活在土壤中，当皮肤被扎破，破伤风杆菌接触皮肤后会侵入机体而使机体感染破伤风。

7.2.4 艾滋病

艾滋病又称获得性免疫缺陷综合征（acquired immune deficiency syndrome，AIDS），是由人类免疫缺陷病毒（human immune-deficiency virus，HIV）感染而引起的一种全球流行性传染病。艾滋病病毒进入人体后一般要经过 6 个月以上时间，甚至长达 8～10 年的潜伏期后才会发病。到目前为止，世界上还没有可以治愈 AIDS 的特效药，也没有疗效肯定的可推广的疫苗。

1. 艾滋病的致病机制

机体感染 HIV 时，体内免疫应答产生抗 HIV 的抗体，在早期急性阶段可降低血清中 HIV 病毒的数量，但却不能最终清除含有 HIV 潜伏感染的细胞。其原因是什么？这就需要了解 HIV 病毒的结构（图 7-6）。HIV 是一种 RNA 病毒，呈圆球形，病毒粒子的直径为 100～140 nm，其外层是以类脂为主的包膜，包膜上镶嵌着许多糖蛋白。在病毒颗粒内有两条携带相同遗传信息的 RNA 和逆转录酶，它们包裹在蛋白壳体中。

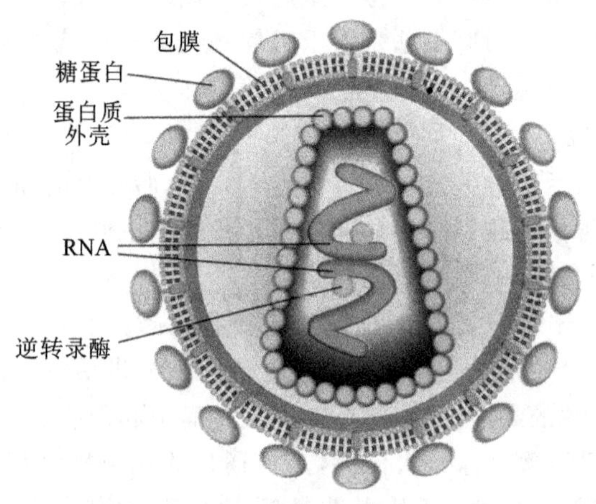

图 7-6　HIV 病毒的模式结构图（摘自闵航，2005，略有改动）

当 HIV 进入人体时，其外包膜上的糖蛋白可专门识别白细胞（淋巴细胞）表面的受体并与之结合。经胞吞作用，HIV 基因组（RNA）进入 T 细胞，同时蛋白质衣壳遭受酶解。侵入宿主细胞后病毒 RNA 在逆转录酶的作用下反转录 DNA，以 HIV 的 RNA 为模板，一条与 RNA 互补的 DNA 单链被合成。接着，新合成的 DNA 单链又成为另一条互补 DNA 链的合成模板，如此便产生了互补的双链 DNA。该双链 DNA 片段进入细胞核，与宿主细胞的染色体基因组整合在一起，成为前病毒 DNA，感染进入潜伏期，此时细胞不表达或少表达病毒结构蛋白，使宿主长期呈“无抗原”的状态。当被感染的细胞激活时，前病毒 DNA 便开始转录，生成新的 RNA 片段，同时合成外壳蛋白质等。在宿主细胞中，新合成的 DNA、逆转录酶及蛋白质等又装配生成更多的病毒颗粒，它们以出芽的方式从宿主细胞中释放出来，又去攻击其他的 T

细胞。

T 细胞是人体免疫系统的主要免疫细胞，具有抗感染作用。HIV 攻击 T 细胞时，可严重破坏人体免疫功能，造成免疫缺陷，即它使人体失去了抵抗外来感染的能力，导致人体发生一系列感染性疾病，如引起肺炎、腹泻、发热、中枢神经系统综合征等，特征性的并发症是卡氏肺孢子虫肺炎和卡波济肉瘤，并出现神经和胃肠功能紊乱等综合征及其他机会性感染或恶性肿瘤等多种疾病，最终因长期消耗，骨瘦如柴，全身衰竭而死。

2. 艾滋病的传播途径

艾滋病患者和艾滋病病毒携带者是本病的传染源，他们的血液、精液、子宫和阴道分泌物、唾液、眼泪、乳汁、尿液、粪便、骨髓、脑脊液中都含有 HIV，但流行病学只证明血液和精液、阴道分泌物具有传播作用，所以明确艾滋病有三个传播途径。实际上，艾滋病并不像感冒、肝炎容易被传染，因为 HIV 离开人体时存活不了几分钟，75％乙醇和一般消毒剂都可将其杀死。目前没有证据证明，HIV 能通过日常生活接触如握手、和衣拥抱、共同进餐、共同上课、共同游泳等途径进行传播，吸血昆虫叮咬也不是传播途径。患者的配偶如能坚持使用效果安全的避孕套，也可较好地避免感染。

(1) 性传播　性交时，分泌物和感染细胞可把艾滋病病毒传播给上皮细胞。西方国家约 75％的感染者是通过无防护措施(不使用避孕套)的性交传播的。在性传播过程中，男性更容易把 HIV 传给女性，这与精液中存在某些因子如前列腺素有关，并且女性在性交时黏膜表面是暴露的。另外，在精液中病毒的含量远远高于阴道及宫颈分泌物中的病毒含量，同时这些含有病毒的精液可以在女性体内停留。

(2) 血液传播　HIV 可通过输血、使用血制品、输骨髓、器官移植等传播。共用注射器、拔牙钳、采血针、刮脸刀、剃须刀或牙刷等都可以传染艾滋病。

(3) 母婴传播　婴儿约 35％的感染发生在产前，65％发生在产中和产后。受艾滋病病毒感染的孕妇可通过胎盘或分娩时通过产道，哺乳时通过乳汁将病毒传染给婴儿。一旦新生儿感染 HIV，80％在出生后 3 周内发病，70％出生后 3 个月内死亡，幸免生存下来的一般存活不到 3 岁。

7.2.5　几种重大传染病举例

近年来人类面临着传染病的严重挑战。一方面，一些过去基本控制的传染病又卷土重来；另一方面，随着多种原有传染病流行的死灰复燃以及由于病原体的不断变异并产生耐药性，伴随自然、社会因素的变化，新的传染病又不断出现。例如疯牛病、埃博拉出血热、SARS 以及人感染高致病性禽流感、甲型 H1N1 流感等新发和突发的传染病对人类的威胁引起了更大的恐慌。

1. 甲型 H1N1 流感

甲型 H1N1 流感是由变异后的新型甲型 H1N1 流感病毒所引起的急性呼吸道传染病。通过飞沫、气溶胶、直接接触或间接接触传播，临床主要表现为流感样症状，少数病例病情重，进展迅速，可出现病毒性肺炎，合并呼吸衰竭、多脏器功能损伤，严重的可以导致死亡。

1) 病原学

甲型 H1N1 流感病毒属于正黏病毒科(orthomyxoviridae)，甲型流感病毒属(Influenza virus A)。典型病毒颗粒呈球状，直径为 80～120 nm，有囊膜。囊膜上有许多放射状排列的突起糖蛋白，分别是红细胞血凝素(HA)、神经氨酸酶(NA)和基质蛋白 M2。病毒颗粒内为核衣壳，呈螺旋状对称，直径为 10 nm。为单股负链 RNA 病毒，基因组约为 13.6 kb，由大小不等的 8 个独立片段组成。病毒对乙醇、碘伏、碘酊敏感；对热敏感，56 ℃保持 30 min 可灭活。

2) 发病机制与病理

流感病毒进入机体后一般局限在呼吸道，肺脏是其主要的靶器官，下呼吸道的病毒量及其在肺脏中的繁殖感染的病毒量似乎决定了疾病的严重程度。病毒对肺脏的细支气管上皮有高度特异的亲嗜性。迄今为止不同的流感病毒毒株在肺脏的复制地点没有差异。流感病毒病理的细胞水平方面所知甚少，用不吃初乳的仔猪研究表明，病毒感染后支气管肺泡产生的细胞因子(如肿瘤坏死因子和白细胞介素)能引起典型的全身性反应及肺部炎症变化。

流感的病理变化主要在呼吸器官。鼻、咽、喉、气管和支气管的黏膜充血、肿胀，表面覆有黏稠的液体，小支气管和细支气管内充满泡沫样渗出液。胸腔、心包腔蓄积大量混有纤维素的浆液。肺脏的病变常发生于尖叶、心叶、中间叶、膈叶的背部与基底部，与周围组织有明显的界限，颜色由红至紫，塌陷、坚实，韧度似皮革，脾脏肿大，颈部淋巴结、纵隔淋巴结、支气管淋巴结肿大。

3) 临床表现

潜伏期一般为 1～7 天，多为 1～3 天。表现为流感样症状，包括发热(腋温大于 37.5 ℃)、流涕、鼻塞、咽痛、咳嗽、头痛、肌痛、乏力、呕吐和(或)腹泻。约 10%的病例可不发热。体征主要包括咽部充血和扁桃体肿大，可发生肺炎等并发症。少数病例病情进展迅速，可出现多脏器功能受损甚至衰竭。患者原有的基础疾病亦可加重，病情严重者可导致死亡。

2. 手足口病

手足口病(hand-foot-mouth disease，HFMD)是由多种肠道病毒引起的常见传染病，常发生于 5 岁以下的婴幼儿。

1) 病原学

引起手足口病的肠道病毒有 20 多种，主要为小 RNA 病毒科、肠道病毒属的柯萨奇病毒(Coxasckie virus)A 组 16、4、5、7、9、10 型，B 组 2、5、13 型，埃可病毒(ECHO)和肠道病毒 71 型(EV71)，其中以 EV71 及 Cox A16 型最为常见。肠道病毒对药物具有抗性，适合在湿、热的环境下生存与传播，对乙醚、去氯胆酸盐等不敏感，75%乙醇和 5%来苏尔亦不能将其灭活，但对紫外线及干燥敏感。各种氧化剂(高锰酸钾、漂白粉等)、甲醛和碘酒都能灭活病毒。病毒在 50 ℃可被迅速灭活，但 1 mol 浓度二价阳离子环境可提高病毒对热灭活的抵抗力，病毒在4 ℃可存活 1 年，在－20 ℃可长期保存，在外环境中病毒可长期存活。

2) 发病机制

引起手足口病的肠道病毒的发病机制很相似，主要是通过呼吸道或消化道进入体内的。当病毒侵入局部黏膜时，可在局部上皮细胞及附近淋巴组织内停留增殖，当病毒增殖到一定程度时进入血液循环，即形成第一次病毒血症。病毒经血液循环侵入网状内皮组织、深层淋巴结、肝、脾、骨髓等处大量繁殖时再次进入血液循环，引起第二次病毒血症。病毒可由原发病灶经淋巴管扩散至局部淋巴结以及经血液循环侵入其他器官，如中枢神经系统、皮肤黏膜、心脏、肺、肝、胰、肌肉、肾上腺等，引起各种病变及出现相应临床表现。如侵犯心脏时可引起间质性心肌炎，伴局灶性坏死、心包炎等；如侵犯肝脏时可发生局灶性细胞浸润(为主)；当病毒累及中枢神经系统时，中枢神经系统小血管内皮最易受到损害，组织炎症较神经毒性作用更强烈，细胞融合、血管炎性变、血栓形成可导致缺血和梗死，在脊髓索、脑干、间脑、大脑和小脑的局部组织中，除嗜神经性作用外，还可引起广泛的血管周围性炎症和脑实质细胞炎症，脑炎时脑部有局灶性细胞浸润，伴退行性变。

3）临床特征

该病潜伏期为 2～7 天。急性起病，发热，口腔黏膜出现散在疱疹，手、足和臀部出现斑丘疹、疮疹，疱疹周围可有炎性红晕，疱内液体较少。可伴有咳嗽、流涕、食欲不振等症状。部分病例仅表现为皮疹或疱疹性咽峡炎。大多数患者症状轻微，以发热和手、足、口腔等部位的皮疹或疱疹为主要特征。少数患者可并发无菌性脑膜炎、脑炎、急性弛缓性麻痹、呼吸道感染和心肌炎等，个别重症患儿病情进展快，易发生死亡。少年儿童和成人感染后多不发病，但能够传播病毒。

4）预防措施

从阻断病原体传播上进行预防，对患者进行隔离治疗，以减少病原体的传播，密切接触者一般要进行医学观察 1 周。妥善管理发病区，对发生病的教室进行彻底的消毒处理，并持续消毒 2 周以上。对病原知识进行科普宣传，增强疫点内的所有人员进行卫生知识和预防控制知识的了解。

3. 禽流感

禽流感(avian influenza)是高致病性禽流行性感冒的简称，是由禽甲型流感病毒引起禽类的一种从呼吸系统到严重全身败血症等多种症状的综合征。

1）病原学

禽流感病毒具有多形性，其中球形直径 80～120 nm，有囊膜。基因组为分节段单股负链 RNA。依据其外膜血凝素(H)和神经氨酸酶(N)蛋白抗原性的不同，目前可分为 16 个 H 亚型(H1～H16)和 9 个 N 亚型(N1～N9)。禽流感病毒除感染禽外，还可感染人、猪、马、水貂和海洋哺乳动物。到目前为止，已证实感染人的禽流感病毒亚型有 H5N1、H9N2、H7N7、H7N2、H7N3 等。其中感染 H5N1 的患者病情重，病死率高。禽流感病毒对乙醚、氯仿、丙酮等有机溶剂均敏感。常用消毒剂容易将其灭活，如氧化剂、稀酸、卤素化合物(漂白粉和碘剂)等都能迅速破坏其活性。

禽流感病毒对热比较敏感，但对低温抵抗力较强，65 ℃加热 30 min 或煮沸(100 ℃)2 min 以上可灭活。病毒在较低温度粪便中可存活 1 周，在 4 ℃水中可存活 1 个月，对酸性环境有一定抵抗力，在 pH 4.0 的条件下也具有一定的存活能力。在有甘油存在的情况下可保持活力 1 年以上。裸露的病毒在直射阳光下 40～48 天时即可灭活，如果用紫外线直接照射，可迅速破坏其活性。

2）发病机制

流感病毒先侵入鼻黏膜纤毛上皮细胞，进一步侵犯气管、支气管，细胞被破坏后有液体渗出，帮助病毒扩散，累及气管、支气管、细支气管和肺泡上皮。肺部可发生广泛炎症、细胞坏死，致病毒性肺炎、呼吸窘迫综合征，呼吸道抵抗能力降低，继发细菌感染。呼吸道黏膜破坏后，部分病毒及其产物进入血液，造成全身中毒症状。病毒随血液循环进入脑脊液，导致中枢神经系统症状，如 Reye 综合征。患者可死于病毒性肺炎、呼吸衰竭、多器官功能衰竭。病理解剖显示：支气管黏膜严重坏死；肺泡内大量淋巴细胞浸润，可见散在的血灶；肺部透明。

3）临床表现

该病潜伏期一般为 1～3 天，通常在 7 天以内。症状与人感冒截然不同，急性起病，早期表现类似普通型流感。主要为发热，体温大多持续在 39 ℃以上，热程 1～7 天，一般为 3～4 天，可伴有流涕、鼻塞、咳嗽、咽痛、头痛和全身不适。部分患者可有恶心、腹痛、腹泻、稀水样便等消化道症状。重症患者病情发展迅速，可出现肺炎、急性呼吸窘迫综合征、肺出血、胸腔积液、全血细胞减少、肾功能衰竭、败血症、休克及 Reye 综合征等多种并发症。

4）预防措施

禽流感病毒具有高突变性。从阻断传染源上，避免与患病禽类接触，远离家禽的分泌物；从切断传播途径上，保持室内空气流通，避免到空气不流通或人员密集地，如商场、电影院等公共场所。打喷嚏或咳嗽时掩住口鼻，经常洗手注意卫生，饮食习惯良好，防止病毒入侵，并加强体育锻炼，增强抵抗力；对易感人体应进行特定的保护。

4. 传染性非典型肺炎

传染性非典型肺炎，即传染性急性呼吸综合征，简称 SARS，是由一种新的冠状病毒（SARS 病毒）引起的急性呼吸系统传染病。

1）病原学

SARS 病毒属于冠状病毒科冠状病毒属，为单股正链 RNA 病毒。直径多为 60～120 nm，有包膜。包膜表面有刺突蛋白（S）、胞膜蛋白（E）和膜蛋白（M）三种糖蛋白，其中 S 蛋白主要起抗原作用。病毒的形态发生过程漫长而复杂，成熟病毒呈圆球形、椭圆形，形态差异较大，可出现较多古怪形状。病毒在细胞质内增殖，由 RNA 基因编码的多聚酶利用细胞材料进行 RNA 复制和蛋白质合成，组装成新病毒并出芽分泌到细胞外。SARS 病毒对外界抵抗力较强。在人类排泄物中可存活 4 天以上，在干燥的塑料表面存活时间达 48 h，低温可长期保存。对热敏感，56 ℃保持 90 min 能灭活病毒。不耐酸和氯，含氯消毒剂 5 min 可灭活病毒。75%乙醇 5 min 可灭活，紫外照射 60 min 可杀死病毒。可用氯乙酸、乙醇及次氯酸钠等消毒。

2）发病机制

本病的发病机制尚不清楚。SARS 病毒由呼吸道进入人体，在呼吸道黏膜上皮内复制引起病毒血症。目前倾向于认为 SARS 病毒感染诱导的免疫损伤是其主要发病原因。SARS 病毒将肺当作“靶器官”，直接损害肺组织细胞。并促发肺水肿及肺间质、肺实质炎症等。SARS 病毒可对患者的细胞免疫功能造成损害，使病情更加严重和复杂。还可能引起继发性感染。

3）临床表现

潜伏期 1～16 天，常见为 3～5 天。典型患者起病急，发热为首发症状，99.3%～100%患者有发热，体温一般超过 38 ℃，呈不规则热或弛张热、稽留热等，热程 1～2 周，伴有头痛、全身乏力，部分患者有腹泻。常无鼻塞、流涕等上呼吸道症状。起病 3～7 天后出现干咳、少痰，偶有血丝痰，肺部体征不明显，部分患者可闻及少许湿啰音。病情于 10～14 天到达高峰，发热、乏力等感染中毒症状加重，频繁咳嗽，气促和呼吸困难，略微活动则气喘、心悸，被迫卧床休息。这个时期易发生呼吸道的继发性感染。病程进入 2～3 周后，发热减退，其他症状与体征减轻直至消失。肺部炎症的吸收和恢复则较缓慢，体温正常后仍需 2 周左右才能恢复正常。

轻症患者临床症状轻，病程短。重症患者病情重，进展快，易出现呼吸窘迫综合征。儿童患者的病情较成年人轻。有少数患者不以发热为首发症状，尤其是有近期手术史或有基础疾病的患者。

4）预防措施

预防措施为早发现、早报告、早隔离、早治疗，采取以控制管理传染源为主的综合性预防措施。首先，有效地控制传染源，隔离治疗患者，隔离观察密切接触者。其次，切断一切传播途径，加强科普宣传，保持良好的个人卫生，隔离患者减少病原微生物传播的机会，以及保护易感人群，保持乐观心态，均衡饮食，适当运动，增强体质，提高人体对疾病的抵抗能力。

7.3　均衡营养与人体健康

20 世纪 30 年代，美国健康教育学家鲍尔对健康提出了比较完善的论述：健康是人们在身体、心情和精神方面都自觉良好，精力充沛的一种状态，其基础在于机体一切器官组织机能正常，并掌握和实行适应物质精神环境和健康生活的科学规律。1948 年，世界卫生组织（WHO）在其宪章《世界卫生组织组织法》中指出：健康不仅是没有疾病或不虚弱，而且是身体上、精神上和社会适应方面的完好状态。1978 年，国际初级卫生保健大会发表了《阿拉木图宣言》，指出：健康不仅是疾病和体弱的匿迹，还是身心健康、社会幸福的完美状态。

所有对健康的论述都是把人的健康与人的生理、心理状态和对社会适应三者兼容起来，这充分反映了健康的生物学和社会学特征，成为世界各国积极推崇的最具权威、最有影响的健康概念。健康的内容包括三点：一是生物的躯体没有疾病或功能衰弱现象；二是心理要保持豁达、平衡；三是要有良好的社会适应能力，精神上乐观向上。为了通俗地解释健康的概念，世界卫生组织提出了健康的 10 个标准。

① 精力充沛，能从容不迫地应付日常生活和工作。

② 处事乐观，态度积极，乐于承担责任。

③ 善于休息，睡眠良好。

④ 应变能力强，能适应环境的各种变化。

⑤ 能抵御普通感冒和传染病。

⑥ 体重适当，体型匀称，体姿正确。

⑦ 眼睛明亮，反应敏锐，眼睑不发炎。

⑧ 牙齿清洁无龋，无痛感，牙龈无出血而颜色正常。

⑨ 头发有光泽，头屑少。

⑩ 肌肉丰富，皮肤富有弹性。

这 10 个要点较全面地概括了健康人的基本表现，即健康是人的身体、心理健康和对社会环境良好适应的总和。

根据现代社会现代人的状况，1989 年世界卫生组织还将人的“道德健康”寓于健康概念之中，认为人的健康应是“躯体健康、心理健康、社会适应良好和道德健康”四个方面。

7.3.1　人体健康所需的主要营养素

营养是人体组织细胞进行生长发育、修补更新组织，制造各种体液、调节新陈代谢、维持身体健康，是生理功能正常运转所必需的物质。人体为了维持生命活动的需要，必须从食物中摄取、吸收、利用营养物质。人类所需要的营养素包括蛋白质、脂类、糖类、矿物质、维生素和水等。

1. 蛋白质

蛋白质是构成人体及修补人体细胞及组织器官，如肌肉、血液、皮肤、毛发等的主要原料；蛋白质是体液的主要组成成分，具有重要的生理调节功能，是人体热能的主要来源之一。因此，蛋白质是生命的基础物质。蛋白质的主要食物来源为瘦肉和内脏、鱼虾、禽蛋、豆制品、乳制品。谷物食物性蛋白质含量大多不超过10%，但因每天进食量多，也是人体蛋白质的主要来源。

不同人群对蛋白质的需求不同，理论上成人每天摄入约30 g蛋白质就可以满足氮平衡，但从安全性和消化吸收等其他因素上考虑，成人按0.8 g/(kg·d)摄入蛋白质为宜。我国由于以植物性食物为主，所以成人蛋白质推荐摄入量为1.16 g/(kg·d)。按能量计算，蛋白质摄入占膳食总能量的10%～12%，儿童青少年和老人为12%～14%。

妊娠期妇女蛋白质除了要满足母体自身的需求外，还要满足胎体的生长发育，中国营养学会建议和推荐的妊娠期蛋白质增加量是，妊娠早期(妊娠12周前)5 g/d，妊娠中期(妊娠第13周至27周)15 g/d。除了保证数量外，还要保证优质的动物性蛋白质及豆类蛋白质的摄入至少占1/3。

哺乳期妇女因乳汁中含有大量蛋白质，而这些蛋白质对维持婴儿的生长发育、免疫和行为功能等十分重要。考虑到大多数中国人摄入的膳食蛋白质以植物性蛋白质为主，中国营养学会推荐乳母应比妊娠妇女每天多摄入20 g膳食蛋白质。

幼儿正处于生长阶段，要求有足量优质的蛋白质来提供氨基酸需要，以维持机体蛋白质的合成和更新。中国营养学会在2000年建议的蛋白质推荐摄入量，婴儿每千克体重需要摄入蛋白质1.5～3.0 g，1～2岁幼儿为35 g/d，2～3岁幼儿为40 g/d。

青少年时期是生长发育的重要阶段，蛋白质的摄入能影响青少年的生长发育，建议青少年蛋白质推荐摄入量为75～85 g/d。

老年人体内分解代谢大于合成代谢，蛋白质的合成能力差，而且对蛋白质的吸收利用率低，容易出现负氮平衡；另一方面，老年人由于肝、肾功能降低，过多的蛋白质可增加肝肾负担，因此，蛋白质的摄入量应质优量足，且以维持氮平衡为主。一般认为每日按每千克体重摄入1.0～1.2 g蛋白质比较适宜，应注意优质蛋白质(动物性蛋白质和豆类蛋白质)的摄入，但动物性蛋白质不易摄入过多，否则会引起脂肪摄入增加而产生不利影响。

2. 脂类

脂类是脂肪(油脂)和类脂(胆固醇、磷脂等)的总称，是构成人体的重要成分。脂肪主要来自植物性和动物性食物。植物性食物来源有花生、大豆、玉米、芝麻、棉子、菜子、核桃和其他果仁，以及麦胚、米糠等；动物性食物来源有猪油、牛油、羊油、鱼油、奶油、蛋黄油和禽类油等。

1) 脂类对人体的重要性

脂肪主要分布在人体上皮组织、大网膜、肠系膜和肾脏周围等处。脂肪分为不饱和脂肪酸和饱和脂肪酸，不饱和脂肪酸必须通过食物获取，如亚油酸、亚麻酸、花生四烯酸等。类脂包括磷脂、固醇、糖脂等，其性质与脂肪类似，许多食物中往往同时存在这两种物质，它们是构成人体细胞各种膜结构的主要成分。类脂是生物膜的主要组成成分，对维持细胞形态具有重要作用。

脂肪是人体产热量最高的物质，被人体吸收后，一部分经氧化产生热能。脂肪释放的热能是蛋白质和糖类的2.25倍，人体所需总能量的10%～40%由脂肪提供。脂肪具有保护身体组织、保护脏器、维持体温、促进脂溶性维生素的吸收、提供必需脂肪酸等生理作用。一般认为，以占每日热能供给量的17%～20%，即每日膳食中有50～60 g的脂肪就可满足机体的需要。

2）脂类的需要量

脂肪摄入量不足，妨碍脂溶性维生素的吸收，增加皮肤干燥病发生的可能。但是脂肪摄入过量，会阻碍肠胃的分泌与活动，引起消化不良，而过多的脂肪储存在体内（超过体重的 20%以上者）就会导致肥胖，甚至导致高血压和心脏病。

随着社会的发展，物质生活水平的提高，日常饮食中人们摄取的脂肪量超过了机体代谢的所需量。近年来，各种心血管疾病发病率逐渐升高，甚至低龄化。为了预防血脂过高，建议饮食中脂类的供应量如下。

（1）对中老年人和动脉硬化患者，供给低脂肪、低胆固醇，尽量避免食用动物性脑髓、内脏、肥肉、蛋黄和贝类等含胆固醇高的食物。但可食用一些鱼类食物，因鱼类食物中含有大量不饱和脂肪酸。

（2）食用油脂应以植物油为主。因为动物脂肪中含饱和脂肪酸较多，能提高血浆胆固醇的浓度，而植物油不含胆固醇，它含不饱和脂肪酸较多，可使血浆胆固醇浓度降低。此外，植物油中还含有维生素 E，它有扩张小血管和抗凝血作用，对防止血栓是有利的。

3. 矿物质

人体内除碳、氢、氧、氮四种元素外，其他元素统称为矿物质，约占人体体重的 5%。人体内矿物质的种类和数量与外界环境密切相关，无法自行产生、合成，必须从食物中获取。矿物质参与人体组织构成，体内的骨骼、牙齿、神经、肌肉、血液、腺体等都含有本身所特有的一种或多种元素；矿物质是多种酶的活化剂、辅助因子或组成成分；矿物质构成某些激素，并参与人体生理功能的调节；矿物质维持机体的酸碱平衡及组织细胞渗透压。人体所需的常量元素和微量元素（表 7-2）如下。

表 7-2　人体所需的常量元素和微量元素（摘自陶宁萍，2006，略有改动）

常量元素			微量元素		
元素	体重/(%)	干重/(%)	元素	含量/mg	日推荐量
C	9.4	61.7	Fe	4500	10～18 mg
H	65	5.7	F	2600	0.1～4 mg
O	25.5	9.3	Zn	2000	3～15 mg
N	1.4	11	Si	24	1000 mg
P	0.22	3.3	Se	13	10～200 μg
S	0.05	1	Mn	12	0.5～5 mg
Na^+	0.03	0.7	I	11	40～150 μg
K^+	0.06	1.3	Mo	9	0.15～0.5 mg
Mg^{2+}	0.01	0.3	Cr	6	10～20 μg
Ca^{2+}	0.31	5	Co	1.1	140～580 μg
Cl^-	0.08	0.7			

1）主要常量元素

（1）钙　人体中的钙约占体重的 2%，在体内以晶体形式存在于骨骼和牙齿中，约占总量的 99%，其余钙以游离的或结合的离子状态存在于软骨组织、细胞外液及血液中，统称为混溶钙池，与骨骼钙维持着动态平衡。

钙对人体的生长、发育、强壮、身材挺拔、牙齿坚硬、血液酸碱平衡等作用很大，不能缺少，一旦供给不足或过量，就会导致种种疾病，主要疾病有佝偻病、软骨化症、骨质疏松、高血压等。多食虾米、虾皮、蟹、鱼、海藻、菠菜、骨头汤、大豆、核桃、花生等可补充钙。钙过量是导致机体对其他矿物质元素的吸收减少，使儿童骨化过早，阻碍身体的发育，还会引起高钙尿的出现，从而容易造成肾结石。

表 7-3　中国居民膳食钙适宜摄入量　　单位：mg/d

年龄/岁	AI	UL	年龄/岁	AI	UL
0	300	—	14	1000	2000
0.5	400	—	18	800	2000
1	600	2000	50	1000	2000
4	800	2000	孕中期	1000	2000
7	800	2000	孕晚期	1200	2000
11	1000	2000	母乳	1200	2000

注：摘自于千千，2000，略有改动。

(2) 磷　磷是人体必需元素之一，是机体不可缺少的营养元素。正常成年人体内的含磷量为 600～800 g，其中 80%～85%集中在骨骼和牙齿中，其含量约为人体重量的 1%，除钙外，它是人体内含量最多的无机盐。摄入体内的磷 90%在小肠被吸收，磷在食物中含量较多。中国营养素学会 2000 年制定的《中国居民膳食营养素参考摄入量》中，将我国居民成年人磷的适宜摄入量(AI)定为 700 mg/d。磷摄入过多，将造成高磷血症，影响骨骼健康，干扰钙的吸收。严重者可损害肝脏，引起脂肪肝及肝坏死。

2) 主要微量元素

(1) 铁　铁参与氧的转运、交换和组织呼吸过程。近期研究指出，铁还与能量代谢及免疫机能相关。食物中铁的含量较低，主要以三价铁化合物形式存在。而血红蛋白、肌红蛋白中结合的铁，则以二价铁形式存在于体内。三价铁化合物需在胃酸作用下还原为亚铁离子后才能被吸收，因此食物中的植物酸盐、碳酸盐、草酸盐以及维生素 C、动物性蛋白质等都会影响人体对铁的吸收；人体对铁红素的吸收不受外界因素的干扰。因此，日常生活中铁的吸收率并不高。我国居民的膳食标准为，每日铁供给量成年人男子为 12 mg，成年女子为 18 mg，孕期及哺乳期妇女为 28 mg。0～9 岁儿童每日铁供给量为 10 mg；10～12 岁儿童为 12 mg；13～16 岁男子为 15 mg，女子为 20 mg。表 7-4 所示为常用食物中铁的含量。

表 7-4　常用食物中铁的含量

食物名称	含铁量/(mg/100 g)	食物名称	含铁量/(mg/100 g)
猪肉(瘦)	2.4	蛤蜊	14.2
猪肝	250	河螃蟹	13
猪肾	6.8	海带(干)	150
瘦牛肉	3.2	黄豆	11
牛肝	9	绿豆	6.8
牛肾	11.4	松子(干)	6.7
瘦羊肉	3	苋菜	4.8

续表

食物名称	含铁量/(mg/100 g)	食物名称	含铁量/(mg/100 g)
羊肝	6.6	芹菜	8.5
羊肾	11.7	雪里蕻	3.4
鸡肝	8.2	木耳(黑)	185
鸡蛋黄	7.2	红果	2.1
鲫鱼	2.5	桃	1.2

注:摘自傅良碧,1997。

机体能够有效地控制铁的吸收。如果摄入量不足可使血红蛋白含量和生理活性降低,携带的氧明显减少,从而影响氧的供应,引起缺铁性贫血,表现为食欲减退、面色苍白、心悸头晕、免疫功能下降、容易疲乏、注意力不集中、记忆力减退等众多疾病。正常情况下,血浆中铁能够与 1/3 的铁蛋白结合,2/3 的铁蛋白以保留状态存在,当铁离子浓度超过转化铁蛋白结合能力时,便会出现游离铁离子,从而出现铁中毒。长期摄入过多,会产生血色素沉着症,引起器官纤维化。肝、胰、心脏和关节最容易受损。

铁是维持生命的主要物质,大家都知道它与血红素有着密切的关系,机体缺少它会导致贫血等一系列身体不适的症状。现在就来自我检测一下,看看你是否缺铁。以下八种表现,你只要符合三种,就可视为缺铁。

① 你是否经常感到软弱无力、疲乏困倦。

② 你的皮肤、黏膜、指甲、口唇等颜色是否苍白或苍黄。

③ 婴儿巩膜是否发蓝,头发是否干枯、易落。

④ 你稍一运动是否就感到心悸、气短。

⑤ 你是否经常头晕、头痛、耳鸣、眼花、注意力不集中。

⑥ 你是否嗜睡,且睡眠质量不好。

⑦ 你是否食欲减退、食不知味。儿童是否厌食、偏食,甚至有异食症。

⑧ 处于生育期妇女经期缩短,一般少于 3 天,量少、色淡。

(2) 碘　碘在人体内的主要作用是参与甲状腺素的合成,人体的肌肉、骨骼、性器官等的发育都必须有甲状腺素的参与,在机体的新陈代谢中具有重要作用。碘在人体内的含量极少,约 12 mg,其中约 8 mg 储存在甲状腺素中,其余存在于血浆、肌肉、肾上腺和中枢神经系统、胸腺的组织中。

人体所需要的碘,一般从饮水、食物和食盐中获取。含碘高的食物主要有海带、紫菜、海蜇、海鱼、海虾、海盐、海蟹等,含碘量较高的海产品见表 7-5。一般认为成人每日摄入碘 120～150 μg,即能满足生理需要,强体力活动者,每日供给量应适当增加。

表 7-5　含碘量较高的海产品

食物名称	含碘量/(μg/kg)	食物名称	含碘量/(μg/kg)
紫菜(干)	18000	黄花鱼(鲜)	120
海蜇(干)	1320	干发菜	18000
淡菜	1200	海盐(山东)	29～40
干贝	1200	湖盐(青海)	298

续表

食物名称	含碘量/(μg/kg)	食物名称	含碘量/(μg/kg)
海参	6000	井盐(四川)	753
龙虾	600	再制盐	100

注:摘自于千千,2000。

一般远离海洋的内陆山区的土壤和空气中含碘量较少,因此水与食物中缺乏碘,同时,动物食物中含碘量高于植物性食物。碘摄入不足时会导致甲状腺功能低下,造成体格发育落后,如矮小、侏儒症,小孩会出现发育迟缓、行动笨拙,甚至弱智。青春期缺碘,会出现毛发粗糙、肥胖等。长时间缺碘会导致甲状腺肿大,严重压迫气管、食管和神经。但如果长期摄入碘过量,可发生高碘性甲状腺肿大,过量的碘引起的甲状腺肿大和缺少碘所引起甲状腺肿大一样令人讨厌。

(3) 硒　硒是人体内必需的微量元素,在人体中总量为 14～20 mg,存在于所有细胞和组织器官中,在肝、肾、胰、心、脾、牙釉质和指甲中含量较高,肌肉、骨骼和血液中含量次之,脂肪组织中较少。

硒是谷胱甘肽过氧化物酶的组成成分,此酶具有抗氧化作用,是重要的自由基清除剂。因此,硒具有过高的抗氧化作用,适量地补充硒能延缓衰老、增强免疫力。

食物中硒的含量受产地土壤中硒含量的影响,一般海产品、动物肝脏与肾脏、肉类、整粒的谷类是硒的良好来源。精制食品和过分加工食品均可造成硒的损失。我国在 2000 年制定的《中国居民膳食营养素参考摄入量》中规定 18 岁以上者的推荐摄入量为 50 μg/d,适宜摄入量为 50～250 μg/d,可耐受最高摄入量为 400 μg/d。

人体中硒的摄入量不足将会导致未老先衰,引发心脏病及心肌衰竭,会发生克山病、大骨节病、关节炎等。但摄入硒过多,可导致中毒。流行病学证明,高硒地区居民出现脱发、指甲脆、容易疲劳、容易激动,易患周围神经炎,还可出现肠胃功能紊乱、水肿、不育症及神经症状等。

4. 维生素

维生素是维持人体健康不可缺少的另一类营养,在机体内它们既不能燃烧产生能量,也不能作为组织的构成原料,人体对维生素的需求量很少,但维生素对人体却起着十分重要的作用,因为大多数维生素是机体酶系统中辅酶的组成成分。

1) 维生素的发现

1897 年,C·艾克曼在爪哇发现,人只吃精磨的白米可患脚气病,而吃未经碾磨的糙米则能治疗这种病。并发现能治脚气病的物质可用水或乙醇提取,当时称这种物质为水溶性 B。1906 年,研究证明食物中含有除蛋白质、脂类、糖类、无机盐和水以外的“辅助因素”,其量很小,但为动物生长所必需。1911 年,C·丰克鉴定出在糙米中能对抗脚气病的物质是胺类,它是维持生命所必需的,所以建议命名为“vitamine”,即 Vital(生命的)amine(胺),中文意思为“生命胺”。维生素的命名有三点。一是按照发现的顺序以英文字母命名,如维生素 A、B 族维生素、维生素 C 等。二是按照它所特有的生理功能命名,如干眼病维生素、抗坏血酸维生素、抗佝偻病维生素等。三是按照化学结构命名,如硫胺素、核黄素、烟酸等。营养学上通常按照维生素的溶解性分为两大类,即脂溶性维生素与水溶性维生素。

2）维生素的特点

天然存在于食物中，但含量极微，常以微克或毫克计量，在食物中的存在形式有维生素本身或被人体利用的维生素前体（维生素原）；各种维生素各自负担着不同的特殊生理代谢功能，但都不提供热能，也不参与构成机体组织；它们都不能由人体合成，或合成量太少（维生素 D 除外），而必须通过饮食提供；人体需要量少，但不可缺乏。当人体内缺乏某种维生素达到一定程度时，可导致相应的缺乏症；某些维生素摄入过量，可导致人体中毒。

3）维生素的分类

维生素可分为脂溶性维生素和水溶性维生素两大类。脂溶性维生素易溶于非极性有机溶剂，而不溶于水，可随脂肪为人体吸收并在体内储存，排泄率不高。缺乏时人体生长缓慢，大剂量摄入时可引起中毒。脂溶性维生素大部分由胆盐帮助吸收，通过淋巴循环到达体内各器官。体内可储存大量脂溶性维生素，维生素 A、维生素 D、维生素 E、维生素 K，维生素 A 和维生素 D 主要储存于肝脏，维生素 E 主要储存于体内脂肪组织，维生素 K 储存量较少。水溶性维生素易溶于水而不溶于非极性有机溶剂，水溶性维生素从肠道吸收后，通过血液循环到达机体需要的组织中，多余的部分大多由尿排出，在体内储存量甚少，多以辅酶或辅基形式参与各种酶系统在代谢中发挥作用。这类维生素包括 B 族维生素、维生素 C、泛酸、叶酸。

(1) 维生素 A 和胡萝卜素　维生素 A，又名视黄醇，是一种淡黄色针状结晶的物质，对热、酸、碱比较稳定，一般的烹调方法对食物中的维生素 A 无严重破坏，但易被空气中的氧氧化而失去生理作用，紫外线照射也可使它受到破坏。此外，如果长时间加热，如油炸，以及在不隔绝空气的条件下长时间脱水，都可使维生素 A 受到损失。

维生素 A 只存在于动物性食物中，植物性食物中没有维生素 A，但有色蔬菜和水果中含有维生素 A 原——胡萝卜素，其被人体吸收后，在小肠黏膜和肝脏中经酶转化成维生素 A。因此，维生素最好的来源是各种动物的肝脏、鱼肝油、鱼卵、全脂牛奶、奶油、禽蛋等。植物性食物中含胡萝卜素较多的有胡萝卜、菠菜、西兰花、芒果、荠菜、番茄、芹菜、韭菜、苋菜等蔬菜、水果。常见食物中维生素 A 和胡萝卜素含量见表 7-6。

表 7-6　常见食物中维生素 A 和胡萝卜素含量

食物	维生素 A /(IU/100 g)	食物	维生素 A /(IU/100 g)	食物	胡萝卜素 /(μg/100 g)
鸡肝	50900	全脂奶粉	1400	菠菜	3.87
羊肝	29900	脱脂奶粉	40	小白菜	2.95
牛肝	18300	牛乳	140	油菜	3.15
猪肝	8700	牛奶巧克力	567	胡萝卜(黄)	3.62
鸭肝	8900	蛤蜊	400	胡萝卜(红)	1.35
河螃蟹	5960	对虾	360	辣椒(红)	1.43
海螃蟹	230	青虾	260	韭菜	3.21
鸡蛋黄	3500	牛肉(肥瘦)	378	芹菜叶	3.12
奶油	2700	猪肉(肥瘦)	162	芒果	3.81
鸡蛋	1440	羊肉(肥瘦)	149	柑橘	0.55

注：摘自于千千，2000，略有改动。

(2) 维生素 D　又称抗佝偻病维生素，它是一类固醇衍生物，种类很多，以维生素 D_2（麦角骨化醇)和维生素 D_3(胆钙骨化醇)最为重要。维生素 D_2 可由紫外线照射人体转变而成,天然食物中不存在。维生素 D_3 存在于鱼肝油、奶油、鸡蛋等动物性食物中,人体皮肤中含有 7-脱氢胆固醇,经紫外线或阳光照射后转变为维生素 D_3。维生素 D_2 和维生素 D_3 在体内经肝肾转化为具有生理活性的形式后,才能发挥生理作用。含维生素 D 丰富的食物见表 7-7。

表 7-7　富含维生素 D 的食物

食物	维生素 D/(IU/100 g)	食物	维生素 D/(IU/100 g)
比目鱼肝油	20000～40000	禽肝	40
鳕鱼肝油	8000～30000	蛋黄	160～400
沙丁鱼	200～1800	全蛋	40～60
人造黄油	80～360	奶酪	10
黄油	40～80	牛奶	2～10

注:摘自龙碧波,2008。

维生素 D 的主要功能是调节体内钙、磷的正常代谢,促进钙、磷的吸收和利用,维持儿童和成人的骨质钙化,促使儿童骨骼成长,保持牙齿正常发育。维生素 D 缺乏时,儿童将患佝偻病,成人将患骨质软化病,孕妇和哺乳期的妇女缺乏维生素 D 时,更易患骨质软化病。

植物性食物中几乎不含维生素 D,维生素 D 主要存在于鱼肝油、鸡蛋黄、黄油、动物肝脏、奶制品及脂肪含量较高的海鱼等食物中。中国营养学会 2000 年制定的《中国居民膳食营养参考摄入量》中,对我国居民膳食维生素 D 参考摄入量(RNI),成人为 5 μg/d。晒不到太阳的人,应适宜多给予维生素 D。

(3) 维生素 E　因维生素 E 与动物的生育功能有关,又称为生育酚,或称为抗不育维生素。维生素 E 为淡黄色油状物,维生素 E 是人体内一种强氧化剂,能防止不饱和脂肪酸的自动氧化,从而维持细胞膜的正常脂质结构和生理功能。

维生素 E 具有防止维生素 A、维生素 C 被氧化的作用,可保持红细胞的完整性。维生素 E 能促进毛细血管增生,改善微循环,可防治动脉粥样硬化等心血管疾病。维生素 E 与性器官的成熟和胚胎的发育有关,可治疗习惯性流产和不育症。近年来,发现维生素 E 具有抗癌作用。维生素 E 还是维持骨骼肌、平滑肌、心肌的结构和功能所不可缺少的物质,缺乏维生素 E 会引起肌肉营养不良。

维生素 E 主要存在于植物食品中,棉籽油、玉米油、花生油等是特别良好的来源,菠菜、芹菜、干辣椒等蔬菜中含量较为丰富,肉、奶、奶油、蛋及鱼肝油中也含有。关于维生素 E 的供给量,我国尚无规定,在正常情况下,人体不会缺乏维生素 E,老年人应适量地增加维生素 E 的供给量。

(4) 维生素 K　维生素 K 因有促进凝血的作用,又称凝血维生素或称抗出血维生素。它是一种黄色晶体,耐酸,耐热,在湿和氧环境中稳定,易被光、碱破坏。维生素 K 是抗凝血的主要成分,还能促进肝脏凝血酶原的合成。如果缺乏维生素 K,将导致血中的凝血酶含量降低,出血后凝固时间延长,还会出现皮下肌肉和胃肠道常有出血现象。维生素 K 主要存在于绿色蔬菜中,如菠菜,白菜中含量最为丰富,肝脏、瘦肉中也含有维生素 K,此外人的大肠杆菌也可以合成。

(5) 维生素 B_1　维生素 B_1 是最早被人们提纯的维生素,为白色粉末,易溶于水,遇碱易分解,易被紫外线损害。因其分子中含有硫及氨基,故称为硫胺素,又称为脚气病维生素。

维生素 B_1 能预防和治疗脚气病，能增加肠胃的蠕动及胰液和胃液的分泌，可增进食欲，帮助消化，预防心脏肿大，促进糖类代谢。硫胺素是组成脱羧酶的辅酶，参加糖代谢。硫胺素缺乏或不足，脱羧酶活性降低，糖代谢出现障碍，可影响机体的代谢过程，使肌肉无力，身体疲倦。如长期食用精白面粉，而又缺乏粗粮和多种辅食的补充，就会造成硫胺素缺乏而引起对称性周围神经炎，造成全身倦怠、肢端异常、心悸、胃部有膨胀感、便秘甚至浮肿。

维生素 B_1 在食物中分布广泛，含量最多的是米糠、麦皮、糙米、全麦粉等，以及麦芽、酵母、干果、硬果、瘦肉、肝脏、蛋类、乳类等。合理的饮食一般不会缺乏硫胺素。

(6) 维生素 B_2　又称核黄素，黄色粉末状晶体，味微苦，其水溶液有绿色荧光，在酸性或中性环境中比较稳定，碱性或光照下极易分解。在自然界分布虽广泛，但含量不多。维生素 B_2 是机体中许多重要辅酶的组成成分。机体中若核黄素不足，则导致物质代谢紊乱，将出现多种多样的缺乏症，常见的临床症状有口角炎、舌炎、脂溢性皮炎、阴囊皮炎、睑缘炎、角膜血管增生等。维生素 B_2 以动物性食物含量高，特别是动物肝脏，肾和心脏含量最高，奶类、蛋类、鳝鱼含量也较多。植物性食物中，绿叶蔬菜和豆类含量较多。含维生素 B_2 较丰富的食物见表 7-8。

表 7-8　含维生素 B_2 较丰富的食物

食物	含量/(mg/100 g)	食物	含量/(mg/100 g)	食物	含量/(mg/100 g)
猪肝	2.08	黄豆	0.22	油菜	0.11
冬菇	1.04	金针菇	0.21	小米	0.1
牛肝	1.3	青稞	0.21	鸡肉	0.09
鸡肝	1.1	芹菜	0.91	标准粉	0.08
黄鳝	0.98	猪肉	0.16	粳米	0.08
牛肾	0.85	荞麦	0.16	白菜	0.07
扁豆	0.45	芥菜	0.16	萝卜	0.06
黑木耳	0.44	牛奶	0.15	梨	0.04
鸡蛋	0.31	瘦牛肉	0.13	黄瓜	0.03
蚕豆	0.23	菠菜	0.11	苹果	0.02

注：摘自龙碧波，2008。

(7) 维生素 B_{12}　维生素 B_{12} 是结构最复杂、唯一含有金属元素的维生素，因其分子内含有钴(Co)，又称为钴胺素。维生素 B_{12} 溶于水，在中性或弱酸性条件下稳定，在强酸、强碱下易分解，在阳光照射下易被破坏。

维生素 B_{12} 在体内以辅酶形式参与多种代谢反应，故又称为辅酶 B_{12}，它的主要功能是提高叶酸的利用率，从而促进血细胞成熟。缺乏时会引起恶性贫血，脊髓变性，神经和周围神经退化以及舌、口腔、消化道黏膜发炎等症状。

维生素 B_{12} 的来源以牛乳、牛肉、海鱼、虾等含量较多，猪肉次之。此外，发酵的豆制品如腐乳、豆豉、豆瓣酱等含量较为丰富。正常人肠道内的某些细菌利用肠内物质也可以合成，在一般情况下不易缺乏。

(8) 维生素 C　维生素 C 是一种抗坏血因子，因其具有酸性，故又称为抗坏血酸，易溶于水，不溶于脂肪，在酸性条件下稳定，对热、碱、氧都不稳定，特别是与铜、铁金属元素接触时破坏更快。它是所有维生素中最不稳定的，因此在烹调时宜短时间加热快速成菜，切忌加碱，烧煮好立刻食用，以免维生素 C 被破坏。食物中的维生素 C 在人体小肠上段被吸收，正常人体内的维生素C代谢活性池中约有1500 mg维生素C，最高储存峰值为3000 mg维生素C(表7-9)。

表7-9　含维生素C丰富的蔬菜水果

食物	含量/(mg/100 g)	食物	含量/(mg/100 g)	食物	含量/(mg/100 g)
大白菜	27	蒜苗	35	红果	87
小白菜	28	蒜黄	18	鲜桂圆	43
菠菜	32	莴苣笋	4	荔枝	41
西兰花	51	甘肃苜蓿	118	猕猴桃	62
油菜	36	蕹菜	25	草莓	52
圆白菜	40	柿子椒	72	葡萄	3～25
冬寒菜	30	芹菜	5～22	桃子	4～25
芥菜	53	橘子	1～33	樱桃	10
苦菜	62	梨	4～14	香蕉	8

注：摘自龙碧波，2008。

维生素C是活性强的还原性物质，参与机体的重要氧化还原反应，保护酶的活性，维持细胞的代谢平衡，是人体新陈代谢必需的物质。维生素C参与细胞间质的形成，维持牙齿、骨骼、血管、肌肉的正常发育功能，促进伤口愈合。维生素C能促使机体抗体的形成，提高白细胞的吞噬作用。维生素C对铅、苯、砷等化学毒物和细菌毒素具有解毒能力，还可阻断致癌物质亚硝胺的形成。最后，维生素C对铁具有还原作用，能将难吸收的三价铁还原为二价铁，促进肠道内铁的吸收，还参与血红蛋白的形成，有利于治疗缺铁性贫血。

维生素C广泛存在于新鲜蔬菜和水果中，尤其是绿色蔬菜和酸性水果中含量丰富。水果中以鲜枣、山楂、柠檬、柑、橘、柚等含量较多。蔬菜中以辣椒、菜花、苦瓜、青蒜、甘蓝、油菜、荠菜、番茄等含量较多，豆类发芽后也含有维生素C。

7.3.2　食物的营养价值

人体所需要的各种营养素都是由食物供给的。人体要获得所需要的各种营养素并使其达到平衡，则需针对食物的营养价值，对其进行科学的选择与合理的搭配。多种食物应包括以下五大类。

1. 谷类及薯类

谷类食品包括大米、面粉、玉米、小米、荞麦和高粱等，薯类包括马铃薯、甘薯、木薯等，它们主要提供糖类、蛋白质、膳食纤维及B族维生素。大米和面粉中的糖类含量较其他谷类高，可达75%以上，其他谷类在67%～70%之间，其糖类利用率高，在90%以上，是提供给人体热能最经济的来源。谷类蛋白质含量一般在8%～12%之间，燕麦含量可达15.6%，稻米和玉米含量较低，平均8%左右，精制的大米和面粉因过多地去除了外皮，蛋白质的含量较粗制的米和面低。谷类的脂肪含量较少，约2%。玉米和小米中含量比较高，可达4%，且多为不饱和脂肪酸。谷类中的维生素主要是B族维生素，其中维生素B_1、维生素B_2和烟酸较多。在小米和黄玉米中还含有少量的胡萝卜素和维生素E，它们大多集中在谷胚和谷皮中。精制的大米和面粉中维生素含量明显减少。谷类无机盐含量为1.5%左右，其中主要是磷、钙和镁。粗制的大米和面粉由于保留了部分表皮，无机盐含量较精制的高。

2. 禽肉类食物

禽肉类食物包括肉、禽、鱼、奶、蛋等。不同动物肉的营养成分是有差异的。蛋白质的含量一般为 10%～20%，其中以内脏如肝脏含量最高，可达 21%以上；肥肉含量较低，如猪肥肉仅为 2.2%。脂肪含量以肥肉的含量最高，如肥猪肉可达 90%，肥羊肉可达 55%，瘦肉含量都较低，如瘦牛肉含 6.2%，瘦猪肉含 30%。脂肪以饱和脂肪酸居多，不易被人体消化吸收；肉类含有较高的胆固醇，如肥猪肉、牛肉和羊肉，含量达 100～200 mg/100 g，鸡肝和鸭肝达 400～500 mg/100 g。因此，对患有冠心病、高血压、肝肾疾病及老年人来说，膳食中应减少肉的摄入。

鱼类中蛋白质的含量多在 15%～20%，其蛋白质的氨基酸组成类似肉类，与人体蛋白质的组成相似，因此其生理价值较高，属于优质蛋白质。脂肪含量低，大多为不饱和脂肪酸。

3. 豆类及其制品

大豆类按色泽可分为黄、青、黑、褐和双色大豆，含蛋白质较高，含脂肪中等，含糖类相对较少；其他豆类包括蚕豆、豌豆、绿豆和赤豆等，糖类含量较高，蛋白质中等，脂肪较少。大豆含蛋白质最高，一般为 35%～40%，其中黑大豆含 50%以上，500 g 黄豆含蛋白质相当于1500 g瘦肉或 1000 g 鸡蛋或 6000 g 牛奶。大豆所含蛋白质的质量较好，其蛋白质氨基酸组成，接近人体的需要；脂肪含量以大豆类为最高，达 15%～20%，而且以不饱和脂肪酸居多，其他豆类含糖类高，绿豆、赤豆、豌豆含量 50%～60%，而大豆的含量为 20%～30%。豆类还含有丰富的钙、磷、铁和 B 族维生素，其中维生素 B_1 含量较高；豆芽中，含有较多的维生素 C，在大豆类及绿豆中，还含有少量的胡萝卜素。

4. 蔬菜水果类

蔬菜与水果是膳食维生素和无机盐的主要来源。叶菜类蔬菜主要提供维生素 C 和维生素 B_2、胡萝卜素及较多的叶酸和胆碱，无机盐也较多，尤其是铁。瓜果类蔬菜，含有一定的维生素、无机盐和一些生物碱。菌类中含有大量的必需氨基酸，钙、磷、铁等无机盐，维生素 B_2 和酶类。藻类中均含有蛋白质、维生素 A 以及众多 B 族维生素，还有钾、钙、氯、钠、硫、铁等多种无机盐。根茎类蔬菜含淀粉较高，含蛋白质相对较高。瓜茄类含维生素及胡萝卜素较多。水果主要含维生素和无机盐，尤其富含维生素 C。

近年来，随着科学技术的发展以及人类生命科学领域的不断扩展，蔬菜的保健作用越来越受到人们的关注。

5. 纯热能食物

纯热能食物包括动植物油、淀粉、食用糖和酒类，主要提供能量。动物油即动物脂肪，包括动物的体脂和动物的乳脂，主要为人体提供饱和脂肪酸、胆固醇、磷脂、脂溶性维生素。植物油来源于植物的种子，包括豆油、花生油、芝麻油、葵花籽油、菜籽油、橄榄油等，为人体提供维生素 E、胡萝卜素和必需脂肪酸等。食用糖多含糖类，为人体提供能量代谢的基础物质。酒类的主要成分是乙醇，包括白酒、啤酒、果酒等，为人体提供多种氨基酸、维生素，在体内可产生热量。酒中含有众多的对人体有益的营养成分，适量饮酒对人体有益，如葡萄酒有利于防治心血管疾病，啤酒具有利尿作用。

6. 蛋奶类

蛋类包括鸡蛋、鸭蛋、鹅蛋等，蛋类含有丰富的蛋白质、脂肪、维生素和无机盐。全蛋中蛋白质含量为 13%～15%，多集中于蛋清，脂肪含量为 11%～15%，多集中于蛋黄内，包括卵磷脂和胆固醇，蛋清中几乎无。蛋类中所含的铁，量多、利用率高。蛋类的营养成分比较全面而均衡，人体需要的营养素几乎都有，且易于消化吸收，是理想的天然食品。它的蛋白质的氨基酸组成与人体内蛋白质最为接近，因此生理价值高，是人体氨基酸的重要来源。另外，蛋类中还含有众多氨基酸、无机盐、维生素。如鸡蛋中含有人体必需的 8 种氨基酸，鸡蛋黄中含有钙、磷、铁等元素和维生素 A、维生素 D、维生素 B_2、维生素 B_1 等，并在人体内的利用率高，被誉为人体营养的“宝库”。

奶类主要包括牛奶、羊奶和马奶等，其营养丰富，而且易于消化吸收，它是婴儿主要食品，是老、幼、弱、病等营养滋补品。奶类除不含纤维素外，几乎含有人体所需要的各种营养素。奶类蛋白质含量为 2%～4%，人乳的含量较低，约为 1.5%，牛奶和羊奶含量较高，达 3.5%～4.0%。蛋白质的组成以酪蛋白为主，如牛奶中酪蛋白占总蛋白质含量的 86%，其次是乳白蛋白，约为 9%，乳球蛋白，为 3%，其他还有血清白蛋白，免疫球蛋白和酶等；而人乳中的酪蛋白含量较乳白蛋白的含量少。奶类中脂肪含量为 3%～4%，乳脂颗粒小，呈高度分散状态，所以消化吸收率较高。奶类中胆固醇含量不多，而且奶中含乳清酸，能降低血清胆固醇，故患冠心病及高血脂者喝牛奶，不要过分担心。奶中还含有多种维生素、矿物质，可为人体提供维生素 A、核黄素和钙、磷、钾等人体必需营养物质。

常喝牛奶可补充钙质，防治溃疡，减少发炎机会，预防支气管炎，降低癌症发生率，提高睡眠质量。

7.3.3 中国膳食指南与均衡营养

人体所需的营养素多达 40 多种，必须通过食物摄入来满足人体的需要。当膳食中各种营养成分的比例适宜时，称为平衡膳食(balanced diet)。我国传统膳食结构为东亚型饮食结构，即以植物性食物为主，动物性食物为辅。现代营养学证明，平衡膳食是合理饮食的指南，平衡膳食具体指全面达到能量和营养素供应的膳食，即要求三大产能营养素、必需氨基酸、各种维生素和各种矿物质比例适中，膳食中提供的能量与人体所需保持平衡。

1. 三大营养素比例均衡

人体所需的能量来源于食物中的糖类、脂肪和蛋白质，因此称它们为三大营养素。它们的分子组成不同，在体内氧化产生的能量也不同。1 g 糖类在体内氧化可产生 16.7 kJ 能量；1 g 脂肪在体内氧化可产生 37.7 kJ 能量；1 g 蛋白质可产生 16.7 kJ 能量。

对健康成人来说，平衡膳食需要能量的摄入与消耗要平衡，否则将导致肥胖或消瘦，甚至导致疾病，所以三大营养素的摄入比例要适宜。根据中国人的膳食习惯，由糖类提供的能量以占总能量的 55%～65%、脂肪占 20%～30%、蛋白质占 10%～15%为宜。摄入糖类过多、脂肪过少的膳食，膳食体积增大，但不耐饿；同时，还会增加 B 族维生素的消耗，并影响脂溶性维生素(维生素 A、维生素 D、维生素 E、维生素 K)的吸收，因为糖类代谢过程中需要大量 B 族维生素。而脂肪过多、糖类过少的膳食会诱发肥胖病、冠心病、结肠癌、乳腺癌等疾病。蛋白质过少会影响生长发育、疾病康复和免疫功能，过多会增加肝、肾负担。

2. 食物粗细搭配，谷类为主

人类的食物是多种多样的。各种食物所含的营养成分不完全相同。除母乳外，任何一种天然食物都不能提供人体所需的全部营养素。平衡膳食必须由多种食物组成，才能满足人体各种营养需要，达到合理营养、促进健康的目的，因而提倡人们广泛食用多种食物。

谷类食物是中国传统膳食的主体。随着经济发展，生活改善，人们倾向于食用更多的动物性食物。1992 年全国营养调查的结果显示，在一些比较富裕的家庭中动物性食物的消费量已超过了谷类的消费量。这种"西方化"或"富裕型"的膳食提供的能量和脂肪过高，而膳食纤维过低，对一些慢性病的预防不利。提出谷类为主是为了提醒人们保持我国膳食的良好传统，防止发达国家膳食的弊端。

另外要注意粗细搭配，经常吃一些粗粮、杂粮等。稻米、小麦不要碾磨太精，否则谷粒表层所含的维生素、矿物质等营养素和膳食纤维大部分流失到糠麸之中。

3. 多吃蔬菜、水果和薯类

蔬菜与水果是提供无机盐的重要来源，尤其是钾、钠、钙和镁等。它们在体内的最终代谢产物是碱性，故称碱性食物。而粮、豆、肉和蛋等含蛋白质丰富，由于硫与磷含量较多，体内转化后，最终产物多呈酸性，故称酸性食品。而碱性与酸性食品必须保持一定的比例，才有利于机体的酸碱平衡。薯类含有丰富的淀粉、膳食纤维，以及多种维生素和矿物质。

"中国人民膳食指南"建议，每天膳食中含有 400～500 g 的蔬菜及薯类，100～200 g 的水果，这对保护心血管健康，增强抗病能力，减少儿童发生干眼病的危险及预防某些癌症等，具有重要作用。

4. 常吃奶类、豆类及其制品

奶类含有丰富的优质蛋白质、维生素和矿物质，其中钙的含量极高，且利用率高，是天然钙质的极好来源。大量研究表明，给儿童、青少年补钙可增强其骨密度，延缓发生骨质丢失。豆类是我国的传统食品，含有大量优质蛋白质、不饱和脂肪酸、钙及维生素 B_1、维生素 B_2、烟酸等，是人体良好的营养来源。

5. 清淡饮食

吃清淡膳食有利于健康，既不要太油腻，不要太咸，不要过多的动物性食物和油炸、烟熏的食物。动物性食物与油炸食物含油脂高，食盐中钠含量高，过多摄入对健康不利，所以油腻的或太咸的食物应避免。世界卫生组织建议每人每天食盐量以不超过 6 g 为宜。

长期食用油腻的食物会增加高血脂、动脉粥样硬化等发病率，并导致高血压的发病率增高。

6. 食量与运动保持平衡

食物提供能量，运动消耗能量，两者之间应保持平衡。进食量与体力活动控制人体的体重。如果进食量过大而活动不足，食物内多余的能量就会以脂肪的形式积存而发胖；相反，若食量不足，劳动量或运动量过大，可由于能量不足引起消瘦，造成劳动能力下降。据报道，约有 20 种疾病与肥胖有关，例如动脉粥样硬化（包括脑血管病、冠心病）、高脂血症、糖尿病、胆结石、骨关节病、肾病及一些恶性肿瘤等。同样的，身体过度消瘦也会导致疾病的发生。所以，食量与运动保持平衡非常重要。

一般来说，人的日常活动量决定了他应摄入的食物量。脑力劳动者，因体力活动较少，应有意识地增加活动量或运动锻炼。而对于消瘦者，应适量地增加食物的摄取量和平衡营养。中老年人经常增加强度适宜的运动可保持正常体重。

7.3.4　营养配餐

人体需要的营养素都是由食物提供的，而任何一种天然食物也不能包括所有营养。所以合理的营养要求必须合理地搭配饮食，讲究营养均衡，做到营养配餐，广泛摄入蔬菜、水果、禽蛋、五谷杂粮等多种食物，才能提高食物的营养价值，才能构建合理、稳固的营养大厦。营养配餐是指按人体的需求，根据食物中各种营养物质的含量，设计一天、一周或一个月的食谱，使人体摄入的各营养素比例适宜，即达到平衡膳食(balanced diet)。

1. 营养配餐的意义与原则

1) 目的与意义

营养配餐依照科学数据，对各类人群的日常饮食给出科学的建议，可结合当地食物的品种、生产季节、经济条件、烹煮水品、饮食习惯以及个体特殊的需求，合理搭配食物以达到均衡营养。营养配餐能保证人体正常的生理功能，并能有效地避免营养缺乏或过量摄入营养。通过编制营养食谱，可指导食堂管理人员有计划地管理食堂膳食，也有助于家庭有计划地管理家庭膳食，并且有利于成本核算。

2) 营养配餐的依据与原则

营养配餐是一项实践性很强的工作，与人们的日常饮食直接相关。根据中国居民膳食营养素参考摄入量、中国居民膳食指南和平衡膳食宝塔、食物成分表，一系列的营养理论作为指导。营养配餐在实行过程中按照食物的营养平衡理论，并根据合理的搭配原则，以及科学合理的烹饪方法，最终做到营养配餐科学、合理。

3) 食物的平衡理论

食物的平衡理论是指在膳食平衡的基础上确定合理的能量和各类营养素需求量，据此进行科学的烹饪和调配，使餐食在味道与营养平衡上达到膳食供给量标准(图 7-7)。食物的搭配原则是保持平衡，即主食与副食平衡、膳食中荤与素平衡、杂与精平衡、膳食中五味平衡、饮食中酸碱平衡、膳食中冷热平衡、膳食中干稀平衡、食物寒热温凉四性平衡等。科学合理的烹饪方法是指在食物加工烹饪过程中，兼顾食物因烹饪加工而可能产生的有利有害作用，在满足人体生理需求的同时，要注意经常变换加工烹饪方法。最终提高人体对平衡膳食中平衡营养的吸收。

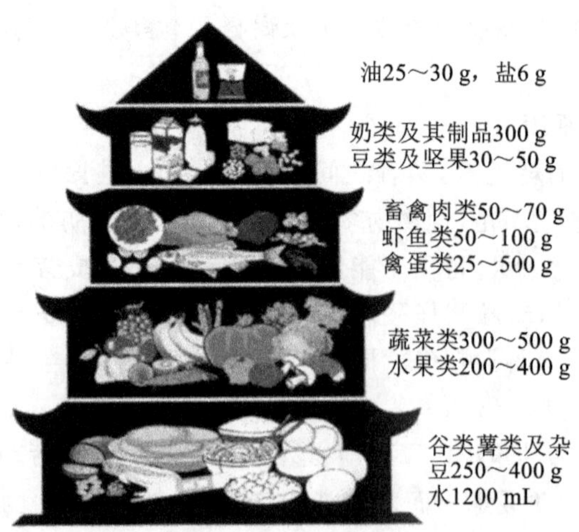

图 7-7　中国居民平衡膳食宝塔(摘自李殿鑫,2011)

(1) 膳食中三大营养素的比例需要保持平衡，分别占总能量的百分比为，糖类占 55%～65%、脂肪占 20%～30%、蛋白质占 10%～15%。

(2) 膳食中动物性蛋白质与植物性蛋白质保持一定比例。膳食中以动物性蛋白质为主，植物性蛋白质和大豆蛋白质进行适当搭配，并保证优质蛋白质占蛋白质总供应量的 1/3 以上。

(3) 饱和脂肪酸、单不饱和脂肪酸和多不饱和脂肪酸之间的平衡。一般认为，脂肪提供的能量占总能量的 30%以内，饱和脂肪酸提供的能量占总能的 7%左右，单不饱和脂肪酸，剩余的能量均由多不饱和脂肪酸提供为宜。动物脂肪含饱和脂肪酸和不饱和脂肪酸较多，含多不饱和脂肪酸较少；植物油主要含不饱和脂肪酸。

(4) 肉类的蛋白质的氨基酸组成接近人体组织需要，故其生理价值较高，属优质蛋白质，且含有谷类食物中含量较少的赖氨酸，因此肉类食物和谷类食物应搭配使用。

2. 营养食谱编制

食谱是根据用膳者的营养需求、饮食习惯和食物的供应情况，而制定一定时间内(通常为一周)每餐用粮和菜肴的配置计划。编制是一种平衡膳食的措施，使用餐者每日摄入能满足需要的能量和各种营养素，并以食物的形式分配到各餐中，以达到预防疾病的目的。每日膳食中营养素和热能供给量的标准见表 7-10。

表 7-10　每日膳食中营养素和热能供给量的标准

性别与年龄	劳动强度	热量/kJ(kcal)	蛋白质/g	钙/mg	铁/mg	维生素 A/IU	胡萝卜素/mg	硫胺素/mg	核黄素/mg	烟酸/mg	抗坏血酸/mg
成年男性	轻体力劳动	10878(2600)	75	600	12	2200	4	1.3	1.3	13	75
	中等体力劳动	12552(3000)	80	600	12	2200	4	1.5	1.5	15	75
体重 65 kg	重体力劳动	15062(3600)	90	600	12	2200	4	1.8	1.8	18	75
成年女性	轻体力劳动	10042(2400)	70	600	12	2200	4	1.2	1.2	12	70
	中等体力劳动	11715(2800)	75	600	12	2200	4	1.4	1.4	14	70
	重体力劳动	14226(3400)	85	600	12	2200	4	1.7	1.7	17	70
体重 55 kg	孕妇(后五月)	＋1225(＋300)	15	1500	15	3300	6	0.2	0.2	2	100
	乳母(一年内)	＋4184(＋1000)	25	2000	15	3900	7	0.5	0.5	5	150
少年男性											
体重 54 kg	16～19 岁	12552(3000)	90	1000	15	2200	4	1.8	1.8	18	90
体重 42 kg	13～16 岁	10887(2600)	80	1200	15	2200	4	1.8	1.6	16	80
少年女性											
体重 50 kg	16～19 岁	11296.8(2700)	80	1000	15	2200	4	1.4	1.6	16	75
体重 40 kg	13～16 岁	10460(2500)	75	1200	15	2200	4	1.3	1.5	15	75

注：摘自于千千，2000。

根据营养配餐理论，营养食谱的编制需遵循以下原则，根据不同人群供给足量的热量与各种营养、按照不同地区的饮食习惯使全天食物在各餐中分配恰当、烹调方法合理、考虑当地季节性烹饪原料及众多外界因素，做成合理的营养食谱。

知识链接

口服胰岛素药物有望成真

2013年12月29日，www.bio360.net上有一篇题为《口服胰岛素药物终成真》的文章。报道称：印度研究人员正在老鼠身上测试一种可商业化的口服胰岛素药丸，若能测试成功，将来可望应用到人类身上。这对于每天痛苦注射胰岛素的广大糖尿病患者来说，是一个好消息了。

据统计，全球近3.5亿人罹患糖尿病，预估到2030年患者将增长到5亿人。最常见的2型糖尿病（或成人糖尿病）不需一直注射胰岛素，但剩下的1/4患者却必须依赖胰岛素注射。专家估计，口服胰岛素的年销售额可望介于80亿～170亿美元之间。胰岛素药丸的好处不只是可减少注射的痛苦，还意味着患者可在患病的初期服用胰岛素，从而降低2型糖尿病并发视力模糊导致眼盲，以及伤口愈合困难导致截肢的风险。

口服胰岛素的概念最早出现在20世纪30年代，但制造上的问题一直无法克服。首先，胰岛素是一种蛋白质，当它接触到胃蛋白酶时就会很快被摧毁。其次，如果胰岛素可安全通过胃，它的分子体积（约为阿司匹灵的30倍）也太大，无法被血液吸收。

多年来，印度国家药学教育研究所的杰恩（Sanyog Jain）和其同事一直致力于研发口服胰岛素。他们在2012年首度测试成功，他们研发的配方成功地控制了老鼠的血糖浓度。但由于材料价格太贵，商业化有技术上的困难。现在，他们在《生物大分子》刊发文章宣称，他们已发现了一个更便宜且更可靠的解决方案。他们克服了两大障碍：将胰岛素制成血脂微小胶囊，以及加入叶酸（或维生素B_9）促使药丸方便被血液吸收。

他们使用的血脂很便宜，而且也已被成功应用到其他药品上。这些血脂可保护胰岛素不被胃蛋白酶消化。当血脂覆盖的胶囊进入小肠后，微皱褶细胞（microfold cells）会吸入叶酸。叶酸可激活让大分子进入血液的传输机制。配方中使用的叶酸含量也似乎落在安全范围。

在老鼠的实验中，杰恩的配方与注射式的胰岛素一样有效，尽管进入血液中的含量有微小差异。但注射式的效用仅持续6～8 h，而新配方的药效可持续18 h以上。

该研究的最重要部分是进行动物实验，该配方必须给自愿的人类服用。但杰恩遗憾地说："在一个像我们这样的政府研究机构中，我们没有进行临床试验所需的资金。"

诺和诺德（Novo Nordisk）和以色列制药商Oramed最近获得了谷歌创投1000万美元的注资，药界预期他们将开发出口服胰岛素配方。印度制药商Biocon也在进行口服胰岛素的研究，最近与百施美施贵宝（Bristol-Myers Squibb）签下了协议。

Oramed药厂的研发进度最领先，其口服产品将很快进入第二阶段临床试验。该公司首席科学家基德伦（Miriam Kidron）表示："大部分的人都有开发胰岛素药丸的基本想法，但产品间微小的差距将决定最后的成功。"她还说："我们曾经像杰恩一样尝试过血脂输送，但我们没能成功。"她警告，将老鼠实验的成功复制到人体非常困难。事实上，大部分药品在每个发展阶段都有很高的失败率。即使如此，像杰恩这样的研究人员还是给了糖尿病患者一个将来可口服用胰岛素药丸的美梦。出生后机体被动地受病原体感染或主动接种疫苗而获得的免疫称为特异性免疫或获得性免疫。例如，得过伤寒病的人对伤寒杆菌有持久的免疫力，那是因为伤寒杆菌刺激机体产生免疫应答，增加了巨噬细胞的吞噬功能，同时在体内还产生了抗伤寒杆菌的抗体。人体的免疫系统又能把伤寒杆菌这个“敌人”的特征长期“记忆”下来，如果再有伤寒杆菌进入，就会很快被识别、被消灭。

问题与思考

1. 比较 B 细胞和 T 细胞。

2. 一位 O 血型女性和一位 AB 血型男性，他们的孩子可能是 O 血型吗？

3. 艾滋病病毒（HIV）是如何传播的？一旦 HIV 进入细胞，将会发生什么？

4. 抗体是什么？有几种类型？各有什么功能？

5. 简述合理营养和平衡膳食的概念和基本要求。

6. 请按照进餐者的年龄和健康状况，参照每日膳食营养素供给标准，计算某女大学生（年龄 22 岁，体重 52 kg，身高 164 cm）每餐需要的营养素量。

主要参考文献

[1] G H 弗里德，G J 黑德莫诺斯. 生物学[M]. 2 版. 北京：科学出版社，2002.

[2] Neil A Campbell，Jane B Reece. 生物学导论[M]. 北京：高等教育出版社，2003.

[3] 张惟杰. 生命科学导论[M]. 2 版. 北京：高等教育出版社，2008.

[4] 刘广发. 现代生命科学概论[M]. 2 版. 北京：科学出版社，2008.

[5] 刘玉芬. 细胞与分子免疫学基础[M]. 哈尔滨：东北林业大学出版社，2009.

[6] 高美华. 细胞与分子免疫学[M]. 东营：中国石油大学出版社，2008.

[7] 李迎新. 实用传染病学[M]. 天津：天津科学技术出版社，2010.

[8] 刘春华. 新发传染病预防与治疗[M]. 济南：山东科学技术出版社，2009.

[9] 王晓平，张金萍. 疫苗针对传染病的预防与控制[M]. 哈尔滨：黑龙江科学技术出版社，2009.

[10] 黄升谋. 人体营养与保健学[M]. 武汉：湖北教育出版社，2010.

[11] 田呈瑞. 现代饮食营养与健康[M]. 北京：中国计量出版社，2006.

[12] 李殿鑫. 饮食营养与健康[M]. 武汉：华中科技大学出版社，2011.

[13] 陆建邦，孙喜斌，单新国. 饮食营养与健康[M]. 郑州：郑州大学出版社，2008.

[14] 刘浩宇. 饮食营养与卫生[M]. 天津：南开大学出版社，2005.

[15] 王永川，魏丽娟，刘俊田，等. 发达与发展中国家癌症发病率与死亡率的比较与分析[J]. 中国肿瘤临床，2012，39(10)：679-682.

[16] 代敏，任建松，李霓，等. 中国 2008 年肿瘤发病和死亡情况估计及预测[J]. 中国流行病学杂志，2012，3(1)：57-61.

第8章 生命的进化

本章教学要点

1. 生命起源的化学演化过程。
2. 达尔文进化理论的主要内容及其发展。
3. 化石和分子生物学对生物进化研究提供的支持。
4. 物种形成的主要环节和方式。
5. 人类起源的过程、主要变化和原因。
6. 现代人起源的两个学说——单一地区起源说和多地区起源说。

引言

人类居住的地球是一个独特的星球，其独特性就在于它具有其他已知星体所没有的由多样生命组成的生物圈。在这个五彩缤纷、生机盎然的生命世界中，生物种类是那样繁多，生物的形态结构是那样复杂多样，生物的繁殖和遗传过程是那样神奇，生物对环境的适应是那样奇妙。我们不禁要问，这个丰富多彩的生物世界是怎样进化而来的？生物进化的机制是怎样的？地球上最早的生命又是怎样产生的？在科学家的不懈努力下，诸如此类的问题正在逐步揭开神秘的面纱。

8.1 生命的起源

生命现象是人类已知的宇宙现象中最复杂的现象。人类对生命起源问题探索的历史几乎和人类文明史一样长，伴随着人类文化的发展，对生命起源的探索也在不断深化。

8.1.1 重要的生命起源学说

什么是生命？生命从何出来？这个问题既是自然科学问题，也是哲学问题。人类历史上关于生命起源的问题有许多臆测和假说，争论颇多。从原始的自然发生说、神创论到宇生论、化学演化说，对这个问题的不同回答，反映了不同的世界观。

1. 自然发生说

自然发生说(spontaneous generation)又称自生论，很多古希腊先哲都曾抱有自生论的观点，反映了古人朴素的唯物主义思想。自然发生说也是 19 世纪前比较流行的一种生命起源的理论，认为生命可以从非生命的物质中直接而迅速的产生。我国古代即有“腐草生萤”、“白石化羊”、“腐肉生蛆”的种种说法。17 世纪初，比利时人范·赫尔蒙特(Van Helment，1577—1644)还通过“实验”证明，将谷粒、破旧衬衫塞入瓶中，静置于暗处，21 天后就会产生老鼠，并且让他惊讶的是，这种“自然”发生的老鼠竟和常见的老鼠完全相同(图 8-1)。范·赫尔蒙特的实验没有排除老鼠从外界进入的可能性，他的结果显然是错误的。

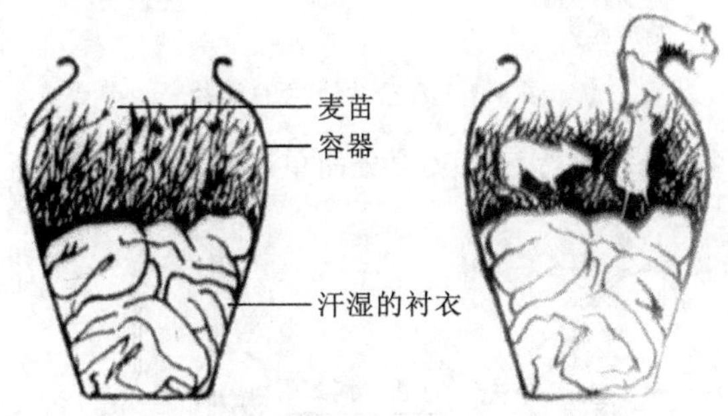

图 8-1　范·赫尔蒙特制作老鼠(摘自 Grzimek)

17 世纪，意大利医生弗朗西斯科·雷第(Francesco Redi，1621—1691)第一次用实验证明腐肉不能生蛆，蛆是苍蝇在肉上产的卵孵化而成的(图 8-2)。

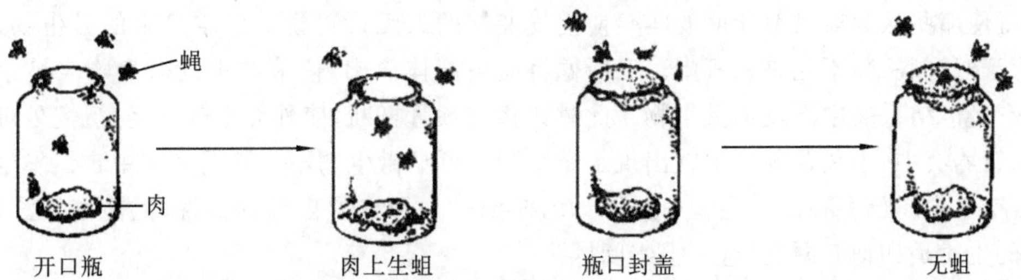

图 8-2　雷第的实验(摘自陈阅增，2005)

雷第的实验严谨而有说服力，此后人们才逐渐相信较大的动物如蝇、鼠、象等不能自然发生。

18 世纪时，意大利生物学家斯巴兰让尼(Lazzaro Spallanzani，1729—1799)发现，将肉汤置于烧瓶中加热，沸腾后让其冷却，如果将烧瓶开口放置，肉汤中很快就繁殖生长出许多微生物，但如果在瓶口加上一个棉塞，再进行同样的实验，肉汤中就没有微生物繁殖。斯巴兰让尼的实验为科学家进一步否定“自然发生论”奠定了坚实的基础(图 8-3)。

他的结论是肉汤中的小生物来自空气，而不是自然发生的。但自然发生论者则认为他把肉汤“折磨”得失去了“生命力”，并且在封盖的瓶中空气也变了质，不适于生命的生存了。

法国微生物学家巴斯德(Louis Pasteur，1822—1895)的实验彻底地否定了自然发生说。巴斯德根据他的发酵研究认为，生物不可能在肉汤或其他有机物中自然发生，否则灭菌、菌种选育等就无意义了。巴斯德做了一系列实验，证明微生物只能来自微生物，而不能来自无生命

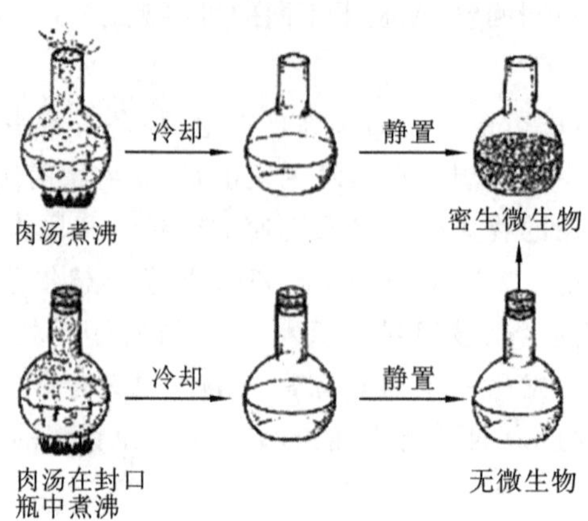

图 8-3 斯巴兰让尼的实验

的物质。他做的一个最令人信服、然而却又十分简单的实验是“鹅颈瓶实验”(图 8-4)。

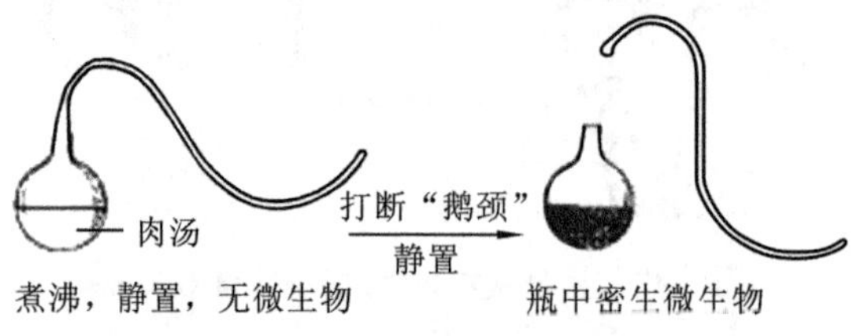

图 8-4 巴斯德的鹅颈瓶实验(摘自陈阅增,2005)

巴斯德将营养液(如肉汤)装入带有弯曲细管的瓶中,弯管是开口的,空气可无阻地进入瓶中(这就使那些认为斯巴兰让尼的实验使空气变坏的人无话可说),而空气中的微生物则被阻而沉积于弯管底部,不能进入瓶中。巴斯德将瓶中液体煮沸,使液体中的微生物全被杀死,然后放冷静置,结果瓶中不发生微生物。此时如将曲颈管打断,使外界空气不经“沉淀处理”而直接进入营养液中,不久营养液中就出现了微生物。可见微生物不是从营养液中自然发生的,而是来自空气中原已存在的微生物(孢子)。巴斯德等人否定了自然发生说,但他们并没有解决“最初的生命是如何起源的”这一根本问题。

2. 神创论

神创论(creationism)又称特创伦,在 19 世纪以前一直占据着人类思想的统治地位,认为地球上的一切生命都是上帝设计和创造的,或者由某种超自然的东西干预而产生的。基督教圣经的《创世记》中把世界万物描绘成上帝的特殊创造物,上帝在一周之内创造了宇宙,创造了光、陆地、海洋、各种动物、男人、女人以及伊甸园中的草木、花果与蔬菜,甚至有人把上帝创造人的时间“精确”到公元前 4004 年 10 月 3 日上午 9 时。从神创论的基本思想延伸出两个教条,即“目的论”和“物种不变论”。恩格斯曾这样刻画目的论:“根据这种理论,猫被创造出来是为了吃老鼠,老鼠被创造出来是为了给猫吃,而整个世界创造出来是为了证明造物主的智慧”。

随着科学的产生和发展,神创论和自然科学之间出现严重的冲突。神创论的支持者为坚持这一非科学观点,不得不做出新的努力以使圣经与科学调和,用科学知识来证明圣经的故事,如有人曾列举了生物学和古生物学的一些“证据”来证明上帝造物和物种不变的观点。他们将古生物记录中的适应辐射、“寒武纪生命大爆发”这类事实说成是“新种类的突然起源恰恰证明了上帝创造的行为”,将某些生物的进化缓慢说成是“有限改变”,是物种不变论的证据,这就是现代的所谓新创世说。不科学的东西无论怎样修饰，都是不科学的，从 19 世纪下半叶，生物学乃至整个自然科学逐步而又坚决地挣脱了神创论的束缚。

3. 宇生论

宇生论又称宇宙胚种说，这一学说认为地球上的生命来自宇宙间其他星球，某些微生物孢子可以附着在星际尘埃颗粒上而落入地球，从而使地球有了初始的生命。过去和现在，已经提出了许多属于宇宙胚种说的假说。有人推断，是同地球碰撞的一颗彗星带着一个"生命的胚胎"，穿过宇宙，将其留在了刚刚诞生的地球之上，从而有了地球生命。有人认为，地球生命之源可能来自 40 亿年前坠入海洋的一颗或数颗彗星，是彗星提供了地球生命诞生需要的原材料。

但是，就目前人类所知，宇宙空间的物理条件（如紫外光、温度等）对生命是致死的，生命怎能穿过宇宙空间而进入地球呢？像微生物孢子这一水平的生命形态看来是不可能从天外飞来的，但是一些构成生命的有机物质有没有可能来自宇宙空间呢？有人认为这是完全可能的。1959 年 9 月澳大利亚落下一颗碳质陨石，其中含有多种有机酸和氨基酸。这些氨基酸与构成蛋白质的氨基酸不同，不是 L 型的，而是以 D 型和 L 型的消旋混合物的形式存在的，有些氨基酸是地球上生物所没有的。可见它们不是来自地面上的污染，而是陨石本身所含有的。此外，宇宙空间的研究表明，星际物质中含有尘埃颗粒。这些尘埃的直径在 0.04 ～0.6 μm 之间，温度在 10 K 左右，因此空间很多气体被冻结在低温尘埃的表面，它们经光、电、紫外线等的冲击，可以完成有机合成的过程，因而一些有机分子如氨基酸、嘌呤、嘧啶等就可在尘埃的表面产生，光谱分析证明确实如此。

4. 化学演化说

1924 年苏联生物化学家奥巴林（А・И・Опарин）发表了《生命起源》专著。1928 年英国遗传学家霍尔丹（J. B. S. Haldane）也发表了论文，提出了相似的观点。他们认为在地球历史的早期，在原始地球的条件下，无机物可以转变成有机物，有机小分子可以发展为生物大分子和多分子体系，最后出现原始生命，这就是化学演化说（chemical evolution theory）。1936 年奥巴林改写了《生命起源》，增加了内容，并被译成多种文字，生命起源的问题重新引起人们的广泛关注。20 世纪 50 年代以后，人们利用更先进的技术进行了更深入的实验研究，取得了大量的成果。

生命与非生命之间没有不可逾越的鸿沟，这和自然发生论好像很相似，其实却有根本不同，可称为新的自然发生学说。按照这个学说，生命是在长时期宇宙进化中发生的，是宇宙进化的某一阶段非生命物质所发生的一个漫长的化学演化过程，而不是在现在条件下由非生命的有机物质突然产生的。这个学说因为有比较充分的根据和实验证明，因此得到了多数科学家的承认，很多研究者也都以此学说为根据继续深入研究。

20 世纪 70 年代末，科学家在东太平洋的加拉帕格斯群岛附近发现了几处深海热泉，在这些热泉里生活着众多的生物，包括管栖蠕虫、蛤类和细菌等兴旺发达的生物群落。这些生物群落生活在一个高温、高压、缺氧、偏酸和无光的环境中。首先是这些化能自养型细菌利用热泉喷出的硫化物（如 H_2S）所得到的能量去还原 CO_2 而制造有机物，然后其他动物以这些细菌为食物而维持生活。迄今科学家已发现数十个这样的深海热泉生态系统，它们一般位于地球两个板块结合处形成的水下洋嵴附近。

热泉生态系统之所以与生命的起源相联系，主要基于以下的事实：①现今所发现的古细菌，大多都生活在高温、缺氧、含硫和偏酸的环境中，这种环境与热泉喷口附近的环境极其相似;②热泉喷口附近不仅温度非常高,而且又有大量的硫化物、CH_4、H_2和CO_2等,与地球形成时的早期环境相似。

热泉喷口附近的环境不仅可以为生命的出现以及其后的生命延续提供所需的能量和物质,而且还可以避免地外物体撞击地球时所造成的有害影响,因此热泉生态系统是孕育生命的理想场所。也有一些学者认为,生命可能是从地球表面产生,随后蔓延到深海热泉喷口周围,以后的撞击毁灭了地球表面所有的生命,只有隐藏在深海喷口附近的生物得以保存下来并繁衍后代。

总之,地球上最早的生命既不是由非生命物质直接而迅速地产生出来的,也不是来自某种超自然智力的创造,而是由非生命物质经过漫长的化学途径逐步演化而来的。

8.1.2 前生命的化学进化阶段

我们所生活的地球大约有46亿年的历史。地球形成初期,随着构成地球物质的收缩产热和内部放射性物质的作用,地球温度不断升高,一度处于熔融状态,且经常受到大量小行星和陨石的撞击,不适合生命生存。现今人类发现的最古老的生物化石是来自澳大利亚西部距今约35亿年的岩石,类似现在的蓝藻,是一些极其原始的微小生命体。另外,在格陵兰距今38亿年的岩石中,通过碳的同位素分析人们发现了有机碳,间接说明在38亿年前地球上就可能有生命存在了。据此分析,地球上生命的起源应该是发生在距今41亿年(地壳开始硬化)到38亿年的几亿年之间。

1. 早期地球的环境条件

1)原始大气

地球形成之后的一段时间里,地球表层的温度开始逐渐下降,内部温度却依然很高,表现为频繁的火山活动。地球内部的物质分解产生大量的气体,冲破地表释放出来,形成原始大气。多数学者认为此时大气的成分主要是CO_2、CH_4、N_2、水蒸气、H_2S和NH_3等。它们离开地球表层以后很快冷却,不会因为温度过高导致气体分子的运动速度过快而脱离地球引力,由这些新产生的气体所形成的大气层是相对稳定的。特别需要注意的是,此时的大气不同于现在地球的大气,氧均以氧化物的形式存在,大气中不含游离氧,所以它是还原型的。原始大气为生命起源提供了原始素材。

2)原始海洋

地球刚形成时没有河流与海洋,只是大气层中含有一定量的水蒸气。当地球表面温度降低时,由于内部温度还很高,频繁的火山活动喷出了更多的水蒸气。由于地壳的不断变动,有些地方隆起形成高原和山峰,有些地方则收缩下陷形成低地和山谷。大气层中的水蒸气饱和冷却不断地形成雨水降落到地面上,当地表温度下降到100 ℃以下时,雨水开始聚集在地壳下陷及低落处而形成河流、湖泊,最后汇集到地球表面最低洼处,形成原始海洋。

液态水的出现是生命化学演化中的重要转折点。现在已经清楚,具有高度反应活性的分子虽然可以在气相中生成,但它们却在水溶液中发生化学反应,因为所有生命物质都涉及液相。当大气层的水蒸气凝结为雨水而降落时,大气中的一些可溶性化合物被溶解到了水里;在地面上的水汇集到原始海洋的过程中,又把地壳表面的一些可溶性化合物溶解在水中,带到了海洋中。因此原始海洋里积累了许多化合物,这就为产生更复杂的化合物打下了物质基础。而且由于海水可以阻止强烈的紫外线对原始生命的破坏,这就为原始生命的存在和发展提供了有利的条件。因此，原始海洋一旦形成，也就成为生命化学演化的中心。

3) 能源

能量是早期地球上生命化学演化的另一个必要条件。一般认为，在原始地球上可利用的能量主要有以下几种。

(1) 热能　由于地球内部热能的集中散发而形成。地球内部热能的集中散发，表现为火山和地热泉。据测算，现代地球上一次猛烈的火山爆发释放的能量(其中大部分是热能)高达 10^{20} J。可以想象，早期地球上强烈而频繁的火山爆发所释放的能量是高不可估的。

(2) 太阳能　原始地球形成后，随着太阳系内星际尘埃的消失，太阳能可以以可见光、紫外线、电子、质子和 X 射线等各种形式直接照射到地球上，并参与化学演化。太阳能被认为是早期地球的最大能源。一般认为，低于 200～180 nm 的紫外线很容易被 CH_4、NH_3 和 H_2O 所吸收，所以紫外线对生命起源的化学演化起了十分重要的作用。

(3) 放电　在火山爆发过程中，高温气体被喷射到高空，可使该地区发生雷电和火花放电。雷电的电流可达 2×10^4 A，造成局部高温，并产生紫外线和冲击波，所以放电可以认为是电流、高温和紫外线的混合能源。但放电又具有比紫外线、热能更优越的地方：一是放电的部位可在大气层下层即地表附近，这样可把生成物直接运到海洋中去；二是放电极容易使 CH_4、NH_3 或 N_2 合成 HCN，而在生命演化过程中 HCN 起着十分重要的作用。所以，不少人认为放电是化学演化中重要的，甚至是更直接的能源。

此外，宇宙射线、放射线、陨石冲击的能量均可对化学进化产生促进作用。

2. 生命起源的化学演化过程

考察生命的化学演化全过程，大体可区分为四个主要阶段。

1) 有机小分子的非生物合成

这里所说的有机小分子，主要是指蛋白质、核酸和脂类等的组成成分，包括氨基酸、核苷酸、单糖、脂肪酸和卟啉等。

在自然界中有没有从无机物合成有机物的过程呢？奥巴林和霍尔丹早在 20 世纪 20 年代就分别推测，在地球早期的还原性大气中可能发生这样的过程。原始大气中含有大量氢化合物，如 CH_4、NH_3、H_2S、HCN 以及水蒸气等，这些气体在外界高能作用下(如紫外线、宇宙射线、闪电及局部高温等)，有可能合成一些简单的有机化合物，如氨基酸、核苷酸、单糖等。根据这个推想，人们在实验室中模拟地球生成时的原始环境条件进行了实验。

1952 年美国芝加哥大学研究生米勒(S. L. Miller)在其导师尤里(H. C. Uery)的指导下进行了模拟原始大气中雷鸣电闪的实验，获得了 20 种有机化合物，其中有四种氨基酸是生物蛋白质中所含有的。

米勒安装了一个密闭的循环装置，其中充以 CH_4、NH_3、H_2 和水蒸气，用来模拟原始的大气；在密闭装置的一个烧瓶中装水，用来模拟原始海洋(图 8-5)。然后他给烧瓶加热，使水变为水蒸气在管中循环，同时又在管中通入电火花模拟原始时期天空的闪电放能，使管中气体能够发生反应。管上的冷凝装置使反应物溶于水蒸气中而凝集于管底。一星期之后，他检查管中冷凝的水，发现其中果然溶有多种氨基酸、多种有机酸(如乙酸、乳酸等)以及尿素等有机物分子，有些氨基酸如甘氨酸、谷氨酸、天冬氨酸、丙氨酸等和组成天然蛋白质的氨基酸是一样的。

此后许多人进行了类似的工作，人们使用不同成分的混合气体(如 CH_4、CO、CO_2、NH_3、N_2、H_2 等)、采用不同的能源(如放电、紫外线和电离辐射、加热等)及选用不同的催化物(重金

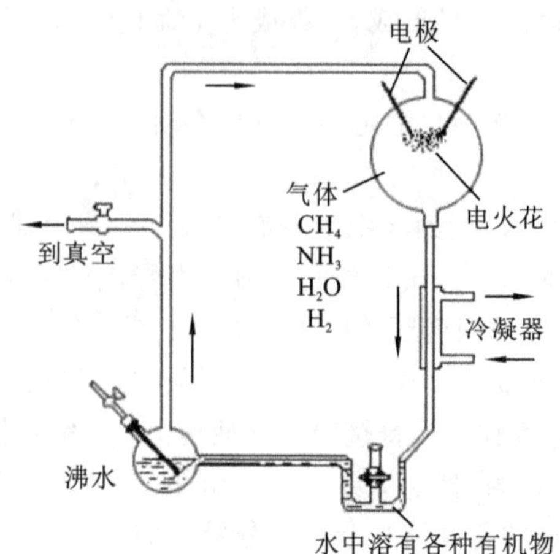

图 8-5　米勒设计的有机小分子非生物合成的模拟实验(摘自米勒)

属、黏土等),成功地进行了多种非生物有机合成模拟实验,也得到了大致相似的结果(图8-5)。除了氨基酸之外,人们还获得了其他小的有机物分子,如嘌呤、嘧啶等碱基,核糖、脱氧核糖及脂肪酸等也可以在同样的情况下形成。有人还报道了核苷酸、卟啉、烟酰胺等化合物也在这些实验的化合物中被发现。米勒等人所做的模拟实验,表明地球上生命发生之前存在非生物的化学进化过程是完全可能的。

2）生物大分子的非生物合成

生命的主要物质基础是蛋白质和核酸,因此生命起源的一个关键问题就是如何从有机小分子形成蛋白质和核酸等生物大分子。

关于蛋白质及核酸的合成,人们也有一些实验与推测。有些学者认为氨基酸、核苷酸等在海水中经过长期积累,互相作用,在适当的条件下(如吸附在无机矿物黏土上),通过浓缩作用或聚合作用而形成原始的蛋白质和核酸分子。那么,究竟是蛋白质首先起源还是核酸首先起源呢？围绕这个问题有三种不同的看法。

(1) 蛋白质首先起源　以奥巴林和原田馨为代表的部分学者认为,生命起源的化学演化的实质是蛋白质的形成和演化:蛋白质首先起源,它在功能上是先有代谢,后有复制。支持这一看法的事实依据是有些蛋白质的合成并不需要核酸为其编码。

(2) 核酸首先起源　以里奇和奥格尔为代表的部分学者认为,生命起源的化学演化实质是核酸分子的形成和演化:核酸首先起源,在功能上是先有复制,后有代谢。因为核酸是遗传信息的载体,它控制着蛋白质的合成。同样有一系列的实验依据支持这种观点,如有些 RNA 本身就具有酶的活性。

(3) 核酸和蛋白质共同起源　以迪肯森为代表的部分学者认为,核酸和蛋白质共同起源,复制与代谢两者相依为命(图 8-6)。支持这一看法的依据是,蛋白质合成的中间产物氨基酸腺苷酸盐既可以使氨基酸缩合成多肽,又因为它含有碱基故而可以形成多核苷酸。我国科学家赵玉芳院士等对此进行了大量的研究,获得了很多有意义的结果。他们认为磷酰化氨基酸是核酸和蛋白质最小单元的结合体。它既含有氨基酸,又含有碱基;既可以参与肽的合成,又可以参与核酸的形成。

目前,人们的观点比较倾向于第三种看法,即核酸和蛋白质共同起源。

针对原始地球上蛋白质和核酸起源的条件和地点,亦有三种不同的分支学说。

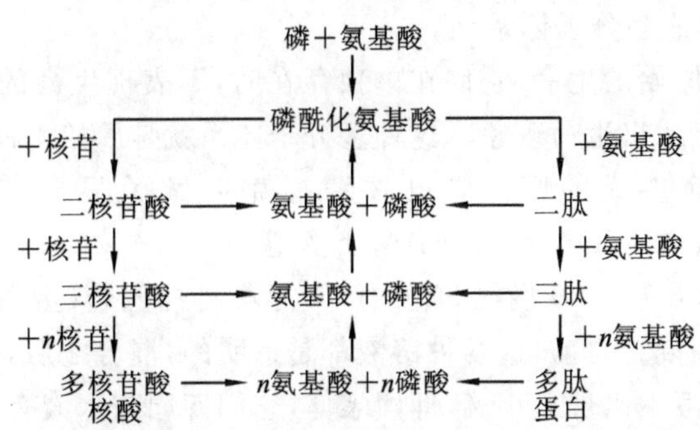

图 8-6　核酸和蛋白质共同起源的动力学模型(摘自康育义,1997)

①陆相起源说:核酸和蛋白质形成的缩合反应是在大陆火山附近。大陆无氧干燥的环境是脱水缩合的良好条件,在火山的局部高温地区形成生物大分子,再经雨水冲刷汇集到原始海洋。模拟实验显示,把一定比例的氨基酸混合物在干燥无氧的条件下,加热到 160～170 ℃,可得到相对分子质量很高的肽聚合物。同样,把核苷酸和多聚偏磷酸一起加热到 50～60 ℃,也可得到相对分子质量大于 10^4 数量级的高聚物。

②海相起源说:在原始海洋中,低相对分子质量的氨基酸和核苷酸经过长期的积累和浓缩,可以被吸附在黏土、蒙脱石一类物质的活性表面,在适当的缩合剂(如羟胺类化合物等)存在时,可以发生脱水,缩合成高相对分子量的聚合物。

黏土矿物是一种微小的晶体,其中存在一种有趣的缺陷结构,这种结构可能决定晶体生长的取向和构型。M. P. Horowitz 用甘氨酸和 ATP 水溶液进行缩合反应,发现在弱碱性条件下,在蒙脱石的活性表面产生类似蛋白质物质的多聚甘氨酸。

③深海烟囱起源说:1985 年美国霍普金斯大学的地质古生物学家斯坦利(S. M. Stanly)提出深海底烟囱起源说。1979 年,美国的阿尔文号载人潜艇在东太平洋洋嵴上发现了硫化物烟囱(水热喷口)特殊生态系统,从而使学者们相信,这种特殊的水热环境和特殊的生态系统提供了地球早期化学进化和生命起源的自然模型。

学者们认为,海水和洋嵴下的岩浆体之间有物质和能量的交换,与热水一起喷出的物质有各种气体、金属及非金属,如 CH_4、H_2、He、Ar、CO、CO_2、H_2S、Fe、Mg、Cu、Zn、Mn 及 Si 等。金属与 H_2S 反应生成硫化物沉淀于喷口周围,逐渐堆积成黑色烟囱状构造。“烟囱”底部的岩浆温度 1000 ℃,“烟囱”口的热水温度 350 ℃,于是形成一个温度逐渐降低的梯度;在烟囱口的热水与周围海水热交换后形成了一个温度由 350 ℃到 0 ℃的温度渐变梯度。同样的,喷出的物质浓度也从喷口处向外逐渐降低,形成一个化学渐变梯度。水热系统就像一个流动的反应器一样,这里有非生物合成所需的原料(各种气体),又有催化物(重金属)以及反应所需的热能,由底部喷出的 H_2、CH_4、NH_3、H_2S、CO 等,经高温化合形成氨基酸,继而形成含硫的复杂化合物,进一步形成多肽、多核苷酸链,最后形成类似细胞体的化学合成物。

1992 年,美国加利福尼亚大学洛杉矶分校的分子生物学家詹姆斯·莱克在大洋底“烟囱”附近找到了与在黄石公园热泉里生存的相似的嗜硫细菌,说明了深海“烟囱”热泉生命起源理论的可取性。

以上三种分支学说,都被认为是有道理的。事实说明,只要适合生命起源的化学演化的条件存在,生命起源的过程便是不可避免的。

3）由生物大分子组成多分子体系

生物大分子还不是原始的生命，它们在单独存在时，不表现生命的现象，只有在它们形成了多分子体系时，才能显示出生命现象。这种多分子体系就是原始生命的萌芽。

多分子体系是如何生成的呢？奥巴林和福克斯做了很多实验，分别提出团聚体(coacervate)和类蛋白微球体(microsphere)两个模型。

(1) 团聚体模型(图 8-7)　20 世纪 50 年代，奥巴林将白明胶(蛋白质)水溶液和阿拉伯胶(糖)水溶液混在一起，在混合之前，这两种溶液都是透明的，混合之后，液体变混浊。在显微镜下可以看到在均匀的溶液中出现了小滴，即团聚体，它们四周与水液有明显的界线。后来的实验显示蛋白质与糖类、蛋白质与蛋白质、蛋白质与核酸相混，均可能形成团聚体。

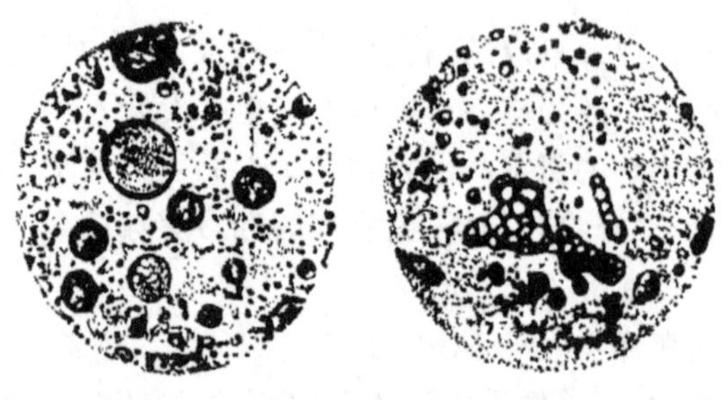

图 8-7　奥巴林的团聚体(摘自奥巴林，1957)

团聚体小滴直径为 1～500 μm，外围部分增厚而形成一种膜样结构与周围介质分隔开来。奥巴林已能使团聚体小滴具有原始代谢特性，使之稳定存在几小时至几个星期，并能使之无限制地增长与繁殖。由此可见，团聚体是能够表现一定的生命现象的。

(2) 类蛋白微球体模型(图 8-8)　1959 年，美国人福克斯等将酸性类蛋白放到稀薄的盐溶液中溶解，冷却后在显微镜下观察到无数的微球体。微球体在溶液中是稳定的，各微球体的直径是很均一的，在 1～2 μm 之间，相当于细菌的大小。微球体表现出很多生物学特性，如微球体表面有双层膜，使微球体能随溶液渗透压的变化而收缩或膨胀，在溶液中加入氯化钠等盐类，微球体就要缩小；微球体能吸收溶液中的类蛋白质而生长，并能以一种类似于细菌生长分裂的方式进行繁殖(图 8-9)；在电子显微镜下可见微球体的超微结构类似于简单的细菌；表面膜的存在使微球体对外界分子有选择地吸收，在吸收了 ATP 之后，表现出类似于细胞质流动的活动。

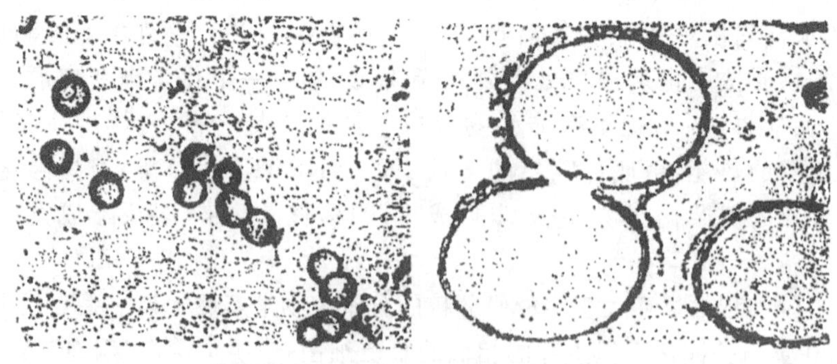

图 8-8　类蛋白微球体(摘自福克斯)

类蛋白是以 20 种天然氨基酸为原料、模拟原始地球的干热条件产生出来的，较之团聚体来自生物体产生的现成物质(如白明胶、阿拉伯胶等)有更大的说服力。

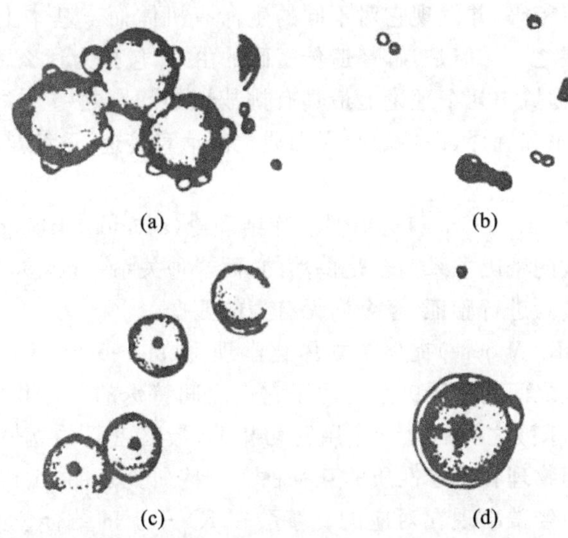

图 8-9　类蛋白微球体的增殖(摘自福克斯)

4) 由多分子体系发展成原始生命

由多分子体系发展为原始生命,是生命起源过程中最复杂和最有决定意义的阶段,它涉及原始生命的发生。目前,人们还不能在实验室里验证这一过程。多数学者认为,从多分子体系发展为原始生命,应当解决如下几个问题。

(1) 原始膜的起源　原始生命必须相对独立于环境,多分子体系的表面必须有膜。有了膜,多分子体系才有可能和外界介质(海水)分开,成为一个独立的稳定的体系,也才有可能有选择地从外界吸收所需分子,防止有害分子进入,而体系中各类分子才有更多机会互相碰撞,促进化学过程的进行。所以,首先要解决原始膜的起源问题。

一般认为随着浓缩机制的发展,就可以产生这种界面。例如,"团聚体"和"微球体"都有一层界限分明的界膜。也有人设想,原始海洋中有类脂和蛋白质存在,它们之间互相吸附,并且在海水和空气作用下,也可形成最原始的界膜。原始膜的建立并非一件难事,而是生命起源的化学演化发展到一定阶段的必然产物。

(2) 开放系统的建立　生命现象的本质特征是不断地与环境进行物质和能量的交换,作为原始生命必然是一个开放体系。

奥巴林曾利用组蛋白和多核苷酸构建的团聚体进行了相关的研究。他在这种团聚体内加入了两种酶——葡萄糖磷酸转化酶和 β 淀粉酶,前者可催化葡萄糖-1-磷酸合成淀粉,后者可将淀粉水解成麦芽糖(图 8-10)。在团聚体周围加入葡萄糖-1-磷酸盐,结果可在团聚体外检测到麦芽糖,说明此时团聚体与周围环境能进行物质和能量的转换了。

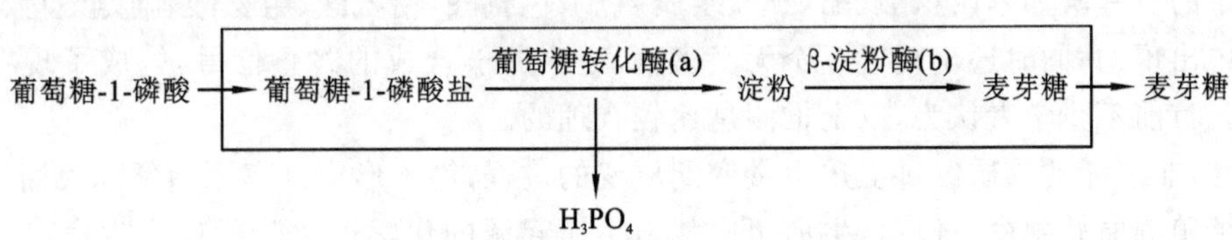

图 8-10　奥巴林的团聚体实验示意图

(3) 遗传密码的起源与进化　遗传密码的起源涉及遗传信息的传递,是生命现象的另一个重要特征。破译遗传密码，并发现它对不同的生命有机体而言基本上是统一的，是20世纪生物学领域的重大进展之一。但是，解释遗传密码的由来，包括为什么密码子采用了当前的分配形式，仍然是生物学领域中几个理论上最具有挑战性的问题之一。关于遗传密码的起源问题，也就是生物体内转录和翻译（即核酸与蛋白质之间信息传递）系统是怎样形成的问题，传统上有两种相互对立的假说。

1968年，克里克（F. H. C. Crick）提出偶然冻结理论（accident frozen theory），认为三联体密码子与相应的氨基酸的密码关系完全是偶然的，而这种关系一旦建立就立即冻结保持不变。由于这种假说难于用实验进行验证，至今尚无有力的证据。

1966年，韦斯（C. R. Woese）提出了立体化学理论（stereochemical theory），认为三联体密码子与相应的氨基酸之间的密码关系起源于它们之间特殊的立体化学相互作用，密码的起源和分配与RNA和氨基酸之间的化学作用密切相关，最终密码的立体化学本质扩展到氨基酸与相应的密码子之间物理和化学性质的互补性。一些研究表明，编码氨基酸的三联体密码或反密码子出乎意料地经常出现在对应的氨基酸在RNA上的结合位点，这是遗传密码具有立体化学性质的坚实证明。近几十年来对遗传密码起源的研究主要是从这个角度进行的，亚鲁斯（M. Yarus）指出三联体密码是从原始氨基酸位点的结合功能演变成为现在的密码子和反密码子。大量的研究结果还表明，氨基酸与反密码子的直接作用以及疏水-亲水相互作用在遗传密码的起源中可能具有重要意义。

近几十年来，关于遗传密码的起源，人们提出了若干假说，各有一定的合理性，也各有一定的局限性。

遗传密码是以三核苷酸顺序为基础的，它最初又是怎样建立的呢？有人认为，密码是从单体到双联体再到三联体的方式进行的；也有人认为遗传密码最初就是双联体，然后再演变到三联体；第三种看法是，遗传密码从一开始就是三联体密码。

美国生化基础研究所的戴霍夫（M. O. Dayhoff）及其同事，在对200多种tRNA系统进化关系研究的基础上，结合前人的研究成果，提出了三联体密码进化过程的假说。戴霍夫推测，在化学进化和生物进化过程中，遗传密码经历了GNC→GNY→RNY→RNN→NNN五个阶段的变化。G、C分别代表鸟嘌呤和胞嘧啶，N可以是G、C、A、U中任何一种碱基；Y=C或U；R=G或A。最初，密码的通式是GNC，可形成GGC、GCC、GAC、GUC四种密码子，分别决定甘氨酸、丙氨酸、天冬氨酸和缬氨酸四种氨基酸。随着化学进化中氨基酸种类的增加，遗传密码也由GNC扩展为GNY。这种扩展虽仍决定4种氨基酸，但增加了信息RNA储存突变的可能性，对原始生命体的进化有益。以后又由GNY扩展为RNY，这样翻译出来的蛋白质便多达8种氨基酸。接着再由RNY扩展为RNN，可决定13种氨基酸参与蛋白质合成，而且出现了起始密码AUG。最后，由RNN扩展为NNN，使参加蛋白质的氨基酸增加到20种，侧基复杂的氨基酸如苯丙氨酸、酪氨酸、半胱氨酸、色氨酸、精氨酸、组氨酸、脯氨酸等都是在这次扩展中出现的，同时还出现了3个无义密码，充当肽链合成的终止信号，构成了现在的遗传密码表。目前不少学者认为，以上推测是比较合理的。

如此，非生命的物质经过上述由量变到质变的过程，终于形成具有原始新陈代谢作用和能够进行繁殖的原始生命。以后，生命历史就由生命起源的化学进化阶段进入生命出现之后的生物进化阶段。

8.2 生物的进化

进化学说是生物科学的核心理论，世界上第一个系统阐明生物进化思想的是法国著名生物学家拉马克(J. B. Lamarck，1744—1829)。19 世纪中叶，达尔文(O. R. Darwin，1809—1882)的《物种起源》为进化学说奠定了科学基础。20 世纪 30 年代出现了现代综合进化理论，使达尔文学说得到继承和发展。之后，随着遗传学、分子生物学以及生物学其他分支学科的发展，进化论的研究逐步由推论走向验证，由定性走向定量。进化论所揭示的原理，不仅有助于我们了解生物进化的一般规律，加深对所学的生物学各门分支学科的理解，树立科学的世界观和自然观，也有助于人类控制和改造生物的实践活动。

8.2.1 生物进化的主要学说

1. 拉马克及其进化学说

拉马克(图 8-11)年轻时爱好植物学，曾著成三卷《法国植物志》(1778 年)，受到了法国著名博物学家布丰的赞许。1779 年，拉马克当选法国科学院的会员，逐渐成为法国著名的植物学家。1792 年，法国大革命胜利后，拉马克被提名为动物学教授。他积极参与了改组法国皇家植物园为自然历史博物馆的工作，改建了林耐所制定的动物分类系统。拉马克一生最重要的著作是《动物哲学》(1809 年)，在此书中，他系统地叙述了自己的进化学说，可以概括为以下几点：①生物是可变的、进化的，进化是以渐进的方式进行的；②进化的动力和方向，是生物天生具有的向上发展的内在趋向，使它们从简单到复杂、从低等到高等；③进化的原因，除环境的改变之外，对动物来说更重要的是用进废退和获得的性状可以遗传；④最原始的生物源于自然发生。

拉马克的进化学说在当时并没有引起人们的广泛重视，一方面是由于法国资产阶级革命的失败，复辟了的封建统治者反对这一进步的学说；另一方面也由于其学说本身的弱点。总的来说，拉马克学说主观推测成分较多，引起的争议也多。但它的较完整性和系统性对后世产生了较大的影响。

图 8-11　拉马克

图 8-12　达尔文

2. 达尔文及其进化理论

达尔文(图 8-12)出生于 1809 年，正是拉马克《动物哲学》出版的那一年。达尔文思想的形成与其青年时期一次长达 5 年的航海考察有关。

1）贝格尔号之航

1831 年，22 岁的达尔文结束了剑桥大学神学院的学习，经植物学教授亨斯洛推荐，以学者的身份搭乘英国海军部军事水文地理考察舰“贝格尔”号，开始了对他一生科学活动具有重大影响的环球科学旅行。考察活动从 1831 年 12 月 27 日到 1836 年 10 月 2 日，历时近 5 年。当达尔文踏上贝格尔号时，他是个言必称《圣经》的正统的基督教徒，但是当他返回英格兰时，他完全抛弃了基督教信仰，逐渐成为不相信上帝存在的无神论者。五年的“贝格尔号之航”改变了达尔文的人生，也永远地改变了生物学。

那么究竟是什么事实，让达尔文发生了这样重大的思想转变呢？一方面是他目睹了奴隶制的残酷，仁慈的上帝怎么会创造这么残酷的社会制度？另一方面则是在南美洲，特别是加拉帕戈斯群岛上观察到的生物地理现象。达尔文晚年在自传中说，有三组事实给他留下了深刻印象：①在南美大草原发现的大型动物化石有犰狳一样的盔甲；②从美洲大陆南行，邻近动物物种相互取代的方式；③加拉帕戈斯群岛上的生物群多数有着南美生物的特征，特别是每个岛上的生物群相互之间略有差异的情形。“很明显，只有假定物种是逐渐改变的，才能解释类似这样的事实，以及其他许多事实。”他动摇了物种不变的观念，开始相信新物种能够经由地理隔离逐渐产生，生物是由共同祖先进化而来的。从那以后他又开始思考生物进化的机制，并在 1838 年阅读马尔萨斯的《人口论》时，获得灵感，开始创建了自然选择学说。1859 年，《物种起源》出版，其后又发表了《动物和植物在家养下的变异》、《人类起源和性选择》等书，对人工选择作了系统的叙述，并提出了性选择及人类起源的理论，从而进一步充实了进化学说的内容。

2）达尔文学说的主要内容

达尔文学说的主要内容可以概括为以下几点。

(1) 物种演变与共同起源　认为物种是可变的，进化通过物种的演变而进行，地球上现今生存的物种都是曾经生存的物种的后代，渊源于共同的祖先。与拉马克的看法不同，共同起源是生物进化一元论的观点。正是由于起源于共同祖先，生物界才成为历史连续的统一整体，一切生命现象才可以追溯其历史渊源，这也是进化论成为生物科学核心理论的重要原因。

(2) 生存斗争和自然选择　认为在生活条件发生改变的情况下，生物可以在结构上、功能上和行为上发生变异。达尔文把“个体有益变异之保存与有害变异之消灭”称为选择或适者生存。自然选择是在生物的生存斗争中进行的，适者生存和不适者被淘汰是通过生存斗争实现的。而生存斗争的产生，则是由生物的繁殖过剩引起的，生物的大量繁殖和生物生存的空间、资源的有限性导致了生物之间的生存斗争。

(3) 关于适应的起源　按照拉马克的看法，用进废退或获得的性状可以遗传是一步适应，也称直接适应，变异是定向的，“变异＝适应”。达尔文认为适应的形成是分两步进行的，第一步是变异的产生，第二步是通过生存斗争的选择，即适应是两步适应或称间接适应，“变异＋选择＝适应”。达尔文认为变异是不定向的，而选择倾向于保留具有适应环境较好的有利变异的个体，淘汰适应较差的个体，被选择的有利性状将在世代的传递中逐渐积累、保存，物种由此演变，新种由此产生。

(4) 关于人工选择　通过对动植物在家养条件下变异的研究，确认所有栽培植物和家养动物的品种都是从自然界一个或少数几个野生种演变而来的，在人工选择中起主要作用的因素是变异、遗传和人对变异的选择作用。

达尔文的进化学说是世界上第一个科学的进化理论，其核心是自然选择。自然选择决定了物种的适应方向和空间地位，是生物进化的动力。

3）达尔文学说的意义

达尔文进化论为生物学提供了大理论，奠定了现代生物学的基础。但是达尔文进化论的影响绝不仅仅局限于生物学界，它几乎波及所有的科学和人文领域，具有深远的思想意义和社会影响。通过创立生物进化论，达尔文领导了人类历史上最伟大、影响最深远的一场理性革命。这场革命统一了生命与非生命两个世界，为人类提供了一种全新的世界观、生命观和方法论。

达尔文的共同祖先学说确立了生物的自然起源和自然属性，自然选择学说解释了生物的适应性和多样性。达尔文学说将上帝彻底驱除出科学领域，推翻了形形色色的神创论，也拒绝了目的论，因而否定了所有的超自然现象和因素。由于达尔文进化论，科学的自然主义的世界观和生命观才成为可能。达尔文的共同祖先学说在揭示生物的起源的同时，也牢固地确立了人类在自然界中的位置。达尔文进化论指出，人类是生物进化的偶然产物，是大自然的产物，是大自然的一部分，人类与大自然是同一的。从生物学的角度来看，今天的一切生物都是人类的亲属，人类与其他生物并无本质的区别。达尔文进化论让我们更深刻地理解了人类与大自然的关系，更深刻地理解了人性，为科学方法和哲学思想提供了一个极有威力的崭新观念。

3. 进化理论的完善和发展

达尔文学说形成于生命科学尚处于较低水平的 19 世纪中期，那时遗传学尚未建立，生态学正在萌芽，细胞刚被发现。作为生物科学最高综合的进化论，随着生物科学的发展也不断暴露出它的矛盾、问题、错误和缺陷。围绕着生物是如何进化（进化机制）的争论，在生物学界从未平息过，与达尔文同时代的生物学家对他提出的进化机制——自然选择学说多数抱着怀疑态度，因为自然选择学说在当时存在着三大困难。第一是缺少过渡型化石。化石记录的不连续性是对自然选择学说的一大挑战。第二是地球的年龄问题。自然选择学说认为生物进化是一个逐渐改变的过程，这就需要相当漫长的时间才能进化出现在我们见到的如此众多、如此丰富多彩的生物物种。达尔文认为这个进化过程至少需要几十亿年。而当时的科学权威计算出的地球年龄只有一亿年左右。第三个困难是最致命的，达尔文找不到一个合理的遗传机理来解释自然选择，无法说明变异是如何产生，而优势变异又是如何能够保存下去的。

达尔文之后，自然选择面临的困难逐步得到解决，理论本身也不断被修正和完善。特别是 20 世纪上半叶自然选择学说与群体遗传学的结合，使自然选择学说获得新生，逐渐被科学界广泛接受。在其发展过程中，达尔文学说经历了两次大的修正，并且正经历着第三次大修正。

20 世纪初，魏斯曼（A. Weismann）等学者对达尔文学说作了一次“过滤”，消除了达尔文理论中除“自然选择”以外的庞杂内容，如拉马克的“获得性状遗传”说、布丰的“环境直接作用”说，等等，而把“自然选择”强调为进化的主因素，把“自然选择”原理强调为达尔文学说的核心，经过魏斯曼等修正的达尔文学说被称为“新达尔文主义”，这是达尔文学说的第一次大修正。

第二次大修正是由于遗传学的发展引起的对“自然选择”学说本身及其相关概念（如适应概念、物种概念等）所作的修正。20 世纪初，随着现代遗传学的建立和发展，“粒子遗传”理论替代了“融合遗传”的传统概念。20 世纪 30 年代群体遗体学家把“粒子遗传”理论与生物统计学结合，重新解释了“自然选择”，并且对有关的概念作了相应的修正，例如对适应概念的修正。群体遗传学家用繁殖的相对优势来定义适应，适应程度则表现为个体或基因型对后代或后代基因库的相对贡献（适应度），用这样的新概念替代了达尔文原先的“生存斗争，适者生存”的老概念。适应与选择不再是“生存”与“死亡”这样的“全或无”的概念，而是“繁殖或基因传递的相对差异”的统计学概念。此外，对达尔文的物种概念、遗传变异概念也作了修正。经过这次大的修正所建立起来的进化理论，称之为“现代综合进化理论”，其代表人物是美籍苏联学者杜布赞斯基等。

现代综合进化理论主要包括以下几个方面的内容。①自然选择决定进化的方向，使生物向着适应环境的方向发展。主张两步适应，即变异要经过选择的考验才能形成适应。遗传和变异这一对矛盾是推动生物进化的动力。②群体是生物进化的基本单位，进化机制的研究属于群体遗传学范畴，进化的实质在于群体内基因频率和基因型频率的改变及由此引起的生物表型的逐渐演变。③突变、选择、隔离是物种形成和生物进化的机制。突变是生物界普遍存在的现象，是生物遗传变异的主要来源。在生物进化过程中，随机的基因突变一旦发生，就受到自然选择的作用，自然选择的实质是“一个群体中的不同基因型携带者对后代的基因库做出不同的贡献”。但是，自然选择下群体基因库中基因频率的改变，并不意味着新种的形成，还必须通过隔离，首先是空间隔离（地理隔离或生态隔离），使已出现的差异逐渐扩大，当差异大到阻断基因交流的程度，即生殖隔离的程度，最终导致新种的形成。

达尔文学说通过“过滤”（第一次修正）和“综合”（第二次修正）而获得了发展。当前，达尔文学说正面临第三次大修正，这一次修正主要是由古生物学和分子生物学的发展引起的。古生物学家揭示出宏观进化的规律、进化速度、进化趋势、物种形成和绝灭等，大大增加了我们对生物进化实际过程的了解；分子生物学的进展揭示了生物大分子的进化规律和基因内部的复杂结构。宏观和微观两个领域的研究结果导致了对达尔文学说的如下修正：①古生物学的研究证明宏观进化过程并不是“匀速”、“渐变”的，也有“快速进化”与“进化停滞”相间的情况（间断平衡论），“寒武纪生命大爆发”等事实为间断平衡论提供了有力证据；②宏观进化与分子进化都显示出相当大的随机性，自然选择并非总是进化的主因素；③遗传学的深入研究揭示遗传系统本身具有某种进化功能，进化过程中可能有内因的“驱动”和“导向”。但是，关于进化速度、进化过程中随机因素和生物内因究竟起多大作用、起什么样的作用问题尚在争论之中，这一次大修正尚未完成。

8.2.2 研究生物进化依据的科学材料

达尔文提出以自然选择为核心的生物进化理论，并非凭空臆想，他是以生物学各学科大量的科学材料为依据的，这些科学材料主要来自于古生物学、比较解剖学、胚胎学和生物地理学等方面。现代进化生物学的研究除了依据上述各学科提供的科学材料外，还大量吸收了来自遗传学、细胞学和分子生物学方面的研究成果，对生物进化的研究逐步由推论走向验证、由定性走向定量。在此，我们主要讨论古生物学和分子生物学的研究成果给生物进化研究提供的支持。

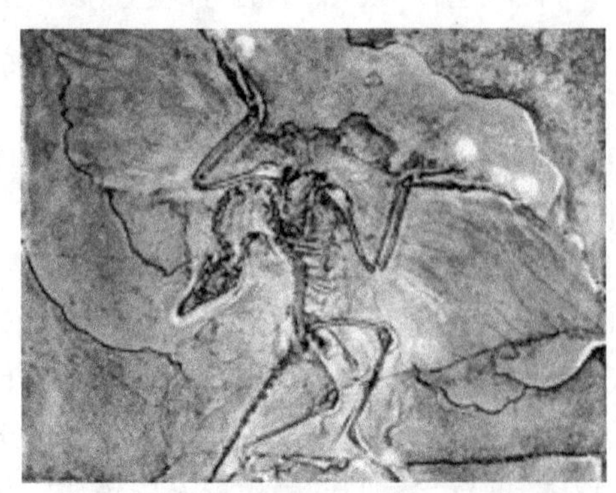

图 8-13　柏林收藏的始祖鸟化石

1. 化石与地质年代

1）化石

化石是经过自然界的作用保存在地层中的古生物遗体、遗物和他们的生活遗迹，是古生物学的研究对象（图 8-13）。根据地层形成的规律，埋藏越深的化石，生物出现的年代越早，因而也就越古老。通过研究化石，人们可以认识遥远过去生物的形态、结构和分类，可以推测出亿万年来生物进化、发展的过程，还可以“还原”漫长的地质历史时期各个阶段地球的生态环境，为研究生物进化提供最直接的证据。迄今为止人类研究得比较清楚的种系过渡，如马的进化（从始祖马到现代马）和单弓类的进化（从兽孔目爬行动物到哺乳类），都有一系列比较完整的化石记录的支持。

在漫长的地质年代里，地球上曾经生活过无数的生物，但是，能够作为化石被保存下来的却少之又少。生物化石的形成和保存需要的条件比较苛刻，一个生物是否能形成化石取决于许多因素，但是有几个因素是基本的：①有机体的硬体部分如介壳、骨骼、牙齿或木质组织等更容易形成化石，而软体部分如皮肤、肌肉等则容易腐烂而消失。不具硬体的古生物在特殊的条件下虽然也可以形成化石，但机会极少；②生物在死亡之后，必须在短时间内被某种沉积作用迅速掩埋，才能较好地保存，否则会受到氧化或遭受其他生物吞噬和破坏，即使是硬体部分，年长日久也会被风化、毁坏；③要有足够的石化时间。所谓石化，就是古生物的遗体、遗物和遗迹通过物理填充和化学置换等作用，具备了更硬的物理特性和更高的化学稳定性；在埋藏和石化以后，没有在地球内、外力的作用下被再次破坏而终于保存下来。

一般来说，在地球的沉积岩层中，下部的地层形成较早，上部的地层形成较晚。因此，根据上下层关系就可以确定地层及其中化石的相对年代。但在漫长的地质历史时期里，由于剧烈的地质运动，导致大部分地层发生变形，扭曲、断裂甚至翻转，所以实际情况比预想的要复杂得多。生物化石绝对年龄的测定则需要另外的方法，最常用的是放射性核素测定法。

用放射性核素 ^{14}C 测定年代是建立在 ^{14}C 以恒定的速率衰变为 ^{14}N 的基础上的。大气中的 ^{14}C 是以二氧化碳形态与普通的 CO_2（^{12}C）混合存在的，两者比例约为 $1/10^{12}$。而所有生物的碳源主要是大气中的 CO_2。生活的生物体由于不停地从环境中摄取碳，体内 ^{14}C 与 ^{12}C 的比例与外界相同并保持相对稳定。生物死亡后停止对 CO_2 的吸收，^{14}C 的量不再增加，却仍以恒定的速率衰变为 ^{14}N 而逐渐减少，使 ^{14}C 对 ^{12}C 的比例下降。根据这一事实，测定样本中放射性核素的含量，确定 ^{14}C 对 ^{12}C 的比例，即可以推断出样本的年代。

^{14}C 半衰期较短，为 5730±30 年。大约在 7 万年以后，剩下的 ^{14}C 的量已经微乎其微，因此 ^{14}C 测定年代的方法不能用于测定 7 万年以前的化石。要测定更加古老化石的年代就要使用半衰期更长的放射性核素，常用放射性核素测定地质年代的方法还有钾-氩法、铀-钍-铅法和铷-锶法等。另外，利用古地磁法，通过地层原生剩余磁性的对比，也可以确定化石的年代；利用电子回旋共振法（ESR）可以在不破坏化石的同时更加准确地测算其年代。

2）地质年代

地质年代是指地壳上不同时代的岩石、地层在形成过程中的时间（年龄）和顺序。主要根据地层学和古生物学方法划分为大小不同的单位：宙、代、纪、世、期和阶等。整个地球历史分为冥古宙、太古宙、元古宙和显生宙四个大的阶段；显生宙包括古生代、中生代和新生代；古生代又分为寒武纪等六个纪，等等。与地质年代相对应的地层分别称为宇、界、系、统、组和段等，它们与宙、代、纪、世、期和阶等名称平行并用。如太古宙的地层称太古宇，古生代的地层称古生界，寒武纪的地层称寒武系。

古生物学从古老的地层中发现了生物化石，令人信服地证明了生物进化的事实，虽然化石对科学的贡献还有其欠缺的一面，但不可否认，正是由于化石记录的不断发现、充实和更新，才促进了进化科学的发展和完善。

地球年龄大约有 46 亿年，可靠的生物化石记录是从 35 亿年开始的，真核生物的出现大约在 21 亿年前，直至大约 12 亿年前才开始有多细胞生物。生物多样性分化的可靠化石证据产生在 6 亿年前左右，动植物登陆出现在 4 亿多年前，陆生动物的多样化始于 2 亿年前。关于各地质年代中生物进化事件的大概情况见表 8-1。

表 8-1　地质年代划分及各地质时期部分进化事件

地质时代					距今年龄值（百万年）	生物进化事件
宙	代		纪			
显生宙	新生代		第四纪		1.64	人类出现
			第三纪	晚第三纪	23.3	近代哺乳动物出现
				早第三纪	65	
	中生代		白垩纪		135	被子植物出现
			侏罗纪		208	鸟类、哺乳动物出现
			三叠纪		250	
	古生代	晚古生代	二叠纪		290	裸子植物出现
			石灰纪		362	爬行动物出现
			泥盆纪		409	节蕨植物出现 两栖动物出现
		早古生代	志留纪		439	裸蕨植物、鱼类出现
			奥陶纪		510	无颌类出现
			寒武纪		570	硬壳动物出现
元古宙	新元古代		震旦纪		800	裸露动物出现
					1000	
	中元古代				1800	真核细胞生物出现
	古元古代				2500	
太古宙	新太古代				3000	
	古太古代				3800	生命出现，叠层石出现
冥古宙					4600	

2．分子生物学

20 世纪 50 年代以来，分子生物学取得了一系列重大突破，其研究方法为生物进化研究提供了有力的支持。随着分子生物学的发展，人们对生物大分子在进化过程中的作用及其变化规律有了进一步的认识，产生了有关分子进化的理论。

1）分子进化

通常所说的分子进化，主要是指生物在进化发展过程中，生物大分子结构和功能的变化以及这些变化与生物进化的关系。有时分子进化也包括原始生命出现之前的进化，即生命起源的化学演化。分子进化的研究对象主要是蛋白质（包括酶）和核酸等生物大分子，在研究中通过定量地比较各类生物间有关生物大分子的结构和功能的异同，借以探讨各类生物间的亲缘关系和生物进化在分子层面上的机制。

分子进化研究的发展大致经历了两个发展阶段。20 世纪六七十年代，蛋白质序列分析及电泳技术的引入，使人们有可能对不同生物的蛋白质结构进行比较，分析它们之间的差别及差别的性质。通过这项研究，发现特定蛋白质的氨基酸替换速度是基本恒定的。在此基础上，1962 年提出了分子钟概念。1968 年日本学者木村资生又提出分子进化的中性学说。20 世纪 80 年代之后，由于分子生物学的突飞猛进，限制性片段多态性(RFLP)分析和多聚酶链式反应(PCR)技术等现代生物技术相继问世，使人们有可能对不同生物的基因进行分析比较，并对基因中的 DNA 序列进行分析比较，找出它们的差异，以研究不同物种在进化上的渊源和联系。通过对基因结构和功能的分析，人们还发现所有生物的基因在历史上一直都以稳定速率积累着突变，从而进一步确立了分子生物学在生物进化研究中的重要地位。

2) 分子进化研究方法

分子进化研究的方法和途径很多，在此只就其中最基本的原理作简单的介绍。

(1) 同源蛋白质结构比较　同源蛋白质是指不同的生物行使相同的功能，并具有明显相似的氨基酸序列的蛋白质。同源蛋白质的存在，证明了有关生物具有共同祖先。同时，可以通过比较它们相似和差别的程度，判断它们的亲缘关系远近即进化距离。细胞色素 c 是普遍存在于各种需氧生物细胞中的一种蛋白质，从原核生物到真核生物、从单细胞生物到多细胞动植物及人，都有细胞色素 c，这是一种在生物氧化过程中其起电子传递作用的蛋白质。近年来人们已对 80 多个物种的细胞色素 c 进行了测定，确定它由 104 个氨基酸组成。以人的细胞色素 c 的氨基酸序列为标准，黑猩猩的细胞色素 c 氨基酸序列与人完全相同，差异为 0；罗猴的细胞色素 c 的氨基酸序列与人的差异为 1；马、果蝇、向日葵、链孢霉、红色螺菌的细胞色素 c 氨基酸序列与人的差异分别为 12、27、38、48 和 65。可见，对不同的生物来说，同源蛋白质氨基酸序列差异愈小，它们的亲缘关系愈近；反之，差异愈大，亲缘关系愈远。不仅如此，通过比较还可以根据差异的程度，进一步推算它们在进化过程中分歧的时间。

(2) 中性突变　从人们对细胞色素 c 的研究不难看出，不同生物的细胞色素 c 在结构上是有差异的，但是在这些生物中细胞色素 c 的作用却是相同的。也就是说，这些结构的差异没有影响到它们的功能，因此它们在选择上是中性的。人们将在同源蛋白质上进行的很少或没有对存活和生殖发生影响的突变称为中性突变。分子进化的中性学说认为，分子进化不同于生物的表型进化，它是通过选择上呈中性的突变型的随机遗传漂变造成的。大多数中性突变经历不多几代的漂变就随机地湮灭了，只有少数突变经历很长时间，通过漂变扩散到整个群体而被固定下来。

(3) 同源 DNA 的比较　生物的特征最终是编码于 DNA 中的遗传信息决定的，也就是由 DNA 中核苷酸序列决定的，对不同生物的 DNA 进行比较是确定它们亲缘关系的最直接的方法。对两个物种可比较的 DNA 片段进行测序、比较，无疑是一种最精确的测定亲缘关系距离的方法。例如，对人和多种灵长类动物中编码碳酸酐酶的 DNA 进行的测序比较显示，以人为标准，黑猩猩核苷酸置换数为 1，猩猩为 4，猕猴为 6，狒狒为 7，人类与这些高等灵长类之间的遗传距离清晰可见。用 DNA-DNA 分子杂交的方法进行 DNA 比较是一种比测序更加简便的方法。大量实验证明，通过 DNA 比较得出的相关生物进化距离的结果和根据表型性状得出的结果是一致的，和有关化石在地层中出现的年代的前后也是一致的。

(4) 分子钟　很多研究表明，高度保守的基因及其产物蛋白质中性突变的速率是恒定的。假如我们对不同物种的同源基因或其产物进行测序，两相比较，得知其 DNA 中核苷酸或蛋白质中氨基酸置换的数目，再从化石记录中得知两个相关谱系从共同祖先产生分歧的时间，就可以计算出中性突变的速率，即每置换一个核苷酸或氨基酸所需要的时间。以后，只要测出两个物种的该种基因或其产物的差异，就可推算出有关谱系分歧的时间。DNA、蛋白质等生物大分子中性突变相对恒定的速率起了分子钟的作用。目前,虽然学界对分子钟的概念还存在争议,但分子钟概念在估计不同物种间的分歧时间以及相互的进化关系方面还是十分有用的。

8.2.3 物种的形成

物种是生物存在的基本形式,人类认识生物的多样性都是从认识物种开始的。物种形成是生物进化的重要标志,"最美丽、最奇异、无限多的生物类型"是如何"从最简单的类型产生出来的",是生物进化研究的核心问题之一。

1. 物种

关于物种,有各种各样的区分标准,如形态学标准、遗传学标准、生态学标准等,学者们从各自不同的角度去界定物种,提出了各种看法。1982 年,迈尔关于物种的定义较具代表性:"物种是由种群组成的生殖单元(和其他单元生殖上隔离着),它在自然界占有一定的生境地位。"在此基础上,陈世骧(1987)再补充一点:"在宗谱线上代表一定的分支。"修改后的迈尔物种定义包含四个方面的内容,即种群组成、生殖隔离、生态地位和宗谱分支,是一个较为完整、简明的定义。

2. 物种形成

1) 物种形成的主要环节

(1) 变异　可遗传的变异来自基因突变和染色体畸变,它为物种形成提供了原材料。迄今为止的资料显示,突变是随机发生的,是没有方向性的,这种随机突变在群体中积累储存,在外界条件的影响下,使群体发生分化。

(2) 选择　选择影响物种形成的方向。随机突变没有方向性,而且大多数突变对生物体有害,少数中性,极少数有利。这些突变多以隐性杂合状态存在于自然群体中。当环境条件发生变化时,某些基因型会体现出某种生存或生殖优势,从而发生方向性选择。当这种选择不断地作用于群体时,群体的遗传组成就会发生变化,进一步导致表型向适应环境的方向改变。除选择外,遗传漂变等也是影响群体遗传结构进而影响物种形成的因素。

(3) 隔离　隔离是物种形成的重要条件,是指在自然界中生物间彼此不能自由交配或交配后不能产生正常可育后代的现象。只有在隔离的情况下才能导致遗传物质交流的中断,使群体的歧化不断加深,直至新种形成。隔离的机制很复杂:以隔离因素的性质划分,可分为生物学隔离和非生物学隔离;以是否能受精产生合子为标准划分,可分为合子前隔离和合子后隔离。合子前隔离多为生态、行为的原因;合子后隔离一般是遗传或生理的原因。非生物学隔离则主要是环境、空间的阻隔。隔离(主要是环境隔离)既是物种形成的重要条件,隔离(主要是生殖隔离)同时又是物种形成的重要标志。

2) 物种形成的方式

物种形成的方式主要有两种:渐变方式和骤变方式。

渐进式的物种形成和骤变式的物种形成是两种基本不同的物种形成方式。所谓渐变式的物种形成,一般是在物种分布区内,先由外界物理因素,例如地形、地貌等起到阻断种群间基因交流的作用,从而促进种群间遗传差异逐渐、缓慢地增长,通过若干中间阶段,最后达到种群间完全的生殖隔离和新种形成。渐进式物种形成是通过群体变异实现的,一般经过亚种阶段。骤变式的物种形成往往是群体内一部分(往往是少数)个体,因遗传机制或(和)随机因素(大突变、遗传漂变等)而相对快速地获得生殖隔离,并形成新种。骤变式物种形成是通过个体变异实现的,一般不经过亚种阶段。两种物种形成方式的区别见图 8-14。

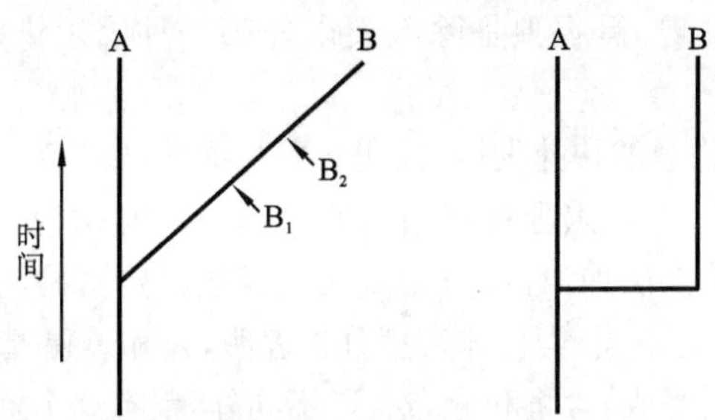

图 8-14 两种物种形成方式的图解

注:左图为渐进的物种形成,其线系分支是渐进的,新种(B)的形成是通过亚种(B_1、B_2)等中间阶段,达到与老种(A)的生殖隔离;右图为骤变式物种形成,其线系分支是突发的,新种(B)快速达到与老种(A)的生殖隔离,而不经过任何中间环节。

8.3 人类的起源和进化

我们从哪里来?从人类诞生之日起就被这个问题困扰着。世界各地的人类文化都有自己对人类起源的解释,但在科学产生之前,这些解释往往是神秘的,超自然的,是以创世神话的形式表现出来的。生物进化论者首次对人类起源做出了科学的探讨,人类和其他生物物种一样,也是自然界的产物,也经历了一个起源、进化、发展的过程,人类进化同样符合生物界的进化规律。随着人类文化的进步和发展,文化进化逐渐在人类和生物进化中占据重要地位。

8.3.1 人类的起源

进化论认为:人类起源于类人猿,从灵长类经过漫长的演化过程一步一步地发展而来。

1. 人类起源于类人猿

1809 年,拉马克在其《动物的哲学》一书中,首次提出人类是由“四手类”(猿类)进化而来的。1863 年,赫胥黎在其《人在自然界中的位置》一书中,充分引用了比较解剖学和胚胎学的研究成果,论述了人与猿类的亲缘关系,并首次明确提出“人猿同祖”论。1871 年,达尔文出版《人类的由来与性选择》,书中运用比较充分的科学证据,证明化石猿是现代人和现代猿的共同祖先。20 世纪上半叶以来,有关人类起源的化石资料不断被发现,古猿与人类之间化石证据的缺失环节被逐渐填充。随着古生物学及其分类学、比较解剖学、生理学、病理学、分子生物学等学科的大量研究成果的涌现,人类对自身起源与进化的过程有了愈发清晰的认识。

1) 人类和类人猿有密切的亲缘关系

在分类学上,人类属于哺乳动物中的灵长目、类人猿亚目、狭鼻猴次目、人猿超科、人科。同属人猿超科的还有长臂猿、猩猩、大猩猩、黑猩猩等,它们是人类的近亲。

从形态、结构上,也可以明显地看出人和类人猿之间密切的亲缘关系。同时,心理学、病理学和分子生物学的研究资料也提供了有力的证据。黑猩猩等高等类人猿有复杂的面部表情,能够表达喜怒哀乐等复杂的心理活动,与人类非常相似。珍妮·古道尔从 20 世纪 60 年代开始的对黑猩猩的行为、心理等方面长达数 10 年的观察研究,揭示了黑猩猩与人类密切的联系。

病理学的研究显示,类人猿也患一些人类的疾病,如霍乱、伤寒等,而猴类则不患此类疾病。2009 年,Brandon 等研究发现,黑猩猩是除人类以外第一种因感染病毒而患艾滋病的野生灵长类动物。

20 世纪后半叶分子生物学的快速发展,让我们更加深入地了解了人类和类人猿之间密切的亲缘关系。在多种蛋白质中,人与黑猩猩有相同的氨基酸序列;两者之间有 44 种蛋白质和大约一半的等位基因难以用电泳方法加以区分;用杂交双链热稳定法检测黑猩猩和人的 DNA,发现它们之间仅有 1.1%的碱基对不同;染色体带型分析表明,人和黑猩猩的染色体除异染色体(主要由不转录的高度重复的序列组成)含量和分布有所不同外,仅有 9 个臂间倒位不同。

假定分子的分歧以恒定的速率发生,威尔逊和萨利奇(Wilson & Sarich,1969)估算了人与黑猩猩之间血清蛋白的免疫学差异,数据显示人与黑猩猩从共同祖先分歧开来的时间在 400 万~500 万年前。

2) 从猿到人的主要变化

人类起源于猿类,但又区别与猿类。在从猿到人的过程中,人的生存方式发生了深刻的变化,在体质形态和行为特征上也必然会发生很大的变化。

(1) 骨骼系统结构的改变　直立行走促进了人的骨骼系统与猿相比发生了巨大的改变(图 8-15)。如:人的头部位于躯干的上部,而不是像猿那样位于躯干的前面;人颅骨基部的枕骨大孔在颅基的中央,脊柱的上方,猿的枕骨大孔位于颅骨的后部;人的股骨在行走时常常和躯干的垂直线形成一个角度,一只脚着地时身体的重心仍能接近于中轴,而猿用两足行走时股骨总是和身体垂直线平行,身体重心在左右两脚之间来回变动,左右摇摆;人脚已失去抓握能

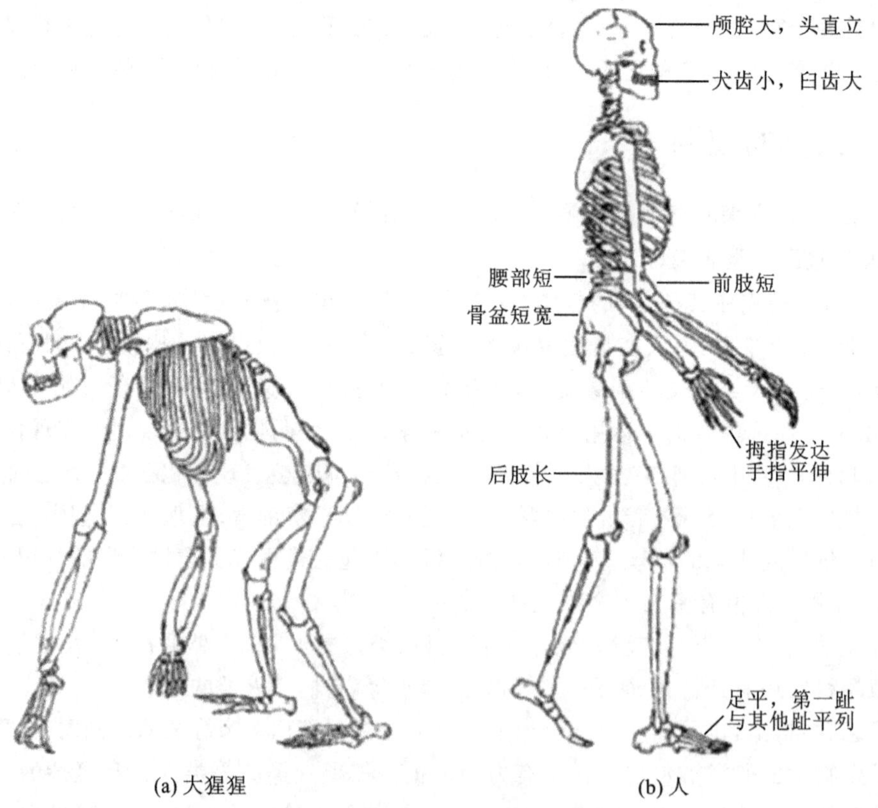

图 8-15　大猩猩与人的骨骼比较

力，大趾与其他四趾并行排列，成为行走时的着力点，脚底板有纵向和横向的脚弓，而猿的大脚趾和其他趾能相对运动，可以用于抓握，脚底板几乎是平的，等等。另外，人的颜面比猿类后缩，颌骨短，口腔缩小；人的齿弓呈马蹄形排列，而猿类齿弓前部呈锐角，左右颊齿几乎平行排列；人类犬齿退化，犬齿和前臼齿之间无齿隙，猿类犬齿发达，大于前臼齿，具有明显齿隙。

(2) 脑量的变化　人类的适应优势不是体力，而是智力。人类生物学进化的最重要改变，除了直立行走以外就是脑量的增加。现代人的脑重平均为 1.36 kg，脑重与体重之比为 1∶45，而现代黑猩猩平均脑重只有 345 g，脑重与体重之比是 1∶61。最重要的是，人的大脑皮层比任何哺乳动物都发达。

(3) 直立行走与前后肢分工　直立行走是适应地栖生活的一个重要的适应性改变。一方面，直立行走使视野变得十分开阔，便于及早发现食物和危险；更重要的是，直立行走使前肢得到了解放，可以用来做更复杂的动作，例如采集食物、使用和制造工具、防卫、攀援和挟抱幼体等。前肢从事复杂精细的动作又促进了脑和感官的发展。直立行走使前后肢产生分工，前肢专司劳动，后肢专司行走运动。另外，直立行走使人类的肺和声带等得到了很好的发展，为语言的产生提供了结构基础。

(4) 工具的使用和制造　类人猿已开始会使用工具，但是那些工具与人类的工具无法比拟。只有人类才会借助中介体，通过制造工具的工具进行劳动工具的制作，并使用工具进行生产劳动，使自然服务于人类。

(5) 食性的进化　食性的变化主要包括两个方面：一是由素食变为杂食，动物性食物的高热量本身以及获取动物性食物的劳动，都直接或间接促进了手、脑及智力等的发展；二是由生食变为熟食，促进了火的使用和陶器制作手工艺的发展。

(6) 繁殖的进化　人类在一年四季都处于可繁殖状态，没有季节的限制，这大大不同于任何其他哺乳动物。人类独特的繁殖行为和性生理有利于维系两性关系，以便共同抚养生长缓慢的幼体。

(7) 智力的起源与进化　智力一般指学习能力和推理能力。智力在低等灵长类和其他哺乳动物中已经存在，但在人类得到了空前的发展。人类智力的进化是以发达的大脑为前提的。

(8) 语言的产生和发展　人类并非唯一拥有语言的物种，但人类语言的复杂性、包含信息的丰富程度是其他生物所无法比拟的。语言是人类社会性生活需要的产物，以人类发达的声带结构为基础，通过自然选择作用得以不断发展。

2. 人类起源的时间和地点

1) 人类起源的时间

20 世纪 30 年代，人们在印度和巴基斯坦接壤的西瓦立克山区发现了一块象人的上颚骨碎片，定名为腊玛古猿。后来在亚洲、非洲和欧洲多处都发现了类似的化石。人们推测，生活在 800 万～1400 万年前的腊玛古猿可能是人科最早的成员。1967 年威尔逊和萨利奇通过比较灵长类血红蛋白的氨基酸差异，推算出人、猿分歧的时间约在 500 万年前，这与腊玛古猿化石的地质年代发生了很大的矛盾，人类起源的时间似乎不会有 1400 万年之久。其他的研究结果也表明，腊玛古猿更可能是猩猩的祖先而非人类的祖先。20 世纪 70 年代，美国人约翰逊(D. Johanson)在埃塞俄比亚阿法洼地发现了一系列人类化石，其中包括一具女性个体，取名"露西"(Lucy)，定名为南方古猿阿法种，曾被认为是第一个被发现的最早能够直立行走的人类，生活年代距今约 350 万年。2009 年，吉本斯(A. Gibbons)在美国 *Science* 杂志上公布了更为古老、距今 440 万年的原始人"阿尔迪"(Ardi)，这使得古生物学的化石证据越来越接近分子生物学的观点。关于人类起源时间的天平，明显地倾向于支持分子生物学家一方，即人类起源时间为 400 万～500 万年前。但也有证据显示，人类起源的时间也许更早。

2）人类起源的地点

关于人类起源的地点，一直是个有争议的问题，欧洲起源说、中亚起源说都曾风靡一时。达尔文在《人类的由来与性选择》一书中曾大胆推测：非洲是人类的摇篮。20 世纪以来，人们在非洲挖掘出大量的古人类化石，特别是南猿阿法种"露西"化石、始祖地猿"阿尔迪"等古人类化石的发现，使得越来越多的化石证据将人类的起源地指向了非洲，特别是东非地区。同时，越来越多的分子生物学的研究成果，也使我们越来越有理由相信人类的"非洲起源说"。

3. 人类起源发展的几个主要阶段

目前所知最早的人科化石是始祖地猿，始祖地猿演化出南方古猿，再由阿法南猿分化出人属成员。人类的进化过程先后经历了地猿(*Ardipithecus*)、南方古猿(*Australopithecus*)、能人(*Homo habilis*)、直立人(*Homo erectus*)和智人(*Homo sapiens*)五个发展阶段(图 8-16)。

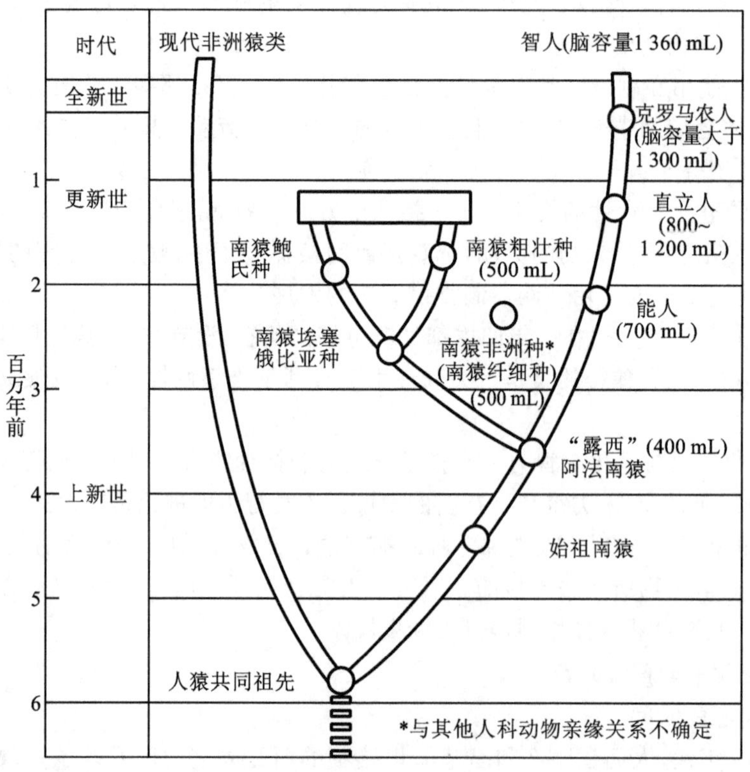

图 8-16　人科进化树(摘自 S. S. Mader，1998)

1）地猿(440 万年前)

1994 年，在埃塞俄比亚中部地区发现了距今 440 万年的女性原始人"阿尔迪"骨骼化石，命名为始祖南猿(图 8-17)。随后根据陆续出土的骨骼，其整体特征逐渐得到"复原"。人类学家将其定名为始祖地猿，也称阿德猿、拉密达猿人。2009 年，吉本斯等公布了研究成果。

"阿尔迪"身高约 120 cm，体重约 50 kg。她具有与猿类似的头部和脚趾，很容易在树丛间攀爬，不过其手掌、手腕以及骨盆表明，她可以用两只脚直立行走；此外，"阿尔迪"具有多种比现代黑猩猩更原始的特征。"阿尔迪"说明，人与黑猩猩在各自道路上都进化出了与共同祖先差异很大的特征。古生物专家认为，"阿尔迪"并不是人与黑猩猩最后的共同祖先，但却是迄今

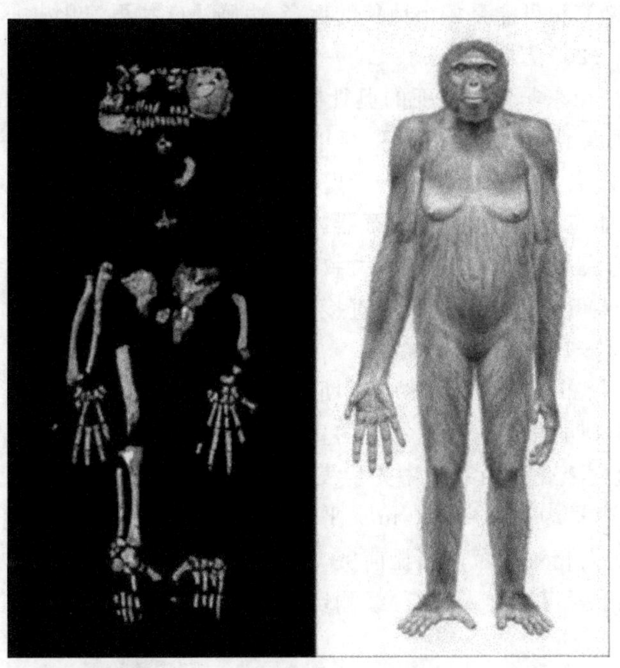

图 8-17　始祖地猿“阿尔迪”骨架化石及其复原图(摘自 A. Gibbons,2009)

最接近这一共同祖先的原始人。

2) 南方古猿(100 万—400 万年前)

南方古猿化石最早发现于非洲南部和东部。自第一个南方古猿化石“汤恩”(Taung)发现以来,已先后出土了相当于几百个个体的骨骼化石。南方古猿因形态上的显著差异被区分为两个种,即非洲南猿和粗壮南猿,前者体型纤细,平均脑量 494 mL,后者体型较粗壮,平均脑量 500 mL。1974 年,雌性南方古猿骸骨“露西”(Lucy)在埃塞尔比亚出土,定名为阿法南猿,由于骨骼较为完整(相当于个体骨骼的 40%),使人们能确定她的直立行走的运动方式。“露西”一度被大家公认为最早期的人类祖先的代表(图 8-18)。

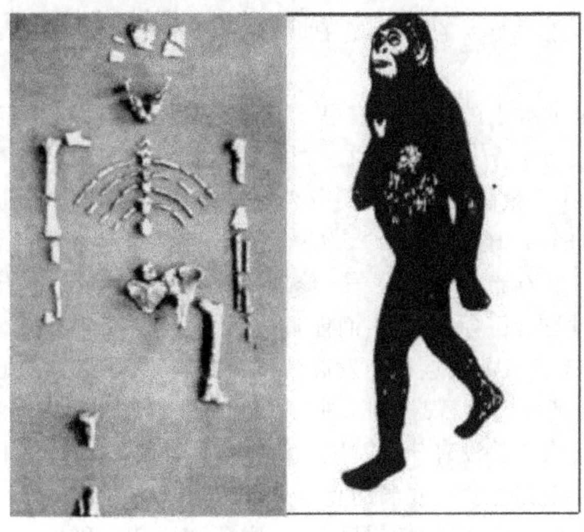

图 8-18　“露西”化石及其复原图

一般认为，阿法南猿很可能是始祖地猿的后裔，由阿法南猿再演化出非洲南猿和粗壮南猿。

3）能人（100万—250万年前）

20世纪30年代，在东非坦桑尼亚的奥杜威峡谷发现了简单的石器，1959年在石器出土地点发现了南猿鲍氏种头骨化石。20世纪60年代在同一地点稍低层位发现了颅骨较发达、脑量较大的头骨化石，定名为能人。能人头骨壁薄、眉嵴突出，平均脑容量650 mL，牙齿也比南猿小，能直立行走且能有效奔跑，能制造石器。此后，肯尼亚、埃塞俄比亚及南非也发现了能人化石。能人是最早的人属成员，生存年代大致在100万—250万年前，与南方古猿的生存年代重叠。有人推测，能人可能是阿法南猿的直接后裔。

4）直立人（20万—180万年前）

1891年，荷兰人杜布瓦(E. Dubois)在印尼爪哇发现爪哇直立人化石，此后在亚洲、欧洲、非洲等地都发现了类似的化石。我国发现的直立人化石包括北京人、元谋人、蓝田人等。

1929年，北京直立人化石由裴文中先生发现于北京周口店，生活时代为更新世中期，距今20万—50万年。脑容量为915～1200 mL，平均1089 mL，眉嵴粗壮而前突，牙齿比现代人稍大、粗壮，面部比现代人相对较短而明显前突，头骨厚度比现代人几乎大一倍(图8-19)。1965年，云南省元谋县出土元谋直立人化石，经测定，生活年代远在170万年前左右。

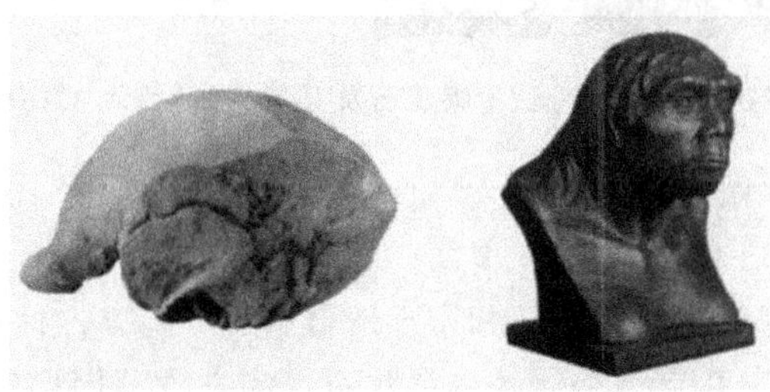

图8-19　北京人头盖骨化石及复原图

直立人已经有了一定的语言能力，开始用火，并知道保存火种。直立人建立起了原始的社会组织并创造了原始的文明——旧石器文化，生产以狩猎为主，能够制造更复杂的石器工具。

5）智人（28万年前—　）

智人是人科中唯一生存至今的物种，包括现代人种的各个不同种族。化石智人分为早期智人和晚期智人两类。

（1）早期智人　早期智人的典型代表是1856年在德国的尼安德特河谷发现的尼安德特人，简称尼人，生存年代为4万—20万年前。尼人头骨还带有直立人的特征，但脑量已达到现代人水平，平均1500 mL。我国发现的早期智人有金牛山人、丁村人、马坝人等，其中1984年在我国辽宁营口发现的金牛山人生活于20万—28万年前，是已知最古老的智人化石。

早期智人已学会打制石器的新技术——修理石核技术，能狩猎大型野兽，并能用兽皮制作简陋的衣服，不仅会使用火，还会取火，因而能适应各种气候，分布较广。另外，尼人开始有埋葬死者的习俗，社会形态已从前氏族社会发展到母系氏族社会，由族内婚发展到族外婚。

（2）晚期智人　晚期智人化石遍布亚、非、欧，也出现于美洲和大洋洲，分布范围更广。晚期智人在形态上与现代人几乎没有什么差别，并已明显具有现代人人种的特征。欧洲晚期智人的代表是发现于法国南部克罗马农洞的克罗马农人，生活在旧石器时代晚期，距今约3.5万年。我国的晚期智人有广西柳江人、四川资阳人、内蒙古河套人和北京周口店龙骨山的山顶洞人等(图8-20)。

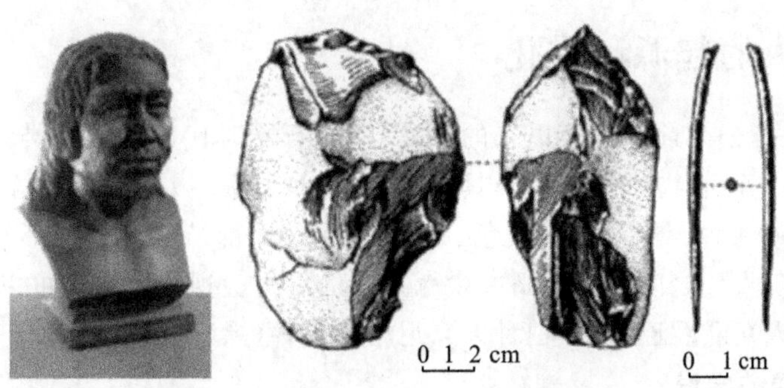

图 8-20　山顶洞人及其制作的石器和骨针

晚期智人制作的石器更加精细，并出现了骨器和角器，还能制作复合工具。会建造简单的房屋，设置陷阱，还会人工取火。晚期智人还会创造原始艺术，创作洞穴壁画，制作装饰品等。

4. 关于人类起源原因的学说

关于人类起源的原因有各种观点，其中影响较大的有裂谷学说、劳动创造学说和突变选择学说。

1）裂谷学说

裂谷学说是由荷兰人类学家科特兰特（A. Kortlandt）提出的。资料表明，非洲中部在1500 万年前森林茂密，猿猴成群，其中也有人和猿的共同祖先。在大约 800 万年前，随着地质构造变化，沿红海经埃塞俄比亚、肯尼亚、坦桑尼亚一线裂开，沉降为大裂谷，而上升作用则在大裂谷的东部边缘形成了一系列的山峰。隆起的山脉改变了大气环流，裂谷西部受大西洋的影响仍维持原来湿润多雨的气候，而裂谷东部因山峰的阻挡及其他作用，气候变得极其干燥，植被也由森林演变为干燥的热带草原。分布在西部的人和猿的共同祖先仍然生活在树上，成为今天的黑猩猩和大猩猩；分布在东部的人和猿的共同祖先的后代，被迫从树上下来，逐渐适应开阔的草原生活而演变为最早的人科成员，法国人类学家柯盘斯（Y. Coppens）称之为“东边的故事”。

2）劳动创造学说

某些高等灵长类也可以利用工具进行劳动，属于低等的原始劳动（本能劳动），人类可以从事复杂的高级劳动。人类在从事复杂劳动中，不但会制造和使用工具，而且把劳动当作谋生的重要手段，使得劳动成为人类生存发展中必不可少的一种适应性行为方式。因此，本能的劳动在从猿向人转变的过程中成为一种重要的选择因素。当人类远祖利用手和脑进行原始劳动时，手的灵巧程度以及脑的聪明程度存在个体差异，这种差异直接影响劳动的效益，从而影响它们的适合度。可以说，来自劳动方面的选择压力促进了从猿到人的转变过程。另一方面，劳动也是创造人类文化的一种动力，语言的产生和发展、思维的物质基础——脑的发展都和劳动密切相关。人类群体关系上的社会性是劳动创造人本身的重要前提和保证。

3）突变选择学说

人和猿的共同祖先中的突变个体，由于体质、行为等方面的选择优势，在生存竞争中也处于优势地位，经过长期、逐代的不断选择，使人类最终从猿类中分化产生出来。人类的起源过程中所经历的一切变化都是在突变和选择的基础上实现的。

8.3.2 现代人的起源和进化

现代人一般是指公元前1万年以来的人类，即新石器时代以后的人类。现在世界各地的现代人都属于同一个生物学种，一个具有若干亚种（种族）的复合种，即智人种（*Homo sapiens*）。种族也叫人种，是指肤色、发色、眼色、血型及面部特征等体质形态上具有某些共同遗传特征的人群，各人种之间可以通婚并生育正常的后代。现代人通常可以划分为四大种族，即蒙古人种（黄种人）、欧罗巴人种（白种人）、尼格罗人种（黑种人）和澳大利亚人种（棕种人）。

1. 现代人起源的学说

长期以来，科学家对现代人类的起源主要有两种观点：单一地区起源说和多地区起源说。目前，古生物学家和分子生物学家纷纷卷入这场有关现代人起源的争论中。其实这两种观点并非完全对立，它们都承认人类的第一次全球大迁徙，即100万—200万年前直立人从非洲扩展到世界其他大陆。两种观点的分歧在于，多地区起源说认为现代人是由各地的直立人分别独立演化为现代各个人种的，而单一地区起源说则认为现代人具有一个共同的非洲祖先，而后它们进行了第二次大迁徙，走出非洲，分布到世界各地，并取代了当地土著人，发展成现代四大人种（图8-21）。

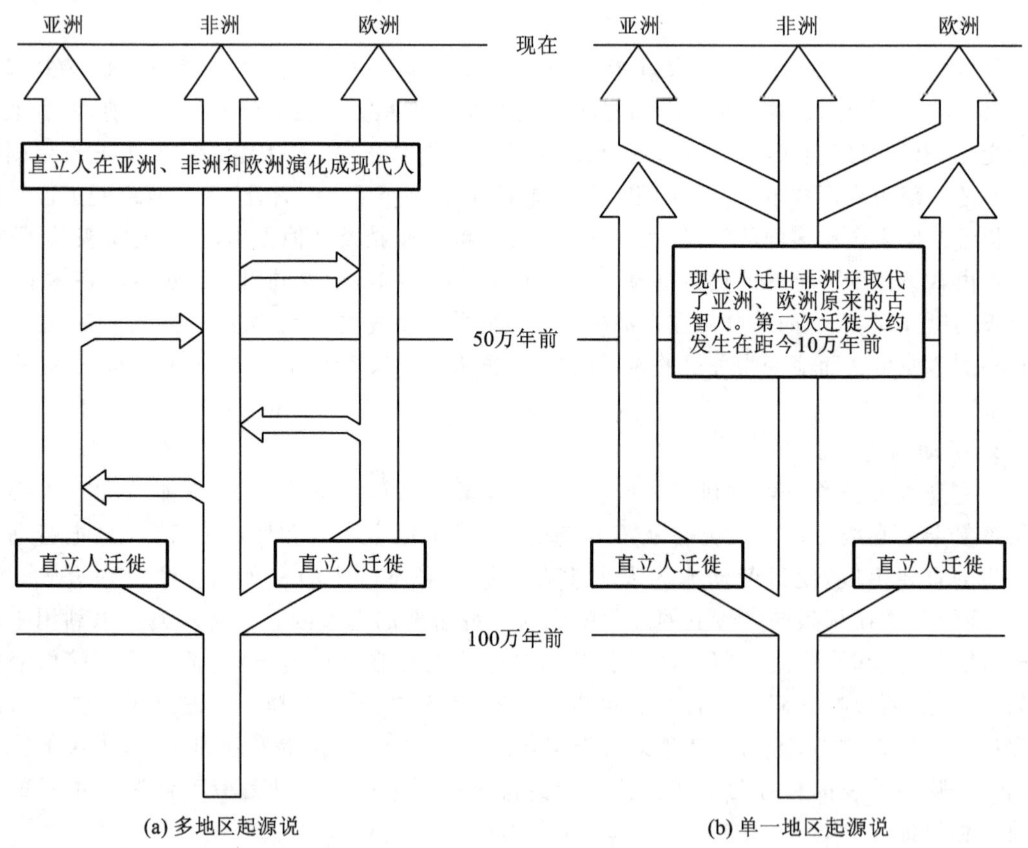

图8-21 关于现代人起源的两种学说（摘自S. S. Mader，1998）

1）单一地区起源说

该学说认为，现代人起源于非洲的早期智人，并由他们迁移到世界各地定居形成现今世界各地的现代人。

1987 年，美国人类遗传学家卡恩(R. L. Cann)等提出单一地区起源说，又称夏娃学说。卡恩根据 147 名不同族裔妇女的胎盘细胞线粒体 DNA 序列，构建了系统树。大多数学者认为线粒体 DNA 是严格的母系遗传，通常只来自母体。结果显示，该系统树有一个共同祖先，但很快分为两支，一支的线粒体 DNA 来自非洲祖先，另一支则来自亚洲、大洋洲、高加索、巴布亚新几内亚等地的祖先。根据这一结果卡恩提出：现代人的线粒体全部来自于 20 万年前生活在非洲的一个妇女，她是现在全人类的母系祖先。约 13 万年前，该女性的一群后裔离开非洲，迁移到世界各地，并取代了当地土著人，逐渐发展成各现代人种。1997 年德国慕尼黑大学动物研究所对尼安德特人基因残存物的分析研究结果，1999 年我国科学家金力等对人类 Y 染色体上遗传标记的研究结果，G. Hudjashov 对澳大利亚土著居民的线粒体 DNA 和 Y 染色体 DNA 的研究等大量的遗传学和分子生物学的研究结果，都支持现代人类的非洲起源说。

目前，借助于先进的遗传学和分子生物学研究手段，单一地区起源说得到了大多数古人类学家的支持，但该学说也存在一些有待解决的问题，如 DNA 样本主要取自于现生人类，早期人类走出非洲后如何在世界各地发展壮大，并取代当地古人类？这些问题还没有明确的答案。

2）多地区起源说

该学说认为，现代人分别起源于不同的地区，亚、非、欧各地的现代人是由当地的直立人演化而来，各大人种的形成是当地古人类连续进化，同时又存在一定的基因交流的结果。该学说的代表人物有我国古人类学家吴新智、美国密歇根大学的米尔福得・沃尔波夫(M. Wolpoff)和澳大利亚国立大学的阿兰・索恩(A. Thorne)等。

有学者对古人类体质特征和旧石器时代文化进行了系统研究后指出，尽管存在外来的基因交流和文化交流，中国现代智人形成过程中连续进化仍是主流。中国从古人类到现代人的体质特征是一脉相承的，并未出现被非洲古人类取代而造成的体质上的改变，北京直立人身上的一些特征在现代中国人身上仍有反映。吴新智院士在我国发现的人类化石中，找到了很多上门齿化石，这些门齿都呈铲形，这种铲形门齿到现在还存在于 80%的中国人中，而现代欧洲人具有铲形门齿的不到 5%，非洲黑人大概也只有 10%左右，澳大利亚土著人约为 20%。另一方面，中国的旧石器时代文化、新石器时代文化、原始社会文化等都是一脉相承的，没有出现断层或大的改变。这些现象也促使很多中国学者相信中国古人类的进化是以连续进化为主、基因交流或杂交为辅的。

有人认为，虽然这一理论与 20 世纪 90 年代的基因研究结论相矛盾。不过，基因研究人类起源的本身并不严谨，归根到底，这些推测还是要用化石来检验，因为化石才是人类起源和进化的直接证据。

2. 人类未来的进化

与整个生物界的发展史相比较，人类发展的历史是十分短暂的，人类还处在发展的幼年阶段，应该还有一个漫长且更加灿烂辉煌的未来。在人类未来的进化中，除仍受生物进化一般规律的支配之外，人类社会文化进化必定产生越来越重要的影响。

1）人类生物学进化与人类的社会文化进化

人类的生物学进化是指人类发展过程中遗传组成及与之相关的体质特征和行为特征的世代改变，社会文化进化是指人类社会的文化系统(包括生产方式和上层建筑)随时间而变更的过程。

人类同时经历着生物学进化和社会文化进化这两个进化过程，它们互相作用，共同影响着人类的进化。社会文化进化建立在生物学进化的基础之上，只有人类的生物学进化发展到一定水平(一定的智力、前后肢分工、语言、社会组织等)时，才能产生和创造文化，才可能产生文化进化。人类的文化创造活动是依靠思维、劳动、语言三种基本能力来完成的，而这三种能力的载体——脑、手、声带等则是生物学进化的结果。反过来，人类的文化进化又作用于人类的生物学进化，如文化系统中的伦理、法律、生产等对人类生物学进化的影响，特别是科学技术对人类生物学进化产生着越来越大的影响。

2）人类进化的总趋势

一方面，人类的生物学进化已经发展到一个相当高的水平，但这种进化并未停止，人类自身的生物学进化仍在继续。例如，某些正在进行中的变化，如智齿、小趾和阑尾可能会逐渐消失，身高有增加的趋势，人种界限也在逐渐缩小。另一方面，自从人类诞生以来，社会文化进化就伴随着人类的生物学进化。社会文化进化是生物学进化的继续和发展，在社会文化进化过程中，自然选择的作用将受到社会选择的制约。毋庸置疑，社会文化选择是智力进化的动力，社会文化进化的结果必将导致人类智力水平的不断提高和发展。因此，人类未来的进化将在很大程度上依赖于智力水平的进化。

知识链接

RNA 世界

1981 年度诺贝尔化学奖获得者吉尔伯特(W. Gilbert)提出了 RNA 世界的假说："在生命起源的某个时期，生命体仅由一种高分子化合物 RNA 组成。遗传信息的传递建立于 RNA 的复制，其复制机理与当今 DNA 复制机理相似，作为生物催化剂的由基因编码的蛋白质还不存在。"

RNA 由于其五碳糖 2′位是羟基，化学活泼性远大于 DNA，再加上其他原因，就特别容易发生突变，因此在携带遗传信息的能力方面，RNA 不如 DNA；RNA 又由于其组成没有蛋白质复杂，不可能形成如蛋白质那么多样的结构，因此在功能分子的作用方面，RNA 又不如蛋白质。但 RNA 是唯一的既能携带遗传信息又可以是功能分子的生物高分子化合物。因此，生命发生之初，很可能是在原始海洋深处的火山口边，高温、高压的条件下，在矿物质的催化下，在雷电的作用下合成的原始核苷酸，然后经过亿万年的进化，形成了具有自我复制能力的 RNA。在人工条件下，这种进化的某些过程已被成功地模拟。原始的具有自我复制能力的 RNA，再在以后的亿万年进化过程中，逐渐将其携带遗传信息的功能传给了 DNA，将其功能分子的功能传给了蛋白质。核酶的发现大大支持了 RNA 世界的假说。

澄江动物群与寒武纪大爆发

澄江动物群是由中国科学院南京地质古生物研究所侯先光于 1984 年 7 月首次发现的，澄江动物群位于中国云南澄江帽天山附近，是目前保存极其完整的寒武纪早期古生物化石群。生动如实地再现了 5.3 亿年前海洋生命壮丽景观和现生动物的原始特征，为研究地球早期生命起源、演化、生态等提供了珍贵证据，被国际古生物学界誉为"20 世纪最惊人的科学发现之一”。2012 年 7 月正式列入世界自然遗产名录，是中国唯一的化石类世界自然遗产。

澄江动物群主要由多门类的无脊椎动物化石组成，门类相当丰富，保存非常精美，发现的动物群达 40 多个门类 180 余种，其中不仅有大量海绵动物、腔肠动物、腕足动物、环节动物和节肢动物化石，而且有一些鲜为人知的珍稀动物化石，以及形形色色、形态奇特、暂时还难以归入任何已知动物门的化石。

澄江动物群所展示的演化模式与达尔文所预示的完全不同。它不但证实了大爆发式演化事件在 5.3 亿年前确实发生，最令人震撼的是几乎所有的现生动物的门类和许多已经灭绝的生物突发式的出现于寒武纪地层，而在更古老的地层却完全没有其祖先型的生物化石发现。因此，澄江动物群的发现使“寒武纪大爆发”事件再度成为科学界的热门话题。澄江动物群的发现使人类认识生命的演化过程又产生了一次大的飞跃，对达尔文的进化论提出了重要补充：地球生命的演化模式既有“渐变”也有“突变”。

问题与思考

1. 试述生命起源“深海热泉说”的合理性。
2. 简述戴霍夫提出的遗传密码的进化过程。
3. 试述达尔文学说的主要内容。
4. 现代综合进化理论的主要内容是什么？
5. 举例说明分子生物学对生物进化研究的支持。
6. 简述物种形成的条件和主要方式。
7. 简述从猿到人的主要变化。
8. 简述人类起源的五个重要阶段。
9. 说说你对现代人起源的两种理论（单一地区起源说和多地区起源说）的认识和看法。

主要参考文献

[1] 沈银柱，黄占景. 进化生物学[M]. 3 版. 北京：高等教育出版社，2013.

[2] 李难. 进化生物学基础 [M]. 北京：高等教育出版社，2005.

[3] 吴相钰，陈守良，葛明德，等. 普通生物学[M]. 3 版. 北京：高等教育出版社，2009.

[4] 周永红，丁春邦. 普通生物学[M]. 北京：高等教育出版社，2007.

[5] 赵德刚. 生命科学导论[M]. 北京：科学出版社，2007.

[6] 王元秀. 普通生物学[M]. 北京：化学工业出版社，2010.

第9章 生物与环境

1. 生物分类和主要类群。
2. 生态系统及生态平衡。
3. 人类对环境的影响。
4. 可持续发展。
5. 生物多样性及其价值。
6. 生物多样性保护现状及保护措施。

引言 中国大闸蟹“入侵”德国

据《柏林信使报》2012 年 9 月 2 日报道，几只中国大闸蟹前几天借着夏日的余晖，悄悄向柏林的德国联邦国会大厦挺进。这引起了一些德国游客的“警觉”。他们报警后，这些外来“入侵者”被动物保护机构“抓获”。

大闸蟹学名中华绒螯蟹，又称河蟹、毛蟹、清水蟹或螃蟹，味道鲜美，营养丰富，是中国传统的名贵水产品之一。早在 1900 年，中国大闸蟹通过商船压舱水从中国“移民”欧洲，从此在欧陆江河“横行”，成为德国唯一淡水蟹。1912 年，德国首次官方报告说，发现了这种中国特有的大闸蟹。由于易北河水系和长江水系的自然条件较为接近，而且在当地没有天敌，大闸蟹就在那里繁衍生息。现在，整个欧洲的河水中都可以发现大闸蟹的踪影，荷兰、德国数量尤其多。

如今，大闸蟹在德国河流泛滥成灾，善挖洞穴，破坏水坝，它们还会毁坏捕鱼工具，吃掉渔网里弱小的鱼虾。甚至一些工业基础设施也成为它们的破坏目标。有报告称在德国大闸蟹造成损失高达 8000 万欧元。

德国水质良好，德国渔民又不愿意使用化学药物，使大闸蟹在欧洲近百年繁殖过程中，保持了品种的纯正。而在中国，由于人类过度捕捞，水体污染，大闸蟹数量急剧减少，价格颇高。于是，2003 年起，有中国商人计划将德国大闸蟹运回中国进行繁殖，让人哭笑不得。

这种因人类活动导致的物种入侵、生物多样性的丧失等现象，已严重地影响了生态系统的稳定和平衡，继而影响到人类的生存和发展。本章我们就探讨一下人类活动是如何把生态系统和生物多样性推向危险境地的，以寻求解决途径和措施，促进人类可持续发展。

9.1 生物的分类

迄今为止，地球上已经发现的生物有 200 余万种，每年还有许多新的生物被发现。为更好地开发利用这些生物资源，我们首先要认识它们，给它们进行科学分类。

9.1.1 生物命名

认识生物，要先从认识其名称开始。猴、鹰、苹果、土豆等都是普通名词，在日常生活中经常使用。但由于不同国家、地区、民族、语言的差异，同一个名称往往包含多个物种，或者同一个物种有多个名称，导致同物异名或异物同名。比如英文叫做 potato 的植物，中文可以叫做马铃薯、土豆或洋芋；中文叫做美洲狮的动物，英文名字则有 puma、cougar、panther 和 mountain lion。因此，生物学家需要为每一个物种制定统一准确的学名，避免造成生物名称的混乱。

1735 年，瑞典生物学家林奈（Carlvon Linne，1707—1778）（图 9-1）出版了《自然系统》一书，建立了以纲、目、属、种为框架的生物分类系统，提出了生物双名法。双名法规定，每种生物的学名都是由两个拉丁词或拉丁化形式的字构成：第一个词是属名，用名词，书写时第一个字母要大写；第二个词是种名，表示该物种的主要特征或产地。学名之后还需要写上最初命名人的姓氏或其缩写。例如，土豆是 *Solanum tuberosum*，苹果是 *Malus domestica*，老虎是 *Panthera tigris*，东北虎是 *Panthera tigris altaica*。我们人的学名 *Homo sapiens*，*Homo* 是人属，*sapiens* 是智慧的意思，*Homo sapiens* 即为智人。

Carlvon Linné
Painting by A.Roslin, 1775

图 9-1　林奈（摘自 Newman，1924）

9.1.2 生物分类法

生物的物种数量巨大，这些物种千变万化，在形态构造、生活习性、营养方式、生殖方式等方面又各有不同，如果不予分类，便无从认识和利用。生物分类是研究生物的一种基本方法，主要是根据生物的相似程度（包括形态结构和生理功能等），把生物划分为种、属等不同的等级，并对每一类群的形态结构和生理功能等特征进行科学的描述，以弄清不同类群之间的亲缘关系和进化关系。人们在不同的历史时期，都对生物进行过分类，从历史发展上看，在分类方法上有人为分类法和自然分类法两种。

1. 人为分类法

人为分类法主要是凭借对生物的某些形态结构、功能、习性、生态或经济用途的认识将生物进行分类。人们为了工作或生活上的方便，仅就生物的一两个特征对生物进行分类，而没有考虑生物亲缘关系的远近和演化，因此它所建立的分类体系大都属于人为分类体系。例如，将生物分为陆生生物、水生生物；将植物分为草本植物、木本植物等。古希腊学者亚里士多德根据血液的有无，把动物区分为有血液的动物和无血液的动物两大类。另外，18 世纪瑞典植物学家林奈以生物能否运动为标准，将生物划分为动物界和植物界两界系统；根据雄蕊的有无、数目，把植物界分为一雄蕊纲、二雄蕊纲等24个纲。16世纪，我国明朝医学家李时珍在他的《本草纲目》一书中将植物分为五部，即草部、谷部、菜部、果部和木部；将动物分为六部，即虫部、鳞部、介部、禽部、兽部和人部。

2. 自然分类法

1859年，英国生物学家达尔文出版了《物种起源》一书，提出了生物进化论学说。进化论的确立及生物科学的发展，使人们逐渐认识到现存的生物种类和类群的多样性，是由古代的生物经过几十亿年的长期进化而形成的，各种生物之间存在着不同程度的亲缘关系。生物的分类应该反映这种亲缘关系，反映生物进化的脉络。在亚里士多德和林奈研究成果的基础上，逐渐形成了现代生物分类方法——自然分类法。

自然分类法是按照生物之间在形态、结构、生理上相似程度的大小，判断其亲缘关系的远近，再将它们分门别类。这种分类方法特别强调生物分类和系统发育的关系，在研究分类的过程中，可以看出各种生物在分类系统上的位置，以及和其他生物关系的远近，符合系统发育的原则。研究各生物类群的分类学家，把组建该类群的系统发育作为主要目标，并在此基础上按照生物系统发育的历史，编制成生物的自然分类系统。

但是，由于千百年来生物的变化非常复杂，古代的生物种类绝大部分已经灭绝，因而这种分类还不尽完善，还不能解决整个进化的问题。20世纪末期，生物学进入分子生物学时代，专家学者们对生物体内染色体及其基因排序进行了研究，依据遗传信息对生物进行分类，将使生物分类更加准确和科学。

9.1.3 生物类群

依据生物分类法，生物学将每一个物种分到一个多级的分类系统中，每一级即是一个分类单元。现代生物分类系统中，有7个基本单元：界、门、纲、目、科、属、种。200多年前，林奈把所有生物分为两大界：植物界和动物界。1886年，德国动物学家海克尔(E. Haeckel，1834—1919)主张增加一个原生生物界。1967年，美国生态学家惠特克(R. H. Whittaker)提出新的五界系统，即原核生物界、原生生物界、真菌界、植物界和动物界。1977年，中国学者陈世骧提出将生物类群分为六界：病毒界、原核生物界、原生生物界、真菌界、植物界和动物界。

1. 病毒

病毒(virus)是由一个核酸分子(DNA或RNA)与蛋白质构成的非细胞形态、营寄生生活的生命体。病毒个体微小，一般在光学显微镜下不能看到，可通过细菌所不能通过的滤器。它的结构简单，仅含有一种核酸(DNA或RNA)和蛋白质，没有细胞结构，体内无核糖体，缺乏独立的代谢能力。但一旦侵入寄主细胞后，则能利用宿主活细胞内的代谢系统合成自身的核酸和蛋白质成分，表现出遗传、变异、共生和干扰的生命现象。

病毒颗粒的大小差异很大，从几十纳米到几百纳米不等，最大的病毒直径可达300～400 nm，如痘病毒；最小的仅有7～8 nm，如口蹄疫病毒。病毒的形态也是多样的，有球状的，如脊髓灰质炎病毒、疱疹病毒；有杆状的，如烟草花叶病毒；有丝状的，如甜菜黄花病毒。病毒结构主要包括核心和衣壳两部分，二者形成核衣壳。核心位于病毒体的中心，为核酸，为病毒的复制、遗传和变异提供遗传信息。衣壳是包围在核酸外面的蛋白质外壳。有些病毒核衣壳的外面还有一层脂蛋白双层膜状结构，是病毒以出芽方式释放，穿过宿主细胞膜或核膜时获得的，称为包膜。烟草花叶病毒、腺病毒等是裸露的核衣壳，流感病毒和疱疹病毒是有包膜的病毒。

病毒核酸可以是 DNA，也可以是 RNA；有的是双链，有的是单链。它们的遗传信息仅有几个至几十个基因，又缺乏细胞外被，因此它们在生物体（细胞）外不能独立生活。但可以像一般的核酸或蛋白质那样长期保存，类似于无生命的物体。一旦侵染活细胞后，即能发挥它的生物活性。侵入宿主细胞后，有些病毒将核酸插入宿主细胞的染色体中，随染色体的复制而复制，长期存留于细胞中，如乙型肝炎病毒；有些病毒则影响整个细胞的代谢系统，产生大量的病毒核酸和外鞘，经装配生成几十至上百个新的病毒，导致细胞裂解后，又重新感染其他细胞。肿瘤病毒则可使细胞转化，引起细胞性质的根本变化。

1）乙型肝炎病毒

乙型肝炎病毒（hepatitis B virus）又称 Dane 颗粒，是指引起人类急、慢性肝炎的 DNA 病毒，简称 HBV。其直径约 42 nm，有双层外壳，内部是核心。除 Dane 颗粒外，还有小球形颗粒和管形颗粒的病毒，比如乙型肝炎患者血清中最常见的就是小球形颗粒。乙型肝炎病毒经口传播，对热、低温、紫外线消毒抵抗能力较强，次氯酸钠可破坏其抗原性，可作为它的消毒剂。

2）流行性感冒病毒

流行性感冒病毒（influenza virus）简称流感病毒，病原体呈球形，核酸为单链 RNA，有包膜。流感病毒有甲型、乙型和丙型之分，存在于人口、鼻等分泌物中，经飞沫传播，可引起黏膜充血、水肿、脱落等病变。经 1～3 天潜伏期后，出现发热、头痛、鼻塞、咳嗽等症状，一般病程为 3～7 天。疫苗接种可以起到一定的预防效果，保持环境卫生，注意房屋通风，养成良好的卫生习惯也能起到预防作用。

3）艾滋病病毒

艾滋病病毒（human immunodeficiency virus，HIV）（图 9-2）是人类免疫缺陷病毒的简称，呈球形，核酸为单链 RNA，位于病毒中心，与外面的蛋白质衣壳构成核衣壳，最外面则是由脂类和糖蛋白组成的包膜。当艾滋病病毒感染 T 淋巴细胞后，病毒的 RNA 作为模板形成一个 RNA-DNA 杂合分子，再以 DNA 单链作为模板合成一个双链 DNA 分子，整合到宿主细胞的 DNA 分子中。在细胞分裂时，病毒 DNA 随细胞 DNA 的复制而复制。因此，艾滋病病毒一旦感染，就是终生的，难以消除。艾滋病病毒存在于感染者的血液、精液或阴道分泌液中，主要通过性接触和直接血污染传播，临床表现为发热、无力、消瘦、免疫力低下等。

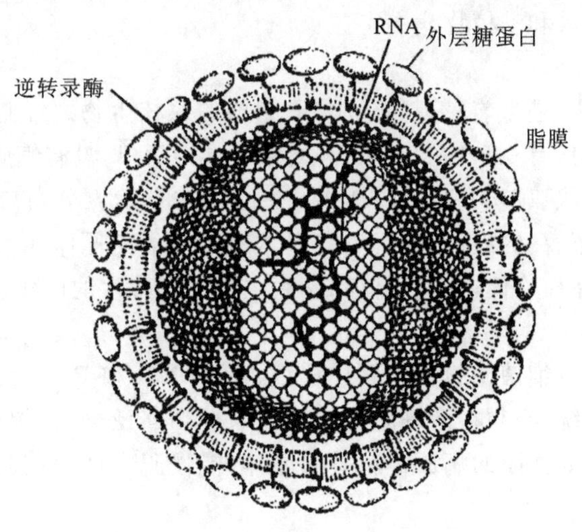

图 9-2　艾滋病病毒（摘自李庆章，2005）

2. 原核生物界

原核生物是由原核细胞构成的生物，包括细菌、蓝藻、放线菌、支原体、衣原体等。原核生物极小，用肉眼看不到，需要在显微镜下观察，细胞结构具有以下特点：①核质与细胞质之间无核膜，因而无成形的细胞核；②遗传物质是一条环状 DNA 丝，不构成染色体；③无微纤维系统，细胞质不能流动；④繁殖方式是简单二分裂；⑤细胞质内仅有核糖体，没有线粒体、高尔基体、内质网、溶酶体等细胞器；⑥鞭毛仅由几条螺旋或平行的蛋白质丝构成；⑦大部分原核生物有成分和结构独特的细胞壁。多数原核生物为水生，能在水下进行有氧呼吸，是地球上最初产生的单细胞动物。

1）细菌

细菌是一类形状细短，结构简单，多以二分裂方式进行繁殖的原核生物，是在自然界分布最广、个体数量最多的有机体。细菌主要由细胞膜、细胞质、核糖体等部分构成，没有细胞膜、细胞核和膜状细胞器，有的细菌还有荚膜、鞭毛、菌毛等特殊结构。大多数细菌具有细胞壁，细胞壁内为细胞膜，膜内为细胞质和不具核膜结构的拟核，核区内有环状双链 DNA 分子。细菌广泛分布于土壤和水中，或者与其他生物共生，人体身上也带有相当多的细菌。细菌的营养方式有自养及异养，其中异养的腐生细菌是生态系统中重要的分解者。部分细菌具有固氮作用，能把氮元素转化为其他生物能利用的形式。细菌对人类活动有很大的影响：一方面，细菌是许多疾病的病原体，包括肺结核、淋病、炭疽病、梅毒、鼠疫等疾病都是由细菌所引发的；另一方面，人类也时常利用细菌，例如乳酪及酸奶的制作、部分抗生素的制造、废水的处理等，都与细菌有关。

2）放线菌

放线菌因菌落呈放线状而得名。放线菌的细胞结构与细菌相似，都具备细胞壁、细胞膜、细胞质、拟核等基本结构。个别种类的放线菌也具有细菌鞭毛样的丝状体，但一般不形成荚膜、菌毛等特殊结构。放线菌与细菌的主要区别是形态和繁殖方式的不同，菌丝大多无隔膜，其粗细和杆菌相似，主要通过无性孢子进行繁殖。放线菌与人类的生产和生活关系极为密切，目前广泛应用的抗生素约 70% 是由各种放线菌所产生的，一些种类的放线菌还能产生各种酶制剂（如蛋白酶、淀粉酶和纤维素酶等）、维生素（如维生素 B_{12}）和有机酸等。少数放线菌也会对人类造成危害，引起人和动植物病虫害。

3）支原体

支原体又称霉形体，是目前发现的最小、最简单的原核生物。细胞体积微小，介于细菌和病毒之间，直径最小的只有 0.1～0.25 μm。支原体结构简单，没有细胞壁，外面只有一层类脂蛋白质膜，细胞内有环状双链 DNA 和 RNA。支原体在自然界分布广泛，有些营寄生生活的支原体，可以引起人、畜、禽的疾病，如寄生在人体呼吸道的支原体能引起肺炎，也有的可引起泌尿生殖系统感染。在植物体内，支原体感染后主要引起叶片的白化、植株矮化或丛生。

4）衣原体

衣原体很小，能通过细菌滤膜。衣原体体内含有 DNA 和 RNA 两种核酸，细胞壁含胞壁酸，缺乏产生能量的系统，必须在活细胞内寄生。衣原体广泛分布于鸟类，如鹦鹉热。人体细胞也常有衣原体寄生，如沙眼的病原体就是衣原体，能侵犯人体眼结膜和角膜，是目前世界上致盲的第一病因。

5）蓝藻

蓝藻又叫蓝绿藻或蓝细菌，是能进行光合作用的原核生物类型，是最简单、最原始的一种藻类。蓝藻是单细胞生物，没有细胞核，但细胞中央含有裸露的 DNA 双链分子，通常呈颗粒状或网状。在细胞里有能进行光合作用的叶绿素 a 和类胡萝卜素，染色质和色素均匀分布在细胞质中。有的蓝藻含有藻红素，红海就是由于水中含有大量藻红素的蓝藻，它因使海水呈现红色而得名。

蓝藻的出现，不仅能固定二氧化碳生成有机物，而且还改变了大气成分，使还原性大气逐渐被氧代替，大大促进了好氧呼吸生物的产生和进化。蓝藻具有对不良环境的高度抵抗力和普遍的固氮能力，可作为稻田肥源，改良土壤结构，提高土壤保肥保水能力。在水环境中，蓝藻能够吸收废水中的 N、P 和其他化合物，起到一定的净水作用。但如果水体 N、P 含量过高，蓝藻过度增殖，就会将水中的溶解氧耗尽，使鱼类等水生动物无法生存。

3. 原生生物界

原生生物几乎包括全部的单细胞生物，包括裸藻门、甲藻门、金藻门和各类原生动物。原生生物是最简单的真核生物，多为单细胞，也有部分是多细胞的，但不具有组织分化。原生生物制造养分的方式，有的跟真菌一样，吸收外界的营养；有的既能进行光合作用，又能捕食，呈现出既像植物又像动物的双重性。如裸藻中的眼虫，体内有叶绿体，能进行光合作用（像植物），又有鞭毛能运动，有眼点能感光，营异养生活（像动物）。原生生物的种类与数量很多，分布极广，适应性强，与人类关系极其密切。有些寄生型的原生生物对人体有较大危害，如痢疾内变形虫、利什曼原虫；有些种类污染水源，造成赤潮危害渔业。有些种类的原生生物结构较简单，繁殖快，易培养，是研究生物科学基础理论的好材料，在揭示生命的一些基本规律中，显示出更大的科学价值。

4. 真菌界

真菌属于真核生物，一般具有细胞壁，细胞内有细胞核，无叶绿素，所以都是异养生物，营寄生或腐生生活，大多数生活在土壤中或死亡的动植物残体上。除酵母菌等少数单细胞真菌外，大多数都是多细胞的，细胞间有简单的分化，如香菇、木耳等。真菌种类多，分布广，有记载的约有 12 万种，代表物种有青霉、蘑菇、灵芝等。很多大型真菌是滋味鲜美的食用菌，食用、药用价值均较高，并且在自然界物质循环中也有重要意义。

5. 植物界

大约 30 亿年前，地球上出现了植物。最初的植物结构简单，种类贫乏，均生活在水中。经过数十亿年的漫长岁月，形成了现在丰富多彩的植物界。高等植物的共同特点是：真核细胞，具有以纤维素为主要成分的细胞壁；叶绿体的类囊体上含有叶绿素、类胡萝卜素等，能进行光合作用，是自养生物；一般有根、茎、叶的分化，有中柱；生殖器官是多细胞的，生殖发育过程中可产生胚，故又称为有胚植物。高等植物界包括苔藓植物、蕨类植物、裸子植物和被子植物四大类群。其中，蕨类植物、裸子植物、被子植物具有维管束，统称为维管束植物；裸子植物和被子植物开花结果，用种子繁殖，统称为种子植物。

1）苔藓植物

苔藓植物是低等的绿色植物，由苔纲和藓纲组成，有 2 万余种。多生活在阴暗潮湿的环境中，极少数生长于急流水中的岩石上或严寒的两极地带。苔藓植物构造简单，尚未出现维管束，因此个体羸弱。苔藓植物生活史中具有世代交替现象，只有配子体能独立生活，孢子体不能独立生活，寄生在配子体上。苔藓植物是高等植物脱离水生到陆地生活的原始类型之一，在形成土壤的过程中起着重要的作用。代表种类有地钱、葫芦藓等。

2）蕨类植物

蕨类植物是无种子的维管植物，由于进化出了维管组织而更加适应陆地生活。蕨类植物具有典型的世代交替现象，配子体和孢子体都能独立生活，进行光合作用。与苔藓植物不同的是，孢子体占优势，多年生，有根、茎、叶的分化；配子体微小，退化为贴地生长的心形原叶体。蕨类植物的精子与苔藓的一样，需要在水环境中才能完成受精，因此蕨类植物不是陆地上的优势物种。但在无维管组织植物中，蕨类是当今最具多样性的，其种类超过 12000 种，其中绝大多数生活在热带和亚热带。许多蕨类植物可供食用或者药用，有些则可用来指示土壤和气候。代表植物有石松、卷柏、铁线蕨等。

3）裸子植物

裸子植物是指植物种子裸露在外，没有果皮包被的植物，是地球上最早用种子进行有性繁殖的植物。后因地球变迁，很多裸子植物已绝迹，现代生存的裸子植物为数不多，约 700 余种。裸子植物的孢子体特别发达，绝大多数是常绿乔木或灌木。茎内有发达的维管系统，有形成层和次生结构，但组织分化仍比被子植物原始，木质部中只有管胞，而无导管和纤维；韧皮部中有筛胞而无筛管和伴胞。叶多为针形、条形或鳞形，极少数为扁平的阔叶。大孢子叶不形成心皮，胚珠裸露，因此种子成熟后，没有果皮包被，裸露在外，这是裸子植物的主要特征。裸子植物都是多年生木本植物，大多数为单轴分枝的高大乔木，树干端直，是材质优良和出材率高的重要林木。我国东北、西南、西北等地大面积的森林都是裸子植物为主，并且有很多稀有种类，如水杉、水松、银杏等，都是地史上遗留的古老植物，被称为“活化石”，在研究地史和植物界演化上有重要意义。代表植物有红豆杉、银杏、金钱松等。

4）被子植物

被子植物又名绿色开花植物，是植物界最高级的一类，也是地球上最完善、适应能力最强的植物。自新生代以来，它们在地球上占着绝对优势，现知共 1 万多属，约 20 多万种，占植物界的一半。被子植物能有如此众多的种类和极其广泛的适应性，与它的结构复杂化、完善化是分不开的。被子植物具有了结构完善的花，具有花被，花中具有由心皮组成的雌蕊。受精后胚珠发育成为种子，子房发育成果实，包围在种子外面，使下一代植物体的生长和发育得到了更可靠的保证。

被子植物的孢子体，在形态、结构、生活型等方面，比其他各类植物更加完善发达。在解剖构造上，被子植物的次生木质部有导管、管胞，韧皮部有筛管和伴胞，大大提高了输送水分、无机盐和有机物的能力。相反，配子体进一步退化，一般只有 7 个细胞 8 个核，形成了被子植物特有的胚囊。雌、雄配子体均无独立生活能力，需要终生寄生在孢子体上。被子植物传粉受精时，花粉到达雌蕊的柱头后，管内的生殖细胞分裂成 2 个精子顺管而下，进入胚珠，到达胚囊，1 个精子与卵细胞结合形成合子，发育成胚；另 1 个精子与 2 个极核结合，发育为 $3n$ 胚乳，完成被子植物特有的双受精。幼胚以 $3n$ 染色体的胚乳为营养，具有更强的生活力。这些都为被子植物经受严酷的自然竞争迅速扩展其生存领域，广泛分布于世界各地奠定了坚实的生物学基础。

被子植物的用途很广，人类的大部分食物都来源于被子植物，如谷类、豆类、瓜果和蔬菜等。有些被子植物为建筑、造纸、纺织、医药等提供了丰富的原料，还有调节空气、美化环境的重要作用，因此被子植物成为人类生存和国家建设不可缺少的植物资源。

6. 动物界

动物是具真核、无细胞壁、多细胞、异养、靠吞食获得营养的一大类生物的总称。动物一般具有运动能力并表现出各种行为，如奔跑、跳跃、飞翔等。多数动物有肌肉，能控制运动，以获取食物。动物界进化曲折，分支繁多，生物多样性丰富，大约占生物总量的 2/3，保留至今的动物估计超过 150 万种。根据动物最主要的形态特征和行为特征，以及是否有脊索，将动物分为两大类，一类是无脊索动物，另一类是脊索动物。

1）无脊索动物

无脊索动物是背侧没有脊柱的动物，一般身体柔软，无坚硬的能附着肌肉的内骨骼。但常有坚硬的外骨骼（如大部分软体动物、甲壳动物及昆虫），用以附着肌肉及保护身体。它们是动物的原始形式，其种类数占动物总数的 95%，分布于世界各地，现存 100 余万种。包括海绵动物、腔肠动物、扁形动物、线形动物、环节动物、软体动物、节肢动物、棘皮动物等。

(1) 海绵动物　形态各异，体形多数不对称，少数辐射对称。大多直接附着在基质上，营固定生活。无消化腔和口，无神经系统，通过变形细胞完成摄食、排泄等行为。海绵动物实现了从单细胞动物向多细胞动物的飞跃，是最简单的多细胞动物。

(2) 腔肠动物　从腔肠动物开始，动物界进入了胚层分化、组织发生及器官建成的重要阶段。腔肠动物出现了真正的内、外两胚层，形成了体壁和消化循环腔（腔肠），分化产生了皮肌细胞、腺细胞、雌雄生殖细胞及网状神经系统。不过，腔肠动物有口无肛门，消化腔的口同时起着摄食和排泄的作用。原始的神经系统传导方向性较弱，对外界刺激的反应效率较低。代表动物有水螅和水母等。

(3) 扁形动物　在进化史上实现了新的飞跃，出现了新的胚层——中胚层，可衍生出肌肉组织。自由生活的种类分化出眼点，网状神经系统已相对集中成为梯形神经系统。代表动物有涡虫、华支睾吸虫等。

(4) 线形动物　大多细长，横切面近似圆形。线形动物出现了假体腔（原体腔），体壁有肌肉。消化系统有了重大改进，由外胚层内褶形成后肠和肛门。代表动物有蛔虫、蛲虫等。

(5) 环节动物　身体分节，体内器官按节排列，是生物身体特化的开始。环节动物形成了真体腔和闭管式循环系统，神经系统呈链状或梯状，神经调控更为准确、迅速。代表动物有蚯蚓、沙蚕等。

(6) 软体动物　这是无脊索动物的一大门类，螺蛳、蜗牛、乌贼、鱿鱼等都属于软体动物。其特点是身体柔软，外面背负外套膜分泌成的坚硬外壳。软体动物率先演化形成了呼吸器官——鳃，以及真正意义上的心脏。消化系统更为完善，具有唾液腺、胰腺的等器官。神经细胞集中成多对神经节，感觉器官更为发达，常有眼、嗅觉、味觉等。

(7) 节肢动物　因其分节的附肢而得名，是动物界中最大的一门，已鉴定的约有 100 万种，其中绝大多数是昆虫，几乎分布于生物圈中的所有栖息地。与环节动物的分节不同，节肢动物的体节以及附肢都高度分化，身体分为头、胸、腹等部位，被坚硬的外骨骼覆盖。发达的大脑及感觉、摄食器官集中于头部；胸部主要起支持和运动作用，是附肢和翅膀的支撑部位；腹部则担负营养代谢和生殖的功能，体现了从同律分节向异律分节的飞跃。代表动物有蜘蛛、蟹、虾、昆虫等。

(8) 棘皮动物　这是无脊索动物的最高级类群，因其多棘的表皮而得名，海胆、海星是其中的典型代表。棘皮动物无体节，皮肤下面有内骨骼，并向体表突起形成棘。棘皮动物的口由与原胚孔相反的一端发育形成，原胚孔则形成肛门，故又称为后口动物。

2）脊索动物

动物界的最高等类群，具有四个典型的特点：①位于背部的中空的神经管，前段发育成脑，后端即是脊髓;②位于消化道和神经索之间的柔软的脊索,具有支撑身体长轴的作用;③位于咽部的鳃状结构——咽鳃裂,是动物呼吸与外界气体交换的通道;④位于肛门后面的肛后尾,具有平衡作用。脊索动物依其进化地位高低可分为尾索动物亚门、头索动物亚门和脊椎动物亚门。

(1) 尾索动物　脊索仅存在于幼体的尾部,成体外形长椭圆形,外被罕见的类似植物纤维的被囊素,如海鞘。

(2) 头索动物　这是一类终生具有发达脊索、背神经管和咽鳃裂等特征的无头、鱼形脊索动物,文昌鱼是其典型代表。脊索不但终生保留,而且延伸至背神经管的前方。头索动物是脊索动物向脊椎动物过渡的珍稀类型,在生物进化史上具有重要意义。

(3) 脊椎动物　保留了脊索动物的基本特征,又有其独有的特点,主要表现在灵活脊柱的出现,代替了脆弱难以弯曲的脊索,是动物进化史上的一大飞跃。现存的脊椎动物约有 5 万种,分为圆口纲、鱼纲、两栖纲、爬行纲、鸟纲和哺乳纲。

① 圆口纲动物　脊索、鳃裂终生存在,头部有口吸盘,无上下颌。此类动物种类较少,七鳃鳗则是典型代表。

② 鱼纲动物　具有上下颌,用鳃呼吸,多数以脊柱代替脊索,终生具有鳃裂,水生,血液循环为一心室一心房的单循环。鱼纲是脊椎动物最大的一纲,有 24000 种左右,分布在全世界各个水域中。通常根据鱼类骨骼性质的异同,将鱼类分为软骨鱼系和硬骨鱼系两大类。

③ 两栖纲动物　幼体生活在水中,用鳃呼吸,成体登陆后以简单的囊状肺和表皮进行气体交换,血液循环是一心室二心房的不完全双循环。受精和发育仍需在水中进行,是脊椎动物由水生向陆生过渡的类型,如蛙、蟾蜍、蝾螈等。

④ 爬行纲动物　包括蛇、蜥蜴、海龟、鳄鱼以及灭绝了的恐龙等,是真正登陆成功的类群。爬行类的骨骼较发达,四肢有力,能撑起身体以利于运动。皮肤外常有鳞片,可防止水分过度散失。心脏是不完全的二心室,血液循环为不完全单循环。体内受精,卵外有硬壳保护,胚胎发育中出现羊膜、绒毛膜等附属器官,这些都是爬行动物适应陆地生活的特征。

⑤ 鸟纲动物　体表均被羽,体温恒定,卵生,胚胎外有羊膜。心脏是二心房二心室,血液循环是完全的双循环。前肢特化成翅,有时退化,多营飞翔生活。骨多空隙,内充气体,减轻体重。呼吸器官除肺外,有辅助呼吸的气囊。无膀胱,不储存粪便,排泄物主要为尿酸。鸟类动物种类很多,是脊椎动物中的第二大类群,如麻雀、家燕、杜鹃、啄木鸟,以及鸡、鸭、鹅等。

⑥ 哺乳纲动物　无羽毛,有毛发,体温恒定,分头、颈、躯干和尾,有典型的五趾型四肢。大脑皮层发达,感官灵敏,四肢强健,均适于在陆地上快速奔跑。哺乳动物几乎全为胎生,加之用乳汁哺乳幼儿,使子代的生存率大大提高。所有这一切,都促进哺乳动物发展迅速,成为脊椎动物最高等的类群。

9.2 生态系统

早在古代,中国的哲学家就阐发了"天地与我并生,而万物与我为一"(《庄子·齐物论》)的重要的生态哲学思想。随着生态学的发展,生态学家认为生物与环境是不可侵害的整体,应把生物与环境看作一个整体来研究。1935 年,英国生态学家亚瑟·乔治·坦斯利(Sir Arthur George Tansley)明确提出生态系统的概念。

生态系统(ecosystem)是指一定空间内共同栖居着的所有生物(即生物群落)与其环境之间,以及生物与生物之间通过物质循环、能量流动和信息传递而形成的相互联系、相互作用、相互制约的统一整体。地球上的海洋、陆地、森林、荒漠、草原、湿地、河流、湖泊、山脉是生态系统,其中的一部分(甚至一滴水、一棵树)也可看作是生态系统,而池塘、农田、水库、农村、城市则是人工生态系统。生态系统具有等级结构,较小的生态系统组成较大的生态系统,简单的生态系统组成复杂的生态系统。生物圈是最大的生态系统,是地球上所有生命与其生存环境的整体,它在地球表面上到大气层、下到十多千米的地壳,形成了一个有生物存在的包层。

9.2.1　生态系统的组成

任何一个生态系统(图 9-3),或大或小,或简单或复杂,都是由非生物成分(物理环境)和生物成分(生物群落)两部分组成的。其构成要素多种多样,但为了便于分析,常常分为四个基本组成成分,即无机环境、生产者、消费者、分解者。

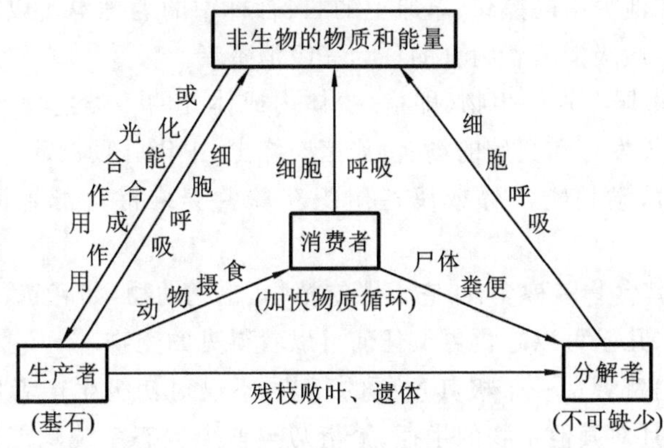

图 9-3　生态系统的组成

1. 非生物环境

非生物环境(abiotic environment)是生态系统中生物赖以生存的物质、能量的源泉及活动的场所,包括:参加物质循环的无机元素和化合物,如 C、N、O_2、CO_2、Ca、P、K;联系生物和非生物成分的有机物质,如蛋白质、糖类、脂类和腐殖质等;气候及其他物理条件,如温度、光照等。它们为自然界的各种生物提供必要的营养元素和能量,并共同组成大气、水和土壤环境,成为生物活动的场所,为各种生物提供必要的生存环境。

2. 生产者

生产者(producer)在生物学分类上主要是指各种绿色植物,也包括化能合成细菌与光合细菌。它们都能把无机物转化为有机物,不仅供给自身的发育生长,也为其他生物提供有机物质和能量,属于自养生物。植物与光合细菌利用太阳能进行光合作用合成有机物,化能合成细菌利用某些物质氧化还原反应释放的能量合成有机物。比如硝化细菌通过将氨氧化为硝酸盐的方式,利用化学能合成有机物。

生产者是生态系统的主要成分,是连接无机环境和生物群落的桥梁,是生态系统中最基本和最关键的成分,在生物群落中起基础性作用。它们将无机环境中的能量同化,维系着整个生态系统的稳定。其中,森林、草原等绿色植物还能为各种动物提供栖息、繁殖的场所。

3. 消费者

消费者(consumer)是针对生产者而言的，是指以动植物为食的异养生物。它们不能将无机物质转化为有机物质，而是直接或间接地依赖于生产者所制造的有机物质。消费者的范围非常广泛，几乎包括所有动物和部分微生物(主要有真细菌)，它们通过捕食和寄生关系在生态系统中传递能量。其中，直接以生产者为食的消费者称为初级消费者，以初级消费者为食的称为次级消费者，其后依次为三级消费者和四级消费者。同一种消费者在一个复杂的生态系统中可能充当多个级别，杂食性动物尤为如此，它们可能既吃植物(充当初级消费者)，又吃各种食草动物(充当次级消费者)，有的生物所充当的消费者级别还会随季节而变化。人类既吃粮食又吃肉，属于典型的杂食动物。消费者根据营养方式上的不同，又可分为五类。

(1) 草食动物　也称一级消费者、初级消费者，它们直接以植物为食：食草性昆虫，如蝉、菜青虫等；食草性哺乳动物，如牛、羊、马等。

(2) 肉食动物　以草食动物或其他弱小动物为食的动物，如：以浮游动物为食的鱼类；捕食其他动物的鸟兽，如池塘中的黑鱼、草原上的鹰、森林中的老虎等。以初级消费者为食的动物称为次级消费者，以次级消费者为食的称为三级消费者。

(3) 寄生动物　寄居在别的生物(即宿主)体内或体外的一类生物，它们利用宿主作为食物的来源以及作为生长发育和繁殖的场所，如猪肉绦虫、中华肝吸虫等。

(4) 腐食动物　从动植物尸体或腐烂组织获取营养维持自身生活的生物，如秃鹫、蝇蛆等。

(5) 杂食动物　其食物多种多样，它们既吃植物，也吃动物，如麻雀、鲤鱼等。人应该是世界上最杂的杂食动物，几乎可以吃世界上任何可以看得见的生物。

在生态系统中，消费者是一个极其重要的环节，不仅对初级生产者所生产的物质起着加工、再生产的作用，而且对其他生物的生存、繁衍乃至整个生态系统功能过程的实现都起着重要的作用。如约有85%的显花植物依靠昆虫传粉，草食性动物的摄食可改变植物群落类型，土壤动物通过捕食细菌控制着土壤微生物的数量，保证了微生物种群分解功能的有效发挥，等等。

4. 分解者

分解者(decomposer)又称还原者，是生态系统中将动植物残体、排泄物等所含的有机物质转换为简单的无机物的生物，属于异养生物，主要包括细菌、真菌、原生动物、小型无脊椎动物，也包括某些腐食动物。分解者可以将生态系统中的各种无生命的复杂有机质(尸体、粪便等)分解成水、二氧化碳、铵盐等可以被生产者重新利用的物质，完成物质的循环。因此分解者、生产者与无机环境就构成了一个简单的生态系统。

分解者是生态系统的必要成分，是连接生物群落和无机环境的桥梁，在生态系统的物质循环中发挥关键作用。在生态系统中，如果没有分解者的作用，动植物尸体就将堆积成灾，物质不能循环，生态系统也将毁灭。

9.2.2 生态系统的结构

生态系统的结构主要指构成生态系统的各组成成分在时间、空间上的分布及其数量组合关系，以及各组分间能量流动、物质循环、信息联系的途径与传递关系。生态系统结构主要包括组分结构、空间结构、时间结构和营养结构四个方面。

1. 组分结构

组分结构也称为物种结构，是指生态系统中由不同生物类群以及它们之间不同的数量组合关系所构成的系统、结构。生物种群是构成生态系统的基本单元，不同物种（或类群）以及它们之间不同的量比关系，构成了生态系统的基本特征。如平原地区的“粮、猪、沼”系统和山区的“林、草、畜”系统，由于物种结构的不同，形成功能及特征各不相同的生态系统。

2. 空间结构

空间结构也称形态结构，是指生态系统中各生物成分或群落在空间上的不同配置及形态变化特征。空间结构包括水平分布上的镶嵌性和垂直分布上的成层性，即水平结构和垂直结构。

1）水平结构

水平结构是指在一定生态区域内生物类群在水平空间上的组合与分布。在不同的地理环境条件下，受地形、水文、土壤、气候等环境因子的综合影响，植物在地面上的分布并非是均匀的。环境因子适宜的地段，植物种类多，植被盖度大，动物种类也相应地多；环境因子恶劣的地方，植物种类少，植被盖度小，动物种类也相应地少。这种生物成分的区域分布差异性直接体现在景观类型的变化上，形成了所谓的带状分布、同心圆式分布或块状镶嵌分布等景观格局。

2）垂直结构

垂直结构是指生态系统内部不同物种及不同个体的垂直分层，以及不同类型的生态系统在海拔高度不同的生境上的垂直分布。随着海拔高度的变化，光、热、水、土等生态因子发生有规律的垂直变化，生物类型随之出现有规律的垂直分层现象。生态系统的分层主要是由植物的生活型决定的，因为植物群落的成层结构是不同高度的植物或不同生活型的植物在空间上垂直排列的结果。如川西高原，自谷底向上，其植被依次为灌丛草原、灌丛草甸、亚高山草甸、高山草甸。

在自然生物群落中，动物的空间分布也有明显的分层现象。如：在欧亚大陆北方针叶林区，土下层有蚯蚓、蝼蛄等土壤动物；靠近地面层有蚂蚁等；在地被层和草本层中，以两栖类、爬行类、鸟类和兽类为主；在森林的灌木层和幼树层，栖息着莺、苇莺和花鼠等；在森林的中层，生活着山雀、啄木鸟、松鼠等；而在树冠层，主要是柳莺和戴菊等。但需要指出的是，许多动物可同时利用多个层次，又有一个最喜欢的层次。动物的分层现象主要与食物有关，与光照、温度等微气候也有一定的关系。

3. 时间结构

不同植物种类的生命活动在时间上的差异，导致了生态系统结构部分在时间上的相互交替，形成了时间结构。绿色植物光合作用的昼夜变化、生物群落的季相变化以及生物群落的演替、生态系统的进化等，都是生态系统时间结构变化的重要表现。如在早春开花的植物，在早春来临时萌发、开花、结果，到了夏季其生活周期已经结束，而另一些植物则达到生命活动的高峰。植物生长期的长短、复杂的物候现象是植物在自然选择的过程中适应周期性变化的生态环境的结果，是生态与生物学特性的具体表现。

4. 营养结构

营养结构是指生态系统中生物与非生物之间，生产者、消费者和分解者之间以食物营养为纽带所形成的食物链和食物网，它是构成物质循环和能量流动的主要途径。

“螳螂捕蝉，黄雀在后”、“大鱼吃小鱼，小鱼吃虾米，虾米吃泥巴”的古语，都反映了生物与生物之间的食物关系。一个生态系统中，植物所固定的能量通过一系列捕食和被捕食的关系在生态系统中传递,我们把一种生物以另一种生物为食,彼此因食物关系形成的链锁称为食物链。水体生态系统中食物链如:浮游植物→浮游动物→食草性鱼类→食肉性鱼类。为了便于了解生态系统的物质循环和能量流动,将食物链某一环节上的所有生物称为营养级。任何一种生物都属于一定的营养级,但又并非总属于同一个营养级,处于不同的食物链上,就可能属于不同的营养级。

对于一个生态系统而言,能量的流动总是从前一个营养级向后一个营养级流动,从生产者向消费者流动,最后到达分解者。当然,由于能量传递效率的限制,总是会有一些能量直接进入环境,导致生态系统内部能量的流失。通过对生态系统内能量流动的研究表明,能量在不断地传递中是逐级减少的,这就导致生态系统的食物链不可能无限制地延长,营养级一般是 4～5 个,最少 3 个。特殊情况下,比如我国的蛇岛,曾出现过 7 个环节"花蜜—飞虫—蜻蜓—蜘蛛—小鸟—蝮蛇—老鹰",但这种情况是极为特殊的。

在生态系统中,一种生物通常被多种生物食用,同时也食用多种其他生物。这就像一个无形的网,把所有的生物都包括在内,使它们彼此之间都有着某种直接或间接的联系。在一个生态系统中,各种生物以食物链互相交错、相互联结而形成的网状结构被称为食物网(图 9-4)。

图 9-4　草原生态系统食物网(摘自曹凑贵,2006)

一般来说,食物网越复杂,生态系统抵抗外力干扰的能力就会越强;反之,食物网越简单,生物种类越少,生态系统抵抗外力干扰的能力就越弱。

9.2.3　生态系统的功能

生态系统的基本功能主要包括能量流动、物质循环和信息传递三个方面。

1. 能量流动

能量是衡量物质存在和运动变化的量度,是物理学中一个重要的基本概念。生态系统中各组分的存在、变化及其发展,都与能量息息相关。不同的生态系统,其组分、结构不同,能量特征不同;同一生态系统的不同发展演替阶段,能量特征也不同。所以,每一个生态系统都有其独特的能量特征。通过研究生态系统的能量变化规律,能从本质上认识生态系统,并对其进行合理的调控。

在生态系统中,能量沿着太阳→植物→食草动物→食肉动物的方向流动(图 9-5)。植物通过光合作用将太阳能转化固定在有机物中:当食草动物捕食植物时,储存在植物中的一部分化学能就传递到食草动物体内;当食肉动物捕食食草动物时,又有一部分化学能传递到食肉动物体内。进入各个营养级的能量,有相当一部分通过新陈代谢以热能的形式耗散在环境中,其余的能量用于合成新的有机物,并继续以化学能的形式储存在有机物中,用于动物的生长和发育。由此可见,在生态系统中,能量的流动存在如下几个显著特点:①能量循着食物链(网)流动;②能量的流动是单方向的;③能量是逐级递减的。

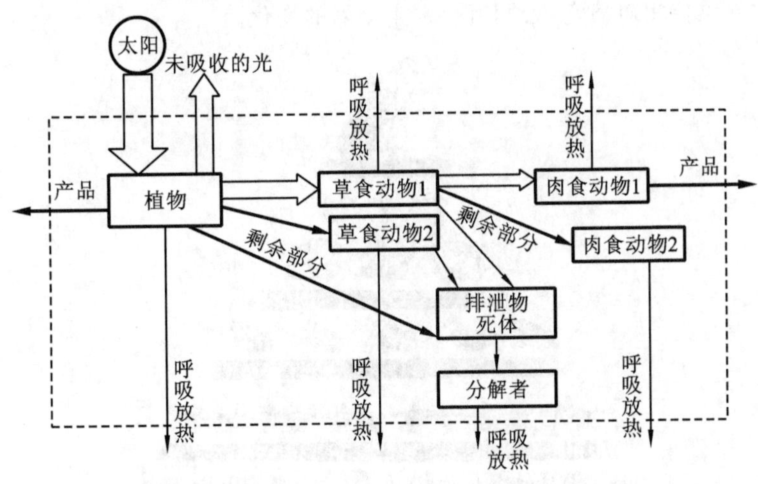

图 9-5　生态系统能量流动简图(摘自曹凑贵,2006)

1) 初级生产

为了反映一个生态系统利用太阳能的情况,我们首先要了解初级生产(primary production)的概念。初级生产是指绿色植物通过光合作用制造的有机物质或所固定的能量。初级生产量是地球上一切能量流动的源泉,常常称为第一生产量,绿色植物则是初级生产者。由于生产者(植物)将大约 50%的初级生产量用于自身的新陈代谢,只有约 50%的可以供其他生物消费,我们将剩下的这部分能量称为净初级生产量(net primary productivity)。

光、二氧化碳、水和营养物质是初级生产量的基本资源,这些因素的改变会直接影响生态系统的初级生产量。水最容易成为限制因子,各地区的降水量与初级生产量有着密切的关系。在干旱地区,植物的净初级生产量几乎与降水量呈线性关系。温度与初级生产量的关系较为复杂,温度上升,光合速率升高;但超过最适温度后则转为下降;同时,呼吸作用随着温度的上升而呈指数上升,其结果是净初级生产量与温度呈驼背状曲线。

2) 次级生产

净初级生产量是消费者和分解者的能量来源,这些能量供他们新陈代谢,经过同化作用转化成自身的物质和能量,这个过程称为次级生产(secondary production)。牧草被牛羊捕食、同化后增加牛羊的重量,牛羊产奶、繁殖后代等过程都是次级生产。对动物来说,初级生产量或因得不到,或因不可食,或因动物种群密度低等原因,总有相当一部分未被使用。即使被摄入体内,也有一部分通过动物的消化道排出体外。例如,蝗虫只能消化它们吃进食物的 30%,

其余的70%以粪便的形式排出体外，供腐食动物和分解者利用。在被同化的能量中，有一部分用于动物自身新陈代谢和维持生命，一部分以热能的形式散失到环境中，只有一小部分用于动物本身的生长和繁殖，这就是次级生产量(secondary productivity)。

能量在食物链(网)各营养级中向下传递时，下一级从上一级那里获得的能量逐渐减少，大约是10%，即每经过一个营养级，能量的净转移率平均只有1/10左右。因此，生态系统中各种生物数量按照能量流动的方向逐渐减少，形成一个金字塔(图9-6)。如一块草地上，可能有草数百万株，有蚱蜢、蚜虫数十万个，肉食动物如蜘蛛数千个，有鹰数只。显然如果人类以植物为食，那么获得的能量将更多，同时价格也会相对便宜。同样的道理，自然界中的大型动物为了维持自身的高能量消耗，就必须缩短食物链的营养级数，以获得充足的能量。如大象吃植物，鲸则多数吃浮游植物。对于一个生态系统而言，只有生产的能量和消耗的能量大致相等时，生态系统才能维持相对稳定，否则就会发生剧烈的变化。

图9-6　简化金字塔(摘自曹凑贵，2006)

2. 物质循环

伴随着生态系统的能量流动，同时进行的还有物质循环。初级生产者利用阳光、水和土壤中的各种无机离子，把来自太阳的能量固定在有机物中供生态系统内所有的生物利用，通过生产者、消费者和分解者之后又重新归还至环境中，再次被生产者利用，这个过程就是生态系统的物质循环。物质循环和能量流动是生态系统的两个基本过程，两者总是相伴发生，物质循环是能量流动的载体，能量流动是物质循环的动力。正是有了这两个过程，生态系统的各个组分才能相互联系，组成一个完整有机的整体。

1）水循环

水是生物体的重要组成物质，也是生态系统中生命元素得以不断运动的介质。生态系统中所有的物质循环都要在水循环的推动下才能完成，没有水循环，也就没有生态系统的功能。因此，水循环是生态系统物质循环的核心，对整个生物圈是至关重要的。

海洋是水的主要来源，太阳辐射使水蒸发并进入大气，风推动大气中水蒸气的移动和分布，并以降水的形式落到海洋和大陆。大陆上的水或暂时储存于土壤、湖泊、河流和冰川中，或通过蒸发、蒸腾进入大气，或以液态的形式经过河流和地下水最后返回海洋。总体来看，水的蒸发量和降水量是持平的。但由于地面物质、地形和植被等因素的影响，不同地区的蒸发和降水是有区别的。海洋蒸发量占总蒸发量的 88%，陆地占 14%；海洋的降水量占总降水量的 79%，陆地则占 21%。那就是说，部分海洋蒸发的水分被风带到大陆上空，以降水落到地面，通过地表径流最后流回海洋，从而维持了全球水循环（图 9-7）的动态平衡。

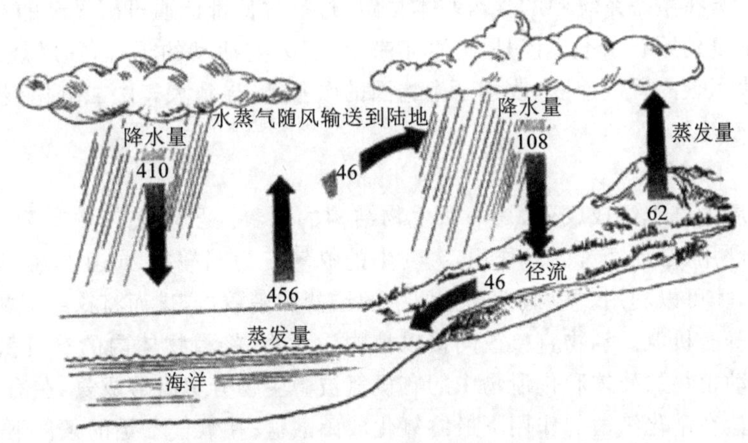

图 9-7　全球水循环（摘自曹凑贵，2006）

人类活动可能改变局部地区的水源。森林砍伐、农业活动、湿地开发、河流改道，等等，都可能改变全球或局部地区的水循环。

2）碳循环

碳是一切生命体中最基本的成分，了解碳循环是了解生态系统物质循环的关键。碳循环（图 9-8）是典型的气体型循环，主要过程包括：①生物的同化作用和异化过程，主要是光合作用和呼吸作用；②大气和海洋之间的二氧化碳的交换；③碳酸盐的沉淀作用。

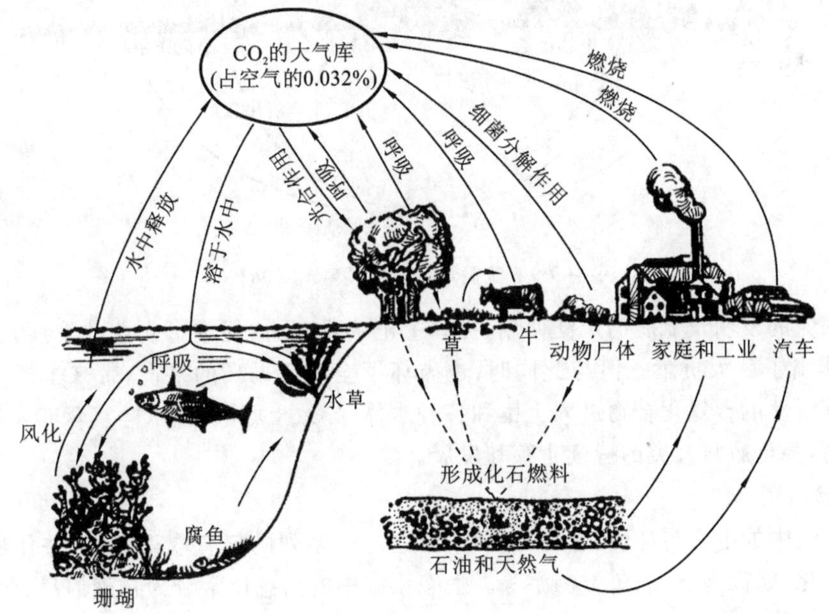

图 9-8　碳循环（摘自曹凑贵，2006）

对于陆地生态系统而言，生物通过光合作用固定碳，同时通过呼吸作用释放碳。生物与大气之间的碳循环是相当迅速的，大约经过 20 年就可以循环一次。同时，有些碳循环则需要相当长的时间，如远古时期的生物死亡后成为化石燃料深埋于地下后，这些碳就暂时离开了循环。但是经过地质活动(火山爆发等)或生物活动，这些碳可以以石灰岩或珊瑚礁等形式重新回到碳循环中。

一般来说，碳在生态系统中的含量基本恒定，过高过低都能通过碳循环的自我调节机制而得到调整，并恢复到原有水平。但是，近百年来，由于人类活动的干扰，如燃烧煤炭、石油等化石燃料，则加快了碳的释放速度，改变了生物圈的碳平衡，导致大气中二氧化碳含量上升，继而导致全球气候变化。

3) 氮循环(图 9-9)

氮是蛋白质的基本组成成分，是一切生物结构的原料。虽然大气中有 79% 的氮，但一般生物不能直接利用，必须经过固氮作用，大气中的氮转变为硝酸盐(或亚硝酸盐)，或者与氢结合生成氨以后，才可以利用。植物吸收土壤中的铵盐和硝酸盐，进而将这些无机氮同化成植物体内的蛋白质等有机氮。动物直接或间接以植物为食物，将植物体内的有机氮同化成动物体内的有机氮。动植物的残体和排泄物中的有机氮被微生物分解后形成氨，在有氧的条件下，土壤中的氨或铵盐在硝化细菌的作用下最终氧化成硝酸盐；在氧气不足的条件下，土壤中的硝酸盐被反硝化细菌等多种微生物还原成亚硝酸盐，并且进一步还原成分子态氮而重新返回到大气中。

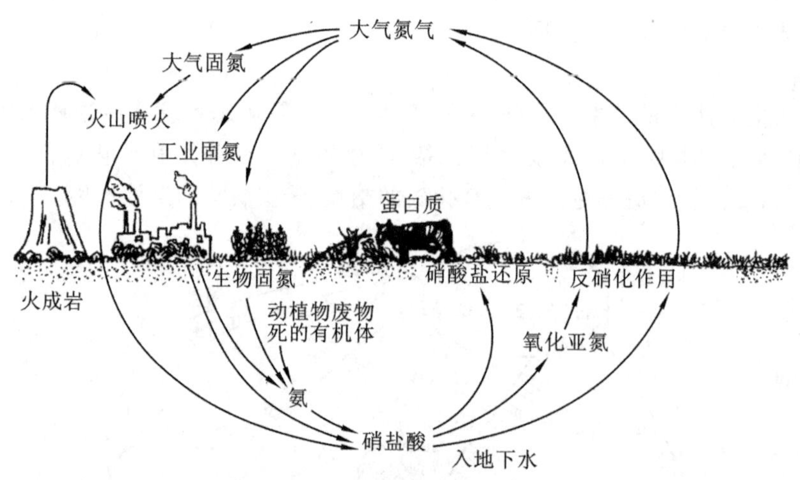

图 9-9　氮循环(摘自曹凑贵，2006)

工业固氮的发明及氮肥的广泛使用，提高了土壤生产力，促进了农业的发展，为解决全球粮食短缺作出了巨大贡献。但与此同时，也破坏了全球氮循环的平衡，带来了严重的环境问题。大量有活性的含氮化合物进入土壤和各种水体，导致土壤酸化、水体富营养化和空气污染等环境问题，甚至威胁人类的持续生存和发展。

3. 信息传递

生态系统中的生物与环境、生物与生物，可通过一系列的信息取得联系，并作出相应的反应和行为变化，如候鸟迁飞、鱼类洄游等。生态系统中的信息通常分为物理信息、化学信息、行为信息和营养信息。

(1) 物理信息　以物理过程为传递形式的信息，包括光信息、电信息和声信息等，如萤火虫通过发光辨别同伴，鸟通过鸣叫吸引异性个体等。

(2) 化学信息　通过生物释放的化学物质传递的信息，如蚂蚁通过自己的分泌物“告知”

同伴跟随，猫、狗通过排尿标记自己的行踪及活动区域。

(3) 行为信息　植物的异常表现和动物的异常行为所表示的信息，如蜜蜂通过舞蹈动作"告诉"其他蜜蜂去采蜜，跳舞时的形态动作不同，则表示蜜源的远近和方向不同。

(4) 营养信息　环境中的食物及营养状况所传递的信息，如植物叶子的颜色是草食动物捕食的信息。环境科学中所采用的许多检测方法，都是基于这方面的理论而获取信息的。

9.2.4　生态平衡

一个正常运转的生态系统，在一定时间和相对稳定的条件下，系统内各组成成分之间保持一定的比例关系，能量、物质的输入与输出在较长时间内趋于相等，结构和功能相对稳定，这种状态称为生态平衡(ecological balance)。一般情况下，生态系统内部物种越丰富，食物网结构越复杂，生态系统的调节力就越强，抵抗外力干扰的能力就越强，系统越稳定；食物网越简单，生态系统就越容易发生波动和受到破坏。这是因为生态系统的生物种类越多，食物网络复杂，能量流动、物质循环的途径也复杂，而每一物种的相对重要性就小，生态系统就比较稳定。荒漠生态系统之所以脆弱，就是因为它的生物种类少，食物链单纯的缘故。

1. 生态平衡的表现形式

(1) 动态平衡　像自然界任何事物一样，生态系统也处在不断变化发展之中，它是一种动态系统，它的各项指标，如生产量、生物的种类和数量，都不是固定在一个水平的，而是在某个范围内来回变化的，生物个体数量(特别是动物种群及多年生植物种群)会出现上下波动，系统内的能量流动和物质循环也会不断地变化。因此，生态平衡不是静止的，总会因系统中某一部分先发生改变，引起其他成分的改变，然后依靠生态系统的自我调节能力进入新的平衡状态。正是生态系统的这种"平衡—不平衡—新的平衡"的反复过程，推动了生态系统整体和各组成部分的发展与进化。

(2) 相对平衡　任何生态系统都不是孤立的，都会与外界环境发生直接或间接的联系，都会受遭到自然和人为因素的干扰。生态系统对外界的干扰具有一定的弹性，自我调节能力也有一定的限度，如果外界干扰在其所能忍受的范围之内，它可以通过自我调节能力而恢复；如果外界干扰或压力超过了它所能承受的极限，依靠自我调节能力不能恢复原状，生态系统就会失去平衡，甚至崩溃。例如，草原应有合理的载畜量，超过了最大适宜载畜量，草原就会退化；污染物的排放量不能超过环境的自净能力，否则就会造成环境污染，危及生物的正常生活，甚至死亡。

2. 生态平衡的破坏

生态系统的自我调节能力是有一定限度的，当外界的干扰超过"阈限"时，生态平衡就会遭到破坏，甚至导致生态危机。澳洲大陆在长期的演变过程中，形成了自己的生态系统。19 世纪 40 年代，英国人引入欧洲野兔。在食物充足，没有天敌的生存条件下，野兔的群体呈现疯狂性的扩张之势，最多时达到了 6 亿多只，对当地的植物、动物甚至土壤都产生了严重的威胁，当地的生态系统处于崩溃边缘。

作用于生态系统的压力可以来自于两个方面，即自然因素和人为因素。自然因素包括火山爆发、台风、地震、洪水等，对生态平衡的破坏多数是局部、暂时、偶发的，是可以恢复的。人为因素包括砍伐森林、开垦草原、围湖造田、污物排放等一系列利用、改造环境的过程，对生物圈的破坏性影响主要表现在三个方面：一是大规模地把自然生态系统转变为人工生态系统，如农业开发和城市化，严重干扰和损害了生物圈的正常运转；二是大量取用生物圈中的各种资源，如森林过度砍伐、草原过度放牧，水资源过度利用等，严重破坏了生态平衡；三是向生物圈中超量输入人类活动所产生的物质（化肥、农药等）和废物（工业三废等），严重污染和影响了生物圈的物理环境和生物组分，破坏了生态系统的平衡。人为因素对生态系统的影响往往是深远、难以治理的，因此，人类对自然的合理开发和改造，维持生态平衡是当今最紧迫的任务。

9.3 人类与环境

人是环境的主题，也是生物圈中的最高消费者，在环境的诸因素中，人是最主要、最根本的因素。人口持续增长和人类对环境的过度开发利用，对粮食、能源、资源、环境等诸多资源提出了新的挑战，对世界政治、经济和社会发展等产生了多重影响。

【课外阅读】

人口问题——从复活节岛的兴衰看人口与发展

复活节岛，位于南太平洋南纬28°西经108°交会点附近，面积约120平方千米，现属智利。它离南美大陆智利约3000公里，离太平洋上其他岛屿距离也很远，距离最近的有人居住的岛屿皮特凯恩岛也有1600公里之遥，岛上现有居民约2000人。

考古发掘表明，复活节岛曾经有过辉煌的文明。在公元400年左右，波利尼西亚东部群岛有一群波利尼西亚人驾船出海，跨越千里大洋，登上复活节岛。经过一段时间的开荒种植和海上捕捞，生活逐渐安定下来，人口有所增加，最繁盛时期岛上总人口曾达到7000人。

人口增加导致了食物不足。为了解决问题，公元800年左右开始大规模砍伐森林，大量建造船只出海捕捞，收获大量鱼类和海豚等水产品。人口的迅速增加使自然资源不断耗竭，逐渐超过当地资源的承载能力。公元1400年时，棕榈树消失了，15世纪末岛上森林全部被砍伐干净。鸟类由于缺乏食物开始减少，许多植物因失去传粉的鸟类也逐渐灭绝。由于人们没有了建造船只的树木，渐渐地，航海能力越来越差。无奈岛民转向开垦荒地种植谷物，但是仍旧不能满足人们的食物供给。于是原先较发达的文明开始衰落，甚至出现食人部落。

1700年，人口开始衰减至原来人口的1/5，人们开始纷纷居住在洞穴中以防卫敌人。到20世纪初时，生存条件已经非常恶劣，只剩下111个土著居民。

复活节的兴衰历史是人类过度利用自然资源，人口增长超出自然承受能力的结果，是人类社会所经历的人口、资源、环境与发展之间不协调的一个缩影。这段兴衰史让人们更清醒地思考人类与自然的关系。

英国伦敦的烟雾事件

1952年12月5日至8日，素有雾都之称的英国伦敦又被浓雾笼罩。这期间许多人突然患呼吸系统疾病，一下住满了伦敦的各家医院。四天中，死亡人数较常年同期增加4000多人，约为平时死亡人数的3倍。事件发生的1周中，因支气管炎、肺结核死亡人数分别是平时同类病死亡人数9.3倍、5.5倍。事件后的两个月里又有8000多人死亡。人们就此事件分析认为，这与伦敦当时大量的耗煤有关。事件期间尘粒浓度达平时的 10 倍，SO_2 浓度最高达平时的 6 倍。在浓雾的特定条件下，烟雾中的 Fe_2O_3 促使 SO_2 氧化成 SO_3，从而形成 H_2SO_4，并凝在微尘上，从而形成酸雾，成为这一事件的杀手。

9.3.1　人口增长对环境的影响

人口增长、资源危机和环境污染是当代世界的三大社会问题，也是制约我国经济增长、社会发展和人民生活水平提高的主要因素，而根本原因则是人口增长。因此，缓解人口-资源-环境的矛盾，首先需要解决人口过度增长的问题。

1. 世界人口的增长

在人类发展的历史上，人口共有三次大的增长。第一次人口增长是在人类祖先从灵长类进化为人的时代。由于人体站立、后足行走，使用和制造工具，以及火和语言的使用，使得人类对不良生存条件的适应能力大大提高，死亡率大为降低。生存能力的提高和死亡率的下降，形成了第一次人口增长，当时的人口总数达到了 500 万。第二次人口的激增发生在新石器时代到公元元年期间。这一时期，人类学会种植和饲养家畜，生活水平提高，供养能力增强，死亡率进一步下降，出生率得到提高，人口达到了 2 亿～3 亿。第三次人口增长发生在文艺复兴时期。由于工业革命的到来和医疗事业的发展，生产力得到极大发展，各种传染病被控制和治愈，死亡率进一步降低，人口数量增加，1850 年人口数量达到 10 亿。工业革命之后尤其是“二战”后人口增长迅速，1950 年达到了 25 亿，1987 年是 50 亿，2011 年则达到了 70 亿，预计 2050 年会达到 94 亿。世界人口增长曲线见图 9-10。

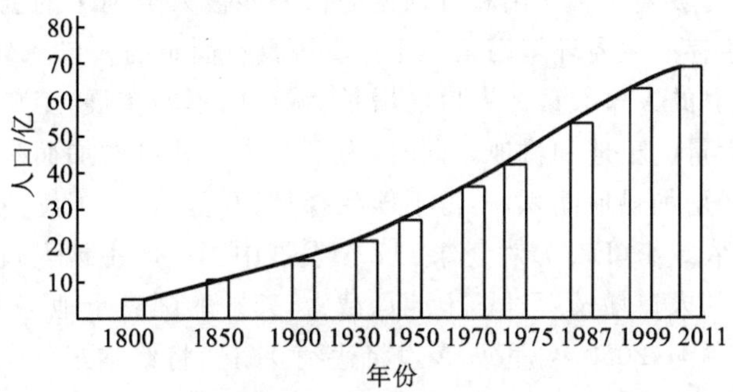

图 9-10　世界人口增长曲线

20 世纪 70 年代后，世界人口增速有所放慢，人口增长率由 1970 年的 2%降为 2012 年的 1.2%，每年净增人口 7700 万。世界新增人口有 95%集中于发展中国家，非洲和拉丁美洲是人口增长最快的地区，其次是亚洲，欧洲的人口增长率最低，导致世界人口变化的“南快北慢”格局。这种格局若得不到改变和缓解，经济发展和生活水平“南低北高”的现象会进一步加剧，国际社会不稳定因素也将愈积愈多，势必会影响全球经济、政治和社会的健康发展。

2. 中国人口的增长

1949 年新中国成立时，中国大陆人口为 5.4 亿人。由于社会安定、生产发展、医疗卫生条件改善，致使人口迅速增长，到 1969 年已达到 8 亿人。从 1969 年开始，中国政府逐渐认识到人口增长过快将会对土地、森林和水资源等造成的巨大压力，对经济和社会发展产生重大的影响。于是，中国开始实行计划生育、控制人口增长的政策，以促进人口与经济、社会、资源、环境协调发展。这一政策实施后，人口出生率逐年下降，如今我国是人口增长率最慢的国家之一。

20 世纪 70 年代以来，我国全面实行计划生育政策并取得了显著成效，但人口问题仍是我国当前一个严重的社会问题。我国人口特点如下。①人口总数较多：2011 年第六次人口普查的数据显示，中国大陆人口达到了 13.4 亿，约占世界总人口的 19%。有专家预测，2050 年我国人口将达到 16 亿左右。②人口素质偏低：尽管我国政府采取了一系列政策措施，使人口素质得到了不断提高，但人口总体素质仍然较差，文化素质和身体素质均有待于进一步提高。③人口出生性别比偏高：自 20 世纪 80 年代以来，出生性别比明显升高，2000 年第五次人口普查已达到 116.9，个别地方甚至达到 135.6，远远高于国际社会可以容忍的 107 的最高警戒线。④人口分布不平衡：从我国人口布局来看，东部人口密，西部人口稀。西部面积占全国总面积的 71.54%，而人口仅占总人口的 28.13%；东部面积占全国面积的 28.46%，而人口却占总人口的 71.87%；人口分布的不平衡，使东部地区人均耕地面积日趋紧张，生产效率、经济效益难以提高，而西部地区许多耕地潜力及自然资源未能开发，浪费严重。⑤人口老龄化严重：中国老年人口基数大，增长速度快，地区老龄化程度差异较大，与社会经济发展水平不相适应。据 2010 年普查显示，60 岁及以上人口占全国总人口的 13.26%，比 2000 年上升 1.91 个百分点。人口问题在一定程度上制约了我国经济的发展，同时也产生了一些环境问题、教育问题、就业问题、养老问题等，影响了我国的可持续发展。

3. 人口增长对环境的影响

人口增长需要更多的粮食、资源和能源供应，同时向环境排放更多的污染物质，导致生态系统受损和环境污染，主要表现在以下几个方面。

1）人口增长对土地资源的压力

土地资源是指已经被人类所利用和可预见的未来能被人类利用的土地，是人类获取生物资源的基地，是人类生存的主要环境因素。土地资源具有固定的人口承载力，即在一定范围内的土地上所能持续供养的人口数量。人口的增长，城乡的不断扩展，工矿企业的建设，交通路线的开辟等，占据了大量的土地和耕地。同时，为了解决因人口增加而带来的粮食需求，对土地过度利用，或者为了增加耕地面积，不得不砍伐森林、开垦草原、围湖造田，其结果是破坏了生态平衡。联合国粮农组织(FAO)对全球 117 个发展中国家的土地人口承载力进行了分析，结果显示大部分国家的人口增长超过了土地承载力，55%的国家土地与人口之间呈现危机状况。据联合国人口司预测，2050 年，世界人口将达到 94 亿，将给本来就十分紧张的土地，尤其是耕地，造成更大的压力。

中国土地资源总量较大，占全世界陆地面积的 1/15，位居世界第三位。但土地类型较多，土地适宜性较差，具体表现是山地多，平原少，农用土地比重偏低，人均占有耕地较少。中国农用土地只占土地总面积的 56%左右，低于 66%的世界平均水平。人均耕地面积只有 0.10 hm^2，有些地区如上海、北京、天津、广东等甚至低于联合国粮农组织提出的人均 0.05 hm^2的最低界限。据调查统计，2011 年中国耕地面积为是 1.22 亿 hm^2，人均只有 0.091 hm^2，不足世界平均水平的 40%，只有印度的 1/2。目前，尽管中国已解决了世界 1/5 人口的温饱问题，但也应注意到，中国非农业用地逐年增加，人均耕地逐年减少，土地的人口压力将愈来愈大。这种情况应引起高度重视，并积极采取有力措施，缓解人口与土地的矛盾，使土地资源向良性循环状态转化。

2）人口对水资源的影响

水资源是基础性的自然资源，也是战略性的社会经济资源。长期以来，人们普遍认为水资源是大自然赋予人类取之不尽、用之不竭的资源，因此，不加爱惜，肆意浪费。近年来，随着人口的增加，工农业生产的发展和人民生活水平的不断提高，对水的需求急剧增长，供不应求的矛盾日益突出。与此同时，污水排放量也相应地增加，使本来就不丰富的淡水资源显得更加紧张。过去的300年中，人类用水量增加了35倍多，近十年每年递增4%～8%。21世纪以来，全世界淡水用量增长了8倍，其中农业用水增长了7倍，城市用水增长了12倍，工业用水增长了20倍，并且全世界淡水用量仍以每年5%左右的速度递增。河流干枯和地下水位下降，被视为水资源紧缺的证据。目前，包括主要产粮区的世界各大洲地下水位正在下降，美国南部的大平原、中国华北平原和印度的大部分地区，地下蓄水层正日益枯竭。据统计，目前全世界有大约90多个国家缺水，50多个国家严重缺水，40%的人口出现缺水危机，1/5的人口得不到清洁的饮用水。为缓解世界范围内的水资源供需矛盾，联合国环境与发展大会将每年的3月22日定为“世界水日”，以引起人们对水资源危机的高度重视，加强水资源保护，解决日益严重的水问题。

我国是一个干旱、缺水严重的国家，作为人口大国，缺水情况更为严重。我国水资源特点主要表现为如下几点。①人均占有量小。我国水资源总量约为2.8万亿立方米，据世界第6位，仅次于巴西、俄罗斯、加拿大、美国和印度尼西亚。但人均水资源占有量只有2200立方米，仅为世界平均水平的1/4，是全球人均水资源最贫乏的国家之一。从1949年至2011年，我国人口从5.4亿增至13.4亿，人口增加了1.5倍，相当于人均水资源占有量减少了3/5。由此可见，人口的增长是导致我国人均水资源减少的重要原因。②用水总量大。由于工农业的发展和城市的扩张，我国的用水量也在急剧增长。2010年全国总用水量为6022.0亿立方米，占全国水资源总量的22%，是1949年的近7倍。③时空分布不均匀。我国的水资源时空分布极不均匀，水土资源不相匹配。长江流域及其以南地区国土面积占全国的36.5%，水资源量占81%；淮河流域及其以北地区的国土面积占全国的63.5%，其水资源量仅占全国水资源总量的19%，且降水集中在6～9月，这更加剧了我国水资源短缺的矛盾。④浪费污染严重。我国水资源浪费现象严重，污染加剧，废污水排放量由1980年的315亿吨增加到2010年的617.3亿吨，多数城市地下水受到污染，并且有逐年加重的趋势。日趋严重的水污染不仅降低了水体的使用功能，也进一步加剧了水资源短缺的矛盾。

3）人口增长对能源的影响

能源是人类活动的物质基础，是现代工业的原动力。随着人口的增长和生产力的提高，人类对能源的需求量越来越大，能源短缺已成为当今全人类共同面临的问题。能源短缺的原因很多，但人口增长无疑是其中一个重要的原因。为了满足人口增长和经济发展的需要，能源的过度开发缩短了化石燃料（石油、煤炭等）的耗竭时间，造成了能源危机。除了大量开采矿物能源外，许多国家还要依靠砍伐树木作为燃料，发展中国家的燃料有90%来自森林，造成森林资源严重破坏。目前全世界可采石油为1.8万亿桶，按现有石油消费水平计算，最多可开采46年；世界煤炭总可采储量大约为8475亿吨，按当前的开采水平，也只能维持200年左右；世界天然气储量大约为177万亿立方米，如果年开采量维持在2.3万亿立方米，则天然气将在80年内枯竭。

随着人口增长和经济发展，我国的能源消耗逐年增长，加之我国的能源结构以煤炭为主，因此，对能源的供给和环境都造成了巨大的压力。我国煤炭保有储量为10024.9亿吨，但可采储量只有893亿吨。现已探明的石油和天然气储量只占资源量的20%和6%，仅够开采几十年。我国人均能源拥有量远远低于世界平均水平，煤炭、石油、天然气人均剩余可采储量，分别只有世界平均水平的58.6%、7.69%和7.05%。近几年，我国的能源生产一直保持着快速增长势头，2010年我国石油消费量为4.426亿吨，占世界总量的10.4%。由于粗放型经济增长模式，我国能源绩效水平较低，《2006 中国可持续发展战略报告》首次提出了综合评价节约型社会的节约指数，并对世界 59 个主要国家的资源绩效水平进行了排序，结果表明中国仅排在第 54 位。因此，我国应该大力开发清洁、优质、高校的能源，提高能源利用绩效水平，缓解能源短缺和环境污染的矛盾。

9.3.2 人类活动对环境的影响

进入 20 世纪 80 年代以来，随着经济的发展，人类对自然资源的开发加剧，具有全球性影响的环境问题日益突出。不仅发生了区域性的环境污染和大规模的生态破坏，而且出现了温室效应、臭氧层破坏、酸雨、土地沙漠化、森林锐减、海洋污染、生物多样性减少等大范围的和全球性的环境危机，严重威胁着全人类的生存和发展。

1. 全球变暖

全球变暖是指地球表层大气、土壤及植被温度年际间缓慢上升的现象。大气中二氧化碳、甲烷、水蒸气等对太阳光中的长波辐射具有强烈的吸收作用，阻止了地球表面热量的散失，引起了全球变暖，这种现象被称为温室效应。在所有的温室气体中，二氧化碳起着重要的作用，占总作用的 50%以上。近年来，伴随着化石燃料的燃烧和森林的开发，大气中二氧化碳的浓度迅速增长，每年增加 3.2×10^9 吨，导致全球温度逐渐上升。观测发现，20 世纪 80 年代后，全球气温明显上升，1981—1990 年全球平均气温比 100 年前上升了 0.48 ℃。据跨政府气候变化委员会(IPCC)预测，全球变暖的趋势今后还将持续并加剧，1990—2000 年全球平均气温增加 2 ℃。

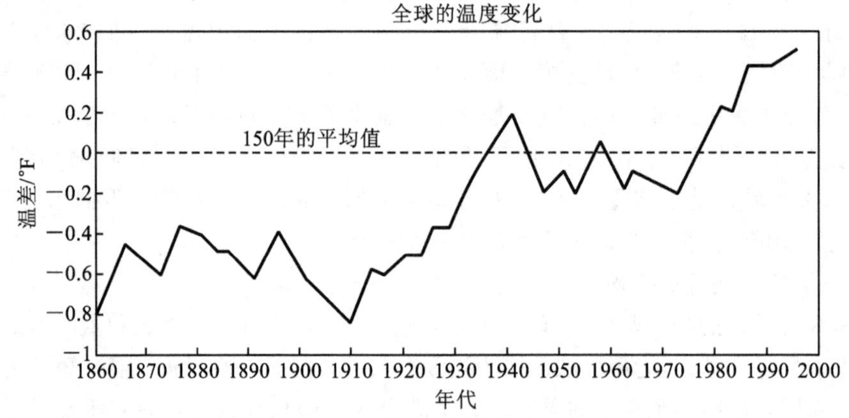

图 9-11 全球温度变化(摘自钱易，2010)

近年来，全球变暖对自然界和人类产生了巨大的危害，如极地冰川融化，海平面逐渐上升，引起海岸滩涂湿地、红树林和珊瑚礁等生态群丧失。海水入侵沿海地下淡水层，沿海土地盐渍化等，造成海岸、河口、海湾自然生态环境失衡，给海岸带生态环境带来了极大的灾难。全球变暖对生物圈中动植物的分布模式及生物多样性也将产生明显的影响，Baur(1993)注意到生活在苏格兰 Basel 地区的陆生蜗牛的 29 个种群中，有 16 个种群绝灭了，原因是当地温度升高，使蜗牛的卵孵化成功率下降。另外，全球变暖会影响到生物的生活习性，甚至导致生物的灭绝。因此，节约能源，开发清洁能源，保护森林，控制温室气体排放量，遏制全球变暖是人类面临的共同任务。

2. 臭氧层的破坏

臭氧层是指大气层的平流层中臭氧浓度相对较高的部分，其主要作用是吸收短波紫外线。

太阳光中的紫外线辐射会使DNA复制过程发生突变，从而导致癌变细胞的产生，使动物包括人类发生皮肤癌或白内障。并且紫外线辐射对光合作用系统的破坏极大，从而降低了初级生产力，影响整个生态系统。因此，臭氧层对保护陆地生物免受紫外线辐射的伤害有着重要作用。臭氧层破坏源于人类活动，特别是超制冷剂（即氟利昂）、烟雾剂和杀虫剂等的广泛使用。研究表明，含氯、氟的烃类物质上升到平流层，经强烈的紫外线照射后，分子发生解离，释放出高活性原子态的氯和氟，可与臭氧分子结合而使臭氧降解。

近年来的研究表明，每到春天，南极上空臭氧层的中心地带有近95%的臭氧被破坏。从地面上观测，高空的臭氧层极其稀薄，与周围相比像是一个“洞”，因此而得名“臭氧洞”。根据现行臭氧层破坏速度推算，到2075年，臭氧将比1985年减少40%，全球皮肤癌患者将达1.5亿，人体免疫功能减退，农作物产量将减少7.5%，对人类社会带来严重的后果。为保护好臭氧层，必须制止氯氟烃类物质的生产量和消耗量，研制此类物质的替代品。

3. 空气污染

空气污染是指由于人类活动或自然过程，使某些有害气体、固体颗粒物等物质进入大气层，致使大气质量下降或恶化，对生态系统、人类生存和工农业生产造成危害的现象。大气污染物的种类很多，根据存在状态分为气体污染物（碳氢化合物、CO_x、SO_x和NO_x等）和颗粒污染物两大类。大气污染物对人体危害严重，如细颗粒物与SO_x、CO、光化学烟雾等均对人体产生不利影响，造成严重的污染后果。

近年来，我国经济快速发展，能源消耗不断增加，机动车保有量持续增长，电力、水泥、石化等行业的污染物排放不断增长，导致我国空气污染持续加重，雾霾现象频繁发生，酸雨范围扩大，危害人体健康，同时影响气候，腐蚀工业设备，改变土壤、湖泊和河流的化学性质。这些应该引起我们的高度重视，应加大大气污染的治理力度。

4. 水体污染

水体污染是指排入天然水体的污染物超过了水体的自净能力，水体的物理特征和化学特征发生了不良的变化，导致水质质量下降的现象。造成水体污染的原因是多方面的，主要有有机污染、重金属污染、富营养污染等。

9.3.3 可持续发展

“可持续性”一词最初应用于林业和农业，主要指保持林业和渔业资源持续不断的一种管理战略。20世纪中叶，随着全球环境污染的日趋严重，特别是西方国家公害事件的不断发生，环境问题和资源问题越来越突出，人们固有的思想观念和发展理念受到强大冲击，传统的发展模式面临严峻挑战。1972年，罗马俱乐部公布了其研究报告《增长的极限》，有力地证明了传统发展模式对环境的危害和影响，指出了全球的经济增长会因粮食短缺、环境破坏等因素而在未来某个时间达到极限。这引发了全球对传统发展模式和资源环境问题的忧虑和思考，推动了可持续发展理论的形成与发展。1987年，世界环境与发展委员会向联合国提交研究报告《我们共同的未来》，正式提出了可持续发展的定义：既满足当代人的需求，又不危害后代人的需求，注重长远发展的经济增长模式称为可持续发展。

1. 可持续发展的内涵

可持续发展（sustainable development）是一个涉及经济、社会、文化、技术及自然环境的综合概念，它强调的是环境与经济的协调发展，追求的是人与自然的和谐统一，目标是自然-经济-社会复合系统的持续、稳定、健康的发展。所以，可持续发展需要从经济、环境和社会等多个角度加以解释和表述。

(1) 突出发展的主题　可持续发展不否认经济增长，并且发展是可持续发展的核心，是可持续发展的前提。

(2) 强调发展的可持续性　资源的永续利用和生态环境的可持续性是可持续发展的重要保证，人类的发展要控制在地球的承载能力之内，不能超越地球承载的最大限度，不能损害支持地球生命的自然系统。

(3) 谋求社会的全面进步　社会的广泛参与是可持续发展实现的保证，要达到全球的可持续发展需要全人类的共同努力，国家社会应帮助和支持发展中国家发展经济，经济发达的国家要负有更大的责任。

(4) 关注人与自然的协调共生　发展离不开环境、资源，发展的可持续性取决于环境与资源的可持续性，必须强化环境与资源的保护，合理开发不可再生资源，促进人与自然的和谐发展，实现经济发展和人口、资源、环境相协调，保证一代接一代地永续发展。

2. 可持续发展的原则

我们只有一个地球，全人类的共同努力才能实现可持续发展，坚持世界各国对于保护地球的"共同但有区别的"责任，实施可持续发展有三大原则。

(1) 公平性原则　机会选择的平等性，包括两个方面的含义：一是同代人之间的公平，要求满足全球人民的基本需求，并给予全体人民平等性的机会以满足他们实现较好生活的愿望；二是代际间的公平，本代人不能因为自己的需求和发展而损害人类世世代代需求的自然资源和自然环境，要给后代利用自然资源以满足其需求的权利。

(2) 可持续性原则　人类经济和社会的发展不能超越资源和环境的承载能力，对不可再生资源的使用速度不能超过寻求作为替代品的资源的速度，向环境排放的污染物量不能超过环境的自净能力。

(3) 共同性原则　各国可持续发展的模式和政策不同，但实现可持续发展的共同目标是一致的，公平性和可持续性原则是共同的，必须开展全球合作，以求共同进步，共同发展。

3. 可持续发展的对策与行动

可持续发展对于发达国家和发展中国家都是必要的战略选择。中国可持续发展的前提是发展。为满足全体人民的基本需求和日益增长的物质文化需要，必须保持较快的经济增长速度，并逐步改善发展的质量，这是满足人民群众需要、增强综合国力的主要途径。

(1) 加强国际合作，共同解决全球性环境问题。近年来，生态环境恶化和污染由区域性向全球性发展，使世界各国都认识到，国内的生态安全与其他国家的生态安全是高度一致的，全球性的环境问题如大气污染、水污染、全球变暖、臭氧层破坏等，仅靠一个国家的力量是根本不能解决的。因此，致力于全球可持续发展，需要加强各国之间的合作，建立新型的全球合作关系，包括国家之间的直接合作、建立国际组织和订立国际公约等。在联合国的共同努力下，已收到了明显效果，绝大多数成员国签署了《气候变化框架公约》和《维也纳保护臭氧层公约》等国际公约，并采取了积极措施，发挥了积极作用。

(2) 推进科技进步，发展绿色经济。科技进步是经济发展的动力，也是解决经济与环境协调发展的重要途径。依靠科技进步，发展绿色经济，消除贫困，促进可持续发展，是世界各国的普遍共识。当前，全世界范围的绿色经济发展浪潮方兴未艾，各国纷纷加大研发投入，大力发展绿色节能低碳技术，并采取有效的激励措施促进其推广应用。为此，中国也采取了一系列切实可行的政策措施,加快发展模式转变,运用高新技术和先进实用技术促进传统产业的改造升级,大力培育节能、环保、新能源领域的战略性新兴产业,培育绿色经济增长点。

(3) 强化环境管理,完善法律体系。实施可持续发展的重要条件之一,就是把对环境和资源的保护纳入国家的发展计划和政策中。因此,世界各国都加强了环境管理和资源利用的全面规划,以防止对资源的过度开发和利用,避免生态环境的进一步恶化。许多国家成功运用市场价格体制、环境关税等手段进行宏观调控。同时,世界各国都认识到环境法规是实施可持续发展战略的重要保障和手段,加强环境立法,制定完善的环境保护法律体系。我国也高度重视环境立法工作,制定了环境保护、资源利用等法律法规,初步形成了环境资源保护法律体系。

(4) 重视环境教育,提高生态意识。实施可持续发展,需要不断地提高人们的环保意识,因此,加强环境教育,提高全民族的生态意识,培养可持续发展所需要的专业人才,是实施可持续发展战略目标的基本条件。正因为如此,世界各国都高度重视对国民的环境教育。自20世纪世纪70年代起,我国在加强环境保护和实施可持续发展战略的进程中,建立了相应的环境教育网络,开始普及环境教育,并逐步走上了制度化、规范化的轨道。

9.4　生物多样性及其保护

20世纪80年代以后,人们在开展自然保护的实践中逐渐认识到,自然界中各个物种之间、生物与周围环境之间都存在着十分密切的联系,因此自然保护仅仅着眼于对物种本身进行保护是远远不够的,往往也难以取得理想的效果。要拯救珍稀濒危物种,不仅要对所涉及的物种的野生种群进行重点保护,而且还要保护好它们的栖息地。或者说,需要对物种所在的整个生态系统进行有效的保护。在这样的背景下,生物多样性的概念便应运而生了。

9.4.1　生物多样性的概念

生物多样性(biodiversity)是指一定范围内所有生物(动物、植物、微生物)物种及其遗传变异和生态系统的复杂性总称。生物多样性是一个内涵十分广泛的概念,一般认为生物多样性包括三个层次,即遗传多样性、物种多样性和生态系统多样性。

1. 遗传多样性

遗传多样性(genetic diversity)也被称为种内多样性,是生物多样性的重要组成部分。广义的遗传多样性是指地球上所有生物携带的各种遗传信息的总和,这些遗传信息储存在生物个体的基因之中,因此,遗传多样性也就是生物的遗传基因的多样性。狭义的遗传多样性是指某一物种内部的不同群体之间或同一群体内不同个体之间的遗传信息的总和。例如,玉米(*Zea mays*)是世界上分布最广泛的粮食作物之一,不同的国家和地区生存有不同的类群,不同类群之间及不同个体之间均存在遗传变异,这些遗传和变异构成了玉米的遗传多样性。任何一个物种或任何一个生物个体都保存着大量的遗传基因,因此,可被看作是一个基因库(Gene pool)。遗传信息决定着生物的发生、形态、生理和生物化学各个方面的变异,也决定着生物的生态特性及其对环境的适应能力和进化能力。因此,一个物种所包含的基因越丰富,对环境的适应能力越强。

遗传多样性是生物多样性的重要组成部分:一方面,任何一个物种都具有其独特的基因库和遗传组织形式，物种的多样性也就显示了基因遗传的多样性；另一方面，物种是构成生物群落进而组成生态系统的基本单元。生态系统多样性离不开物种的多样性，也离不开不同物种所具有的遗传多样性，因此遗传多样性是生态系统多样性和物种多样性的基础，通常谈及生态系统多样性或物种多样性时也就包含了各自的遗传多样性。

遗传多样性的表现是多层次的：可以表现在外部形态上，如苹果的不同形状、颜色；可以表现在生理代谢上，如光合作用的强弱、酶活性的高低；也可以表现在染色体、DNA 分子水平上，如线粒体 DNA、叶绿体 DNA 中基因的不同。不同的层次可用不同的方法进行检测，目前检测遗传多样性最常用的手段是以形态学形状为主的表型分析和分子水平的检测。随着分子生物学和分子克隆技术的发展，加上分子水平的检测方法具有更高的灵敏度和有效性，因此它将越来越受到重视。

地球上生物遗传多样性是大自然赋予人类的宝贵财富，为人类的生存发展提供了丰富的物质基础。目前，许多物种数量逐渐减少，甚至灭绝，遗传多样性也随之部分或完全丧失。因此，在保护生物多样性时，应尽可能多地保护一个物种的个体数量，这样才能最大限度地减少物种基因的丧失，保护该物种的遗传多样性。

2. 物种多样性

物种多样性(species diversity)是指某一区域内所有生物物种及其各种变异的总体，反映了地球上生物有机体的丰富程度和复杂性，是生物多样性研究的核心内容。对于什么是物种，一直是分类学家和系统进化学家所讨论的问题。中国学者陈世骧(1978)所下的定义为：物种是繁殖单元，由连续又间断的居群组成；物种是进化的单元，是生物系统线上的基本环节，物种还是分类的基本单元。因此，确定一个物种，必须同时考虑形态、地理、遗传学的特征。

物种多样性是衡量一定区域生物资源丰富程度的一个重要指标，包含三个方面：一是区域物种多样性，是指一定区域内物种的多样化，可通过物种丰富度、物种密度、物种特有比例表现出来；二是群落物种多样性，是指生态学方面的物种分布的均匀程度；三是进化时段的物种多样性，是指物种多样性随时间推移呈现的演变规律。据估计，地球上大约有 1700 万种生物，它们在地球上并非均匀分布的，一些国家和地区具有丰富的物种多样性，一些地区则因为生存环境较差，物种稀少。物种多样性在极地是最少的，热带地区则是最多的。

3. 生态系统多样性

生态系统多样性主要是指地球上生态系统组成、功能的多样性以及各种生态过程的多样性，包括生境的多样性、生物群落多样性和生态过程的多样性等多个方面。生态系统多样性的多少取决于其生物群落的千差万别，以及地形、气候、土壤等环境因子的特异情况。其中，生态环境的多样性是生态系统多样性形成的基础，生物群落的多样性是生态系统多样性的表现。依据生态环境和生物群落的不同，尤其是植物群落的特点，可将生态系统分为陆地生态系统、海洋生态系统、淡水生态系统和岛屿生态系统等，陆地生态系统又划分为森林、草原、沼泽、稀树、荒漠和冻原等。

遗传多样性、物种多样性和生态系统多样性之间是相互联系、相互影响的。遗传多样性是物种多样性的基础，物种多样性是生态系统多样性的基本单元，二者都寓于生态系统多样性之中。因此，生态系统多样性离不开物种多样性，也离不开遗传多样性。同时，生态系统多样性是维持物种多样性和遗传多样性的保证，要保护物种就必须保护生态系统，保护物种的生存环境。

近年来，有些学者还提出了景观多样性(landscape diversity)的概念。作为生物多样性的第四个层次，景观多样性是指由不同类型的景观要素或生态系统构成的景观在空间结构、功能机制和时间动态方面的多样化程度。景观要素是组成景观的基本单元，相当于一个生态系统。地球表面有各种景观，如农业景观、森林景观、草原景观、荒漠景观等，共同构成了景观多样性，成为近年来生物学研究的热点之一。

目前，还不清楚地球上到底生活着多少个物种，据估计，迄今约有 170 万种被命名和描述，还有很多物种没有被人类发现。1980 年，科学家对巴拿马热带雨林 19 棵树的研究发现，全部 1200 种甲壳动物中 80％以前没有命名，这足以说明世界上的生物多样性的丰富程度。当然，地球上的生物多样性并非是均匀分布的，主要分布在热带雨林，亚热带和温带分布也比较丰富，拉丁美洲亚马逊河流域的森林地带每 13.7 平方公里就有 1500 种植物。巴西、哥伦比亚、厄瓜多尔、秘鲁、墨西哥、扎伊尔、马达加斯加、澳大利亚、中国、印度、印度尼西亚、马拉西亚是世界上生物多样性丰富的国家，拥有全世界 60％～70％以上的生物多样性，对生物多样性的保护起着关键作用。

我国是世界上生物多样性最丰富的国家之一，也是北半球国家中生物多样性最为丰富的国家，无论种类和数量都在世界上占据重要地位。在植物资源方面，我国有高等植物 3 万余种，占世界区系成分的 10％，仅次于世界高等植物最丰富的巴西和哥伦比亚，居世界第三位；其中裸子植物有 10 科 34 属约 250 种，是世界上裸子植物最多的国家。中国的动物资源也很丰富，脊椎动物共有 6347 种，占世界总种数的 13.97％；其中鸟类有 1244 种，占世界总种数的 13.1％，是世界上鸟类种类最多的国家之一。中国的栽培植物、家养动物及其野生亲缘的种质资源也非常丰富，是水稻和大豆的原产地，品种分别达 5 万个和 2 万个；有家养动物品种和类群 1938 个，是世界上最丰富的国家。辽阔的国土，多样的地貌、气候和土壤条件，形成复杂多样的生境，这些都为我国特有物种的发展和保存创造了条件，所以目前在中国境内存在大量的古老孑遗的物种和新产生的特有种类，如大熊猫、白鳍豚、水杉、银杏等。

9.4.2　生物多样性的价值

生物多样性是人类赖以生存的自然资源，是社会持续发展的物质基础。随着人类对生物多样性认识的不断深入，生物多样性的价值逐渐受到关注。1993 年联合国环境规划署(UNEP)将生物多样性的价值分为五种类型，即具有显著实物形式的直接价值、无显著实物形式的直接价值、间接价值、选择价值和消极价值。

1. 直接价值

直接价值主要是指生物资源为人类提供食物、纤维、薪柴、药物、建筑材料等生活生产资料，其使用价值是人们普遍认识的，如农民上山砍柴、猎取野物、种植蔬菜、饲养家禽等，大多利用的是这部分价值。这类生物资源产品的生产性利用，如木材、皮毛、药物、纤维、橡胶、建筑材料、果品、染料等，对国民经济有重大作用，在国家财政总收入中能够直接体现出来。世界卫生组织统计表明，发展中国家有 80％的人靠传统药物治疗疾病，发达国家有 40％以上的药物源于自然资源，中国有记载的药用植物达 5000 多种；在加纳，约 3/4 的人口需要依靠野生动物提供蛋白质来源，包括鱼类、昆虫、蜗牛等。生物多样性还具有美学价值，如大千世界色彩纷呈的植物和神态各异的动物与山川搭配形成赏心悦目的美景，可陶冶情操，激发文学艺术创作的灵感。20 世纪 80 年代以来，全球兴起了生态旅游，就是以有特色的生态景物为主要景观，它丰富了人类生活，同时还带来巨大经济效益。根据世界野生动物基金会估计：1988 年，发展中国家旅游收入为5500亿美元，其中生态旅游为120亿；加拿大每年有84%的人参加与野生生物有关的旅游活动，带来约8亿美元的收入。经过多年的发展，我国已初步形成了类型多样的生态旅游目的地体系。至2011年底，我国建有国家级自然保护区335处，国家级森林公园746处，国家级地质公园218处。2010年，仅森林公园年接待游客就达3.96亿人次，占国内旅游总人数的18.8%。

2. 间接价值

间接价值是指不能直接转化为经济效益的价值，它涉及生态系统的生态服务功能，表现为涵养水源、净化水质、巩固堤岸、防止土壤侵蚀、降低洪峰、改善地方气候、吸收污染物，并通过影响二氧化碳的浓度调节全球气候的变化，等等。这部分价值往往被人们忽略，认为是免费使用的，但实际上，这部分价值可能要远远高于直接价值。据估算，美国波士顿城郊的系列湿地仅防洪一项，每年就可节约1700万美元。美国马里兰大学生态经济学研究所所长Costanza根据有关数据进行最低估计，每年获得全球生态系统提供的服务总价值是33万亿美元，是全球GNP年总量(18万亿美元)的1.8倍。1998年出版的《中国生物多样性国情研究报告》显示，我国生物多样性生态系统服务总价值约为每年4万亿美元。

3. 选择价值

选择价值也称为潜在价值，是指能为后代提供选择机会的价值。自然界中的野生生物种类繁多，人类研究鉴定的只是极少数，大量野生生物的使用价值目前还不清楚。但是可以肯定，这些野生生物具有巨大的潜在使用价值，能够为人类进行品种开发和物种改良提供巨大的潜在空间。20世纪60年代，被誉为“绿色革命”的杂交稻亩产量得到大幅度提高，主要原因就是野生稻的雄性不育系在杂交上的应用。一种野生生物一旦从地球上消失就无法再生，它的各种潜在使用价值也就不复存在了。因此，对于目前尚不清楚其潜在使用价值的野生生物，同样应当珍惜和保护。

4. 消极价值

消极价值包括遗产价值和存在价值两个方面。遗产价值是指当代人为把某种资源保留给后代人而愿意支付的费用。存在价值是指某种物种及其系统的存在，有利于地球生命支持系统功能的保持及其结构的稳定而体现的价值。存在价值常常由保护愿望来决定，反映出人们对自然的同情和责任。一个物种的存在价值有多大，它的消失究竟带来多大的损失，目前人们还难以准确评估，正如人们不能评估一只恐龙的存在价值一样。大熊猫的价值，就体现在其存在价值，在于其丰富的象征性内涵，为我国人民带来的荣誉感和自豪感。大熊猫的发现者、英国人戴维曾说：“对于中国来说，没有比大熊猫更可爱的名片了，对于世界来说，没有比大熊猫更好的友好使者了。”

9.4.3 生物多样性的丧失

生物物种的灭绝是自然过程，从生命出现以来，生物的灭绝就同时存在。但是灭绝的速度和方式，受自然环境和人为因素的影响。近几个世纪以来，人类活动的加剧和对自然资源的过度开发，对生态环境造成了严重的威胁，使生物多样性遇到了前所未有的严峻挑战，生物多样性丧失现象正在加剧。

1. 生物多样性丧失现状

生物多样性是地球几十亿年进化发展的结果，是地球生命支持系统的核心组成部分，为人类提供了生活资源和生存环境。人类的活动，导致了生物多样性的丧失，严重威胁到人类自身的生存和发展。生物多样性丧失主要表现为两个方面。

1）物种减少

一般认为脊椎动物的平均生存期为 500 万年，较低的也有 20 万年。在过去的 2 亿年中，平均每 100 万年有 90 万种脊椎动物灭绝。最近几百年，人类活动导致生物灭绝的速度不断加快，生物多样性逐渐下降。有学者估计，自 1600 年以来，人类已经导致 75%的物种灭绝，众所周知的如渡渡鸟、毛象、恐鸟等，都是由于人类捕猎而灭亡的。与此同时，更有大量的物种因为生存环境的破坏而丧失，估计每天达 100 种以上。人类通过改变管理方式而使生境发生变化，有可能对特定的物种产生更加深刻的影响。Reidh 和 Miller(1989)估计，鸟、兽两类在 1600—1700 年灭绝率分别是 2.1%和 1.3%，大约每 10 年灭绝一种；而在 1850—1950 年，灭绝率上升至每 2 年灭绝一种。1600 年以来的灭绝率大约是已往地质年代“自然”灭绝的 100～1000 倍，古生物学家称之为地质史上的第六次大灭绝。

2006 年，世界自然保护联盟(IUCN)根据 IUCN 红色名录指标，对 40177 个物种进行了评估，发布了《2006 年濒危物种红色名录》，反映了全球生物多样性每况愈下现状。濒危物种已从 2004 年的 15589 种增加到 2006 年的 16119 种，1/3 的两栖动物和 1/4 的针叶树濒临灭绝，1/8 的鸟类和 1/4 的哺乳动物挣扎在死亡线上。人们所熟悉的物种，如北极熊、河马、沙漠瞪羚、海洋中的鲨鱼、多种淡水鱼和地中海的花卉等，已经进入濒危红色名录。2012 年 6 月，世界自然保护联盟公布了《2012 年濒危物种红色名录》。在被评估的 63837 个物种中，801 个物种已灭绝，63 个野外灭绝，3947 个严重濒危，5766 个濒危，10104 个脆弱(易受伤害)。在 19817 个受威胁物种中，两栖动物占 41%，珊瑚占 33%，哺乳动物占 25%，鸟类占 13%。与 2006 年结果相比，生物多样性丧失速度不仅没有降低，反而有所增加，这不得不引起了人们对全球生物多样性的强烈堪忧。

不仅野生生物的物种和遗传多样性发生下降，家养动物和栽培作物的多样性也在下降。世界粮农组织全球家畜遗传资源数据库保存的 7600 多个家畜品种中，有 190 个品种已经在过去 15 年中灭绝，另有 1500 种被视为有灭绝危险的品种。2000—2006 年，已经有超过 60 个品种永远地从地球上消失，其平均速度几乎为每个月 1 种。在农作物方面，从 1900—2000 年的 100 年间，世界各地的农民因种植具有单一遗传性的高产品种而放弃了地方作物的多种经营，导致约 75%的农作物遗传多样性丧失。许多农学家认为，家养动物和农作物遗传多样性的丢失，比野生生物多样性的丢失对人类的威胁更大。如果不着力加强对物种多样性的保护和利用，许多养殖生物品种会永远消失，进而威胁人类生存和发展。

中国是个生物多样性丰富的国家，在世界上占第八位。同时，中国生物多样性受威胁的程度也十分严重。根据《中国生物多样性国情研究报告》显示，我国受威胁的物种数高于全球的 5%～7%；森林面积急剧减少，覆盖率仅为 13.92%，为全球平均数的一半；草地有 50%退化，25%严重退化；水体污染达 80%以上，淡水生态系统濒临瓦解。与此同时，中国生物遗传资源丧失十分严重，例如，20 世纪 50 年代，中国种植水稻地方品种达 46000 多个，但目前种植的品种不到 1000 个；20 世纪 40 年代种植的小麦品种有 13000 多个，其中 80%以上是地方品种，而 20 世纪末种植的品种只有 500～600 个，其中 90%以上是选育品种。

2）生态系统破坏

地球上许多生态系统多样性的丧失，表现在生境面积剧烈地减少或者被改变、破坏。如热带雨林，历来被认为对自然环境保护起着关键作用，在调节气候、涵养水源、保持水土、净化空气、消除污染等方面的作用无可替代，但森林面积减少和破坏的情况也是最早引起人们注意的。根据联合国粮农组织 2001 年的报告，全球森林从 1990 年的 39.6 亿公顷下降到 2000 年的 38.7 亿公顷，每年消失近千万公顷。湿地是生物(特别是水禽类)的摇篮，被人们称为"自然之肾"，在蓄洪防旱、调节气候、控制土壤侵蚀、降解环境污染等方面起着极其重要的作用。同时，它也是人类开发最剧烈、破坏最严重的生态系统之一。近 40 年来，中国内陆湿地围垦面积已超过五大淡水湖面积之和，沿海湿地围垦近 1/2。中国最大的沼泽集中分布区——三江平原，已有 300 万公顷湿地变为农田，目前仅有沼泽 104 万公顷，如果不加以控制，这些沼泽湿地将丧失殆尽。

2. 生物多样性丧失的原因

生物多样性的丧失，既有物种自身的原因，也有自然灾害的原因，更有人为因素的影响。但就目前而言，人类活动无疑是生物多样性丧失的最主要原因。

1) 物种本身的生物学特性

达尔文的生存竞争学说和进化论告诉我们，随着地球环境的变化，地球上不断有新的物种产生，不适应的物种被淘汰，所以物种灭绝是自然过程。化石记录表明，多数物种的限定寿命平均为 100～1000 万年。随着生态系统的变化，某些物种消失了，被新的物种所替代。这种物种的周转，速度较慢，也称为背景灭绝。如大熊猫，其濒危的原因除气候变化和人类活动以外，与其本身食性狭窄、生殖能力低等身体特征有关。

2) 自然灾害

自然灾害主要是指自然界发生的异常变化或自然界本来就存在的对生物有害的因素，如火山爆发、山崩海啸、水旱灾害、地震、台风、流行病等自然灾害，都会使生态系统遭到破坏，影响生物的生存，导致生物多样性的丧失。

3) 人为活动

人为活动主要是指人类对自然资源的过度开发和盲目利用，导致生态系统破坏和环境污染。人为活动是当今生物多样性减少的主要原因。联合国环境规划署 2010 年发布的《全球生物多样性展望》指出，直接造成生物多样性丧失的五大主要压力有生态环境变化、过度开发、环境污染、外来物种入侵和气候变化。

(1) 生态环境变化　表现为生态环境的片段化和丧失。生态环境的片断化是指一个面积大而连续的生态环境被分割成两个或多个小块的过程。多种人类活动都可能导致生态环境的片断化，如铁路、公路、水沟和农田以及其他环境分隔物。这些人为设施的建立，限制动物的活动，影响其觅食、迁徙和繁殖；植物的花粉和种子的散布也会受到影响，因而引起动植物种群数量下降或局部灭绝。对生物多样性影响最大的是生态环境的丧失，现在世界上许多国家的野生生态环境遭到严重破坏，对野生动植物造成很大的威胁。伐木、占地、建设是中国生态环境被破坏的主要原因，使得森林、草原、湿地等生态环境片段化和减少，对生物物种生存构成严重威胁。

(2) 过度开发　随着人口的增加和全球商业化体系的建立和发展，人类对自然资源的需求随之迅速上升，其结果导致对这些资源的过度开发并使生物多样性下降。人类对海洋鲸类的猎捕活动与鲸类数量消长之间的关系就是典型的例子。我国许多药用植物，如人参、天麻、砂仁、罗汉果等，野生植株所剩有限，如果乱挖滥采现象仍不加限制必然导致其灭绝。

(3) 环境污染　人类在生活、生产过程中向外界排放过量的废水、废气、废渣等环境污染物，致使大气、水、土壤等受到污染，污染物沿着食物链转移，对生物和人类产生危害，使敏感物种的数量减少或消失。据统计，目前全世界已有 2/3 的鸟类生殖力下降，栖息地污染无疑是造成这一现象的重要原因。

(4) 外来物种入侵　某种生物从外地自然传入或人为引种后成为野生状态，并对本地生态系统造成一定危害的现象。引起物种入侵的方式有三种：一是由于农林牧渔业生产，城市公园绿化、景观美化等目的有意引进或改进，如在滇池泛滥的水葫芦、转基因生物；二是随贸易运输、旅游等活动传入的物种，即无意引进，如因船舶压仓水、土等带来的新物种；三是靠自身传播能力或借助自然力而传入，即自然入侵，如在西南地区危害深广的紫茎泽兰、飞机草。在全球濒危物种植物名录中，有 35%～46%是部分或完全由外来物种入侵引起的。2002 年来自南美洲亚马逊河的食人鱼在我国掀起轩然大波，食人鱼一旦流入某一水域达到一定规模时，可能会大量屠杀其他鱼类，给生态平衡和生物多样性带来危机，造成不可估量的损失。

(5) 全球气候变化　气候变化可导致气候形态在短时间内发生较大变化，使自然系统和生物物种无法适应，致使生物多样性减少或丧失。北极熊一直以来都是依赖海洋中的浮冰捕猎海豹为生的，随着全球变暖，浮冰逐渐减少，影响了北极熊的捕食和生存，使其成为全球变暖最直接的牺牲者。2006 年，北极熊被划入濒危生物。

9.4.4　生物多样性的保护

生物多样性是人类赖以生存与发展的物质基础，保护生物多样性是实施可持续发展战略，构建人与自然和谐社会的重要内容和必然要求，已成为整个人类社会发展中急需解决的问题。当前世界各国家、研究组织和社会团体开展了一系列保护生物多样性的工作和活动，取得了一定的成绩和实效。

1. 保护生物学

地球上许多物种尤其是珍稀物种正濒临灭绝，全球生物多样性日益受到威胁和破坏，迫切需要科学的理论和方法指导生物多样性保护，保护生物学就是在这样的要求下产生的。保护生物学一词最早出现于 20 世纪初期，真正形成于 20 世纪 80 年代初期，主要应用生态学原理，研究当前物种濒危、灭绝的机制，生物多样性的演化历程以及保护生物多样性的作用、意义和途径，为全球生物多样性保护工作提供科学依据。保护生物学的目标是评估人类对生物多样性的影响，提出防止物种灭绝的具体措施。

保护生物学是一门综合性学科，与许多应用学科有关，如野生动物管理学、水产养殖学、林学、农学和环境保护科学等，自然保护的概念已经从单一物种的保护发展到整个自然生态环境的保护和生物多样性的保护。然而，野生动物作为生态系统中的最活跃、最引人注目、对环境变化敏感的部分，其保护和持续利用仍然是保护生物学研究的焦点之一。生物多样性的保护主要是保持其生存力和生态系统，所以在当前人类生存环境恶化、生物多样性面临危机的严峻形势下，如何保护生态环境，保护生物多样性，为当代的发展和未来世代保存充足的资源，已成为保护生物学的艰巨任务。

2. 保护生物多样性的目标

可持续发展的战略认为，生物多样性的保护和经济发展是辩证统一的关系。保护生物多样性的目标就是通过保护遗传多样性、物种多样性和生态系统多样性，来保护和利用生物资源，以保证生物多样性的可持续发展。《生物多样性公约》中确定生物多样性保护的三个主要目标如下。

(1) 保护生物多样性　采取有效措施保护基因、物种和生态系统，加以有效管理，避免关键生态系统的退化，使受损害的物种回归到原来的生态环境中。

(2) 生物多样性组成成分的可持续利用　通过研究阐明生物多样性的组成、分布、结构和功能，了解基因、物种、生态环境和生态系统的作用和功能，并运用相关知识指导生物多样性的保持和发展。

(3) 以公平合理的方式共享遗传资源的商业利益和其他形式的利用　联合国环境规划署及各区域、国家则根据各自的实际情况，制定相应的生物多样性保护实施目标。2010 年，欧盟确定了在生物多样性保护方面的中长期目标，即到 2020 年阻止生物多样性流失，到 2050 年生物多样性和生态系统功能得到保护、重视和恢复。根据《中国生物多样性保护战略与行动计划(2011—2030 年)》，我国提出了未来 20 年生物多样性保护近期、中期和远期目标，即：到 2015 年，力争使重点区域生物多样性下降的趋势得到有效遏制；到 2020 年，努力使生物多样性的丧失与流失得到基本控制；到 2030 年，使生物多样性得到切实保护，各类保护区域数量和面积达到合理水平，生态系统、物种和遗传多样性得到有效保护。

3. 保护生物多样性的对策和措施

面对生物多样性丧失的严峻形势，各国政府和相关组织都采取了相应的保护性措施。1992 年 6 月，在巴西里约热内卢召开的联合国环境与发展大会(UNCED)上，通过了 1994—2003 年为“国家生物多样性十年”的决议，同时通过了《生物多样性公约》，并于 1993 年 12 月 29 日正式生效。全球生物多样性的保护任重而道远。

1) 加强国际合作，共同维护全球生物多样性

生物多样性与一个国家、地区甚至全球的经济发展密切相关，保护生物多样性是一项全球性的任务，应成为国际社会关注的焦点。作为全球性环境问题，保护生物多样性是世界各国共同的义务和责任这一观念深入人心，生物多样性的可持续利用和保护要求世界各国间的协调合作，有关生物多样性保护的国际活动也逐渐加强和深入。1972 年，在斯德哥尔摩召开第一次联合国环境大会，建立联合国环境规划署，各国政府签署了若干地区性和国际协议以处理保护湿地、管理国际濒危物种等议题。1992 年，在巴西里约热内卢召开了各国首脑参加的最大规模的联合国环境与发展大会，签署了《气候变化公约》和《生物多样性公约》等一系列有历史意义的协议。至 2012 年，《生物多样性公约》缔约国已达 192 个，几乎所有的国家都受其约束。2001 年，联合国大会通过决议，将每年的 5 月 22 日定为“国际生物多样性日”，以提高人们对保护生物多样性重要性的认识。

从 20 世纪 70 年代，我国生物多样性的保护工作开始与国际合作。1972 年加入了人与生物圈计划；80 年代后，签订了《濒危野生动植物物种国际贸易条约》、《生物多样性公约》等一系列国际条约。2005 年以来，在生物多样性保护方面开展了新的国家合作项目，如欧盟-中国生物多样性规划项目、中国-GEF/UNDP 生物多样性保护与可持续利用伙伴关系项目、中国-德国农业生物多样性可持续管理项目等。这些国际合作项目，对中国生物多样性保护与管理能力的提高做出了积极的贡献。

2) 建立自然保护区和国家公园

自然保护区和国家公园是生物多样性就地保护的场所。自然保护区是指对有代表性的自然生态系统、珍稀濒危野生动植物物种的天然集中分布区等，依法划出一定面积予以特殊保护和管理的区域。国家公园是指国家为了保护一个或多个典型生态系统的完整性，为生态旅游、科学研究和环境教育提供场所而划定的需要特殊保护、管理和利用的自然区域。1872 年，美

国国会批准建立了世界上第一个国家公园——黄石国家公园。至目前，全世界的自然保护区已达上万个，国家公园 1300 多个。

我国自然保护区始建于 20 世纪 50 年代，80 年代以来发展迅速。截止 2011 年底，我国共建立国家级自然保护区 335 个。全国各种类型的自然保护区占国土面积的 15%，初步形成了类型比较齐全、布局比较合理、功能比较完善的自然保护区网络，在生物多样性保护、生态服务等方面发挥了积极的作用。

3）濒危物种的迁地保护

迁地保护又称易地保护，是指为了保护生物多样性，把因生存条件不复存在，物种数量极少或难以找到配偶等原因，生存和繁衍受到严重威胁的物种迁出原地，移入种子库、动物园、植物园、水族馆和濒危动物繁殖中心，进行特殊保护和管理，是对就地保护的补充。随着自然环境状况的日益恶化，濒危生物的迁地保护越来越显示出其重要性，加州兀鹰、黑足鼬都是在它们数量很低的时候，用这种方式拯救的。迁地保护的最终目的是将物种再引入到野外。截止 2005 年，我国许多濒危物种，如大熊猫、东北虎、扬子鳄、金丝猴等均已人工繁殖成功，呈现出稳中有升的良好态势。

4）退化生态系统的恢复

恢复是一个概括的术语，包括改造、修复和再植等，通过各种方法改良和重建已经退化和破坏的生态系统。封山育林就是通过有效的封山育林措施，保护天然生态系统的林木与生态环境，促进天然植被的顺利演替与发展，使森林生态系统恢复的一个过程。

5）充分发挥生物技术在生物多样性保护中的作用

现代生物技术为生物多样性的保护提供了可靠的技术保证，有许多技术已发挥有效作用，如超低温条件下保存濒危动物的胚胎或生殖细胞，利用克隆技术繁衍濒危物种，利用组织培养快速繁殖经济植物等。

6）建立健全生物多样性保护的法律法规，加强宣传教育

对生物多样性的保护，虽然已达成国际共识，形成了一系列保护公约。但是由于经济利益的驱动，对生物资源的破坏性掠夺和非法贸易仍然存在，必须制定有约束力的法律法规，加以约束和限制。目前，已有一些国家制定了相对全面的生物多样性保护策略。1978 年以来，我国制定了一系列的生物多样性保护的法规政策，如《森林法》、《草原法》、《野生动物保护法》、《中国自然保护纲要》等等。但由于法律体系尚不完善，加之执法力度欠缺，环境污染、生物多样性破坏的现象仍时有发生。因此，开展生物多样性保护的宣传教育，增强全民生态保护意识，严格执行有关法律法规，对于我国生物多样性的保护尤其重要。

目前正在开展的保护行动，使许多物种的生存状况得到改善。由于欧洲国家的自然恢复行动，20 世纪 90 年代，欧洲白尾鹰的数量成倍增长，现在已从近濒危名录中解放出来。在澳大利亚圣诞岛上，有一种叫粉嘴鲣鸟（*Papasula abbotti*）的海鸟曾经因为森林砍伐和物种入侵而面临生存危险，并于 2004 年被列入极危物种名录，现在由于当地采取有效的保护措施改善其栖息环境，这种鸟已脱离极危状态。

当然，相对于自然环境的破坏和生物多样性丧失的现状，生物多样性丧失的趋势仍未得到有效控制，面临的任务还很艰巨。我们必须加强合作交流，增强保护意识，加大资金投入，落实配套政策，提高实施能力，进一步保护人类的生存环境，保护和持续利用生物多样性，促进人类社会的可持续发展。

【课外阅读】

大熊猫:遗传资源保护的成功案例

大熊猫(*Ailuropoda melanoleuca*)属于食肉目、大熊猫科的一种哺乳动物,是仅分布于中国的珍贵孑遗物种,既是中国的国宝,也是世界自然历史遗产的重要组成部分,深受世界人民的喜爱。

1. 大熊猫的发现

1862—1874 年,法国传教士阿尔芒·戴维在中国居住期间,得知四川宝兴一带动物种类很多,有一些是人们尚未知晓的珍稀物种,便从上海到达宝兴。1869 年 5 月 4 日,戴维捕到一只"竹熊",取名"黑白熊",在带回法国的途中因为各种不适而奄奄一息,只好非常惋惜地将它的皮做成标本,送到法国巴黎的国家博物馆展出。经博物馆主任米勒·爱德华兹充分研究后认为它既不是熊,也不是猫,而是与中国西藏发现的小猫熊相似的另一种较大的猫熊,便正式给它定名为"大猫熊"。

2. 种群演变和分布

800 万年前的晚中新世,中国云南禄丰等地生活着大熊猫的祖先——始熊猫;更新世中期,分布到我国黄河、长江、珠江流域,几乎遍布中国东部和南部;更新世中晚期,距今约 1 万 8 千年前的第四纪冰期之后,由于大面积冰川等自然环境的剧烈变化,北方的大熊猫绝迹,南方的大熊猫分布区也骤然缩小,进入历史的衰退期。现在大熊猫主要分布在中国的陕西南部、甘肃及四川等地,80%分布在秦岭、岷山、梁山、邛崃、大相岭、小相岭等 6 个山系。

3. 种群现状

截至目前,大熊猫野生种群总计有 30 多个小的种群,总数为 1600 只左右。其中除四川卧龙外,每个种群不足 50 只,有的仅有 10 余只。支离破碎的栖息地和孤立分布的生存状态对于大熊猫的繁殖和抵抗自然灾害都是十分不利的。有证据表明,有些分布区的大熊猫群体太小,近交率很高,后代生命力降低,遗传多样性以每代 7.14%的速度减少。这种现象在动物园内人工饲养的大熊猫中也是一个严峻的问题,绝大多数个体来自于同一野生地区,使很多在动物园中繁殖的幼仔出生后出现畸形或者发育不良,大部分早期夭亡,种群难以得到维持和发展。截止 2011 年 10 月,全国圈养大熊猫数量为 333 只。

4. 大熊猫生物多样性的影响因素

影响大熊猫生物多样性的因素是多方面的,有历史因素,如青藏高原的隆起,冰川时代的来临;有疾病原因,如狂犬病、寄生虫等;有天敌原因,如豺、豹等;有生理原因,如食物单一,生殖率较低等。但致危因素还是人为原因,如森林采伐,捕捉过多,盗猎走私大熊猫皮张标本等,使得其生存环境恶化,食物不足,数量急剧下降,严重影响了大熊猫种群的繁衍发展。1988 年被列为国家一级保护动物,2000 年被 IUCN(国际自然和自然资源保护联盟)定位濒危物种。

5. 大熊猫的保护

近些年来,我国采取各种措施保护大熊猫的生物多样性,如建立自然保护区,组织实施"中国保护大熊猫及其栖息地工程",开展迁地保护等。2008 年 10 月 11 日,深圳华大基因研究院宣布世界首张大熊猫基因组图谱绘制完成，它将为保护和人工繁育大熊猫提供新的途径。当然，保护大熊猫的根本措施是保护大熊猫的栖息地，促进野外和饲养大熊猫的繁殖，完善和强化管理手段，采取科学的方法，发展和恢复大熊猫的潜在栖息地，为大熊猫的生存创造必需的条件。

通过各项措施的实施，大熊猫得到较好保护，数量有所增加。与此同时，大熊猫保护仍不容乐观，栖息地破碎化形势仍然严峻，人为干扰依然严重，保护与发展的矛盾仍然突出，需要我们进一步采取有力措施，加大科学研究力度，加强管理体系建设，增强保护意识，促进大熊猫生物多样性的持续发展。

问题与思考

1. 生物可分为哪几个主要类群？各类群有何特征和经济意义？
2. 什么是生态系统？简述生态系统的组成和结构。
3. 生态系统的功能是什么？它们之间有什么样的联系？
4. 什么是生态平衡？生态平衡的特点是什么？
5. 人口增长和人类活动对环境的影响分别是什么？
6. 什么是可持续发展？如何实施可持续发展？
7. 什么是生物多样性？保护生物多样性有何意义？
8. 生物多样性丧失的原因是什么？应如何进行生物多样性的保护？
9. 如何根据中国的实际情况，开展生物多样性的保护工作？

主要参考文献

[1] 宋思扬，罗大民. 生命科学导论[M]. 2版. 北京：高等教育出版社，2011.
[2] 李庆章. 生命科学导论[M]. 北京：中国农业出版社，2005.
[3] 陈铭德. 现代生命科学导论[M]. 上海：华东师范大学出版社，2010.
[4] 高崇明. 生命科学导论[M]. 北京：高等教育出版社，2007.
[5] 李金亭，段红英. 现代生命科学导论[M]. 北京：科学出版社，2009.
[6] 钱易，唐孝炎. 环境保护与可持续发展[M]. 2版. 北京：高等教育出版社，2010.
[7] 曹凑贵，严力蛟，刘黎明. 生态学概论[M]. 2版. 北京：高等教育出版社，2006.

第10章 现代生物技术及其应用

本章教学要点

1. 生命科学、生物技术、生命科学前沿。
2. 基因工程、细胞工程、蛋白质工程、酶工程、发酵工程。
3. 干细胞、合成生命、仿生工程。
4. 生物技术与生物安全。
5. 现代生物技术的应用前景。

引言

生命科学主要由研究生活有机体的范畴构成，诸如微生物、植物、动物和人类及其与之关联的生物伦理等。生物学是生命科学的核心，分子生物学和生物技术的进展促进了生命科学门类的专业及跨学科领域的快速发展。某些生命科学门类专注于生命的特定类型，例如动物学、植物学、微生物学、昆虫学等，另一些生命科学门类则专注生命形态的共有的一般性问题，如解剖学、生理学、遗传学、免疫学等。此外，还有涉及生命过程的综合技术体系——生物工程，以及揭示心灵意识的热点学科——神经生物学。

伴随分子生物学及后基因组学研究的进展，现代生命科学得到了飞速发展。依托分子生物学、细胞生物学、微生物学、免疫学、遗传学、生理学、系统生物学等学科理论的突破，结合化学、化工、计算机、微电子等技术方法平台，形成了多学科互相渗透的现代生物技术群，广泛应用于医药保健、农林、畜牧、生态环保、食品等领域，并日益影响和改变着人们的生产和生活方式，促进了人类社会的进步和发展。例如：我们可以吃香蕉或水果获得对某些疾病感染的免疫；通过个人基因组的检测，得到有针对自然人的全面的个性化健康管理服务；至于欣赏基因工程修饰的各种花卉或消费品质改良的食品、药品、蔬菜等，必将成为我们未来生活的常态。

生物技术是利用生物体或生物活动过程获得产品并服务于人类的技术体系，主要包括基因工程、蛋白质工程、发酵工程、酶工程、细胞工程、胚胎工程等，是一门新兴的综合性学科。这些新型技术的进展将会给农业、医疗与健康产业带来根本性的变化，并渗透到信息、材料、能源、环境与生态等诸多领域。广义的生物技术还包括对疾病或创伤造成的器官或者组织损坏进行人工器官的构建与置换，例如，人造心脏、人造骨骼、人造子宫、人造角膜等。现代生物技术的发展产生了具有里程碑意义的系列成果：①植物组织细胞培养及无性繁殖技术；②重组DNA 技术(或基因工程技术)；③单克隆抗体及疾病预防与免疫技术；④动物克隆与胚胎工程技术；⑤干细胞工程技术；⑥合成生命技术等。

10.1 基因工程技术

基因工程是改变生物的遗传组成，增加生物的遗传多样性，赋予转基因生物新的表型特征，使其能够更好地服务于人类社会的一项工程技术。基因工程在转基因动物领域的应用具有巨大的发展潜力，促进了转基因方法的不断发展和转基因动物应用领域的迅速扩大。

10.1.1 基因工程概述

基因工程有多种不同的提法，又称为遗传工程(genetic engineering)、基因操作(gene manipulation)、重组 DNA 技术(recombinant DNA technology) 以及基因克隆(gene cloning)、分子克隆(molecular cloning)等。基因工程是指在基因水平上，采用与工程设计类似的方法，按照人们的需要进行设计，根据方案蓝图将一种或多种生物体(供体)的基因与载体在体外进行切割、拼接、重组，转入另一种生物体(受体)的细胞内，使之按照人们的需要进行复制和表达，创造出新的生物性状，并稳定地遗传给后代的操作技术。广义上讲，基因工程是指 DNA 重组技术的产业化，包括外源基因重组、克隆、表达的设计与构建，含有重组外源基因的生物细胞的大规模培养以及外源基因表达产物的分离、纯化。

1972 年，美国斯坦福大学的保罗・伯格(Paul Berg)团队首次成功地实现了 DNA 体外重组实验，并与沃尔特・吉尔伯特(Walter Gilbert)和弗雷德・桑格(Fred Sanger)分享了 1980 年的诺贝尔化学奖。1973 年，美国斯坦福大学的斯坦利・科恩(Stanley Cohen)等将大肠杆菌中编码有卡那霉素抗性基因的 R2-5 质粒和编码有四环素抗性基因的 pSC101 质粒的 DNA 混合，用限制性核酸内切酶 EcoRI 切割后，再用 T_4-DNA 连接酶连接成重组 DNA 分子，然后将重组 DNA 分子转化为大肠杆菌，筛选出既抗卡那霉素又抗四环素的转化子菌落，并检出抗性基因片段，标志着基因工程由此诞生。

基因工程主要包含以下步骤(图 10-1)：①目的外源基因的获得，从其他生物基因组中克隆获取或人工合成符合要求的 DNA 片段；②体外构建重组子，将目的基因与载体分子(质粒或病毒 DNA)连接，形成重组 DNA 分子；③遗传转化与筛选，把重组 DNA 分子转移到适当的宿主细胞中繁殖，筛选出转化细胞的阳性克隆并进行鉴定；④表达产物的获取，大量培养已鉴定的阳性克隆细胞，分离纯化基因表达产物，获得所需要的生物活性物质。

1. 目的基因的分离

目的基因是指准备导入受体细胞内，以研究或应用为目的的外源基因。获取目的基因可以从生物体中分离，也可以人工合成、化学合成和利用聚合酶链反应技术合成(polymerase chain reaction，PCR)。对于编码产物已知的目的基因，也可以根据蛋白质的氨基酸序列推导出核苷酸序列，并以该核苷酸序列作为探针进行直接的分离；还可以应用特定的蛋白质抗体及蛋白质的功能测定来筛选相应的目的基因。对于其编码产物未知的目的基因，可通过差别显

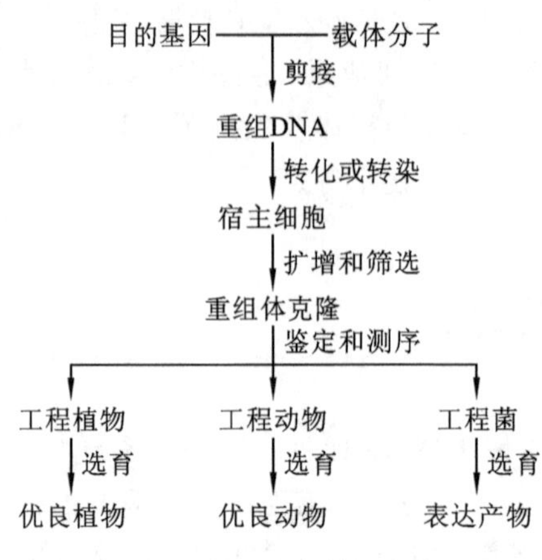

图 10-1　基因工程的主要步骤

示技术、差减杂交法等获得探针，然后再应用筛选基因文库的方法克隆基因。

2. DNA 片段和载体的连接

基因工程的核心是基因重组，即目的基因的 DNA 片段与适当载体在 DNA 连接酶的作用下形成重组 DNA 分子，再转入相应的受体细胞繁殖，从而使外源目的基因得到表达。

基因工程的载体是携带外源基因进入受体细胞的“运载工具”，本质上是 DNA 复制子。载体需具备的条件：①容易进入宿主细胞，容易从宿主细胞中分离纯化；②在宿主细胞内进行独立、稳定的自我复制和表达，插入外源基因后仍然有稳定的复制状态和遗传特性；③具有合适的限制性内切核酸酶位点，且酶切位点单一；④具有合适的选择标记基因以筛选重组体 DNA，最常用的标记基因是抗药性基因，如抗氨苄青霉素、抗四环素、抗氯霉素、抗卡那霉素等抗生素的抗性基因。基因工程常用载体有质粒载体、噬菌体载体、黏粒载体、噬菌粒载体、病毒载体、人工染色体等。DNA 连接酶催化的基本反应是将一条 DNA 链上的 3′端游离羟基(—OH)与另一条 DNA 链上的 5′端磷酸基团共价结合形成 3′,5′磷酸二酯键，使两个断裂的 DNA 片段实现体外连接。

3. 外源 DNA 片段引入受体细胞

构建好的重组 DNA 分子需通过转化或转染的方式进入宿主细胞或受体细胞，实践中受体细胞有多种，原核中多用大肠杆菌，真核中可选择胚胎细胞、培养的体细胞、酵母细胞等。通常向细菌细胞转入重组 DNA 的方法有化学转化法和电击转化法等，而向真核细胞转入的方式则更多，包括借助载体的基因转移和非载体介导的转入，如磷酸钙沉淀法、脂质体介导法、血影细胞介导法、电穿孔转移法、精子载体法、染色体片段注入法等。这里我们对植物和动物中常用的基因转入方法加以介绍。

1）植物中常用的转基因方法

(1) 电穿孔法与聚乙二醇(PEG)法　电穿孔法是利用高压电脉冲提高细胞膜的通透性来提高 DNA 的摄入。PEG 可以使细胞膜之间或使 DNA 与细胞膜形成分子桥，促使相互间的接触和粘连，引起细胞膜表面电荷的紊乱，干扰细胞间的识别，促进细胞质融合和改变细胞膜的通透性，在与二价阳离子的共同作用下，使外源 DNA 形成沉淀，这种沉淀形成的 DNA 能被植物细胞质主动吸收，从而实现外源 DNA 进入受体细胞。

(2) 基因枪法　基因枪法是将 DNA 包被在金粉或钨粉粒子上，用来轰击植物组织或细胞，从而导入外源基因。现有的基因枪的种类包括高压放电基因枪、高压空气基因枪、高压氦气、高压二氧化碳或氮气基因枪等。基因枪由于转化率高、重复性好、不受宿主范围的限制，而在大豆、玉米、水稻、小麦、黑麦等作物的基因转化上得到了广泛应用。

(3) 农杆菌介导转化法 农杆菌介导的基因转化技术是一种纯生物学的转基因系统，农杆菌的 T-DNA 转移过程可归纳为两个连续的步骤：首先是农杆菌通过植物伤口和宿主细胞接触，并有效地附着、结合到宿主细胞上；其次，受伤的植物细胞会分泌或释放出一种可扩散的诱导物质，活化农杆菌的毒性基因，导致毒性基因的依次表达，T-复合体运输器转入植物细胞，最后插入植物基因组中。它具有转化效率高，导入片段确定性强，转化 DNA 片段大，经济实用性好等明显优势。

另外，在植物转基因中还有诸如脂质体介导法、微注射法、超声波法以及 DNA 的直接导入法（萌发种子电泳法、激光穿孔法、花粉管通道法、种子浸泡法）等应用报道。

2) 动物中常用的转基因方法

(1) 显微注射法 外源基因直接注入受精卵的雄原核中，当受体胚胎在进行 DNA 合成或修复时，把外源基因整合到基因组中。

(2) 反转录病毒感染法 外源基因被插入反转录病毒的基因组中，通过病毒感染宿主细胞，外源基因被整合到受体基因组中。具体方法是在动物早期胚胎的培养液中加入载体病毒，或把胚胎放入培养病毒细胞中共培养；还可以把载体病毒注入囊胚腔获得转基因动物。

(3) 胚胎干细胞法 胚胎干细胞是全能性细胞，它与受精卵的核一样，在一定条件下可发育成完整个体。因此，通过一定方法如脂质体介导、电击或反转录、病毒感染等，可把外源基因导入干细胞中，经过选择，把阳性细胞注入另一胚胎囊胚腔中，或与另一胚胎卵裂球聚合，可得到转基因动物。

(4) 精子载体法 哺乳动物的精子经洗涤、获得处理后能携带外源 DNA。当它与卵子受精时，把外源基因带入受体基因组中，达到基因导入的目的。牛、羊、猪、兔、鱼等多种动物的精子可携带外源基因。

4. 选择目的基因

将携带有目的基因的重组子导入宿主细胞后，要进行阳性克隆的筛选和鉴定，挑选出真正表达外源目的基因的克隆。具体方法有如下几种：①根据载体分子提供的表型特征，如抗药性、营养缺陷型、显色反应、噬菌斑形成能力等选择重组 DNA 分子；②利用特异性抗体与外源 DNA 编码的抗原相互作用进行免疫化学筛选，适用于检测不为宿主提供任何选择标志的基因；③利用碱基配对的原理进行分子杂交鉴定基因重组体，包括菌落印迹原位杂交、斑点印迹杂交、Southern 与 Northern 印迹杂交；④通过 PCR 技术扩增重组子中的外源 DNA，再进行测序，直接反映重组子中有无目的基因。

5. 目的基因表达

目的基因可以在不同的宿主细胞中表达，这种表达外源基因的宿主细胞称为表达系统。主要有原核表达系统（如大肠杆菌表达系统），真核细胞表达系统（如酵母表达系统、昆虫细胞表达系统、哺乳动物细胞表达系统）等。

10.1.2 基因工程的应用现状与展望

基因工程在农业、食品加工、生物医药、生态环境保护等领域日益发挥越来越大的作用，带来的社会经济效益逐年增加，已经或正在从如下几个方面显著影响或改变着我们的生活。

1. 转基因植物与农业

据国际农业生物技术应用服务组织(ISAAA)的统计，2011 年全球共有 29 个国家的 1670 万农民种植了 1.6 亿公顷的转基因作物，占全球耕地的 10%。2013 年，全球 27 个国家超过 1800 万农民种植转基因作物，种植面积比 2012 年增加 3%。全球转基因作物的种植面积在转基因作物商业化的 18 年中增加了 100 倍以上，从 1996 年的 170 万公顷增加到 2013 年的 1.75 亿公顷。美国是全球转基因作物的领先生产者，2011 年美国有 6900 万公顷的农田上种植了转基因作物，占美国可耕地面积的 43%，转基因作物包括玉米、大豆、棉花、油菜、甜菜、苜蓿、番木瓜和南瓜等，其中大豆、棉花、玉米和油菜作物中转基因品种的比例分别是 93%、93%、86%和 90%。2013 年美国种植转基因作物面积达到 7010 万公顷，占全球种植面积的 40%。其他转基因作物种植面积排名前列的国家依此为阿根廷、加拿大和中国。

应用基因工程技术提高粮食作物产量的技术策略相继建立，标志性的成果有转 Bt 抗虫基因的烟草、番茄、棉花、水稻和玉米等，转 Xa21 基因抗白叶枯病水稻、抗黄萎病和枯萎病的棉花，转山菠菜碱脱氢酶基因(BADH)的耐盐性水稻，转高赖氨酸基因的玉米，等等。此外，应用基因工程技术对植物细胞内的某些代谢途径诸如光合作用、淀粉合成、氮素同化和水分利用等代谢途径中的关键步骤和靶分子进行基因修饰以提高作物产量的研究已取得长足的进展，正在发展成为提高作物产量的新途径。

2. 转基因动物与生物医学

转基因动物是指利用基因工程技术将外源基因导入动物的受精卵，外源基因在染色体组内稳定整合并能遗传给后代的一类动物。利用转基因技术改变动物的遗传性状，如把牛生长激素基因导入猪的受精卵，转基因猪比对照的日增重、瘦肉率、饲料转化率都有一定的提高。将促乳汁分泌的基因导入牛、羊细胞，可增加转基因牛、羊乳汁的分泌。

将转基因动物作为“生物反应器”生产药用蛋白，包括治疗用药物、激素和抗体药物等是当前基因工程重要的应用领域(图 10-2)。把转基因动物制成“制药厂”，生产的药物诸如干扰素(interferon)、白细胞介素(interleukin)、尿激酶原、组织型溶纤蛋白酶原激活因子、链激酶、抗凝血因子、乙型肝炎疫苗、腹泻疫苗与口蹄疫疫苗等。目前开发的活体动物生物反应器主要有牛、羊的“乳腺生物反应器”，“鸡卵生物反应器”，哺乳动物的“膀胱生物反应器”，“家蚕生物反应器”等。2003 年，新西兰 Brophy 教授通过转基因克隆技术使牛奶中 β-酪蛋白的含量提高了 8%～20%，k-酪蛋白的含量提高了两倍。通过转基因的方法利用乳腺生物反应器来生产转基因生物制剂具有极大的开发潜力。

转基因动物可作为动物模型运用于疾病诊断、治疗，转基因动物模型是一种层次较高的研究体系。通过精确地失活某些基因或增强某些基因的表达来制作各种人类疾病的模型。转基因鼠是人类疾病的动物模型，它可以帮助人们深入了解复杂疾病的病因和发展过程。科学家们已经建立了包括老年痴呆症、关节炎、肌肉营养缺乏症、肿瘤发生、高血压、神经衰变症、内分泌功能障碍、动脉硬化症等疾病鼠模型。

转基因动物技术在医学上另一个有利用前景的领域是器官移植供体的开发，同种器官移植的成功挽救了许多危重患者的生命，但是可用于移植的供体器官来源严重不足。在美国每年有 6 万人需要做心脏移植手术，并且每 18 min 就有可能增加 1 人，但只有 2000 人能获得新的心脏。这使得人们不得不重视异种器官移植，这是解决器官移植短缺的最有效途径。转基因动物可提供器官移植所需的器官，包括皮肤、角膜，心、肝、肾等“零件”。

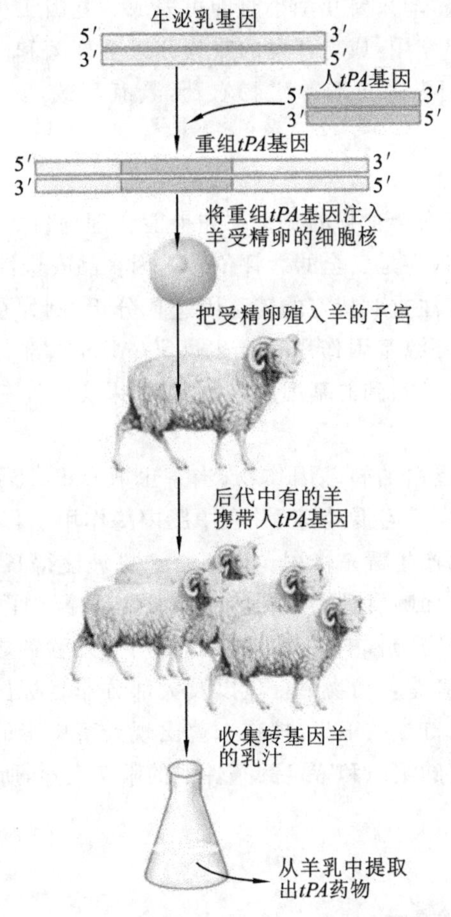

图 10-2　从转基因羊乳腺生物反应器获取药物

3. 转基因微生物与发酵工业

转基因微生物是把某些重组 DNA 转移到细菌中表达，产生具有重要经济价值的各种重组微生物。通过基因工程技术，把糖化酵母中编码切开糊精的酶的基因引入酿酒酵母，该转基因酿酒酵母工程菌能最大限度地利用麦芽中的糖成分，使啤酒产量大大提高，同时提高啤酒的质量。通过基因工程技术，将小牛凝乳酶基因转入酿酒酵母，经酵母菌培养生产出大量具有天然活性的凝乳酶可用于干酪制造业。目前已获准商业使用的转基因酵母有面包酵母和啤酒酵母。荷兰 Gist-Brocades 公司成功构建了一种含有麦芽糖代谢基因的转基因面包酵母，能够过量表达麦芽糖通透酶和麦芽糖酶，在相同面团发酵时间内，转基因面包酵母产生的 CO_2 较原面包酵母多 11％及 33％，而保质期与原面包酵母类似。

此外，运用基因工程技术已育成高赖氨酸、高苏氨酸、高维生素 K 的生产菌株。美国利用转基因微生物工业化生产维生素 B_2，日本获得可直接将山梨醇转换成维生素 C 的转基因菌株，丹麦利用转基因微生物生产的食品用酶已达 11 种。

4. 基因工程与生态保护

在生态环境保护方面，利用基因工程可培育同时能分解多种有毒物质的遗传工程菌。例如把降解芳烃、萜烃和多环芳烃的质粒转移到能降解烃的一种假单胞菌中，获得了能同时降解 4 种烃类的"超级菌"，它能把原油中 2/3 的烃分解掉。自然菌种分解海面浮油污染要花费一年以上时间，而利用“超级菌”却只要几个小时即可完成。基因工程开发的生物农药对降低化学农药的残留污染具有重要作用，成功开发的兼具苏云金杆菌和昆虫杆状病毒的病毒杀虫剂及重组蝎毒基因的棉铃虫病毒杀虫剂等生物农药，具有高效，安全，对人、畜低毒，无公害等特点。

5. 基因工程与生物安全

经济合作与发展组织对安全食物的定义：“如果能合理地肯定，在预期的条件下消费某食品不会有害，则该食品就被认为是安全的。”评价转基因食品安全性，是评价它与非转基因的同类食品比较的相对安全性。注重对特定的转基因进行分析，例如在美国首批批准上市的延熟保鲜的转基因番茄，转入的外源基因作用是产生反义 mRNA，部分抑制乙烯形成酶基因的活性。转入基因的本身没有可检测到的基因产物，在番茄果实中没有任何添加成分，它与非转基因的番茄同样安全。

含有苏云金杆菌 Bt 毒蛋白的转基因作物，当害虫取食 Bt 毒蛋白后，在昆虫中肠的碱性(pH 10～12)条件下晶体溶解产生原毒素，并在中肠内酶作用下释放出活性毒素，由毒素与昆虫中肠内特异晶受体结合而产生毒杀作用。这一杀虫机理使得某一特定的 Bt 基因只对某一类昆虫有特异的毒杀作用。而哺乳动物的胃液为强酸性，肠胃中也不存在着与 Bt 毒素结合的受体，当 Bt 蛋白进入哺乳动物肠胃中后，在胃液的作用下几秒钟之内全部降解。多年的研究已反复证实这种 Bt 毒蛋白对哺乳动物、鸟、鱼以及大部分非目标昆虫无害。在美国已经连续多年大面积种植这类转基因抗虫的玉米、棉花未曾出现人畜中毒的案例。而且转基因技术的发展已实现目标基因在特定的组织和特定的条件下的限定表达，所以转 Bt 基因的抗虫作物的产品是安全的。

10.2 细胞工程技术

细胞工程与基因工程一起代表着生物技术最新的发展前沿，伴随着试管植物、试管动物、转基因生物反应器等相继问世，细胞工程在生命科学、农业、医药、食品、环境保护等领域发挥着越来越重要的作用。

10.2.1 细胞工程概述

细胞工程(cell engineering)是以现代细胞生物学、遗传学和分子生物学为基础理论，采用原生质体、细胞或组织培养等试验方法或技术，以细胞为单位按照人们的设计蓝图，在细胞水平上进行遗传操作，重组细胞结构和内含物，以改变生物的结构和功能，快速繁殖和培养出人们所需要的新物种的生物工程技术。

1. 细胞工程的发展历程

细胞工程的发展经历了三个阶段：理论探索阶段、技术建立阶段和快速发展阶段。

1) 理论探索阶段(20 世纪 30 年代前)

1838—1839 年，德国植物学家施莱登和动物学家施旺提出了细胞学说。1902 年，德国植物学家哈伯兰特(Haberlandt)预言植物体的任何一个细胞，都有长成完整个体的潜在能力，这种潜在能力就叫植物细胞的全能性，提出了植物细胞全能性理论。

1904 年，Hanning 在无机盐和蔗糖溶液中对萝卜和辣根菜的胚进行培养，结果发现离体胚可以充分发育成熟，并提前萌发形成小苗，这是世界上胚培养最早获得成功的一例。1922 年，哈伯兰特的学生 Kotte 和美国的 Robins 在含有无机盐、葡萄糖、多种氨基酸和琼脂的培养基上，培养豌豆、玉米和棉花的茎尖和根尖，发现离体培养的组织可进行有限的生长，形成了缺绿的叶和根。虽然未发现培养细胞有形态发生能力，但至少说明哈伯兰特的正确性，证实离体培养是可行的。

在哈伯兰特实验之后的 30 年中，人们对植物组织培养的各个方面进行了大量的探索性研究，遗憾的是进展较为缓慢。不过，很庆幸，科学家在动物细胞体外培养研究方面取得了可喜的成果。1907，美国生物学家哈里森（Ross Granville Harrison），为研究神经突起的起源问题而进行了系统的体外培养活体组织试验，以淋巴液为培养基观察了蛙胚神经细胞突起的生长过程，首创了体外组织培养和无菌操作技术。1912 年，法国外科学家和解剖学家，诺贝尔奖获得者卡雷尔（Alexis Carrel），成功实现了鸡胚心肌组织块长期传代培养。

2）技术奠基阶段（20 世纪 30—50 年代）

1934 年，美国植物生理学家 White 在无机盐、蔗糖和酵母提取液组成的培养基上进行番茄根离体培养，建立了第一个活跃生长的无性繁殖系，使根的离体培养实验获得了真正的成功，并在以后 28 年间反复转移到新鲜培养基中继代培养了 1600 代。

1937 年，White 以小麦根尖为材料，研究了光照、温度、培养基组成等各种培养条件对生长的影响，发现了 B 族维生素对离体根生长的作用，并用吡哆醇、硫胺素、烟酸三种 B 族维生素取代酵母提取液，建立了第一个由已知化合物组成的综合培养基，该培养基后来被定名为 White 培养基。1939 年，法国的 Gautherer 和 Nobecourt 几乎同时离体培养了胡萝卜组织，并使细胞增殖。White 于 1943 年出版了《植物组织培养手册》这一专著，使植物组织培养开始成为一门新兴的学科。White、Gautherer 和 Nobecourt 三位科学家被誉为植物组织培养学科的奠基人。

1948 年，美国学者斯库格（Skoog）和我国学者崔澂在烟草茎切段和髓培养以及器官形成的研究中，发现腺嘌呤或腺苷可以解除培养基中生长素（IAA）对芽形成的抑制作用，能诱导形成芽，从而认识到腺嘌呤和生长素的比例是控制芽形成的重要因素。1952 年摩尔（Morel）和马丁（Martin）通过茎尖分生组织的离体培养，从已受病毒侵染的大丽花中首次获得脱毒植株。1953—1954 年，缪尔（Muir）利用振荡培养和机械方法获得了万寿菊和烟草的单细胞，并实施了看护培养，使单细胞培养获得初步成功。

1957 年，斯库格和米勒尔（Miller）提出植物生长调节剂控制器官形成的概念，指出通过控制培养基中生长素和细胞分裂素的比例来控制器官的分化。1958 年，英国学者斯图尔德（F. C. Steward）等以胡萝卜为材料，通过体细胞胚胎发生途径培养获得完整的植株，首次得到了人工体细胞胚。

在动物细胞研究方面，1940 年厄尔（Wilton R. Earle）在美国国家癌症研究所首创单个细胞克隆培养，建立了小鼠结缔组织 L 细胞系，并在 1951 年开发了人工培养液；1954 年，美国微生物学家爱德华（Jonas Salk Edward）利用原代培养的猴肾细胞第一个成功地制备了脊髓灰质炎疫苗并进入工业化生产。

至此，确立了动、植物细胞和组织培养技术体系，建立了器官形成的概念，并能更好地控制细胞的生长和分化。

3）快速发展阶段(20 世纪 60 年代后)

当影响细胞分裂和器官形成的机理被揭示后，细胞和组织培养进入了迅速发展阶段，研究工作更加深入，形成了一套成熟的理论体系和技术方法，并开始形成了大规模的生产应用。

1960 年 Cocking 用真菌纤维素酶分离番茄原生质体获得成功，开创了植物原生质体培养和体细胞杂交的工作。1960 年摩尔利用茎尖培养兰花，该方法繁殖系数极高，并能脱去植物病毒，其后开创了兰花快速繁殖工作，并形成了“兰花产业”。

1962 年 Murashibe 和斯库格发表了适用于烟草愈伤组织快速生长的改良培养基，也就是现在广泛使用的 MS 培养基。1964 年印度的 Guha 等人成功地在毛叶曼陀罗花药培养中，由花粉诱导得到单倍体植株，从而促进了花药和花粉培养的研究。

1971 年 Takebe 等在烟草上首次由原生质体获得了再生植株，这不仅证实了原生质体同样具有全能性，而且在实践上为外源基因的导入提供了理想的受体材料。1972 年 Carlson 等利用硝酸钠进行了两个烟草物种之间原生质体融合，获得了第一个体细胞种间杂种植株。

1974 年 Kao 等人建立了原生质体的高钙高 pH 值的 PEG 融合法，把植物体细胞杂交技术推向新阶段。1983 年 Zambryski 等采用根癌农杆菌介导转化烟草，获得了首例转基因植物，利用该技术在水稻、玉米、小麦、大麦等主要农作物上也取得了突破性进展。

1975 年，乔治·克勒和塞萨尔·米尔斯坦(Geoger Kohler 和 Cesar Milstein)合作，利用羊红细胞免疫过的小鼠脾细胞与小鼠骨髓瘤细胞融合，得到既能体外无限繁殖又能产生特异性抗体的杂交瘤细胞，荣获诺贝尔医学和生理学奖。

1978 年，英国剑桥大学生理学家，生殖医学的先驱者罗伯特·爱德华兹爵士(Robert Edwards)采用胚胎工程技术成功地培育出世界首例试管婴儿——路易丝·布朗，被授予 2010 年诺贝尔医学或生理学奖。

1996 年 7 月，英国胚胎学家伊恩·维尔穆特(Ian Wilmut)用一个成年羊的体细胞成功地克隆出了一只小羊“多莉”，标志着哺乳动物的体细胞核克隆时代到来。

1998 年，美国发育生物学家詹姆斯·汤姆森(Jumes Thomson)首次取得了人类胚胎干细胞在体外的非分化增殖，并在 2007 年获得源自人类的诱导性多能干细胞(iPS)。

随着分子遗传学和基因工程的迅速发展，转基因技术的发展和应用为细胞工程的发展开辟了广阔的发展前景。

2. 细胞工程的研究范畴

细胞工程中最重要的技术是细胞培养技术、杂交瘤与单克隆抗体技术、体细胞杂交技术、细胞亚结构移植技术等。

细胞工程的研究范畴主要包括动物细胞与组织培养、植物细胞与组织培养、细胞融合、核质移植、染色体工程、胚胎工程、干细胞与组织工程、转基因生物与生物反应器等。

细胞工程主要应用如下。①通过植物组织培养，可以快速繁殖、培育脱毒种苗。②通过植物细胞培养生产天然有机化合物，例如天然药物、蛋白质、脂肪、糖类、香料、生物碱及其他活性物质。③植物体细胞杂交则可以将两个来自不同植物的体细胞融合成一个杂种细胞，并且把杂种细胞培育成新的植物体(图 10-3)。④通过细胞融合将小鼠脾细胞与骨髓瘤细胞融合形成能产生单克隆抗体的杂交瘤细胞。单克隆抗体具有专一性和灵敏性，在病原检测和疾病治疗以及食品安全领域具有广阔的应用前景。⑤通过体外培养经过诱变或转基因的细胞可用于生产各种疫苗、菌苗、抗生素和生物活性物质等生物体中间代谢产物或分泌物。目前，人工授精、胚胎移植等技术已广泛应用于畜牧业生产，使优良畜、禽的交配数量与交配范围大为扩展，

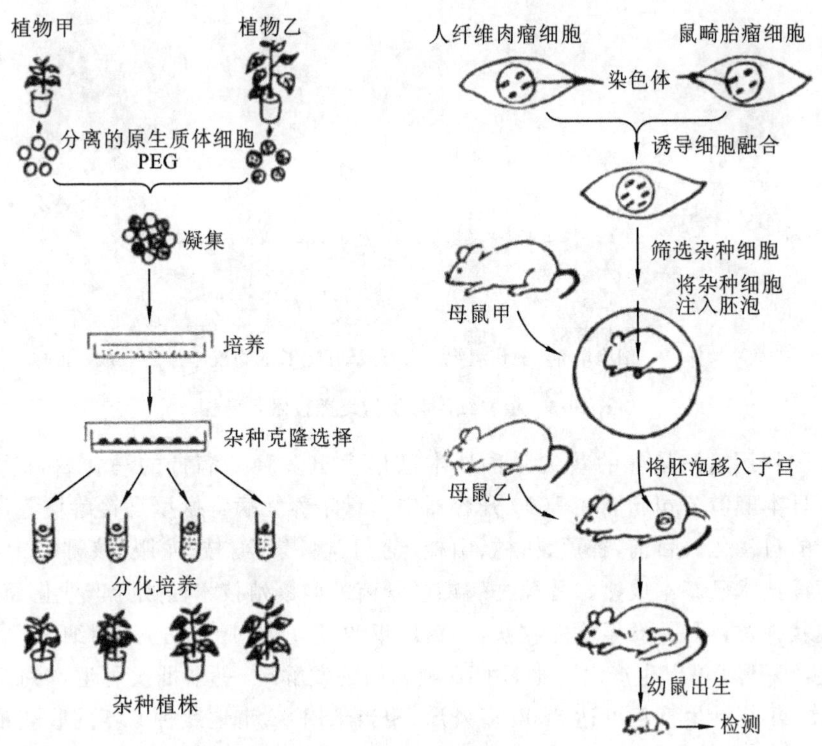

图 10-3　动、植物细胞的融合过程

突破了交配季节等的限制。

10.2.2　细胞工程的应用现状与展望

伴随着试管植物、试管动物、转基因生物反应器等相继问世，细胞工程在生命科学、农业、医药、食品、环境保护等领域发挥着越来越重要的作用。当前细胞工程所涉及的主要技术领域包括细胞培养、细胞融合、细胞拆合、染色体操作及基因转移等。通过细胞工程可以生产有用的生物产品或培养有价值的植株，并可以产生新的物种或品系。

1. 植物细胞培养技术

植物细胞与组织培养技术(图 10-4)已有广泛应用，并形成了产业化。通过植物组织培养进行工厂化育苗这种方法，通常又叫快速繁殖。一株草莓使用组织培养技术在一年内就能繁殖出几百万株苗。一个苹果的茎尖经过 8 个月的培养繁殖，就可以得到 6 万个芽，用组织培养方法还可育成用插枝种法难以成活的杨树、松树、泡桐等林木的繁殖树苗。紫罗兰用组织培养技术，一年的繁殖量可达 10 万倍以上。据不完全统计，现已研究成功的林木植物试管苗已达百余种，如松属、桉树属、杨属中的许多种，还有泡桐、槐树、银杏、茶、棕榈、咖啡、椰子树等。其中桉树、杨树和花旗松等大面积应用于生产，澳大利亚已实现桉树试管苗造林，用幼芽培养每年可繁殖 40 万株。现在，世界兰花市场上有 150 多种产品，其中大部分都是用快速微繁殖技术得到的试管苗，形成了兰花工业。至今，已报道的花卉试管苗有 360 余种，已投入商业化生产的有几十种。我国对康乃馨、月季、唐菖蒲、菊花、非洲紫罗兰等品种的试管苗开发业已商品化，大量产品销往港澳及东南亚地区。

植物的顶端分生组织，一般不被病毒感染。用这一小块组织进行培养，就可以获得无病毒

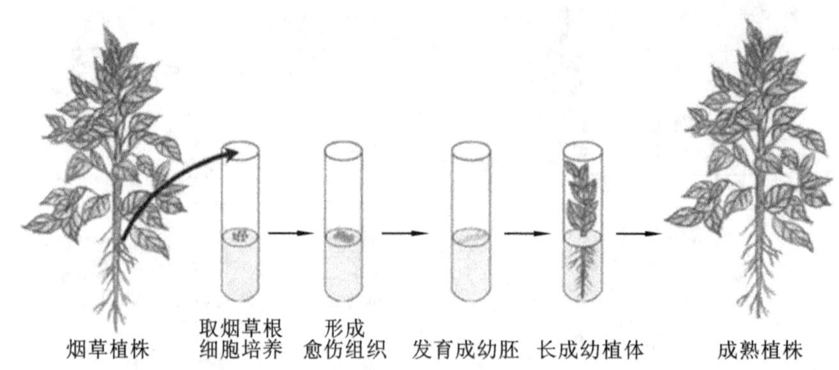

图 10-4 植物细胞与组织培养技术示意图

的种苗。我国利用组织培养的茎尖脱毒技术已培育出多种无病毒的马铃薯,产量平均提高50%左右。日本麒麟公司已能在1000升容器中大量培养无病毒微型马铃薯块茎作为种薯,实现种薯生产的自动化。目前,香蕉、柑橘、山楂、葡萄、桃、梨、荔枝、龙眼、核桃等十余种果树的试管苗去病毒技术已基本成熟。香蕉去病毒试管苗的微繁殖技术已成为产业化商品化的先例之一。常规栽种黄连需要6年才能收获,一亩地仅收获50公斤左右,采用细胞大量培养技术来生产黄连,20天就可以生产出一批;用10吨容积的发酵罐,一个批次可生产约200公斤,若年产15批次,年累计生产量可达3000多公斤,相当于用60亩地栽种6年的收获量。

1978年,村重敏夫(Toshio Murashige)在第四届国际植物组织细胞培养大会上提出了人工种子(artificial seeds)概念,他认为随着组织培养技术的不断发展,可以用少量的外植体同步培养出众多的胚状体,这些胚状体被包埋在某种胶囊内使其具有种子的功能,可以直接用于田间播种。诸如桑树腋芽包裹的人工种子,莴苣不定芽,兰花原球茎、百合小鳞茎人工种子等。现在人工种子的发展已经不仅仅局限于由人工种皮包被的体细胞胚的范畴。

2. 动物细胞培养技术

动物细胞培养可以获得许多有应用价值的细胞产品,如疫苗和生长因子等。利用细胞培养系统可进行毒品和药物检测;一些培养细胞可用于治疗。与植物细胞相比,高等动物体细胞的全能性并不明显,因此通过体细胞培养产生动物个体比较困难。但这一瓶颈终于被打破,1997年2月27日,《Nature》上刊登了英国爱丁堡罗斯林研究所维尔穆特等的论文,首次用无性繁殖技术成功地复制出的第一头哺乳动物——绵羊"多莉"。实验表明:一个完全分化的乳腺细胞核仍然具有未分化细胞的全部基因;其次,已分化的乳腺细胞核能回复到原始阶段并按胚胎发育的顺序发育为胚胎;再者,卵细胞质对细胞核的功能起到关键性调节作用。其作用因子可能是细胞质中的mRNA及其有关的蛋白质。

生物药品主要有各种疫苗、菌苗、抗生素、生物活性物质、抗体等,是生物体内代谢的中间产物或分泌物。通过培养、诱变等细胞工程或细胞融合途径,能制备出多价菌苗,可同时抵御两种以上的病原菌的侵害。同样的手段,可培养出能在培养条件下长期生长、分裂并能分泌某种激素的细胞系。美国科学家用诱变和细胞杂交手段,获得了可以持续分泌干扰素的体外培养细胞系。

目前,人工授精、胚胎移植等技术已广泛应用于畜牧业生产。精液和胚胎的液氮超低温(−196 ℃)保存技术的综合使用,使优良公畜、禽的交配数与交配范围大为扩展,并且突破了动物交配的季节限制。综合利用胚胎分割技术、核移植细胞融合技术、显微操作技术等,在细胞水平改造卵细胞，有可能创造出高产奶牛、瘦肉型猪等新品种。干细胞的建立，更展现了人工操作获得器官资源的美好前景。

3. 杂交瘤技术与单克隆抗体

单克隆抗体技术是将产生抗体的单个 B 淋巴细胞同肿瘤细胞杂交的技术（图 10-5）。其原理如下。B 淋巴细胞能够产生抗体，但在体外不能无限分裂；肿瘤细胞虽然可在体外进行无限传代，但不能产生抗体。将这两种细胞融合后得到的杂交瘤细胞具有两种亲本细胞的特性，既能产生抗体，又能无限增殖。应用单克隆抗体可以检查出某些尚无临床表现的极小肿瘤病灶，检测心肌梗死的部位和面积，从而为有效的治疗提供方便。单克隆抗体作为载体携带药物，可使药物准确地到达癌细胞，以避免化疗或放射疗法把正常细胞与癌细胞一同杀死的副作用，被称为“生物导弹”。

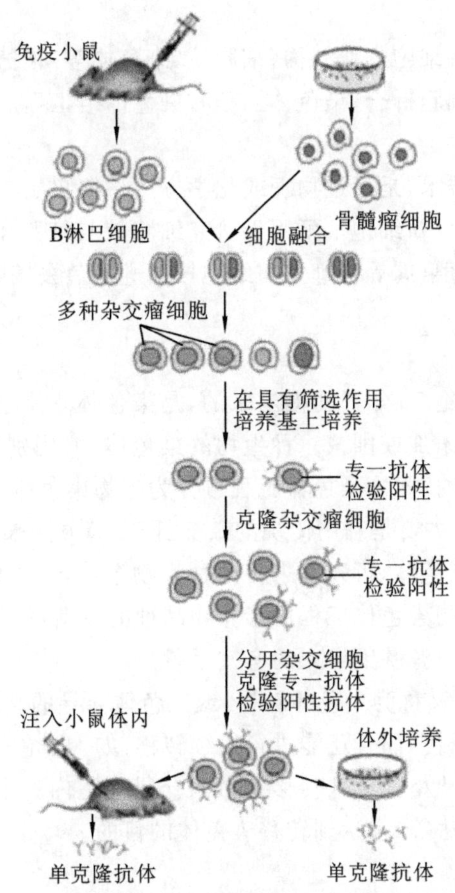

图 10-5　杂交瘤与单克隆抗体技术

单克隆抗体可以精确地检测排卵期。其基本原理是用精子、卵透明带或早期胚胎来制备单克隆抗体，将它们注入妇女体内，人体就会产生对精子的免疫反应，从而起到避孕作用。人类体外受精技术的日趋成熟，促进了优生优育，提高了人口素质，为不孕症患者或不宜生育的人群带来了福音。

4. 体细胞杂交与植物改良

体细胞杂交为改良植物遗传性和培养新的作物品种开阔了一条新的途径。其过程包括原生质体的制备、细胞融合的诱导、杂种细胞的筛选和培养，以及植株的再生与鉴定等环节。发展至今，已从许多种内、种间、属间甚至亚科间的体细胞杂交获得杂种细胞系或杂种植株。随着多种植物原生质体培养的成功及融合方法、方式上的不断改进，体细胞杂交获得了很大进展，并已成为植物育种的重要手段。

原生质体培养早先主要在烟草属、曼陀罗属、矮牵牛属、茄属、番茄属和颠茄属等方面获得成功，此后在十字花科及伞形科中获得突破。接着在主要的粮食作物水稻、大豆、小麦和一些有经济价值的木本植物如柑橘、猕猴桃、樱桃、杨树、榆树等相继获得成功。我国以花药单倍体育种培育出的水稻品种或品系有近百个，小麦有 30 个左右。具有抗倒伏、抗锈病、抗白粉病等优良性状。通过植物体细胞的遗传变异，筛选各种有经济意义的突变体，为创造种质资源和新品种的选育发挥了作用。现已选育出优质的番茄、抗寒的亚麻，以及水稻、小麦、玉米等新品系。

5. 细胞亚结构移植

细胞亚结构移植是指将细胞的亚结构（细胞核、染色体等）移植到另一个细胞中，从而改变细胞的遗传性状。主要有细胞拆合、染色体工程和染色体组工程。

1）细胞拆合

细胞拆合即细胞换核技术，是通过物理或化学方法将细胞质与细胞核分开，再进行不同细胞间核质的重新组合，重建成新细胞。可用于研究细胞核与细胞质的关系的基础研究和育种工作。如 20 世纪 60 年代童第周等将鲤鱼卵细胞核移进鲫鱼去核卵细胞中，培育出鲫鲤鱼，后又育出鲫金鱼等。

2）染色体工程

染色体工程是在 20 世纪 70 年代初提出来的，是染色体水平上的细胞工程。染色体工程是指按照人们的预先设计，添加或削减一种生物的染色体，或用别的生物的染色体来替换，进而定向改变其遗传特性的新技术。染色体工程可分为植物染色体工程、动物染色体工程。

（1）植物染色体工程　主要是利用传统的杂交、回交等方法来达到添加、消除或置换染色体的目的。添加或置换的染色体，可以是来自同种生物个体，也可以是来自不同种生物个体。目前，植物学家们已经将植物染色体工程用于作物品种的改良，使其成为一门育种新技术。此外，它也是研究基因定位和异源基因导入的有效手段。

（2）动物染色体工程　又称为染色体转导，或染色体介导的基因转移，不仅在宿主细胞的分裂过程中能稳定地传给子代，而且还能进行连续转移，如人染色体基因可以转移到小鼠细胞内，然后再使用同样的技术从小鼠细胞转移到中国仓鼠细胞内。主要采用对细胞进行显微操作的方法（如微细胞转移方法等）来达到转移染色体的目的。

3）染色体组工程

染色体组工程是诱导增加或减少一个生物体内整套染色体组数的技术。包括多倍体的诱发与单倍体的诱发。适宜用染色体组工程方法改良的作物应该具有如下特点：①染色体数目较少；②以收获营养体为主；③异花授粉；④具有多年生和营养繁殖的习性等条件。1937 年，秋水仙素应用于生物学后，植物多倍体的工作得到了迅速发展。例如，通过染色体组工程可得到四倍体小麦、八倍体小黑麦等。

通过对动物染色体组进行操作，也可获得多倍体和雌核发育或雄核发育的鱼、虾、蟹、贝等，它们具有生长速度快、体形大、肉质好、品系纯、可单性化养殖等优越性。如三倍体奥利亚罗非鱼比正常二倍体平均大 1/3，三倍体中国对虾体长增长也比正常二倍体快。

10.3 酶工程技术

酶是生物催化剂，主要是蛋白质和核酸。酶的生产和应用的技术过程称为酶工程。酶工程是现代生物工程的重要组成部分，与基因工程、细胞工程、发酵工程并称四大工程，它们关系密切，相互交叉、相互影响、相互促进。

10.3.1 酶工程概述

酶工程(enzyme engineering)是研究酶的生产和应用的一门新兴学科，是指在一定的生物反应器内，利用酶的催化作用，将相应的原料转化成有用物质的技术，是将酶学理论与化工技术结合而形成的新技术。酶工程的研究内容主要包括酶制剂的制备、酶的固定化、酶的修饰与改造、酶反应器设计及生物传感器等。

早在几千年我们的祖先就曾有酿酒、制醋、做酱的记载，所有这些，实际上都是酶知识的应用。但是，有关酶知识的自觉应用和深入研究是从 19 世纪末期开始的。此后，随着酶生产的不断发展，酶的应用越来越广泛。由于天然酶制剂稳定性较差、使用效率低等特点，人们开发了酶的固定化技术，并在此基础上研究了多酶体系的固定化技术和细胞的固定化技术。随着微生物发酵技术的发展、酶分离纯化技术的更新，酶制剂的研究得到不断推进，已开发出多种类型的酶制剂，并实现了商业化生产。

20 世纪 70 年代，基因工程、蛋白质工程结合传统的化学修饰的方法，使人们可以按照自身的需要对酶进行定向改造，设计出新型的酶。如今，酶工程已在医药、食品、工业、农业、饲料、环保、能源、科研等领域广泛应用，成为基因工程、细胞工程、蛋白质工程等领域的科学研究和技术开发中不可取代的工具。与此同时，酶工程产业也在快速发展，1998 年全世界工业酶制剂销售额高达 16 亿美元，2012 年则达到 40 亿美元。迄今为止，全世界已发现的酶有 5000 多种，而工业上生产的酶有 60 多种，真正达到工业规模的有 20 多种。

10.3.2 酶工程的应用现状与展望

酶作为一种生物催化剂，已广泛地应用于轻工业的各个生产领域。近几十年来，随着酶工程技术不断取得新的突破，在工业、农业、医药卫生、能源开发及环境工程等方面的应用越来越广泛。

1. 在医药工业中的应用

现代酶工程具有技术先进、投资小、工艺简单、产品收率高、效率高、效益大和污染小等优点，成为化学、医药工业应用方面的主力军。以往采用化学合成、微生物发酵及生物材料提取等传统技术生产的药品，皆可通过现代酶工程生产。如应用酶工程可以制备青霉素酞化酶、头孢菌素酞化酶、头孢菌素、脱乙酸头孢菌素、头孢菌素乙酸酯酶；可以加工制取维生素、肌醇、L-肉毒碱、乙酰辅酶 A 等。近年来，合成青霉素和头孢菌素前体物的最新工艺也采用酶工程的方法，甚至可通过酶工程获得传统技术不可能得到的昂贵药品，如人胰岛素、单克隆抗体(McAb)、干扰素(IFN)、6-氨基青霉烷酸(6-APA)、7-氨基头孢烷酸(7-ACA) 及 7-氨基去乙酰氧基头孢烷酸(7-ADCA)等。

重组 DNA 技术促进了各种有医疗价值的酶的大规模生产。用于临床的各类酶品种逐渐增加。酶除了用作常规治疗外，还可作为医学工程的某些组成部分而发挥医疗作用。如在体外循环装置中，利用酶清除血液废物，防止血栓形成，建立体内酶控药物释放系统等。另外，酶作为体外临床检测试剂，可以快速、灵敏、准确地测定体内某些代谢产物，这也将是酶在医疗上的一个重要应用。

2. 在农业中的应用

酶制剂作为催化剂与添加剂，带动了许多产业的发展。因此，应用酶工程对农产品进行深加工，是人们努力的一个方向。如：在农产品的深加工中，利用 α-淀粉酶、葡萄糖淀粉酶和葡萄糖异构酶的催化功能，以玉米淀粉等为原料可生产营养性的高果糖浆等；农副产品的加工和综合利用需要用纤维素酶、果胶酶和木质素酶。此外，从木瓜中提取的木瓜蛋白酶，提高活性和固定化以后，可以被用来酿制啤酒和制造果汁。

过去，人们一直认为氨基酸是人体吸收蛋白质的主要途径。随着研究发现，蛋白质经消化道中的酶水解后，主要以小肽的形式吸收，比完全游离的氨基酸更易吸收利用。这一发现，启发了科研工作者采用酶工程技术用蛋白质生产生物活性肽的新思路。生物活性肽是蛋白质中 20 种天然氨基酸以不同排列组合方式构成的从二肽到复杂的线性或环形结构的不同肽类的总称，是源于蛋白质的多功能化合物，具有多种人体代谢和生理调节功能，易消化吸收，有促进免疫、调节激素、抗菌、抗病毒、降血压、降血脂等作用，且食用安全性高。生物活性肽主要是通过酶工程技术降解蛋白质而制得，目前已从大豆蛋白质、玉米蛋白质、牛奶蛋白质、水产蛋白质的酶解物中制得一系列功能各异的生物活性肽。

动物体由于不能分泌分解纤维素、半纤维素、木质素、果胶等植物细胞壁物质的酶系，因此动物自身不能消化利用这些物质，只能通过瘤胃和大肠微生物利用上述部分物质。植物细胞壁非淀粉多糖降解酶可降解畜禽消化道内的非淀粉多糖，降低肠道内容物的黏性，促进营养物质的消化吸收，减少畜禽下痢，促进畜禽生长和提高饲料利用率。

3. 在食品工业中的应用

食品工业是应用酶工程技术最早和最广泛的行业。近年来，由于固定化细胞技术、固定化酶反应器的推广应用，促进了食品新产品的开发，产品品种增加，质量提高，成本下降，为食品工业带来了巨大的社会经济效益。

酶在食品工业中最大的用途是淀粉加工，其次是乳品加工、果汁加工、烘烤食品及啤酒发酵。与之有关的各种酶如淀粉酶、葡萄糖异构酶、乳糖酶、凝乳酶、蛋白酶等占酶制剂市场的一半以上。目前，帮助和促进食物消化的酶成为食品市场发展的主要方向，包括促进蛋白质消化的酶（如菠萝蛋白酶、胃蛋白酶、胰蛋白酶）、促进纤维素消化的酶（如纤维素酶、聚糖酶）、促进乳糖消化的酶（如乳糖酶）和促进脂肪消化的酶（如脂肪酶、酯酶）等。

现今，酶工程技术在食品加工领域显示了很大的使用价值和应用潜力，被广泛应用于食品添加剂和调味剂的生产。海藻糖是一种新型的多功能食品添加剂，利用从中国土样中筛选分离的酶菌柱能促进淀粉转化为海藻糖，在反应混合物中的含量可达 48%；还可由海藻糖合酶将麦芽糖直接转化为海藻糖，并在海藻糖的工业生产中有着良好的应用前景。在日本和美国，利用酶水解蛋白制取的营养型调味剂和氨基酸复配调味品占调味剂市场很大的比重，销售量已超过传统调味剂的数倍。用酶法提取的米糠蛋白，其溶解性、起泡性、乳化特性和营养性等蛋白质功能特性表现突出，不仅可以作为食品中的营养强化剂，还可以作为食品中的风味增强剂。

酶还可以直接作为食品抗氧防腐剂使用，在食品储藏中，利用葡萄糖氧化酶、过氧化氢酶加配葡萄糖、琼脂制成凝胶，封入聚乙烯膜小袋，放入存有食品的容器中，可以除去残留氧，防止褐变。

4. 在环境治理中的应用

随着人类社会的不断发展，工业越来越发达，环境问题随之而来，并变得日益严峻。目前，工业“三废”对人们日常生活的影响越来越大，环境问题已不容忽视，而传统的化学方法显现出了弊端与不足，于是利用酶工程治理环境得到了人们的青睐。辣根过氧化物酶(HRP)是酶处理废水领域中应用最多的一种酶，它能催化氧化多种有毒的芳香族化合物，其中包括酚、苯胺、联苯胺及其相关的异构体，生成不溶于水的沉淀物，被广泛用于废水处理。微生物脂肪酶能催化一系列反应，包括水解、醇解、酸解、酯化和氨解等，应用于被污染环境的生物修复以及废物处理是一个新兴的领域。石油开采和炼制过程中产生的油泄漏，油脂加工过程中产生的含脂废物，都可以用不同来源的脂肪酶进行有效处理。

5. 在能源开发上的应用

在全世界开发新型能源的大趋势下，利用微生物或酶工程技术从生物体中生产燃料也是人们正在探寻的一条新路。例如，利用植物、农作物、林业产物废弃物中的纤维素、半纤维素、木质素、淀粉等原料，制造氢、甲烷等气体燃料以及乙醇和甲醇等液体燃料。另外，在石油资源的开发中，利用微生物作为石油勘探、二次采油、石油精炼等手段，也是近年来国内外普遍关注的课题。

6. 酶工程发展前景

21 世纪酶工程的发展主题是新酶的研究与开发、酶的优化生产、酶的高效应用。

现在已知的酶有几千种，但是还远远不能满足人们对酶日益增长的需要。随着科技的发展，人们正在发现更多、更好的酶。其中，令人瞩目的有核酸酶和抗体酶、端粒酶、糖生物学和糖基转移酶以及极端环境微生物和不可培养微生物的新酶种。人类基因组计划取得的成果，基因组学和蛋白质组学的诞生，生物信息学的兴起，以及 DNA 重排技术的发展，众多新酶的出现将使酶的应用达到前所未有的广度和深度。

随着各种高新技术的广泛应用及酶工程研究工作的不断深入，酶工程研究和酶制剂工业必将取得更快、更大的发展。可以相信，将来人们可以用化学的方法随心所欲地构造出各种性能优异的人工合成酶和模拟酶，而且还可以采用生物学方法在生物体外构造出性能优良的产酶工程菌为生产和生活服务，酶工程技术必将在工业、医药、农业、化学分析、环境保护、能源开发和生命科学理论研究等各个方面发挥越来越大的作用。

10.4 发酵工程技术

发酵工程(fermentation engineering)是生物技术的重要组成部分，是生物技术产业化的技术基础。发酵工程作为一门古老而又年轻的学科，它所支撑的发酵工业是生物技术产业的重要领域，涉及食品、医药、化工、环境等众多行业，在人类生活和经济活动中发挥着重要的作用。

10.4.1 发酵工程概述

发酵工程是利用微生物的生命活动来获得微生物菌体或其代谢产物的过程，是利用微生物进行大规模生产的技术，是微生物学与工程学相结合的以产品生产为导向的一门应用学科。发酵工程是采用现代工程技术手段，直接把微生物应用于工业生产过程的一种新技术。

1. 发酵工程的发展过程

发酵技术是人类最早通过实践掌握的生产技术之一，产品也很多，以传统食品来说，东方有酱、酱油、醋、白酒、黄酒等，西方有啤酒、葡萄酒、奶酪等。这些发酵食品都是数千年来凭借人类的智慧和经验，在没有亲眼看到微生物的情况下，巧妙地利用微生物生产的产品。

发酵技术的发展，大致经历了古代发酵、近代发酵、现代发酵和基因工程菌发酵等时期。

古代发酵可以追溯到距今4500年前，那个时期我国劳动人民已经发明了制曲酿酒工艺。

近代发酵技术起始于1857年，法国科学家巴斯德首次发现发酵是由微生物引起的，这使得传统的经验发酵最终变成一门科学。此后，相继创立了霉菌纯培养技术、酵母纯培养技术，1881年德国科学家罗伯特·科赫（Robert Koch）创立了细菌纯培养技术。这些技术的突破，为人类利用微生物提供了最基本的技术方法，使发酵技术从天然发酵走向纯种发酵。

现代发酵的标志是通气搅拌发酵和代谢控制发酵。20世纪40年代初，随着青霉素的发现，抗生素发酵工业逐渐兴起。由于青霉素产生菌是需氧型的，微生物学家在厌氧发酵技术的基础上，成功地引进了通气搅拌和一整套无菌技术，建立了深层通气发酵技术。这大大促进了发酵工业的发展，使有机酸、维生素、激素等都可以用发酵法大规模生产。1957年，日本用微生物生产谷氨酸取得成功，如今20种氨基酸都可以用发酵法生产。同时，科学家在深入研究微生物代谢途径的基础上，通过对微生物进行人工诱变，先得到适合于生产某种产品的突变类型，再在人工控制的条件下培养，大量产生人们所需要的物质。目前，代谢控制发酵技术已经用于核苷酸、有机酸和部分抗生素等的生产中。

20世纪70年代以后，基因工程、细胞工程等生物工程技术的开发，使发酵工程进入了定向育种的新阶段，新产品层出不穷。20世纪80年代以来，随着学科之间的不断交叉和渗透，微生物学家开始用数学、动力学、化工工程原理、计算机技术对发酵过程进行综合研究，使得对发酵过程的控制更为合理。在一些国家，已经能够自动记录和自动控制发酵过程的全部参数，明显提高了生产效率。据发酵行业协会统计，我国2000—2008年发酵产业的产量从260万吨增长到1300万吨左右，年均增长率达到22.4%，2008年主要产品出口额约34亿美元，同比增长36.6%，显示出强大的活力。味精、柠檬酸，山梨醇以及青霉素、红霉素等抗生素的产量均居世界第一，葡萄糖的产量居世界第二位，仅次于美国。

2. 现代发酵工程的基本流程

现代发酵工程由上游工程、中游工程和下游工程三部分组成（图10-6）。其中上游工程包括优良种株的选育，最适发酵条件（pH值、温度、溶氧和营养组成）的确定，营养物质的准备等。中游工程主要是指在最适发酵条件下，发酵罐中大量培养细胞和生产代谢产物的工艺技术。下游工程是指从发酵液中分离和纯化产品的技术。

3. 现代发酵工程的特点

与传统发酵工程相比，现代发酵工程有以下几个特点：着眼于再生资源的利用，不受原料的时空限制；发酵过程步骤简化、可连续生产、缩短周期，所需温度较低、可节约能源、减低成本、减少污染；可定向创造新品种、新物种，适应人类需要；可开辟一条安全有效的生产价格低廉的品质纯净的生物制品新途径，可提供节能、环保的新办法；投资小、见效快、收益大等。

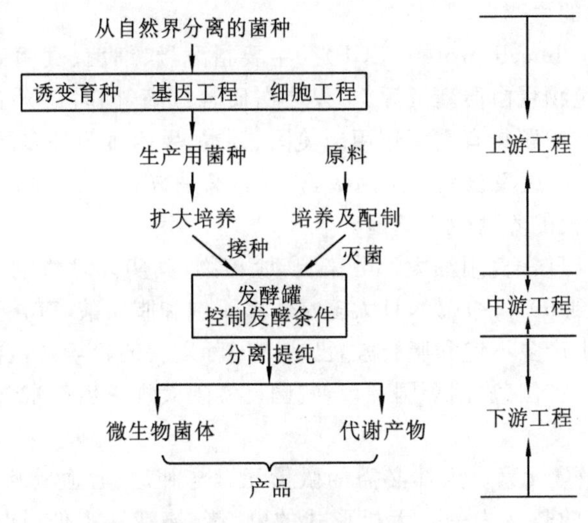

图 10-6 发酵工程的基本流程

10.4.2 发酵工程的应用现状与展望

发酵工程是一项综合性技术，它涵盖菌种培养技术、生化反应工程技术、提取精制技术，是有效利用丰富生物资源、提高农副产品附加值、缓解环境压力、维护生态平衡、提高相关产业竞争力的关键技术之一。发酵工程产品的范围越来越深地同国民经济各部门发生着关系，它所涉及的范围十分广泛，而且越来越大，如酿酒工业（啤酒、白酒、葡萄酒等）、食品工业（酱、食醋、腐乳、面包、酱油、酸乳等）、乳品业（发酵乳、酸奶等）、有机溶剂发酵工业（酒精、丙酮、丁醇等）、抗生素发酵工业（青霉素、链霉素、万古霉素等）、有机酸发酵工业（柠檬酸、葡萄糖酸等）、酶制剂发酵工程（淀粉酶、蛋白酶等）、氨基酸发酵工程（谷氨酸、赖氨酸、亮氨酸等）、维生素发酵工程（维生素 B_2、维生素 B_{12} 等）、生理活性物质发酵工业（激素、赤霉素等）、生物能源（微生物产沼气、纤维素等天然原料发酵生产酒精、乙烯、微生物产氢、微生物采油等）等。

1. 在医药工业上的应用

传统的制药工业不外乎两种：一是化学合成药物，但工艺复杂，污染严重，毒副作用大；二是生化制药，但受资源限制，单价昂贵，无法满足人们的需要。因此，利用发酵工程技术生产新药为人类带来了希望，开发了种类繁多的药品，如人类生长激素、重组乙肝疫苗、单克隆抗体、白细胞介素-2、抗血友病因子等。如人胰岛素、乙肝疫苗、干扰素等。现在，世界各国用发酵法生产的抗生素有 400 多种，广泛应用的有 120 多种，而其他的则因为毒性大、成本高等原因无法利用。人类采用基因工程和细胞融合技术，对抗生素产生菌进行改造和重新设计，制造出量大、高效、低毒的新型抗生素。我国用产庆丰链霉素的庆丰链霉菌与产井冈霉素的吸水链霉菌细胞融合，产生了能抑制植物病原菌的新抗生素 RVA18。原来价格昂贵的透明质酸一直从公鸡冠组织中提取，现在可由兽瘟链球菌发酵制得。

2. 在食品工业上的应用

发酵技术很早就用于食品工业，在人口急剧增长、耕地日益减少的今天，发酵工程已成为解决提供食品和改善营养的重要途径。现代发酵工程对食品工业的影响，主要表现在利用现代发酵技术改造传统发酵食品以及加速开发高附加值的现代发酵产品两个方面。现代发酵工程主要用于微生物蛋白、功能性食品开发、氨基酸、新糖原、饮料、酒类和一些食品添加剂（柠檬酸、乳酸、天然色素等)的生产。

(1) 单细胞蛋白(sole cell protein,SCP) 主要指酵母、细菌、真菌等微生物蛋白质资源,是应用前景很好的微生物蛋白质新资源,不仅蛋白质含量高,同时还含有多种维生素,对于解决世界蛋白质资源不足问题具有重要作用。美国、日本、墨西哥等许多国家都在积极进行球藻及螺旋藻 SCP 的开发,螺旋藻食品既是高级营养品,又是减肥品,在国际市场上很受欢迎。目前,我国也建立了大规模的养殖生产基地。

(2) 微生物油脂 日常食用油大部分来自动、植物,其实许多微生物中也含有油脂,含油率从最低的2%～3%到60%～70%,且大多富含多不饱和脂肪酸,有益于人体健康。目前,利用低等丝状真菌发酵生产多不饱和脂肪酸,已成为国际发展的趋势,富含 AA 和 DHA 的微生物油脂已在美国、日本、英国、法国等国上市,我国已实现大规模生产富含花生四烯酸的微生物油脂。

(3) 有机形式的微量元素 人体必需的微量元素与肿瘤、心血管疾病和糖尿病等关系较大,成为保健食品研究的热点之一。无机形式的硒、锗、铬活性很低,同时具有不同程度的毒性,需要通过生物方法将其转化成有机形式。转化方法主要有植物转化法(富硒苹果、富硒水稻、富硒茶叶等)和微生物转化法(如富硒酵母或富硒食用菌等)等。利用酵母细胞对硒富集作用(吸收率约75%)的特点,在特定培养环境下及不同阶段在培养基中加入硒,使它被酵母吸收利用而转化为酵母细胞内的有机硒,然后由酵母自溶制得产品。富硒酵母95%以上的硒是以有机硒形式存在的,其抗衰老及抑制肿瘤功能较亚硒酸钠显著,而其毒性却大大低于亚硒酸钠。

(4) 功能性食品 功能性食品是指在特定食品中含有某些有效成分,具有对人体生理作用产生功能性影响及调节功能,不仅能够调节膳食结构,而且能够益寿延年,在保健食品产业中形成了一个新的主流。例如:人工发酵培养虫草菌,临床上应用对高脂血症、性功能障碍、慢性支气管炎等均有疗效,而治疗性功能障碍优于天然冬虫夏草;选用高含油的鲁氏毛霉、少根根霉等菌株为发酵剂,以豆粕、玉米粉、麸皮等作为培养基,液体深层发酵制备 γ-亚麻酸;利用根霉、毛霉、青霉进行固态发酵,以可溶性淀粉、硝酸钠、磷酸二氢钾和小麦麸皮组成固体培养基生产 L-肉毒碱,用在运动员食品中,以提高其耗氧量和氧化代谢能力,从而可增强机体耐受力;还有,双歧杆菌作为微生态调节剂,广泛用在保健食品中,等等。

发酵工程生产的新型强力甜味剂,甜度高、热度低,适用于肥胖症、糖尿病、肝肾疾病人群,具有广阔的市场前景。同时,发酵工程在氨基酸食品、新糖原食品、酒类产品、食品添加剂等生产加工中也发挥了很大的作用。

3. 在环境保护领域的应用

微生物发酵技术已经广泛运用于环境保护的多个方面,经多年开发,已接近产业化的包括:净化有毒的高分子化合物、降解海上浮油、清除有毒气体和特殊异味物质以及处理有机废水、废渣等。例如:酵母循环系统是一种利用酵母的新式食品废水处理系统,能有效地处理废水并能回收大量的酵母菌体,从而解决了活性污泥法剩余的污泥问题。与细菌活性污泥系统相比,酵母废水系统的性能大大提高。酵母废水处理系统日处理能力是细菌法的5～7倍,而且酵母污泥可在常压下脱水,无需添加药剂。

面对大量的环境污染物,小小微生物有着惊人的降解能力,成为环境保护中最活跃的“角色”。如某些假单胞菌、无色杆菌具有清除氰、腈的功能;某些产碱杆菌、无色杆菌具有降解对联苯类致癌物质的功能。如今,已分离到降解尼龙、橡胶、DDT、偶氮染料等环境废弃物的微生物，且有不少微生物的降解已达到工业化生产水平。有的国家将几种降解能力强的微生物混合在一起，制成生物降解剂，喷洒到石油污染严重的土壤，4 个月后，总污染水平下降 65%；其中苯和甲苯下降 73%，多环芳烃下降 86%。

4. 在农产品加工业的应用

利用发酵工程技术，培育抗逆作物、实现生物固氮、制造新型生物杀虫剂等，为农业增产做出了较大贡献。在液态发酵过程中，由于甜高粱汁液中氮源、无机盐含量不能满足酵母菌的需求，大多数研究者通过在汁液中添加氮源和无机盐来研究最佳的发酵工艺条件，即高密度液态发酵。这有利于提高从甜高粱茎秆汁液中获取燃料乙醇的收益，加快反应速度、缩短反应周期和提高工作效率。以膨化后的玉米粉为原料，配以脱脂乳，用乳酸菌进行发酵，制成膨化玉米粉乳酸发酵制品，酸甜适宜，口感细腻，有乳香和玉米清香，含有大量对人体有益的活性乳酸菌。在饲料工业生产上，微生物饲料、维生素饲料添加剂和饲料酶制剂的生产，为农业和畜牧业的增产发挥了巨大作用。

5. 在化学工业的应用

近些年来，塑料制品、农用薄膜等难以降解的有机制品，对环境造成了严重的环境污染，研制可降解的生物塑料迫在眉睫。科学家经过选育和基因重组构建的“工程菌”（甲基氧嗜甲基菌）菌株，积累生成的聚酯塑料占菌体重量的 70%～80%，且对人畜无害，在土中 6 周就可降解。乙烯是合成纤维、纯涤纶的聚酯纤维材料，目前人们已发现某些微生物具有合成乙烯的能力，有的国家还以乙烯或丙烯为原料，通过固相酶技术，将二者分别转化为环氧乙烷和环氧丙环，再由它们合成的确良、双氧树脂、合成洗涤剂等，大大降低了生产成本，提高了经济效益，对企业有非常大的吸引力。

6. 在冶金业的应用

随着现代工业的发展，人类对矿产的利用越来越大，随之而来的是数以万吨的难以处理的废矿渣和尾矿渣，而细菌冶金带来了新的希望。细菌冶金是指利用微生物及其分解物作为浸矿剂，喷洒在堆放的矿石上，浸矿剂溶解矿石中的有效成分，然后从浸取液中分离、浓缩、提纯有用的金属。此方法不要求粉碎矿石，可用于金、银、铜、铀、钼、锌等贵重和稀有金属的浸提。蜡样芽孢杆菌对黄金具有特殊的敏感性和结合力，能嗅出黄金的“气味”，可作为探测黄金的指标；氧化亚铁硫杆菌是一种浸矿微生物，可去除金矿中的砷、硫等，提纯黄金。

7. 发酵工程的未来发展趋势

发酵工程是一项的重要的生物技术，发展前景非常的广阔，如采用现代分子微生物学、系统生物学、代谢工程、合成生物学等技术对工业用微生物菌种进行改造，获得目的产物产率高、杂质少、发酵周期短、稳定性好的菌株；加强高等动植物细胞的培养与规模生产，如珍贵中药材的植物细胞规模培养；开发新型生物传感器，采用大型节能高效安全的发酵装置，完善发酵生产的计算机控制；开发使用 CO_2、空气中的氢、氧，加适量氮源和无机盐来制造微生物菌体蛋白的技术；开发以纯植物秸秆、落叶等为碳源进行有用物质生产的微生物发酵工程技术；将生物技术更广泛地应用于环境工程，开发能降低引发温室效应的技术等。

10.5　蛋白质工程技术

随着科技的进步，人类对于蛋白质的认识从化学合成蛋白质，并对其修饰到运用基因工程进行蛋白质的表达已经产生了质的飞跃。20世纪80年代以来，随着蛋白质晶体学和结构生物学和基因突变技术的发展，借助计算机辅助设计和基因定点诱变的方法，尝试改进蛋白质的结构，从而产生了蛋白质工程这一新型技术领域。1982年温特(Winter)报道了基因诱变改性的酪氨酸tRNA合成酶，1983年奥默(Ulmer)在《Science》杂志上提出了蛋白质工程概念，标志着一个新的领域诞生。

10.5.1 蛋白质工程概述

蛋白质工程(protein engineering)也叫做“第二代基因工程”，是指以蛋白质的结构及其功能关系为基础，通过基因修饰、蛋白质修饰等分子设计，对现存蛋白质加以改造，组建新型蛋白质的现代生物技术。它是在基因重组技术、分子生物学、分子遗传学等学科的基础上，融合了蛋白质晶体学、蛋白质动力学、蛋白质化学和计算机辅助设计等多学科而发展起来的新兴研究领域。蛋白质工程为改造蛋白质的结构和功能找到了新途径，推动了蛋白质和酶的研究，为工业和药用蛋白质的实用化开拓了美妙的前景。

1. 蛋白质工程的目标

蛋白质工程的目标是按照需要改造蛋白质分子中某些氨基酸残基和结构域，从而定向地改造蛋白质的性质，使其成为具有人们预期功能的新型蛋白质，或创造自然界不存在的性质独特的蛋白质(图10-7)。

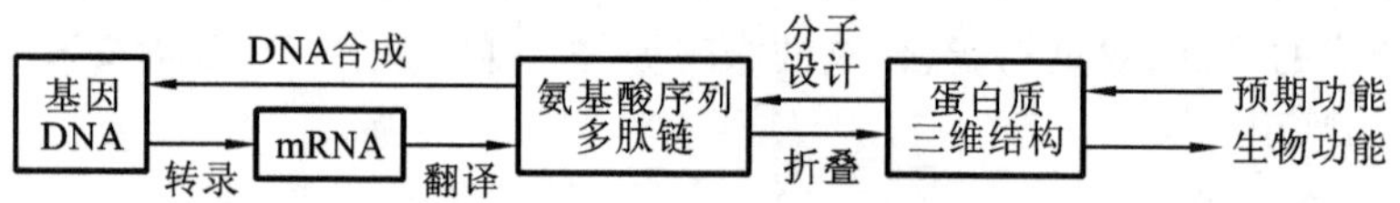

图10-7 蛋白质工程流程图

2. 蛋白质工程的基本原理

蛋白质工程的基本原理是改造蛋白质分子，使其满足人类的需求。按照改造部位的多寡分为三类：第一类为“小改”，可通过定位突变或化学修饰来实现；第二类为“中改”，对蛋白质结构域进行拼接组装；第三类为“大改”，即完全从头设计全新的蛋白质。

(1) 基因定位诱变　基因定位诱变是按照设计的要求，使分离到的基因能够进行任意加工，包括使基因的特定序列发生插入、删除、置换和重排等变异，以提高表达水平和改进基因性能的技术。实际操作中，根据三联体密码，在编码DNA的某一确定位置，使其核苷酸的组成种类与顺序发生改变，基因因此而定向变异，它控制合成的氨基酸的种类和顺序也就发生了改变，从而合成预期的蛋白质。

(2) 蛋白质的局部修饰　在已有蛋白质结构基础上，替换一个肽段和一个特定的结构域，对来源不同的蛋白质的结构域进行拼接组装，以使蛋白质的某些性质与功能得到改变。

(3) 蛋白质的从头设计　从头设计蛋白质，即完全按照人的意志设计合成蛋白质，设计的蛋白质是自然界从来没有的。它的基本过程是理论设计过程(结构域功能的预测)和实验过程的结合。具体可分两个层次：一是在已知立体结构基础上所进行的直接将立体结构信息与蛋白质的功能相关联的高层次的设计工作；其次，在未知立体结构的情形下借助于一级结构的序列信息及生物化学性质所进行的分子设计工作。

10.5.2　蛋白质工程的应用现状与展望

目前，蛋白质工程已经在蛋白质药物、工业酶制剂、农业生物技术等研究领域取得了很大进步。

1. 蛋白质工程与生物医药

用蛋白质工程来改造特殊蛋白质为制造特效抗癌药物开辟了新途径。如人的β-干扰素和白细胞-2 是两种抗癌作用的蛋白质。在它们的分子结构中，有一个不成对的游离基因，很不稳定，会使蛋白质失去活性。通过蛋白质工程修饰这种不稳定的结构，可以提高这两种抗癌物质的生物活性。美国的希得公司(Cetus)成功地修饰了这两种治疗癌瘤的蛋白质，大大提高了它们的稳定性，已用于临床试验并取得了良好的效果。澳大利亚科学家发现了激发基因开始或停止产生癌细胞的蛋白质，这种蛋白质在癌细胞生长过程中对癌基因起着开关作用。这对通过蛋白质工程研制鉴别与控制多种类型的血液癌、固体癌的蛋白质有借鉴作用，并为诊断和治疗癌症提供了新的方法。

利用蛋白质工程的定点突变技术对天然酶蛋白的催化活性、抗氧化性、底物专一性、抗稳定性以及拓宽酶作用底物的范围、改进酶的别构效应等已进行了不少成功的研究。L-天冬酰胺酶，对于治疗小儿白血病特别有效，但经常在临床应用中出现过敏反应，所以要想更好地发挥和利用其药效，就必须降低其免疫性。中国药科大学生物制药学院院长吴梧桐教授利用生物信息学软件预测蛋白质的结构，运用定点突变技术对其基因中关键序列的结构进行改造，使其重新表达，最终获得的工程菌具有高于野生菌 100 倍的活力。

另外，应用蛋白质工程技术，通过位点直接诱变，改变 α_1-抗胰蛋白酶(ATT)，使酶分子中第 358 位的蛋氨酸(Met)被缬氨酸(Val)代替，变成抗氧化疗法的 AAT 突变体，可用于 AAT 产物基因缺陷疾病患者的治疗，现已取得明显疗效。

2. 蛋白质工程与农业

在农业的改造与农产品产量提高等方面，蛋白质工程的运用是一种新的途径。例如，植物光合作用过程中，核酮糖-1，5-二磷酸羧化酶(RUBP 羧化酶)具有双重性，既能固定二氧化碳，同时也能使二氧化碳在光照条件下通过呼吸作用损失一半，即光合效率只有 50%。目前，该酶的三维结构已经明确，通过蛋白质工程改造这种酶，提高其光合作用效率，有望增加粮食产量。

近年来，美国坎布里奇的雷普里根公司的科学家以蛋白质工程设计微生物农药，即对微生物蛋白质结构予以修改，使微生物农药的杀虫率可以提高 10 倍。

3. 蛋白质工程与工业

蛋白质工程在工业上主要是工业酶制剂，主要包括蛋白酶、脂肪酶和纤维素酶等。

蛋白酶主要用于洗涤剂、制革和纺织工业，在酶制剂市场中占的比重较大。人类通过对枯草芽孢杆菌蛋白酶的研究，了解其结构与功能的关系，并通过研究枯草芽孢杆菌蛋白酶的表面特征，发现了一种突变体，它的吸附能力相对更弱，可以使洗涤剂发挥更好的作用。于是，通过替换枯草杆菌蛋白酶的氨基酸，改变酶的动力学特性研制出高效除污酶。

脂肪酶在脂的水解与合成过程中做催化剂，主要用于生产洗涤剂、油脂工业、有机合成、皮革及造纸工业，经过蛋白质工程技术，可以使其活力提高 4 倍，热稳定性提高 12 ℃，最适温度提高了 10 ℃。

纤维素酶也是一种蛋白质,用途特别广泛,在纺织、工业洗涤、石油开采、食品发酵等方面都有应用。对其研究的重点是了解酶的吸附和活性之间的关系。运用蛋白质工程技术之后,其热稳定性、活力都大大提高了。

对于工业酶来说,通过蛋白质工程改造以后,基本特性都有目的地得到了加强,主要表现在以下几个方面:①改变几个关键氨基酸残基,提高酶的活性;②工业酶的稳定性的增加,包括热稳定性、抗氧化稳定性、有机溶剂中的稳定性,等等;③酶的选择性发生改变;④改变酶表面的电荷状况,影响酶的表面特性,从而改变酶对底物的吸附性。

另外,美、日等国的科学工作者利用蛋白质工程研制生物元件来取代"硅芯片",还有利用蛋白质(酶)生产模仿羊毛、蚕丝、蜘蛛丝,具有强度高、质量轻的特性。

4. 蛋白质工程的应用前景

蛋白质工程研究,从 20 世纪 80 年代初至今,通过与各种技术、学科结合,分子生物学有了新的进展,生物科学家对于蛋白质工程的技术程序已经能够熟练掌握,可以构建全新的蛋白质分子,蛋白质工程技术的控制手段取得了关键技术的突破。目前,已经完成了数十种蛋白质分子的结构改造。

蛋白质工程推动了各种与人类生产、生活密切相关的学科的发展,并且已经在蛋白质药物、工业酶制剂、农业生物技术、生物代谢途径等研究领域取得了很大的进步,蛋白质工程的作用日益凸显,通过这种手段提高蛋白质的特性如热稳定性、耐碱性、耐酸性等仍然是重要的研究方向。

蛋白质工程开创了按照人类意愿改造、创造符合人类需要的蛋白质的新时期。在蛋白质工程技术和设计方法基础上探寻更方便、有效的蛋白质设计思想和方法是业界专家和学者不断努力的方向。

10.6 生物技术前沿领域

生物技术在当代分子生物学、细胞生物学、微生物学、免疫学、遗传学、基因组学、蛋白质组学、系统生物学和生物信息学等学科的发展和综合技术平台支撑下,融合计算机、微电子和化学、化工的原理,逐步形成了多学科集成的现代生物前沿领域,这些领域的发展广泛而深刻地影响着 21 世纪人们的生产和生活方式,极大地推动了人类社会文明进步和物质文化水平的提高。

10.6.1 组学研究与个性化医疗

1. 基因组测序

全基因组测序是对未知基因组序列的物种进行个体的基因组测序。2002 年,水稻、疟原虫和蚊子等生物体的全部 DNA 序列测定已完成。"基因组测序和健康"被《科学》杂志评为 2002 年世界十大科技进展之一。2003 年 4 月 14 日,中、美、日、德、法、英等 6 国科学家宣布人类基因组序列图绘制成功,人类基因组计划的所有目标全部实现。已完成的序列图覆盖人类基因组所含基因区域的 99%,精确率达到 99.99%。截至 2008 年已经测序发表了 706 个基因组,正在测序的基因组有 2654 个。一些主要农作物和家养动物陆续完成全序列测定,诸如玉米、黄瓜、花生、油菜、小麦、大麦、烟草、棉花、白杨、家蚕、黑猩猩、蜜蜂、狗、牛、鸡、熊猫等。

继"人类基因组计划"之后，科学家在该领域又推出"国际人类基因组单体型图计划"，其中"中华人类基因组单体型图计划"为该计划的一个重要组成部分，于 2003 年 9 月 22 日正式启动。这一计划的目的在于建立一个免费向公众开放关于人类疾病(及疾病对药物反应)相关基因的数据库。

2. 蛋白质组学

在全基因组序列测定的基础上发展了功能基因组学和蛋白质组学，生命科学研究已进入后基因组时代。当代的生命科学已从核酸时代回归蛋白质时代，对生命奥秘的探索从基因、核酸层次深入到蛋白质层次，蛋白质组学已成为后基因组时代的重要研究内容。2003 年 3 月，美国科学家绘制出三维蛋白质组形状，11 月公布了果蝇蛋白互作图谱，实现了从基因组学向蛋白质组学的飞跃。

2003 年 12 月 16 日，国际人类蛋白质组计划正式启动，我国科学家贺福初院士领衔"蛋白质组计划"；2007 年 8 月，我国科学家成功测定出 6788 个高可信度的中国成人肝脏蛋白质，系统地构建了国际上第一张人类器官蛋白质组"蓝图"。蛋白质芯片技术的出现给蛋白质组学研究带来了新思路。美国蛋白质组学已经形成了产业和市场，预测到 2017 年市场将增加到 172 亿美元。目前，美国米里亚德遗传学研究所、甲骨文公司和日本日立公司已经组成联盟，计划在 3 年内完成人体所有蛋白质的图谱。

3. 个性化医疗

个性化医疗(personalized medicine)，顾名思义，是依据患者个体差异所做出的并且能够对患者产生最佳疗效的治疗方案和手段。个性化医疗又称精准医疗，是指以个人基因组信息为基础，结合蛋白质组、代谢组等相关内环境信息，为患者量身设计出最佳治疗方案，以期达到治疗效果最大化和副作用最小化的一门定制医疗模式。

个性化医疗原本归类在未来医学的范畴里，是一个遥不可及、过于理想化的医疗体系。但现实生活中，"滥用药"、"吃错药"、"无效药"给患者带来巨大的痛苦和各种副作用，而且造成了严重的浪费。据报道，近年在中国各级医院的住院患者中，每年约有 192000 人死于药品不良反应，其中抗生素占首位。目前，中国每年因药物不良反应而住院治疗的患者多达 250 万人。另据报道，美国每年因药物使用不当造成的死亡人数达到 10 万多人。导致这一情况的原因十分复杂，就疾病本身而言，其错综复杂的病理机制，以及千差万别的个体是最主要的影响因素。随着人类基因组测序的完成，人们对"个性化医疗"的理念更加认同。

个性化医疗的实现，需要药物基因组学和人类基因组学的技术支撑。这些技术覆盖的范围包括：从对无临床症状的患者进行筛查(预防)，到对具有患某种疾病的患者的筛选(诊断)，再到对有临床症状患者进行治疗优化(个性化医疗)。个性化医疗的蓝图是在不远的将来，患者去医院看病时，除了常规的诊断方案外，还将提供和自己遗传档案相关的资料与数据，通过电脑的帮助在医生提供的多个治疗方案之间进行筛选，包括药品种类、服用剂量和效果等，以获得最佳疗效和最小的副作用。

目前，个性化医疗还处于起步阶段，美国 FDA 尚无对此类产品有具体的管理细则，参与的企业也是寥寥无几。不过，国外已经有一些成功的例子，即药厂为其新药研发"伴侣诊断试剂"。如 Genentech Inc. 研制生产的乳腺癌化疗药物 Herceptin® 和诺华研发生产的抗癌药甲磺酸伊玛替尼 Gleevac®，都是循着"个性化医疗"的思路研发成功的基因工程药物。Herceptin® 作用于乳腺癌细胞，干扰癌细胞的生物学进程，最终致其死亡；Gleevac® 是蛋白酪氨酸激酶的抑制剂，通过抑制酪氨酸激酶而能治疗慢性骨髓型白血病。

在我国，2009 年罗氏诊断(roche diagnostics) 与山东盖洛病毒学研究所合作成立了中国首家"个性化基因诊断中心"，有望将我国病毒学以及艾滋病病毒和疫苗领域的研究提升至世界水平，为中国患者提供针对患者个体特性的有效预防和治疗方案。2011 年 4 月，苏州生物医药创新中心与罗氏诊断签约，联合建立"分子诊断国际示范实验室"，为肿瘤患者提供更多个性化诊疗方案。

随着人类基因组 30 亿遗传密码的完全揭示，药物遗传学得到了广泛的重视，降低药物开发成本，增强对某些疑难杂症的治疗，为患者寻找合适的药物，为药物寻找合适的人群，并最终改善药物的安全性和降低生产成本。"个性化医疗"代表着医疗护理、新药开发领域的未来发展趋势，它将使传统的医疗体制发生巨大的变革。

10.6.2 克隆技术与干细胞

1997 年，由成年羊的乳腺细胞成功培育出克隆羊"多莉"以来，克隆技术获得了空前的发展，克隆鼠、克隆牛、克隆猪、克隆猫、克隆猴等也相继诞生。利用克隆技术培育优良品种家畜以及挽救濒危珍稀野生动物成为应用领域。但最大的应用还在医学领域：利用克隆技术培育人类胚胎，使其发育成各种组织和器官，以供医疗或研究之用。

干细胞是指动物体在发育过程中，其体内所保留的部分未分化的细胞。干细胞根据其分化潜能的大小，可以分为全能干细胞、多能干细胞和专能干细胞。目前，科学家已经能够在体外鉴别、分离、纯化、扩增和培养人体胚胎干细胞，并以这样的干细胞为"种子"，培育出一些人的组织器官。干细胞及其衍生组织器官，在临床上的广泛应用，将产生一种全新的医疗技术，再造人体正常的甚至年轻的组织器官，从而使人能够用上自己的或他人的干细胞或由干细胞所衍生出的新的组织器官，替换自身病变的或衰老的组织器官。1999 年，美国《科学》杂志将干细胞研究列为世界十大科学成就的第一位。

2003 年初，科学家已成功地从老鼠胚胎干细胞中培育出具有繁殖能力的卵子；9 月份，日本三菱化学生命科学研究所率先用鼠胚胎干细胞培育出了精子；12 月 10 日，英国《自然》杂志网站报道说，美国科学家利用老鼠胚胎干细胞首次培育出具有繁殖能力的精子，并利用它培育出了老鼠胚胎。与培育老鼠精子相比，利用胚胎干细胞培育人类精子的过程要困难得多。2012 年，哈佛医学院发表一项研究成果，该校的科学家成功地利用从人类卵巢里收集的干细胞培育出卵子，并计划与英国爱丁堡大学的科研组合作，给利用人类干细胞生产的卵子受精。

10.6.3 脑科学

脑科学，狭义地讲就是神经科学，是为了了解神经系统内分子水平、细胞水平、细胞间的变化过程，以及这些过程在中枢功能控制系统内的整合作用而进行的研究。广义地讲，是研究脑的结构和功能的科学，还包括认知神经科学等。

研究大脑、开发大脑是当今世界各国科学家和学者所潜心研究和关心的热点问题。脑科学的研究在 21 世纪的地位，相当于基因研究在 20 世纪的地位，已成为当前科学界的共识。脑科学不仅具有重大理论意义，而且对提高国民的健康水平、生活质量、创新能力、心理和精神状态都有重要的现实意义。

世界各国普遍重视脑科学研究。1989 年，美国 101 届国会通过一个议案——“命名 1990 年 1 月 1 日开始的十年为脑的十年”。1995 年夏，国际脑研究组织 IBRO 在日本举办了第四届世界神经科学大会，会上提议把 21 世纪称为“脑的世纪”。随即，欧共体成立了“欧洲脑的十年委员会”及脑研究联盟。1996 年，日本推出了“脑科学时代”计划纲要，制定了为期二十年的“脑科学时代——脑科学研究推进计划”。

我国政府一贯对脑科学的基础研究给予高度的重视，“八五”期间由杨雄里院士牵头提出了“脑功能及其细胞和分子基础”的研究项目，并列入国家科委的“攀登计划”。“十五”期间国家科技部又批准设立了“脑功能和脑重大疾病的基础研究”作为国家“973”计划资助项目，并于 2004 年 10 月经科技部结题验收。项目研究成果包括六大项，发表学术论文 752 篇，其中被 SCI 期刊收录 482 篇，在国际神经科学领域影响因子（IF>3.5）处于最高 15%的学术期刊上发表论文 98 篇，申报和获授权中国知识发明、新产品专利共 39 项。

2012 年，中国科学院实施启动了“脑功能联结图谱”战略性先导科技专项，试图从学习记忆、感知觉、情绪、抉择四个特定脑功能网络入手，破解大脑活动的机理。2013 年，欧盟和美国分别启动耗资巨大的脑研究计划：欧盟的“人脑计划”（human brain project，HBP）和美国的“尖端创新神经技术脑研究计划”（brain research though advancing nerotechnology，BRAIN）。人脑计划为期 10 年，拟耗资 30 多亿欧元，美国的脑研究计划启动资金达 1 亿多美元，预计在 10 年内投入 30 亿美元，反映了国际社会对脑科学及相关学科研究的高度重视。

当前，脑科学研究依托包括神经元标记和大范围神经网络中神经环路示踪和结构功能成像，大范围神经网络活动的同步检测、分析和操控等技术的集成与创新。需要综合信息科学、工程技术、人工智能等学科的技术，包括大范围神经网络的动力学、信息加工与仿真和脑-机接口相关技术的新发展。美国斯坦福大学的科学家发明的光遗传学技术，能对神经元进行非侵入式的精准定位刺激，具有独特的高时空分辨率和细胞类型特异性，这一技术创新将有力地促进脑科学的研究。

10.6.4　合成生命

“人造生命”（artificial life）是以系统生物学研究为基础，融入工程学的思想和概念，综合利用化学、物理、信息科学的知识和技术，从头合成具有特定生物学活力的生物分子及其复合物、细胞器，从而创造细胞、组织、器官、生物个体乃至生态系统。“人造生命”为生命起源、进化以及生命运动规律的探究开辟了新思路、新手段，也极大地促进了合成生物学的发展。

1. 合成生物学的概念

合成生物学（synthetic biology）是一门建立在系统生物学、生物信息学等学科基础之上，并以基因组技术为核心的现代生物科学。“合成生物学”一词最早出现于 1911 年的英国《The Lancet》（柳叶刀）杂志，但成为一门真正的学科始于 2000 年。进入后基因组时代以后，集成系统生物学思想的合成生物学应运而生，它综合了生物化学、生物物理和生物信息等技术，利用基因和基因组的基本要素及其组合，设计、改造、重构或是创造生物分子、生物体部件、生物反应系统、代谢途径与网络乃至具有生命活力的生物个体。目前，合成生物学的研究可以笼统地分为两大类：一类是以创造人造生命为目的，利用非天然的分子再现自然生物体的天然特性；另一类则是力求分离自然生物体中的一部分并将其重构到具有非天然机能的生物系统当中（这种包含了天然成分的合成又叫半合成生物学）。

2. 合成生物学的发展历程

20 世纪 60 年代，核酸和蛋白质等有机物的人工合成为合成生命奠定了基础。中国科学家在合成生物学方面做出了独特贡献：1965 年 9 月 17 日，我国人工合成了结晶牛胰岛素，这是世界上首次人工合成蛋白质，也是当时人工合成的具有生物活力的最大的天然有机化合物。此后，中国科学院上海生化研究所王德宝等历时 13 年，在世界上最早用人工方法合成了酵母丙氨酸转移核糖核酸（Yeast alanine tRNA）。这种核糖核酸具有与天然分子相同的化学结构和完整的生物活性。

2002 年，纽约州立大学埃卡德·温默（Eckard Wimme）小组的杰罗尼莫·切诺（Jeronimo Cello）等人制造了第一个人工合成的病毒——脊髓灰质炎病毒（Poliovirus）。这是一种单股正链 RNA 病毒，病毒侵入细胞后，RNA 可以转录为负链，并以此为模板合成新的病毒基因组。研究小组按照相反的方向，用化学方法合成了与病毒基因组 RNA 互补的 cDNA，使其在体外 RNA 聚合酶的作用下转录成病毒的 RNA，并且在无细胞培养液中翻译并复制，最终重新装配成具有侵染能力的脊髓灰质炎病毒。将这种合成的病毒注射到小鼠体内可使小鼠脊椎麻痹，甚至死亡。但这种合成病毒的毒力很小，仅相当于天然病毒的千分之一到万分之一。这一工作的意义在于，开创了以无生命的化合物合成感染性病毒的先河。

2003 年，汉弥尔顿·奥塞内尔·史密斯（Hamilton Othanel Smith）和克雷格·文特尔（Craig Venter）仅用了两周时间便合成了噬菌体 φX174 的基因组。该病毒只有 11 个基因（5386 bp），但将合成的基因组 DNA 注入宿主细胞时，宿主细胞的反应和感染了真正的 φX174 噬菌体的细胞一样。2008 年，Becker 等设计并合成了蝙蝠体内的 SARS 样冠状病毒基因组，成功感染了培养的人呼吸道上皮细胞以及小鼠。这个 29.7 kb 的 RNA 序列是当时合成的最大的可以自我复制的基因组。

2010 年 5 月 20 日，美国克雷格·文特尔（J. Craig Venter）私立研究所在美国《自然》杂志上报道了首例人造细胞的诞生。这是一个山羊支原体（*Mycoplasma capricolum*）细胞，但细胞中的遗传物质却是依照另一个物种即蕈状支原体（*Mycoplasma mycoides*）的基因组人工合成而来的，产生的人造细胞表现出的是蕈状支原体的生命特性。这是地球上第一个由人类制造并能够自我复制的新物种。文特尔团队将这一人造细胞称作“Synthia”（意为“合成体”）。

文特尔团队的实验过程分四步：①合成供体的基因组 DNA；②合成 DNA 片段的拼接；③人工基因组的甲基化修饰；④人工基因组移植入受体细胞（图 10-8）。其实，这项工作早在 1995 年就开始了，嵌合体细胞应用遗传工程手段也早已实现。文特尔的“人造细胞”只是遗传物质由人工合成，其他组分均来自于已有的生命形式。

3. 合成生命的意义

合成生物学作为后基因组时代生命科学研究的新兴领域，其研究既是生命科学和生物技术在分子生物学和基因工程水平上的自然延伸，又是在系统生物学和基因组综合工程技术层次上的整合性发展。合成生物学的潜能是巨大的：人造器官、廉价高效的药物生产、清洁并可持续的生物能源，等等，这些美好的前景需要的是耐心和努力，以及一大批科学家和工程师们的创新与探索。

特别需要说明的是，合成生物学是把“双刃剑”，任何技术都是为了目标服务的，合成生物学的目标不是扮演上帝的角色，而是源于发展的需要。“任意创造生命”既不是目前合成生物学发展水平所能达到的，也不是发展该学科的最终意义。

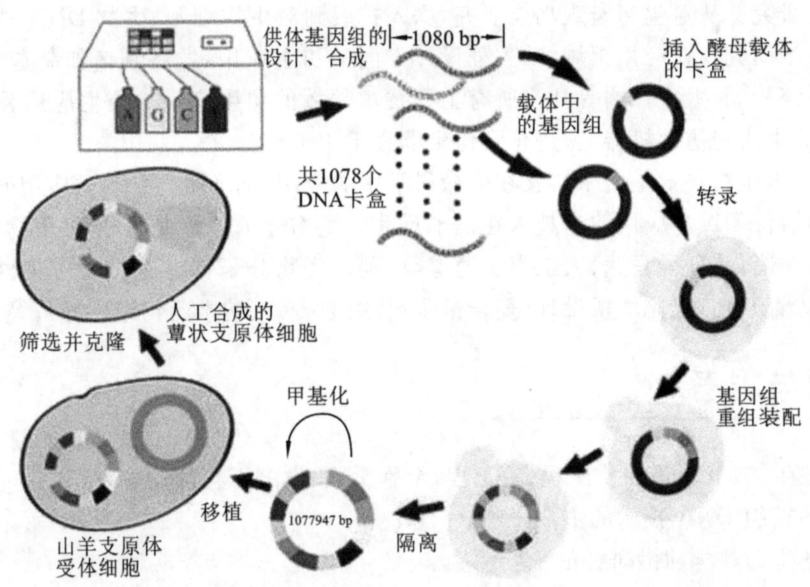

图 10-8 文特尔人造细胞合成示意图(摘自孙明伟 2010,略有修改)

10.6.5 仿生学和仿生工程

1. 仿生学

仿生学(bionics)是生命科学与机械、材料和信息等工程技术学科相结合的交叉学科,具有鲜明的创新性和应用性。仿生学的目的是研究和模拟生物体的结构、功能、行为及其调控机制,为工程技术提供新的设计理念、工作原理和系统构成。

仿生学的发展分为四个时期,即仿生学萌芽时期、仿生学建立时期、仿生学巩固时期、现代仿生学时期。仿生学的主要研究方法是,提出模型、进行模拟。其程序大致为:首先,对生物原型进行研究;其次,将生物原型提供的资料进行数学分析,使其内在联系抽象化,用数学语言把生物模型“翻译”成具有一般意义的数学模型;最后,采用电子、化学、机械的手段,根据数学模型制造出用工程技术进行试验的实物模型。在生物模拟过程中,绝不是简单的仿生,而是要在仿生中创新。最终建成的机器设备与原生物原型是不同的,在若干方面甚至会超过生物模型的能力。

2. 仿生工程

仿生工程是仿生学的工程应用,它研究生物所具有的各种特殊功能和特性的机理,探索将其模仿应用于工程的途径和方法。它是跨越生物学、基础科学和工程技术的大跨度综合性科学技术。生物界所表现的各种特殊功能和特性,为工程领域的创新提供了极其丰富的范例。例如,任何人工材料的弹性均比不上血管的弹性,再好的人工声纳功能也比不上海豚的超声波声纳功能。北极的冰鱼体内有一种防冻剂,因此它吞噬−2 ℃的冰块且冰块不会在体内扩大,这种防冻剂的效能是人工防冻剂效能的 300 倍。模仿蚱蜢弹跳腿的优异结构强度,制造了道格拉斯飞机起落架。此外,还有仿生的蛇形机器人、多足机器人等。

仿生工程受到了学术界和工程界越来越多的重视,仿生工程的研究和应用领域的深度和广度均在不断发展。在研究领域,从对生物的结构功能和运动功能仿生的研究,深入扩展到生物材料、生物生命过程、生物智能行为,以及生物自修复、自组织、自适应、自生成和进化过程等方面的仿生研究。从对生物宏观功能研究，深入扩展到对生物细胞、生物 DNA 遗传信息等方面的微观仿生研究。在应用领域，从工程设计方面的仿生应用，发展到诸如制造方法、生产管理、电子、系统控制、太空探测等几乎所有工程技术领域的仿生应用。仿生应用领域有蜘蛛与仿生科技、仿生人与仿生机器人"进化"、仿生器官组织工程等。

另外，纳米生物技术是纳米科技在生命科学中的应用，纳米生物技术的应用研究主要集中在纳米生物器件领域。应用纳米技术在纳米尺寸对生物分子进行观测，操纵生物分子，制作纳米生物器件。诸如：分子马达、人工离子通道等；利用生物分子特性进行改造获得的功能器件（有硅虫晶体管）；物理、化学新设计（复合量子点、组装探针、纳米药物组装等）；等等。

问题与思考

1. 简述生物工程、蛋白质工程、酶工程、细胞工程、发酵工程的概念。
2. 简述重组 DNA 技术的主要步骤。
3. 阐述生命科学前沿研究的主要领域。
4. 评述生命科学发展对人类社会生活的影响。
5. 调查分析当代生物技术产业发展现状与前景。

主要参考文献

[1] 李金亭，段红英. 现代生命科学导论[M]. 北京：科学出版社，2009.

[2] 钱凯先. 基础生命科学导论[M]. 北京：化学工业出版社，2013.

[3] 焦炳华，孙树汉. 现代生物工程[M]. 北京：科学出版社，2007.

[4] 陈志南. 细胞工程[M]. 北京：科学出版社，2005.

[5] 罗贵民. 酶工程[M]. 北京：化学工业出版社，2002.

[6]（美）戴维 S. 古德塞尔. 生物纳米技术：来自自然的启示[M]. 张文雄，等译. 北京：化学工业出版社，2007.

[7] 李彬. 现代发酵工程[J]. 商洛师范专科学校学报，2003，17(4)：48-52.

[8] 张叶叶. 发酵工程在食品工业中的应用[J]. 中国市场，2013(34)：62-63.

[9] 孙毅. 蛋白质工程的研究进展及前景展望[J]. 科技情报开发与经济，2006，16(9)：162-163.

[10] 李毅. 仿生学研究的若干重要进展[J]. 科技情报开发与经济，2010，20(3)：163-164.

[11] 孙久荣，戴振东. 仿生学的现状和未来[J]. 生物物理学报，2007，23(2)：109-115.

[12] 孙明伟，李寅，高福. 从人类基因组到人造生命：克雷格·文特尔领路生命科学[J]. 生物工程学报，2010，26(6)：697-706.

[13] 顾凡及. 从蓝脑计划到人脑计划：欧盟脑研究计划评介[J]. 科学，2013，65(4)：16-21.

[14] 罗东. 个性化医疗[J]. 中国民营科技与经济，2011(7)：84-85.

[15] 王俊丽. 植物转基因研究进展[J]. 中央民族大学学报（自然科学版），2006，15(1)：57-65.

名词索引

A

α-螺旋	α-helix	第 2 章
阿司匹林	aspirin	第 4 章
癌基因	oncogene	第 6 章
癌症	cancer	第 7 章
艾滋病	acquired immune deficiency syndrome(AIDS)	第 7 章
暗反应	dark reaction	第 5 章

B

B 淋巴细胞	bone marrow dependent lymphocyte	第 7 章
八核胚囊	embryonic sac	第 4 章
靶细胞	target cell	第 3 章
半保留复制	semiconservative replication	第 6 章
半必需氨基酸	semiessential amino acid	第 2 章
半月苔酸	lunularic acid	第 4 章
伴性遗传	sex-linked inheritance	第 6 章
胞间连丝	plasmodesmata	第 3 章
胞间信号	intercellular signal	第 3 章
保护组织	protective tissue	第 4 章
β-片层结构或 β-折叠	β-pleated sheet structure	第 2 章
β-转角	β-turn	第 2 章
必需氨基酸	essential amino acid	第 2 章
必需基团	essential group	第 5 章
闭果	indehiscent fruit	第 4 章
闭花传粉	cleistogamy	第 4 章
变态根	modified root	第 4 章
变态茎	modification of stem	第 4 章
变性	denaturation	第 2 章
变异	variation	第 1 章
表观遗传变异	epigenetic inheritance	第 6 章
表皮生长因子	epidermal growth factor(EGF)	第 4 章
表型	phenotype	第 6 章

别构作用或变构作用	allosteric effect	第 2 章
薄壁组织	parenchyma	第 4 章
不亲和性	incompatibility	第 4 章

C

查格夫法则	Chargaff's rules	第 6 章
常染色体显性遗传	autosomal dominance(AD)	第 6 章
常染色体隐性遗传	autosomal recessive(AR)	第 6 章
超二级结构	super-secondary structure	第 2 章
成花启动	floral evocation	第 4 章
成花诱导	flower induction	第 4 章
成花转变	flowering transition	第 4 章
成熟区	maturation zone	第 4 章
成熟组织	mature tissue	第 4 章
成纤维细胞生长因子	fibroblast growth factor(FGF)	第 4 章
初级生产	primary production	第 9 章
初级信使	primary messenger	第 3 章
初生结构	primary structure	第 4 章
初生木质部	primary xylem	第 4 章
初生韧皮部	primary phloem	第 4 章
初生生长	primary growth	第 4 章
初生组织	primary tissue	第 4 章
传导素	transducin	第 3 章
传染病	contagion	第 7 章
传染性非典型肺炎	severe acute respiratory(SARS)	第 7 章
垂体激素	hypophyseal hormones	第 4 章
纯合子	homozygote	第 6 章
雌配子体	female gametophyte	第 4 章
次级生产	secondary production	第 9 章
次级生产量	secondary productivity	第 9 章
次生结构	secondary structure	第 4 章
次生木质部	secondary xylem	第 4 章
次生韧皮部	secondary phloem	第 4 章
从性遗传	sex-conditioned inheritance	第 6 章

D

DNA 甲基化	DNA methylation	第 6 章
大孢子	macrospore	第 4 章
大孢子母细胞	megaspore mother cell	第 4 章
单雌蕊	monogynous	第 4 章

E

F

反馈	feed back	第 4 章
反应中心色素	reaction center pigment	第 5 章
反足细胞	antipodal cell	第 4 章
仿生工程	bionic engineering	第 10 章
仿生学	bionics	第 10 章
非必需氨基酸	nonessential amino acid	第 2 章
非环式光合磷酸化	noncyclic photophosphorylation	第 5 章
非生物环境	abiotic environment	第 9 章
非特异性免疫	nonspecific immunity	第 7 章
分化	differentiation	第 4 章
分解者	decomposer	第 9 章
分离定律	law of segregation	第 6 章
分裂球	blastomere	第 4 章
分裂素拮抗剂	cytokinin antagonist	第 4 章
分泌组织	secretory	第 4 章
分生区	meristem zone	第 4 章
分生组织	meristematic tissue	第 4 章
辅酶 A	coenzyme A (Co A)	第 5 章
腐胺	putrescine	第 4 章
负反馈	negative feedback	第 4 章
复雌蕊	compound pistil	第 4 章
复果	multiple fruit	第 4 章
复性	renaturation	第 2 章
复制子	replicon	第 6 章
副卫细胞	subsidiary cell	第 4 章

G

G0 期	zero gap	第 3 章
G1 期	first gap	第 3 章
G2 期	second gap	第 3 章
GTP 结合调节蛋白	GTP binding regulatory protein	第 3 章
G-蛋白偶联受体	G-protein linked receptor	第 3 章
钙调素	calmodulin	第 4 章
钙依赖蛋白激酶	calcium dependent protein kinase	第 4 章
干细胞	stem cell	第 3、10 章
柑果	hesperidium	第 4 章
冈崎片段	ckazaki fragment	第 6 章
个性化医疗	personalized medicine	第 10 章
根冠	root cap	第 4 章
根尖	root tip	第 4 章

H

J

基因突变	gene mutation	第 6 章
基因型	genotype	第 6 章
基因组印记	genomic imprinting	第 6 章
极性运输	polar transport	第 4 章
季节周期性	seasonal periodicity of growth	第 4 章
甲状腺激素	thyroid hormone	第 4 章
间隙连接	gap junction	第 3 章
减数分裂	meiosis	第 3、4 章
碱基互补	complementary base pairing	第 6 章
碱基替换	base substitution	第 6 章
渐进衰老	progressive senescence	第 4 章
胶质细胞	glial cell	第 4 章
酵母	yeast	第 5 章
结缔组织	connective tissue	第 4 章
结构域	domain	第 2 章
结合型生长素	bound auxin	第 4 章
进化	evolution	第 1 章
精胺	spermine	第 4 章
精子发生	spermatogenesis	第 4 章
景观多样性	landscape diversity	第 9 章
净初级生产量	net primary prodctivity	第 9 章
聚合果	aggregate fruit	第 4 章
聚合酶链式反应	polymerase chain reaction(PCR)	第 10 章
聚乙二醇	PEG	第 10 章

K

卡尔文循环	Calvin Cycle	第 5 章
开花期	blooming stage	第 4 章
凯氏带	casparian strip	第 4 章
抗体	immunoglobulins(Ig)	第 7 章
抗原	antigen(Ag)	第 7 章
可持续发展	sustainable development	第 9 章

L

离生雌蕊	apocarpous gynaecium	第 4 章
离子通道偶联受体	ion-channel linked receptor	第 3 章
立体化学理论	stereochemical theory	第 8 章
连接子	connexon	第 3 章
连锁	linkage	第 6 章
连锁交换定律	law of linkage and crossing-over	第 6 章

P

旁分泌	paracrine	第 3 章
胚后发育	post embryonic development	第 4 章
胚孔	blastopore	第 4 章
平衡膳食	balanced diet	第 7 章
葡萄糖	glucose	第 5 章

Q

启动子	promotor	第 6 章
气孔	stomata	第 4 章
前馈控制系统	feed-forward control system	第 4 章
嵌合体	mosaic	第 6 章
亲和性	compatibility	第 4 章
禽流感	avian influenza	第 7 章
青春期生长突增	adolescent growth spurt	第 4 章
区隔化	compartmentalization	第 3 章
躯体神经	somatic nerves	第 4 章
全酶	holoenzyme	第 5 章

R

RNA 引物	RNA primer	第 6 章
染色体	chromosome	第 3 章
染色体病	chromosomal disorder	第 6 章
染色体工程	chromosome engineering	第 10 章
染色体畸变	chromosomal aberration	第 6 章
染色体组工程	chrome engineering	第 10 章
染色质	chromatin	第 3 章
人工生命	artificial life	第 1、10 章
人类基因组计划	human genome project(HGP)	第 1 章
人脑计划	human brain project(HBP)	第 10 章
韧皮部	phloem	第 4 章
乳酸发酵	lactic acid fermentation	第 5 章

S

三级结构	tertiary structure	第 2 章
三羧酸循环	tricarboxylic acid cycle	第 5 章
上皮组织	epithelial tissue	第 4 章
奢侈基因	luxury gene	第 3 章
伸长区	elongation zone	第 4 章

T

通气组织	aerenchyma	第 4 章
同化组织	assimilating tissue	第 4 章
同化作用(合成代谢)	assimilation	第 5 章
脱落衰老	deciduous senescence	第 4 章
脱氧核糖核酸	deoxyribonucleic acid(DNA)	第 5 章

W

外胚层	ectoderm	第 4 章
外周免疫器官	peripheral immune organ	第 7 章
微管束迹	bundle scar	第 4 章
微生物油脂	microbial oil	第 10 章
维管柱	vascular cylinder	第 4 章
维管组织	vascular tissue	第 4 章
温周期现象	thermoperiodicity	第 4 章
无丝分裂	amitosis	第 3 章
无限花序	Indefinite inflorescence	第 4 章
无性生殖	Asexual reproduction	第 4 章
无氧呼吸	anaerobic respiration	第 5 章
物质代谢	material metabolism	第 5 章
物种多样性	species diversity	第 9 章

X

X-连锁显性遗传	X-linked dominance	第 6 章
X-连锁隐性遗传	X-linked decisive	第 6 章
细胞表面受体	cell-surface receptor	第 3 章
细胞凋亡	apoptosis	第 3 章
细胞分化	cellular differentiation	第 3 章
细胞分裂素	cytokinin	第 4 章
细胞工程	cell engineering	第 1、10 章
细胞坏死	necrosis	第 3 章
细胞内受体	intracellular receptor	第 3 章
细胞器	organelles	第 3 章
细胞融合	cell fusion	第 10 章
细胞通讯	cell communication	第 3 章
细胞周期	cell cycle	第 3 章
细胞周期蛋白	cyclin	第 3 章
下丘脑激素	hypothalamic hormones	第 4 章
先天性睾丸发育不全综合征	Klinefelter syndrome	第 6 章
先天愚型	Down's syndrome	第 6 章
线粒体病	mitochondrial disease	第 6 章

Y

异花传粉	cross-pollination	第 4 章
异化作用(分解代谢)	dissimilation	第 5 章
异三聚体 G 蛋白	heterotrimeric G-proteins	第 3 章
异养型	heterotroph	第 5 章
异源嵌合体	chimera	第 6 章
应激性	sensitivity	第 1 章
营养	nutrition	第 7 章
永久组织	permanent tissue	第 4 章
油菜素	brassin	第 4 章
有丝分裂	mitosis	第 3 章
有限花序	definite inflorescence	第 4 章
有性生殖	sexual reproduction	第 4 章
有序性	order	第 1 章
原肠	gastrocele	第 4 章
原肠胚	gastrula	第 4 章
原肠腔	archenteron	第 4 章
原肠作用	gastrulation	第 4 章
原初反应	primary reaction	第 5 章
原核生物	prokaryote	第 3 章
原核细胞	prokaryotic cell	第 3 章
原位杂交	hybridization in situ	第 3 章

Z

杂合子	heterozygote	第 6 章
杂交瘤技术	hybridoma technique	第 10 章
再生	regeneration	第 4 章
增强子	enhancer	第 6 章
栅栏组织	palisade tissue	第 4 章
真核细胞	eukaryotic cell	第 3 章
蒸腾作用	transpiration	第 4 章
整体衰老	overall senescence	第 4 章
正反馈	positive feedback	第 4 章
直立人	homo erectus	第 8 章
植物生长物质	plant growth substances	第 4 章
质粒	plasmid	第 3 章
质量性状	qualitative trait	第 6 章
智人	homo sapiens	第 8 章
中胚层	mesoderm	第 4 章
中枢免疫器官	central immune organ	第 7 章
中心法则	central dogma	第 6 章

中性突变	neutral mutation	第 8 章
中柱鞘	pericycle	第 4 章
肿瘤抑制基因	tumor suppressor gene	第 6 章
重组 DNA 技术	recombinant DNA technology	第 10 章
周期蛋白依赖性蛋白激酶	cyclin dependent kinase(CDK)	第 3 章
昼夜周期性	daily periodicity	第 4 章
贮藏组织	storage tissue	第 4 章
柱头	stigma	第 4 章
转化生长因子	transforming growth factor(TGF)	第 4 章
转基因动物	transgenic animals	第 10 章
转基因植物	transgenic plants	第 10 章
转录	transcription	第 6 章
转录因子	transcription factor	第 6 章
转座子	transposon	第 6 章
子房	ovary	第 4 章
自分泌	autocrine	第 3 章
自然发生说	spontaneous generation	第 8 章
自然杀伤细胞	natural killer cell	第 7 章
自身调节	autoregulation	第 4 章
自稳态或内稳态	homeostasis	第 1、4 章
自养型	autotroph	第 5 章
自由型生长素	free auxin	第 4 章
自由组合定律	law of independent assortment	第 6 章